U0258921

"十四五"国家重点出版物出版规划重大工程

量子科学出版工程（第四辑）

国家出版基金项目
NATIONAL PUBLICATION FOUNDATION

Modeling, Characterization

and Control of

Quantum Systems

丛 爽 著

量子系统建模、
特性分析与控制

中国科学技术大学出版社

内 容 简 介

本书从系统控制的角度,对封闭和开放量子系统的建模、特性分析与控制进行系统、全面的研究,为作者 20 年研究成果的集成,内容包括量子系统理论基础、封闭量子系统的建模及其求解、量子系统的特性分析、量子系统状态调控的开环控制方法、量子系统最优控制、量子系统状态调控的闭环反馈控制方法、量子系统状态的制备与纯化、开放量子系统的特性分析、开放量子系统状态的保持与转移、基于在线估计状态的量子反馈控制、量子系统状态的跟踪控制,以及量子控制的应用.

本书有助于感兴趣的读者全面了解和学习有关量子系统控制的理论,可作为自动控制、计算机、系统工程以及信息与通信等专业研究生的专业基础教材,也可作为量子物理专业以及对量子系统感兴趣的电子、力学工程、应用数学、计算科学和控制工程等领域的高年级本科生或研究生的教材或参考书.

图书在版编目(CIP)数据

量子系统建模、特性分析与控制/丛爽著. —合肥:中国科学技术大学出版社,2024.5
(量子科学出版工程.第四辑)
国家出版基金项目
"十四五"国家重点出版物出版规划重大工程
ISBN 978-7-312-05933-9

Ⅰ. 量⋯　Ⅱ. 丛⋯　Ⅲ. 量子—控制系统理论　Ⅳ. ①O413 ②TP273

中国国家版本馆 CIP 数据核字(2024)第 056241 号

量子系统建模、特性分析与控制
LIANGZI XITONG JIANMO，TEXING FENXI YU KONGZHI

出版	中国科学技术大学出版社
	安徽省合肥市金寨路 96 号,230026
	http：//press. ustc. edu. cn
	https://zgkxjsdxcbs. tmall. com
印刷	合肥华苑印刷包装有限公司
发行	中国科学技术大学出版社
开本	787 mm×1092 mm　1/16
印张	38
字数	786 千
版次	2024 年 5 月第 1 版
印次	2024 年 5 月第 1 次印刷
定价	208.00 元

前言

　　我于 1999 年在中国科学技术大学自动化系筹备第三届全球智能控制与自动化大会（WCICA2000）期间与作为该国际会议的发起人之一的美国圣路易斯华盛顿大学的谈自忠教授相识，并开始了至今 20 多年的有关量子系统控制理论与方法的研究之路.2005 年由科学出版社出版了我第一部量子系统控制的书《量子力学系统控制导论》，谈教授为该书作了序.2013 年我根据多年来指导的研究生所获得的研究成果，与匡森合著了《量子系统控制理论与方法》一书，该书从封闭量子系统到开放量子系统，比较全面地阐述了相关理论与方法，并有幸在 2020 年入选"量子科学出版工程（第一辑）"，作为国家出版基金项目以及"十三五"国家重点出版物出版规划项目出版.该书适合博士研究生研读.为了能够使初学者读懂相关研究内容，我专门花时间从解决量子系统控制问题的角度来考虑，进行量子系统设计研究，将量子系统控制理论与所要解决的问题相结合，将重点放在量子控制系统的设计上，并与双丰和吴热冰合作，于 2016 年写作了《量子控制系统设计》一书.该书中包括了核磁共振中的两比特同核自旋系统的建模以及最优控制算法的设计，同时第一次涉及与实际实验相关的量子测量及量子态估计.该书有幸于 2022 年入选"量子科学出版工程（第三辑）".为了扩大有关量子系统控制理论研究成果的国际影响，我于 2014 年在 John Wiley & Sons 出版社出版了英文专著《Control of Quantum Systems: Theory and Methods》.2016—2019 年,我与北京卫星信息工程研究所合作开展国家重点实验室开放基金项目"量子导航系统定位稳定控制方法与技术的研究"的研究. 基于该项目的研究成果,我与合作人王海涛和陈鼎于 2021 年出版《量子导航定位系统》一书,该书入选"量子科学出版工程(第二辑)",为国家出版基金项目、"十三五"国家重点出版物出版规划项目.实际上从 2013 年起,我就带领我的研究团队进行量子态估计与滤波优化算法的研究,先后提出一系列高效快速的量子态估计及滤波算法,发表在《IEEE Transactions on Automatic Control》《IEEE Transactions on Cybernetics》《Journal of the Franklin Institute》《Signal Processing》《Quantum Information Processing》《SCIENCE CHINA Information Sciences》《IEEE/CAA Journal of Automatica SINICA》《Physical Review:A》等国际顶尖学术期刊上. 2014 年之前,对 8 个量子态的使用数据进行量子态重构需要一周的时间,我们将其缩短到 0.59 秒,达到 99.1% 的保真度,仅需要采用 3% 的测量数据,这也是压缩传感理论所给出的最小测量率.研究成果获得 2020 年安徽省自然科学二等奖.我与获奖合作人李克之共同将研究成果整理成专著《量子态估计与滤波及其优化算法》,于 2022 年 7 月作为"量子科学出版工程(第三辑)"中的一本出版.

到此我已经在量子系统控制方面出版了 6 部专著.回顾研究历程,我感到是时候系统地整理完整的量子系统控制的过程了,换句话说,我应当严格地从系统控制的专业方面,系统地从建模、特性分析与控制这三个方面来对量子系统控制进行一次整理,以便使得想进入此领域研究的人能够全方位、多角度、系统地学习、了解和掌握有关量子系统控制的研究成果.这就是我出版此书的动因.

本书实际上集成了我《量子力学系统控制导论》中的精华内容,以及其他已经出版的书中的重要内容:封闭量子系统的建模及其求解;量子系统的特性分析,包括各种态的集合关系、双线性系统的各种不同的可控性,以及各种数学上不同分解在量子系统中的应用;量子系统状态调控的开环控制方法,包括简单的二能级控制磁场的设计、量子控制与幺正演化矩阵之间的关系、最小控制量及最少时间控制设计、相干控制;量子系统最优控制,包括双线性系统下的量子系统最优控制、平均最优控制在量子系统中的应用、几何控制和棒棒控制、基于超算符变换的开放量子系统最优控制、n 能级开放量子系统的状态转移控制图景,以及 D-MORPH 算法探索控制图景和最优控制时间;量子系统状态调控的闭环反馈控制方法,包括基于李雅普诺夫量子系统控制方法的状态调控,以及统一的量子李雅普诺夫控制方法;量子系统状态的制备与纯化,包括双自旋系统中纠缠态的制备、量子纯态到混合态的转移,以及二能级系统中混合态的纯化;开放量子系统的特性分析,包括非马尔可夫开放量子系统的特性分析、基于测量的量子系统方程及其特性分析,以及随机开放量子系统模型及其控制的特性分析;开放量子系统状态的保持与转移,包括马尔可夫开放量子系统收敛的状态控制策略、非马尔可夫开放量子系统状态转移控制、非马尔可夫开放量子系统状态保持时间的研究,以及开放量子系统控制的状态保持及其特性分析.实际上基于系统控制理论进行量子系统控制的最关键之处是希望利用系统控制理论获得比物理原理进行的量子调控精度更高的控制效果,整个高精度控制结果的获得必须采用闭环反馈控制.目前所实现的绝大部分的量子系统的实验方案,从系统控制的角度来看基本都属于开环控制.所以在本书中,专门有一章介绍基于在线估计状态的量子反馈控制,这当然是基于我们刚刚取得的在线量子态估计成果的,内容包括单比特量子系统的状态在线估计、基于弱测量下测量值序列和采样矩阵的构造、含有测量噪声的时变量子态的在线估计算法、基于状态在线估计的单量子态反馈控制,以及基于在线估计状态的 n 量子位随机开放量子系统的反馈控制.为了保持完整性,本书还介绍了量子系统状态的跟踪控制,内容包括量子系统的动态跟踪控制、量子系统动态函数的跟踪控制、量子系统的模型参考自适应控制,以及我们最新的研究成果"N 维封闭量子系统轨迹跟踪的统一控制方案".最后在量子控制的应用中,给出了 CARS 相邻能级选择激发最佳可调参数的设计、基于量子卫星"墨子号"的量子测距过程仿真实验研究,以及量子定位系统中的卫星间链路超前瞄准角跟踪补偿.

  我所做的这一切,对自己来说是对研究成果的不断归纳与总结,更重要的是促使感兴趣并想从事此方向研究的年轻学者能够更快地了解和学习到完整的相关研究成果.一个前沿学科的研究成果需要不断地积累,一个完整系统的成果更需要时间将各个不同方向的研究成果进行全面集成和融会贯通.毕竟量子系统控制是一门多领域交叉的学科,需要各个不同方面的大量研究成果.通过我所花费大量时间进行的归纳分析与总结,来节省他人选择学习材料与进入学科的入门时间,进而用更多的时间进行思考并获得灵感,提出新思想、新方案以及取得新突破.

本书有幸入选"量子科学出版工程(第四辑)",在此我要特别感谢国家出版基金的支持,感谢中国科学技术大学出版社的各位编辑在出版我的书籍过程中的辛勤工作,感谢20多年来在我的研究团队里对我的研究项目作出贡献的已经毕业的学生.至2022年,我已指导毕业博士研究生25人,硕士研究生50人,本科生44人.

丛　爽

2022 年 6 月 25 日

目录

第1章

概　　述

20 世纪初创立的量子力学,如同牛顿创立的力学理论以及拉普拉斯创立的电磁学理论,成为现代物理学的开端,是人类辉煌的成就,它揭示了微观领域物质的构造、性质和运动规律,不仅改变了人们对物质世界认识的传统观点,还深刻影响了整个自然科学的发展.量子力学促进了人们对半导体本质的理解,半导体使人类进入了电子时代,它促成了激光的发明,使通信发生了重大变革;发现了 X 光,革新了医疗手段,并在核能领域取得重大突破.量子力学创立 120 多年来,在不同的领域获得了巨大的成功,并展现出广阔的应用前景,使人类在对客观世界的认识上迈出了伟大的一步,同时对人们改造世界的能力提出了新的要求.近 40 年来,量子力学除了更深入地进入物理学本身许多分支学科之外,还迅速广泛地应用到了化学、生物学、材料科学、信息学等领域,形成了一系列新的交叉学科,成为科学家们新的研究热点,如量子信息、纳米制造和量子化学等.在这些量子技术的发展中,作为连接科学理论与工程实践的系统控制理论扮演了不同程度的重要角色,逐渐形成了量子系统控制理论.这是一门高度交叉的学科.量子系统控制理论从控制与系统论的角度对量子系统控制进行研究,将量子力学的基本原理与经典的系统工程化控制方法相结合,为量子系统的控制提供理论依据及实践指导.因此可以说,量子系统控制理论是立足于量子力学理论,以宏观控制理论为依托,旨在为各个领域的量子控制实践提供指导的理论.

量子系统控制以量子力学系统为研究对象,通过实施各种控制手段,主动对微观系统中的量子态进行有效操纵和控制,达到人们期望的控制目标.与宏观系统控制不同,量子系统控制是对物理现象在原子尺度上进行建模;在纳米级尺度和纳秒级($1\,\mathrm{ns}=10^{-9}\,\mathrm{s}$)时间上进行调控,研究对象包括分子、原子、离子、光子、电子等,一般统称为粒子.在时间尺度上一般有可能快到皮秒(picosecond,$1\,\mathrm{ps}=10^{-12}\,\mathrm{s}$),或更快的飞秒($1\,\mathrm{fs}=10^{-15}\,\mathrm{s}$),对所施加的控制,可能需要在幅值(强度)、时间(速度)、频率、相位等方面均有要求和限制.所以对量子系统的控制具有极大的挑战性.随着激光与纳米技术的不断发展,到目前为止,已经成功地在量子通信、量子计算和量子信息领域实现了量子操控以及量子系统的控制.只是现有的操控技术只能实现对简单的和低维量子系统的控制.根据系统控制理论设计出的控制系统对高维和复杂系统同样有效,这使量子控制理论的建立显得十分必要,也必将引领和指导量子系统控制发展的未来.

建立一个量子系统控制理论需要哪些要素?系统控制理论的常识告诉我们,需要经过的步骤有:建模、系统特性分析、提出问题、合适的控制系统设计、系统仿真实验及其参数优化、实际实验.量子系统控制理论的组成包括量子系统的建模、量子系统特性分析,以及各种不同类型量子系统控制策略的设计与实现.根据是否与环境存在相互作用,量子系统可以分为封闭量子系统和开放量子系统,其中开放量子系统根据环境的特性还可以进一步分为马尔可夫(Markovian)量子系统、非马尔可夫(non-Markovian)量子系统和随机开放量子系统.根据系统的维度,量子系统可以分为有限维量子系统和无限维量子系统.与宏观系统控制理论的发展类似,量子系统模型的建立在量子系统控制理论的创立中同样起着极其重要的作用,它是进行量子系统控制设计的第一步,并且还要在建模的基础上,对系统的相关特性进行分析.只有了解和掌握了不同类型的量子系统的内部特性,才能有效地设计出有针对性的高效的控制方法,解决所存在的问题,达到期望的控制目标.量子系统各种控制方法一直都是人们研究的重点,对于具有不同特性的量子系统以及不同的控制目标,所需要采用的控制方法是不同的,同样,不同的控制方法所需要满足的条件不同,所能解决的问题也不同.

与宏观系统中的被控态不同,量子系统中的状态及其应用涉及对某些特定态的操纵和跟踪,例如化学反应分子动力学中的主动控制,以选择性地获得合成态,利用激光强度和相位来操纵体系的布居(population),从而极有可能将分子体系从初始基态转移到激发态.在量子计算中,原子和分子的辐射激发将布居数转移到目标态实际上是一种计算操作,尤其是布居数转移用于制备初始纯态.而量子系统中的快速并行计算依赖于其特殊的相干性,即叠加态的计算.在保密通信的量子应用中,最重要的量子态是纠缠态.量

子态的制备、操纵和保存是量子控制方法的目标.一般来说,从控制系统的角度来看,量子系统的控制任务和目标可以划分为:

(1) 量子态制备:通过操控获得一个量子初态.

(2) 量子态的态-态之间转移:将给定的初始量子态转换为所期望的目标量子态.量子态之间的转移也被称为量子态转移控制(操纵),特别是还有另一种特殊的量子态的转移控制,称为量子布居数转移控制,或布居数控制.这种类型控制任务的目标是驱动量子系统从初始给定布居数(密度矩阵的对角元素)到预定目标布居数.

(3) 量子门控制和演化控制.

(4) 轨迹跟踪:跟踪参考量子系统的轨迹.

(5) 量子态保护:保持量子态不变.

前四项任务可用于封闭量子系统和开放量子系统的控制目标,而第五项任务是专门用于开放量子系统的控制目标.

量子系统控制的主要任务是对量子系统状态的波函数或者量子密度矩阵进行控制,不过由于量子控制系统本身的一些特性,在经典控制理论中占主导地位的反馈控制方法在量子系统控制中不具有一般性.所以要想控制好量子系统,必须首先了解量子系统所具有的内部特性.相比宏观控制系统,量子控制系统具有许多宏观控制系统中所不具有的新特点.一个量子系统不论是在量子计算还是在量子通信中,量子态的特性主要表现在叠加性、概率的不确定性、观测的塌缩性、纠缠性,以及量子态的并行操作上.这些特性是经典系统状态所不具备的.

(1) 量子态的叠加性(相干性):对于由 n 位数组成的量子系统,其量子态由该系统的本征态叠加组合而成.以 $n = 2$ 为例,系统具有的本征态个数为:$2^n = 2^2 = 4$,分别为:$|00\rangle$,$|01\rangle$,$|10\rangle$ 和 $|11\rangle$,该系统中任意一个量子态的表达式可以写为:$|\psi\rangle = c_1|00\rangle + c_2|01\rangle + c_3|10\rangle + c_4|11\rangle$,其中,$c_i$,$i = 1, 2, 3, 4$ 为本征态的复系数,满足 $\sum |c_i|^2 = 1$.c_i 的不同取值导致量子态的不同.那么现在的问题是:c_i,$i = 1, 2, \cdots, 2^n$ 有物理意义吗?答案是肯定的.这些系数模的平方具有明确的物理意义:它们分别是系统各本征态在一个量子态中所具有的概率.根据量子力学的概率幅假设,$|\psi\rangle$ 处于 $|00\rangle$,$|01\rangle$,$|10\rangle$ 和 $|11\rangle$ 的概率分别为 $|c_1|^2$,$|c_2|^2$,$|c_3|^2$ 和 $|c_4|^2$.量子态的这种叠加性显示出量子系统状态与经典系统状态的本质不同.实际上由二进制表示的量子本征态就是经典态.任意一个量子态表示的都是各本征态的叠加,任何对量子态的调控问题,不是对量子态本身的控制问题,而是对组成量子态的本征态的系数,也就是对本征态概率的控制问题,所以量子系统的控制为概率控制.

(2) 量子态的概率不确定性:对量子态的操纵是通过控制组成量子叠加态的本征态

概率来实现的,所以对量子态的操控是一种概率控制.宏观世界中也有类似的控制,比如天气预报.人们希望知道明天是天晴还是下雨,如果直接预报明天是天晴或是下雨,其结果导致经常性的预报错误,人们能够进行准确预报的应当是明天是否下雨的概率:明天天晴的概率为70%,下雨的概率为30%.量子系统的概率控制带来了极大的不确定性.由于对量子系统直接可控的是组成量子叠加态各本征态的概率,而人们一般都是对量子态本身感兴趣,比如对量子态进行观测,这就成为一项间接控制任务,换句话说,人们不能直接观测到量子态,必须先观测到量子态的概率,通过概率计算出量子态.概率是具有统计特性的,它可以通过大量数据的统计计算后获得.如果人们非要通过一次性观测就获得量子态,由于量子态所具有的概率不确定性,必然导致所观测到的结果不是量子态本身.那么,一次性观测的结果是什么? 一次性观测量子态的结果是组成这个量子态所有本征态中的一个本征态.这就是量子观测的塌缩性.

(3) 量子态观测的塌缩性:本征态是量子态的一种特殊状态,实际上是宏观状态.在宏观情况下对一个量子态进行观测,可控的只能是量子态各个本征态的概率,当人们希望观测到量子态本身时,量子态本身与本征态的概率之间有关系,但不是同一回事,正是只能对量子态概率进行控制的特性,导致对量子态确定性的一次宏观观测结果塌缩到量子态的某个本征态.举一个简单的例子:将一枚硬币旋转起来,让你猜硬币停止旋转后结果是正面还是反面.旋转中的硬币是处于正、反面的叠加态.人们观测到的结果是硬币停止旋转后的结果,此时的结果应当是:出现正面和反面的概率各占50%,但这个结果讲的是概率,并不是问题要的正、反面的答案.不过,由于我们知道出现正、反面的概率是各占50%的这个间接信息,所以,我们知道硬币旋转时永远处在正、反面以50%的概率叠加的状态,不过观测一次看到硬币确定的结果不是正面,就是反面,也就是说,观测使处在正、反面叠加态的硬币塌缩成基本正反面的某个状况.量子态就是这样,一旦观测,状态就塌缩到组成叠加态的某个本征态上.著名的薛定谔猫就是这个道理."薛定谔猫"是由奥地利物理学家薛定谔于1935年提出的有关猫生死叠加的著名思想实验,是把微观领域的量子行为扩展到宏观世界的推演.这其中又涉及对量子态的观测.实验是这样的:在一个盒子里有一只猫和少量放射性物质,放射性物质有50%的概率会衰变,并释放出毒素杀死这只猫,同时有50%的概率不会衰变而使猫活下来.若用$|0\rangle$代表猫为活的状态,用$|1\rangle$代表猫为死的状态,那么,采用量子波函数$|\psi\rangle$来描述猫在任何时候的状态为:$|\psi\rangle = c_1|0\rangle + c_2|1\rangle$.换句话说,在量子的世界里,当盒子处于关闭状态时,整个系统一直保持不确定性的波函数状态$|\psi\rangle$,即猫生死叠加.猫到底是死是活必须在盒子打开后,外部观测者观测后才能确定,并且观测结果只能是两种状态情况:要么是活$|0\rangle$,要么就是死$|1\rangle$,宏观观测到的只能是微观状态的本征态.

那么,如何通过对量子态的观测来重构或估计出量子态呢? 还是以旋转硬币为例,

通过观测来估计硬币旋转中所处的状态的做法是:重复多次地进行观测,比如说 100 次,记录每一次观测到的正面或反面的结果,然后,统计一下,可以得出:100 次观测中,有 51 次为正面,49 次为反面,通过计算 51/100 和 49/100,分别得出正面和反面的概率分别为 51% 和 49%.这个结果随着观测次数的增加,会越来越接近 50% : 50%,最终得到旋转硬币的状态为:|旋转硬币的状态$\rangle = \frac{1}{\sqrt{2}}$|正面$\rangle + \frac{1}{\sqrt{2}}$|反面$\rangle$.

(4) 量子的纠缠性:量子纠缠(quantum entanglement)态是由两个或两个以上粒子组成的复合系统中,具有不可分离的粒子组成的一类特殊的量子叠加态.从数学表达式上来看,量子纠缠态无法分解为各个粒子的张量积或直积形式.对于两个量子位系统,对于叠加态 $|\psi_3\rangle = c_1|00\rangle \pm c_4|01\rangle$,第 1 个量子位和第 2 个量子位是可以分离开的,$|\psi_3\rangle$ 可以拆分开来写成:$|\psi_3\rangle = |0\rangle \otimes (c_1|0\rangle \pm c_4|1\rangle)$;当量子态为 $|\psi_1\rangle = c_1|00\rangle \pm c_4|11\rangle$ 或 $|\psi_2\rangle = c_2|01\rangle \pm c_3|10\rangle$ 时,这四组量子态就成为纠缠态,而当 $c_i = 1/\sqrt{2}$,$i = 1,2,3,4$ 时,就是著名的贝尔(Bell)态.量子纠缠态总是成对出现,所以一旦人们得知纠缠态中的一个状态,立刻就可以在不需要进行观测的情况下知道另一个状态.举一个生活中的例子:一个人在合肥买了一副手套,分别寄到北京和上海各一只,上海收到后一看是一只左手套,就立刻知道北京收到的一定是右手套.当然若上海将自己看到的结果告知北京,北京在没有对所收到的手套进行观测的情况下,也能得知自己收到的一定是一只右手套.人们主要是利用量子纠缠态的这种不可分离的关联性来进行保密通信的,其中一种就是所谓的隐形传态,简言之就是不需要直接传送信息本身,就能使对方获得所要传递的信息.

(5) 量子态的并行操作:量子的叠加态是经典计算机以及宏观系统中所不存在的,量子态的这种叠加特性使得量子计算从经典计算的角度来看具有并行计算的效应.换句话说,对于一个二进制的经典计算机,要求解一个多元线性方程,多元变量的个数为 $d = 2^n$,其中,n 为二进制位数.经典计算机需要联立求解 2^n 个方程,才能得到结果,这个求解过程的复杂性随着 n 的增加呈指数增长,而量子计算机只需要在一个具有 n 位的量子系统上,实现一个具有 2^n 个本征态构成的叠加态的制备,也就是一个单次周期的操控过程,所获得的叠加态的系数就是 2^n 个方程组成的线性方程组的解.因为任意一个量子态都是 n 个量子位中 2^n 个本征态的叠加,这个量子态就包含方程组中的全部变量,其中的系数就是线性联立方程组的一组解.量子计算机如果有 500 个量子位(又称量子比特),那么对此量子态的每一次操作,就进行了 2^{500} 次运算,这是真正的并行处理,2^{500} 是一个极大的数,它比地球上已知的原子数还要多,而当今的经典计算机,所谓的并行处理器仍然是每次只做一次运算.量子计算的并行性可以带来指数级的加速.根据理论预计,求解一个有亿亿亿变量的线性方程组,利用目前最快的超级计算机需要 100 年,利用吉赫兹时钟频率的量子计算机将只需要 10 秒;利用万亿次量子计算机,则只需要 0.01 秒.如果利用万亿次经典计算机分解一个 300 位的大数,需要 150000 年;而利用万亿次量子计算机,则只需 1 秒.

本章通过对量子系统模型与特性分析,以及量子控制理论、算符制备和量子系统状态估计的发展历程的回顾,引出本书所撰写的内容.

1.1　量子控制的早期发展

量子控制,简单地说就是采用外加的电场、磁场或者电磁场、激光脉冲、微波辐射等根据期望目标,采用某种系统控制理论,设计出一种调控算法,通过计算机软件实现对量子态或过程的控制或跟踪.更具体地说,主要针对量子系统哈密顿量的微操纵,以系统控制理论为指导,采用某种控制算法设计合适的控制律,以计算机软件的数字定量方式精确操控被控物理量的实施方案,完成控制目标的实现.

在量子系统控制理论的发展过程中,最初可以说是实践领先于理论.最早的量子控制实践始于 1938 年的辐射频率共振技术,即利用三个磁场,其中一个对原子束进行偏转选择,一个通过共振激发原子到激发态,最后一个磁场用于检偏选择以探测目标原子.开始的量子系统控制多以电场、磁场以及微波辐射为主,但它们本身存在局限,如振荡频率偏低、不容易定位和调控等,限制了量子控制实践的进一步发展.直到 20 世纪 70 年代以后,激光技术的发展,特别是对激光的相位、时间以及波形包络的控制和调节能力的提高,对量子系统的控制得到迅猛的发展.人们尝试利用激光来操控化学反应,尤其是选择性地破坏分子的化学键.激光由于其强度高和频率控制容易,被认为是精确地剪断期望化学键而不破坏其他化学键的分子"剪刀".随着第一代高强度激光脉冲的问世,这一梦想成为现实变得相对简单,因为激光的能量会被选择性地吸收,引起分子激发最终实现目标化学键的破坏.20 世纪 70 年代科学家们做了大量的尝试来实现这一想法(Bloembergen,Yablonovitch,1978;Letokhov,1977;Zewail,1980).但是这些尝试均没有获得实质性的成功,因为分子内部存储的能量由于分子振动会重新分布使得原来激光脉冲控制下的局部激发发生耗散,从而使得化学键不能被选择性地破坏,同时这个过程会增加分子内部的旋转振动温度,导致最弱的化学键的断裂(Bloembergen,Zewail,1984;Zewail,1996).直到 20 世纪 80 年代后期,双路径量子干涉的思想的提出才使得选键化学得到了快速的发展.1986 年 Brumer 和 Shapiro 提出利用两个单色的具有相同频率和强度以及相位可调的激光束在两个反应路径之间产生量子干涉.理论计算表明通过对两个激光场的相位差调谐可以控制基态之间的布居数转移(Chen et al.,1990).这种利用双路径量子干涉的相干控制的原理在 20 世纪 90 年代被许多的实验所验证,包括在原子与分子中的基态到基态的布居数转移(Park et al.,1991;Lu et al.,1992)、光电离电子的能量与角动量分布控制(Schumacher et al.,1994;Yin et al.,1992)和半导体中的光电流控制.尽管如此,这种方法的应用受到了多种因素的限制,一种是实际中匹配两个路径的激发比率是很难的,另外就是实际实验中两个激光场的概率和幅值锁定(Chen,Elliott,1996).由于这些因素和其他技术原因,实验结果比较一般,如基态之间的布居数转移控制概率的最高值为 75%(Xing et al.,1996).

Tannor 和 Rice 提出了泵浦-当浦(pump-dump)双脉冲方案(Tannor,Rice,1985).通过控制两个飞秒级的激光脉冲之间的时延来实现控制分子内部的反应.第一个激光脉冲(pump 光)在分子的电子激发位能面产生一个振动波包,然后它会自由演化直到第二个激光脉冲(dump 光)将一些返回基态位能面的布居数转移到期望的反应通道中.通过选择两个激光脉冲的时延能够控制激发单位波包向基态位能面的返回的位置从而实现选择性的反应(Gordon,Rice,1997).这种方法的利用在实验上大大提高了布居数的转移概率.另外一种非常有效地实现分子或原子中两个分离状态的布居数转移的方法就是STIRAP(stimulated Raman adiabatic passage)(Gaubatz et al.,1988;Shore et al.,1991).在这种方法中两个时延的激光脉冲作用于一个三能级的 Λ 型的原子来实现以高能级为媒介的两个低能级之间的完全布居数转移.在该过程中,初态和目标态通过中间态耦合在一起,将目标态和中间态耦合在一起的称为斯托克斯(Stokes)脉冲,而将中间态和初始态耦合在一起的称为泵浦(pump)脉冲,斯托克斯脉冲要超前于泵浦脉冲.激光场要足够强来产生很多周期的拉比(Rabi)振动.激光诱导的量子态间的相干性可以通过调制时延来控制,因此中间态的布居数几乎保持为 0,避免了辐射衰变,因此这种方法能够实现高概率的布居数转移(Bergmann et al.,1998;Vitanov et al.,2001).利用该方法中国科学技术大学的丛爽和楼越升(丛爽,楼越升,2008a)实现了双量子位系统纠缠态的制备.这种方法对于简单的控制任务,比如布居数在本征态之间的完全转移,可以通过特定的算法进行路径选择,并根据预先制定的规则自动选取基本控制脉冲,这为量子位的操作提供了很大的方便.还有一种控制基态间布居数转移控制的双脉冲方法是利用光学雷米(Ramey)干涉来激发波包(Salour,Cohen-Tannoudji,1977;Teets et al.,1977).在这种方法中,两个时延的激光脉冲作为波包干涉仪来激发原子、分子或量子点跃迁,导致在一个激发态上有两个波包.这两个相关波包之间的量子干涉可以通过两束激光间的时延来控制.为了控制布居数转移,构造或破坏两个激发波包间的干涉可以分别引起激发态布居数的增加或减小.这种控制机理也适用于其他问题,比如原子放射波函数的控制和分子排列的控制.

以上这些控制方法在最初被认为是不同的,但是现在可以清楚地知道它们都是利用控制激光场诱导的量子干涉原理,它们的共同点都是试图通过控制单一的参数,如在双路径量子干涉中的相位差,在 pump-dump 控制和 STIRP 中的两个激光脉冲间的时延,来操控量子系统的演化.虽然单参数控制对一些简单的系统会相对有效,但是更复杂的系统和控制任务则需要更灵活的和更充分的控制参数.普林斯顿大学的 Rabitz 教授和他的合作者(Shi et al.,1988;Peirce et al.,1988;Shi,Rabitz,1989)提出可以通过特别地设计和裁剪最优的激光脉冲来控制量子演化从而达到期望的目标.这就是量子最优控制的思想,标志着宏观系统的控制理论工具正式应用到了量子系统的控制设计中,使得量子控制能够涉足更复杂的系统.量子系统控制理论的研究至此进入到了一个新的阶段.本书主要从系统控制的角度来进行量子系统的控制研究.

1.2 量子系统的模型研究状况

1.2.1 量子态的表示与封闭量子系统模型

在量子力学中,体系的状态不能用力学量(例如位置 r)的值来确定,而是要用力学量的函数 $\psi(r,t)$,即波函数(又称概率幅、态函数)来确定:一个粒子的动力学状态在给定时刻 t 由一个波函数 $\psi(r,t)$ 来确定,因此波函数成为量子力学研究的主要对象.由于微观粒子的运动服从统计规律,因此微观粒子体系的力学性质将由一组力学量及它们的分布概率来表征.所谓微观粒子的态矢量(简称态矢)就是指这些力学量的分布概率所确定的物理状态.依据波函数的统计,粒子在空间 r 处的概率可由 $|\psi(r,t)|^2$ 求出.同样各力学量的分布概率和它们的平均值也都可由 $\psi(r,t)$ 得到.从这个意义上看,波函数完全描述了微观粒子的运动状态,即不同的 $\psi(r,t)$ 给出了各力学量的不同统计分布,这也就相当于表达了不同的运动状态;$\psi(r,t)$ 随时间的变化,表达了态的变化,即描述了微观粒子的运动过程,所以波函数 $\psi(r,t)$ 是描述微观粒子运动状态的函数,被称为态函数.

1926 年薛定谔(Schrödinger)提出了用微分方程式来描述波函数,每个微观系统都

量子系统建模、特性分析与控制

有一个相应的薛定谔方程式,通过解方程可得到波函数的具体形式以及对应的能量,从而了解微观系统的性质.不过,一般需要使用某些假定来对某一具体问题进行近似求解.例如,当对一个粒子的作用力为零时,其势能为零.此时该粒子的薛定谔方程能被精确地解出.这个"自由"粒子的解被称为一个波包(最初看上去像一个高斯钟形曲线).所以可以将波包作为被研究粒子的初始状态,然后,当粒子遇到一个外力作用时,它的势能不再为零,施加的力使波包改变.如何找到一种准确、快速地传播波包的方式,使它仍然能够代表下一刻的粒子,就是一个量子系统控制的课题.

薛定谔方程(Schrödinger equation),又称薛定谔波动方程(Schrödinger wave equation),是由奥地利物理学家薛定谔于 1926 年提出的量子力学中的一个基本方程,也是量子力学的一个基本假定,其正确性只能靠实验来确定.它是将物质波和波动方程相结合建立的一个二阶偏微分方程,描述微观粒子的运动,以及波函数 $\psi(r,t)$ 的量子行为.薛定谔方程表明量子力学中,粒子以概率的方式出现,具有不确定性,宏观尺度下失效可忽略不计.

封闭量子系统的状态服从用波函数 $|\psi(t)\rangle$ 表示的薛定谔方程:

$$i\hbar |\dot{\psi}(t)\rangle = H(t) |\psi(t)\rangle \tag{1.1}$$

或用密度矩阵 $\rho(t)$ 表示的刘维尔方程:

$$i\hbar \dot{\rho}(t) = [H(t), \rho(t)] \tag{1.2}$$

其中,$[A,B] = AB - BA$ 是对易子;$\hbar$ 为约化普朗克常数;哈密顿量 $H(t)$ 是一个定义在希尔伯特空间上的能决定系统动力学的时变厄米算符.式(1.1)只能描述纯态系统,而式(1.2)还能描述混合态系统.

当封闭量子系统不再处于理想的绝对零度,或与外界环境,如热浴、其他量子系统、测量仪器等有了相互作用时,就成为一个开放量子系统.与外界的相互作用,使得状态信息在演化过程中发生泄漏,状态演化不再遵循刘维尔方程(1.2).

1.2.2　马尔可夫开放量子系统模型

当这种相互作用与系统内各部分间的相互作用相比微不足道时,可以将其看成孤立系统或封闭系统,此时系统状态的演化可以用理想的薛定谔方程描述.但是许多实际系统具有足够大的外部相互作用,最典型的就是量子测量.测量设备能改变量子系统的自身演化并破坏状态间的关联.与外界环境相互作用起关键性作用的另一个重要例子就是自发放射或共振吸收.原子与真空电磁场相互作用,导致原子的动量发生漂移,使得处于激发态的原子可以自发放射出光子并跃迁至基态.与环境的相互作用会给系统带来一个耗散的、波动的且不可逆的演化过程,并最终到达热平衡态.耗散演化过程中伴随着消相干,即哈密顿本征态间失去关联,体现在非对角线元素中非零项的消失.量子系统中的环境 E 是指所研究量子系统 S 之外并与系统有相互作用的全部自由度.这些被称为环境的自由度,有些是属于另一些系统的,但也可能属于所研究系统本身而为人们所不感兴趣,或是难以计入的某方面的自由度.如果环境 E 的自由度数目远大于量子系统 S 本身所对应的自由度数目,使得可以近似地认为环境 E 不受所研究的量子系统 S 的影响,就可以将这种环境称为热库.一个具有无限能量与给定温度量子态的热库被称为热浴(张永德,2006).与热浴相互作用的量子系统演化过程可以分为两个时间段:系统消相干的短时间段和系统演化至热平衡态的长时间段.

在经典力学中,研究与环境相互作用的耗散系统动力学已有相当长的时间,其中能描述系统变量概率密度演化的主方程有玻尔兹曼(Boltzmann)方程、查普曼-科尔莫戈罗夫(Chapman-Kolmogorov)主方程、福克-普朗克(Fokker-Planck)方程和朗之万(Langevin)方程.在量子力学中,研究与环境相互作用的耗散系统动力学对量子理论发展起着基础性作用,也是对其本身进行控制器设计的前提.开放量子系统建模的基本目标是建立一个包含环境参数的系统描述.

已有大量研究投入路径积分方法中,即写出环境下系统的路径积分,利用启发式平均法来积分去除环境的自由度.但利用路径积分方法最终得到的系统约化路径积分是时间非局域且较难处理的.另一种建模方法是推导密度矩阵的确定性方程,通常称为主方程.此方法更适用于量子光学、量子传输理论等领域.由于主方程具有非马尔可夫(non-Markovian)特性,引起消相干和耗散的方程项形式取决于量子系统的类型.而某些分析处理过程只能适用于最简单的情况,即相互作用绘景下相关的时变算符是明确的.因此许多研究都建立在两个最简单的量子力学系统上:谐振子模型(Stefanescu et al.,2008)和二能级系统(Weiss,2008).虽然量子力学是一门概率性的理论,但基于波函数的薛定谔方程和基于密度算符的主方程都有着确定性的随时间变化的状态演化,当对环境进行测量时,可以得到具有不确定的状态演化的随机薛定谔方程(Gambetta,2003).

1928年,泡利(Pauli)通过对系统与环境组成的大系统求偏迹去除环境的自由度,得到了第一个量子主方程,称为 Pauli 方程.它描述了当系统受到哈密顿量中的附加项微扰时的布居数演化,其布居数间的跃迁率由费米黄金定律给出.1957年雷德菲尔德(Redfield)推导出了核磁共振下的雷德菲尔德方程(Redfield,1957),该方程描述了一个与环境相互作用的自旋.此方程被广泛应用于环境动力学演化比系统动力学演化更快的系统中.自此,人们从冯·诺依曼(von Neumann)方程中推导出了许多类似的主方程,并

量子系统建模、特性分析与控制

提出了一些假设,如弱耦合限制、马尔可夫性、系统与环境间的时间尺度分离等.1976 年,林德布拉德(Lindblad)推导出了马尔可夫(Markovian)方程的最一般形式(Lindblad,1976).当雷德菲尔德方程具有 δ 关联函数时即成为林德布拉德型.最近,人们得到了一个非马尔可夫-雷德菲尔德方程,且在马尔可夫限制下可以约化至雷德菲尔德方程.苏亚雷斯(Suárez)和西尔比(Silbey)证明了当具有非马尔可夫效应的初始条件应用到马尔可夫-雷德菲尔德方程上时,它能保持正定性.类似的考虑也可以应用于不同的主方程(Strunz,2001).只要在弱耦合条件下,目前为止所有用二阶微扰理论推导得到的主方程都可以由非马尔可夫-雷德菲尔德方程约化获得.至于热浴,通常假设其自由度的数目极大,以至于系统对它的影响能迅速地耗散,从而不再反作用到系统上,即热浴状态是恒定的.近年来,人们研究了当系统和环境的总能量守恒时的系统主方程(Esposito,Gaspard,2003),即环境的状态不是恒定的.

开放量子系统的动力学演化主方程可分为两大类:马尔可夫主方程和非马尔可夫主方程.若不存在记忆效应,只需要系统的当前状态就可以决定系统的将来状态,则称演化过程是马尔可夫的,反之则是非马尔可夫的.有限维系统马尔可夫主方程最一般的形式是林德布拉德型,通过标准的伯恩(Born)逼近和马尔可夫逼近得到.伯恩逼近假设系统与环境的相互作用很弱.马尔可夫逼近假设系统与热库间的记忆效应可忽略,则热库的关联函数可表示为描述白噪声的 δ 函数,得到的林德布拉德超算符生成了一个完全正定的动力学半群.若将环境对系统的噪声过程描述为对系统状态的算符操作,则称能确保系统密度矩阵保持单位迹且完全正定的算符满足克劳斯分解(Kraus,1983).所有的林德布拉德超算符都满足克劳斯分解.若主方程中含有记忆核,则成为一个非马尔可夫方程,其对应的热库关联函数为描述有色噪声的非 δ 函数,此时系统先前时刻对环境的作用能反作用到系统上,影响系统当前时刻的状态.若忽略环境的长时间记忆效应,直接施加马尔可夫方法,则无法得到合适的运动方程.

可以将已有的开放量子系统的各种主方程模型归纳为两大类:① 热浴能量守恒时的开放量子系统模型;② 热浴与开放量子系统组成的复合系统能量守恒时的开放量子系统模型.实际上绝大多数开放量子系统模型是基于①类中热浴能量守恒的假设,②类更接近实际开放量子系统的情况.由于开放量子系统的精确动力学模型难以求得形式解和数值解,人们设计出了几种马尔可夫逼近方法,使得近似后的开放量子系统模型成为可解的主方程模型.在文献(丛爽,匡森,2020)的 9.1 节中推导了完整的逼近过程;分析了逼近前的精确动力学模型和逼近后的马尔可夫主方程特性;分析了具有最一般形式的林德布拉德主方程及其三种变形;给出了四种常用的马尔可夫逼近和四种特定条件下的马尔可夫主方程.对于不适用于马尔可夫逼近的开放量子系统,给出了能较完美描述系统动力学的后马尔可夫主方程.对于热浴能量不守恒的两类情况,同样可以通过马尔可夫逼近得到马尔可夫主方程.

1.2.3　非马尔可夫开放量子系统模型

对于孤立的封闭量子系统,量子态的演化是幺正的,描述其动力学的方程常用薛定谔方程或者刘维尔方程.但是系统与其他系统、系统与环境相互作用以及对被控系统进行测量时,都会导致量子态的非幺正演化,此时系统与外界的相互作用相比于系统内部各部分之间的相互作用不可忽略,系统由于不断和外界进行能量和信息的交换而变成开放的.因此,描述开放量子系统的动力学模型中常常要包含系统和环境相互作用引起的耗散、扩散、松弛、消相干等项,当环境的记忆时间尺度与系统状态演化时间尺度差不多时,还要考虑环境的记忆效应.若把系统及其环境作为一个整体来考虑,仍是一个封闭系统,可用幺正演化的动力学方程描述,但通常情况下,人们只对整体的某些部分感兴趣,因此只需推导感兴趣的子系统约化密度矩阵的演化主方程即可进行分析或实验.环境的多样性以及子系统的复杂性使得精确地描述系统动力学演化变得非常困难,即便可以得到精确的主方程模型,要对其进行进一步处理也是不可能的.因此,常需进行各种简化或近似以得到有实际用处的主方程.根据系统的复杂度和不同的近似条件,描述开放量子系统的动力学方程可以被划分为马尔可夫型和非马尔可夫型两种.对于未来系统状态只取决于当前状态即不考虑环境记忆效应的开放量子系统,可以通过伯恩逼近或者马尔可夫逼近得到林德布拉德型的马尔可夫主方程,其限制条件是系统与环境的弱耦合以及环境相关时间相对于系统状态改变的时间尺度来说短得可以忽略.当然并非所有的马尔可夫型主方程都是林德布拉德形式的(Wang et al.,2007).关于开放量子系统马尔可夫型主方程的研究及应用在很多文章中都进行过描述(Tanimura,2006).

虽然马尔可夫型主方程在量子光学的很多领域得到了广泛应用(Carmichael,1993),但在另外一些情况下,比如系统-环境的强耦合、初态的相关与纠缠,以及大部分凝聚态如量子系统与一个具有纳米结构的环境作用都会导致长的环境记忆时间,马尔可夫近似就会失效.环境的记忆效应导致了系统显著的非马尔可夫特性.非马尔可夫动力学系统常见于物理学的很多分支,比如固态物理、量子化学以及量子信息处理等.综合近几年来对纳米新技术材料的需求及量子计算机的发展,很有必要研究非马尔可夫主方程.

对考虑了环境记忆效应的非马尔可夫动力学模型的研究,已经有了许多研究成果.中岛(Nakajima)在1958年引入了超算符投影技术从冯·诺依曼方程入手推导出一个精确地描述非马尔可夫动力学模型的中岛-茨万泽(Nakajima-Zwanzig)(简称NZ)主方程

（Nakajima，1958），该方程是一个积分微分形式的带记忆内核的时间非局域的主方程，其记忆内核的计算是非常复杂的，很难应用于实际系统，常作为推导其他近似主方程的基础．1977 年，Shibata 等借助于阻尼理论消去了 NZ 型主方程中的积分项，得到一个时间无卷积（time-convolutionless，TCL）主方程（Shibata et al.，1977）．这是一个时间局域的一阶微分方程，包含一个和时间有关的生成子．上述两种方程都是对非马尔可夫动力学模型的精确描述，但是只在一小部分简单系统如玻色子模型和布朗谐振子模型中能数值求解，大多数情况下必须进行微扰近似．控制领域中，TCL 主方程和 NZ 主方程的二阶微扰形式是最常用的非马尔可夫主方程，在这些模型上，最优控制和相干控制的方法已被应用在布居数转移（Cui et al.，2009）、消相干控制（Cui et al.，2009）等方面．1992 年，胡（Hu）等利用费曼-弗农（Feynman-Vernon）影响函数路径积分的方法针对粒子的布朗运动推导出了 HPZ 型非马尔可夫主方程（Hu et al.，1992），该方程为研究系统与环境相互作用引起的量子消相干提供了非常有用的工具．鉴于量子力学的概率特性，20 世纪 90 年代，很多人致力于研究非马尔可夫的概率薛定谔方程，不仅提供了非马尔可夫系统的概率解释，而且通过对态矢量求统计平均很容易得到 TCL 型的主方程．概率薛定谔方程已广泛应用于量子光学、测量理论和固态物理中．2000 年，威尔基（Wilkie）首先考虑了非马尔可夫主方程的正定性问题，并根据完全正定的动力学半群（completely positive dynamical semigroup，CPDS）理论推导出了时间非局域非马尔可夫主方程的正定性条件（Wilkie，2000）．随后 2004 年，沙巴尼（Shabani）和李达（Lidar）提出的后马尔可夫主方程（Shabani，Lidar，2005）是一种可以自动保持系统完全正定性的非马尔可夫主方程．近年来，许多其他形式的非马尔可夫主方程相继出现，如非微扰的非马尔可夫主方程等．

　　根据以上已有的研究成果，2020 年，丛爽和匡森将有关非马尔可夫动力学的各种主方程模型的特点、使用条件及其具有的性质进行了分析与归纳，分别从带记忆内核的时间非局域主方程和时间局域主方程入手进行研究；在 NZ 型主方程和 TCL 型主方程的推导及二阶微扰近似下的相关驱动和耗散方程（correlated driving and dissipation equations，CODDE）与非马尔可夫-雷德菲尔德主方程的基础上，分析了突破弱耦合限制的两种非微扰形式的非马尔可夫主方程（nonperturbative non-Markovian quantum master equation，NN-QME 和 nonperturbative non-Markovian Redfield，NN-Redfield 主方程）；关于非马尔可夫主方程的正定性问题研究了保持正定性后马尔可夫（post-Markovian）主方程；并对应用于量子消相干领域的 HPZ 型主方程及另外两种普遍应用的主方程模型进行讨论；最后从合理解释非马尔可夫主方程的角度对概率薛定谔方程进行分析．本书中我们将仅给出最典型非马尔可夫开放量子系统的模型及其求解，如果对不同类型的非马尔可夫开放量子系统模型感兴趣，可参见（丛爽，匡森，2020）中的9.2 节．

1.3 量子系统的可控性研究状况

无论是对于经典控制理论还是对于量子控制理论,系统可控性(controllability,又称能控性)都是一个基本问题,任何一个系统只有当该系统可控或者控制目标可控时,设计的控制律才有可能实现.对于一个不可控的系统施加任何控制都是无济于事的.量子控制研究理论研究的第一个基本问题也是量子系统的可控性.

最早从控制论的观点对量子控制系统进行分析的是美国华盛顿大学的黄(Huang)等(Huang et al.,1983),他们于1983年发表了论文《量子力学系统的可控性》,提出了解析可控性的概念,具体分析并给出了量子系统在一个特定的希尔伯特空间的有限维子流形上的全局可控性条件,同时利用李代数对无限维空间下量子系统的可控性进行了分析.昂(Ong)等于1984年发表了关于量子力学控制系统可逆性的文章,重点分析了弱时变场作用下量子系统的可逆性,在系统无破坏可观测的假设前提下建立了量子无限维双线性系统模型,并研究了其可逆性条件.而克拉克(Clark)等于次年发表论文研究量子系统的可观性,分析了量子非破坏性滤波器,发展了将一个可观测量定性为一个量子无破坏性客观测量的充要条件.这三项成果是经典控制理论和量子系统相结合的标志性工作.之后很多学者投身量子系统可控性的研究.

对于不同类型的量子系统,均需要研究其可控性.由于量子系统的状态包含多种类型,因而不同的可控性概念被提出.对于有限维的封闭量子系统,基于李群和李代数,经典控制理论可以直接被应用并获得系统可控的条件.当系统维度很大时,可以基于图论获得系统可控的条件(Turinici,Rabitz,2001;Turinici,Rabitz,2003).

1995年罗摩克里希纳(Ramakrishna)等通过李群上不变系统的可控性结论来研究量子系统的可控性.席尔默(Schirmer)等2001年根据动力学李群、李代数概念提出了观测可控性的概念,得到各种可控性的充要条件,并针对有限维量子系统讨论了完全能控性的限制条件.2003年阿尔贝蒂尼(Albertini)等在双线性系统的模型框架下,对有限维量子系统可控性进行了总结,比较分析了算符可控性、纯态可控性、等价状态可控性和密度矩阵可控性四种开环能控性,给出了各种可控性的判据以及相互之间的关系.2005年兰(Lan)等将解析能控性的概念推广到时变量子系统中.在西条件下,系统的算符可控性也叫作完全可控性(Schirmer,Solomon,2004).在李群和李代数的相关理论基础上,可以获得四种可控性的李代数条件,并揭示出它们之间的关系:算符可控性和密度矩阵可控性是等价的,它们也是纯态可控性和等价状态能控性的充分条件,而纯态可控性和等价状态能控性两者也是等价的.张陈斌等则提出了本征态能控性的概念以及相应的控制算法(Zhang et al.,2005).丛爽等对量子系统的能控性以及双线性系统的能控性进行了比较(丛爽,东宁,2006).

总的说来,基于李群、李代数和图论方法对于封闭量子系统的可控性研究已经比较充分.除了无限维量子系统的可控性还有待更深入的研究之外,大部分能控性的问题都已经被解决,比如双线性量子系统波函数的可控性、分布参数系统可控性、旋转系统可控性、紧致李群上的系统可控性等.

开放量子系统动力学较复杂,对其可控性的研究比较晚,并且都是针对某一个特定的开放量子系统模型进行探讨的.谈(Tarn)等在 2000 年首先对开放量子系统的可控性进行研究.阿尔塔菲尼(Altafini)针对有限维马尔可夫主方程描述的开放量子系统,利用李代数的工具证明了其有限时间内是不可控的,并且给出了系统可达的充要条件(Altafini,2003).虽然如此,袁(Yuan)经过研究得到了二能级马尔可夫量子系统的状态可达集(Yuan,2013),即如果状态位于得到的可达集内,那么这些状态是可控的.因此,马尔可夫量子系统的所有状态虽然不都可控,但是其中的部分状态在特定的适当控制下是可控的.在量子系统中,可控性和可达性是等价的.另外,可以用克劳斯映射(Kraus,1983)表示的有限维开放量子系统却是完全运动态可控的(Wu et al.,2007).

古尼阿弯(Kurniawan)等针对非马尔可夫主方程模型给出了一种分析开放量子系统和封闭量子系统的可控性条件的统一方法:将可实现的状态转移算符定义为格拉斯曼(Grassmann)流形上的矩阵,对其构成的矩阵李群进行分类就可以得到可控性条件.图里尼奇(Turinici)等首次对非马尔可夫环境(耗散系数是时变的)下的开放量子系统进行了可控性分析.与之相似的是对由辅助系统驱动的目标系统的可控性研究,在这种系统中,控制场作用在辅助系统上,通过影响辅助系统的演化,并由其与目标系统的相互作用来控制目标系统的演化.亚历山德罗等研究了这种控制系统的间接可控性.

对于无限维量子系统,获得系统可控性的难度比有限维量子系统要大得多,但是经过多个学者的努力,依然获得了一些成果(Huang et al.,1983;Lan et al.,2005).Wu 等提出无限维量子系统的光滑可控性的概念及相应的判据(Wu et al.,2006),他们还针对克劳斯(Kraus)算符描述的开放量子系统运动学给出了其完全能控的充要条件(Wu et al.,2007).

1.4 量子系统控制的发展历程

1.4.1 量子系统的开环控制策略

系统的可控性研究提供了系统的控制目标可能达到时,系统内部参数所需要满足的条件,但是并没有提供如何实现控制目标的具体方法.因此,对于可控的量子系统设定的控制目标,比如驱动系统状态到一个期望的目标态,如何实现依然是一个需要研究的重要问题.

封闭量子系统指的是处于绝对零度的量子系统,或者与外部环境没有任何相互作用的孤立量子系统.封闭量子系统是研究开放量子系统的基础.封闭量子系统是一种理想的量子系统,自然界并不存在与外部环境绝对隔离的量子系统,唯一的例外是整个宇宙可以看作一个封闭量子系统.尽管如此,许多实际量子系统可以近似地看作封闭量子系统.此外,开放量子系统与其周围的环境一起作为一个整体可以被看作更大的封闭量子系统.这样的假设方便人们研究.从系统控制的观点来看,早期的量子控制方法都属于开环控制策略,这些控制手段都是基本物理方法,并没有利用系统控制理论对其进行指导,而且可控参数一般只有一个,因此只适用于一些简单的情况.对于量子控制策略的研究,由于实验设备以及闭环控制的复杂性,实验中大多采用开环控制的方法来实现简单的控制目的.一般而言,封闭量子系统的时间演化可由作用在系统上的幺正算符描述.基于实验上的可实现性,人们开发出一系列基于群分解、方程近似解以及基于仿真模型的控制场设计方法,如席尔默(Schirmer,2001)的李群分解方法、丛爽研究组(丛爽,东宁,2006)的针对各种幺正算符的分解方法:魏-诺曼(Wei-Norman)分解、马格纳斯(Magnus)分解、卡尔塔(Cartan)分解等.

最早的量子控制方法的研究当属由美国化学家拉比茨(Rabitz)教授提出的量子最优控制理论.最优控制技术在量子控制的应用,使得人们可以系统地、正确地调整多个控制参数,极大地丰富了量子控制的手段.1988年,皮尔士(Peirce)和拉比茨(Rabitz)等对量子系统最优控制问题解的存在性、数学近似处理方法和最优控制的应用等进行了详细的论述,率先提出了可用于量子分子控制的最优激光场设计,标志着宏观系统的最优控制理论正式应用到了量子系统的最优控制理论中(Peirce et al.,1988).从那以后到现在,量子最优控制不仅被用到选键化学中,还被成功地应用到了各种物理系统中.

1989年时和拉比茨提出利用最优控制来设计谐振分子选择性激发的控制场(Shi,Rabitz,1989).同一年,科斯洛夫(Kosloff)等提出了一种根据光学脉冲波形来选择最优控制场的方法,进行化学反应的主动控制(Kosloff et al.,1989).1993年沃伦(Warren)等发表论文对已有的量子开环控制方法进行了总结,并结合当时在激光产生方面的突破,提出利用激光对量子系统进行开环控制的一些具体方法(Warren et al.,1993).随后,亚历山德罗等在量子最优控制方面做了大量工作,通过对问题的数学描述和分析求解得到了一些不错的结果,并由李群分解的方法给出了能量最优控制的结果(D'Alessandro,Dahleh,2001).

对于一个特定的量子系统控制问题,最优控制方法就是在满足系统动力学方程的前提下,最小化价值性能指标(cost functional),如限制能量并最小化时间(Khaneja,2001)或时间限定并最小化能量(D'alessandro,Dahleh 2001)等,从而获得实现控制目标的控制律.最优控制策略已经被广泛应用于物理化学中的控制量子现象、激光驱动的分子反应(Peirce et al.,1988;Dahleh et al.,1996)及多个核磁共振仪(NMR)实验中.对于不同的控制问题,可以优化不同的性能指标;同时,对于相同的量子最优控制问题,可以使用不同的优化方法.特别地,产生分段常数控制(piecewise constant controls)的迭代算法可以分为科罗托夫(Krotov)型和GRAPE(gradient ascent pulse engineering,梯度上升脉冲工程)型,其中科罗托夫型是每个时间间隔依次更新(Krotov,Feldman 1983),GRAPE型为所有时间间隔同时更新(Khaneja et al.,2005).使用数值方法,基于庞特里亚金最大值原理极值解的显式计算,一些适用于低维系统的分析结果已经出现(Yuan,Khaneja,2005).另外,很多最优控制问题的解为棒棒控制(bang-bang control),比如博斯坎(Boscain)等在研究二能级量子系统的状态转移最优控制问题时,限定控制律的最大幅值,根据最大幅值和能级的关系,在布洛克(Bloch)球上分析系统状态在常量控制作用下的状态轨迹,通过最小化控制时间,得到的控制律即为棒棒控制(Boscain,Chitour,2005;Boscain,Mason 2006).同样是基于系统状态在Bloch球上的几何信息,楼和丛通过规划系统状态在Bloch球上的演化轨迹,限定控制律的最大幅值,设计了用于状态转移的几何控制(Lou,Cong,2011).此外,棒棒控制还可以被用于消相干抑制(Viola,Lloyd,1998)和操纵相干态(Wu et al.,2007)等控制问题,且相对而言,棒棒控制在实际实验和应用中是较容易实施和实现的一种控制.最优控制还可以与其他控制结合,比如闭环学习控制和量子反馈控制,从而可以被用于操纵量子纠缠(Mancini,Wiseman,2007)、哈密顿参数辨识(Geremia,Rabitz,2002)、控制化学反应(Rabitz,2000;Shapiro,Brumer,2003)及量子态跟踪(Chen et al.,1990)等.量子最优控制技术也被应用到了量子信息领域,如量子门的优化控制(Spörl et al.,2007;Schirmer,2009)、纠缠态的制备(Fisher et al.,2009).在这些应用中,大量的优化算法被采用或发展来寻找最优解,包括共轭梯度搜索算法(Kosloff et al.,1989)、拟牛顿法(de Fouquieres,2012)、Krotov 方法(Palao,Kosloff,2003)、单调收敛算法(Ohtsuki et al.,2004)、非迭代算法(Zhu,Rabitz,1999)、一种混合局部/全局算法(Beyvers,Saalfrank,2008)、同伦算法(Rothman et al.,2005).而将其中的一些算法混合使用可以使得收敛速度更快(Castro,Gross,2009).而控制目标的选取也会影响算法的收敛速度,已经有文献验证了在制备量子门时选取对数型的目标泛函得到了更好的收敛速度(de Fouquieres,2012).

基于李雅普诺夫的控制设计方法大的思想是依据李雅普诺夫稳定性定理,通过保证已选定的一个李雅普诺夫函数不断下降来设计相应的控制律.用该方法所得到的控制律是稳定的.该方法最先由苏加瓦拉(Sugawara)在 2002 年引入量子控制领域,他提出通过使特定性能指标(或称目标函数)单调变化的局域优化方式来设计控制律,这其实就是李雅普诺夫技术,但是他没有分析收敛性;同年 8 月,贝托利(Vettori)针对量子系统本征态的驱动问题,正式提出利用李雅普诺夫控制技术设计相应的控制律,并利用微分几何理论分析了控制律作用下量子系统目标态的收敛性问题;同年 12 月,费兰特(Ferrante)等也在 41 届 IEEE 决策与控制会议上发表论文,从运动学的角度出发,提出利用李雅普诺夫技术实现多能级量子系统的状态驱动(Ferrante et al.,2002b).到了次年,苏加瓦拉再次发表论文,提出了以状态观测量平均作为性能指标的一般形式,并推导出控制律形式(Sugawara,2003).同年,格里沃普洛斯和巴米耶在 42 届 IEEE 决策与控制会议上,提出以观测量平均作为李雅普诺夫函数的控制律设计方法,并利用拉塞尔不变原理分析了系统的最大不变集的特征(Grivopoulos,Bamieh,2003).2005 年米拉希米等以双线性薛定谔方程为控制模型,选取状态距离作为李雅普诺夫函数,分析了所设计控制律的收敛性,并对量子系统纯态演化轨迹进行跟踪(Mirrahimi et al.,2005).2007 年,阿尔塔菲尼推导出了以状态的希尔伯特-施密特(Hilbert-Schmidt)距离作为李雅普诺夫函数设计控制律的相干向量形式,并对方法的收敛性进行了分析,给出了当给定初始状态和目标状态时,系统是否能够在控制律作用下收敛到目标状态的判据(Altafini,2007a;Altafini,2007b).2008 年,匡森和丛爽在《Automatica》上发表论文,针对纯态量子系统以本征态作为目标状态的问题,研究了分别以状态误差、观测量平均以及希尔伯特-施密特距离作为李雅普诺夫函数,所设计的控制律之间的相互关系以及控制效果的异同,指出以状态误差和希尔伯特-施密特距离作为李雅普诺夫函数实际上是等价的,而选择观测量平均作为李雅普诺夫函数具有更灵活的形式,同时给出了观测量平均函数中虚拟力学量算符的构造原则,2009 年他们还分析了用李雅普诺夫方法控制纯态量子系统时的最大不变集的状态特征与系统的能级跃迁结构之间的关系,并在此基础上给出观测量的设计原则.

2010年王和席尔默针对一般的混合态量子系统,探讨了以观测量平均作为李雅普诺夫函数的控制律设计问题,并从运动学的角度分析了系统不变集状态的稳定性,指出当系统能控时,不变集中的状态除了初始状态和目标状态外都是运动学上的鞍点(Wang, Schirmer,2010b).

实际上在上述的量子最优控制和量子李雅普诺夫控制律中是包含被控系统的状态信息的,或者是波函数,或者是密度矩阵.换句话说,在对量子系统的控制过程中,控制算法的设计是需要用到被控系统的状态的.从这个角度来说,凡是控制律是系统状态或输出的控制,就是反馈控制.不过由于被控系统是与外界无相互作用的孤立量子系统,此时可以假定系统的状态演化满足薛定谔方程或者刘维尔方程,也就是可以利用系统的动力学模型求解出在任意时刻系统的状态,来计算出精确的控制量的大小.所以对于封闭量子系统的反馈控制,可以认为是基于程序设计的反馈控制.现在把它们放在量子开环控制理论中,完全是因为在封闭量子系统的控制,不需要通过测量来获得系统状态信息.这种做法在开放量子系统中是不合适的.不过结合量子态的在线估计,量子李雅普诺夫控制完全可以应用于开放量子系统的控制中.这是最近几年才能真正实现的,也是本书的重点内容之一.

开环控制虽然可以解决很多控制问题,但是依然有一定的局限性.在量子开环控制中,基本上基于以下假设:① 系统的哈密顿量精确已知;② 薛定谔方程能被可靠求解;③ 所用控制场能在实验室产生.除了一些简单的量子系统,这些假设一般都很难满足.另外开环控制的精度完全取决于设计者所设计出的控制律的准确性.如果是基于量子系统模型进行的控制律的设计,只要系统模型的参数不准确,或者有变化,就导致控制效果变差,因而只要不是在封闭量子系统的情况下,开环控制一般很难得到很好的控制效果,甚至无法达到控制目标.为克服开环控制的这些缺陷,同时能够对更加复杂的开环量子系统进行控制,并且为了进一步提高量子系统的抗干扰能力以及获得更高精度的控制性能,人们需要进行闭环量子控制系统的设计.

1.4.2 量子控制图景的研究状况

量子控制的一个重要的实际目标就是找到操控量子现象的最优解.早期的研究(Peirce et al.,1988)描述了最优解存在的条件,但是没有探索寻找最优解的复杂度.学习算法需要在激光的控制参数空间中找到最优的参数来使量子观测算符平均值达到最优,因为这个搜索空间是高维的,人们通常会认为存在局部最优点阻碍搜索算法达到最优值.但是不断的量子最优控制实验和仿真结果表明,这种情况是很少见的.为了理解这一引人注目的现象,2004年拉比茨(Rabitz)和他的合作者们在美国《科学》杂志上提出了量子控制图景(landscape)的概念,它被定义为一个目标泛函与控制函数空间之间的映射.量子控制图景的分析不仅可以确立量子最优控制解的存在性和它们的类型(比如全局最优或局部最优、真实的最大值或鞍点),还可以确定优化算法向全局最优解的收敛性条件,这些性质不依赖于系统哈密顿量的具体形式,只需要系统是可控的,这使得控制图景分析适用于大范围的可控量子现象(Chakrabarti,Rabitz,2007).

对于一个控制图景 $J[u]$,其控制临界点是满足 $\delta J/\delta u = 0$ 的控制场.近一步对邻近点进行二阶微分,也就是求海森(Hessian)矩阵,并且根据它的海森矩阵的特征值的符号可以判断其是否是全局最优点.大量关于演化算符的控制(Rabitz et al.,2005)和观测算符控制的图景分析揭示了对于可控的封闭量子系统一般是不存在次优的局部极大或极小值的.这个理论上的结果也被实验所验证了,2010年,罗斯隆德和拉比茨证明了滤波和未滤波的二次谐波产生的优化控制图景不存在局部最优的单调特性(Roslund,Rabitz,2009).

许多量子控制任务要求寻优算法能够寻找到最优解的同时满足额外的限制条件,如控制场的能量最小或对噪声的鲁棒性最好.被称为同伦轨迹控制(homotopy trajectory control)算法,特别地,D-MORPH 算法(Rothman et al.,2005)可以沿着达到最优解的路径搜索,并且能局部地优化附加的代价函数.这种算法成功的先决条件是在初始控制与目标控制之间存在路径.同伦轨迹控制与能级集合(level set)中的定义密切相关.能级集合被定义为产生同一个目标泛函值的所有控制的集合.理论上的研究(Rothman et al.,2005)表明可控量子系统的每一个能级集合是一个连续流形.而一个同伦轨迹算法能够在这样的流形上移动,从而找到产生同一个泛函值的多个控制场,但这些控制的性质不相同(如能量和鲁棒性).这种算法还可以用在探索多目标的控制图景中(Chakrabarti,Rabitz,2007).

由于与环境的相互作用,开放量子系统的状态调控问题要比封闭量子系统复杂许多.动力学的耗散部分(即 Lindblad 项)不可避免地将系统驱动到平衡点,这种行为不能由相干控制完全补偿,从而增加了控制任务的难度.尽管如此,一些利用数值方法的研究表明在开放量子系统中仍然可以实现不同的控制任务.同封闭量子系统控制图景的分析一样,开放量子系统的控制图景拓扑分析可以预先揭示局部极小值控制临界点的存在性.为了达到这个目的,有人已经在 Kraus 映射的意义下研究了开放量子系统的运动学图景,证明了如果系统的任意两个状态可以通过一组 Kraus 算符连接则控制图景没有局部最优点存在(Wu et al.,2008).有关开放量子系统的动力学控制图景的临界点的性质和结构需要研究,通过对开放量子系统动力学图景进行拓扑分析,可以揭示开放量子系统最优控制的复杂性.

量子系统建模、特性分析与控制

1.4.3 量子系统闭环控制策略

闭环控制相对于开环控制在鲁棒性和提高精度方面均有优势.特别地,开放量子系统与不可控环境存在相互作用,不确定性或者噪声的存在不可避免,为了获得更强的鲁棒性,就需要采用闭环控制.量子系统闭环控制包括闭环学习控制(Judson,Rabitz,1992;Rabitz,2000)、量子反馈控制(Jacobs,2003;Handel et al.,2005a;Mirrahimi,van Handel,2007)、线性二次高斯(LQG)控制(Doherty et al.,2000;Nurdin et al.,2009)等.

量子闭环控制策略的提出基于以下几个原因:首先在实验室里的实际量子系统,哈密顿量不是精确知道的(除了一些最简单的情况).第二就是开环设计的量子控制律因为器械噪声或其他的限制在实际的量子控制实验中没法可靠实施.1992年,贾德森(Judson)和拉比茨(Rabitz)在他们的论文《Teaching lasers to control molecules》(Judson,Rabitz,1992)中提出了自适应反馈控制(adaptive feedback control,AFC)策略.在这种方法中,通过不断地测量样本量子系统的输出结果来更新控制场直到控制目标达到最好.这种方法的最重要的优点是可以在实验室直接应用,是不需要对系统进行建模的,因此它常常被用在高维(如液相中的多原子分子,这种系统只有很粗糙的模型来描述)复杂量子系统的控制中.学习算法是自适应学习控制策略的一个重要因素.大多数的AFC采用的都是基于学习的随机学习算法,因为其固有的对噪声的鲁棒性,比如进化策略(evolutionary strategies)和遗传算法.多目标优化也在AFC实验中得到成功验证.在一些AFC实验中还用到了模拟退火算法,但是结果表明它只适用于需要优化的实验参数不多的情况.而蚁群优化算法最近在AFC仿真中也得到了成功应用.2009年,罗斯隆德和拉比茨验证了基于梯度的算法在实验室AFC也是有效的(Roslund,Rabitz,2009),而随后他们将随机和确定性算法混合使用得到了更好的效果(Roslund et al.,2009).

另外一种闭环控制策略就是实时反馈控制(real-time feedback control,RTFC).它与AFC的不同之处就是,AFC在每个控制周期都会采用一个新的量子系综,而实时反馈控制始终采用相同的量子系综,所以RTFC的量子测量对系统的演化有比较大的影响.根据控制器的性质,RTFC主要分为两大类.一类是基于测量的量子反馈,在这种方法中,量子测量探测量子系统,得到的经典信息经过实时的离线处理后反馈到控制器来确定下一步的控制策略(Wiseman,Milburn,1993a;Doherty et al.,2000;Wiseman,Milburn,2010).被控系统的演化取决于两方面的影响:外部的经典控制场的相干作用(幺正)和测量导致的非相干反作用(非幺正).这种基于测量的RTFC可以用量子滤波理论来对其进行一般性描述(Bouten et al.,2007).最近另外一种被称为相干反馈控制的RTFC越来越受到关注,因为在这种方法中,没有量子测量.相反,一个辅助的量子系统充当了控制器的角色,这个控制器通过其与目标系统的相互作用来影响目标系统的演化.此外,外部控制场可以单独作用在辅助系统或同时作用在辅助系统和目标系统上.在这种方法中,目标系统与辅助系统动力学纠缠在一起,需要的反馈信息是整个复合系统的相干性,因此量子信息不会被破坏.虽然RTFC在1983年(Belavkin,1983)就被提出,但是它在实验室的应用(Bushev et al.,2006;Gillett et al.,2010)远没有AFC那么广泛.一个重要的障碍就是许多令人关注的量子现象发生的时间尺度太短不足以用经典的控制器对测量信息进行处理,虽然相干RTFC能够解决这个问题,但这种情况下控制器自身需要精确的设计来保证对量子系统的好的控制效果.尽管如此,随着科技的飞速发展,RTFC在将来的应用是完全有可能的,因此理论上研究RTFC在量子系统的应用取得了大量的成果.比如镇定噪声环境下量子系统的动力学(Mirrahimi,van Handel,2007)、在系统哈密顿中存在不确定量的系统中得到鲁棒的控制性能(Dong,Petersen,2009).其他的还有量子纠错编码(Ahn et al.,2002)、纠缠的产生与保持(Yamamoto et al.,2008)、量子态的纯化(van Handel et al.,2005)等.

反馈控制是对复杂系统进行高精度控制的常用方法之一,量子系统反馈控制的基本思想与经典反馈控制理论相同,即在量子系统的控制过程中,被控量子的状态不断地通过实时测量量子系统的输出信号被估计或重构处理,并被用于反馈到控制器的算法中,控制器根据量子实时获得的状态信息及时地调整控制函数,使得量子系统始终能够保持在期望的状态或性能上.1993年怀斯曼和米尔本提出了通过零差探测来实现量子系统的光学反馈(Wisemen,Milburn,1993a),次年,怀斯曼又提出了描述量子系统动态性能的量子反馈限定原理(quantum-limited feedback theory),通过实时反馈的测量信号(光电流)来控制一个量子系统的哈密顿量(Wisemen,1994).但是由于量子系统具有不可观测性,采用仪器对其状态的任何测量必将在某种程度上破坏现有的状态,所以这样的测量结果是不够精确的.因此,一种解决方案是采用量子无破坏性测量(quantum non-demolition measurement),即对相互对易的物理量算符进行测量,以及近年来提出的量子连续弱测量,一种对系统状态的影响非常小的测量.另一种思路是把控制理论量子化,从而能适用于量子系统的新特点.1999年多尔蒂等发表文章初步讨论了量子反馈控制中的测量问题,分析了如何在连续的测量后估计量子的状态(Doherty,Jacobs,1999),并于2000年发表文章提出三种把经典反馈控制理论量子化的方法;讨论了量子反馈控制的信息提取,把量子反馈控制分为测量估计阶段和反馈控制阶段(Doherty et al.,2000),2002年莫洛等对光学栅格中原子的波包振荡进行了实时的反馈控制(Morrow et al.,2002).早期的量子反馈控制研究大多停留在理论研究上,有人将量子反馈控制方法应用到实验当中,

量子系统建模、特性分析与控制

比如菲舍尔等利用反馈控制光学腔中的单原子的运动,使之能够在腔中保留更长的时间(Fischer et al.,2009);阿门等利用反馈实现了光学相位的自适应零差测量(Armen et al.,2002).但是,由于实时的量子反馈存在各种各样的困难,利用量子反馈控制对量子系统波包的操控,特别是单个量子系统状态波函数的控制并不具有一般性.

从量子系统的发展过程可以看到,量子系统控制目前主要还是利用了经典控制理论中的开环控制、最优控制、学习控制和反馈控制等控制策略来进行控制.与其他领域一样,量子控制系统建立需要经过以下几个步骤或要素:一是量子系统的建模.建立能真正描述量子系统的动力学模型,并且可以利用模型来研究量子在控制场中的相互作用.二是可控性分析.利用建立的量子模型对系统的可控性进行分析,从中推导出系统的可控性条件,只有这样才能在一定条件下对系统进行可控性设计.三是控制场设计.设计一个可以实现期望控制目标的控制场,来使量子系统按照人们所期望的过程进行变化.这是量子系统控制中最重要的一环,在经典控制理论中有各种成熟的控制方法,但在微观量子领域中,由于量子系统本身的一些特性,经典的方法和公式不能直接用在量子系统中,必须与量子特性相结合.四是实践应用.即对所设计的控制场进行实验检验,并将其成果应用到量子信息、量子化学等工程实践中去.

1.5　量子反馈控制的研究状况

在 20 世纪 80 年代后期和 90 年代早期,就已经有很多学者独立研究了描述量子系统连续测量的方程:斯里尼瓦斯和戴维斯获得了在光探测(photo detections)下光共振腔(optical cavity)的状态方程(Srinivas,Davies,1981);迪奥西得到了描述开放量子系统状态的随机方程(Diosi,1986);巴尔基耶利和卢皮耶里推导了海森伯图景下描述连续测量的方程(Barchielli,Lupieri,1985).随后,贝拉夫金(Belavkin,1987)、迪奥西(Diosi,1988a;Diosi,1988b)及怀斯曼和米尔本分别独立研究了在连续测量下伴随高斯噪声的量子系统状态的方程,即随机主方程(stochastic master equation,SME)(Wiseman,Milburn,1993a;Wiseman,Milburn,1993b).但是,理解和学习这些成果需要很高的数学能力,使得它们并没有被相似研究领域的人广泛关注和应用.

通过一种不同的量子反馈方法,1994 年怀斯曼指出如果将测量结果的一个简单函数进行反馈,量子系统的连续反馈可以用一个马尔可夫主方程描述,这种反馈方法被称为马尔可夫反馈(Wiseman,1994).1998 年,平贺柳泽(Yanagisawa)和木村(Kimura)

（Yanagisawa，Kimura，1998）及多尔蒂和雅各布斯（Doherty，Jacobs，1999）提出了从随机主方程获得估计执行反馈的概念，并指出对于线性系统，这种反馈等价于现代经典反馈控制，因此最优控制的标准结果可以应用于量子系统，这种反馈方法被称为贝叶斯反馈.2000年，劳埃德提出了不需要明确测量的反馈控制概念（Lloyd，2000），这种反馈控制被称为相干反馈控制（coherent feedback control，CFC）.相对来说，所有涉及明确测量的控制通常被称为基于测量的反馈控制或者简称测量反馈控制（measurement-based feedback control，MFC），即马尔可夫反馈和贝叶斯反馈均属于基于测量的反馈.

在量子系统中，噪声会引起消相干，开放量子系统反馈控制最重要的应用之一就是抑制噪声的影响，比如马尔可夫量子反馈控制被用于抑制薛定谔猫态的消相干，即可以产生和保护薛定谔猫态（Tombesi，Vitali，1995；Vitali et al.，1997；Fortunato et al.，1999）.除此之外，马尔可夫量子反馈控制还可以被用于单个二能级原子状态的稳定（Hofmann et al.，1998）.更一般地，贝叶斯反馈则可以被用于多种微观系统的状态稳定，这些系统包括纳米力学谐振器（nano-mechanical resonators）（Zhang et al.，2009；Woolley et al.，2010）、量子点（Goan et al.，2001；Jin et al.，2006；Oxtoby et al.，2006）及超导量子比特（Riste et al.，2012；Vijay et al.，2012；Campagne-Ibarcq et al.，2013；Cui，Nori，2013）.

基于测量的反馈控制还有很多其他重要的应用，比如量子纠错（Ahn et al.，2002；Chase et al.，2008；Keane，Korotkov，2012；Szigeti et al.，2014）、操纵量子纠缠（Hou et al.，2010；Xue et al.，2010；Stevenson et al.，2011）、量子态的区分及量子参数估计（Wiseman，1995；Berry et al.，2001）等.同时，相干反馈控制也可以被用于量子纠错（Kerckhoff et al.，2010；Kerckhoff et al.，2011）、产生和控制连续变量的多点光学量子纠缠态（Yan et al.，2011）等.

特别地，如果在量子态的还原过程中执行反馈操作，可以通过设计合适的控制律使某些特定状态全局稳定，即系统状态从任意初始态收敛到选定的目标态（Handel et al.，2005a；Handel et al.，2005b；Altafini，2007b；Mirrahimi，van Handel，2007；Qi et al.，2013）.通过分别单独考虑量子滤波问题和状态反馈控制问题，汉德尔等将量子反馈控制问题作为随机非线性控制问题进行处理，并研究了使用随机李雅普诺夫技术设计量子自旋系统的反馈控制律（van Handel et al.，2005）.不过，汉德尔等的工作中使用的李雅普诺夫函数是通过数值的SOSTOOLS（self-organiging system tools，自组织系统工具）寻找得到的，对于不同的量子自旋系统，均需要重新经过SOSTOOLS搜索，并不具有通用性；另外，考虑的系统是量子自旋系统，对于高维系统，这种控制律设计方法由于计算复杂度随着系统维度的增加而变得不可采用.为了解决有限维随机量子系统的状态稳定问题，特别是高维系统，米拉希米等针对一个特殊的有限维系统——角动量系统提出一种开关

量子系统建模、特性分析与控制

控制策略驱动系统状态从任意初态收敛到系统的任意一个本征态,并且根据量子状态的样本路径对提出的控制策略进行了严格的数学证明(Mirrahimi,van Handel,2007).考虑到开关控制在实际使用中的不便,2007 年 Tsumura 提出使用连续反馈控制也可以实现角动量系统的一个本征态的全局稳定(Tsumura,2007).更进一步地,2008 年 Tsumura设计了可以使角动量系统的任意本征态全局稳定的连续控制律(Tsumura,2008).

同年,阿尔塔菲尼和提科齐将角动量系统推广到更一般的随机量子系统.他们考虑了一个有限维随机量子系统,根据方差的定义,结合已经使用的李雅普诺夫函数,构造了一个新颖的函数,并根据这个函数设计了非线性的控制律.但是,滤波器状态空间的对称拓扑,使得设计的控制律只能实现系统本征态的局部稳定(Altafini,Ticozzi,2008).为了实现有限维度随机量子系统的任意本征态全局稳定,葛(Ge)等基于非平滑(non-smooth)类李雅普诺夫理论,包括连续的类李雅普诺夫稳定定理和一个不连续的李雅普诺夫稳定定理,通过考虑滤波器状态的滑块运动,分别设计了饱和形式(saturation form)的开关控制和连续控制(Ge,Vu,Hang,2012).非平滑的特性可以保证所设计的控制律能够应对滤波器状态空间的对称拓扑,从而解决了量子滤波器状态的全局稳定问题.

上面提到的工作中在考虑状态稳定问题时,均使用了一个理想条件,即假设系统中不存在延迟效应,也就是测量和控制律设计及施加的时间均被忽略.但是实际中,这些操作均是需要时间的,因而更合理的条件应该是考虑系统存在延迟时间的情况.因此,一些学者考虑了存在系统延迟时间情况下的状态稳定问题(Ge,Vu,Lee,2012;Wang,James,2015).此外,对于随机量子系统状态的稳定问题,索马拉朱等研究了系统维度无限的情况(Somaraju et al.,2011;Somaraju et al.,2013);吴(Vu)等通过设计棒棒控制实现了贝尔(Bell)态和两比特及三比特最大纠缠态的全局稳定(Vu et al.,2012a;Vu et al.,2012b;Vu,Dhupia,2013);Matsuna 和 Tsumura(Matsuna,Tsumura,2010)及 Amini 等(Amini et al.,2013)研究了离散随机量子系统的反馈控制.

在量子系统反馈控制中,比较常见的控制方法为最优控制和李雅普诺夫(Lyapunov)控制.量子最优控制方法是通过找到符合系统状态演化方程且能够令系统性能函数取得最小值的一组解,其优势在于能够获得控制问题的全局最优解,其不足之处为控制场初始值影响系统状态的演化轨迹,若想获得最优解,需要事先提供一个合适的初始参数,在此基础上还需要进行重复多次的迭代,这在一定程度上大大增加了系统的计算量.目前,量子最优控制方法在各种实际物理场景中已得到普遍应用(Peirce et al.,1988;Khaneja et al.,2001).量子李雅普诺夫控制则是通过使李雅普诺夫函数发生单调变化来实现的,每一个时刻的控制场都是由系统在该时刻的状态来决定的,并随之反馈给被控量子系统,不需要求解系统的偏微分方程,避免了大量的迭代计算过程.量子李雅普诺夫控制的优势在于所设计的控制律能够使系统状态收敛至平衡态的集合中,另外,其控制律形式简单,计算量小;其不足之处在于李雅普诺夫函数需要满足一定的限制条件,采用李雅普诺夫函数表示的系统性能指标也不如最优控制灵活,并且对于存在多个平衡点的高能级量子系统,需要考虑设计出仅包含目标态集合的收敛控制律,否则按照李雅普诺夫稳定性定理设计的控制律有可能收敛到平衡态集合中的其他稳态.量子李雅普诺夫控制在量子系统领域的应用主要分为两类:一类是利用李雅普诺夫稳定性定理设计反馈控制律来实现系统特定的控制目标,例如,状态轨迹跟踪(Coron et al.,2009)、状态转移(Zhao,Lin,2012)、量子逻辑门的制备(Wen,Cong,2016)、叠加态的制备(Cong,Zhang,2008)、系统平衡态的布居数控制(匡森,丛爽,2010)等;另一类是基于李雅普诺夫方法分析控制律的收敛性研究,从理论上分析证明该控制律是否能够实现被控系统的控制目标,例如,不同李雅普诺夫函数下的系统收敛性分析(Zhao et al.,2012)、量子系统混合态的稳定性分析(匡森,丛爽,2010),以及具有退化本征谱和非退化本征谱的目标态的状态收敛问题(Wang,Schirmer,2010a)等.

随着量子控制理论与量子信息技术的发展,利用量子反馈控制进行状态转移的研究也相继展开.对于封闭量子系统而言,其状态能够通过直接求解系统的动力学模型,即薛定谔方程来获得,进而设计相应的状态反馈控制律来实现控制目标.而对于开放量子系统来说,在实际实验中是无法通过数学求解的方法来进行控制的.为了获得开放量子系统的状态,人们开始考虑量子测量.利用连续弱测量可以在尽量不破坏系统状态的前提下实现开放量子系统的实时反馈控制.2005年,汉德尔(Handel)等通过计算机搜索的方式实现了量子系统本征态之间的状态转移,但该方法存在计算量较大、控制律非解析形式的缺陷(Handel et al.,2005b).2012年,葛(Ge)等考虑基于测量的开放量子系统,基于非光滑李雅普诺夫理论,包括连续李雅普诺夫稳定性定理和不连续李雅普诺夫稳定性定理,分别设计了连续控制律和饱和形式的开关控制律来进行任意初始态与系统本征态之间的状态转移(Ge,Vu,Hang,2012;Ge,Vu,Lee,2012).丛爽研究组研究了基于李雅普诺夫稳定性定理的非马尔可夫开放量子系统的状态转移控制,验证了将李雅普诺夫稳定性定理应用于开放量子系统状态转移的有效性(丛爽 等,2013;丛爽 等,2014;胡龙珍,2014;薛静静,2015).

量子系统反馈控制不仅在理论上得到相当程度的关注和研究,而且在多个实际实验中也得到广泛的应用.在量子光学中,基于测量的反馈控制被应用于自适应相位测量(Armen et al.,2002)、自适应相位估计(Higgins et al.,2007;Wheatley et al.,2010;Yonezawa et al.,2012)、纠正一个单光子态(Higgins et al.,2007;Wheatley et al.,2010;Yonezawa et al.,2012);相干反馈控制则可以应用于噪声消除(Mabuchi,2008)、压缩光(squeezing light)及经典逻辑门(Zhou et al.,2012).对于阱离子(trapped particles:atoms,ions and Cavity-QED),基于测量的反馈控制可以用于量子态的稳定(Smith et al.,2002)、福克（Fock）态的制备（Sayrin et al.,2011）、原子态的经典反馈控制（Brakhane et al.,2012；Inoue et al.,2013；Vanderbruggen et al.,2013）及控制阱离子的运动（Fischer et al.,2002；Morrow et al.,2002；Bushev et al.,2006；Kubanek et al.,2009；Gieseler et al.,2012）.在超导电路中,基于测量的反馈控制被用于单比特状态的稳定（Castellanos-Beltran,Lehnert,2007；Yamamoto et al.,2008；Bergeal et al.,2010；Weber et al.,2014）及制备两比特间的纠缠（Riste et al.,2013）；Kerckhoff 等则在双稳态超导电路中使用了相干反馈网络.除此之外,两种反馈控制均可以被应用于光力学和电机学中（Kerckhoff et al.,2013）.

对于反馈网络,詹姆斯及其合作者研究了线性量子系统的反馈网络（James et al.,2008）,高夫和詹姆斯基于输入输出理论构建了一个简洁方便的形式处理任意复杂的网络（Gough,James,2009）.最近,很多学者对多种控制问题研究了非线性相干反馈网络的使用（Mabuchi,2011；Zhang et al.,2012）.2009 年努汀等指出线性相干反馈网络可以执行线性基于测量的反馈（Nurdin et al.,2009）,因此基于测量的反馈和相干反馈两者之间的关系也是目前的一个研究方向（Jacobs et al.,2014）.

2012 年,法国哈罗什（Haroche）教授等和美国怀恩兰（Wineland）教授等因突破性的反馈控制实验方法,使得单个量子系统的制备、测量和操控得以真正实现（Haroche,Kleppner,1989；Haroche,Raimond,1993；Wineland et al.,1994；Wineland et al.,1998）,并由此获得了 2012 年的诺贝尔物理学奖.目前,量子反馈控制广泛应用于真空腔中原子、离子阱和囚禁光子、NMR、超导电子等物理特性要求必须采用连续测量方式的物理载体实验（Branczyk et al.,2007；Sayrin et al.,2011；Brakhane et al.,2012；Vanderbruggen et al.,2013；Jacobs et al.,2015）,甚至拓展到量子探测、雷达、信号网络等方面,在现在及未来量子领域甚至自然科学研究领域中占有十分重要的地位.

除了闭环控制,很多学者将经典控制理论中的若干鲁棒控制方法扩展到量子领域,如小增益定理（D'Helon,James,2006）、传递函数方法（Yanagisawa,Kimura,2003a；Yanagisawa,Kimura,2003b）、H^{∞} 控制（James et al.,2008）及滑模控制（Dong,Petersen,2009）等.

基于反馈的控制策略需要通过测量来获得任意时刻系统的状态,然后根据所设计的控制律来施加控制量.在量子系统中,量子反馈有马尔可夫量子反馈、贝叶斯量子反馈（陈宗海 等,2005）,以及量子弱测量策略（Jacobs,Steck,2006；Lloyd,Slotine,2000）、POVM 测量（张永德,2006）等.近年来,在理论上利用量子反馈控制策略实现退相干抑制的成果被广泛报道,如相干反馈控制在非马尔可夫玻色子系统（Xue et al.,2012）、基于弱测量的量子反馈策略在马尔可夫退相干环境中的量子系统（Zhang et al.,2010）的应用.量子反馈控制的困难主要在于:第一,量子系统的信息获取过程本身会带来干扰,过强的测量将会引起量子系统状态波函数的塌缩,对一个单一量子系统,通过一次测量是无法获取其全部信息的;第二,由于量子态自演化的快速性,量子控制中的测量滞后以及信息处理都会使得量子反馈控制变得更加困难.目前为止还没有实验报道利用反馈控制策略成功实现退相干抑制,但随着量子信息科学的发展,对其理论的研究是很有必要的.

1.6 量子系统算符制备的研究状况

量子逻辑门是具有幺正性质的量子算符,在量子计算机中的作用相当于传统电子计算机中的晶体管的作用,对信息进行处理从而完成各种计算.量子计算机的计算能力比传统电子计算机有指数级的提升,因此对于一些需要复杂计算的任务和领域具有重要的意义.为了制备量子计算机,作为其重要组成部分,量子逻辑门的制备是首要的工作,因而很多学者对这项工作展开了研究(Montangero et al.,2007;West et al.,2010;de Fouquieres,2012;Economou,2012;Twardy,Olszewski,2013;Tai et al.,2014;Zu et al.,2014).

在量子计算中,一组门是通用的(universal)是指所有的幺正运算均可由仅包含这组门的量子线路实现.事实上,有两组这样的通用门(universal quantum gates):Hadamard门,相位门,CNOT 门及 $\pi/8$ 门;Hadamard 门,相位门,CNOT 门及托福利(Toffoli)门.因此,在制备量子逻辑门时,并不需要穷尽所有的幺正算符,只要制备出两组通用门的任意一组即可.

制备量子逻辑门,就是通过对系统施加合适的控制律(通过磁场、脉冲或者激光等方式),系统在控制律作用下演化,施加控制的作用相当于系统状态经过量子逻辑门操作的作用,即通过施加控制完成量子逻辑门对状态的操作.需要注意的是,控制律的设计和状态是无关的.因此,制备量子逻辑门的关键就是对不同的系统如何施加以及施加何种形式的控制律,才能实现对应的量子逻辑门对状态的操作,即控制律的设计是制备量子逻辑门的主要工作.为了设计制备量子逻辑门的控制律,有很多控制律设计方法被采用,其中比较常见的两种是基于最优控制理论设计控制律(Khaneja et al.,2002;de Fouquieres,2012;Floether et al.,2012)和动力学解耦方法(Biercuk et al.,2009;West et al.,2010;Peng et al.,2011;Bermudez et al.,2012).

最优控制方法适用范围广泛,不仅可以用于制备封闭量子系统的量子逻辑门,而且还可以制备开放量子系统的量子逻辑门.对于封闭量子系统,德·福奎尔斯(de Fouquieres)使用矩阵对数函数作为优化目标,并使用 Newton-Raphson 算法制备量子逻辑门,获得了双指数的收敛速度,相对于 BFGS-GRAPE 及克罗托夫(Krotov)算法具有 1～3 个数量级的优势(de Fouquieres,2012);吴(Wu)等基于最优控制理论制备了具有二次哈密顿量连续变量系统的量子门(Wu et al.,2008);彭(Peng)和盖坦(Gaitan)提出了一种基于邻近最优控制理论架构,将一个较好的量子门作为输入,并返回一个具有更好性能的门,且这种方法可以应用于通用量子门中的所有门(Peng,Gaitan,2014).对于开放量子系统,蒙坦盖罗(Montangero)等 2007 年针对泄漏和噪声存在的约瑟夫森(Josephson)比特使用最优控制制备了高精度两比特门,并具有很强的鲁棒性;Floether 等 2012 年使用最优控制方法(解析梯度和拟牛顿)分别制备了马尔可夫系统和非马尔可夫系统的单比特、两比特及三比特量子门;Tai 等 2014 年对一个具有适度的量子比特衰减参数的准确可解非马尔可夫开放量子比特系统制备了高保真量子门.动力学解耦也是一种有效制备量子逻辑门的方法.韦斯特(West)等在数值上证明使用动力学解耦可以制备高保真度量子门,且在宽范围的系统环境耦合强度,利用递归构造的串联动态解耦的脉冲序列可以制备一组通用量子逻辑门(West et al.,2010).

除了以上两种方法,格雷斯(Grace)等通过结合最优控制理论和动力学解耦获得高保真度量子门(Grace et al.,2011);在薛定谔图景下,Hou 等使用李雅普诺夫方法设计控制律制备单比特系统的 Hadamard 门和两比特系统的 CNOT 门,并指出设计的控制律可以驱动系统的时间演化算符到 CNOT 门的局部等价类(local equivalence class),且一直停留在这个类(Hou et al.,2010);Liu 和 Cong 使用李雅普诺夫方法设计了制备非马尔可夫系统单比特量子门的控制律,并提出一种解决控制律奇异的方法(Liu,Cong,2014).

此外,还有很多其他方法可以制备量子逻辑门,比如使用解析解脉冲(Economou,2012),通过求解 T-采样(T-sampling)稳定问题(Silveira et al.,2014),采用相对论的远程控制(relativistic remote control)(Martin-Martinez,Sutherland,2014),使用复合脉冲(Wang et al.,2014)、快速通道(rapid passage)(Li,Gaitan,2010;Li,Gaitan,2011)、几何控制方法(Xu et al.,2010).除此之外,在实际实验中,还有多种量子逻辑门制备的方法(Berrios et al.,2012;Moussa et al.,2012;Ribeiro et al.,2012;Vandersar et al.,2012;Amparan et al.,2013;Cheng et al.,2013;Zu et al.,2014).

1.7 量子系统状态估计的研究状况

物理系统的状态是人们对于这个系统的信息的数学描述,它提供关于这个系统的过去和未来的信息.状态估计技术是描述系统完整信息的方法.通过对系统的状态的估计,人们可以对作用于这个系统的任何测量结果进行预测.在经典力学中,系统的状态原则上可以通过对系统的多个测量完整地重构出来.但是,在量子力学中,这将变得不可能.这是由量子力学理论中海森伯不确定原理(Heisenberg uncertain principle)和不可克隆定理(the no-cloning theorem)(Wooters,Zurek,1982)所限定的,其中海森伯不确定原理也被称为量子力学的不确定原理,或者测不准原理.一方面,测不准原理表明人们不可能对一个量子系统进行一系列的测量而不对该系统造成任何干扰,对量子系统的实际测量会导致系统状态的改变.另一方面,不可克隆定理又表明,除非事先知道一个状态的一些先验信息,否则不可能完全相同地复制出一个任意的量子系统.因此,甚至从原理上,除非已知该系统的一些先验信息,人们不可能推断出一个量子系统的状态.而这反而指示人们如何获取一个量子系统的状态:通过先验信息,首先制作很多状态相同的全同复本,然后在每个全同复本上进行不同的测量.这种测量流程被称为量子层析(quantum tomography),它最早由法诺(Fano)于 1957 年提出.之所以称为量子层析,是因为其与医学上的 X 射线层析(computer-assisted tomography)类似.

利用系统状态能够实现对量子系统彼此之间作用结果或与环境作用结果的统计分析和预测.由于量子系统与宏观系统的本质不同,由海森伯测不准原理可知,宏观意义上的直接测量会导致量子系统的状态发生不可逆的改变,从而破坏了系统状态.鉴于量子系统自身的特殊性质,观察者们不能利用宏观意义上的直接测量来获取量子系统状态,只能利用一些间接方法来获取系统的状态信息,比如测量量子系统状态在某个投影方向上的投影值来统计出各个投影分量的概率值,从而估计出系统的真实状态.

1851 年斯托克斯最早提出量子层析技术,它是现在最常采用的一种确定未知量子系统状态的离线估计方法(Stokes,1851).卡希尔和格劳贝尔于 1969 年从重构状态密度矩阵的角度出发,详细介绍了量子系统状态估计的理论实现方案,此方案为量子层析理论的发展奠定了基础(Cahill,Glauber,1969)."层析"一词来源于医学中所采用的 X 射线分层成像技术,指的是通过一组仅含原始物体部分信息的图像,来完整恢复原始物体.量子层析的原理是通过制备大量的全同副本,然后对这些副本进行多次测量来获得该状态在各个投影方向上的测量值(投影均值),根据测量结果,建立含有该状态元素的方程组进行逆变换来重构出系统状态密度矩阵.对量子层析而言,除了需要制备大量的全同复本和一组完备的测量算符外,还需要对系统状态进行多次测量.对于一个 n 比特的量子系统状态密度矩阵而言,其维度为 $d=2^n$,如果采用量子层析来进行状态估计,所需要的完备测量的数目为 $d \times d=2^n \times 2^n=4^n$,很显然随着量子位数 n 的增加,量子层析所需要的测量次数将呈指数增长,对高比特量子系统的状态估计来说,其实现难度较大(杨靖北,丛爽,2014).

理论上,如果使用无限次数的测量,量子层析可以完全重构出系统的状态,但是,在实际有限测量的情况下,会存在影响重构的统计误差.密度矩阵元素的统计误差的传播使得精确测量密度矩阵元素的方法对测量一些无界的可观测力学量集合的均值变得不可行.1997 年达纳诺(D'Anano)对此提出了一种方法,该方法不使用密度矩阵元素,可估计任意的可观测力学量集合的平均值.之后,状态重构的方法被进一步推广,零差层析从单模谐波振荡器推广到多模谐波振荡器(Vasilyev et al.,2000),然后使用群论将量子层析法从谐波振荡器扩展到了任意量子系统(Cassinelli et al.,2000;D'Ariano et al.,2000).先前的群理论方法仅仅是这种一般方法的特定情况.但这种方法的量子设备只是找到合适的运算符的"正交性"和"完整性"的线性代数关系.2001 年,达里亚诺(D'Ariano)等又提出了一种量子层析方法,该方法使用单个固定的输入纠缠态,在测试设备上扮演所有可能的输入状态的角色,可以用于未知的量子测量操作,这使得量子设备真正实现了量子层析的功能.

通常情况下,量子层析利用探测器对量子系统本身进行直接投影测量来获得满足投影假设原理的测量信息,但是,探测器的测量过程会对系统自身状态产生"反向作用"(back-action),这种"反向作用"将使得系统状态发生塌缩,并最终使得系统状态发生不可逆的破坏.在实际测量实验过程中,为了减弱或者避免测量过程对量子系统状态的破坏,人们常采用弱测量的方式.弱测量是通过在被测量子系统中引入一个探测器(也称为探测系统)并与之发生短时间的耦合关联,接着对该探测器实施投影测量,最后根据包含被测系统状态信息的测量结果推断出被测系统的状态,属于一种间接测量方式.因为弱测量本身具有弱耦合性,故被测系统由于相互作用而产生的状态变化是能够进行恢复的,利用这一特性可以实现对被测系统的连续测量,也称为量子连续弱测量.利用量子连续弱测量,可以实现对随时间变化的量子系统状态的连续测量,进而实现量子态的实时在线估计(Smith et al.,2006).近 10 年来,人们提出一种基于压缩传感理论的量子态估计方法,利用此方法可以根据尽可能少的观测结果重构出系统状态,有效提高了量子系统状态估计的效率(Candes,Romberg,2006a).压缩传感理论指出,若信号本身是稀疏的,或者该信号在某个正交空间具有稀疏性,那么仅需要少量的观测数据,即可以精确重构出原始信号(Zheng et al.,2016).这意味着,如果量子系统状态密度矩阵是具有稀疏性的厄米矩阵,利用压缩传感理论,即能够实现从较少数目的测量信息中重构出系统状态.2010年,Gross等首次将压缩传感理论应用于量子态估计,给出了完整的理论框架,并证明了如果以泡利算符作为观测算符,基于压缩传感理论仅需要 $O(rd \log d)$ 观测量上的观测值,即能够确保重构出量子系统的状态密度矩阵 ρ(Gross et al.,2010;Gross,2011).

在量子态估计中,当前最常采用的离线估计方法即为量子层析技术,由于测量过程中常常存在干扰噪声,为了提高离线估计的精度,量子层析技术需要和其他优化方法结合使用,才能获得基于现有测量信息的最优估计结果,较为常用的优化方法有:最小二乘法(LS)、极大似然法(ML)、最大熵法(MAX-Ent)以及贝叶斯估计法(Bayesian).最小二乘法的核心思想是通过最小化性能函数,即误差平方和,将相对独立的参数放在同一约束下,来确定数据的最佳函数匹配,适用于测量次数有限的情况.极大似然法属于参数估计,是根据已有信息,最大化似然函数来获得理论上的最优结果,目前已应用在光学纠缠态、量子相位估计等问题上.最大熵法属于无偏估计,常用于整体观测,同时允许存在一定估计误差的估计任务中.最大熵法的优势之处在于,对于不完备测量的情况,依然可以获得最接近真实值的无偏状态估计,但是其拉格朗日乘子方程组可能无解.布泽克等基于最大熵法对自旋量子态进行估计(Buzek et al.,1997),琼斯等则最早将贝叶斯估计法应用于量子纯态的估计问题中(Jones et al.,1998).

压缩传感理论自 2006 年由多诺霍、坎德斯等(Donoho,2006;Candes,Romberg,2006a;Candes,Romberg,2006b)提出后,得到了学术界的广泛关注,被迅速应用于信息论、模式识别、光学和微波成像、图像处理和无线通信等领域(Lingala et al.,2011;Gemmeke et al.,2011;Duarte et al.,2008),并且由格罗斯首次将其应用于量子态估计问题中(Gross et al.,2010).

根据压缩感知理论,如果信号本身是稀疏的,或者信号本身不稀疏但在某个正交基下的表达是稀疏的,那么通过一个测量矩阵,该信号可以被无损地压缩到低维空间.只要测量矩阵满足一定条件,人们可以利用压缩后的低维信号通过求解一个优化问题精确恢复出原始信号.压缩感知理论主要包含以下两个方面的内容:① 观测矩阵的构造;② 重构算法的设计.观测矩阵的构造是压缩感知理论的重要组成部分.压缩感知理论中的观测方式可以看作现代采样方法中线性观测的一种扩展.多诺霍等证明大部分一致分布的随机矩阵都可构成近似最优子空间,并且凸优化(如基本追踪)是从这些近似最优子空间中提取信息的最好方法.

2005 年坎德斯和陶将压缩信号重构与欠定线性方程组的稀疏解建立起了联系,提出了观测矩阵的限制等距性质(restricted isometry property,RIP),并使用高斯随机矩阵

量子系统建模、特性分析与控制

获得了良好的重构性能（Candes，Tao，2005）.尽管高斯随机矩阵被证明可以作为观测矩阵，但是人们还是缺少实用算法验证给定矩阵是否具备 RIP 属性.2010 年考尔德班克等基于统计等距性质（statistical isometry property，SIP），证明了一大类确定性观测矩阵都可以用来重构稀疏信号（Calderbank et al.，2010）.压缩感知理论与奈奎斯特采样定理根本上的不同，使得它在被提出后引起了学者们广泛的关注，并延伸到许多应用领域.压缩感知理论也被应用到了量子控制领域（Gross et al.，2010；Flammia et al.，2012；Heinosaari et al.，2011）.

基于压缩传感理论，人们可以实现高纬度矩阵到低维度矩阵的投影，并通过部分测量结果矩阵就可以重构出原始信号，为解决高比特量子系统状态估计所需测量次数繁多的问题提供了新的解决思路.基于压缩传感的量子态估计的理论研究指出，可以利用一定数量的测量配置的测量值，精确重构出密度矩阵.具体的密度矩阵的重构可以通过不同的凸优化问题得到.不同的凸优化问题对应不同的模型，常见的模型有丹齐格选择器（Dantzig selector）、矩阵拉索（Lasso）模型等.Dantzig selector 模型（Candes，Tao，2007；Koltchinskii，2009；James et al.，2009）和矩阵 Lasso 模型（Tibshirani，1996；Zhao，Yu，2006）最早是在压缩感知中被广泛研究和应用的，Liu 和 Zhang 等 2012 年将这两种模型应用到了基于压缩传感的量子态估计中，并且证明这两个模型的解均唯一且等于系统密度矩阵.

建立好模型后，如何求解这些模型，即通过什么样的算法来找模型的解是基于压缩传感的量子态估计算法研究的重要内容.

第一种思路是利用传统的量子态估计的算法.传统的量子态估计算法有：最小二乘法（LS）、贝叶斯法（Bayesian）、最大熵法（Max-Ent）、最大似然估计法（MLE）等.最小二乘法（Opatmy et al.，1997）通过加入正则化项，解决了传统的最小二乘法中存在矩阵不可逆的问题，提出了更加通用的量子态估计的 LS 算法，适用于传统的完备或者超完备测量，也适用于基于压缩传感的量子态估计的不完备测量的情况.贝叶斯法最早由赫尔斯特罗姆（Helstrom）于 1969 年引入量子态估计中；1991 年琼斯（Jones）将贝叶斯法用于纯态密度矩阵的估计；之后 2001 年沙克（Schack）等进一步将贝叶斯法推广到纯态和混合态的估计；后来贝叶斯法被进一步改进，发展为贝叶斯均值估计法（BME）（Blume-Kohout，2010）等.最大熵原理是由杰恩斯（Jaynes）于 1957 年提出的一种无偏估计方法.最大似然估计法最早由 Hradil 等在 1997 年应用于量子态估计，但是当时只适用于纯态系统.之后在前人的研究基础上，研究者又对最大似然估计法在量子层析中的应用做了进一步的改进，包括：2004 年利沃夫斯基（Lvovsky）通过迭代期望最大化，避免了中间步骤，可以直接用于测得的数据；2010 年布鲁姆-科霍特（Blume-Kohout）的基于利德斯通（Lidstone）法则的 MLE 算法；将 MLE 与 Max-Ent 结合的重构算法（Teo et al.，2011）；

更高效率的 MLE 改进算法(Smolin et al.,2012)等.但是,基于压缩传感的量子态估计中,传统的量子态估计算法通常不能达到最优的重构效果,这是因为,传统的量子态估计方法通常是通用的方法,算法在设计过程中并没有对密度矩阵是低秩的这一特征而做特殊的优化,另外,传统的量子态估计算法通常只能在完备测量或者超完备测量时才能得到最优的重构效果,对于基于压缩传感的量子态估计中的不完备测量,传统的量子态估计算法通常不能达到最优的重构效果.

鉴于基于压缩传感的量子态估计的模型是从压缩传感的低秩矩阵恢复模型发展而来的,第二种思路试图将低秩矩阵恢复的算法运用于基于压缩传感的量子态估计中.低秩矩阵恢复中常用的算法有奇异值门限法(singular value thresholding algorithm,SVT)、加速邻近梯度算法(accelerated proximal gradient algorithm,APG)、不动点延拓算法(fixed point continuation,FPC)、增广拉格朗日方程算法(augmented Lagrange multipliers,ALM)等,其中,SVT 算法(Cai et al.,2010)源于线性布雷格曼(Bregman)算法(Yin et al.,2008),该算法对大型的矩阵填充有非常好的重构效果,仅对秩非常低的矩阵才有效,对于其他矩阵收敛速度缓慢,甚至不收敛.APG 算法(Lin et al.,2009;Toh,Yun,2010)与 FPC 算法(Ma et al.,2011)均能很好地求解矩阵 Lasso 模型,并且 Ma 等(2011)通过理论证明了 FPC 算法可以收敛到 Lasso 模型的解.SVT、APG、FPC 算法都是针对单目标优化的算法,对于双目标优化,Lin 等于 2010 年提出了 ALM 算法,该算法可以快速地求解鲁棒主成分分析(robust PCA)问题.在具体的算法应用方面,2011 年麦西塞尔(Maciel)通过半正定规划的方法重构密度矩阵;2014 年 Li 和 Cong 考虑具有稀疏干扰的模型,将基于压缩传感的量子态估计问题写为一个双目标优化问题,然后通过交替方向乘子法(alternating direction method of multipliers,ADMM)求解,并且取得了较高的密度矩阵重构精度(Boyd et al.,2011).2013 年史密斯等在完备测量的基础上随机选取观测值,分别利用压缩传感法和最小二乘法从具有噪声干扰的测量数据中重构出 16 维量子系统状态(Smith et al.,2013).里奥弗里奥(Riofrio)等于 2017 年将量子态估计方法应用到实际实验中,利用 127 个泡利算符解决了 7 比特量子系统状态的估计问题,进一步证明了基于压缩传感理论重构具有稀疏性的量子态密度矩阵的高效性(Riofrio et al.,2017).杨靖北等提出一种基于压缩传感理论的核磁共振(NMR)量子态估计的有效方案,首次将压缩传感理论运用在 NMR 样品溶液原子核自旋态的估计问题中,同时在实际的 NMR 量子环境中进行了实验验证(Yang et al.,2017).张娇娇等基于压缩传感理论,利用交叉方向乘子法(ADMM)实现了 11 比特含噪声和稀疏干扰量子系统状态的快速重构(Zhang et al.,2017a;Zhang et al.,2019).ADMM 算法是一种基于增广拉格朗日乘子法的全新算法,其优点是能够有效利用原始目标函数的可分离性,对原始优化问题按照其变量的个数多少进行分解以获得对应个数的子问题,依次优化子问题的增广拉格朗日函数更新原始变量,再利用梯度上升法对拉格朗日乘子进行更新,进而获得原始问题的对偶最优解(Boyd et al.,2011;Wang et al.,2016).值得注意的是,基于量子层析的量子态估计算法的目标函数为一个固定不变的量子态,并且由于需要用到大量的测量数据,测量数据的获取和处理过程大多是离线进行的.对量子态离线估计和滤波感兴趣的读者可以阅读丛和李 2022 年出版的《量子状态的估计和滤波及其优化算法》一书.随着研究的不断进步,人们开始根据目标函数的不同对 ADMM 算法进行了适当的改进以希望能够在线估计出量子态,例如,在子问题中加入二次近邻项的广义 ADMM 算法(Deng,Yin,2016)、半正定 ADMM 算法(Fazel et al.,2012)、性化 ADMM 算法(Silberfarb et al.,2005)、不动点 ADMM 算法(FP-ADMM)(Zheng et al.,2016),以及在线 ADMM(OADM)算法,其中,OADM 算法为实现量子态在线估计奠定了理论基础.本书的第 11 章专门介绍基于在线估计状态的量子反馈控制.

由于弱测量所具有的非完全破坏性,利用量子连续弱测量可以实现对量子系统状态的在线估计.量子态在线估计指的是利用连续弱测量的测量信息在线估计量子态密度矩阵,逐渐成为基于测量的量子态反馈控制的设计前提.在量子连续弱测量过程中,所采用的观测力学量通常不是相互正交的,利用这些不正交的观测力学量难以直接计算出系统状态,需要结合相应的优化算法对测量结果进行逆变换来求解出符合约束条件的最优值,该结果即可作为系统状态的估计结果.锡尔伯法布(Silberfarb)等最早给出一个基于连续弱测量的量子态估计方案,并在铯原子系综上实现了 7 维原子超精细自旋系统的状态估计(Silberfarb et al.,2005).有人根据薛定谔绘景和海森伯绘景之间的等价关系,利用测量算符和初始密度矩阵构造测量矩阵,实现了基于连续弱测量的量子态重构(Zaki et al.,2011).Yang 等基于连续弱测量,结合压缩传感理论并利用凸优化工具包(CVX)进行求解,实现了封闭量子系统的实时估计(Yang et al.,2018).

1.8　本书内容

回顾所经过的研究历程,是时候从系统控制的角度来系统地梳理完整的量子系统控制的过程了.本书将从系统控制的专业角度,系统地从建模、特性分析与控制这三个方面来对量子系统控制理论与方法的研究进行整理,以便使得想进入此领域研究的人能够从全方位的角度,全面、系统地进行学习、了解和掌握有关量子系统控制的研究成果.本书中的内容实际上集成了 2006 年出版的《量子力学系统控制导论》书中的精华内容,以及其他已经出版书中的重要内容. 本书共分为 13 章.

第 1 章是关于量子系统建模、特性分析与控制的背景介绍,包括:量子系统的模型研究的状况,在简要叙述量子态表示以及封闭量子系统模型的基础上,从时间发展方面概述马尔可夫开放量子系统模型和非马尔可夫开放量子系统模型;在量子系统特性分析方面,主要概述了量子系统的能控性研究状况,其他的特性分析将在本书各个章节中需要的地方针对具体情况进行相关特性分析;在量子系统控制的发展历程中,分别概述了量子系统的开环控制策略、量子控制图景的研究状况,以及量子系统闭环控制策略. 另外本章中还专门对量子反馈控制的研究状况、量子系统算符制备的研究状况,以及量子系统状态估计的研究状况进行了特别的概述. 读者可以选择自己感兴趣或关注的部分来看第 1 章中的概述内容. 最后,对本书各章节的内容进行概述.

第 2 章介绍量子系统理论基础. 这是为初学者提供的最基础的、必须了解的看懂本书的基本概念与术语,以及相关符号之间数学上的关系. 没有第 2 章的量子系统理论基础,读者很难真正看懂和弄明白量子系统的建模、特性分析与控制. 当然,已经有量子系统理论基础的读者可以跳过此章,直接去看自己感兴趣的章节. 根据需要,专门挑选的量子系统理论基础有:量子态的狄拉克表示法和量子系统中的力学量及其特性,其中包括算符及其运算;在量子力学的假设方面,选择了量子态的描述、量子态叠加原理、厄米算符表示及测量算符的取值、量子态的演化,以及幺正变换及其特性,这些都是最基本的概念,务必弄清楚后才能看懂本书后面章节的内容. 与量子态相对应的最基本的概念就是量子位和量子门,以及可实现的量子位旋转操作,这些是量子计算机中最基本的必要的概念. 本章的最后是一些最基本的矩阵指数的性质,可供读者在自己研究的计算过程中直接查询,节省计算时间.

第 3 章介绍封闭量子系统的建模及其求解. 封闭量子系统状态演化方程包括:薛定谔方程、刘维尔方程、控制作用下的量子系统模型、双线性系统模型、量子系综状态模型,以及相互作用的量子系统模型. 量子态演化方程的图景变换中包括:薛定谔图景、海森伯图景和相互作用图景. 开放量子系统的状态演化方程包括:马尔可夫开放量子系统主方程和非马尔可夫开放量子系统主方程,有关随机开放量子系统模型及其控制的特性分析放在第 9 章介绍. 有关薛定谔方程的求解,在本章中包括:定态薛定谔方程的求解,以及含时薛定谔方程的求解中的指数的直积的分解、李群分解和幺正演化算符的实施,同时还给出了二阶含时量子系统状态演化的一种求解方法,详细进行了时变系统矩阵的一般分析、时变系统矩阵的变换、基于系统矩阵本征值和本征态的简化运算与应用举例. 本章还专门介绍了非马尔可夫开放量子系统求解和随机开放量子系统模型及其求解.

第 4 章介绍量子系统的特性分析. 主要是封闭量子系统的特性分析,包括各种态的集合关系、双线性系统的各种不同的可控性,以及各种数学上不同分解在量子系统中的应用,内容包括:纯态与 Bloch 矢量的对应关系分析、混合态的 Bloch 球几何表示;在量子力学系统与双线性系统可控性关系的对比中,分析了双线性系统、矩阵系统和右不变系统之间的关系,以及矩阵系统的可控性、右不变系统的可控性、双线性系统的可控性之间的关系;本章中还专门系统性地进行了数学上有关量子幺正演化算符分解及其实现的研究,包括李群的一般分解及其在量子系统中的应用、魏-诺曼(Wei-Norman)分解及其在量子系统控制中的应用、卡坦(Cartan)分解及其在量子系统最优控制中的应用,以及量子系统中幺正演化矩阵分解方法的对比.

第 5 章介绍量子系统状态调控的开环控制方法,包括简单的二能级控制磁场的设计与操纵,同时分析量子系统的控制与幺正演化矩阵之间的关系;在基于 Bloch 球的量子系统轨迹控制及其特性分析中,包括:单量子比特的 Bloch 球表示、控制场中 Ωt 最小的情况下单自旋 1/2 粒子的控制,以及给定时间下状态演化路径的控制,并通过数值仿真实例进行了 Ωt 最小情况下的系统仿真实验和给定时间下的系统仿真实验.在量子相干控制策略及其实现中,在基于时间控制的单粒子相干态的制备和基于相位实现相干纠缠态的制备后,进行了基于空间相位的相干控制.

第 6 章介绍量子系统最优控制.在双线性系统下的量子系统最优控制中,在对双线性系统的产生和定义的基础上,分析了双线性系统与量子系统之间的关系;对量子系统的最优迭代控制器进行了推导;最后进行了量子系统最优控制迭代算法的仿真实验研究.在平均最优控制应用于量子系统中,利用平均方法进行最优控制:通过对量子系统中漂移项的消除,获得了平均系统,然后进行了控制器的设计,最后进行了共振频率较小和较大两种情况下的量子系统的数值仿真实验.在几何控制和棒棒控制中,针对封闭量子系统,设计了两种控制方法的控制律;对系统状态在 Bloch 球上从北极到任意点,在控制时间上进行了不同参数情况下的性能对比实验以及两种控制的鲁棒性分析.在基于超算符变换的开放量子系统最优控制中,在基于开放量子系统的模型分析的基础上,设计了最优控制,并对开放量子系统状态的求解,进行了量子系统的系统仿真实验.在 n 能级开放量子系统的状态转移控制图景的研究中,给出了 n 能级开放量子系统模型,采用 D-MORPH 算法对状态到状态转移图景的临界点,以及解的存在性的讨论进行了分析;进一步地采用 D-MORPH 算法探索控制图景及最优控制时间,分别对最优目标时间和最优控制与对应的轨迹进行了研究.

第 7 章介绍量子系统状态调控的闭环反馈控制方法.本章中仅给出两种最具代表性的研究成果:基于李雅普诺夫量子系统控制方法的任意状态的调控,以及统一的量子李雅普诺夫控制方法.在基于李雅普诺夫量子系统控制方法的任意状态调控中,在对量子被控系统模型以及控制问题描述的基础上,进行了基于李雅普诺夫量子控制方法的特性分析,然后分别基于李雅普诺夫稳定性定理,进行了本征态的制备与调控、叠加态的制备与调控和混合态的制备与调控控制律的设计.此部分内容的关键在于给出基于李雅普诺夫量子系统控制方法设计出的控制律需要满足的使控制系统收敛的条件.恰巧这些数学上要求必须满足的条件在实际量子物理系统中往往是无法实现的.为了解决纸上谈兵的问题,本章中的7.2节给出的就是解决此问题的方法:统一的量子李雅普诺夫控制方法,其中详细并严格地从数学的角度,提出了所存在的问题,以及解决问题的思路和具体的统一控制律的设计步骤.

第8章介绍量子系统状态的制备与纯化,包括双自旋系统中纠缠态的制备、量子纯态到混合态的转移以及二能级系统中混合态的纯化.在双自旋系统中纠缠态的制备中,基于双自旋系统的相互作用绘景模型,进行基于观测算符平均值的李雅普诺夫控制律设计,并进行了 Bell 态的收敛性证明,最后通过数值仿真对所做研究进行了实验及其结果分析.在量子纯态到混合态的转移中,分别介绍了任意纯态到本征态的转移、本征态到混合态的转移,以及混合态到目标混合态的转移的控制律的设计,并通过数值仿真实验对结果进行了详细分析.在二能级系统中混合态的纯化中,通过引入辅助系统的纯化方法,进行了基于状态间距离的李雅普诺夫控制律设计,最后通过数值仿真对结果进行了性能对比.

第9章在专门对非马尔可夫开放量子系统的特性分析中,分别进行了非马尔可夫开放量子系统的特性分析、基于测量的量子系统方程及其特性分析,以及随机开放量子系统模型及其控制的特性分析.在非马尔可夫开放量子系统的特性分析中,着重分析了非马尔可夫开放量子系统的截断频率对衰减系数特性的影响、截断频率对系统相干性和纯度的影响、耦合系数对系统相干性和纯度的影响,以及振荡频率对衰减系数特性的影响;在基于测量的量子系统方程及其特性分析中,分别对量子滤波器方程、随机主方程、退相干影响下的随机主方程以及延时影响下的随机主方程的特性进行了分析;在随机开放量子系统模型及其控制的特性分析中,分别进行了随机量子系统主方程中的无控制作用下的系统内部特性分析和反馈控制作用下的系统状态转移性能分析,其中着重分析了开关控制作用下,退相干强度系数 γ 对控制性能的影响,连续控制下控制参数 α 和 β 对控制性能的影响,以及两种控制作用下的控制性能对比分析.

第10章介绍开放量子系统状态的保持与转移.本章着重对马尔可夫开放量子系统收敛的状态控制策略、非马尔可夫开放量子系统状态转移控制、非马尔可夫开放量子系统状态保持时间的研究,以及开放量子系统控制的状态保持及其特性分析进行了研究.在马尔可夫开放量子系统收敛的状态控制策略中,基于李雅普诺夫函数进行了控制场的设计,同时进行了观测算符 P 的构造以及收敛性分析,最后通过系统数值仿真实验对其实验结果进行了分析.在非马尔可夫开放量子系统状态转移控制中,在设计了控制器后,重点进行了三个实验:实验 A:本征态到叠加态的状态转移;实验 B:叠加态到叠加态的状态转移;实验 C:混合态到叠加态的状态转移.在非马尔可夫开放量子系统状态保持时间的研究中,在控制器的设计与实验过程中,着重对不同控制参数下不同控制性能进行研究,同时对相应的结果进行特性分析.在开放量子系统控制的状态保持及其特性分析中,在基于李雅普诺夫方法的控制器设计后,分别对无控制作用下与有参数优化的保持控制器作用下的系统状态保持的实验与结果进行特性分析.

实际上基于系统控制理论进行量子系统控制的最关键之处是希望利用系统控制理论获得比物理原理进行的量子调控精度更高的控制效果,整个高精度控制结果的获得必须采用闭环反馈控制.目前所实现的绝大部分的量子系统的实验方案,从系统控制的角度来看基本都属于开环控制.所以在本书中,专门写了第 11 章"基于在线估计状态的量子反馈控制",这当然是基于我们刚刚取得的在线量子态估计成果的,内容包括单比特量子系统的状态在线估计、n 比特随机量子系统 CWM 作用下测量值序列和采样矩阵的构造、含有测量噪声的时变量子态的在线估计算法、基于状态在线估计的单量子态反馈控制,以及基于在线估计状态的 n 量子位随机开放量子系统的反馈控制.对于量子态离线与在线估计与滤波十分感兴趣的读者,可以去阅读我的另外一本最新出版的书籍《量子状态的估计和滤波及其优化算法》.本章只是包含其中某一种量子态估计算法,当然本章最重要的内容是包含最新的有关基于在线估计量子态反馈控制的研究成果.

为了量子控制系统的完整性,本书还将"量子系统状态的跟踪控制"作为第 12 章,内容包括:量子系统的动态跟踪控制、量子系统动态函数的跟踪控制、量子系统的模型参考自适应控制,以及我们最新的研究成果"N 维封闭量子系统轨迹跟踪的统一控制方案".最后在第 13 章"量子控制的应用"中,给出了:相干反斯托克斯拉曼散射(coherent anti-Stokes Raman scattering,CARS)相邻能级选择激发最佳可调参数的设计、基于量子卫星"墨子号"的量子测距过程仿真实验研究,以及最新完成的有关量子定位系统中的卫星间链路超前瞄准角跟踪补偿.

第 2 章

量子系统理论基础

2.1　量子态的狄拉克表示法

一个量子力学系统的状态由各种粒子的位置、动量、偏振、自旋等组成,并且随时间的演化过程遵循薛定谔(Schrödinger)方程,量子态本身由希尔伯特(Hilbert)空间中的矢量完全描述.矢量空间(vector space)是一组元素 $\{u,v,w,\cdots\}$ 的集合 L,若满足:

(1) L 对加法运算是封闭的;

(2) 域 F 的任意一个数与 L 的任一元素相乘结果仍是 L 中的元素;

(3) 对于 $u,v\in L,a,b\in F$,满足

$$a(u+v)=au+av\in L$$
$$(a+b)u=au+bu\in L$$

$$a(bu) = (ab)u \qquad (2.1)$$

则称 L 为域 F 上的矢量空间. 当 F 为复数域, 相应的矢量空间就是复矢量空间.

通常量子态空间和作用在其上的变换可以使用矢量或者矩阵来描述, 表示量子态的矢量称为态矢量(state vector). 物理学家狄拉克(Dirac)提出了一套更为简洁的符号来表示态矢量, 他引入一个称为右矢(ket vector)的符号 $|\cdot\rangle$ 表示态矢量, 其作用类似于三维空间中的矢量符号"→". 一个具体的态矢量可以用 $|\psi\rangle$ 表示, 其中 ψ 是表征具体态矢的特征量或符号, 同时还引入称为左矢(bra vector)的符号 $\langle\cdot|$, 左矢 $\langle\psi|$ 是右矢 $|\psi\rangle$ 的共轭转置: $\langle\cdot| = |\cdot\rangle^{\dagger}$.

一个二维复矢量空间的正交基 $\{(1,0)', (0,1)'\}$, 用狄拉克表示法可以表示为 $\{|0\rangle$, $|1\rangle\}$, 转换成矢量, 表示为

$$|0\rangle = \begin{bmatrix} 1 \\ 0 \end{bmatrix}, \qquad |1\rangle = \begin{bmatrix} 0 \\ 1 \end{bmatrix}$$

任意矢量 $(a,b)'$ 与 $|0\rangle$ 和 $|1\rangle$ 的线性组合可以表示为 $a|0\rangle + b|1\rangle$. 需要注意的是: 基矢量表示顺序的选择是任意的, 我们也可以用 $|0\rangle$ 表示 $(0,1)'$, 用 $|1\rangle$ 表示 $(1,0)'$.

两个矢量 $|\psi_1\rangle$ 和 $|\psi_2\rangle$ 的内积记为 $\langle\psi_1|\psi_2\rangle$, 它们的外积记为 $|\psi_1\rangle\langle\psi_2|$. 由定义 $|0\rangle = \begin{bmatrix} 1 \\ 0 \end{bmatrix}$, $|1\rangle = \begin{bmatrix} 0 \\ 1 \end{bmatrix}$, 可得: $\langle 0| = \begin{bmatrix} 1 & 0 \end{bmatrix}$, $\langle 1| = \begin{bmatrix} 0 & 1 \end{bmatrix}$, 由此可得内积计算结果为

$$\langle 0 | 0 \rangle = \begin{bmatrix} 1 & 0 \end{bmatrix} \begin{bmatrix} 1 \\ 0 \end{bmatrix} = 1$$

$$\langle 0 | 1 \rangle = \begin{bmatrix} 1 & 0 \end{bmatrix} \begin{bmatrix} 0 \\ 1 \end{bmatrix} = 0$$

$$\langle 1 | 0 \rangle = \begin{bmatrix} 0 & 1 \end{bmatrix} \begin{bmatrix} 1 \\ 0 \end{bmatrix} = 0$$

$$\langle 1 | 1 \rangle = \begin{bmatrix} 0 & 1 \end{bmatrix} \begin{bmatrix} 0 \\ 1 \end{bmatrix} = 1$$

由此可见, 内积运算时, 其结果为一个数, 只有当左矢和右矢的状态相同时, 结果为 1, 否则结果为 0. 如果两个矢量 $|v\rangle$ 和 $|w\rangle$ 的内积为 0, 则称它们正交.

对于内积 $\langle m|n\rangle$ 的运算规则可以总结为

$$\langle m | n \rangle = \delta_{mn} = \begin{cases} 1, & m = n \\ 0, & m \neq n \end{cases}$$

由这一运算规则可以得到, 当 $|i\rangle\langle m|$ 作用于状态 $|n\rangle$ 时, 有下式成立:

$$| i \rangle \langle m | \cdot | n \rangle = \delta_{mn} | i \rangle$$

由此可见量子力学运算是从右向左依次进行的.

对于外积运算,则有

$$| 0 \rangle \langle 0 | = \begin{bmatrix} 1 \\ 0 \end{bmatrix} \begin{bmatrix} 1 & 0 \end{bmatrix} = \begin{bmatrix} 1 & 0 \\ 0 & 0 \end{bmatrix}$$

$$| 0 \rangle \langle 1 | = \begin{bmatrix} 1 \\ 0 \end{bmatrix} \begin{bmatrix} 0 & 1 \end{bmatrix} = \begin{bmatrix} 0 & 1 \\ 0 & 0 \end{bmatrix}$$

$$| 1 \rangle \langle 0 | = \begin{bmatrix} 0 \\ 1 \end{bmatrix} \begin{bmatrix} 1 & 0 \end{bmatrix} = \begin{bmatrix} 0 & 0 \\ 1 & 0 \end{bmatrix}$$

$$| 1 \rangle \langle 1 | = \begin{bmatrix} 0 \\ 1 \end{bmatrix} \begin{bmatrix} 0 & 1 \end{bmatrix} = \begin{bmatrix} 0 & 0 \\ 0 & 1 \end{bmatrix}$$

由此可见,外积运算时,其结果为一个 m 行 n 列矩阵,且仅有一个非零矩阵元素位于 m 行 n 列上(行和列均从 0 到 1),其余元素均为零.

外积表示是利用内积表示线性算符的一个有用的方法.设 $| v \rangle$ 是内积空间 V 中的矢量,而 $| w \rangle$ 是内积空间 W 中的矢量,定义 $| w \rangle \langle v |$ 为从 V 到 W 的线性算符:

$$(| w \rangle \langle v |)(| v' \rangle) \equiv | w \rangle \langle v | v' \rangle = \langle v | v' \rangle | w \rangle$$

表达式 $| w \rangle \langle v | v' \rangle$ 有两种可能的含义:算符 $| w \rangle \langle v |$ 在 $| v' \rangle$ 上的作用; $| w \rangle$ 与一个复数 $\langle v | v' \rangle$ 相乘.

定义向量 $| v \rangle$ 的范数为: $\| | v \rangle \| = \langle v | v \rangle^{\frac{1}{2}}$. 我们可以用狄拉克表示法来描述希尔伯特空间的一些性质.任意两个矢量 $| \psi \rangle$ 和 $| \varphi \rangle$ 的内积为 $\langle \psi | \varphi \rangle$,它们具有如下属性:

$$\begin{cases} \langle \psi | \psi \rangle \geqslant 0 \\ \langle \varphi | (a | \psi_1 \rangle + b | \psi_2 \rangle) = a \langle \varphi | \psi_1 \rangle + b \langle \varphi | \psi_2 \rangle \\ \langle \varphi | \psi \rangle = \langle \psi | \varphi \rangle^* \\ \langle \varphi | (a | \psi \rangle) = a \langle \psi | \varphi \rangle \\ \| | \psi \rangle \| = \langle \psi | \psi \rangle^{\frac{1}{2}} \end{cases} \qquad (2.2)$$

2.2 量子系统中的算符及其运算

算符是矢量空间的一个重要概念.规定一个具体的对应关系,用 A 表示,使得右矢空间中的某些右矢与其中另一些右矢相对应,例如,使 $|\varphi\rangle$ 与 $|\psi\rangle$ 相对应,记为

$$|\varphi\rangle = A|\psi\rangle$$

这样的对应关系 A 称为算符.我们说算符 A 作用于右矢 $|\psi\rangle$,得到右矢 $|\varphi\rangle$.

在算符的定义中,被算符 A 所作用的右矢全体,称为 A 的定义域;得到的右矢全体称为值域,两者可以不同,也可以一部分或全部重合.

一个算符 A,其定义域是一个矢量空间,而又满足下列条件的称为线性算符:

$$A(|\psi\rangle + |\varphi\rangle) = A|\psi\rangle + A|\varphi\rangle$$
$$A(|\psi\rangle a) = (A|\psi\rangle) \cdot a$$

其中 a 是任意复数.

在量子力学中出现的算符,绝大多数都是线性算符.线性算符具有下列性质:

(1) 线性算符的值域也是一个右矢空间;

(2) 若定义域是有限空间,则值域空间的维数等于或小于定义域空间的维数;

(3) 在定义域中,那些受 A 的作用而得到零矢量的右矢全体,也构成一个右矢空间.

复数对右矢的数乘可以看成算符对右矢的作用,而每一个复数都可以看成一个算符,其中两个特殊的算符

$$0|\psi\rangle = |0\rangle, \quad 1|\psi\rangle = |\psi\rangle$$

对所有 $|\psi\rangle$ 均成立.前者称为零算符,后者称为单位算符.

两个算符 A,B 的和 $A+B$ 以及乘积 AB 的定义是

$$(A+B)|\psi\rangle = A|\psi\rangle + B|\psi\rangle$$
$$BA|\psi\rangle = B(A|\psi\rangle)$$

如果两个算符 A,B 满足

$$AB = BA$$

则称这两个算符是可对易的,各个算符之间不都是可对易的.我们规定用对易式

$$[A, B] = AB - BA \tag{2.3}$$

表示两个算符的对易关系.若$[A, B] = AB - BA = 0$,则算符A和B是对易的,否则为不对易的.

上面我们在右矢空间中定义了算符A.由于每一个右矢在左矢空间中都有一个左矢与之对应,所以算符A也同时规定了左矢空间中一定范围内的左矢$\langle \psi |$与左矢$\langle \varphi |$的对应关系.也就是说,在右矢空间中的每一个算符A,都对应着左矢空间中的某一个算符,这个左矢空间中与A相对应的算符,就记作$A^{\dagger}$,称为算符A的伴随算符,它等于A的共轭转置:

$$| \varphi \rangle = A | \psi \rangle \equiv | A\psi \rangle \rightarrow \langle \varphi | = \langle A\psi | \equiv \langle \psi | A^{\dagger}$$

换句话说,算符A的伴随算符恒等于算符A的共轭转置:

$$A^{\dagger} = (A^{*})' \tag{2.4}$$

1. 厄米算符(Hermitian operator)

如果一个算符A与其伴随算符$A^{\dagger}$完全相等,则该算符被称为厄米算符:

$$A \text{ 是厄米算符} \quad \Leftrightarrow \quad A^{\dagger} = A = (A^{*})'$$

所以,厄米算符又被称为自伴(self-adjoint)算符.

伴随算符$A^{\dagger}$对于每一个$| \varphi \rangle$和$| \psi \rangle$,有

$$\langle \psi | A^{\dagger} | \varphi \rangle = ((\langle \varphi | A | \psi \rangle^{*})' \tag{2.5}$$

观察式(2.5)可以发现,要想得到一个表达式的厄米共轭,可以按以下步骤进行:

(1) 常数用复共轭式代替;

右矢用其相应左矢代替;

左矢用其相应右矢代替;

算符用其伴随算符代替.

(2) 颠倒因子的次序(常数的位置无关紧要),例如:

$$\lambda \langle \varphi | AB | \psi \rangle \rightarrow \lambda^{*} \langle \psi | B^{\dagger} A^{\dagger} | \varphi \rangle$$

2. 幺正算符(unitary operator)

幺正算符是满足下列条件的算符:

$$U^{\dagger} U = UU^{\dagger} = I$$

换句话说,当一个算符的逆算符与其伴随算符相等时,称该算符为幺正算符:

$$U^{\dagger} = U^{-1}$$

将一个幺正算符作用于一个矢量空间的全部矢量,则对其中任意两个矢量$|\psi\rangle$和$|\varphi\rangle$可获得两个新矢量$|\psi'\rangle$和$|\varphi'\rangle$,这一操作称为矢量的幺正变换.幺正变换不改变矢量的模,也不改变两矢量的内积,从而不改变其正交关系.

3. 投影算符

在空间中取一组基矢量$\{|v_i\rangle\}$,投影算符是

$$P_i = |v_i\rangle\langle v_i|$$

P_i作用到右矢$|\psi\rangle$上得到

$$P_i|\psi\rangle = |v_i\rangle\langle v_i|\cdot|\psi\rangle = |v_i\rangle\langle v_i|\psi\rangle = C|v_i\rangle$$

这是基右矢$|v_i\rangle$乘以矢量$|\psi\rangle$在$|v_i\rangle$上的分量$C = \langle v_i|\psi\rangle$.$C$是一个数,若沿用三维空间上的术语,就是右矢$|\psi\rangle$在$|v_i\rangle$上的投影.$P_i$称为$|v_i\rangle$子空间上的投影算符.

4. 矢量空间上的直和运算

矢量空间上的直和运算是用已知矢量空间R_1和R_2构造一个更大的矢量空间时常用的构造方法.

设矢量空间R_1中的矢量是$|\alpha\rangle$,$|\beta\rangle$,$\cdots$,算符是A,B,$\cdots$;矢量空间R_2中的矢量是$|\psi\rangle$,$|\varphi\rangle$,$\cdots$,算符是L,M,$\cdots$.现在构造它们二者的直和空间.

从R_1空间中取一个矢量,从R_2空间中取一个矢量放在一起(不改变次序),例如$|\alpha\rangle$与$|\psi\rangle$放在一起,根据一定的规则构成双矢量,我们用下列特殊符号表示:

$$|\alpha\rangle \oplus |\psi\rangle$$

它们称为矢量$|\alpha\rangle$与$|\psi\rangle$的直和.这一类双矢量及其叠加可以构成一个新的矢量空间.

现在定义这个矢量空间的三种运算:

(1) 加法:

$$(|\alpha\rangle \oplus |\psi\rangle) + (|\beta\rangle \oplus |\varphi\rangle) = (|\alpha\rangle \oplus |\beta\rangle) + (|\psi\rangle \oplus |\varphi\rangle)$$

式中左边的加号$\oplus$表示直和空间中的加法,右边的第一个加号$\oplus$是R_1中的加法,右边的第二个加号$\oplus$是R_2中的加法.

(2) 数乘:

$$(|\alpha\rangle \oplus |\psi\rangle)a = |\alpha\rangle a \oplus |\psi\rangle a$$

(3) 内积:

$$(|\alpha\rangle \oplus |\psi\rangle)(|\beta\rangle \oplus |\varphi\rangle) = \langle\alpha|\beta\rangle + \langle\psi|\varphi\rangle$$

这样就构成了一个新的矢量空间 R. 我们称空间 R 是 R_1 和 R_2 的直和空间,表示为

$$R = R_1 \oplus R_2$$

现在可以用 R_1 中的算符 $A, B, \cdots$ 和 R_2 中的算符 $L, M, \cdots$ 构造直和空间的算符 $A \oplus L$,称为 A, L 两算符的直和,其作用为

$$(A \oplus L)(|\alpha\rangle + |\psi\rangle) = A|\alpha\rangle \oplus L|\psi\rangle$$

下面讨论矢量和算符的矩阵表示.

为了具体起见,我们取 R_1 为 2 维,R_2 为 3 维,其基矢分别为 $\{|v_1\rangle, |v_2\rangle\}$ 和 $\{|\varepsilon_1\rangle, |\varepsilon_2\rangle, |\varepsilon_3\rangle\}$,这里,直和空间为 5 维,其基矢为

$$|v_1\rangle \oplus |0\rangle, \quad |v_2\rangle \oplus |0\rangle, \quad |0\rangle \oplus |\varepsilon_1\rangle, \quad |0\rangle \oplus |\varepsilon_2\rangle, \quad |0\rangle \oplus |\varepsilon_3\rangle$$

于是,在 R_1 和 R_2 中,$|\alpha\rangle$ 和 $|\psi\rangle$ 的矩阵表示分别为

$$|\alpha\rangle = \begin{bmatrix} \alpha_1 \\ \alpha_2 \end{bmatrix}, \quad |\psi\rangle = \begin{bmatrix} \psi_1 \\ \psi_2 \\ \psi_3 \end{bmatrix}$$

其中,$\alpha_i = \langle v_i | \alpha \rangle$,$\psi_m = \langle \varepsilon_m | \psi \rangle$.

在直和空间中,矢量 $|\alpha\rangle \oplus |\psi\rangle$ 的矩阵形式为

$$|\alpha\rangle \oplus |\psi\rangle = \begin{bmatrix} \alpha \\ \psi \end{bmatrix} = \begin{bmatrix} \alpha_1 \\ \alpha_2 \\ \psi_1 \\ \psi_2 \\ \psi_3 \end{bmatrix}$$

算符的矩阵形式也是一样:在 R_1 和 R_2 中,算符 A 和 L 的矩阵形式分别为

$$A = \begin{bmatrix} A_{11} & A_{12} \\ A_{21} & A_{22} \end{bmatrix}, \quad L = \begin{bmatrix} L_{11} & L_{12} & L_{13} \\ L_{21} & L_{22} & L_{23} \\ L_{31} & L_{32} & L_{33} \end{bmatrix}$$

在直和空间中,算符 $A \oplus L$ 的矩阵形式为

$$A \oplus L = \begin{bmatrix} A & 0 \\ 0 & L \end{bmatrix} = \begin{bmatrix} A_{11} & A_{12} & 0 & 0 & 0 \\ A_{21} & A_{22} & 0 & 0 & 0 \\ 0 & 0 & L_{11} & L_{12} & L_{13} \\ 0 & 0 & L_{21} & L_{22} & L_{23} \\ 0 & 0 & L_{31} & L_{32} & L_{33} \end{bmatrix}$$

量子系统建模、特性分析与控制

其中, $A_{ij} = \langle v_i | A | v_j \rangle$, $L_{mn} = \langle \varepsilon_m | L | \varepsilon_n \rangle$.

5. 矢量空间上的直积运算

矢量空间上的直积是由两个已知空间 R_1 和 R_2 构造一个更大的矢量空间的另一种方法. 直积空间中的数学对象也是双矢量及其叠加; 双矢量也是从 R_1 和 R_2 中各取一个矢量不计次序地放在一起. 与直和空间的区别表现在三种运算规则的不同上, 所以直积空间的性质与直和空间有很大的不同.

矢量 $|\alpha\rangle$ 和 $|\psi\rangle$ 的直积写成

$$| \alpha \rangle \otimes | \psi \rangle = | \alpha \rangle | \psi \rangle = | \alpha\psi \rangle$$

直积空间 R_1 和 R_2 中的运算规则如下:

(1) 加法: $|\alpha\rangle|\psi\rangle + |\beta\rangle|\varphi\rangle$ 是一个新的矢量, 一般不能表示为双矢量的形式, 这与直和空间的加法不同. 加法的单位是

$$| 0 \rangle = | 0^{(1)} \rangle | 0^{(2)} \rangle$$

(2) 乘数: $|\alpha\rangle|\psi\rangle a = (|\alpha\rangle a)|\psi\rangle = |\alpha\rangle(|\psi\rangle a)$.

(3) 内积: $((\langle\alpha|\langle\psi|)(|\beta\rangle|\varphi\rangle)) = \langle\alpha|\beta\rangle\langle\psi|\varphi\rangle$.

(4) 直积的分配律: $(|\alpha\rangle + |\beta\rangle)|\psi\rangle = |\alpha\rangle|\psi\rangle + |\beta\rangle|\psi\rangle$.

这样就构成了一个新的矢量空间, 称为 R_1 和 R_2 的直积空间.

设 R_1 中的算符为 $A, B, \cdots, R_2$ 中的算符为 $L, M, \cdots$, 那么, 直积空间的算符为 $A \otimes L$, 其定义为

$$(A \otimes L)(| \alpha \rangle \otimes | \psi \rangle) = A | \alpha \rangle \otimes L | \psi \rangle$$

且满足下列关系:

$$(A + B) \otimes L = A \otimes L + B \otimes L$$
$$(A \otimes L)(B \otimes M) = AB \otimes LM$$

下面讨论矢量和算符的矩阵表示. 同样为了具体起见, 我们取 R_1 为 2 维, R_2 为 3 维. $|\alpha\rangle \otimes |\psi\rangle$ 的矩阵形式为

$$| \alpha \rangle \otimes | \psi \rangle = \begin{bmatrix} \alpha_1 \\ \alpha_2 \end{bmatrix} \otimes \begin{bmatrix} \psi_1 \\ \psi_2 \\ \psi_3 \end{bmatrix} = \begin{bmatrix} \alpha_1 & \psi_1 \\ \alpha_1 & \psi_2 \\ \alpha_1 & \psi_3 \\ \alpha_2 & \psi_1 \\ \alpha_2 & \psi_2 \\ \alpha_2 & \psi_3 \end{bmatrix}$$

直积算符 $A \otimes L$ 的矩阵形式为

$$A \otimes L = \begin{bmatrix} A_{11}L & A_{12}L \\ A_{21}L & A_{22}L \end{bmatrix}$$

假定我们以 L 位量子字节表示 X，X 可以包含任意一个 $0 \sim 2^L - 1$ 的数字，任意一个 X 的状态可以描述为

$$| X \rangle = | x_{L-1} x_{L-2} \cdots x_1 x_0 \rangle = | x_{L-1} \rangle \otimes | x_{L-2} \rangle \otimes \cdots \otimes | x_0 \rangle$$

$$X = \sum_{i=0}^{L-1} x_i 2^i, \quad x_i = 0, 1$$

其中，x_i 为对应于第 i 个粒子所占据的量子态.

状态 $| X \rangle$ 中的符号 $\otimes$ 意味着一个张量乘积，是对 L 位量子字节系统状态的一种算符表示.有时忽略符号 $\otimes$，直接写成

$$| X \rangle = | x_{L-1} \rangle | x_{L-2} \rangle \cdots | x_0 \rangle = | x_{L-1} x_{L-2} \cdots x_1 x_0 \rangle$$

2.3 量子力学的假设

量子力学基本原理的正确性不是靠逻辑推理说明的，而是靠在这些原理基础上建立起来的量子力学理论及预言的实验结果都被实验室证实来保证的.

2.3.1 量子态的描述

在经典力学中，一个力学系统的状态可由其具体位置 r 和动量 p 来确定，并由牛顿定律来确定系统状态随时间的变化规律.在量子力学中，微观粒子所特有的波粒二象性，使得量子力学量的描述均以概率的形式出现.这并不表明描述宏观物体的状态变量及其规律在量子力学中完全不适用了，因为宏观世界中的物体运动规律是大量微观粒子相互作用的结果，所以用来形容宏观客体的物理量在结合微观粒子的特性后可以用来对微观粒子进行描述.

量子力学是反映微观物质世界的运动规律的理论，是对客观存在的一种数学模拟和

理论解释,其中微观粒子的状态是用希尔伯特空间的波函数来反映的,波函数本身并不是力学变量,也不具有任何经典物理量的意义,而是用来刻画具体量子力学量的各种可能值和出现这种可能值的概率.通过它可以找到与经典力学对应的量子变量,例如在坐标空间中的波函数 $\psi(r)$ 和动量空间中的波函数 $\varphi(p)$ 之间的精确关系式分别为

$$\psi(r) = \frac{1}{(2\pi\hbar)^{3/2}} \int \varphi(p) e^{ip\cdot r/\hbar} dp \tag{2.6}$$

$$\varphi(p) = \frac{1}{(2\pi\hbar)^{3/2}} \int \psi(r) e^{-ip\cdot r/\hbar} dr \tag{2.7}$$

在经典力学中,牛顿定律被用来描述物质的运动规律,是经典物理的基础,而且它是一个不能用其他更基本的定理或假定来证明的基本假设.在量子力学中,薛定谔方程则是具有与经典力学中牛顿定律同等意义的方程:

$$i\hbar \frac{\partial}{\partial t} \psi(r,t) = \left(-\frac{\hbar^2}{2m} \nabla^2 + V \right) \psi(r,t) \tag{2.8}$$

这是由薛定谔于 1926 年提出的方程,它揭示了原子世界中物质运动的基本规律,描述了量子态 $\psi(r,t)$ 随时间变化的规律.薛定谔方程成功地解释了很多微观世界中的粒子现象.近几十年来的科学进展表明,各种化学和生物现象原则上都可以在量子力学原理和电磁作用的基础上根据薛定谔方程得到满意的理解.更重要的是,当 $\hbar \to 0$ 时,薛定谔方程可以很自然地过渡到牛顿方程,这就再一次证明了薛定谔方程的正确性,也进一步说明了经典物理只是量子物理的宏观近似.

由于微观粒子坐标和动量不再同时取确定值,经典描述方法对微观粒子自然失效.在量子力学中如何描述一个微观粒子或多个微观粒子系统的状态呢? 关于这个问题有下面的假设.

量子力学的第一条假设:量子力学系统的态矢由希尔伯特空间中的矢量完全描述.

表示量子态的矢量称为态矢量(state vector).希尔伯特空间就是态矢量张起的空间.在量子力学中称为态矢(矢量)空间.

总结一下前面的内容.在量子力学中可以使用一个称为右矢的狄拉克符号表示量子态矢量,其作用类似于三维空间中的矢量符号"$\vec{\psi}$",一个具体的态矢可以用 $|\psi\rangle$ 表示,ψ 是表征具体态矢的特征量或符号.左矢符号表示的态矢为 $\langle\psi|$,左态矢 $\langle\psi|$ 是右态矢 $|\psi\rangle$ 的共轭转置,可表示为:$\langle\psi| = (|\psi\rangle^*)'$,那么,态矢空间中两矢量 $|\psi_1\rangle$ 和 $|\psi_2\rangle$ 的内积可表示为:$((|\psi_1\rangle^*)'|\psi_2\rangle = \langle\psi_1|\psi_2\rangle$.与一个矢量可以用不同的坐标系表示一样,态矢量也可以用不同的"坐标系"表示.在量子力学中,将表示态矢的具体"坐标系"称为表象.态矢用定

义在某个区域上的平方可积复数函数表示，就称为态矢的"坐标表象"。在坐标表象中，常省去狄拉克符号，直接用这个平方可积复值函数表示态矢量。在单粒子情况下，这个函数可记为 $\psi(x)$，x 就是粒子坐标。$\psi(x)$描述与单粒子相伴的物质波，所以又称为波函数。根据物质波的概率解释，$\psi(x)$描述了粒子坐标取值的概率分布。由于概率是非负实数，量子力学中把$|\psi(x)|^2 d\tau$和这个粒子在x体积元$d\tau$内出现的概率联系起来，规定粒子在x点体积元$d\tau$内出现的概率

$$\propto |\psi(x)|^2 d\tau = C |\psi(x)|^2 d\tau \tag{2.9}$$

其中，比例系数 C 是实常数。

在非相对论量子力学中，没有虚粒子产生、消灭的情形，粒子在空间出现的概率和等于1，所以

$$\int C |\psi(x)|^2 d\tau = 1 \tag{2.10}$$

总可以选择适当常数 C，并把 C 代入$\psi(x)$中，使新的波函数 $\psi'(x)$满足

$$\int |\psi'(x)|^2 d\tau = 1 \tag{2.11}$$

式(2.11)被称为波函数的归一化条件(normalization condition)，满足归一化条件的波函数称为归一化波函数。对于归一化的波函数 $\psi(x)$，$|\psi(x)|^2 d\tau$ 表示在x点附近体积元 $d\tau$ 内出现的概率。$\psi(x)$的模方$|\psi(x)|^2$ 就是在 x 点的概率密度。以后无特殊声明，总假设波函数是归一化的。

由此可知，波函数 $\psi(x)$本身只是概率幅(probability amplitude)，$\psi(x)$的实部和虚部的平方和：模的平方$|\psi(x)|^2$ 是概率密度，而粒子在空间出现的概率为$|\psi(x)|^2 d\tau$。$\psi(x)$本身并不表示概率，而且由于它是复函数，其本身不代表任何物理量。在量子力学中引入概率幅，使量子力学从根本上区别于经典统计学。经典统计学是以概率为研究对象的，著名物理学家 Feynman 称概率幅的概念是量子力学中的基本概念之一。

微观体系的运动状态由相应的一个波函数完全描述，波函数作统计解释，这表明体系的运动状态由相应的波函数给出粒子在任一时刻 t 的坐标、动量以及其他所有量子力学量取值的概率分布而完全确定。这种按统计性(而非决定性)方式来完全确定的微观体系运动状态称为量子态。

态矢量或波函数的物理意义就在于能够对它所描述的系统实施测量的结果概率分布做出预言。态矢作为希尔伯特空间中的一个矢量是十分抽象的，我们可以从两个方面对其进行理解：一方面，态矢是获得这个态历史过程的记录，包含着制备这个态过程中使用的宏观仪器、选定的参数值、整个操作过程等全部信息。态函数记录了系统制备的信

息,使不同的态对测量结果做出不同的响应.从这个意义上说,态函数是联系态制备历史和测量结果的纽带.另一方面,不同态对测量结果做出不同的响应,说明不同的态具有不同的物理性质.一个态物理性质的辨识需要通过多次重复(不是对同一个态,而是对一批相同的态)测量实现.测量结果不是单值决定的,而且一般的测量过程要引起态的不可逆变化,因而测量过程实质上是新态制备过程.只有对相同态的多次重复测量,得到力学量可能值的概率分布,才能描述态的物理性质.在态矢量中包含着一个或几个力学量实现其某些特定值潜在可能性的全部信息.一般说来,当微观粒子处在某一运动状态时,它的力学量如坐标、动量、角动量、能量等不同时具有确定的数值,而具有一系列可能的值,每一个可能的值以一定的概率出现.当给定描述这一运动状态的波函数 ψ 后,力学量出现各种可能的相应的概率就完全确定.利用统计平均的方法,可以算出该力学量的平均值,进而与实验的观测值相比较.

既然一切力学量的平均值原则上均可由 ψ 给出,而且这些平均值就是 ψ 所描述的状态下相应的力学量的观测结果,从这个意义上讲,态矢完全描述了量子系统的状态.

2.3.2 量子态叠加原理

在经典物理中,波动的一个显著特点就是满足线性叠加原理.如果 ψ_1 表示一个波动过程, ψ_2 表示另一个波动过程,那么

$$\psi = a\psi_1 + b\psi_2$$

也是一个波动过程,这里 a 和 b 分别为两个常数.例如空间一点光波振动就是此前时刻波振面上各点发射子波在焦点叠加的结果.应用波叠加原理,可以很好地解释光波、声波的干射、衍射等现象.

物质波是否也满足叠加原理呢? 如果 $|\psi_1\rangle$ 是希尔伯特空间中的一个矢量, $|\psi_2\rangle$ 是希尔伯特空间中的另一个矢量,由希尔伯特空间性质(式(2.1))可知

$$| \psi \rangle = C_1 | \psi_1 \rangle + C_2 | \psi_2 \rangle \tag{2.12}$$

其中, C_1 和 C_2 是两个复常数,它们也是希尔伯特空间中的一个矢量.

所以,若量子力学系统处在 $|\psi_1\rangle$ 和 $|\psi_2\rangle$ 描述的态中,则式(2.12)中的线性叠加态 $|\psi\rangle$ 也是系统的一个可能态,这就是量子力学中的第二条假设:叠加原理(principle of superposition).

量子力学叠加原理和经典物理中波叠加原理显然在形式上相同,但二者意义有本质

区别.这种区别表现在：

（1）两个相同态的叠加在经典物理中代表着一个新的态,而在量子物理中则表示同一个态.

（2）在经典物理叠加中的 ψ_1 和 ψ_2 表示两列波叠加,在量子力学中,$|\psi_1\rangle$ 和 $|\psi_2\rangle$ 是属于同一量子系统的两个可能状态.在叠加态中,系统将部分地处在各个叠加态中.

例 2.1 在电子双缝干涉试验中,由 S_1 缝通过的电子状态用波函数 ψ_1 描写,电子在屏幕上的分布是 $|\psi_1|^2$;由 S_2 缝通过的电子状态用波函数 ψ_2 描写,电子在屏幕上的分布是 $|\psi_2|^2$.当两缝都打开时,电子可能从 S_1 缝通过,也可能从 S_2 缝通过,即电子可以处在 ψ_1 态,也可以处在 ψ_2 态,由叠加原理,电子所处的叠加态为

$$\psi(x) = C_1\psi_1(x) + C_2\psi_2(x)$$

于是,屏幕上电子分布由

$$
\begin{aligned}
|\psi(x)|^2 &= |C_1\psi_1(x) + C_2\psi_2(x)|^2 \\
&= |C_1\psi_1(x)|^2 + |C_2\psi_2(x)|^2 + C_1^* C_2 \psi_1^*(x)\psi_2(x) \\
&\quad + C_1 C_2^* \psi_1(x)\psi_2^*(x)
\end{aligned}
\tag{2.13}
$$

描写.式(2.13)中前两项分别是电子通过 S_1 缝和 S_2 缝时的分布,第三、四项是干涉项.由于干涉项的存在,在两缝都打开的情况下,屏幕上的电子分布不再是简单的 $|\psi_1|^2$ 和 $|\psi_2|^2$ 之和,而是呈现出明暗相间的干涉分布.实验证明了量子力学叠加原理的正确性.

例 2.2 一个量子位是一个双态量子系统,或者说是一个二维希尔伯特子空间.记它的两个互相独立的基状态分别为:基本态 $|0\rangle$ 和激发态 $|1\rangle$.根据叠加原理,这个量子位可以处在叠加态:

$$|\psi\rangle = a|0\rangle + b|1\rangle$$

其中,a 和 b 是满足 $|a|^2 + |b|^2 = 1$ 的复数.原则上,通过适当地确定 a 和 b,可以在一个量子位编码无穷多的信息,但实际上,由于这些态并不相互正交,所以编码的信息没有可靠方法提取出来.而特别地,可以同时编码为 $|0\rangle$ 和 $|1\rangle$,故在态

$$|\psi\rangle = \frac{1}{\sqrt{2}}(|0\rangle + |1\rangle)$$

中,$|0\rangle$ 和 $|1\rangle$ 以相同的概率出现.

如果一个量子系统含有两个量子位,这两个量子位可以处在四个不同的正交基状态:$|00\rangle$,$|01\rangle$,$|10\rangle$ 和 $|11\rangle$ 中,因而也可以处在它们的叠加态中:

$$|\psi\rangle = C_0|00\rangle + C_1|01\rangle + C_2|10\rangle + C_3|11\rangle$$

以此类推,一个有 L 个量子位的系统可以处在 2^L 个不同正交基组成的叠加态中.量子系统可以这种方式指数地增加存储能力.

2.3.3　厄米算符表示及测量算符的取值

量子力学的第三条假设:量子力学中,每一个力学量都用一个线性厄米算符表示.

系统中可观测的力学量所对应的算符必为厄米算符.厄米算符的本征函数具有正交、归一和完备性.可以用它作为一组基矢,构成希尔伯特空间.

波函数 ψ 代表粒子的一切可能出现的态,但在单次测量中,只能涉及其中的某一个态 ψ_n.力学量 A 在终态下具有确定的值 A_n,这种具有确定性的态称作本征态,ψ_n 称作本征函数.本征函数具有正交性和归一性,也就是说不同的本征函数是彼此独立的(即"正交性"),正交归一性的数学描述是

$$\int \psi_m^* \psi_n \, \mathrm{d}t = \delta_{mn} = \begin{cases} 1, & m = n \\ 0, & m \neq n \end{cases} \quad (\text{或}\langle \psi_m \mid \psi_n \rangle = \delta_{mn})$$

对于一个归一化的右矢描述的态 $\langle \psi | \psi \rangle = 1$,可观测量 A 在态 $|\psi\rangle$ 的平均值定义为

$$\langle A \rangle_\psi = \langle \psi \mid A \mid \psi \rangle \tag{2.14}$$

一个可观测量的平均值具有明确的物理意义,假设当系统处于态 $|\psi\rangle$,由算符 A 代表的物理量被测量很多次,那么,$\langle A \rangle_\psi$ 表示测量结果的平均值(即每个测量结果乘以该结果的概率之和).

现在既然获得力学量 A 在 ψ_n 下的确定值 A_n,那么它的平均值 $\langle A_n \rangle$ 就是它本身,因为由式(2.14)可得

$$\langle A_n \rangle = \langle \psi_n \mid A \mid \psi_n \rangle = \langle \psi_n \mid A_n \mid \psi_n \rangle = A_n \langle \psi_n \mid \psi_n \rangle = A_n \tag{2.15}$$

由此可得

$$A \mid \psi_n \rangle = A_n \mid \psi_n \rangle \tag{2.16}$$

式(2.16)被称为算符 A 的本征值方程(eigenvalue equation),A_n 称为算符 A 的本征值(eigenvalue),相应的态矢 $|\psi_n\rangle$ 称为算符 A 属于本征值的本征矢(eigenvector).根据式(2.16),只要知道了算符以及态矢的具体形式,就可以求得本征值.由式(2.16)可得:当且仅当 $|\psi_n\rangle$ 是力学量 A 的本征态时,在 A 的本征态 $|\psi_n\rangle$ 中测量 A 才有确定值,而且这个确定值就是 A 在这个态的平均值.

如果属于本征值 A_n 的本征矢只有一个(或属于本征值 A_n 的子空间是一维的),则称本征值或本征矢是非简并的. 在简并的情形下,属于同一本征值的线性独立的本征函数的个数称为简并度.

对于所有本征矢 $|\psi_n\rangle$,张成一个希尔伯特空间,即有下式成立:

$$|\psi\rangle = \sum_n C_n |\psi_n\rangle \tag{2.17}$$

用不同的本征矢 $\langle\psi_m|$ 左乘式(2.17),可得

$$\langle\psi_m | \psi\rangle = \sum_n C_n\langle\psi_m | \psi_n\rangle = \sum_n C_n\delta_{mn} = C_m \tag{2.18}$$

所以,式(2.17)中的系数 $C_n = \langle\psi_n|\psi\rangle$,将 C_n 代入式(2.17),可得

$$|\psi\rangle = \sum_n |\psi_n\rangle\langle\psi_n | \psi\rangle$$

由于 $|\psi_n\rangle$ 是幺正态矢,所以有

$$\sum_n |\psi_n\rangle\langle\psi_n | = I \tag{2.19}$$

式(2.18)称为算符 A 的本征矢 $|\psi_n\rangle$ 完备性条件.

量子力学的第四条假设:测量力学量 A 的可能值谱就是其算符 A 的本征值谱;仅当系统处在算符 A 的某个本征态矢 $|\psi_n\rangle$ 时,测量力学量 A 才能得到唯一的结果 A_n,即本征态 $|\psi_n\rangle$ 的本征值;若系统处于某一归一化态矢 $|\psi\rangle$ 所描述的状态,测得本征值之一 A_n 的概率为 $|C_n|^2$,C_n 是态 $|\psi\rangle$ 按算符 A 的正交归一完备函数 $|\psi_n\rangle$ 展开的系数:$|\psi\rangle = \sum_n C_n |\psi_n\rangle$,其中,$C_n = \langle\psi_n | \psi\rangle$.

对两个或多个可观测量同时进行测量,只有系统同时处在每个可观测量同一本征态时才能导致每个可观测量具有确定值. 这意味着这种同时进行的测量是相互独立的,或彼此互不相干的. 如果如此,进行测量的先后次序是无关紧要的,而表征可观测量的算符就一定是相互对易的,即有 $AB = BA$ 成立.

现将线性厄米算符的本征值和本征函数的一些重要性质总结如下:

(1) 线性厄米算符的本征值都是实数;

(2) 线性厄米算符属于不同本征值的本征矢正交;

(3) 线性厄米算符的本征矢张起一个完备的矢量空间;

(4) 两个力学量算符具有共同完备本征函数系的充要条件是这两个算符相互对易.

2.3.4 量子态的演化

量子力学的目的不仅是描述微观系统的状态,而且还希望了解微观体系状态变化的过程以及决定变化过程的相互作用力学机制,从而有效地控制、利用量子现象.因此必须掌握量子系统状态随时间变化的规律.典型的量子计算的过程实质上就是量子态按照算法要求演化的过程.

薛定谔(Schrödinger)方程是量子系统状态演化的基本规律.当量子系统没有进行测量时,系统遵循该规律进行持续演变:

$$i\hbar\frac{\partial|\psi(t)\rangle}{\partial t} = H(t)|\psi(t)\rangle \qquad (2.20)$$

或

$$i\hbar\frac{\partial\psi}{\partial t} = H(t)\psi$$

其中,$i=\sqrt{-1}$ 为虚数,$\hbar=1.0545\times10^{-34}$(J·s)为普朗克常数,在理论分析时,$\hbar$ 的精确值对我们并不重要,所以进行系统分析时,常常把因子 $\hbar$ 放到 H 中,并且置 $\hbar=1$. $H(t)$ 为哈密顿(Hamiltonian)算符,它与特定的物理系统相关,决定系统状态的演化.

如果知道了系统的哈密顿量,则(加上对 $\hbar$ 的知识)我们就至少在原则上完全了解了系统的动态.然而,找出描述特定物理系统的哈密顿量一般是一个很难的问题,20 世纪物理学界的许多工作都与这项工作有关,这需要从实践得来实质性结果.对我们而言,这是在量子力学框架内,由物理理论来解决的细节问题,即在原子的这样或那样的配置中需要什么样的哈密顿量描述,而并非量子力学理论自身需要解决的问题.在对量子力学系统控制的讨论和研究中,不需要讨论哈密顿量,即使需要,通常也只是假设某个矩阵为哈密顿量作为问题已知起点,然后继续下去,而不考查哈密顿量的来历.

由于哈密顿量是一个厄米算符,故其存在谱分解

$$H = \sum_E E|E\rangle\langle E|$$

其中,特征值是 E,$|E\rangle$ 是相应的特征向量.状态 $|E\rangle$ 习惯上称作能量本征态或定态(stationary state). E 是 $|E\rangle$ 的能量.最低的能量称为系统的基态能量,相应的能量本征态(或本征空间)称为基态.状态 $|E\rangle$ 之所以称为定态是因为它们随时间的变化只是一个数值因子

$$|E\rangle \rightarrow \exp(-\mathrm{i}Et/\hbar)\,|E\rangle$$

例如,设单个量子位具有哈密顿量

$$H = \hbar\omega X$$

式中,ω 是一个参数,实际中需要通过实验来确定. 对该参数我们并不是太关心,我们所关心的是量子力学系统中可能会用到上述哈密顿量的类型. 这个哈密顿量的能量本征态显然和 X 的本征态相同,即 $(|0\rangle + |1\rangle)/\sqrt{2}$ 和 $(|0\rangle - |1\rangle)/\sqrt{2}$,分别对应能量 $\hbar\omega$ 和 $-\hbar\omega$,于是,基态是 $(|0\rangle - |1\rangle)/\sqrt{2}$ 的能量为 $-\hbar\omega$.

许多实际量子系统中的哈密顿量是可以时变的,即哈密顿量不是常数,而是按照实验者所设置的控制,在实验过程中通过改变某些参数而随时间变化的. 于是,虽然系统是不封闭的,但在很好的近似程度上,是按照具有时变哈密顿量的薛定谔方程演化的.

在薛定谔方程中计算的是态矢量,也就是概率幅,它不是一个物理量,这是与经典物理的一个根本区别. 在经典物理中,所有动力学方程都是描述物理量变化规律的,而在量子力学中,一切可观测的力学量取值都是由概率幅的模决定的.

如果哈密顿算符与时间无关,并且系统的初始状态为 $|\psi(0)\rangle$,那么薛定谔方程就可以简化为

$$|\psi(t)\rangle = \mathrm{e}^{-\mathrm{i}Ht/\hbar}\,|\psi(0)\rangle = U(t)\,|\psi(0)\rangle$$

其中,$U(t) = \mathrm{e}^{-\mathrm{i}Ht/\hbar}$ 称为演化算符,满足

$$UU^\dagger = U^\dagger U = I$$

演化算符的幺正性要求量子信息处理中的逻辑操作必须执行幺正演化. 由于幺正操作总有逆操作存在,所以量子信息处理中的逻辑操作都是可逆的.

2.3.5　幺正变换及其特性

幺正变换在量子系统中起着重要的作用,它能够方便地简化我们对量子系统态的操控过程,所以有必要掌握其特性,本小节将对幺正变换所具备的特性进行总结.

在量子力学中,表示态矢的具体"坐标系"称为表象. 态矢用定义在某个区域上的平方可积复数值函数表示为"坐标表象". 幺正变换矩阵是由相互正交的基矢所组成的变换矩阵,所以幺正变换矩阵 U 满足关系式

$$U^\dagger = U^{-1} \quad 或 \quad U^\dagger U = I$$

幺正变换同时还具有以下特性.

（1）幺正变换不改变两个态矢的内积.

设态矢从不带表象到带表象：

$$|\psi'\rangle = U|\psi\rangle$$
$$|\varphi'\rangle = U|\varphi\rangle$$

则

$$\langle\varphi'|\psi'\rangle = \langle\varphi|U^\dagger U|\psi\rangle = \langle\varphi|\psi\rangle \tag{2.21}$$

所以两态矢的内积在幺正变换下不变.另外,态矢的模(或者归一化条件)在幺正变换下保持不变.

（2）态矢在不同表象之间的变换是幺正变换.

幺正变换矩阵是新表象基矢左矢和原表象基矢右矢的内积.当态矢变换时,作用到态矢上的力学量算符也要作相应的逆变换.

设力学量算符 F 在 A 表象中的矩阵元为

$$F^{(A)}_{mn} = \langle a_m|F|a_n\rangle$$

在 B 表象中的矩阵元为

$$F^{(B)}_{mn} = \langle b_m|F|b_n\rangle$$

利用 A 表象基元完备性条件：$\sum_n |\psi_n\rangle\langle\psi_n| = I$,可得

$$\langle b_m|F|b_n\rangle = \sum_{kl}\langle b_m|a_k\rangle\langle a_k|F|a_l\rangle\langle a_l|b_n\rangle$$

写成矩阵形式,即为

$$F^{(B)} = SF^{(A)}S^{-1} \tag{2.22}$$

其中,$F^{(B)}$,$F^{(A)}$ 分别是算符 F 在 B,A 表象中的表示矩阵,S 是从 A 表象到 B 表象的交换矩阵.式(2.22)表示力学量算符在两表象中矩阵之间的关系,是用表象基矢交换矩阵之外的一个相似变换.

（3）幺正变换不改变算符的本征值.

设 F 算符在不带表象中的本征值为 F_n,其本征方程为

$$F|\psi\rangle = F_n|\psi\rangle$$

注意到 F_n 是本征值,以 U 左乘上式两边,应用幺正变换条件 $UU^\dagger = I$,上式可以写为

$$UFU^{-1}U \mid \psi\rangle = F_n U \mid \psi\rangle$$

若 U 就是从不带表象到带表象的变换矩阵,则利用式(2.22),可得

$$F' \mid \psi'\rangle = F_n \mid \psi'\rangle$$

这表明在新表象 F' 算符的本征值仍为 F_n,所以幺正变换不改变算符的本征值,算符的本征值表示算子本身的形式,与具体表象无关.

由于算符在自身表象中的矩阵为对角矩阵,该矩阵的对角元就是这个算符的本征值,这就给出了求算符本征值和本征矢的方法.求一个算符本征值的问题,可以归结为寻找一个幺正变换 U,使算符在原来表象中的矩阵表示化到自身表象中,即使算符的矩阵对角化,对角元就是这个算符的本征值,新表象的基矢就是算符属于各个本征值的正交归一化本征矢,这些本征矢通过 U 变换与原表象基矢关联.

(4) 算符表示矩阵的迹在幺正变换下不变.

由于 $F' = UFU^{-1}$,在求迹号下矩阵乘积因子可以交换,所以存在

$$\mathrm{tr}(F') = \mathrm{tr}(UFU^{-1}) = \mathrm{tr}(UU^{-1}F) = \mathrm{tr}(F)$$

在算符 F 自身表象中,它的迹就是其各本征值之和.

(5) 在幺正变换下,任何力学量算符的平均值保持不变,或者更一般地说,力学量算符的矩阵元保持不变.

设

$$\mid \psi'\rangle = U \mid \psi\rangle$$
$$\mid \varphi'\rangle = U \mid \varphi\rangle$$

由于 $F' = UFU^{-1}$,所以

$$\langle \varphi' \mid F' \mid \psi'\rangle = \langle \varphi \mid U^{-1}UFU^{-1}U \mid \psi\rangle = \langle \varphi \mid F \mid \psi\rangle$$

(6) 算符的线性性质和厄米性在幺正变换下不变.

首先,设 C_1, C_2 是两个任意复常数,在右矢不带撇的表象中有

$$F(C_1 \mid \psi_1\rangle + C_2 \mid \psi_2\rangle) = C_1 F \mid \psi_1\rangle + C_2 F \mid \psi_2\rangle$$

那么,在带撇的表象中,有

$$
\begin{aligned}
F'(C_1 \mid \psi'_1\rangle + C_2 \mid \psi'_2\rangle) &= UFU^{-1}(C_1 U \mid \psi_1\rangle + C_2 U \mid \psi_2\rangle) \\
&= UF(C_1 \mid \psi_1\rangle + C_2 \mid \psi_2\rangle) \\
&= C_1 UF \mid \psi_1\rangle + C_2 UF \mid \psi_2\rangle
\end{aligned}
$$

$$= C_1 UFU^{-1} U \mid \psi_1 \rangle + C_2 UFU^{-1} U \mid \psi_2 \rangle$$
$$= C_1 F' \mid \psi_1' \rangle + C_2 F' \mid \psi_2' \rangle$$

所以,在幺正变换下,算符的线性性质保持不变,与表象无关.

其次,若

$$F^\dagger = F$$

则

$$F'^\dagger = (UFU^{-1})^\dagger = UF^\dagger U^\dagger = UFU^{-1} = F'$$

所以,算符的厄米性在幺正变换下也保持不变,与表象无关.

(7) 算符之间的代数关系在幺正变换下不变.

可以证明两个算符相加不随幺正变化而变化.作为例子,下面我们证明两算符的乘积在幺正变换下保持不变.

设 $F = AB$,则

$$F' = UFU^{-1} = UABU^{-1} = UAU^{-1} UBU^{-1} = A'B'$$

由于算符的相加、相乘是更复杂的代数关系的基础,所以可得一般的算符之间的代数关系在幺正变换下不变.特别是,算符之间的对易关系不随幺正变换而改变.

2.4　量子位和量子门

2.4.1　量子位

量子系统中,基本信息单位是量子位(qubit),又称量子比特.一个量子位就是一个双态量子系统,这里的双态是指两个线性独立的态,常选一对特定的标准正交基$\{\mid 0 \rangle, \mid 1 \rangle\}$张成,定义在一个二维复向量空间或二维希尔伯特空间.用这一对基可以表示如光子的水平偏振态$\mid \leftrightarrow \rangle = \mid 0 \rangle$,光子的垂直偏振态$\mid \updownarrow \rangle = \mid 1 \rangle$.还可以分别表示其他叠加态,如光子的偏振方向 $\mid \nearrow \rangle = (1/\sqrt{2})(\mid 0 \rangle + \mid 1 \rangle)$和 $\mid \searrow \rangle = (1/\sqrt{2})(\mid 0 \rangle - \mid 1 \rangle)$,也可以分别对应

半自旋粒子系统(如电子)的自旋向上(spin-up)和自旋向下(spin-down)状态.

用作量子位物理实现的一个重要双态系统是光子,在量子力学中,光场或一般电磁辐射均是由一个个光子组成的.光子的能量 E 和动量 P 通过普朗克常数 $\hbar$ 分别和光场的圆频率 ω 及波矢 k 联系:

$$L = \hbar\omega, \quad P = \hbar k$$

光子的静止质量为零,运动速度为光速 C.光子沿波矢方向自旋角动量 $\hbar$ 对应着经典电磁波左旋圆极化波和右旋圆极化波,存在有左旋圆极化波和右旋圆极化波两种量子态,分别用 $|L\rangle$ 和 $|R\rangle$ 表示,并且沿波矢方向自旋角动量投影,前者为 $+\hbar$,后者为 $-\hbar$.光子可以处在 $|L\rangle$ 和 $|R\rangle$ 的叠加态:

$$|x\rangle = \frac{1}{\sqrt{2}}(|R\rangle + |L\rangle)$$

$$i|y\rangle = \frac{1}{\sqrt{2}}(|R\rangle + |L\rangle)$$

分别表示光子沿 x 方向和 y 方向的两种线性状态,这里假设光子沿 z 方向传播.

一个量子位的纯态可以用两个实参数表示:

$$|\psi\rangle = a|0\rangle + b|1\rangle \tag{2.23}$$

这里 a 和 b 为两个复数,包含四个实参数,但由于其模应满足归一化条件 $|a|^2 + |b|^2 = 1$,其总位相是没有可观测物理意义的,可以略去,所以只需要用一个实函数表示它们的相对位相就够了.在式(2.23)中,若 $a=1, b=0$ 或 $a=0, b=1$,态 $|\psi\rangle$ 塌缩成 $|0\rangle$ 或 $|1\rangle$. 对于 $|0\rangle$ 态或 $|1\rangle$ 态,当执行一个投影到基 $\{|0\rangle, |1\rangle\}$ 上的测量时(即测量电子的自旋子分量),其中任何一个或者以概率 1 出现,或者根本不出现.测量也不会改变这个态,这些态表现出和经典态相似的性质.由于这个原理,有时称它们为经典态.但当量子位处在 $|\psi\rangle = a|0\rangle + b|1\rangle$ 描述的通常态时,执行投影到基 $\{|0\rangle, |1\rangle\}$ 上的测量时,将以概率 $|a|^2$ 得到 $|0\rangle$ 态,以概率 $|b|^2$ 得到 $|1\rangle$ 态,且测量结果将扰动这个态.测量之后 $|\psi\rangle$ 被制备在一个新态上.如果没有态 $|\psi\rangle$ 的制备知识,凭一次测量不能求出其中的 a 和 b,从而不可能完全确定这个态.

一般地,n 个量子位的态张成一个 2^n 维的希尔伯特空间,存在 2^n 个互相正交的态.通常取 2^n 个正交态为 $|i\rangle$,i 是一个 n 维二进制数.n 个量子位的一般态可以表示成这 2^n 个正交态的线性叠加.例如 3 个量子位有 8 个互相正交态,它的基右矢可以取作

$$|000\rangle, \quad |001\rangle, \quad \cdots, \quad |111\rangle \tag{2.24}$$

它的一般态表示为

$$| \psi \rangle = \sum_{i=1}^{8} C_i | i \rangle$$

其中,$| i \rangle$就是式(2.24)中8个态之一,C_i是叠加系数.

我们已经知道,对于矩阵 A 及其矩阵元素 A_{ik},A 的共轭转置矩阵 $A^{\dagger}$ 定义为:$(A^{\dagger})_{ik} = (A^*)'_{ki}$,即 A 先共轭后转置,"$*$"表示共轭.

例如:$A = \begin{bmatrix} 0 & i \\ i & 0 \end{bmatrix}$,$B = \begin{bmatrix} 0 & -i \\ i & 0 \end{bmatrix}$,有

$$A^* = \begin{bmatrix} 0 & -i \\ -i & 0 \end{bmatrix}, \quad B^* = \begin{bmatrix} 0 & i \\ -i & 0 \end{bmatrix}$$

则

$$A^{\dagger} = (A^*)' = \begin{bmatrix} 0 & -i \\ -i & 0 \end{bmatrix}$$

$$B^{\dagger} = (B^*)' = \begin{bmatrix} 0 & -i \\ i & 0 \end{bmatrix} = B$$

这两个矩阵 A 和 B 都有其特殊性.对矩阵 B,有 $B^{\dagger} = B$ 成立,我们把这种相等于自身共轭转置矩阵的矩阵称为厄米矩阵.厄米矩阵代表了那些可以在实验中测量到的物理量,例如,能量、旋转投影(即内部角动量)、磁力矩投影等.特别地,矩阵$(1/2)B$描述了电子或质子旋转的y向分力.

对于矩阵 A 和 B,还有以下关系成立:

$$A^{\dagger}A = AA^{\dagger} = I, \quad B^{\dagger}B = BB^{\dagger} = I \tag{2.25}$$

其中,I 为单位矩阵,$I = \begin{bmatrix} 1 & 0 \\ 0 & 1 \end{bmatrix}$.

证明 通过直接计算 $A^{\dagger}A$,$AA^{\dagger}$,$B^{\dagger}B$,$BB^{\dagger}$,可得

$$A^{\dagger}A = \begin{bmatrix} 0 & -i \\ -i & 0 \end{bmatrix} \cdot \begin{bmatrix} 0 & i \\ i & 0 \end{bmatrix} = \begin{bmatrix} 1 & 0 \\ 0 & 1 \end{bmatrix} = I$$

$$AA^{\dagger} = \begin{bmatrix} 0 & i \\ i & 0 \end{bmatrix} \cdot \begin{bmatrix} 0 & -i \\ -i & 0 \end{bmatrix} = \begin{bmatrix} 1 & 0 \\ 0 & 1 \end{bmatrix} = I$$

$$B^{\dagger}B = \begin{bmatrix} 0 & -i \\ i & 0 \end{bmatrix} \cdot \begin{bmatrix} 0 & -i \\ i & 0 \end{bmatrix} = \begin{bmatrix} 1 & 0 \\ 0 & 1 \end{bmatrix} = I$$

$$BB^{\dagger} = \begin{bmatrix} 0 & -i \\ i & 0 \end{bmatrix} \cdot \begin{bmatrix} 0 & -i \\ i & 0 \end{bmatrix} = \begin{bmatrix} 1 & 0 \\ 0 & 1 \end{bmatrix} = I$$

所以,式(2.25)成立.

满足式(2.25)的矩阵称为幺正矩阵,量子力学系统的时间演化过程是通过幺正矩阵来描述的,对量子位最基本的幺正操作称为逻辑门(logic gate).所以量子逻辑门可以用幺正矩阵(算符)表示.

2.4.2 量子逻辑门

量子态的变化可以用量子计算的语言来描述.类似于经典计算机是由包含连线和逻辑门的线路组成的,连线用于在线路间传送信息,而逻辑门负责处理信息,把信息从一种形式转化为另一种形式.例如,考虑一个经典单比特逻辑门:非门,其操作由真值表定义,其中 $0 \to 1, 1 \to 0$,即将 0,1 状态交换.

可以类似地定义量子比特的量子逻辑门.对量子位的简单幺正操作称为量子逻辑门孤立量子体系的演化是幺正演化,在这种演化下,能保持所有的量子物理性质.量子态的可叠加性和孤立量子体系演化的幺正性是量子力学的核心.量子操作由一系列单量子位和双量子的量子门(即同时作用于一个或两个量子位的量子幺正操作)来完成.

下面我们引入几个重要的一位量子逻辑门.

(1) 恒等操作.

$$I = |0\rangle\langle 0| + |1\rangle\langle 1| = \begin{bmatrix} 1 & 0 \\ 0 & 0 \end{bmatrix} + \begin{bmatrix} 0 & 0 \\ 0 & 1 \end{bmatrix} = \begin{bmatrix} 1 & 0 \\ 0 & 1 \end{bmatrix}$$

用矩阵表示则为单位矩阵

$$I = \begin{bmatrix} 1 & 0 \\ 0 & 1 \end{bmatrix}$$

(2) 量子非门(N 门).

非门把基本态 $|0\rangle$ 转换成激发态 $|1\rangle$,把激发态 $|1\rangle$ 转换成基本态 $|0\rangle$.在狄拉克符号中,我们定义非门为

$$N = |0\rangle\langle 1| + |1\rangle\langle 0| = \begin{bmatrix} 0 & 1 \\ 0 & 0 \end{bmatrix} + \begin{bmatrix} 0 & 0 \\ 1 & 0 \end{bmatrix} = \begin{bmatrix} 0 & 1 \\ 1 & 0 \end{bmatrix}$$

$$N \mid 1\rangle = (\mid 0\rangle\langle 1 \mid + \mid 1\rangle\langle 0 \mid) \cdot \mid 1\rangle$$
$$= \mid 0\rangle\langle 1 \mid \cdot \mid 1\rangle + \mid 1\rangle\langle 0 \mid \cdot \mid 1\rangle$$
$$= \mid 0\rangle \cdot 1 + \mid 1\rangle \cdot 0 = \mid 0\rangle$$
$$N \mid 0\rangle = (\mid 0\rangle\langle 1 \mid + \mid 1\rangle\langle 0 \mid) \cdot \mid 0\rangle$$
$$= \mid 0\rangle\langle 1 \mid \cdot \mid 0\rangle + \mid 1\rangle\langle 0 \mid \cdot \mid 0\rangle$$
$$= \mid 0\rangle \cdot 0 + \mid 1\rangle \cdot 1 = \mid 1\rangle$$

由此可见,N 中的第一项的作用实现了 $\mid 1\rangle \to \mid 0\rangle$ 的状态转换,第二项实现了 $\mid 0\rangle \to \mid 1\rangle$ 的状态转换.

对于叠加态,非门提供了以下变换:

$$N \cdot (C_0 \mid 0\rangle + C_1 \mid 1\rangle) = C_1 \mid 0\rangle + C_0 \mid 1\rangle$$

此处,C_0,C_1 是两个状态的复函数.对初始状态 $\psi = C_0 \mid 0\rangle + C_1 \mid 1\rangle$,$\mid C_0 \mid^2$ 是系统处在基本态 $\mid 0\rangle$ 的概率,$\mid C_1 \mid^2$ 是系统处在激发态 $\mid 1\rangle$ 的概率.非门作用后,$\mid C_0 \mid^2$ 成了系统处在激发态 $\mid 1\rangle$ 的概率,$\mid C_1 \mid^2$ 成了系统处在基本态 $\mid 0\rangle$ 的概率.当然同样存在 $\mid C_0 \mid^2 + \mid C_1 \mid^2 = 1$.

同样,如果我们以两个列矩阵来表示基本态 $\mid 0\rangle$ 和激发态 $\mid 1\rangle$:

$$\mid 0\rangle = \begin{bmatrix} 1 \\ 0 \end{bmatrix} = \alpha, \quad \mid 1\rangle = \begin{bmatrix} 0 \\ 1 \end{bmatrix} = \beta$$

那么,可以用矩阵表示非门:

$$N = \begin{bmatrix} 0 & 1 \\ 1 & 0 \end{bmatrix}$$

稍加推导,可以得出结论:非门矩阵 N 是一个幺正矩阵,即有 $N^{\dagger}N = NN^{\dagger} = I$ 成立,并且 N 还是厄米矩阵,即有 $N^{\dagger} = N$ 成立,另外矩阵 $(1/2)N$ 描述了原子或质子旋转的 x 向分力.

证明 因为 $N = \begin{bmatrix} 0 & 1 \\ 1 & 0 \end{bmatrix}$,所以其共轭矩阵为 $N^* = \begin{bmatrix} 0 & 1 \\ 1 & 0 \end{bmatrix}$,其共轭转置矩阵 $N^{\dagger} = (N^*)' = \begin{bmatrix} 0 & 1 \\ 1 & 0 \end{bmatrix} = N$,所以 N 为厄米矩阵.又因为 $N^{\dagger}N = NN^{\dagger} = \begin{bmatrix} 0 & 1 \\ 1 & 0 \end{bmatrix}\begin{bmatrix} 0 & 1 \\ 1 & 0 \end{bmatrix} = \begin{bmatrix} 1 & 0 \\ 0 & 1 \end{bmatrix} = I$,所以 N 为幺正矩阵.

(3) 受控非门(controlled-Not,简称 CN 门,或 XOR 门).

受控非门是多量子比特逻辑门的原型.CN 门是完成以下操作的一位门:

$$|00\rangle \rightarrow |00\rangle, \quad 即 \ CN|00\rangle = |00\rangle$$
$$|01\rangle \rightarrow |01\rangle, \quad 即 \ CN|01\rangle = |01\rangle$$
$$|10\rangle \rightarrow |11\rangle, \quad 即 \ CN|10\rangle = |11\rangle$$
$$|11\rangle \rightarrow |10\rangle, \quad 即 \ CN|11\rangle = |10\rangle$$

用狄拉克符号可以将受控非门表示为

$$CN = |00\rangle\langle 00| + |01\rangle\langle 01| + |10\rangle\langle 11| + |11\rangle\langle 10| \tag{2.26}$$

由此可见,CN 门是一个作用于两量子位的逻辑门,第一个量子位是控制位,第二个量子位是目标位,如果控制量子位处于基态$|0\rangle$,则目标量子位在 CN 门作用后状态不变,式(2.26)中前两项($|00\rangle\langle 00| + |01\rangle\langle 01|$)描述这种性质.相反,当控制量子位处于激发态$|1\rangle$时,目标量子位在 CN 门作用后状态改变,即由$|0\rangle \rightarrow |1\rangle$,$|1\rangle \rightarrow |0\rangle$,也就是说,当且仅当第一个量子位处于激发态时,才取第二个量子位的逻辑非,这种情形对应于式(2.26)中的后两项($|10\rangle\langle 11| + |11\rangle\langle 10|$).CN 门可以使不纠缠的原来有相互作用的两个初态变为纠缠态.

在十进制中,由于有

$$|00\rangle \rightarrow |0\rangle, \quad |01\rangle \rightarrow |1\rangle, \quad |10\rangle \rightarrow |2\rangle, \quad |11\rangle \rightarrow |3\rangle$$
$$\langle 00| \rightarrow \langle 0|, \quad \langle 01| \rightarrow \langle 1|, \quad \langle 10| \rightarrow \langle 2|, \quad \langle 11| \rightarrow \langle 3|$$

所以,CN 门又可写为

$$
\begin{aligned}
CN &= |00\rangle\langle 00| + |01\rangle\langle 01| + |10\rangle\langle 11| + |11\rangle\langle 10| \\
&= |0\rangle\langle 0| + |1\rangle\langle 1| + |2\rangle\langle 3| + |3\rangle\langle 2| \\
&= \begin{bmatrix} 1 \\ 0 \\ 0 \\ 0 \end{bmatrix} \begin{bmatrix} 1 & 0 & 0 & 0 \end{bmatrix} + \begin{bmatrix} 0 \\ 1 \\ 0 \\ 0 \end{bmatrix} \begin{bmatrix} 0 & 1 & 0 & 0 \end{bmatrix} + \begin{bmatrix} 0 \\ 0 \\ 1 \\ 0 \end{bmatrix} \begin{bmatrix} 0 & 0 & 0 & 1 \end{bmatrix} + \begin{bmatrix} 0 \\ 0 \\ 0 \\ 1 \end{bmatrix} \begin{bmatrix} 0 & 0 & 1 & 0 \end{bmatrix} \\
&= \begin{bmatrix} 1 & 0 & 0 & 0 \\ 0 & 0 & 0 & 0 \\ 0 & 0 & 0 & 0 \\ 0 & 0 & 0 & 0 \end{bmatrix} + \begin{bmatrix} 0 & 0 & 0 & 0 \\ 0 & 1 & 0 & 0 \\ 0 & 0 & 0 & 0 \\ 0 & 0 & 0 & 0 \end{bmatrix} + \begin{bmatrix} 0 & 0 & 0 & 0 \\ 0 & 0 & 0 & 0 \\ 0 & 0 & 0 & 1 \\ 0 & 0 & 0 & 0 \end{bmatrix} + \begin{bmatrix} 0 & 0 & 0 & 0 \\ 0 & 0 & 0 & 0 \\ 0 & 0 & 0 & 0 \\ 0 & 0 & 1 & 0 \end{bmatrix} \\
&= \begin{bmatrix} 1 & 0 & 0 & 0 \\ 0 & 1 & 0 & 0 \\ 0 & 0 & 0 & 1 \\ 0 & 0 & 1 & 0 \end{bmatrix}
\end{aligned}
$$

因为 $CN^* = \begin{bmatrix} 1 & 0 & 0 & 0 \\ 0 & 1 & 0 & 0 \\ 0 & 0 & 0 & 1 \\ 0 & 0 & 1 & 0 \end{bmatrix}$,所以

$$CN^{\dagger} = (CN^*)' = \begin{bmatrix} 1 & 0 & 0 & 0 \\ 0 & 1 & 0 & 0 \\ 0 & 0 & 0 & 1 \\ 0 & 0 & 1 & 0 \end{bmatrix} = CN$$

$$CN^{\dagger}CN = CNCN^{\dagger} = \begin{bmatrix} 1 & 0 & 0 & 0 \\ 0 & 1 & 0 & 0 \\ 0 & 0 & 0 & 1 \\ 0 & 0 & 1 & 0 \end{bmatrix} \begin{bmatrix} 1 & 0 & 0 & 0 \\ 0 & 1 & 0 & 0 \\ 0 & 0 & 0 & 1 \\ 0 & 0 & 1 & 0 \end{bmatrix} = \begin{bmatrix} 1 & 0 & 0 & 0 \\ 0 & 1 & 0 & 0 \\ 0 & 0 & 1 & 0 \\ 0 & 0 & 0 & 1 \end{bmatrix} = I$$

所以受控非门 CN 既是厄米矩阵,又是幺正矩阵.

(4) Hadamard 门(H 门).

H 门的作用是将一个量子位变换为两个量子位的相干叠加. H 门应用于离散傅里叶变换中的 A_j 操作符,它的作用以狄拉克算符及矩阵表示为

$$H = \frac{1}{\sqrt{2}}\left[(|0\rangle + |1\rangle)\langle 0| + (|0\rangle - |1\rangle)\langle 1|\right] = \frac{1}{\sqrt{2}}\begin{bmatrix} 1 & 1 \\ 1 & -1 \end{bmatrix}$$

$$H|0\rangle = \frac{1}{\sqrt{2}}(|0\rangle + |1\rangle)$$

$$H|1\rangle = \frac{1}{\sqrt{2}}(|0\rangle - |1\rangle)$$

(5) 三位控制-控制非门(CCN 门).

CCN 门为当且仅当第一、二个量子位都处于态 $|1\rangle$ 时,才对第三个量子位执行逻辑非.这个门的矩阵表示为

$$CCN = \begin{bmatrix} 1 & 0 & 0 & 0 & 0 & 0 & 0 & 0 \\ 0 & 1 & 0 & 0 & 0 & 0 & 0 & 0 \\ 0 & 0 & 1 & 0 & 0 & 0 & 0 & 0 \\ 0 & 0 & 0 & 1 & 0 & 0 & 0 & 0 \\ 0 & 0 & 0 & 0 & 1 & 0 & 0 & 0 \\ 0 & 0 & 0 & 0 & 0 & 1 & 0 & 0 \\ 0 & 0 & 0 & 0 & 0 & 0 & 0 & 1 \\ 0 & 0 & 0 & 0 & 0 & 0 & 1 & 0 \end{bmatrix}$$

用狄拉克算符描述为

$$CCN = |\,000\rangle\langle 000\,| + |\,001\rangle\langle 001\,| + |\,010\rangle\langle 010\,| + |\,011\rangle\langle 011\,|$$

$$+ |\,100\rangle\langle 100\,| + |\,101\rangle\langle 101\,| + |\,110\rangle\langle 111\,| + |\,111\rangle\langle 110\,|$$

$$= |\,0\rangle\langle 0\,| + |\,1\rangle\langle 1\,| + |\,2\rangle\langle 2\,| + |\,3\rangle\langle 3\,| + |\,4\rangle\langle 4\,| + |\,5\rangle\langle 5\,| + |\,6\rangle\langle 7\,| + |\,7\rangle\langle 6\,|$$

（6）相位门.

$$S = \begin{bmatrix} 1 & 0 \\ 0 & i \end{bmatrix}$$

（7）$\pi/8$ 门（T 门）.

$$T = \begin{bmatrix} 1 & 0 \\ 0 & \exp(i\pi/4) \end{bmatrix}$$

也许有人会问：为什么 T 门称为 $\pi/8$ 门，而定义中出现的却是 $\pi/4$？这个门被称作 $\pi/8$ 门只是因为除了一个不重要的全局相位，T 等同于一个在对角线上是 $\exp(\pm i\pi/8)$ 的门：

$$T = \exp(i\pi/8) \begin{bmatrix} \exp(-i\pi/8) & 0 \\ 0 & \exp(i\pi/8) \end{bmatrix}$$

不管怎样，这个名称从某个方面看不太令人顺眼，所以人们又常把这个门称为 T 门.

另外存在 $S = T^2$.

2.4.3　可实现的量子位旋转操作

相位是量子力学中的常用术语. 实际应用中，根据上下内容可能会有几种不同的含义，例如，状态 $e^{i\theta}\,|\,\psi\rangle$，其中，$|\,\psi\rangle$ 是状态向量，θ 是实数，我们说除了全局相位因子（global phase factor)$\mathrm{e}^{\mathrm{i}\theta}$,状态 $\mathrm{e}^{\mathrm{i}\theta}|\psi\rangle$ 与 $|\psi\rangle$ 相等.有趣的是,这两个状态的测量统计是相同的. 设 M_m 是与某个量子测量相联系的测量算符,注意,得到的测量结果 m 的概率分别为 $\langle\psi|M_m^\dagger M_m|\psi\rangle$ 和 $\langle\psi|\mathrm{e}^{-\mathrm{i}\theta}M_m^\dagger M_m\mathrm{e}^{\mathrm{i}\theta}|\psi\rangle = \langle\psi|M_m^\dagger M_m|\psi\rangle$,于是从观测的角度来看,这两个状态是等同的,所以,可以忽略全局相位因子,因为它与物理系统的可观测性质无关.

另一类相位为相对相位(relative phase),含义很不相同.考虑状态

$$\frac{|0\rangle+|1\rangle}{\sqrt{2}} \quad 和 \quad \frac{|0\rangle-|1\rangle}{\sqrt{2}}$$

其中,第一个状态中 $|1\rangle$ 的幅值是 $1/\sqrt{2}$,第二个状态中 $|1\rangle$ 的幅值是 $-1/\sqrt{2}$.两种状态下的幅值大小一样,但符号不同.更一般地,两个幅值 a 和 b,相差一个相对相位,如果存在实数 θ,使得 $a = \exp(\mathrm{i}\theta)b$,如果在此基下的每个幅值都由一个相位因子联系,则称两个状态在某个基下差一个相对相位.例如,上述两个状态除了一个相对相位之外是一致的,因为 $|0\rangle$ 的幅值一致(相对相位因子为 1),而 $|1\rangle$ 的幅值仅相差一个相对相位因子 -1.相对相位因子和全局相位因子的区别在于相对相位因子可以因幅值不同而不同,这使得相对相位依赖于基的选择,这不同于全局相位.结果是,在某个基下,仅相对相位不同的状态具有物理可观测的统计差别,而不能像仅差全局相位状态那样,把这些状态视为物理等价.

一个单量子比特是一个矢量 $|\psi\rangle = a|0\rangle + b|1\rangle$,它有两个复参数 a 和 b,满足 $|a|^2 + |b|^2 = 1$.量子比特上的运算必须保持该范数由 2×2 幺正矩阵给出,其中,最重要的一些矩阵包括泡利(Pauli)矩阵为

$$X \equiv \begin{bmatrix} 0 & 1 \\ 1 & 0 \end{bmatrix}, \quad Y \equiv \begin{bmatrix} 0 & -\mathrm{i} \\ \mathrm{i} & 0 \end{bmatrix}, \quad Z \equiv \begin{bmatrix} 1 & 0 \\ 0 & -1 \end{bmatrix} \tag{2.27}$$

单量子位的一个很有用的图像是如下的几何表示.因为归一化条件要求 $|a|^2 + |b|^2 = 1$,所以,$|\psi\rangle = a|0\rangle + b|1\rangle$ 的单量子位可以显示为单位球面上的点 (θ, φ),其中,$a = \cos\dfrac{\theta}{2}$,$b = \mathrm{e}^{\mathrm{i}\varphi}\sin\dfrac{\theta}{2}$,量子态 $|\psi\rangle = a|0\rangle + b|1\rangle$ 可以改写为

$$|\psi\rangle = \mathrm{e}^{\mathrm{i}\gamma}\left(\cos\frac{\theta}{2}|0\rangle + \mathrm{e}^{\mathrm{i}\varphi}\sin\frac{\theta}{2}|1\rangle\right)$$

其中,θ,φ 和 γ 都是实数.由于括号外的全局相位 $\mathrm{e}^{\mathrm{i}\gamma}$ 不具有任何观测效果,因此有效的观测形式为

$$|\psi\rangle = \cos\frac{\theta}{2}|0\rangle + \mathrm{e}^{\mathrm{i}\varphi}\sin\frac{\theta}{2}|1\rangle$$

其中,角度 θ 和 φ 定义了三维单位球面上的一个点.这个球面常被称为 Bloch 球面(图 2.1).
矢量 $(\cos\varphi\sin\theta, \sin\varphi\sin\theta, \cos\theta)$ 称为 Bloch 矢量.Bloch 球面是使单个量子位可视化的
有效办法.单个量子位的许多操作都是在 Bloch 球面的画面中描绘的.不过,这种直观的
想象是有局限的,因为尚不知道如何将 Bloch 球面简单地推广到多量子位的情形.

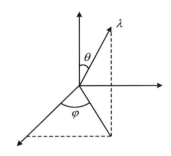

图 2.1　Bloch 球面图

　　因为存在无穷多个 2×2 幺正矩阵,所以量子位门的种类也是无限的.不过,整个集合
的属性可以从小得多的集合得到.例如,一个任意单量子位幺正门都可以分解成一个旋转:

$$\begin{bmatrix} \cos\dfrac{\gamma}{2} & -\sin\dfrac{\gamma}{2} \\ \sin\dfrac{\gamma}{2} & \cos\dfrac{\gamma}{2} \end{bmatrix}$$

和一个可理解为绕 z 轴旋转的门

$$\begin{bmatrix} \mathrm{e}^{-\mathrm{i}\beta/2} & 0 \\ 0 & \mathrm{e}^{\mathrm{i}\beta/2} \end{bmatrix}$$

再加上一个(全局)相移——形式如同 $\mathrm{e}^{\mathrm{i}\alpha}$ 常系数的乘积,即任意的 2×2 幺正矩阵可分
解为

$$U = \mathrm{e}^{\mathrm{i}\alpha}\begin{bmatrix} \mathrm{e}^{-\mathrm{i}\beta/2} & 0 \\ 0 & \mathrm{e}^{\mathrm{i}\beta/2} \end{bmatrix}\begin{bmatrix} \cos\dfrac{\gamma}{2} & -\sin\dfrac{\gamma}{2} \\ \sin\dfrac{\gamma}{2} & \cos\dfrac{\gamma}{2} \end{bmatrix}\begin{bmatrix} \mathrm{e}^{-\mathrm{i}\delta/2} & 0 \\ 0 & \mathrm{e}^{\mathrm{i}\delta/2} \end{bmatrix}$$

其中,α,β,γ 和 δ 是实数.注意,第二个矩阵是普通旋转的矩阵,第一个和最后一个可以
理解为在不同平面内的旋转.该分解使我们可以通过选用 α,β 和 γ 的某些特殊的固定值
对任意单量子位逻辑门的操作进行精确描述.在这种意义下,任意单量子位幺正门可以

基于一个有限集合来组成.更一般地,任意数量的量子位上的量子计算,可以由对量子计算具有通用性的一组有限个门产生.任意多量子位门都可以由受控非门和单量子位门复合而成,所以从某种意义上说,受控非门和单量子位门是所有其他门的原型.

当出现在指数中时,泡利矩阵导出三类有用的幺正矩阵,称为关于 x,y,z 轴的旋转算符,它们有如下定义:

$$\text{关于 } x \text{ 方向}: R_x(\theta) = \mathrm{e}^{-\mathrm{i}\theta X/2} = \cos\frac{\theta}{2}I - \mathrm{i}\sin\frac{\theta}{2}X = \begin{bmatrix} \cos\dfrac{\theta}{2} & -\mathrm{i}\sin\dfrac{\theta}{2} \\ -\mathrm{i}\sin\dfrac{\theta}{2} & \cos\dfrac{\theta}{2} \end{bmatrix}.$$

$$\text{关于 } y \text{ 方向}: R_y(\theta) = \mathrm{e}^{-\mathrm{i}\theta Y/2} = \cos\frac{\theta}{2}I - \mathrm{i}\sin\frac{\theta}{2}Y = \begin{bmatrix} \cos\dfrac{\theta}{2} & -\sin\dfrac{\theta}{2} \\ \sin\dfrac{\theta}{2} & \cos\dfrac{\theta}{2} \end{bmatrix}.$$

$$\text{关于 } z \text{ 方向}: R_z(\theta) = \mathrm{e}^{-\mathrm{i}\theta Z/2} = \cos\frac{\theta}{2}I - \mathrm{i}\sin\frac{\theta}{2}Z = \begin{bmatrix} \mathrm{e}^{-\mathrm{i}\theta/2} & 0 \\ 0 & \mathrm{e}^{\mathrm{i}\theta/2} \end{bmatrix}.$$

当 $A^2 = I$ 且 x 是一个实数时,有 $\exp(\mathrm{i}Ax) = \cos(x)I + \mathrm{i}\sin(x)A$ 成立.若 $n = (n_x, n_y, n_z)$ 为三维空间中的实单位向量,则可以通过下式定义关于 n 角度为 θ 的旋转,来推广前面的定义:

$$R_n(\theta) = \exp(-\mathrm{i}\theta n \cdot \sigma/2) = \cos\frac{\theta}{2}I - \mathrm{i}\sin\frac{\theta}{2}(n_x X + n_y Y + n_z Z)$$

$$R_n^{\dagger}(\theta) = R_n(-\theta) = \exp(\mathrm{i}\theta n \cdot \sigma/2) = \cos\frac{\theta}{2}I + \mathrm{i}\sin\frac{\theta}{2}(n_x X + n_y Y + n_z Z)$$

单个量子位上的任意幺正算符可以被写成多种形式,如旋转的组合,再加上一个该量子位上的全局相移.下述定理提供了一种表达任意单量子位旋转的方法.

定理 2.1 单量子位的 Z-Y 分解.

设 U 是单量子比特上的一个幺正算符,则存在实数 α, β, γ 和 δ 使下式成立:

$$U = \mathrm{e}^{\mathrm{i}\alpha} R_z(\beta) R_y(\gamma) R_z(\delta) \tag{2.28}$$

证明 由于 U 是幺正的,U 的行和列是正交的,于是可知存在实数 α, β, γ 和 δ 使得

$$U = \begin{vmatrix} \mathrm{e}^{\mathrm{i}(\alpha-\beta/2-\delta/2)}\cos(\gamma/2) & \mathrm{e}^{\mathrm{i}(\alpha-\beta/2+\delta/2)}\sin(\gamma/2) \\ \mathrm{e}^{\mathrm{i}(\alpha+\beta/2-\delta/2)}\sin(\gamma/2) & \mathrm{e}^{\mathrm{i}(\alpha+\beta/2+\delta/2)}\cos(\gamma/2) \end{vmatrix} \tag{2.29}$$

从旋转矩阵和矩阵相乘定义,立即可以得到式(2.29).

一般而言,对于两个非平行的单位矢量 m 和 n,通过选择合适的 $\alpha, \beta_k, \gamma_k$,可以分解任意一个单个量子位的幺正算符 U 为

$$U = \exp(\mathrm{i}\alpha) R_n(\beta_1) R_m(\gamma_1) R_n(\beta_2) R_m(\gamma_2) \cdots$$

推论 2.1 令 U 是一个单个量子位上的幺正门. 在单个量子位上存在幺正算符 A, B 和 C 使 $ABC = I$ 并且有 $U = \exp(\mathrm{i}\alpha) A \times B \times C$,此处 α 是某个全局相位因子.

证明 令 $A = R_z(\beta) R_y(\gamma/2)$,$B = R_y(-\gamma/2) R_z(-(\delta+\beta)/2)$,$C = R_z((\delta-\beta)/2)$,例如取 $A = R_y(\pi/2)$,$B = R_y(-\pi/2) R_z(-\pi/2)$,$C = R_z(\pi/2)$时,有

$$H = \exp(\mathrm{i}\pi/2) A \times B \times C$$

2.5 矩阵指数的性质

(1) 结合律:对于任意的 $n \times n$ 矩阵 A,对所有 t, τ 有

$$\mathrm{e}^{At} \mathrm{e}^{A\tau} = \mathrm{e}^{A(t+\tau)} \tag{2.30}$$

(2) 矩阵指数对所有 t 值都是非奇异的,且

$$(\mathrm{e}^{At})^{-1} = \mathrm{e}^{-At} \tag{2.31}$$

(3) 矩阵指数的行列式为

$$\det \mathrm{e}^{At} = \mathrm{e}^{\mathrm{tr}(A)t} \tag{2.32}$$

其中,$\mathrm{tr}(A)$ 是 A 的迹,即其对角线元素之和.

(4) 对任意两个 $n \times n$ 矩阵 A 和 B,当且仅当 A 和 B 可交换时,即

$$AB = BA$$

才有

$$\mathrm{e}^{At} \mathrm{e}^{Bt} = \mathrm{e}^{(A+B)t} \tag{2.33}$$

(5) 对任意标量 σ 和任一矩阵 B,若

$$A = \sigma I + B$$

则

$$e^{At} = e^{\sigma t} e^{Bt} \tag{2.34}$$

（6）一些普通矩阵与其对应的矩阵指数之间的关系式：

$$\exp \begin{bmatrix} \lambda_1 & 0 & \cdots & 0 \\ 0 & \lambda_2 & \cdots & 0 \\ \vdots & \vdots & & \vdots \\ 0 & 0 & \cdots & \lambda_n \end{bmatrix} t = \begin{bmatrix} e^{\lambda_1 t} & 0 & \cdots & 0 \\ 0 & e^{\lambda_2 t} & \cdots & 0 \\ \vdots & \vdots & & \vdots \\ 0 & 0 & \cdots & e^{\lambda_n t} \end{bmatrix} \tag{2.35}$$

$$\exp \begin{bmatrix} A_1 & 0 & \cdots & 0 \\ 0 & A_2 & \cdots & 0 \\ \vdots & \vdots & & \vdots \\ 0 & 0 & \cdots & A_n \end{bmatrix} t = \begin{bmatrix} e^{A_1 t} & 0 & \cdots & 0 \\ 0 & e^{A_2 t} & \cdots & 0 \\ \vdots & \vdots & & \vdots \\ 0 & 0 & \cdots & e^{A_n t} \end{bmatrix} \tag{2.36}$$

$$\exp \begin{bmatrix} 0 & 1 & 0 & \cdots & 0 \\ 0 & 0 & 1 & \cdots & 0 \\ \vdots & \vdots & \vdots & & \vdots \\ 0 & 0 & 0 & \cdots & 1 \\ 0 & 0 & 0 & \cdots & 0 \end{bmatrix} t = \begin{bmatrix} 1 & t & \dfrac{t^2}{2} & \cdots & \dfrac{t^{n-1}}{(n-1)!} \\ 0 & 1 & t & \cdots & \dfrac{t^{n-2}}{(n-2)!} \\ \vdots & \vdots & \vdots & & \vdots \\ 0 & 0 & 0 & \cdots & t \\ 0 & 0 & 0 & \cdots & 1 \end{bmatrix} \tag{2.37}$$

$$\exp \begin{bmatrix} 0 & \omega \\ -\omega & 0 \end{bmatrix} t = \begin{bmatrix} \cos \omega t & \sin \omega t \\ -\sin \omega t & \cos \omega t \end{bmatrix} \tag{2.38}$$

$$\exp \begin{bmatrix} \sigma & \omega \\ -\omega & \sigma \end{bmatrix} t = \begin{bmatrix} e^{\sigma t} \cos \omega t & e^{\sigma t} \sin \omega t \\ -e^{\sigma t} \sin \omega t & e^{\sigma t} \cos \omega t \end{bmatrix} \tag{2.39}$$

（7）若 A 可以对角化，即

$$\hat{A} = QAQ^{-1} = \begin{bmatrix} \lambda_1 & 0 & \cdots & 0 \\ 0 & \lambda_2 & \cdots & 0 \\ \vdots & \vdots & & \vdots \\ 0 & 0 & \cdots & \lambda_n \end{bmatrix}$$

其中，$\lambda_1, \lambda_2, \cdots, \lambda_n$ 是 A（及 $\hat{A}$）的本征值，则其指数是

$$e^{At} = Q^{-1}e^{\hat{A}t}Q = Q^{-1}\begin{bmatrix} e^{\lambda_1 t} & 0 & \cdots & 0 \\ 0 & e^{\lambda_2 t} & \cdots & 0 \\ \vdots & \vdots & & \vdots \\ 0 & 0 & \cdots & e^{\lambda_n t} \end{bmatrix}Q$$

$e^{\lambda_1}, e^{\lambda_2}, \cdots, e^{\lambda_n}$ 是 e^A 的本征值.

(8) 考虑两个算符 A 和 B,不需要对易条件,有下式成立:

$$e^A B e^{-A} = B + [A,B] + \frac{1}{2!}[A,[A,B]] + \frac{1}{3!}[A,[A,[A,B]]] + \cdots$$

$$= \sum_{n=0}^{\infty} \frac{1}{n!}A^n\{B\}$$

其中,$A^0\{B\} = B$,$A^1\{B\} = [A,B]$,$A^2\{B\} = [A,[A,B]]$,等等.

(9) $e^{i\sigma \cdot n} = \cos\theta + i\sigma \cdot n\sin\theta$.

其中,n 为单位矢量.

第 3 章

封闭量子系统的建模及其求解

迄今为止,理论和实验研究均证实,量子信息在提高运算速度、确保信息安全、增大信息容量等方面可以突破现有信息系统的极限,引起世界各国学术界的高度重视.人类在激光技术和微电子学装置领域中的理论与技术的进步,不断地激发人们进行有关量子力学系统控制的研究.从控制理论的角度看,量子控制在包括量子计算和量子通信在内的量子信息领域具有重要的应用前景.实际上,通过有限维数的系统复数状态所携带的量子信息是通过操纵系统状态到指定的目标态来传递的.物理学家们在腔量子电动力学(C-QED)场和离子囚禁等中的实验技术已开发出具体的量子系统,它能通过非常低的噪声连续不断地被监视,并可以在系统的时间域内对其量子态进行快速操纵.因此,自然使人们考虑使用控制理论与技术对具体量子力学系统进行控制的可能性.

相对于经典力学系统的控制,实现量子力学系统控制的难点主要在于三个方面.

第一,所涉及的数学较复杂.众所周知,基于薛定谔方程的系统模型,在控制上是非线性的,而且,系统的物理状态并不是落在普通的欧几里得(Euclid)坐标系中,而是落在一个投影复数空间中,各种状态具有等价的类别,我们需要处理的矢量并不能够以经典控制的方式来代表状态,因为它们不被唯一确定.

第二,不能以通常的方式运用经典控制理论来对量子系统进行调控,因为在对状态的测量过程中会出现量子态的"塌缩"现象.一个量子系统中每一个可以测量的量被称为"可观测的",它与一个具有可被测量结果的本征值的算符相关联,包含在薛定谔方程中的状态仅仅含有每一测量可能结果的已知概率.根据量子力学的假设,当某一在正交本征矢量空间的测量值是已知的,那么系统的状态所等于的本征矢量将与所测量的本征值相对应,即在本征空间里"塌缩".因此,此时不得不慎重考虑用于控制过程中基本的反馈原理,因为观测过程对系统的状态进行了修改.

第三,量子系统中每一个粒子与周围的环境(包括外加的控制量)相互作用,这种相互作用是经典控制中所不存在的,必须被考虑和处理.

量子系统控制的目的之一是寻找一个量子系统时间演化的途径.从所涉及的研究方向上,具体可分为以下方面:

(1) 可控性分析;

(2) 某一初始化纯态的制备;

(3) 驱动一个给定的初始态到事先确定的终态(目标态);

(4) 最优化一个可观测的目标期望值;

(5) 量子态的非破坏性测量;

(6) 基于测量在线估计状态的量子闭环反馈控制;

(7) 量子系统的跟踪控制;

(8) 量子态的保持与存储.

其中前四个适用于封闭量子系统.

无论希望达到何种目的,当人们希望以更高的精度对量子系统进行控制时,都必须对被控系统进行建模,然后针对所建立的系统模型进行分析,在对其特性了解清楚的基础上,进行控制器设计,并进行系统仿真实验,直至最后在物理装置上实施实际实验.所以,本章的目的是从控制理论的角度出发,对封闭以及开放量子系统进行理论建模,为以后的系统分析与设计做准备.这里我们仅考虑具有有限维的量子系统模型的建立.

量子系统控制理论的一般思想是基于能够改变系统与控制器之间的相互作用的假定.这意味着人们能够操纵一个(可能是取决于时间的)哈密顿(算符)H,或系统的内部哈密顿,通过外部施加的各种不同影响,作用于系统的哈密顿上.有时假定至少能够找到一个微扰动的哈密顿,所谓的微扰动是指,外部所施加的控制(扰动)作用的影响足够微弱,不足以导致量子系统内部粒子能级等特性的跃变.当然,这样的思想在许多现实的物理系统中已被证实是可行的.

量子系统建模、特性分析与控制

3.1 封闭量子系统状态演化方程

量子系统的状态存在两种演化方式,一种是确定性演化,另一种是随机性演化.确定性演化针对封闭量子系统而言,这时量子系统状态的演化可以由薛定谔方程来描述.当量子系统与环境或其他系统有相互作用时,比如对量子系统的状态进行测量,这种相互作用往往给量子带来反作用(back-action),从而给量子态的演化引入随机性,从而使方程成为随机量子系统.

3.1.1 薛定谔方程及其纯态

一个微观粒子的量子态可以采用波函数来描述,粒子的任何一个力学量的平均值以及它取各种可能测量值的概率都完全确定,接下来的问题是量子态如何随时间进行演化? 薛定谔于 1926 年提出的波动方程成功地解决了这个问题.应该强调的是,薛定谔方程是量子力学最基本的方程,其地位与牛顿方程在经典力学中的地位相当,应该认为是量子力学的一个基本假设,并不能从什么更根本的假定来证明它.它的正确性,归根结底只能靠实践来检验.

根据量子力学原理,封闭量子系统状态 $|\psi(t)\rangle$ 的演化由薛定谔方程描述为

$$i\hbar \frac{\partial}{\partial t} |\psi(t)\rangle = H|\psi(t)\rangle \tag{3.1}$$

其中,$|\psi(t)\rangle$ 被称为波函数,H 是一个被控量子系统的内部哈密顿量,它是一个厄米 (Hermit)算符;$\hbar$ 称为普朗克(Planck)常数,其值必须由实验确定.理论研究中,常常把因子 $\hbar$ 的值放入 H 中而设置 $\hbar = 1$.

当系统没有受到任何外力作用时,系统的哈密顿量 H 一般可以写成 H_0,称为自由哈密顿量或内部哈密顿量,表征系统的能量.由于哈密顿量是一个厄米算符,故有谱分解:$H_0 = \sum_j E_j |j\rangle\langle j|$,其中 E_j 是特征值(也称本征值),$|j\rangle$ 是对应的特征向量(本征向量).状态 $|j\rangle$ 习惯上称作能量本征态,E_j 是 $|j\rangle$ 的能量.最低的能量称为系统的基态能量,相应的能量本征态称为基态.状态 $|j\rangle$ 有时称为定态是因为它们随时间变化的只是一

个全局相位因子：$|E(t)\rangle = \exp(-iEt/\hbar)|E(0)\rangle$，如果给定系统初始时刻 t_0 的状态为 $|\psi(t_0)\rangle$，则根据方程(3.1)，系统在任意时刻 t 的状态为

$$|\psi(t)\rangle = e^{-\frac{i}{\hbar}\int_{t_0}^{t} H(\tau)d\tau}|\psi(t_0)\rangle = U(t,t_0)|\psi(t_0)\rangle \tag{3.2}$$

由于 $H(t)$ 是厄米矩阵，因而式(3.2)中的 $U(t,t_0)$ 是幺正矩阵，即 $U^{\dagger}(t,t_0)U(t,t_0) = I$，这意味着封闭量子系统的状态演化是幺正的. $U(t,t_0)$ 也称为演化算符.

$U(t,t_0)$ 的演化方程为

$$i\hbar \dot{U}(t,t_0) = H(t)U(t,t_0) \tag{3.3}$$

特别地，当 $H(t)$ 不含时，式(3.3)中演化算符 $U(t)$ 的解为

$$U(t) = e^{-iH(t-t_0)/\hbar} \tag{3.4}$$

当系统的一个状态可以用态矢量表示时，则称这个状态为纯态. 特别地，如果 λ_n 为自由哈密顿量 H_0 的一个本征值，存在纯态 $|n\rangle$，满足 $H_0|n\rangle = \lambda_k|n\rangle$，则称 $|n\rangle$ 为本征态. 薛定谔方程描述了系统状态用波函数表示时的演化行为，由于量子系统的纯态均可以用波函数表示，故薛定谔方程可以描述纯态量子系统.

纯态的态矢量描述方式只适用于封闭的量子系统. 在实际应用中，被控量子系统通常不再是简单的封闭量子系统，而可能是开放量子系统或者量子系综. 对于开放量子系统的状态，一般不再能够采用波函数表示的纯态形式，此时量子系统的状态可能是纯态，也可能是混合态，单位态矢的形式已经不能用来描述其状态，需要采用密度算符或者密度矩阵 $\rho: H \to H$ 来描述量子系统的状态.

对混合态的描述可以引入"纯态系综"(pure state ensemble)的概念. 一个混合态(包括多粒子混合态)总可以看作非相干混合着的一串纯态(不一定正交)序列所组成的量子系综，也就是一系列纯态按一定概率 p_j 分布的集合：$\{p_j, |\psi_j\rangle, j=1,2,\cdots,\sum_j p_j = 1\}$，其中已将系综归一化成为单个体系的概率语言来描述，即在这单个体系的混合态里，纯态 $|\psi_j\rangle$ 出现的概率是 p_j 等. 系综的密度矩阵定义为 $\rho = \sum_j^n p_j|\psi_j\rangle\langle\psi_j|$，其中，密度矩阵 ρ 为一个具有非负本征值的厄米算符，即其共轭转置 $\rho^{\dagger}$ 等于它自身 $\rho: \rho^{\dagger} = \rho$. 所以，混合态是叠加态的叠加.

3.1.2 刘维尔方程及其混合态

量子系统的混合态只能用密度矩阵表示，因为混合态为叠加态的混合，因此为了描

量子系统建模、特性分析与控制

述混合态量子系统,需要采用密度矩阵描述演化方程.密度矩阵 $\rho(t)$ 对时间的一阶导数为

$$\dot{\rho}(t) = \sum_{j=1}^{n} p_j (|\dot{\psi}_j(t)\rangle\langle\psi_j(t)|) + \sum_{j=1}^{n} p_j (|\psi_j(t)\rangle\langle\dot{\psi}_j(t)|) \tag{3.5}$$

联合薛定谔方程(3.1),式(3.5)可以写为

$$\begin{aligned}
\dot{\rho}(t) &= -\frac{\mathrm{i}}{\hbar}\sum_{j=1}^{n} p_k (H(t)|\psi_j(t)\rangle\langle\psi_j(t)|) + \frac{\mathrm{i}}{\hbar}\sum_{j=1}^{n} p_j (|\psi_j(t)\rangle\langle\psi_j(t)|H(t)) \\
&= -\frac{\mathrm{i}}{\hbar}H(t)\rho(t) + \frac{\mathrm{i}}{\hbar}\rho(t)H(t) \\
&= -\frac{\mathrm{i}}{\hbar}[H(t),\rho(t)] \tag{3.6a}
\end{aligned}$$

因此,使用密度矩阵描述系统状态时,状态的演化方程为

$$\mathrm{i}\hbar\dot{\rho}(t) = [H(t),\rho(t)] \tag{3.6b}$$

其中,$[H(t),\rho(t)] = H(t)\rho(t) - \rho(t)H(t)$ 为对易算子.

方程(3.6b)被称为刘维尔–冯·诺依曼(Liouville-von Neumann)方程.

当给定初始时刻的状态 $\rho(t_0)$,则任意时刻 t 的状态为

$$\rho(t) = U(t,t_0)\rho(t_0)U^{\dagger}(t,t_0) \tag{3.7}$$

其中,$U(t)$ 为幺正算符,满足:$U^{\dagger}(t,t_0)U(t,t_0) = U(t,t_0)U^{\dagger}(t,t_0) = I$.

方程(3.6b)对量子态的演化具有普适性,它既可以描述纯态的演化,也可以描述混合态的演化.不过,当仅对纯态进行调控时,采用薛定谔方程(3.1)进行控制系统设计,往往比较简单和容易.

密度矩阵(算符)表示的物理含义是:量子系统以 p_j 的概率处于状态 $|\psi_j\rangle$,且根据概率完备性条件有

$$\sum_{j}^{n} p_j = 1 \tag{3.8a}$$

或者表示成迹运算的形式:

$$\mathrm{tr}(\rho) = 1 \tag{3.8b}$$

迹运算 $\mathrm{tr}(\rho)$ 所表示的是:对密度矩阵 ρ 的对角元素求和,因此存在关系式

$$\mathrm{tr}(\rho) = \sum_{j} p_j \langle\psi_j|\psi_j\rangle = 1 \tag{3.8c}$$

关于混合态的起源,可归结为两个原因:

(1) 与环境(或另一系统)B 的相互作用造成的量子纠缠(对开放量子系统而言).当所研究系统 A 与环境 B 处于量子纠缠时,若对系统 B 作测量,将会造成 A 的关联塌缩;又或者只限于局部观察所研究系统 A,而不仔细考虑环境 B 的影响,即通常在统计平均意义上计入环境 B 对 A 的影响.两种情况的结果都呈现出所研究系统 A 的量子态,即使原来是个纯态,也因为和环境的量子纠缠而经历退相干过程,成为一个混合态.

(2) 量子测量造成塌缩(对大量全同纯态的测量).即使原先是一个孤立体系 A 的某个纯态,当实验上对大量同类体系的统一纯态进行重复测量时,将产生各种可能的塌缩,即使原先是一个相同纯态的集合,测量后也变成一个混合态的统计系综:系综内以一定的概率分布容纳着不同的纯态.

量子态的密度矩阵表示为描述状态不完全已知的量子系统状态提供了一条方便的途径.不过仅从数学表达形式 $\rho = \sum_{j}^{n} p_j \mid \psi_j \rangle \langle \psi_j \mid$ 上,我们并不能断言一个密度矩阵表示的是一个纯态,还是一个纯态系综所表示的混合态.但不管是哪一种,对该系统进行投影测量得到结果的概率分布是相同的.因此,严格地说密度矩阵是一种对应于测量结果的统计性表示形式.

由密度矩阵的定义 $\rho = \sum_{j}^{n} p_j \mid \psi_j \rangle \langle \psi_j \mid$ 可以推导出以下所述的基本性质:

对于纯态 $\mid \psi \rangle$,由密度矩阵 ρ 表示的纯态满足关系式:

(1) 密度矩阵 $\rho = \mid \psi \rangle \langle \psi \mid$,且是一个正定的厄米矩阵.

(2) 密度矩阵 ρ 的迹为 1,即 $\mathrm{tr}(\rho) = 1$;密度矩阵 ρ 平方的迹也为 1,即 $\mathrm{tr}(\rho^2) = 1$.

(3) $\rho^2 = \rho$.

对于混合态的密度矩阵 ρ 满足关系式:

(4) $0 < \mathrm{tr}(\rho^2) < 1$.

对于有密度矩阵所表示的纯态和混合态的判断可以通过考查密度矩阵的秩来获得,也就是非零本征值的数量.对于纯态密度矩阵,其秩为 1,对其平方求迹也为 1:

$$\mathrm{rank}(\rho) = 1, \quad \mathrm{tr}(\rho^2) = 1 \tag{3.8d}$$

对于混合态密度矩阵,其秩大于 1,而对其平方求迹小于 1:

$$\mathrm{rank}(\rho) > 1, \quad \mathrm{tr}(\rho^2) < 1 \tag{3.8e}$$

如果一个系统由两个子系统 A 和 B 组成,那个 $A + B$ 系统的纯态为

$$\mid \psi \rangle_{AB} = \sum_{m, n} c_{mn} \mid m \rangle_A \otimes \mid n \rangle_B \tag{3.8f}$$

其中，$|m\rangle_A \otimes |n\rangle_B$ 为正交归一的基矢.

$A + B$ 系统的纯态分为两类：

(1) 可分离态，$|\psi\rangle_{AB} = |\psi\rangle_A \otimes |\psi\rangle_B$；

(2) 不可分离态.

$A + B$ 系统的混合态分为三类：

(1) 未关联态，$\rho_{AB} = \rho_A \otimes \rho_B$；

(2) 可分离态，$\rho_{AB} = \sum_k \alpha_k \rho_A^k \otimes \rho_B^k, 0 \leqslant \alpha_k < 1$；

(3) 不可分离态.

3.1.3　控制作用下的量子系统模型

众所周知，在 t 时刻量子力学系统的状态 $|\psi(t)\rangle$ 的演化由薛定谔方程决定：

$$i\hbar |\dot{\psi}\rangle = H |\psi\rangle \tag{3.9}$$

其中，$\hbar$ 是普朗克常数；H 是哈密顿算符，且 $H = H^*$，因此其本征值是实数.

由式(3.9)可知，如果 $|\psi(t)\rangle$ 满足式(3.9)，那么 $|\tilde{\psi}(t)\rangle = \mathrm{e}^{\mathrm{i}\theta} |\psi(t)\rangle$ 也满足式(3.9). 因此，薛定谔方程是不随相位的变化而变化的. 不过，当 θ 是时间的一个复函数时，$|\tilde{\psi}(t)\rangle$ 虽然与 $|\psi(t)\rangle$ 代表同样的状态，但不再是式(3.9)中的解. 为了解决这个问题，人们采用一种较简单的方法：选用归一化的矢量 $|\psi(t)\rangle$，即假定 $\langle \psi(t) | \psi(t)\rangle = 1$，并且要求所推导出的所有结果都独立于相位.

可以采用许多不同的图景表示方式来实现量子态的逻辑操作，其中通过对幺正演化算符的操纵也是一种达到对态矢 $|\psi(t)\rangle$ 操纵的可能方式. 我们正是希望通过量子系统的幺正演化算符来达到所期望的控制目的. 对于具有初始条件 $|\psi(0)\rangle$ 的情况，采用幺正演化算符 $X(t)$，可以得到薛定谔方程的解 $|\psi(t)\rangle$ 为

$$|\psi(t)\rangle = X(t) |\psi(0)\rangle \tag{3.10}$$

演化算符 $X(t)$ 同样满足方程

$$i\hbar \dot{X}(t) = HX(t) \tag{3.11}$$

因此，对算符 $X(t)$ 的操作控制就意味着对态矢 $|\psi(t)\rangle$ 的操作控制.

另一方面，我们讨论方程(3.9)中的哈密顿算符 H，系统的哈密顿被假定为由未受扰动的（或内部的）哈密顿 H_0 与受微扰的（或外部的）哈密顿 $H_e(t)$ 之和的形式组成：

$$H = H_0 + H_e(t) \tag{3.12}$$

其中，$H_e(t) = \sum_{k=1}^{m} H_k u_k(t)$，$H_k(t)$，$k = 1, \cdots, m$ 是厄米线性算符，$H_k : H \to H$，$u_k(t)$ 为实函数，通常代表外加的电磁场，是输入的控制量.

在式(3.12)的作用下，系统状态 $|\psi(t)\rangle$ 的薛定谔方程变为

$$i\hbar |\dot{\psi}\rangle = \left(H_0 + \sum_{k=1}^{m} H_k u_k(t)\right) |\psi\rangle \tag{3.13}$$

与式(3.13)相对应的演化算符 $X(t)$ 满足

$$i\hbar \dot{X}(t) = \left(\overline{H}_0 + \sum_{k=1}^{m} \overline{H}_k u_k(t)\right) X(t) \tag{3.14}$$

此时我们可以把问题转化为对具有初始条件 $X(0) = I$ 的式(3.14)的系统考虑其状态的演化或操纵问题. 对 $X(t)$ 的操纵，就是操纵系统(3.13)的状态到期望终态的一个途径.

定义 3.1 $\widetilde{A} := (1/(i\hbar))\overline{H}_0$，$\widetilde{B}_k := (1/(i\hbar))\overline{H}_k$，$k = 1, \cdots, m$，则式(3.14)可以被重写为

$$\dot{X}(t) = \widetilde{A}X(t) + \sum_{k=1}^{m} \widetilde{B}_k X(t) u_k(t) \tag{3.15}$$

其中，矩阵 $\widetilde{A}$，$\widetilde{B}_k$，$k = 1, \cdots, m$ 为斜(skew)厄米矩阵(即存在关系式：$\widetilde{A}^{\dagger} = -\widetilde{A}$，$\widetilde{B}_k^{\dagger} = -\widetilde{B}_k$). 如果我们进行如下变换：

$$\widetilde{A} := D_A + A, \quad \widetilde{B}_k := D_{Bk} + B_k, \quad k = 1, \cdots, m \tag{3.16}$$

其中

$$D_A := \mathrm{diag}\left(\frac{1}{2}\mathrm{tr}(\widetilde{A}), \frac{1}{2}\mathrm{tr}(\widetilde{A})\right), \quad D_{Bk} := \mathrm{diag}\left(\frac{1}{2}\mathrm{tr}(\widetilde{B}_k), \frac{1}{2}\mathrm{tr}(\widetilde{B}_k)\right), \quad k = 1, \cdots, m \tag{3.17}$$

矩阵 D_A 和 D_{Bk} 对式(3.14)的解给出了纯相位，而这些项对态矢的相关相位不做贡献. 既然这些项仅在相位上不同，对其物理量不产生影响，所以可以被忽略. 结果，我们所研究的系统形式变为

$$\dot{X}(t) = AX(t) + \sum_{k=1}^{m} B_k X(t) u_k(t) \tag{3.18}$$

式(3.18)就是量子力学系统的状态空间模型. 它是通过把原系统的状态：态矢波函数 $|\psi(t)\rangle$，转化为几何空间的状态：演化矩阵 $X(t)$. 把一个抽象的物理概念变成了一个实

在的、易于数学操作以及控制理论处理的几何空间的状态.

3.1.4 双线性系统模型

双线性系统(bilinear systems,BLS)的概念是在 20 世纪 60 年代引入自动控制理论中的,该理论是从时变线性系统理论和矩阵李群论发展而来的,已经应用于科学技术的许多领域.这一类系统的特别之处在于,它关于状态或控制量都是线性的,但是二者结合起来却是二次的,所以这类系统被称为双线性系统.

对 BLS 的研究需要对线性控制系统的了解,同时也是研究非线性控制理论的第一步.与大多数其他非线性系统相比,BLS 更简单,也研究得更透彻.对 BLS 的研究涉及两种不断地相互影响且很有用的观点:把 BLS 看成非时变非线性系统和看成时变线性系统.可以将非线性系统近似成双线性系统,它的近似精度高于非线性系统的线性化.因此,双线性系统理论引起了国内外不少学者的兴趣.从 20 世纪 60 年代后期开始,双线性系统方面的研究大量地开展起来,在 70 年代左右达到高峰.布鲁尼(Bruni)等在 1974 年发表了第一篇综述文章,详尽地介绍了有关双线性系统早期的研究工作.莫勒(Mohler)等在 1980 年发表了有关双线性系统理论与应用的综述文章.在最优化方面,莫勒等已证明,双线性系统最优控制比线性情况下有更好的性能.进入 90 年代,越来越多的数学工具(如微分几何、李群论)被用于分析双线性系统的性质和控制问题,埃利奥特(Elliott)在1998 年发表的综述文章是对此前的研究的总结.进入 21 世纪,人们对双线性系统在对它的自适应控制、鲁棒控制、随机控制等理论方面以及它在量子系统控制等控制的前沿领域中的应用做了大量的研究.

实际应用中绝大部分系统都是非线性系统.在一个平衡点附近对一个非线性系统通过采用双线性系统近似将能够得到更好的线性化结果.考虑如下单输入非线性系统:

$$\dot{x} = a(x) + uq(x), \quad a(x_e) = 0 \tag{3.19}$$

令 $A = \dfrac{\partial a}{\partial x}\Big|_{x=x_e}, b = q(x_e), B = \dfrac{\partial q}{\partial x}\Big|_{x=x_e}$. 变换坐标原点,使 $x_e = 0$,保留 x, u 的一阶项后得:$\dot{x} = Ax + u(Bx + b), y = h'x$. 多输入多输出时,它的一般形式为

$$\dot{x} = Ax + \sum_{i=1}^{m} u_i B_i x + bu, \quad y = Cx \tag{3.20}$$

通常我们假设 $b = 0$,此时的双线性系统被称为齐次双线性系统:

$$\dot{x} = Ax + \sum_{i=1}^{m} u_i B_i x \qquad (3.21)$$

双线性系统的单输入和多输入的形式分别为

$$\dot{x} = Ax + uBx \quad \text{或} \quad \dot{x} = Ax + \sum_{i=1}^{m} u_i B_i x \qquad (3.22)$$

如果式(3.22)中的 $A = 0$,则该双线性系统称为对称的,或无漂移的.式(3.22)作为控制系统是非时变的,如果要求所采用的控制信号能够随意开始或停止,那么逐段常值控制信号不仅符合上述要求,还能够使我们将开关线性系统看作双线性系统.这种情况下,控制量只取一些离散集合,如$\{-1,1\}$或$\{0,1\}$.

对于一个纯态量子系统,可以用一个薛定谔方程来建立数学模型:

$$i\hbar\dot{\psi} = \left(H_0 + \sum_{i=1}^{m} H_i u_i(t) \right) \psi \qquad (3.23)$$

其中,$\psi(t)$ 为系统状态向量,属于一个合适的希尔伯特(Hilbert)空间.H_0 和 H_i 为该空间的自伴随算符,分别称为系统与控制哈密顿算符.

人们通常感兴趣的都是 $\psi(t) \in C^r$ 的情形,即有限维量子系统.这种情况下,H_0 与 H_i 为 $r \times r$ 厄米矩阵.尽管也可以用一个复数状态空间来研究量子系统,但是为便于分析和计算,我们采用实数空间描述,即可以把系统(3.23)看成一个齐次双线性系统:

$$\dot{x} = \left(A + \sum_{i=1}^{m} B_i u_i(t) \right) x \qquad (3.24)$$

其中,A, B 均为斜对称矩阵,即满足关系式:$A' + A = 0, B' + B = 0$.

由于由薛定谔方程所建立的量子力学系统的数学模型是式(3.23)和式(3.24)所表示的双线性的形式,所以研究双线性系统的特性对于量子系统控制研究有着重要的意义.

3.2 量子态演化方程的图景变换

3.2.1 薛定谔图景

考虑一个力学量 F(不显含时)的平均值及概率分布随时间演化所满足的方程.一个

力学量 F 的平均值 $\bar{F}(t)$ 定义为

$$\bar{F}(t) = \langle \psi(t) \mid F \mid \psi(t) \rangle \tag{3.25}$$

其中 $|\psi(t)\rangle$ 为量子系统的状态,它的演化满足薛定谔方程(3.1).

对式(3.25)进行求导,可得平均值 $\bar{F}(t)$ 随时间的演化为

$$\dot{\bar{F}}(t) = \langle \dot{\psi}(t) \mid F \mid \psi(t) \rangle + \langle \psi(t) \mid F \mid \dot{\psi}(t) \rangle$$

$$= \frac{1}{i\hbar} \langle \psi(t) \mid (FH - HF) \mid \psi(t) \rangle$$

$$= \frac{1}{i\hbar} \langle \psi(t) \mid [F, H] \mid \psi(t) \rangle \tag{3.26}$$

可以看到力学量 F(不显含时)的平均值及概率分布随时间演化全部归因于状态 $|\psi(t)\rangle$ 随时间的演化,力学量算符 F 本身不随时间演化. 这种描述方式,称为薛定谔图景 (Schrödinger picture).

3.2.2　海森伯图景

在量子力学中,状态波函数本身是不能被测量的,量子系统经常通过观测算符描述. 而与实际观测有关的是力学量的平均值和测量结果的概率分布以及它们随时间的演化, 因此如果研究观测算符的动力学,让 $\bar{F}(t)$ 随时间的变化完全由力学量算符 $F(t)$ 来承担,而保持状态矢量 $\psi(t)$ 不随时间变化. 这种表示方式称为海森伯图景(Heisenberg picture).

为了得到海森伯图景的表达式,考虑任意时刻的系统状态 $|\psi(t)\rangle$ 满足

$$|\psi(t)\rangle = U(t, 0) \mid \psi(0) \rangle \tag{3.27}$$

其中, $U(t, 0)$ 是一个幺正矩阵,称为状态转移矩阵,或者时间演化算符,满足 $U(0, 0) = I$.

状态转移矩阵是把一个量子体系在时刻 t 的状态 $|\psi(t)\rangle$ 与初始状态 $|\psi(0)\rangle$ 联系起来的一种连续变换,状态转移矩阵随时间的变化满足

$$i\hbar \frac{\partial}{\partial t} U(t) = H_0 U(t, 0) \tag{3.28}$$

若令

$$F(t) = U^\dagger(t,0) F U(t,0) \tag{3.29}$$

并将式(3.27)代入式(3.25)以及式(3.26)中,分别可得

$$
\begin{aligned}
\bar{F}(t) &= \langle \psi(0) \mid U^\dagger(t,0) F U(t,0) \mid \psi(0) \rangle \\
&= \langle \psi(0) \mid F(t) \mid \psi(0) \rangle
\end{aligned}
\tag{3.30}
$$

$$
\begin{aligned}
\frac{\mathrm{d}}{\mathrm{d}t} \bar{F}(t) &= \frac{1}{\mathrm{i}\hbar} \langle \psi(0) \mid U^\dagger(t,0) [F,H] U(t,0) \mid \psi(0) \rangle \\
&= \frac{1}{\mathrm{i}\hbar} \langle \psi(0) \mid [F(t),H] \mid \psi(0) \rangle \\
&= \langle \psi(0) \mid \left(\frac{\mathrm{d}}{\mathrm{d}t} F(t) \right) \mid \psi(0) \rangle
\end{aligned}
\tag{3.31}
$$

在式(3.31)中使用了等式 $U^\dagger(t,0) H U(t,0) = H$.

从式(3.30)以及式(3.31)中可以看到,在海森伯图景中,力学量平均值及其随时间的变化是由力学量算符随时间变化引起的,而状态矢量不随时间变化.力学量算符的变化遵守海森伯方程:

$$\frac{\mathrm{d}}{\mathrm{d}t} F(t) = \frac{1}{\mathrm{i}\hbar} [F(t),H] \tag{3.32}$$

在薛定谔图景中,由于力学量不随时间变化,力学量完全集的共同本征态(作为希尔伯特空间的基矢)也不随时间变化,因而任何一个力学量在这组基矢之间的矩阵元也不随时间变化,但描述量子体系状态的矢量(在各基矢方向上的投影或分量)是随时间改变的.与此相反,海森伯图景中,描述量子体系状态的矢量是不随时间变化的,但由于力学量随时间演化,力学量完全集的共同本征态随时间改变,而且任何一个力学量在这一组运动的各基矢之间的矩阵元也随时间演化.

3.2.3 相互作用图景

在薛定谔以及海森伯图景中,描述体系状态的矢量变化以及力学量算符的变化是由系统的哈密顿量决定的,其中,系统的哈密顿量又可以分为系统(内部)的自由哈密顿量 H_0 以及系统与环境、外加控制场,或者子系统之间的相互作用哈密顿量 H_{int}:

$$H = H_0 + H_{\mathrm{int}} \tag{3.33}$$

量子系统建模、特性分析与控制

但在某些时候,我们感兴趣的是相互作用哈密顿量在系统状态演化中所起的作用,为此考虑

$$| \varphi(t) \rangle = \mathrm{e}^{\mathrm{i} H_0 t / \hbar} | \psi(t) \rangle \tag{3.34}$$

将式(3.34)代入薛定谔方程(3.1)中可得

$$| \dot{\varphi}(t) \rangle = \frac{1}{\mathrm{i}\,\hbar} \widetilde{H}_{\mathrm{int}} | \varphi(t) \rangle \tag{3.35}$$

其中 $\widetilde{H}_{\mathrm{int}} = \mathrm{e}^{\mathrm{i} H_0 t / \hbar} H_{\mathrm{int}} \mathrm{e}^{-\mathrm{i} H_0 t / \hbar}$.

同理,若令

$$\widetilde{F}(t) = \mathrm{e}^{-\mathrm{i} H_0 t / \hbar} F(t) \mathrm{e}^{\mathrm{i} H_0 t / \hbar} \tag{3.36}$$

则可得

$$\frac{\mathrm{d}}{\mathrm{d}t} \widetilde{F}(t) = \frac{1}{\mathrm{i}\,\hbar} \left[\widetilde{F}(t), \hat{H}_{\mathrm{int}} \right] \tag{3.37}$$

其中 $\hat{H}_{\mathrm{int}} = \mathrm{e}^{-\mathrm{i} H_0 t / \hbar} H_{\mathrm{int}} \mathrm{e}^{\mathrm{i} H_0 t / \hbar}$.

从式(3.35)和式(3.37)中可以看到,变换后的方程中相当于只有相互作用哈密顿量,而没有系统的自由哈密顿量.若系统自由哈密顿量是一个对角矩阵,它在系统状态的演化中起到的作用是增加一个局部相位因子,那么,相互作用图景变换相当于是进行了一个旋转变换,将系统变换到一个旋转的坐标系表象中,这在很多时候是很方便的.比如在 π 脉冲动力学的求解过程中就用到了相互作用图景变换,还有采用控制理论设计控制场的过程中,利用相互作用图景变换可以将系统方程转化为关于系统状态与控制量的齐次双线性系统,可以很容易地推导出控制律的函数表达式.

3.3　量子系综状态模型的建立

对于所感兴趣的是两个(及以上)不同物理系统组成的复合量子系统,人们一般如何来描述复合系统的状态? 一个复合量子系统的状态空间是分系统状态空间的张量积.若将分系统编号为 $1 \sim n$,系统 i 的状态被置为 $| \psi_i \rangle$,则整个系统的总状态为 $| \psi_1 \rangle \otimes \cdots \otimes | \psi_n \rangle$.

我们已经知道量子力学系统的纯态可以用归一化的波函数$|\psi\rangle$来表示,它是希尔伯特空间 H 中的一个单位矢量.实际上除了用波函数$|\psi\rangle$来表示外,一个量子力学系统的状态还可以用在希尔伯特空间 H 上的密度算符ρ来表达.这种形式在数学上等价于状态矢量方法,不过它为量子力学某些最常见场合提供了更加方便的语言,因为密度算符为描述状态不完全已知的量子系统提供了一种方便的途径.如果系统处于纯态$|\psi\rangle$,那么ρ则是简单的状态投影:$\rho = |\psi\rangle\langle\psi|$.只是密度算符公式允许我们处理更加一般系统的状态,如量子态的系综(ensemble).

例如,我们可以考虑一个由大量相同的、非相互作用的粒子组成的量子系统,它们分别处于不同的内部量子态,即系统处于状态$|\psi_1\rangle$的概率分量为 ω_1,处于状态$|\psi_2\rangle$的概率分量为 ω_2,等等.因此,系统的状态作为一个整体,由一个具有非负权值 ω_n 且总和为 1 的离散的量子态$|\psi_n\rangle$的系综描述.这样一个量子态的系综被称为混合态.因此,我们把具有精确已知状态的两个子系统称为处于纯态,这种情况下的密度算符就是:$\rho = |\psi\rangle\langle\psi|$,否则,$\rho$处于混合态,称为在 ρ 的系综中不同纯态的混合,为纯态的叠加态.有时也将纯态用于指一个状态向量$|\psi\rangle$,以区别于密度算符 ρ.混合态是不能用一个波函数来表达的,它可以用纯态的希尔伯特空间 H 中具有谱表达式的密度算符 ρ 来描述:

$$\rho = \sum_{n=1}^{N} \omega_n \mid \psi_n \rangle\langle \psi_n \mid \tag{3.38}$$

其中,$0 \leqslant \omega_n \leqslant 1$,且$\sum_{n=1}^{N} \omega_n = 1$.

密度算符又常被称作密度矩阵,我们将不区分这两个术语.实际上,量子力学的全部假设都可以以密度算符的语言重新描述.使用密度算符语言或状态矢量语言是个人的喜好,因为两者给出相同的结果,只是有时用一种观点处理问题要比另一种观点容易得多.

系统的状态必须是正交的,因此一般有:$N \leqslant \dim\mathcal{H}$.不过我们可以假定 $N = \dim\mathcal{H}$,因为我们可以通过增加概率 $\omega_n = 0$ 的方式,将线性独立的量子态子集扩大成为希尔伯特空间 $\mathcal{H}$ 上的一个基.在此,我们同样仅考虑具有有限维离散能级的量子系统.我们假定所选择的本征态$|n\rangle$在 $\mathcal{H}$ 上形成完备正交集,因此我们可以用相应的本征态$|n\rangle$来描述密度算符 ρ 为

$$\rho = \sum_{n=1}^{N} \rho_{nn} \mid n \rangle\langle n \mid + \sum_{n=1}^{N}\sum_{m>n} \rho_{nm} \mid n \rangle\langle m \mid + \rho_{nm}^{*} \mid m \rangle\langle n \mid \tag{3.39}$$

其中,ρ_{nn} 为对角矩阵,代表能量本征态$|n\rangle$的群;$\rho_{nm}(n \neq m)$为非对角矩阵,确定本征态之间的相干态.后者从能量本征态 $\rho = \sum_{n=1}^{N} \omega_n \mid n \rangle\langle n \mid$ 的统计系综中分辨出能量本征态

的相干叠加态 $|\psi\rangle = \sum_{n=1}^{N} c_n |n\rangle$.

系统的密度矩阵 ρ 满足量子刘维尔(Liouville)方程:

$$i\hbar \frac{\partial}{\partial t}\rho = [H, \rho] = H\rho - \rho H \tag{3.40}$$

其中,H 为系统总的哈密顿;如果系统受外部控制,那么 H 取决于一个有限数量的控制函数 $f_m(t)(m = 1, \cdots, M)$,它是被定义在时间间隔 $[t_0, t_F]$ 上的有界、可测量的实数函数,并且根据具体所考虑的问题可能还有其他限制.如果与场的相互作用足够小,系统的哈密顿 H 可以被分解为

$$H = H_0 + \sum_{m=1}^{M} f_m(t) H_m \tag{3.41}$$

其中,H_0 是内部的哈密顿;H_m 为对场 f_m 的相互作用哈密顿.

密度矩阵 ρ 的演化满足

$$\rho(t) = U(t, t_0)\rho(t_0)U^*(t, t_0) \tag{3.42}$$

其中,演化算符 $U(t, t_0)$ 满足薛定谔方程:

$$i\hbar \frac{\partial}{\partial t}U(t, t_0) = HU(t, t_0) \tag{3.43}$$

将式(3.41)代入式(3.43)可得

$$i\hbar \frac{\partial}{\partial t}U(t, t_0) = H_0 U(t, t_0) + \sum_{m=1}^{M} f_m(t) H_m U(t, t_0) \tag{3.44}$$

令 $x(t) = U(t, t_0)$,$X_0(x(t)) = H_0 x(t)$,$X_m(x(t)) = -\dfrac{i}{\hbar} H_m U(t, t_0)$,$m = 0, \cdots, M$,那么式(3.44)变为

$$\frac{dx}{dt} = X_0(x(t)) + \sum_{m=1}^{M} f_m(t) X_m(x(t)) \tag{3.45}$$

以此方式我们获得了将量子系综密度算符的演化方程转换成对演化算符的操纵问题.

本节利用波函数对量子力学系统的纯态建立量子系统演化模型,同时利用密度矩阵对量子力学系统的混合态建立量子系统演化模型.在所建立的模型基础上,我们可以重新叙述封闭量子系统控制的 5 个主要目标如下.

(1) 可控性分析:所需要设计的演化矩阵 X 是在 n 维的幺正矩阵的李群 $U(n)$(或

$SU(n)$ 上变化的.对于这些控制问题的理论探索的数学工具较多,其中包括代数、群理论以及拓扑方法.尤其可以借助于李群理论对经典系统的可控性问题的基本结果,来解决量子系统可控性问题.

(2) 某一纯态的初始化(制备):令 ρ 为 H 上的一个任意密度矩阵,且 $|\psi\rangle \in \mathcal{H}$,是将要被制备的状态矢量,那么初始化包括密度矩阵与波函数之间的变换:$\rho \to |\psi\rangle\langle\psi|$.

(3) 幺正控制:驱动一个给定的初始态到事先确定的终态(目标态).目标为设计一个幺正演化矩阵 X,以使得态矢 $|\psi\rangle$ 被转变成 $X|\psi\rangle$;或一个密度矩阵 ρ 转变成 $X\rho X^{\dagger}$.

(4) 最优化控制:可观测的值用 $\mathcal{H}$ 上的厄米算符 A 来描述,它的期望值(系综的平均值)为:$\langle A(t)\rangle = \mathrm{tr}(A\rho(t))$.最优控制的目标就是寻找一个控制,在某个目标时刻 t_{F},控制系统的一个特别的量子态群、一个量子态的子空间或系统的能量等达到一个可观测的期望值的最大值.

(5) 量子态的非破坏性测量(QND):令 $(P_i)_{i \in I}$ 是投影的一个子完全正交(或可观测的)群.令 H_c 是希尔伯特空间,其上作用于作为测量仪器的任何系统(下标"c"为控制器的意思).可观测的 P_i 的测量是一个幺正演化,始于一个积态 $|\varphi\rangle \otimes |\psi\rangle \in \mathcal{H} \otimes \mathcal{H}_c$,并终止于状态 $\sum_i |\varphi_i\rangle \otimes P_i |\psi\rangle$,其中,$(|\varphi_i\rangle)_{i \in I}$ 为测量仪器状态的一个正交归一化群.

3.4 相互作用的量子系统模型

本节在充分考虑量子系统中粒子之间的相互作用以及可能需要的几何控制的基础上,建立一个变量在李群 $SU(4)$ 上变化的、两个具有相互作用的自旋 1/2 粒子系统的数学模型,详细地描述对具有相互作用的量子系统的物理控制过程.

量子系统控制的一个主要目标就是量子系统状态的制备与操纵,尤其对量子光学和量子通信中的量子系统的操纵,主要都是通过被控系统与粒子或围绕它的场的相互作用来实施的.系统控制总是建立在被控系统的模型基础之上的,当我们仅考虑由孤立的单个量子所组成的量子系统模型时,实际上是在理想状况下,即在绝对零度的条件下才能获得的结果.该温度条件意味着与能级差异相比,温度非常小.当不满足此条件时,或在更一般的情况下,我们需要考虑建立粒子之间的相互作用下的量子系统模型.

具有不为零角动量的最简单系统是自旋 1/2 粒子系统,作为控制系统的被控对象,自旋 1/2 量子系统有其自身独特的优越性.所以,有必要很好地研究自旋 1/2 系统.被研究的粒子通常还具有其他一些特性,如运动学能量、轨迹角动量等.不过,目前我们只集中在对粒子自旋特性的研究上.

对一个单量子位状态的控制与操纵可以通过将被控系统处于 z 轴正向指向的定常均匀磁场中,而人为施加一个外部的平行于 x-y 平面的旋转控制磁场,并使其与原磁场频率共振一个时间长度来达到.

实际上,在对系统的控制过程中,是存在着非共振因素的影响的,即不是在理想的条件下,则无法确保所施加的脉冲一定只作用在所要控制的粒子上,所以有必要进一步研究两个相邻粒子之间的相互作用.本节首先考虑在所有的 x,y 和 z 三个方向磁场的作用下,两个自旋 1/2 粒子之间的相互作用及其每一个自旋的自身作用,根据薛定谔方程建立其被控系统的数学模型.

3.4.1 自旋 1/2 系统相互作用的哈密顿量

用来描述两个物质之间能量的相互作用的自旋矢量 I_j 和 I_k 是海森伯模型:

$$能量 \propto - JI_j I_k \tag{3.46}$$

其中,$J > 0$ 为相互作用强度,是一个定常系数.

当将式(3.46)限制在只取自旋矢量的 z 分量时,则得到常用的伊辛(Ising)模型:

$$能量 \propto - JI_{jz} I_{kz} \tag{3.47}$$

为了建立考虑两个相邻粒子之间的相互作用的量子系统的数学模型,众所周知,在 t 时刻量子力学系统的状态 $|\psi(t)\rangle$ 的演化由薛定谔方程决定:

$$i\hbar |\dot{\psi}\rangle = H(t) |\psi\rangle \tag{3.48}$$

其中,$\hbar$ 是普朗克常数;$H:\mathcal{H} \to \mathcal{H}^*$ 是哈密顿算符,且 $H = H^*$.

系统的哈密顿被假定为由未受扰动的(或内部的)哈密顿 H_0 与受微扰动的(或外部的)哈密顿 $H_1(t)$ 之和的形式组成:

$$H(t) = H_0 + H_1(t) \tag{3.49}$$

当考虑一般的海森伯模型的相互作用时,两个自旋 1/2 粒子系统内部未受扰动的哈密顿 H_0 为(为方便起见,令 $\hbar = 1$)

$$H_0 = - \gamma_1 \bar{u}_z I_{1z} - \gamma_2 \bar{u}_z I_{2z} - J \sum_{k=x,y,z} I_{1k} I_{2k} \tag{3.50}$$

其中,两粒子分别具有不同的回旋磁比(gyromagnetic ratios)γ_1 和 γ_2;$\bar{u}_z$ 为一个定常磁场强度.

在外加一个平行于 $x\text{-}y$ 平面的可控变化的圆形极化磁场的作用下,可得系统外部扰动的哈密顿 H_1 为

$$H_1(t) = -(\gamma_1 I_{1x} u_x(t) + \gamma_1 I_{1y} u_y(t) + \gamma_2 I_{2x} u_x(t) + \gamma_2 I_{2y} u_y(t)) \quad (3.51)$$

由此可以写出被控系统总的哈密顿 H 为

$$
\begin{aligned}
H(t) &= H_0 + H_1(t) \\
&= -\sum_{k=x,y}(\gamma_1 I_{1k} + \gamma_2 I_{2k}) u_k(t) - (\gamma_1 I_{1z} + \gamma_2 I_{2z})\bar{u}_z - J\sum_{k=x,y,z} I_{1k} I_{2k} \quad (3.52)
\end{aligned}
$$

作为更一般情况的考虑:在一个可以对其进行控制的 z 方向磁场 u_z 的作用下(定常磁场是其中的一个特例),式(3.52)可以写为

$$H(t) = -\sum_{k=x,y,z}(\gamma_1 I_{1k} + \gamma_2 I_{2k}) u_k(t) - J\sum_{k=x,y,z} I_{1k} I_{2k} \quad (3.53)$$

式(3.53)等号右端第一项代表两粒子在外加磁场作用下随时间变化的相互作用;第二项是两粒子之间的相互作用,为海森伯模型,其形式为:$aI_{1x}I_{2x} + bI_{1y}I_{2y} + cI_{1z}I_{2z}$.当取 $a = 0, b = 0, c = J \neq 0$ 时,则为伊辛(Ising)相互作用模型.对于 $k = x,y,z$ 有

$$I_{1k} = \sigma_k \otimes \mathbf{1} \quad (3.54)$$

$$I_{2k} = \mathbf{1} \otimes \sigma_k \quad (3.55)$$

$$I_{1k} I_{2k} = \sigma_k \otimes \sigma_k, \quad k = x,y,z \quad (3.56)$$

其中,$\sigma_k, k = x,y,z$ 为泡利矩阵:$\sigma_x = \begin{bmatrix} 0 & 1 \\ 1 & 0 \end{bmatrix}, \sigma_y = \begin{bmatrix} 0 & -i \\ i & 0 \end{bmatrix}, \sigma_z = \begin{bmatrix} 1 & 0 \\ 0 & -1 \end{bmatrix}$;$\mathbf{1}$ 为 2×2

单位矩阵:$\mathbf{1} = \begin{bmatrix} 1 & 0 \\ 0 & 1 \end{bmatrix}$.

3.4.2　自旋 1/2 粒子相互作用的薛定谔方程模型

对于具有初始条件 $|\psi(0)\rangle$ 的情况,可以得到薛定谔方程(3.48)的解 $|\psi(t)\rangle$ 为

$$|\psi(t)\rangle = X(t)|\psi(0)\rangle \quad (3.57)$$

其中,$X(t)$ 称为演化算符,它同样满足薛定谔方程.

量子系统建模、特性分析与控制

本小节中所研究的自旋 1/2 粒子系统演化算符 X 的薛定谔方程可以写为

$$\dot{X} = -\mathrm{i}H(t)X \tag{3.58}$$

其中,$H(t)$ 由式(3.53)给出.

我们考虑在所确定的 4 维希尔伯特空间中的基 $|00\rangle,|01\rangle,|10\rangle,|11\rangle$. 在这组基下,式(3.54)、式(3.55)和式(3.56)中所表示的张积是 2×2 算符矩阵的克罗内克(Kronecker)积(直乘). 通过直乘运算和相似变换可以将式(3.58)写成如下的形式:

$$\dot{X} = \bar{A}X + \bar{B}_x X \bar{u}_x + \bar{B}_y X \bar{u}_y + \bar{B}_z X \bar{u}_z \tag{3.59}$$

其中,$\bar{A} = \mathrm{i}J \sum_{k=x,y,z} I_{1k}I_{2k}$;$\bar{B}_x = \mathrm{i}\gamma_1(I_{1x} + rI_{2x})$;$\bar{B}_y = \mathrm{i}\gamma_1(I_{1y} + rI_{2y})$;$\bar{B}_z = \mathrm{i}\gamma_1(I_{1z} + rI_{2z})$;$r = \gamma_2/\gamma_1$.

矩阵 $\bar{A}$,$\bar{B}_x$,$\bar{B}_y$ 和 $\bar{B}_z$ 是 4×4 具有阵迹为零的斜厄米矩阵. 通过对式(3.59)中的参数进行坐标变换:

$$X \rightarrow TXT', \quad T = \frac{1}{\sqrt{2}}\begin{bmatrix} 0 & \mathrm{i} & -\mathrm{i} & 0 \\ 0 & 1 & 1 & 0 \\ -\mathrm{i} & 0 & 0 & -\mathrm{i} \\ -1 & 0 & 0 & 1 \end{bmatrix} \tag{3.60}$$

并调整控制变量幅值,最终可使式(3.59)的形式变为

$$\dot{X} = AX + B_x X u_x + B_y X u_y + B_z X u_z \tag{3.61}$$

其中

$$A := \mathrm{diag}(-3\mathrm{i},\mathrm{i},\mathrm{i},\mathrm{i})$$

$$B_x := \begin{bmatrix} 0 & 0 & 0 & -(r-1) \\ 0 & 0 & r+1 & 0 \\ 0 & -(r+1) & 0 & 0 \\ r-1 & 0 & 0 & 0 \end{bmatrix}$$

$$B_y := \begin{bmatrix} 0 & 0 & -(r-1) & 0 \\ 0 & 0 & 0 & -(r+1) \\ r-1 & 0 & 0 & 0 \\ 0 & r+1 & 0 & 0 \end{bmatrix}$$

$$B_z := \begin{bmatrix} 0 & -(r-1) & 0 & 0 \\ r-1 & 0 & 0 & 0 \\ 0 & 0 & 0 & r+1 \\ 0 & 0 & -(r+1) & 0 \end{bmatrix}$$

式(3.61)就是在考虑了两个粒子之间的相互作用后,自旋 $1/2$ 粒子量子系统模型的具体表达形式.进而,当相互作用模型取伊辛模型,即取式(3.59)中的 $\bar{A} = \bar{A}_1 = \mathrm{i}JI_{1z}I_{2z}$ 时,相似变换以后的矩阵 A_1 为

$$A_1 := \mathrm{diag}(-\mathrm{i}, -\mathrm{i}, \mathrm{i}, \mathrm{i}) \tag{3.62}$$

在获得式(3.61)模型后,该量子系统的控制问题即可变为寻找控制函数 u_x, u_y 和 u_z 来操纵状态演化矩阵 X 到 $SU(4)$ 上期望的值,为一个在李群上的操纵问题.大量有关经典力学上的几何控制的应用都可以帮助我们来解决有关量子系统的可控性以及操纵和反馈控制问题.

3.4.3 相互作用量子系统的物理控制过程

与周围很好隔离的、含有核自旋的原子(离子)的线性链状排列的固体是典型的相互作用量子系统.我们假定原子链与链之间的任何相互作用都可以忽略不计,考虑的重点放在同一链中最相邻的原子之间的相互作用.假定固体被置于一个沿 z 轴正向的均匀磁场中,那么每个原子的无相互作用的哈密顿量可以写为: $H_0\mathrm{i} = -\gamma\hbar B_i I_{iz} = -\hbar\omega_0 I_z$.

假定一个链中含有三种类型的原子核排列成 $ABCABCABC\cdots$,这三种类型的原子核均有相同的自旋 $I = 1/2$,不过它们都有着不同的运动.假定同一链中自旋之间的相互作用(例如耦极子的相互作用)与外部磁场的相互作用相比较小,此时,我们仅考虑同一链中相邻原子之间 zz 部分的相互作用: $2\hbar J_{i,i+1}I_{iz}I_{(i+1)z}$(伊辛相互作用),它改变了系统无相互作用的哈密顿量.此时整个系统的无外部磁场作用的哈密顿量为

$$H = -\hbar\sum_i (\omega_i I_{iz} + 2J_{i,i+1}I_{iz}I_{(i+1)z}) \tag{3.63}$$

考虑到链中所有不同的自旋情况,我们取

$$\begin{cases} \omega_1 = \omega_4 = \cdots = \omega_A \\ \omega_2 = \omega_5 = \cdots = \omega_B \\ \omega_3 = \omega_6 = \cdots = \omega_C \end{cases} \tag{3.64}$$

量子系统建模、特性分析与控制

同样式(3.63)中的系数 $J_{i,i+1}$ 也为 i 的周期函数：

$$\begin{cases} J_{12} = J_{45} = \cdots = J_{AB} \\ J_{23} = J_{56} = \cdots = J_{BC} \\ J_{34} = J_{67} = \cdots = J_{CA} \end{cases} \tag{3.65}$$

式(3.63)中的哈密顿算符没有非对角线项,表明哈密顿算符的本征态代表了自旋状态的类型,比如:$|00111011\cdots\rangle$. 所以,本征态中的某些"上升"(处于基态 $|0\rangle$),而其余的态"下降"(处于激发态 $|1\rangle$). 假定自旋量子系统的某一状态,例如 B"上升",而该系统的另一自旋体 A"下降",并且其他自旋体的状态均不变化,那么在这两种状态下的能量差别为

$$\Delta E = \hbar(\omega_B \pm J_{AB} \pm J_{BC}) \tag{3.66}$$

式(3.66)中 J_{AB} 前面的"+"号对应着与 B 相邻的自旋体 A 处于基态 $|0\rangle$;"$-$"则对应着与 B 相邻的自旋体 A 处于激发态 $|1\rangle$. 对于 J_{BC} 前面的"+""$-$"号的含义同 J_{AB}. 由此对式(3.63)所描述的哈密顿可以获得以下特征频率:

$$\begin{cases} \omega_B^{00} = \omega_B + J_{AB} + J_{AC} \\ \omega_B^{01} = \omega_B + J_{AB} - J_{AC} \\ \omega_B^{10} = \omega_B - J_{AB} + J_{AC} \\ \omega_B^{11} = \omega_B - J_{AB} - J_{AC} \end{cases} \tag{3.67}$$

该特征频率即为实现相应的状态转变必须人为外部施加的磁场脉冲频率,其中 ω_B^{00} 表示当 B 类自旋在其左侧 A 和其右侧 C 均处于基态 $|0\rangle$ 时,B 类状态由 $|0\rangle \leftrightarrow |1\rangle$ 转换时所需要施加的磁场脉冲频率,即对应于 B 类状态的转变,在式(3.67)中所表示的 ω_B^{ij} 意味着当左侧相邻自旋体 A 处于 $|i\rangle$ 态,而右侧相邻自旋体 C 处于 $|j\rangle$ 态,$i, j = 0$ 或 1 时所需要施加的磁场脉冲频率. ω_A^{ij} 和 ω_C^{ij} 的表达式类似于式(3.67),只需要将式(3.67)中的 B 换成 A 或 C 即可. 例如,链中最左端的自旋体为 A,则 A 状态转换的特征频率为

$$\begin{cases} \omega_A^{00} = \omega_A + J_{AB} \\ \omega_A^{01} = \omega_A - J_{AB} \end{cases} \tag{3.68}$$

式(3.68)中 ω_A^{0i} 意味着与 A 右侧相邻的自旋体 B 处于状态 $|i\rangle$. 由于边界自旋体为 A(最左端)或处于最右端(假定是 C)的特殊情况,我们可以列出三种情况下(最左端、中间和最右端),对应于每个自旋体转换的所有 16 个特征频率:

A 类自旋:

$$\begin{cases} |0\rangle \rightarrow |1\rangle : \omega_A^{00} \quad \omega_A^{01} \\ |1\rangle \rightarrow |0\rangle : \omega_A^{10} \quad \omega_A^{11} \end{cases} \tag{3.69}$$

B 类自旋：

$$\begin{cases} |\,0\rangle \rightarrow |\,1\rangle : \omega_B^{00} & \omega_B^{01} & \omega_B^{10} & \omega_B^{11} \\ |\,1\rangle \rightarrow |\,0\rangle : -\omega_B^{00} & -\omega_B^{01} & -\omega_B^{10} & -\omega_B^{11} \end{cases} \tag{3.70}$$

C 类自旋：

$$\begin{cases} |\,0\rangle \rightarrow |\,1\rangle : \omega_C^{00} & \omega_C^{01} \\ |\,1\rangle \rightarrow |\,0\rangle : \omega_C^{10} & \omega_C^{11} \end{cases} \tag{3.71}$$

在此我们仅考虑对相互作用自旋 1/2 量子系统的两个本征态 $|0\rangle$ 和 $|1\rangle$ 之间的转换控制，不考虑叠加态和纠缠态，因此状态的相角对我们来说是不重要的.控制一个相互作用量子系统的第一个所要解决的问题是如何控制（操纵）一个给定的量子位.可以使用一个 π 共振脉冲驱动一个自旋体从状态 $|0\rangle$ 转变到状态 $|1\rangle$，反之亦然.但该脉冲会对其他邻近自旋体产生影响，这个问题可以通过提供一个特别的 π 脉冲序列来改变相邻自旋体之间的状态来解决，例如，为实现相邻自旋体 A 和 B 状态的改变，假定 A 处于 $|0\rangle$，B 处于 $|1\rangle$，希望通过外加共振磁场的控制来操纵 A 变为 $|1\rangle$，而使 B 变为 $|0\rangle$.为此可以施加如下的系列脉冲：

$$\omega_A^{01} \omega_A^{11} \omega_B^{10} \omega_B^{11} \omega_A^{01} \omega_A^{11} \tag{3.72}$$

式(3.72)中各 ω 的表达含义见式(3.69)和式(3.70).由式(3.72)所给出的序列脉冲的作用与效果见表 3.1.

表 3.1　序列脉冲的作用与效果

初始状态	AB	$A*B$	$AB*$	$A*B*$
$\omega_A^{01}\omega_A^{11}$ 作用后	AB	$A*B$	$A*B*$	$AB*$
$\omega_B^{10}\omega_B^{11}$ 作用后	AB	$A*B*$	$A*B$	$AB*$
$\omega_A^{01}\omega_A^{11}$ 作用后	AB	$AB*$	$A*B$	$A*B*$

表 3.1 中符号"$*$"表示该自旋体处于 $|1\rangle$ 态，例如 $AB* = |0\rangle|1\rangle$.从表 3.1 中可以看出，在第一对脉冲 $\omega_A^{01}\omega_A^{11}$ 作用后，当 A 的右侧 B 处于激发态 $B*$ 时，A 的状态改变，即 $A \leftrightarrow A*$（条件是同时存在 $B*$）；若 A 右侧 B 处于基态 B，自旋体 A 的状态保持不变.在第二对脉冲 $\omega_B^{10}\omega_B^{11}$ 作用后，其结果为：若 B 左侧的 A 处于激发态 $A*$，自旋体 B 的状态改变，即 $B \leftrightarrow B*$；若 B 左侧的 A 处于基态 A，自旋体 B 的状态保持不变.在第三对脉冲 $\omega_A^{01}\omega_A^{11}$ 作用后，自旋体 A 状态的变换规律与第一对脉冲作用结果相同.由此我们可以看出，通过施加一个序列脉冲，我们得到了相邻一对自旋体 A 和 B 状态的相互转换.类似地

量子系统建模、特性分析与控制

可以通过施加一组像式(3.72)所述的脉冲序列,实现一个原子链状态的转换来达到记录信息的目的.以含有6个自旋体 $ABCABC$ 为例,我们想把数字7下载到此自旋链中,即让该自旋链记录"7"这个信息,使自旋链量子态从 $ABCABC$ 转换到 $ABCA*B*C*$,实现从 $|0_A0_B0_C0_A0_B0_C\rangle \rightarrow |0_A0_B0_C1_A1_B1_C\rangle$ 的转换.为此所需施加的 π 脉冲序列,以及作用后所对应的量子系统状态的转换过程如下:

(1) ω_C^{00}: $ABCABC \rightarrow ABCABC*$;

(2) ω_B^{01}: $ABCABC* \rightarrow ABCAB*C*$;

(3) ω_A^{01}: $ABCAB*C* \rightarrow ABCA*B*C*$.

显然,数字控制非门(CNOT)可以通过施加一组类似于式(3.72)所描述的脉冲来实现.例如施加两个具有频率 ω_A^{10} 和 ω_A^{11} 的 π 脉冲,则使自旋体 A 的状态发生转换当且仅当在其左侧的自旋体 B 处于激发态 $B*$,即 A 为目标字节,B 为控制字节.

由此可见,对量子系统状态的控制,从粒子之间的相互作用以及物理可实现的角度来看,就是寻找一组达到期望状态变换的、可实现的脉冲序列.这个问题从控制的角度来看就变成:通过对薛定谔方程的求解,可以得到解的一般形式 $\psi(t) = U(t)\psi(0)$,当初始状态 $\psi(0)$ 和终态 $\psi(t_f)$ 已知时,如何对所获得的期望幺正演化矩阵 $U(t)$ 进行分解,使之成为一组可物理操作的脉冲序列.系统状态控制的问题是根据薛定谔方程来进行的.对幺正演化矩阵 $U(t)$ 的分解必须根据薛定谔方程的具体形式在李群的特殊幺正群中进行.

3.5 开放量子系统的状态演化方程

虽然式(3.1)和式(3.7)描述的量子系统处理起来非常简便,但是并非所有的系统都是孤立的,不可避免地要与环境发生作用而变成开放量子系统.开放量子系统是与环境有耦合或相互作用的量子系统.环境是指除了要研究的量子系统 S 外,与系统有相互作用的全部自由度,包括其他系统以及所研究的系统中不感兴趣的部分.在现实中的大多数量子系统都不可避免地与同类量子系统、热浴或者测量仪器存在一定程度上的耦合,因此现实中的大多数量子系统都是开放量子系统.开放量子系统与环境的耦合可以影响量子系统状态原来幺正的演化方式,引入非幺正的演化,这种影响最明显的特点是引起原量子系统状态的纯度降低、相干性的消失,称为消相干或者能量的耗散.量子态的纯度一般定义为: $pu \equiv \text{tr}(\rho^2)$. 一个量子纯态的纯度为 1, 而混合态的纯度小于 1. 纯度的降低使得系统状态由原来的纯态变为混合态, 纯度越小表示状态的混合程度越大, 当纯度最小为 $1/n$ 时状态处于极大混合态 I/n.

相干性是指状态密度矩阵非对角元素的值所表现出的状态局部相位特性. 消相干使得状态密度矩阵的非对角元素的值发生变化, 如相位消相干过程使得非对角元素的值逐渐消失变为零. 系统能量的耗散是指系统的布居数分布发生不受控制的变化, 比如粒子的自激辐射, 使得粒子从激发态或者某个相干叠加态自发地跃迁到基态. 消相干和系统能量耗散的作用使得量子系统的状态难以长时间处于相干叠加态或者原来的状态, 由此导致的后果便是量子系统向环境的信息流失或概率泄漏. 因此保持量子系统状态的纯度、相干性以及抑制能量的耗散在量子信息过程, 以及相干控制等领域有重要的应用价值. 比如量子隐形传态 (quantum teleportation) 需要长时间处于纠缠态的共享的量子比特对, 又如作为许多量子算法的基本特征的量子并行性来源于量子态的相干叠加, 而量子计算操作大多数是由幺正演化算子来完成的, 并且, 需要大量计算有效的量子算法, 需要耗费的时间在微观尺度上也比较长. 所以, 量子系统控制的一个重要目的就是针对开放的量子系统保持其状态纯度, 抑制系统的消相干, 保持状态相干性, 从而保持量子系统原有的信息.

消相干与耗散作用根据其对量子系统产生的影响大致可分为三类: 振幅消相干 (耗散)、相位消相干和去极化消相干. 振幅消相干能够引起系统的能量耗散, 即能量从量子系统向环境流失, 例如原子与真空态耦合所引起的自激辐射, 就是一个振幅消相干现象. 振幅消相干的一个显著特点是引起系统相干叠加态的各本征态的概率幅的变化, 在自激辐射后, 系统最终将处于基态. 相位消相干则是纯粹的量子力学性质的噪声过程, 与振幅消相干不同, 它不会引起系统的能量损失. 一个发生相位消相干的量子系统, 它的能量本征态不会随时间变化, 但却会积累一个正比于特征值的相位. 当系统演化一段时间后, 有关这个量子相位的部分信息——能量本征态之间的相对相位, 会被丢失. 用密度矩阵来说明, 则是对角线元素不变, 而非对角线元素的期望值会随时间衰减到零. 比如当一个光子通过波导传播发生的随机散射的情形. 去极化消相干改变量子态的极化特性, 它既会引起系统能量的变化, 也会引起能量本征态之间相对相位的变化. 以单量子比特为例, 去极化消相干使得单量子比特最终处于完全混合态 $I/2$.

开放量子系统的演化包括两种演化方式: 一种是连续形式的演化; 另一种是离散形式的演化. 前一种演化由刘维尔微分方程来描述, 后一种演化由 Kraus 超算符的形式来表示. 实际上, 如果将测量设备与量子系统的相互作用考虑在内, 测量也可以认为是一种开放量子系统的状态演化, 只是测量引起的塌缩使得它具有随机性.

3.5.1　马尔可夫开放量子系统主方程

在许多实际应用中,量子系统由于与环境的信息能量交换作用会引起耗散、扩散以及消相干等物理现象,并且还会存在环境的记忆效应.严格来说,开放量子系统中子系统与环境相互作用的过程是一个非马尔可夫物理过程,但是当环境的记忆时间尺度远远小于系统状态演化的时间尺度时,可以忽略环境的记忆效应将系统近似为马尔可夫系统.

在开放量子系统中,马尔可夫过程的模型由量子动力学半群,即林德布拉德(Lindblad)结构的约化密度矩阵的主方程来描述:

$$
\begin{cases}
\dfrac{\mathrm{d}}{\mathrm{d}t}\rho(t) = \dfrac{1}{\mathrm{i}\,\hbar}\big[H_0,\rho(t)\big] + \mathscr{L}(\rho(t)) \\[3mm]
\mathscr{L}(\rho(t)) = \sum_k \gamma_k\left(L_k\rho(t)L_k^{\dagger} - \dfrac{1}{2}\{L_k^{\dagger}L_k,\rho(t)\}\right)
\end{cases}
\tag{3.73}
$$

其中,$(1/(\mathrm{i}\,\hbar))\big[H_0,\rho(t)\big]$ 是封闭系统的状态演化方程,主导控制的幺正演化部分;$\mathscr{L}(\rho(t))$ 描述系统的耗散动力学,且是关于 ρ 线性的、Lindblad 算符;系数 $\gamma_k > 0$ 代表系统与环境的耦合,是开放系统中不同衰减模式的松弛速率的函数.

在忽略了环境记忆效应后,上述马尔可夫过程可以按照量子动力学半群的理论来理解,在该条件下,马尔可夫过程可以由一个单参数半群映射来描述,且该映射是保迹、完全正定的.这是 Lindblad 方程的一大优势,能够保证系统演化过程中密度矩阵表示一个物理态.

在此基础上,可以得到开放系统的状态满足一个一阶微分方程:

$$
\frac{\partial}{\partial t}\rho(t) = \mathscr{L}\big[\rho(t)\big]
\tag{3.74}
$$

方程(3.74)又被称为量子主方程.

方程(3.74)中的 $\mathscr{L}[\cdot]$ 是刘维尔超算符,它可以分成三个部分:

$$
\mathscr{L}\big[\rho(t)\big] = \mathscr{L}_{\mathrm{H}}\big[\rho(t)\big] + \mathscr{L}_{\mathrm{D}}\big[\rho(t)\big] + \mathscr{L}_{\mathrm{M}}\big[\rho(t)\big]
\tag{3.75}
$$

其中,$\mathscr{L}_{\mathrm{H}}\big[\rho(t)\big]$ 表示哈密顿量部分对动力学的贡献,是幺正演化部分,也是封闭量子系统状态演化的动力学部分:

$$
\mathscr{L}_{\mathrm{H}}\big[\rho(t)\big] = -\frac{\mathrm{i}}{\hbar}\big[H,\rho(t)\big]
\tag{3.76}
$$

其中，$[A,B]$ 表示对易运算：$[A,B] = AB - BA$.

$\mathscr{L}_D[\rho(t)]$ 以及 $\mathscr{L}_M[\rho(t)]$ 是非厄米的超算符，分别表示系统与环境相互作用造成的耗散部分，以及测量对动力学的影响.

当所要研究的量子系统 S 与其他系统或环境 B 相互耦合，可以将所研究的系统和环境组成的整体看成一个孤立系统，使其在希尔伯特空间由张量积空间 $\mathscr{H} = \mathscr{H}_S \otimes \mathscr{H}_B$ 组成，总的哈密顿形式为 $H = H_S \otimes I_B + H_B \otimes I_S + H_I$. 实际中往往只需要考虑子系统 S 的动力学行为，可以通过统计性地排除环境的影响得到子系统 S 的演化方式，即

$$i\hbar \dot{\rho}_s(t) = \mathrm{tr}_B([H_0, \rho(t)]) \tag{3.77}$$

其中密度矩阵 ρ_s 也叫约化密度矩阵.

此时子系统和环境进行能量交换而变成开放的，其状态也不再是幺正形式下的演化.

在相互作用图景下，从总系统的动力学方程推导出开放系统的动力学方程，主要是执行几个近似. 第一个近似是玻恩近似. 这个近似要求系统与环境之间弱耦合，且系统状态不受相互作用的影响，即不随时间变化，这样总系统的状态为 $\rho(t) = \rho_s(t) \otimes \rho_B$. 第二个近似是马尔可夫近似，通过用当前时间的状态替换掉延迟时间的状态将量子主方程局部时间化，即 $\rho_s(s) \rightarrow \rho_s(t)$，这个近似要求与热浴的关联时间 τ_B 小于系统的松弛时间 τ_R，即 $\tau_B \ll \tau_R$. 最后执行旋波近似，即快速振荡项被忽略，这个近似要求系统的演化时间远大于系统的松弛时间，即 $\tau_R \ll \tau_S$. 经过这些近似，可以得到 $\mathscr{L}$ 的第一标准型：

$$\mathscr{L}\rho_s = -\mathrm{i}[H, \rho_s] + \sum_{i,j=1}^{N^2-1} a_{ij}\left(F_i \rho_s F_j^\dagger - \frac{1}{2}\{F_j^\dagger F_i, \rho_s\}\right) \tag{3.78}$$

参数 a_{ij} 组成一个矩阵，将其对角化，对角元素为 γ_k 且 $F_i = \sum_{k=1}^{N^2-1} u_{ki} A_k$，就可以得到 $\mathscr{L}$ 的对角形式：

$$\mathscr{L}\rho_s = -\mathrm{i}[H, \rho_s] + \sum_{k=1}^{N^2-1} \gamma_k\left(A_k \rho_s A_k^\dagger - \frac{1}{2}\{A_k^\dagger A_k, \rho_s\}\right) \tag{3.79}$$

A_k 为 Lindblad 算符.

采用 $\mathscr{L}$ 的对角形式，开放系统状态满足的方程就称为 Lindblad 方程.

3.5.2 非马尔可夫开放量子系统主方程

在很多实际应用，如固态物理系统以及纳米材料中，环境的记忆和反馈时间相对于

系统动力学改变的时间尺度来说不可忽略，使得马尔可夫近似失效，此时需要能够精确描述系统动力学的非马尔可夫型主方程.

获得非马尔可夫动力学表示系统的常用方法是投影技术，主要有两类：NZ（Nakajima-Zwanzig）投影算子技术和时间无卷积（time-convolutionless，TCL）投影算子技术.

通过 NZ 投影算子技术可以得到一个关于约化密度矩阵 $\rho(t)$ 的时间非局域的积分微分方程：

$$\frac{\partial}{\partial t}\rho(t) = \int_{t_0}^{t} \mathrm{d}s \mathscr{K}(t,s)\rho(s) \tag{3.80}$$

其中，$\mathscr{K}(t,s)$ 记忆内核是相关子空间的一个超算符.

方程（3.80）虽然是关于系统动力学的精确描述，但是记忆内核并不容易求取，且积分微分方程的数值解也不容易获得，因此较少使用.

通过时间无卷积投影算子技术，消除 NZ 方程中的积分项，可以得到一个精确的时间局域的一阶微分方程：

$$\frac{\mathrm{d}}{\mathrm{d}t}\rho(t) = \mathscr{L}(t)\rho(t) \tag{3.81}$$

方程（3.81）是一个时间局域的方程.在任意时刻 t，系统状态 $\rho(t)$ 的变化只依赖其本身，生成子 $\mathscr{L}(t)$ 保存了状态的历史记录，其形式可能比较烦琐，但是动力学方程却是很规则的.在方程（3.81）中，生成子 $\mathscr{L}(t)$ 和时间有关，对应的动力学映射并不一定生成动力学半群.在要求系统状态保迹和保厄米的情况下，方程（3.81）的最一般形式可以表示为（Breuer，2004）

$$\frac{\mathrm{d}}{\mathrm{d}t}\rho(t) = -\frac{\mathrm{i}}{\hbar}[H_0,\rho(t)]$$
$$+ \frac{1}{2}\sum_k \gamma_k(t)\left([\mathscr{L}_k(t)\rho(t),\mathscr{L}_k^{+}(t)] + [\mathscr{L}_k(t),\rho(t)\mathscr{L}_k^{+}(t)]\right) \tag{3.82}$$

其中，算子 $\mathscr{L}_k(t)$、系数 $\gamma_k(t)$ 都是时间相关的.当 $\gamma_k(t) \geqslant 0$ 时，生成子 $\mathscr{L}(t)$ 对每一个 $t > 0$ 都是 Lindblad 型的.

式（3.82）的一个重要特征是 $\gamma_k(t)$ 可以为负，表征环境的记忆效应导致信息或者能量从环境流向了量子系统，此时生成子 $\mathscr{L}(t)$ 不再是保正定的.如果模型描述不够精确，演化过程中系统状态有可能是非正定的，从而是非物理的.

NZ 主方程和 TCL 主方程虽然都是对系统的精确描述，鉴于非马尔可夫系统的复杂性，一般情况下也只能用于简单量子系统如玻色子系统和二能级系统.除此之外，常用的描述非马尔可夫量子系统的主方程还包括雷德菲尔德(Redfield)主方程、福克-普朗克(Fokker-Planck)主方程、HPZ 型主方程,以及能够自然保证系统完全正定的后马尔可夫主方程等.

3.6　薛定谔方程的求解

在经典力学中,一个粒子在给定时刻 t 的动力学状态,可以基于几个基本参数来进行确定性描述,当给定位置 $r(t)$、粒子的线性动量 $p(t)$,所有其他动力学变量,如能量、角动量等,都由 $r(t)$ 和 $p(t)$ 来确定.牛顿定律允许我们通过解相对于时间的二阶微分方程来计算 $r(t)$.所以只要初始时刻已知,则可以求出任何其他时刻 $r(t)$ 和 $p(t)$ 的值.

量子力学中的一个粒子动力学状态在给定时刻 t 由一个波函数 $\psi(r,t)$ 来描述,其状态不再取决于六个参数,而是取决于参数的无穷多个数值:波函数 $\psi(r,t)$ 在一个坐标空间中所有点 r 的值.经典粒子在连续时间里不同状态的轨迹概念,必须用与粒子相关联的波函数演化的概念来替代,$\psi(r,t)$ 被解释为粒子存在的概率幅值,$|\psi(r,t)|^2$ 被认为是粒子在 t 时刻,在体积元为 r 点的 $\mathrm{d}^3 r$ 中存在的概率密度.由于波函数能给出任一力学量的统计分布,因此可以认为它包含了关于微观客体的全部信息,是对微观客体状态的完全描述.状态随时间变化的规律表现为波函数随时间变化的微分方程——波动方程.

由于不同的力学量涉及不同类型的波函数,人们通过定义作用在波函数上的一种运算或操作为一种算符,这样不论何种力学量,只要知道了它的算符和粒子在坐标空间里的波函数,就可以利用算符之间的不同操作进行相互变换.量子力学系统中常用的算符有:位置算符 r、时间算符 t、动量算符 p、角动量算符 L 和能量算符 E.在能量算符中,哈密顿算符 H 为动能算符与势能算符之和,而总能量算符 E 与坐标、时间的关系由微分方程确定,可以写为

$$E = \mathrm{i}\hbar \frac{\partial}{\partial t} \tag{3.83}$$

1925 年薛定谔(Schrödinger)提出了用微分方程式来描述波函数.薛定谔方程是量子系统状态随时间变化的基本规律,也是量子态演化所遵循的基本规律.当量子系统没有进行测量时,系统遵循薛定谔方程进行持续的演变:

$$i\hbar \frac{\partial \psi(r,t)}{\partial t} = H\psi(r,t) \tag{3.84}$$

其中,ψ 是定义在空间和时间上的波函数;i 是虚数,为 $\sqrt{-1}$;$\hbar$ 是普朗克常数,$\hbar = 1.0545 \times 10^{-34}$ J·s;H 为哈密顿算符.哈密顿算符与特定的物理系统结构相关,决定着系统状态的演化.

薛定谔方程(3.84)是量子力学的一个基本方程,因而不能由更基本的原理证明.它的正确性只能通过实际实验来检验.实际上,它的正确性已被迄今为止的全部实验所证实.

将式(3.83)代入式(3.84)得

$$H\psi(r,t) = E\psi(r,t) \tag{3.85}$$

式(3.85)被称为定态薛定谔方程.相对于式(3.85),式(3.84)又被称为含时薛定谔方程.

波函数 ψ 代表粒子的一切可能出现的态,但在每一个单次测量中只能涉及其中的某一个态 ψ_n.某个力学量算符 A 在该态下具有确定的值 A_n.在量子力学系统中把这种具有确定性的态叫作本征态,ψ_n 被称为本征函数.算符 A 属于本征值 A_n 的本征态由下式表示:

$$A\psi_n = A_n\psi_n \tag{3.86}$$

式(3.86)叫作算符 A 的本征方程,A_n 叫作算符 A 的本征值.将式(3.86)与式(3.85)进行比较可得:定态薛定谔方程就是能量算符 H 的本征方程.能量 E 是 H 的本征值,具有该能量的定态波函数是相应的本征函数.这样就把能量和一个算符联系起来,换句话说,算符 H 是能量的数学表示.

更准确地说,将算符 A 作用在某个波函数上,可以等效地看成是对相应于 A 的可观测量进行实际测量.任意动力学变量的测量结果必属于一组代表动力学变量算符的本征值.每一个本征值与一个本征态相关联,如果测量落到一个特殊的本征值,对应的本征方程是测量后粒子的波函数,测量结果的预测只能是概率的;在对一个动态变量测量中,所得到的是获得一个给定结果的概率.因此当粒子处于能量算符 H 的本征函数所描述的状态时,粒子的能量具有确定的值 E,这个确定的值就是 H 的本征函数所对应的本征值.此时对系统状态进行测量,所测量到的结果必定是的 E 的概率或概率密度的平方,与时间无关.

量子力学系统中可观测的力学量所对应的算符必为厄米算符;能和可观测的力学量

所对应的算符必是线性厄米算符;厄米算符的本征函数具有正交性、归一性和完备性,可以用它作为一组基矢,构成希尔伯特空间.

本节通过量子力学系统的基本概念,解释基本的薛定谔方程,分别对定态薛定谔方程和含时薛定谔方程的求解进行分析,通过介绍几种人们常用的解决问题的方法,从中揭示出基本量子系统控制的实质.

3.6.1　定态薛定谔方程的求解

通过求解薛定谔(偏微分)方程,能够求出波函数的表达式来解决量子力学中的特殊问题.不过,通常不可能获得该方程的精确解.一般需要使用某些假定来求解某一具体的问题或它的近似解.例如,当对一个粒子的作用力为零时,其势能为零,此时该粒子的薛定谔方程能被精确解出.这个"自由"粒子的解被称为一个波包(最初看上去像一个高斯钟形曲线).所以可以利用波包作为被研究粒子的初始状态,然后,当粒子遇到一个力作用时,它的势能不再为零,施加的力使波包改变,如何找到一种准确、快速地传播波包的方式,使它仍然能够代表下一刻的粒子,是含时薛定谔方程求解的问题.

我们首先考虑定态薛定谔方程的求解问题.

对于由式(3.85)所表示的定态薛定谔方程,在动量空间可以重新写为

$$E\psi(r,t) = -\frac{\hbar}{i}\frac{\partial\psi(r,t)}{\partial t} \tag{3.87}$$

即如果哈密顿算符不显含时间,且在初始时刻 $t=0$ 系统处于某能量的本征态:

$$\psi(r,0) = \psi_n(r) \tag{3.88}$$

则在以后的任何时刻,由于该定态不随时间变化,系统仍将处于该能量的本征态,即有

$$\psi(r,t) = \psi(r,0)e^{-\frac{i}{\hbar}Et} = \psi(r)e^{-\frac{i}{\hbar}Et} \tag{3.89}$$

由此可以看出,定态薛定谔方程的求解就是要求出可能的定态波函数 $\psi(r,t)$ 和在这个态中的能量 E,如果以 E_n 表示系统能量算符的本征值,$\psi_n(r)$ 表示它的本征函数的空间部分,系统的第 n 个定态波函数是

$$\psi_n(r,t) = \psi_n(r)e^{-\frac{i}{\hbar}E_n t} \tag{3.90}$$

所以定态波函数的一般解可以写成不含时的定态波函数式(3.90)的线性叠加,即

$$\psi(r,t) = \sum_n c_n(t)\psi_n(r)\mathrm{e}^{-\frac{\mathrm{i}}{\hbar}E_n t} \tag{3.91}$$

这就是方程(3.84)在初始条件(3.88)下的解. 该方程决定了物理系统的时间演化过程,从式(3.83)中可以看出,给定初始状态 $\psi(r,t_0)$,那么终态 $\psi(r,t)$ 对任意时刻 t 时的状态均确定. 没有时间上独立的量子系统的演化过程,独立性仅出现在测量物理量时,那时态函数承受一个不可预测的修正. 然而,在两个测量之间,态函数根据方程(3.83)以一个完美的确定方式进行演化,薛定谔方程是线性齐项的,其解是线性可叠加的波效应. 对于不含时的定态薛定谔方程求解的另一种做法是根据关系式(3.83)对方程(3.85)中的与时间相关的函数与不含时的部分进行分离,然后对其进行微分求解.

如果 H 不显含时间 t,求解定态薛定谔方程就是解哈密顿算符的本征方程. 在矩阵力学中可把它代替波动力学中求解偏微分方程的能谱,即 H 的本征值,也可以用矩阵运算的方法,使 H 所对应的矩阵对角化而求得. 由于算符在自身表象中对应对角矩阵,而且对角线上的元素就是它的本征值,所以通过一个幺正变换 T,使得并不对角化的 H 矩阵变成对角化的 H' 矩阵,则 $H' = T^{-1}HT$ 矩阵对角线上的元素就是相应的本征值.

如此一来,求本征值的问题就归结为使矩阵对角化的问题. 特别是,如果想求定态薛定谔方程的能谱,既可不通过波动力学知识求解在特定的边界条件下的微分方程,也可不通过求解线性齐次的微分方程组,而直接通过幺正变换使哈密顿算符的矩阵对角化来求得.

通过对体系的某个力学量进行测量,可以得到其某个具体的本征值,再由本征值与本征函数的对应关系式(3.86): $A\psi_n = A_n\psi_n$,唯一地确定出体系所处的状态波函数. 在量子力学中,体系的初始状态就是这样获得的.

3.6.2 含时薛定谔方程的求解

为了跟踪系统状态的演化,必须求解量子力学取决于时间的薛定谔方程. 而实际上只对于一些极其简单的情况存在可分析的解析解.

另一方面,状态在初始时间 t 的 $\psi(x,t_0)$ 转变成 $\psi(x,t)$ 是线性的,所以存在一个线性算符 $U(t,t_0)$,使得

$$\psi(x,t) = U(t,t_0)\psi(x,t_0) \tag{3.92}$$

算符 $U(t,t_0)$ 被定义为系统的演化算符,由于 $H(t)$ 是厄米矩阵,所以 $U(t,t_0)$ 是一个幺正算符,即 $U^\dagger(t,t_0)U(t,t_0) = I$,这意味着封闭量子系统的状态演化是幺正的;幺

正性表达了概率的守恒,在守恒系统的情况下,当算符 H 不取决于时间时,方程(3.92)可以很容易地被积分,我们可得

$$U(t, t_0) = \mathrm{e}^{-\mathrm{i}H\delta_t/\hbar} \tag{3.93}$$

其中,$\delta_0 = t - t_0$.

从式(3.82)中可以看出,含时的薛定谔方程的解也应具有式(3.92)的表达形式.所以,求解薛定谔方程就转化为求解式(3.92)中幺正演化算符的问题.实际上,目前大量的有关量子态的实验操控、量子系统的控制或量子逻辑门的实现等研究,都是基于对一般(含时)薛定谔方程解形式中的幺正演化算符获取的研究结果来进行的:只要获取了正确的幺正演化算符,就获得了薛定谔方程的解.因此不论是对量子系统进行状态操控、跟踪控制还是最优控制,都是对方程(3.84)中的状态 ψ 的控制:在施加控制量的前提下,获得状态 ψ 的演化律——方程(3.92),也就是方程(3.84)的解.由此可见,在控制的作用下,只要获得了幺正演化算符 $U(t)$,以及状态的初始条件 ψ_0,就可以得到任意 t 时刻系统所处的状态.对算符 $U(t)$ 的控制,或对幺正演化算符 $U(t)$ 的求解,就意味着对状态 ψ 的控制.

对于不同的被控对象所获得的薛定谔方程的形式是不同的,所以在求解时需要具体问题具体分析.通过人们持续不断地致力于对由薛定谔方程所决定的被控系统的幺正演化算符的求解的研究,已经获得不少研究成果,这里着重介绍 3 种方法.

3.6.2.1 指数的直积的分解

若 H 含时,很难估计出 $U(t, t_0)$ 的数值解,通过将其表达为指数次方序列形式,并截断来对其进行估计,可能导致演化算符的幺正性的丢失,使它不再有概率的守恒性,所以要尽量避免.

当哈密顿算符 H 由动力学能量算符 T 和标量势能 $V(r)$ 组成,即 $H = T + V$ 时,可以将演化算符分离成两个指数的直积:一个仅包含微分算符,另一个是标量函数 $V(r)$,这样,只要这两项均能被精确地估计出,则保留了幺正性.但由于动力学能量算符 T 和势能算符 $V(r)$ 不对易,演化算符分离成两个指数的直积:

$$U(t, t_0) = \mathrm{e}^{-\mathrm{i}H\delta_t/\hbar} \approx \mathrm{e}^{-\mathrm{i}T\delta_t/\hbar}\, \mathrm{e}^{-\mathrm{i}V\delta_t/\hbar} \tag{3.94}$$

只能是一个近似解,根据 Glauber's 公式,如果两个算符 A 和 B 是对易的,利用它们对易关系 $[A, B]$ 进行变换:

$$\mathrm{e}^A \mathrm{e}^B = \mathrm{e}^{A+B} \mathrm{e}^{\frac{1}{2}[A,B]} \tag{3.95}$$

是成立的,且由式(3.94)对演化算符近似所引入的误差为 $O(\delta_t^2)$ 数量级.通过对称分解演化算符来进行稍微修正,可以得到更好的逼近:

$$U(t,t_0) = \mathrm{e}^{-\mathrm{i}H\delta_t/\hbar} \approx \mathrm{e}^{-\mathrm{i}T\delta_t/(2\hbar)}\mathrm{e}^{-\mathrm{i}V\delta_t/\hbar}\mathrm{e}^{-\mathrm{i}T\delta_t/(2\hbar)} \tag{3.96}$$

它导致误差降至 $O(\delta_t^3)$ 数量级.注意,如果势能 V 是常数,且 T 和 V 对易,那么,通过将演化算符分离成指数的乘积所引入的误差将消失,这意味着式(3.96)精确地处理了一个自由粒子的运动.

根据式(3.86),在波函数 $\psi(x,t)$ 上的演化算符作用的估计被分离成 3 个连续的步骤,精确估计的逼近是:一个自由粒子对 1/2 时间增量的演化,乘以一个对全时间增量的势能演化,再乘以一个对另外半个时间增量的自由粒子的演化.通过采用一个小的时间增量,可以获得一个收敛的精确结果.

3.6.2.2　李群分解

对于一个量子态的操控,就是希望从一个已知的初始态到一个期望的终态转变的操控.操控意味着在微扰外力的作用下的实现过程,这一问题转变到对幺正演化算符的控制就变成:在外加控制场的作用下,对期望的演化算符进行分解的问题.在这方面已经有多方面的研究成果,所获得的结论是:任何特殊的幺正矩阵可以被分解为具有一个特殊结构变换的乘积.雷克等采用的任意 $n \times n$ 幺正矩阵的张积组成维数为 $n-2$ 的单位矩阵,产生一个量子密码的光学实施方法,他们没有假定因子中的结构,然后显示任意特别的幺正矩阵可以被写成这样的因子乘积.在这方面,劳和埃伯里考虑对一个穴场的量子态控制的分解.迪-文琴佐显示了任意幺正矩阵可以被写为幺正矩阵的乘积.这些矩阵或是一个任意 2×2 矩阵和 I_{M-2} 的张积,或是一个特别的 4×4 矩阵和 I_{M-4} 的张积,后者的分解来自于量子逻辑门的多粒子的实施.金(Kim)等通过多能级光子的驱动演化来产生一个规定的幺正变换的构造过程,过程中应用了旋转波函数与幺正矩阵分解成特别结构的因子(Kim et al.,2000).他们创建幺正矩阵的方法中特别组成部分有以下的步骤:

(1) 利用一个原子或其他简单的量子系统,它们的能级能够被很好分离,该系统内部哈密顿的能谱表达式为 $H_0 = \sum_{n=1}^{N} E_n |n\rangle\langle n|$,以至于任意光子耦合能级对没有相互共振.这个条件的保持可以获得合适的静态外部场.能谱分离允许系统通过系列能级对来进行控制,而且,此环境允许人们在考虑设计控制场中应用旋转波函数,在此清楚分离能谱松弛的条件下,可控性也是可能的,但每一个情况都必须对其应用进行具体的分析.

(2) 规定的 $n \times n$ 幺正矩阵分解在子矩阵中可能是一个非一致的 $n \times n$ 幺正矩阵的乘积,考虑最简单的情况,子矩阵大小为 2×2,这个分解相对于合适选择系统的规则,也需要专门考虑旋转波函数的逼近以及任何对电极算符矩阵元素（假定为耦合算符）的限制.

（3）用一个泡利矩阵，任意线性组合的指数显示特性，在参数化前一步中的 2×2 方块上是很有用的，它可以提供实验室中控制的设计.

外部控制场对系统的演化存在扰动，并给出一个新的哈密顿 $H = H_0 + H_I$，其中 H_I 是控制作用项，控制目标通过一系列的控制脉冲来控制系统状态的演化，其中每一个脉冲都将以一个暂态频率 ω_m 与系统共振，所以控制场的形式为

$$f_m(t) = A_m(t)(\mathrm{e}^{\mathrm{i}(\omega_m t + \varphi_m)} + \mathrm{e}^{-\mathrm{i}(\omega_m t + \varphi_m)}) = 2A_m(t)\cos(\omega_m t + \varphi_m) \quad (3.97)$$

其中，φ_m 是初始脉冲相位；$A_m(t)$ 是一个卷积函数，相对于暂态频率 ω_m 而缓慢变化.通过联合一系列的控制脉冲、脉冲卷积以及可能的初始脉冲相位 φ_m 来达到控制的目的.

研究表明任何幺正算符 U 可以被分解成一个类型为 V_k 和相角因子 $\mathrm{e}^{\mathrm{i}\Gamma} = \det U$ 的算符乘积（Schirmer，2001），即存在一个正实数 Γ，以及实数 C_k 和 φ_k，$1 \leqslant k \leqslant K$，从集合 $\{1, \cdots, K\}$ 到控制集合 $\{1, \cdots, M\}$ 组成的转换图，以至于有

$$U = \mathrm{e}^{\mathrm{i}\Gamma} V_K V_{K-1} \cdots V_1 \quad (3.98)$$

其中

$$V_k = \exp(C_k(\sin \varphi_k \hat{x}_{\sigma(k)} - \cos \varphi_k \hat{y}_{\sigma(k)})) \quad (3.99)$$

分解中的 C_k 决定第 k 个脉冲宽度：

$$C_k = d_{\sigma(k)} \int_{t_{k-1}}^{t} A_k(\tau) \mathrm{d}\tau \quad (3.100)$$

3.6.2.3 幺正演化算符的实施

另一方面的研究是关于幺正演化算符在实验室实现的分解的研究.Kim 等提出将一个幺正算符在自旋 1/2 系统中表述为一系列基本算符乘积的通用方法（Kim et al.，2000）.它可用于核磁共振量子计算中.该方法假定一个幺正算符 U 总是由 $U = \exp(-\mathrm{i}G)$ 给定，其中 G 是厄米算符，一旦算符的产生器 G 被找到，它就可以通过适当的基本算符来拓展，那么，U 可以被表达为仅用一些基操作作为产生器的各算符的乘积.

关于具有哈密顿 G 的产生器，考虑下面 N 个自旋 1/2 粒子形式的算符乘积的各算符：

$$B_s = 2^{(q-1)}(I_{a_1} \otimes I_{a_2} \otimes \cdots \otimes I_{a_N}) \quad (3.101)$$

其中，$s = \{\alpha_1, \alpha_2, \cdots, \alpha_N\}$；$\alpha_i$ 为 $0, x, y$ 或 z. I_0 是 E，即一个 2×2 单位矩阵. 对于 $\alpha_i \neq 0$，I_{α_i} 是一个自旋角动量算符，q 是 α_i 为非零的数目，例如 $\{B_s\}$ 对于 $N = 2$，则有

$$\begin{cases} q = 0, & E/2 \\ q = 1, & I_{1x}, I_{1y}, I_{1z}, I_{2x}, I_{2y}, I_{2z} \\ q = 2, & 2I_{1x}, I_{2x}, 2I_{1x}, I_{2y}, 2I_{1x}, I_{2z}, \cdots \end{cases} \tag{3.102}$$

假定 2 个基算符 B_{s1} 和 B_{s2} 满足关系 ($\hbar = 1$)

$$[B_{s1}, B_{s2}] = \mathrm{i} B_{s3} \tag{3.103}$$

那么 B_{s3} 也属于 $\{B_s\}$. 这个转换关系构造了 3 个算符 B_{s1}, B_{s2} 和 B_{s3}，变换旋转下的 Cartan 坐标意味着

$$\exp(-\mathrm{i}\varphi B_{s3}) B_{s1} (\exp(-\mathrm{i}\varphi B_{s3}))^\dagger = B_{s1}\cos\varphi + B_{s2}\sin\varphi \tag{3.104}$$

对周期变更 $s1, s2$ 和 $s3$，如果一个产生器只有这些算符，它可以用欧拉（Euler）旋转来分解，例如 $\exp(-\mathrm{i}\varphi(B_{s1} + B_{s2}))$ 被理解为角度是 $\sqrt{2}\,\varphi$ 关于 $45°$ 轴离开 B_{s1} 轴的旋转（在 B_{s3} 和 B_{s2} 轴的平面上）. 因此，这种操作等价于连续的关于 B_{s1} 和 B_{s3} 轴的下列旋转：

$$\exp(-\mathrm{i}\varphi(B_{s1} + B_{s2})) = \mathrm{e}^{-\mathrm{i}(\pi/4)B_{s3}} \mathrm{e}^{-\sqrt{2}B_{s1}} \mathrm{e}^{\mathrm{i}(\pi/4)B_{s3}} \tag{3.105}$$

这个分解技术是通过欧拉旋转实现的，它的使用条件为一个算符具有以下指数表达形式：

$$U = \exp\left(-\mathrm{i}\prod_{i=1}^{N}\left(\sum_{ai}\varphi_{iai}I_{iai}\right)\right) \tag{3.106}$$

其中 φ_{iai} 是实数.

既然 I_{1x}, I_{1y}, I_{1z} 满足转换关系 (3.103)，且用任意自旋算符具有 $i \neq 1$ 来转换，自旋粒子 1 被分解为

$$U_1 \exp\left(-\mathrm{i}(\varphi_{10}E + \varphi_1 I_{1a1})\prod_{i=2}^{N}\left(\sum_{ai}\varphi_{iai}I_{iai}\right)\right)U_1^\dagger \tag{3.107}$$

其中 U_1 是自旋粒子 1 所具有的单个算符产生器的乘积.

相对于欧拉旋转，重复这个连续自旋的应用有

$$U = U_N \cdots U_1 \mathrm{e}^{-\mathrm{i}G} U_1^\dagger \cdots U_N^\dagger \tag{3.108}$$

其中

$$G = \prod_{i=1}^{N} (\varphi_{i0} E + \varphi_i I_{iai}) \qquad (3.109)$$

由此完成分解.

实施的下一步是采用允许的单个算符替代乘积中那些不允许的单个算符,用来实现一个量子计算机的一个自旋 1/2 系统的哈密顿,仅采用下列允许的单个算符:

$$R_{ia}(\varphi) = e^{-i\varphi I_{ia}} (\alpha = x \text{ 或 } y); \quad J_{ij}(\varphi) = e^{-i\varphi 2 I_{iz} I_{jz}} \qquad (3.110)$$

式(3.110)中的第一项是一个旋转算符,它是单个自旋体绕 x 和 y 轴 φ 角度;第二项是一个在自旋体 i 和 j 之间相互作用为伊辛型的自旋算符.

借用式(3.110),我们可以继续将根据李群分解对被控系统模型所获得的式(3.108)作进一步的分解和简化,所分解出的允许的单个算符的数目越多,执行一个操控就越容易.

同经典力学系统控制一样,对于量子力学系统的控制就是要求解被控系统的状态随时间变化的规律.当描述量子力学系统的动力学演化规律的薛定谔方程是一个含时(偏)微分方程时,一般情况下很难对其进行求解.所以,和处理经典力学系统控制一样,我们必须想其他办法,不通过具体对方程求解,也能够达到了解系统状态特性的目的.采用对幺正演化矩阵的设计就是一个切实可行的途径,使得在外加控制场后求解系统状态演化规律的过程,等同于对算符进行幺正变换后求解幺正演化矩阵的过程.所以对一个量子系统控制场的设计可以转化为对该系统的幺正演化矩阵的设计.

3.6.3　二阶含时量子系统状态演化的一种求解方法

量子控制的目标之一是根据需要,在预先选定的时间 T 内,操纵系统从一个已知的初始量子态 $|\varphi(0)\rangle$ 到达期望的目标态 $|\varphi(T)\rangle$.量子控制的被控对象主要是微观领域的量子系统,遵循的是量子力学定律,因而具有以下显著特点(曾谨言,2000):

(1) 微观性:微观世界的量子力学系统具有量子效应,由此产生的一系列区别于经典力学系统的现象,无法直接用经典控制的理论和方法加以解决,必须用量子控制的理论和方法来操纵微观系统的量子态.

(2) 相干性:量子系统的量子态之间可以发生相干叠加.量子计算、量子通信的许多优越性都源于量子系统的这一特性.但量子系统也容易受环境影响发生消相干,使其优越性丧失.因而量子控制应尽量保持系统状态的相干性,合理克服消相干现象对系统状态产生的影响.

（3）不确定性：在量子控制中必须满足海森伯不确定性原理，即不对易的两个物理量的值无法同时精确获得，因而具有不确定性的特点．同时，根据量子测量假设，测量将导致量子态的塌缩，从而引入不确定性．因此，严格意义上的量子系统反馈控制在实验上还无法实现．

在量子相干控制领域中为了能够达到期望的控制目标，需要精心地选择控制理论进行控制律的设计．从数学模型上看控制律的设计实际上就是改变量子系统状态所服从的演化方程的哈密顿量．控制律的设计可以分为开环和闭环两大类．最初人们得到的控制律多是通过开环设计得到的，即通过某种对量子态演化方程的求解方法来分析系统动力学特性以及进行控制律设计．然而，就一般情况而言，施加了随时间变化了的外部控制律后，系统哈密顿量不再是常量，而是变成了时间的函数，这给对量子系统方程的求解和动力学特性的分析带来很大的困难．已经开发出一些通过求解方程或者状态演化矩阵来设计控制律的方法，比如二能级系统的 π 脉冲动力学控制（丛爽，2006a）、李群分解（Schirmer，2001）、Wei-Norman 分解（Wei，Norman，1964）、Magnus 分解（Magnus，1954）等，π 脉冲控制是对状态演化方程的直接求解，并不能直接推广到高阶系统中；李群分解是使用单频共振脉冲作用对状态转移矩阵进行分解，其控制哈密顿量的形式比较特殊；而 Wei-Norman 分解和 Magnus 分解则是状态转移矩阵局部领域内的近似求解．本小节的主要工作，是通过对一般二阶时变系统的系统矩阵的分析，针对一类特殊的高阶时变量子系统找出状态方程的求解方法，并利用哈密顿量的本征值、本征态与系统状态演化的关系来简化计算，从而为量子系统控制场的分析和设计打下一定的理论基础．

3.6.3.1 时变系统矩阵的一般分析

封闭量子系统的演化满足薛定谔方程：

$$i\hbar \mid \dot{\psi}\rangle = \left(H_0 + \sum u_j H_j\right) \mid \dot{\varphi}\rangle \tag{3.111}$$

其中，H_0 为自由哈密顿量，H_j 为控制哈密顿量，$u_j(t)$ 为控制量，$\mid\varphi\rangle$ 为狄拉克符号，表示系统的状态，在数学形式上是一个复向量．可以将式（3.111）写成

$$\dot{X} = A(t)X \tag{3.112}$$

这是一个时变系统．众所周知，对于定常系统状态方程 $\dot{X} = AX$，给定初始值 $X(0)$，方程解的形式为 $X(t) = e^{At}X(0)$．然而当系统矩阵 A 是随时变化的一般情况时，一般无法简单地由关系式

$$X(t) = \exp\left(\int_0^t A(\tau)\mathrm{d}\tau\right)X(0) \tag{3.113}$$

给出方程(3.112)的解.因此考虑用微元法来求解时变系统式(3.112).设一微小的时间间隔为 δt,在这一时间间隔内,系统矩阵 $A(t)$ 可以认为是不变的,因此可以用式(3.113)给出,于是得到

$$X(n \cdot \delta t) = \left(\prod_{k=0}^{n-1} \exp(A(k \cdot \delta t)\delta t)\right) X(0) \tag{3.114}$$

其中的求积符号表示依次左乘,即 k 较大的项在左边.若对于任意的 $j,k(j,k$ 均为正整数)满足

$$\mathrm{e}^{A(t+j\delta k)\delta t} \cdot \mathrm{e}^{A(t+k\delta k)\delta t} = \mathrm{e}^{(A(t+j\delta k)+A(t+k\delta k))\delta t} \tag{3.115}$$

即满足同底数幂相乘,底数不变,指数相加.由于无穷个微元的和可以用积分形式准确表示出来,那么结合式(3.114)与式(3.115)就可以得到式(3.113).

方程(3.115)可以等价为对于 $\forall t_1, t_2 \in (0, t)$,满足 $\mathrm{e}^{A(t_1)} \cdot \mathrm{e}^{A(t_2)} = \mathrm{e}^{A(t_1)+A(t_2)}$.将 $\mathrm{e}^{A(t_1)}, \mathrm{e}^{A(t_2)}$ 和 $\mathrm{e}^{A(t_1)+A(t_2)}$ 按矩阵指数的行展开为:$\mathrm{e}^A = \sum_{k=0}^{\infty} A^k / k!$,并比较等式两边各项的系数,可以得到式(3.115)成立的充要条件是:对 $\forall t_1, t_2 \in (0, t)$,$A(t)$ 满足

$$A(t_1)A(t_2) = A(t_2)A(t_1) \tag{3.116}$$

从上面的推导过程可以看出,当 $A(t)$ 在时间上满足对易关系,即只有式(3.116)成立时,方程(3.112)的解才可以根据式(3.113)来确定.

由于 $A(t)$ 矩阵的复杂性使得找出所有符合式(3.116)的一般条件很困难,我们将通过推导与分析仅给出二阶矩阵所需要满足的条件:

(1) 对于具有对角形式的 $A(t)$,显然任意对角矩阵 $A(t)$ 均满足式(3.116),证明过程较简单,不再赘述.

(2) 考虑三角矩阵的情况,不妨假设一般时变情况下的上三角矩阵为:$A(t) = \begin{bmatrix} a_1(t) & a_2(t) \\ 0 & a_3(t) \end{bmatrix}$.将其代入式(3.116),经过矩阵乘法运算后可以得到

$$a_1(t_1)a_2(t_2) + a_2(t_1)a_3(t_2) = a_2(t_1)a_1(t_2) + a_3(t_1)a_2(t_2) \tag{3.117}$$

从式(3.117)可以得到:$a_2(t_1)(a_1(t_2) - a_3(t_2)) = a_2(t_2)(a_1(t_1) - a_3(t_1))$,对于任意的 $t_1, t_2, a_2(t_1) \neq a_2(t_2)$,那么要使式(3.117)依然成立就需要 $a_1(t_2) - a_3(t_2) = a_1(t_1) - a_3(t_1) = 0$,即 $a_1(t) = a_3(t)$ 成立,此时 $A(t)$ 为形如 $\begin{bmatrix} a(t) & b(t) \\ 0 & a(t) \end{bmatrix}$ 的矩阵.

因为只需将上三角矩阵转置即可得到下三角矩阵,所以对于下三角矩阵情况和上三角矩阵具有相似的结论,在这里不再赘述.

(3) 对于更一般的情况(矩阵中不含零元素),考虑 $A(t) = \begin{bmatrix} a(t) & b(t) \\ d(t) & e(t) \end{bmatrix}$,将其代入式(3.117),要使等式成立,必须要有

$$\begin{cases} b(t_1)d(t_2) = b(t_2)d(t_1) \\ b(t_1)(a(t_2) - e(t_2)) = b(t_2)(a(t_1) - e(t_1)) \\ d(t_1)(a(t_2) - e(t_2)) = d(t_2)(a(t_1) - e(t_1)) \end{cases} \tag{3.118}$$

要使式(3.118)对 $\forall t_1, t_2 \in (0, t)$ 都成立,可以使 $c \cdot b(t) = d(t)$,以及 $a(t) = e(t)$,c 为常数,即 $A(t)$ 为形如 $\begin{bmatrix} a(t) & b(t) \\ c \cdot b(t) & a(t) \end{bmatrix}$ 的矩阵.当 c 取 0 时回到三角矩阵的情况.特别地,当取 $a(t) = b(t)$ 时,矩阵 $A(t)$ 的形式可以放宽为 $a(t)C$,其中 C 为常数矩阵.

综上所述,我们可以得到以下引理.

引理 3.1 若要求二阶矩阵 $A(t)$ 在时间上对易,则 $A(t)$ 必为以下三种情形之一:

$$\begin{cases} A(t) = \mathrm{diag}\{\lambda_k(t)\} \\ A(t) = \begin{bmatrix} a(t) & c_2 \cdot b(t) \\ c_1 \cdot b(t) & a(t) \end{bmatrix}, \quad c_1, c_2 \in \{const\} \\ A(t) = a(t) \cdot C, \quad C \in \{const\}_{2 \times 2} \end{cases} \tag{3.119}$$

以上讨论了时变矩阵为二阶时的情况,当 $A(t)$ 的形式满足式(3.119)时,状态方程(3.118)的解可以由式(3.113)直接给出.下面将根据以上的推导结果,考虑一般时变系统的求解问题.

3.6.3.2　时变系统矩阵的变换

仍考虑状态方程为式(3.112)的时变系统,假设系统矩阵 $A(t)$ 具有更一般的形式:

$$A(t) = \begin{bmatrix} a_1(t) & b_1(t) \\ b_2(t) & a_2(t) \end{bmatrix} \tag{3.120}$$

为了能够按式(3.113)来直接地求解方程(3.112),必须对系统状态进行变换,使得对变换后的状态而言,系统的演化矩阵具有式(3.119)中的一种形式.下面我们将寻找这种变换.

现假设方程的状态为 $X(t) = [x_1(t), x_2(t)]^{\mathrm{T}}$,变换之后的状态为 $X^*(t) = [x_1^*(t), x_2^*(t)]^{\mathrm{T}}$,它们之间的变换关系为

$$X(t) = TX^*(t) = \begin{bmatrix} f_1(t) & f_2(t) \\ g_1(t) & g_2(t) \end{bmatrix} X^*(t) \tag{3.121}$$

其中，$f_i(t)$，$g_i(t)$，$i = 1,2$ 为待定的变换函数．将式（3.120）和式（3.121）代入式（3.112），整理后可得

$$
\begin{cases}
\dot{x}_1^* = \dfrac{(a_1 f_1 g_2 + b_1 g_1 g_2 - b_2 f_1 f_2 - a_2 f_2 g_1 - \dot{f}_1 g_2 + \dot{g}_1 f_2) x_1^*}{f_1 g_2 - g_1 f_2} \\
\qquad + \dfrac{(a_1 f_2 g_2 + b_1 g_2^2 - b_2 f_2^2 - a_2 f_2 g_2 - \dot{f}_2 g_2 + \dot{g}_2 f_2) x_2^*}{f_1 g_2 - g_1 f_2} \\
\dot{x}_2^* = \dfrac{(- a_1 f_1 g_1 - b_1 g_1^2 + b_2 f_1^2 + a_2 g_1 f_1 + \dot{f}_1 g_1 - \dot{g}_1 f_1) x_1^*}{f_1 g_2 - g_1 f_2} \\
\qquad - \dfrac{(a_1 f_2 g_1 + b_1 g_1 g_2 - b_2 f_1 f_2 - a_2 g_2 f_1 - \dot{f}_2 g_1 + \dot{g}_2 f_1) x_2^*}{f_1 g_2 - g_1 f_2}
\end{cases} \tag{3.122}
$$

分别令

$$
\begin{cases}
\dfrac{a_1 f_2 g_2 + b_1 g_2^2 - b_2 f_2^2 - a_2 f_2 g_2 - \dot{f}_2 g_2 + \dot{g}_2 f_2}{f_1 g_2 - g_1 f_2} = h_1(t) \\[2mm]
\dfrac{- a_1 f_1 g_1 - b_1 g_1^2 + b_2 f_1^2 + a_2 g_1 f_1 + \dot{f}_1 g_1 - \dot{g}_1 f_1}{f_1 g_2 - g_1 f_2} = h_2(t) \\[2mm]
\dfrac{a_1 f_1 g_2 + b_1 g_1 g_2 - b_2 f_1 f_2 - a_2 f_2 g_1 - \dot{f}_1 g_2 + \dot{g}_1 f_2}{f_1 g_2 - g_1 f_2} = e_1(t) \\[2mm]
\dfrac{- a_1 f_2 g_1 - b_1 g_1 g_2 + b_2 f_1 f_2 + a_2 g_2 f_1 + \dot{f}_2 g_1 - \dot{g}_2 f_1}{f_1 g_2 - g_1 f_2} = e_2(t)
\end{cases} \tag{3.123}
$$

则式（3.112）可以写成

$$
\dot{X}^*(t) = A^*(t) X^*(t) \tag{3.124}
$$

其中，$A^*(t) = \begin{bmatrix} e_1(t) & h_1(t) \\ h_2(t) & e_2(t) \end{bmatrix} = T^{-1}(t)(A(t)T(t) - \dot{T}(t))$.

于是可以通过设定 $h_j(t)$，$e_k(t)$，$j,k = 1,2$ 的值，使得 $A^*(t)$ 具有式（3.119）中的三种形式之一，从而使得变换后的解可以写成式（3.113）的形式，即

$$
X^*(t) = \exp\left(\int_0^t A^*(\tau)\mathrm{d}\tau\right) X^*(0) \tag{3.125}
$$

然后，根据变换式（3.121）以及式（3.125）可以获得原方程（3.112）的解 $X(t)$ 的表达式；变换函数则可以通过式（3.123）确定．实际上通过式（3.123）求解变换函数不是一件很

容易的事.因此,我们只要找到其中一种情形的解就可以了,不妨取第二种情形.因此假设

$$\begin{cases} h_1(t) = h_2(t) = h(t) \\ e_1(t) = e_2(t) = 0 \end{cases} \tag{3.126}$$

因式(3.126)中 $h(t)$ 未定,此时我们只有两个已知的方程却有四个变量,为此必须减少变量的个数,于是可令

$$g_1(t) = f_2(t) = 0 \tag{3.127}$$

则式(3.123)可以简化为

$$\begin{cases} b_1(t)g_2(t)/f_1(t) = h(t) \\ b_2(t)f_1(t)/g_2(t) = h(t) \\ g_2(t)(a_1(t)f_1(t) - \dot{f}_1(t)) = 0 \\ f_1(t)(a_2(t)g_2(t) - \dot{g}_2(t)) = 0 \end{cases} \tag{3.128}$$

考虑到初始时刻系统状态并未改变,因此变换矩阵为单位矩阵,可以得到

$$\begin{cases} f_1(t) = \exp\left(\int_0^t a_1(\tau) \mathrm{d}\tau \right) \\ g_2(t) = \exp\left(\int_0^t a_2(\tau) \mathrm{d}\tau \right) \end{cases} \tag{3.129}$$

$$\begin{cases} b_1(t)g_2(t)/f_1(t) = h(t) \\ b_2(t)f_1(t)/g_2(t) = h(t) \end{cases} \tag{3.130}$$

对于一般情况而言,式(3.130)未必一定能够满足,不过对于量子系统而言,系统的哈密顿量具有其特殊性: $a_1(t)$, $a_2(t)$ 都是纯虚数, $\mathrm{i}b_1(t)$, $\mathrm{i}b_2(t)$ 是共轭的,于是 $g_2(t)/f_1(t) = -f_1(t)/g_2(t)$, $b_1(t) = -b_2(t)$,因此式(3.130)完全可以满足.而式(3.129)实际上表示了一种旋转变换,将系统变换到相互作用图景中.

3.6.3.3 基于系统矩阵本征值和本征态的简化运算

前面讨论了如何利用状态变换来改变一般时变量子系统的系统矩阵形式,使其可以用式(3.125)来求解系统的状态.由于变换后的系统矩阵 $A^*(t)$ 不是一个对角矩阵,这使得矩阵指数的计算不是很方便.为了简化求解系统状态的计算,我们希望利用系统矩阵的本征值和本征向量来获得它们与系统状态演化的关系,从而避免计算矩阵指数.

为了找出系统矩阵的本征值和本征向量与系统状态演化的关系,我们先考虑定常系统的情况.对于定常系统状态方程 $\dot{X} = AX$,假设其系统矩阵的本征值和本征态分别为

λ_j 和 X_j,即满足

$$AX_j = \lambda_j X_j \tag{3.131}$$

若某一时刻,系统状态处于某一个本征态 X_j,则在以后的任意时刻 t,系统的状态 $X(t) = e^{\lambda_j t} X_j$ 也是系统的本征态. 于是若某一时刻系统的状态为 $X(t_0) = \sum_j p_j X_j$,则此后的任意时刻 t 的系统的状态可以表示为 $X(t) = \sum_j e^{\lambda_j t} p_j X_j$. 那么对于时变系统,情况会是怎么样的呢? 还能不能写成下面的形式呢?

$$X(t) = \sum_j e^{\int_0^t \lambda_j(\tau) d\tau} p_j X_j(t) \tag{3.132}$$

对于一般的时变系统,状态方程的解仍然可以写成式(3.132)的形式,但是由于某一时刻系统从初始本征态 $X_k(0)$ 经过一段时间演化后,不一定保持在其初始的本征态 $X_k(t)$ 上,因此其中的系数 p_j 将依赖于时间. 这对于简化计算并没有多大帮助. 对于量子系统的薛定谔方程,在绝热近似,即哈密顿量随时间变化极慢的条件下只要添加 Berry 绝热相因子即可(曾谨言,2000),但这需要额外计算绝热相因子. 实际上,如果系统矩阵的形式比较特殊,我们确实可以直接利用式(3.132)计算系统的状态,而无须做任何近似.

定理 3.1 若二阶系统矩阵 $A(t)$ 具有引理中所述的三种形式之一,则系统的状态可以直接由式(3.132)所给出.

证明 首先考虑 $A(t) = \text{diag}\{\lambda_k(t)\}$ 的情况. 其本征值为 $\lambda_k(t)$,归一化本征态为 $X_k = [0, \cdots, 1, \cdots, 0]$,即第 k 项为 1,其余为 0. 若初始时刻系统的状态为 $X(0) = \sum_j p_j X_j$,将其代入式(3.113),系统的状态可表示为式(3.132).

其次考虑 $A(t) = \begin{bmatrix} a(t) & c_2 \cdot b(t) \\ c_1 \cdot b(t) & a(t) \end{bmatrix}$,$c_1, c_2 \in \{const\}$ 的情况. 此时其本征值为 $a(t) \pm b(t)\sqrt{c_1 c_2}$,对应的归一化本征态为

$$\left(\sqrt{c_2/(c_1 + c_2)} \quad \pm \sqrt{c_1/(c_1 + c_2)} \right)^{\mathrm{T}} \tag{3.133}$$

将其本征态代入系统状态演化方程可知,一旦某一时刻 t_0 系统处于某一个归一化本征态,则经过任意时刻 t 后系统的状态为

$$X(t_0 + t) = \exp\left(\int_{t_0}^{t_0 + t} (a(\tau) \pm b(\tau)\sqrt{c_1 c_2}) d\tau \right)$$
$$\cdot \left(\sqrt{c_2/(c_1 + c_2)} \quad \pm \sqrt{c_1/(c_1 + c_2)} \right)^{\mathrm{T}} \tag{3.134}$$

量子系统建模、特性分析与控制

它也是系统的一个本征态,从而根据系统的线性特性,其解可以写成式(3.132)的形式.

当 $A(t) = a(t)C, C \in \{const\}_{2\times2}$ 时,情况与前两种类似,其归一化本征态是固定的,与时间无关,且初始本征态 $X_k(0)$ 经过演化后仍然是系统的本征态 $X_k(t)$.因此也能用式(3.132)表示.

由此可见,对于时变系统而言,若能够通过变换改变系统矩阵 $A(t)$ 为式(3.119)中特定的形式,则变换后的系统矩阵的归一化本征值都不随时间变化,是个常量,并且根据变换后系统矩阵的本征值和本征态以及初始状态的情况,可以直接写出系统方程的解.虽然对于一般的高阶时变系统来说,由于寻找这样的变换比较困难,此方法并不一定适用.但是对于某一类特殊的系统而言,该方法是适用的.

定理 3.2 对于一个阶数为 2^N 的由 N 个二能级的粒子复合而成的量子系统,若其薛定谔方程可以变换为

$$\dot{X} = \left(\sum_j I_1 \otimes \cdots \otimes I_{j-1} \otimes A_j(t) \otimes I_{j+1} \otimes \cdots \otimes I_N\right)X \tag{3.135}$$

其中 $A_j(t)$ 表示第 j 个粒子变换后的系统矩阵,它们具有相同的归一化常值本征态,那么系统的状态 X 可由式(3.122)表示.

证明 假设 $A_j(t)$ 的归一化特征状态分别由 $|1\rangle$ 和 $|2\rangle$ 表示,对应的本征值为 $e_1^j(t)$ 和 $e_2^j(t)$,则系统(3.135)的本征态为 $|k\rangle_N = |l_1\rangle \otimes |l_2\rangle \otimes \cdots \otimes |l_N\rangle, l_j \in \{1,2\}, k \in \{1, 2, \cdots, 2^N\}$,对应的本征值为 $\lambda_k^{(N)}(t) = \sum_j e_{l_j}^j(t)$.若系统初始时刻处于某一个本征态 $|k\rangle_N$,则经过时间 t 后系统的状态为 $\exp\left(\int_0^t \lambda_k^{(N)}(\tau)\mathrm{d}\tau\right)|k\rangle_N$,于是根据系统的线性特性,系统的状态 X 可由式(3.132)表示.

当然,一般的量子系统并不一定能将其薛定谔方程变换为式(3.135)的形式,但对由 n 个具有伊辛相互作用,即 z 方向的自旋相互作用的量子比特所组成的系统而言,都可以很快地找到变换,使其薛定谔方程可以变换为定理 3.2 中式(3.135)的形式,因此可以利用变换后系统矩阵的本征值和本征态很方便地写出系统的状态,这对量子系统的分析以及控制场的设计提供了很大的帮助.它意味着对于变换后的量子系统来说,状态的演化并不改变它在本征态上的概率分布,而本征值则表示了对应本征态的局部相位变化的角速度.从能量的角度来讲,这类系统的能量在时间上的积分是守恒的,之所以不同的时刻能量发生变化是因为系统的本征态在时间轴上的干涉.我们正是通过改变系统的本征值来改变其本征态的干涉情况,从而设计控制场,达到控制量子态的目的.

3.6.3.4 应用举例

前几小节讨论了如何进行状态变换使得系统矩阵在变换后其归一化本征态具有不

变性,并且利用此不变性对方程的求解进行简化计算.具体地说,先是把被控量子系统的薛定谔方程写成式(3.112)的形式,接着根据式(3.127)和式(3.129)得到状态变换矩阵 $T(t)$ 的元素 $f_k(t)$ 和 $g_k(t)$,然后由式(3.130)计算变换后系统矩阵 $A^*(t)$ 反对角线上的元素 $h(t)$ 的值,再计算 $A^*(t)$ 的本征值 $\lambda_k(t)$ 和本征态 X_k,根据式(3.132)计算变换后的系统状态 $X^*(t)$,其中的系数 p_k 根据系统的初始状态确定,最后根据式(3.121)得到原系统的状态 $X(t)$.下面将分别以一个自旋 1/2 粒子被控系统以及两个自旋 1/2 粒子构成的复合系统作为对象,举例说明上述求解方法的过程.

1. 自旋 1/2 粒子情况

对于一个自旋-1/2量子被控系统,其状态演化满足薛定谔方程

$$i|\hbar\rangle = H|\varphi\rangle = (H_0 + H_c(\Omega(t), t))|\varphi\rangle \tag{3.136}$$

其中,自由哈密顿量 $H_0 = -\dfrac{\hbar}{2}\begin{bmatrix} \omega_0 & 0 \\ 0 & -\omega_0 \end{bmatrix}$,$|\varphi\rangle$ 表示量子态,为复数域内 2×1 的向量,如自由哈密顿量的本征态为 $|0\rangle = \begin{bmatrix} 1 & 0 \end{bmatrix}^T$ 和 $|1\rangle = \begin{bmatrix} 0 & 1 \end{bmatrix}^T$.$H_c = -\dfrac{\hbar}{2}\begin{bmatrix} 0 & \Omega(t)e^{j\omega t} \\ \Omega(t)e^{-j\omega t} & 0 \end{bmatrix}$ 为控制哈密顿量,$\Omega(t)$ 为与控制场强度成正比的拉比(Rabi)频率,ω 为控制场的频率,ω_0 为自旋粒子的本征频率.

令 $A(t) = H(t)/(i\hbar)$,则薛定谔方程可以写成

$$|\dot{\varphi}\rangle = A(t)|\varphi\rangle \tag{3.137}$$

其中,$A(t) = \dfrac{i}{2}\begin{bmatrix} \omega_0 & \Omega(t)e^{i\omega t} \\ \Omega(t)e^{-i\omega t} & -\omega_0 \end{bmatrix}$,于是有 $a_1(t) = \dfrac{i}{2}\omega_0$,$a_2(t) = -\dfrac{i}{2}\omega_0$,$b_1(t) = \dfrac{i}{2}\Omega(t)e^{-i\omega t}$ 以及 $b_2(t) = \dfrac{i}{2}\Omega(t)e^{i\omega t}$.

根据式(3.127)和式(3.129)可得

$$\begin{cases} f_1(t) = e^{i\omega_0 t/2} \\ g_2(t) = e^{-i\omega_0 t/2} \\ f_2 = g_1 = 0 \end{cases} \tag{3.138}$$

将式(3.138)代入式(3.130),得到

$$\begin{cases} \dfrac{i}{2}\Omega(t)e^{i(\omega-\omega_0)t} = h(t) \\ \dfrac{i}{2}\Omega(t)e^{-i(\omega-\omega_0)t} = h(t) \end{cases} \tag{3.139}$$

要使上式成立,控制场的频率必须等于系统的本征频率,即满足共振条件

$$\omega = \omega_0 \tag{3.140}$$

于是变换后的系统矩阵为

$$\begin{cases} A^*(t) = \begin{bmatrix} 0 & h(t) \\ h(t) & 0 \end{bmatrix} \\ h(t) = \mathrm{i}\Omega(t)/2 \end{cases} \tag{3.141}$$

计算得到 $A^*(t)$ 的本征值和本征态分别为

$$\begin{cases} \lambda_{\pm}(t) = \pm \mathrm{i}\Omega(t)/2 \\ |\varphi_{\pm}\rangle = (|0\rangle \pm |1\rangle)/\sqrt{2} \end{cases} \tag{3.142}$$

假设系统初始时刻处于 $|0\rangle = (|\varphi_+\rangle + |\varphi_-\rangle)/\sqrt{2}$,在式(3.132)中令 $t = 0$,可得

$$p_1 = p_2 = 1/\sqrt{2} \tag{3.143}$$

于是根据式(3.132),变换后系统的状态为

$$|\varphi^*(t)\rangle = \left(\exp\left(\int_0^t \lambda_+(\tau)\mathrm{d}\tau\right) |\varphi_+\rangle + \exp\left(\int_0^t \lambda_-(\tau)\mathrm{d}\tau\right) |\varphi_-\rangle \right)/\sqrt{2} \tag{3.144}$$

则由式(3.121)可知,原系统的状态 $|\varphi(t)\rangle$ 为

$$\begin{aligned} |\varphi(t)\rangle &= T(t)|\varphi^*(t)\rangle \\ &= \mathrm{e}^{\mathrm{i}\omega_0 t/2} \cos\left(\int_0^t \Omega(\tau)/2\mathrm{d}\tau\right) |0\rangle + \mathrm{e}^{-\mathrm{i}\omega_0 t/2} \sin\left(\int_0^t \Omega(\tau)/2\mathrm{d}\tau\right) |1\rangle \end{aligned} \tag{3.145}$$

2. 由两个自旋 1/2 粒子构成的复合系统

系统的薛定谔方程为

$$\mathrm{i}\hbar|\dot{\varphi}\rangle = (H_0 + H_c^{(1)}(t) \otimes I_2 + I_1 \otimes H_c^{(2)}(t))|\varphi\rangle \tag{3.146}$$

其中

$$H_0 = -\hbar(\omega_1\sigma_1^z \otimes I_2 + 2J\sigma_1^z \otimes \sigma_2^z + I_1 \otimes \omega_2\sigma_2^z)$$

$$H_c^{(j)}(t) = -\frac{\hbar}{2}(\Omega_j(t)(\mathrm{e}^{-\mathrm{i}\omega_{pq}t}\sigma^- + \mathrm{e}^{\mathrm{i}\omega_{pq}t}\sigma^+))$$

$$\sigma_j^z = \frac{1}{2}\begin{bmatrix} 1 & 0 \\ 0 & -1 \end{bmatrix}, \quad \sigma^- = \begin{bmatrix} 0 & 0 \\ 1 & 0 \end{bmatrix}, \quad \sigma^+ = \begin{bmatrix} 0 & 1 \\ 0 & 0 \end{bmatrix}$$

ω_{pq} 是对耦合能级 p 和 q 的控制场频率,即 pq 的值视其在系统哈密顿量中的位置而定,

如在第一行第二列或者第二行第一列，则 $pq=12$.

采取与前面类似的变换：

$$T(t) = \mathrm{e}^{H_0 t/(\mathrm{i}\hbar)} \tag{3.147}$$

并取共振控制场，即

$$\omega_{12} = \omega_2 + J, \quad \omega_{13} = \omega_1 + J, \quad \omega_{24} = \omega_1 - J, \quad \omega_{34} = \omega_2 - J \tag{3.148}$$

则可以得到变换后的系统状态演化方程为

$$|\dot{\varphi}^*\rangle = (A_1(t)\bigotimes I_2 + I_1\bigotimes A_2(t))|\varphi^*\rangle \tag{3.149}$$

其中，$A_j(t) = \dfrac{\mathrm{i}}{2}\Omega_j\begin{bmatrix} 0 & 1 \\ 1 & 0 \end{bmatrix}$.

式(3.149)满足定理3.2的形式，因此可以利用式(3.132)来计算系统的状态. 系统的归一化本征态及本征值分别为

$$
\begin{cases}
\lambda_1^{(N)}(t) = \dfrac{\mathrm{i}}{2}(\Omega_1(t) + \Omega_2(t)), \quad |1\rangle_N = \dfrac{1}{2}(|00\rangle + |01\rangle + |10\rangle + |11\rangle) \\[2mm]
\lambda_2^{(N)}(t) = \dfrac{\mathrm{i}}{2}(\Omega_1(t) - \Omega_2(t)), \quad |2\rangle_N = \dfrac{1}{2}(|00\rangle - |01\rangle + |10\rangle - |11\rangle) \\[2mm]
\lambda_3^{(N)}(t) = \dfrac{\mathrm{i}}{2}(-\Omega_1(t) + \Omega_2(t)), \quad |3\rangle_N = \dfrac{1}{2}(|00\rangle + |01\rangle - |10\rangle - |11\rangle) \\[2mm]
\lambda_4^{(N)}(t) = \dfrac{\mathrm{i}}{2}(-\Omega_1(t) - \Omega_2(t)), \quad |4\rangle_N = \dfrac{1}{2}(|00\rangle - |01\rangle - |10\rangle + |11\rangle)
\end{cases}
$$

$$\tag{3.150}$$

若假设系统的初始状态为 $|00\rangle = \dfrac{1}{2}\left(\sum_j |j\rangle_N\right)$，则根据式(3.121)以及式(3.132)可以得到

$$
\begin{aligned}
|\varphi\rangle &= T(t)|\varphi^*\rangle \\
&= \frac{1}{2}(\mathrm{e}^{\mathrm{i}(\omega_1 + \omega_2 + J)t}(\cos(S_1) + \cos(S_2))|00\rangle \\
&\quad + \mathrm{i}\mathrm{e}^{\mathrm{i}(\omega_1 - \omega_2 - J)t}(\sin(S_1) - \sin(S_2))|01\rangle \\
&\quad + \mathrm{i}\mathrm{e}^{\mathrm{i}(-\omega_1 + \omega_2 - J)t}(\sin(S_1) + \sin(S_2))|10\rangle \\
&\quad + \mathrm{e}^{\mathrm{i}(-\omega_1 - \omega_2 + J)t}(\cos(S_1) - \cos(S_2))|11\rangle)
\end{aligned}
\tag{3.151}
$$

量子系统建模、特性分析与控制

其中，$S_1 = \int_0^t (\Omega_1(\tau) + \Omega_2(\tau))/2\mathrm{d}\tau$，$S_2 = \int_0^t (\Omega_1(\tau) - \Omega_2(\tau))/2\mathrm{d}\tau$.

通过设计适当的 $\Omega_j(t)$，即可获得不同的 S_j，可以用来制备各个本征态. 比如令 $S_1 = \pi/2$，$S_2 = 3\pi/2$ 可以得到状态 $|01\rangle$，令 $S_1 = S_2 = \pi/2$ 则可以得到状态 $|10\rangle$，而令 $S_1 = 0$，$S_2 = \pi$ 则可以得到状态 $|11\rangle$. 需要注意的是利用式(3.151)制备不了纠缠状态，这是因为在将系统薛定谔方程变换为式(3.146)时对控制场存在一定限制，即对应于同一个粒子的不同共振频率的控制场必须同时作用，否则系统的薛定谔方程不能变换为式(3.149)的形式，从而不能由式(3.132)得到任意时刻系统状态的表达式. 比如丛爽和楼越升研究的情况（丛爽，楼越升，2008a），系统状态只能利用绝热假设来近似分析，而不能由式(3.132)严格求解.

3.7　量子系综方程的求解

3.7.1　温度在量子系统控制中的作用

在实际应用中，人们常常关心的量子系统并不是孤立的封闭量子系统，而是多个孤立量子系统的系综. 在这种情形下，就需要根据量子力学的一般原理，在研究了描述大系统的一个子系统以及子系统如何演化的基础上，研究各子系统之间的关系和系综的描述.

对一个孤立的量子系统态的操控，实际上是在理想状态下实现的，即在绝对零度的条件下才能获得结果. 实际上，该温度的条件意味着，与能级差异相比，温度非常小，即

$$K_B T \ll \hbar \omega_0 \tag{3.152}$$

其中，K_B 是玻尔兹曼(Boltzmann)常数，ω_0 为量子系统特征频率，T 是温度.

而在常温下实现量子逻辑门和量子态的操控时，意味着

$$K_B T \gg \hbar \omega_0 \tag{3.153}$$

这个不等式对于电子或原子核自旋系统是极其典型的. 例如，对一个旋转的原子核，量子系统的特征频率通常为 $\omega_0/(2\pi) \approx 10^8$ Hz. 因此，在室温($T \approx 300$ K)时有

$$\omega_0 / (K_B T) \approx 10^{-5}$$

即 $K_B T \gg \hbar\omega_0$.

这就是为什么我们需要研究在一个热温下描述量子系统以及在室温下量子逻辑门的实现.

在温度为零摄氏度时,对于孤立的量子系统,初始态为基态 $|0\rangle$. 为了使该量子系统的态矢从基态变为激发态 $|1\rangle$,通常需要施加额外的磁场脉冲,在一个时间间隔 t 内实现非逻辑门的操作或一个量子位的计算.此时,要求 t 应小于松弛时间(电子消相干时间)t_R,即 $t < t_R$.

在绝对零度时的孤立量子系统以及限定温度下的量子系综中,松弛过程都是存在的.对于任意自身的量子系统,t_R 通常是有限的.那么,在进行量子逻辑门操作和量子计算时,这两种系统在零摄氏度时和限定温度下有何不同?

在绝对零度时,孤立量子系统可以被预置为任意期望的初始态,例如,对一个孤立的二能级量子系统,这个初始态可以是基态 $|0\rangle$、激发态 $|1\rangle$,或是这两个态的任意叠加态,$\psi(0) = C_0(0)|0\rangle + C_1(0)|1\rangle$,唯一的限制是必须满足关系式 $|C_0(0)|^2 + |C_1(0)|^2 = 1$. 之后,经历一个小于系统松弛(消相干)时间 t_R 的时间间隔 t,我们可以用该量子系统实现量子逻辑门的操作,对应的在 $t < t_R$ 时间段内的量子动力学过程,可以用薛定谔方程描述.

当我们在限定温度下处理同样的二能级量子系统时,这些原子(或质子、电子等)与处在热温下的原子相比,具有不同的能量水平(或量子系统特性描述),由于具体的温度是限定的,所以一个具体原子的初始状态无法被准确地获得.例如,已知观测同时处于平衡状态下热温原子,该原子处于基态 $|0\rangle$ 或激发态 $|1\rangle$ 的概率为

$$P(E_i) = \frac{e^{-E_i/(K_B T)}}{\sum_{i=0}^{1} e^{-E_i/(K_B T)}} \qquad (3.154)$$

此时,即使在零摄氏度情况下所述的松弛时间足够大,即允许作用的时间间隔 t 足够长,我们也无法实现量子逻辑门的操作.原理上对应的在 $t < t_R$ 的时间段内的量子动力学过程也无法用薛定谔方程描述.因为波函数 $\psi(t) = C_0(t)|0\rangle + C_1(t)|1\rangle$ 的初始条件无从得知.

对于一个原子系综可以通过采用密度矩阵的途径来实现量子逻辑门,因为在平衡时,处于不同状态的原子数目是不相同的.因此,如果引入一个新的可以描述处于 $|0\rangle$ 和 $|1\rangle$ 这两种状态的原子的差异随时间变化过程的有效密度矩阵,那么,该有效密度矩阵将等价于一个有效的孤立的量子系统的密度矩阵.限定温度下原子系综的量子动力学过

量子系统建模、特性分析与控制

程,可以由冯·诺依曼(von Neumann)介绍的密度矩阵来描述.我们将讨论在限定温度下非单一原子的原子系综随时间演化的过程.

3.7.2　量子系综的演化过程

一个原子系综的每一个原子依旧可以用波函数描述为

$$\psi(t) = C_0(t) \mid 0\rangle + C_1(t) \mid 1\rangle \tag{3.155}$$

首先引入在温度为绝对零度时,已被制备为同一状态的统一原子系综的密度矩阵 ρ,用狄拉克算符可以表述为

$$\rho = \mid C_0 \mid^2 \mid 0\rangle\langle 0 \mid + C_0 C_1^* \mid 0\rangle\langle 1 \mid + C_1 C_0^* \mid 1\rangle\langle 0 \mid + \mid C_1 \mid^2 \mid 1\rangle\langle 1 \mid$$
$$= \begin{bmatrix} \mid C_0 \mid^2 & C_0 C_1^* \\ C_1 C_0^* & \mid C_1 \mid^2 \end{bmatrix} \tag{3.156}$$

采用矩阵表示,为

$$\rho = \begin{bmatrix} \rho_{00} & \rho_{01} \\ \rho_{10} & \rho_{11} \end{bmatrix} \tag{3.157}$$

其中

$$\rho_{00} = \mid C_0 \mid^2, \quad \rho_{01} = C_0 C_1^*, \quad \rho_{10} = C_1 C_0^*, \quad \rho_{11} = \mid C_1 \mid^2 \tag{3.158}$$

密度矩阵 ρ 满足以下方程:

$$i\hbar\dot{\rho} = [H, \rho] \tag{3.159}$$

其中,算符$[H, \rho]$定义为

$$[H, \rho] = H\rho - \rho H \tag{3.160}$$

定义哈密顿算符为

$$H = \sum_{i,k=0}^{1} H_{ik} \mid i\rangle\langle k \mid \tag{3.161}$$

写成矩阵形式则为

$$H = \begin{bmatrix} H_{00} & H_{01} \\ H_{10} & H_{11} \end{bmatrix}$$

将式(3.160)和式(3.161)代入式(3.159)中,可得

$$i \hbar \dot{\rho} = [H, \rho] = H\rho - \rho H$$

即有

$$i \hbar \begin{bmatrix} \dot{\rho}_{00} & \dot{\rho}_{01} \\ \dot{\rho}_{10} & \dot{\rho}_{11} \end{bmatrix} = \begin{bmatrix} H_{00} & H_{01} \\ H_{10} & H_{11} \end{bmatrix} \begin{bmatrix} \rho_{00} & \rho_{01} \\ \rho_{10} & \rho_{11} \end{bmatrix} - \begin{bmatrix} \rho_{00} & \rho_{01} \\ \rho_{10} & \rho_{11} \end{bmatrix} \begin{bmatrix} H_{00} & H_{01} \\ H_{10} & H_{11} \end{bmatrix}$$

最后得

$$\begin{bmatrix} i \hbar \dot{\rho}_{00} & i \hbar \dot{\rho}_{01} \\ i \hbar \dot{\rho}_{10} & i \hbar \dot{\rho}_{11} \end{bmatrix}$$
$$= \begin{bmatrix} H_{01}\rho_{10} - \rho_{01}H_{10} & H_{00}\rho_{01} + H_{01}\rho_{11} - \rho_{00}H_{01} - \rho_{01}H_{11} \\ H_{10}\rho_{00} + H_{11}\rho_{10} - \rho_{10}H_{00} - \rho_{11}H_{10} & H_{10}\rho_{01} - \rho_{10}H_{01} \end{bmatrix}$$
$$\tag{3.162}$$

当处于限定温度时,人们对该原子系综使用的是平均密度矩阵:

$$\rho = \begin{bmatrix} \langle | C_0 |^2 \rangle & \langle | C_0 C_1^* | \rangle \\ \langle | C_1 C_0^* | \rangle & \langle | C_1 |^2 \rangle \end{bmatrix} \tag{3.163}$$

设算符同样满足薛定谔方程(3.159).此时若量子系统处于热力学平衡状态,平均密度矩阵中的各元素为

$$\begin{cases} \rho_{kk} = \dfrac{\mathrm{e}^{-E_k/(K_{\mathrm{B}}T)}}{\mathrm{e}^{-E_0/(K_{\mathrm{B}}T)} + \mathrm{e}^{-E_1/(K_{\mathrm{B}}T)}}, & k = 0,1 \\ \rho_{01} = \rho_{10} = 0 \end{cases} \tag{3.164}$$

其中,E_k 为系综处于第 k 态($|0\rangle$ 或 $|1\rangle$ 态)时的能量,比较式(3.158)和式(3.164)可以得到在零摄氏度被置为某一状态的原子系综,与在限定温度下处于热力学平衡状态下的同一组原子系综的密度矩阵之间的不同:对在零摄氏度被置为某一状态的原子系综的密度矩阵来说,只要 $\rho_{00} \neq 0$,$\rho_{11} \neq 0$,那么 ρ_{00},ρ_{11} 均不为 0.而对于在限定温度下,处于热力学平衡状态的统一原子系综的平均密度矩阵,则有参数矩阵元素 $\rho_{00} \neq 0$,$\rho_{11} \neq 0$,但 ρ_{01},ρ_{10} 始终为 0.

两种情形下的相同点是,不论是零摄氏度还是限定温度的 ρ 都满足以下关系:

(1) 零摄氏度:

$$\rho_{00} + \rho_{11} = \mid C_0 \mid^2 + \mid C_1 \mid^2 = 1$$

$$\rho_{01} = C_0 C_1^* = C_1 C_0^* = \rho_{10}^*$$

（2）限定温度：

$$\rho_{00} + \rho_{11} = \frac{\mathrm{e}^{-E_0/(K_\mathrm{B}T)}}{\mathrm{e}^{-E_0/(K_\mathrm{B}T)} + \mathrm{e}^{-E_1/(K_\mathrm{B}T)}} + \frac{\mathrm{e}^{-E_1/(K_\mathrm{B}T)}}{\mathrm{e}^{-E_0/(K_\mathrm{B}T)} + \mathrm{e}^{-E_1/(K_\mathrm{B}T)}} = 1$$

$$\rho_{01} = 0 = 0^* = \rho_{10}^*$$

无论两种情形中的哪一种，ρ_{00}，ρ_{11} 的值均描述了该原子系综占据相应量子态的概率，处于基态 $|0\rangle$ 和激发态 $|1\rangle$ 的概率.

下面，我们考虑在 z 轴正方向均匀分布的磁场 $\vec{B}$ 中原子系综的自旋，$S = \dfrac{1}{2}$，对于该系综有

$$E_0 = -\frac{\hbar}{2}\omega_0, \quad E_1 = \frac{\hbar}{2}\omega_0$$

由此可得，系综在限定温度下处于热力学平衡状态下的密度矩阵为

$$\begin{cases} \rho_{00} = \dfrac{\mathrm{e}^{\hbar\omega_0/(2K_\mathrm{B}T)}}{\mathrm{e}^{\hbar\omega_0/(2K_\mathrm{B}T)} + \mathrm{e}^{-\hbar\omega_0/(2K_\mathrm{B}T)}} \\[4mm] \rho_{11} = \dfrac{\mathrm{e}^{-\hbar\omega_0/(2K_\mathrm{B}T)}}{\mathrm{e}^{\hbar\omega_0/(2K_\mathrm{B}T)} + \mathrm{e}^{-\hbar\omega_0/(2K_\mathrm{B}T)}} \\[4mm] \rho_{01} = \rho_{10} = 0 \end{cases} \tag{3.165}$$

当限定温度 T 较高，即 $\hbar\omega_0 \ll K_\mathrm{B}T$ 时，有 $\hbar\omega_0/(K_\mathrm{B}T) \approx 0$，此时我们用以下指数展开式代入式（3.164）：

$$\mathrm{e}^x = 1 + x + \frac{x^2}{2!} + \frac{x^3}{3!} + \cdots$$

$$\lim_{x \to 0} \mathrm{e}^x = 1 + x, \quad \lim_{x \to 0} \mathrm{e}^{-x} = 1 - x$$

可得

$$\begin{cases} \rho_{00} = \dfrac{1}{2}(1 + \hbar\omega_0/(2K_\mathrm{B}T)) \\[4mm] \rho_{11} = \dfrac{1}{2}(1 - \hbar\omega_0/(2K_\mathrm{B}T)) \\[4mm] \rho_{01} = \rho_{10} = 0 \end{cases} \tag{3.166}$$

式(3.166)可以表示为

$$\rho = \frac{1}{2}I + (\hbar\omega_0/(2K_\text{B}T))S_z \qquad (3.167)$$

其中,I 为单位矩阵,$I = \begin{bmatrix} 0 & 1 \\ 1 & 0 \end{bmatrix}$,$S_z$ 为 z 轴方向自旋算符,$S_z = \frac{1}{2}\begin{bmatrix} 1 & 0 \\ 0 & -1 \end{bmatrix}$.

式(3.167)等号右边的第一项描述了当限定温度 $T \to \infty$ 时,平均密度矩阵等于单位矩阵的 $\frac{1}{2}$;第二项描述了当在有限温度 T 时,对第一项的修正.

式(3.167)的另一种通用表达式为

$$\rho = \frac{\exp(-H/(K_\text{B}T))}{\text{tr}(\exp(-H/(K_\text{B}T)))} \qquad (3.168)$$

其中,$H = -\hbar\omega_0 S_z$ 为该量子系综的哈密顿,tr 为求迹符号,等于密度矩阵对角线矩阵元素总和.

现在考虑当人为施加一个谐振磁场脉冲时,平均密度矩阵的时间演化过程.此时的哈密顿算符为

$$
\begin{aligned}
H(t) &= -\hbar\omega_0 S_z - \frac{rh}{2}(B^+ S^- + B^- S^+) \\
&= -\frac{\hbar}{2}(\omega_0(\,|\,0\rangle\langle 0\,|-|\,1\rangle\langle 1\,|) + \Omega(\text{e}^{-\text{i}\omega t}\,|\,0\rangle\langle 1\,| + \text{e}^{-\text{i}\omega t}\,|\,1\rangle\langle 0\,|)) \\
&= \begin{bmatrix} -\dfrac{1}{2}\hbar\omega_0 & -\dfrac{1}{2}\hbar\Omega\text{e}^{\text{i}\omega_0 t} \\[2mm] -\dfrac{1}{2}\hbar\Omega\text{e}^{\text{i}\omega_0 t} & \dfrac{1}{2}\hbar\omega_0 \end{bmatrix} \\
&= \begin{bmatrix} H_{00}(t) & H_{01}(t) \\ H_{10}(t) & H_{11}(t) \end{bmatrix}
\end{aligned} \qquad (3.169)
$$

将式(3.169)代入式(3.162)中,取 $\omega = \omega_0$,并注意各密度矩阵元素之间的关系,整理后得

$$
\begin{cases}
2\text{i}\dot{\rho}_{00}(t) = -\Omega(\rho_{10}\text{e}^{\text{i}\omega_0 t} - \rho_{01}\text{e}^{-\text{i}\omega_0 t}) \\
2\text{i}\dot{\rho}_{11}(t) = \Omega(\rho_{10}\text{e}^{\text{i}\omega_0 t} - \rho_{01}\text{e}^{-\text{i}\omega_0 t}) \\
2\text{i}\dot{\rho}_{01} = -2\omega_0\rho_{01} + \Omega\text{e}^{\text{i}\omega_0 t}(\rho_{00} - \rho_{11}) \\
2\text{i}\dot{\rho}_{10}(t) = 2\omega_0\rho_{10} - \Omega\text{e}^{-\text{i}\omega_0 t}(\rho_{00} - \rho_{11})
\end{cases} \qquad (3.170)
$$

由式(3.169)和式(3.170)可得,外加旋转磁场脉冲后,原子系统中已知算符随时间变化.为了消除时间的影响,我们进行幺正旋转变换:

$$\rho_{01}(t) = \rho'_{01}(t)\mathrm{e}^{\mathrm{i}\omega_0 t}, \quad \rho_{10}(t) = \rho'_{10}(t)\mathrm{e}^{-\mathrm{i}\omega_0 t}$$

将此变换代入式(3.170),整理后得到

$$2\mathrm{i}\dot{\rho}_{00}(t) = \Omega(\rho'_{01}(t) - \rho'_{10}(t))$$

$$2\mathrm{i}\dot{\rho}_{11}(t) = -\Omega(\rho'_{01}(t) - \rho'_{10}(t))$$

$$2\mathrm{i}\dot{\rho}_{01}(t) = \Omega(\rho_{00}(t) - \rho_{11}(t))$$

$$2\mathrm{i}\dot{\rho}_{10}(t) = -\Omega(\rho_{00}(t) - \rho_{11}(t))$$

最后求解得

$$\begin{cases} \rho_{11} = 1 - \rho_{00}, \quad \rho_{10} = \rho_{01}^* \\[2mm] \rho_{00}(t) = a\cos\Omega t + b\sin\Omega t + \dfrac{1}{2} \\[2mm] \rho_{11}(t) = -a\cos\Omega t - b\sin\Omega t + \dfrac{1}{2} \\[2mm] \rho_{01}(t) = C + \mathrm{i}(b\cos\Omega t - a\sin\Omega t) \\[2mm] \rho_{10}(t) = C^* - \mathrm{i}(b^*\cos\Omega t - a^*\sin\Omega t) \end{cases} \tag{3.171}$$

其中,$a = \rho_{00}(0) - \dfrac{1}{2}$,$b = \dfrac{\rho_{01}(0) - \rho_{10}(0)}{2\mathrm{i}}$,$c = \dfrac{\rho_{01}(0) + \rho_{10}(0)}{2}$.

分别讨论以下 6 种情况.

(1) 当给定量子系综处在限定温度下,初始状态为热力学平衡状态,即式(3.165)所指定情形时,有

$$\rho_{00}(0) = \frac{\mathrm{e}^{\hbar\omega_0/(2K_{\mathrm{B}}T)}}{\mathrm{e}^{\hbar\omega_0/(2K_{\mathrm{B}}T)} + \mathrm{e}^{-\hbar\omega_0/(2K_{\mathrm{B}}T)}}$$

$$\rho_{11}(0) = \frac{\mathrm{e}^{-\hbar\omega_0/(2K_{\mathrm{B}}T)}}{\mathrm{e}^{\hbar\omega_0/(2K_{\mathrm{B}}T)} + \mathrm{e}^{-\hbar\omega_0/(2K_{\mathrm{B}}T)}}$$

$$\rho_{01}(0) = \rho_{10}(0) = 0$$

此时可得

$$b = \frac{1}{2\mathrm{i}}(\rho_{01}(0) - \rho_{10}(0))$$

$$c = \frac{1}{2i}(\rho_{01}(0) + \rho_{10}(0))$$

那么，由式(3.171)可得密度矩阵元素为

$$
\begin{cases}
\rho_{00}(t) = \left(\rho_{00}(0) - \dfrac{1}{2}\right)\cos \Omega t + \dfrac{1}{2} \\[2mm]
\rho_{11}(t) = -\left(\rho_{00}(0) - \dfrac{1}{2}\right)\cos \Omega t + \dfrac{1}{2}, \quad \rho_{11}(t) = 1 - \rho_{00}(t) \\[2mm]
\rho_{01}(t) = -\mathrm{i}\left(\rho_{00}(0) - \dfrac{1}{2}\right)\sin \Omega t \\[2mm]
\rho_{10}(t) = \mathrm{i}\left(\rho_{00}(0) - \dfrac{1}{2}\right)\sin \Omega t
\end{cases}
\tag{3.172}
$$

(2) 当该量子系综的限定温度 T 较大，有 $\hbar\omega \ll K_B T$，初始状态为热力学平衡状态，即由式(3.166)所述情形时，各密度矩阵元素为

$$
\begin{cases}
\rho_{00}(t) = \dfrac{1}{2}(1 + \hbar\omega_0/(2K_B T)) \\[2mm]
\rho_{11}(t) = \dfrac{1}{2}(1 - \hbar\omega_0/(2K_B T)) \\[2mm]
\rho_{01}(0) = \rho_{10}(0) = 0
\end{cases}
\tag{3.173}
$$

此时，可得

$$
\begin{cases}
\rho_{00}(t) = \dfrac{1}{2}\left(\dfrac{\hbar\omega_0}{2K_B T}\cos \Omega t + 1\right) \\[2mm]
\rho_{11}(t) = \dfrac{1}{2}\left(1 - \dfrac{\hbar\omega_0}{2K_B T}\cos \Omega t\right) \\[2mm]
\rho_{01}(t) = -\dfrac{\mathrm{i}}{2}\dfrac{\hbar\omega_0}{2K_B T}\sin \Omega t \\[2mm]
\rho_{10}(t) = \dfrac{\mathrm{i}}{2}\dfrac{\hbar\omega_0}{2K_B T}\sin \Omega t
\end{cases}
\tag{3.174}
$$

(3) 当该量子系综的限定温度 $T \to \infty$，初始状态为热力学平衡状态时，由式(3.174)可得

$$\rho_{00} = \frac{1}{2}, \quad \rho_{11} = \frac{1}{2}, \quad \rho_{01} = \rho_{10} = 0 \tag{3.175}$$

（4）当对（2）中所述系综施加一个 π 脉冲，即 $t_1\Omega=\pi$ 时，由式（3.174）可得

$$
\begin{cases}
\rho_{00}(t_1)=\dfrac{1}{2}\left(1-\dfrac{\hbar\omega_0}{2K_BT}\right)=\rho_{11}(0) \\[2mm]
\rho_{11}(t_1)=\dfrac{1}{2}\left(1+\dfrac{\hbar\omega_0}{2K_BT}\right)=\rho_{00}(0) \\[2mm]
\rho_{01}(t_1)=\rho_{10}(t_1)=0
\end{cases}
\tag{3.176}
$$

由此可见，对于平均密度矩阵 ρ 而言，施加一个 π 谐振磁场脉冲，使系综发生如下转换：

$$
\begin{bmatrix}
\dfrac{1}{2}\left(1+\dfrac{\hbar\omega_0}{2K_BT}\right) & 0 \\[3mm]
0 & \dfrac{1}{2}\left(1-\dfrac{\hbar\omega_0}{2K_BT}\right)
\end{bmatrix}
\rightarrow
\begin{bmatrix}
\dfrac{1}{2}\left(1-\dfrac{\hbar\omega_0}{2K_BT}\right) & 0 \\[3mm]
0 & \dfrac{1}{2}\left(1+\dfrac{\hbar\omega_0}{2K_BT}\right)
\end{bmatrix}
\tag{3.177}
$$

粗略地讲，我们可以将描述原子系综状态的矩阵（3.174）作为单个自旋原子量子系统所处基态 $|0\rangle$；相似地，将描述原子系综状态的矩阵（3.176）作为单个自旋原子量子系统所处激发态 $|1\rangle$。这样，我们就可以用 $|0\rangle$，$|1\rangle$ 分别表示对应单个原子基态 $|0\rangle$ 和激发态 $|1\rangle$ 的量子系统的状态，由式（3.177）可得，一个 π 脉冲驱使原子系统的状态进行了如下的转变：

$$
|0\rangle \leftrightarrow |1\rangle
$$

这里不同于施加在单个自旋原子量子系统上的 π 脉冲作用效果，在那里的变换实质上为

$$
|0\rangle \rightarrow i|1\rangle, \quad |1\rangle \rightarrow i|0\rangle
$$

在角度上是垂直翻转，而原子系综进行的是水平翻转，它不带任何角度因子。

（5）下面来探讨对应于单个自旋原子量子系统叠加态的量子系统的情形。为此，我们给（2）中系综施加一个 $\dfrac{\pi}{2}$ 脉冲，即 $\Omega t_1=\dfrac{\pi}{2}$。同样，由式（3.174）可得施加脉冲后的矩阵为

$$
\rho_{00}=\dfrac{1}{2}, \quad \rho_{11}=\dfrac{1}{2}, \quad \rho_{01}=-\dfrac{i}{2}\dfrac{\hbar\omega_0}{2K_BT}, \quad \rho_{10}=\dfrac{i}{2}\dfrac{\hbar\omega_0}{2K_BT}
$$

即 $\dfrac{\pi}{2}$ 脉冲的作用，使原子系综的状态发生如下转换：

$$
\begin{bmatrix} \dfrac{1}{2}\left(1+\dfrac{\hbar\,\omega_0}{2K_{\mathrm B}T}\right) & 0 \\[3mm] 0 & \dfrac{1}{2}\left(1-\dfrac{\hbar\,\omega_0}{2K_{\mathrm B}T}\right) \end{bmatrix} \rightarrow \begin{bmatrix} \dfrac{1}{2} & -\dfrac{\mathrm i}{2}\,\dfrac{\hbar\,\omega_0}{2K_{\mathrm B}T} \\[3mm] \dfrac{\mathrm i}{2}\,\dfrac{\hbar\,\omega_0}{2K_{\mathrm B}T} & \dfrac{1}{2} \end{bmatrix} \tag{3.178}
$$

同样与作用于单个自旋原子量子系统的 $\dfrac{\pi}{2}$ 脉冲作用相比,由式(3.178)所得变换说明,描述原量子系统的状态的平均密度矩阵 ρ 上非对角元素对应于单个原子自旋量子系统的叠加态.

(6) 将纯量子系统与量子系综状态平均值随时间变化的过程进行比较.相对于纯量子系统,量子系统 x 轴、y 轴、z 轴平均自旋分量为

$$
\langle S_x\rangle(t)=0,\quad \langle S_y\rangle(t)=\frac{1}{2}\sin\Omega t,\quad \langle S_z\rangle(t)=\frac{1}{2}\cos\Omega t \tag{3.179}
$$

对于量子系综,任意一个物理量 A 的平均值由以下形式给出:

$$
\langle A\rangle=\mathrm{tr}(A\rho) \tag{3.180}
$$

其中,tr 表示对矩阵 A 求迹,即求对角线上元素之和.

所以由自旋算符 $S_x=\dfrac{1}{2}\begin{bmatrix}0&1\\1&0\end{bmatrix}$,$S_y=\dfrac{1}{2}\begin{bmatrix}0&-\mathrm i\\\mathrm i&0\end{bmatrix}$ 和 $S_z=\begin{bmatrix}1&0\\0&1\end{bmatrix}$,以及 ρ 为情形(2)中式(3.174)所决定的结果有

$$
\begin{cases}
\langle S_x\rangle(t)=\mathrm{tr}(\rho S_x)=\rho_{01}S_{10}^x+\rho_{10}S_{01}^x=\dfrac{1}{2}(\rho_{01}+\rho_{10})=0 \\[3mm]
\langle S_y\rangle(t)=\mathrm{tr}(\rho S_y)=\rho_{01}S_{10}^y+\rho_{10}S_{01}^y=\dfrac{\mathrm i}{2}(\rho_{01}-\rho_{10})=\dfrac{\hbar\,\omega_0}{4K_{\mathrm B}T}\sin\Omega t \\[3mm]
\langle S_z\rangle(t)=\mathrm{tr}(\rho S_z)=\rho_{00}S_{00}^z+\rho_{11}S_{11}^z=\dfrac{1}{2}(\rho_{00}-\rho_{11})=\rho_{00}-\dfrac{1}{2} \\[3mm]
\qquad\qquad =\dfrac{\hbar\,\omega_0}{4K_{\mathrm B}T}\cos\Omega t
\end{cases} \tag{3.181}
$$

由式(3.181)中所获 $\langle S_z\rangle$,可得其初始态为

$$
\langle S_z\rangle(0)=\frac{\hbar\omega_0}{4K_{\mathrm B}T} \tag{3.182}
$$

式(3.182)重新代入式(3.181)中可得

量子系统建模、特性分析与控制

$$\langle S_x\rangle(t)=0, \quad \langle S_y\rangle(t)=\langle S_z\rangle(0)\sin\Omega t, \quad \langle S_z\rangle(t)=\langle S_z\rangle(0)\cos\Omega t$$

$$(3.183)$$

将式(3.183)与式(3.179)相比,可得对于纯量子系统有:$\langle S_z\rangle(0)=\dfrac{1}{2}$,而对于量子

系综则有$\langle S_z\rangle(0)=\dfrac{\hbar\omega_0}{4K_BT}$.

对本节内容作如下总结:纯量子系统与量子系综之间并无精确的对应关系,从已获得的纯系统的波函数系数求解公式

$$C_0(t)=\cos\frac{\Omega t}{2}, \quad C_1(t)=\mathrm{i}\sin\frac{\Omega t}{2}$$

中可求出

$$U^\pi|0\rangle=\mathrm{i}|1\rangle, \quad U^\pi|1\rangle=\mathrm{i}|0\rangle$$
$$U^{2\pi}|0\rangle=-|0\rangle, \quad U^{2\pi}|1\rangle=-|1\rangle$$
$$U^{3\pi}|0\rangle=-\mathrm{i}|1\rangle, \quad U^{3\pi}|1\rangle=-\mathrm{i}|0\rangle$$
$$U^{4\pi}|0\rangle=|0\rangle, \quad U^{4\pi}|1\rangle=|1\rangle$$

注意:一个 π 脉冲提供了额外的相角 $i=\mathrm{e}^{\mathrm{i}\pi/2}$,因此一个 2π 脉冲并不使系统回到最初状态,而是增加了相角 $-1=\mathrm{e}^{\mathrm{i}\pi}=\mathrm{e}^{\mathrm{i}\left(\frac{\pi}{2}\times 2\right)}$.然而,对于量子系综来说,从前面分析中可以得出:在一个 π 脉冲作用后,我们有

$$\pi:|0\rangle\rightarrow|1\rangle$$

而在一个 2π 脉冲作用后,我们有

$$2\pi:|0\rangle\rightarrow|1\rangle\rightarrow|0\rangle$$

即一个 2π 脉冲使量子系综回到了最初的状态.

3.8 非马尔可夫开放量子系统求解

虽然采用非马尔可夫主方程能够精确描述系统的动力学演化,但是很难获得其方程

中状态的精确解,这给理论研究带来了困难.目前的研究阶段只有一些简单的开放系统模型存在精确解,例如:杰尼斯-卡明斯(Jaynes-Cummings)模型、量子布朗运动模型、一些纯退相干模型等.实际上,许多物理系统都可以用二能级量子系统来描述,比如,金刚石中单个氮空位中心的电子自旋、光学晶格中的玻色-爱因斯坦凝聚等,也有一些系统可以通过忽略高能激发用二能级系统来近似.

以非马尔可夫二能级自旋量子系统为研究对象,采用时间无卷积形式来建立非马尔可夫主方程,给出其系统状态精确解的求解过程,其模型求解问题可以归为常微分方程初值问题,求解过程中需要用到龙格-库塔(Runge-Kutta)法求解常微分初值问题:

$$\begin{cases} y'(x) = f(x, y) \\ y(x_0) = y_0 \end{cases}, \quad a \leqslant x \leqslant b \tag{3.184}$$

对 $y(x + h)$ 在 x 点进行泰勒(Taylor)展开:

$$y(x + h) = y(x) + hy'(x) + \frac{h^2}{2!}y''(x) + \cdots + \frac{h^p}{p!}y^{(p)}(x) + \frac{h^{(p+1)}}{(p+1)!}y^{(p+1)}(x + \theta h)$$

$$= y(x) + hy'(x) + \frac{h^2}{2!}y''(x) + \cdots + \frac{h^p}{p!}y^{(p)}(x) + T \tag{3.185}$$

其中,$0 \leqslant \theta \leqslant 1, T = O(h^{p+1})$.

取 $x = x_n, p = 2$,则有

$$y(x_{n+1}) = y(x_n) + hy'(x_n) + \frac{h^2}{2!}y''(x_n) + T_{n+1}$$

$$= y(x_n) + hf(x_n, y(x_n)) + \frac{h^2}{2!}(f_x(x_n, y(x_n))$$

$$+ f_y(x_n, y(x_n))f(x_n, y(x_n))) + T_{n+1} \tag{3.186}$$

截断 T_{n+1} 可得到 $y(x_{n+1})$ 的近似值 y_{n+1} 的计算公式为

$$y_{n+1} = y_n + h\left(f(x_n, y_n) + \frac{h}{2!}(f_x(x_n, y_n) + f_y(x_n, y_n)f(x_n, y_n))\right) \tag{3.187}$$

式(3.187)为二阶欧拉(Euler)方法,精度优于一阶,但是在计算 y_{n+1} 时需要计算 f, f_x, f_y 在 (x_n, y_n) 点的值,故此法不可取.龙格-库塔设想用 $f(x, y)$ 在点 $(x_n, y(x_n))$ 和 $(x_n + ah, y(x_n) + bhf(x_n, y(x_n)))$ 函数值的线性组合:

$$c_1 f(x_n, y(x_n)) + c_2 f(x_n + ah, y(x_n) + bhf(x_n, y(x_n))) \tag{3.188}$$

逼近式(3.187)中的 $f(x_n,y_n)+\dfrac{h}{2!}(f_x(x_n,y_n)+f_y(x_n,y_n)f(x_n,y_n))$,得到数值公式

$$y_{n+1} = y_n + h(c_1 f(x_n,y_n) + c_2 f(x_n + ah, y_n + bhf(x_n,y_n))) \qquad (3.189)$$

或者更一般地写成

$$\begin{cases} y_{n+1} = y_n = h(c_1 k_1 + c_2 k_2) \\ k_1 = f(x_n,y_n) \\ k_2 = f(x_n + ah, y_n + bhk_1) \end{cases} \qquad (3.190)$$

对式(3.188)在$(x_n,y(x_n))$点展开得到

$$c_1 f(x_n, y(x_n)) + c_2(f(x_n, y(x_n)) + ahf_x(x_n, y(x_n))$$
$$+ bhf_y(x_n, y(x_n))f(x_n, y(x_n)) + O(h^2))$$
$$= (c_1 + c_2)f(x_n, y(x_n)) + \frac{h}{2}(2c_2 a f_x(x_n, y(x_n))$$
$$+ 2c_2 bhf_y(x_n, y(x_n))f(x_n, y(x_n)) + O(h^2)) \qquad (3.191)$$

将式(3.191)与式(3.186)比较,当 c_1,c_2,a,b 满足

$$\begin{cases} c_1 + c_2 = 1 \\ 2c_2 a = 1 \\ 2c_2 b = 1 \end{cases} \qquad (3.192)$$

时有最好的逼近效果,此时式(3.186)减去式(3.191)的局部截断误差为 $O(h^2)$.

方程组(3.192)含有四个未知数和三个方程,显然有无数组解.

若取 $c_1 = 0, c_2 = 1, a = \dfrac{1}{2}, b = \dfrac{1}{2}$,则有二阶的龙格-库塔公式

$$\begin{cases} y_{n+1} = y_n + hk_2 \\ k_1 = f(x_n,y_n) \\ k_2 = f(x_n + h/2, y_n + hk_1/2) \end{cases} \qquad (3.193)$$

从龙格-库塔公式的推导过程可以看到,二阶龙格-库塔公式的局部截断误差为 $O(h^3)$,是二阶精度的计算公式.可以采用类似的思想来建立高阶的龙格-库塔公式,得到局部截断误差为 $O(h^5)$ 的四阶龙格-库塔公式为

$$
\begin{cases}
y_{n+1} = y_n + \dfrac{h}{6}(k_1 + 2k_2 + 2k_3 + k_4) \\[2mm]
k_1 = f(x_n, y_n) \\[2mm]
k_2 = f\left(x_n + \dfrac{h}{2}, y_n + \dfrac{h}{2}k_1\right) \\[2mm]
k_3 = f\left(x_n + \dfrac{h}{2}, y_n + \dfrac{h}{2}k_2\right) \\[2mm]
k_4 = f(x_n + h, y_n + hk_3)
\end{cases}
\tag{3.194}
$$

在常用的 MATLAB 工具箱中,有二阶或四阶的龙格-库塔法可以调用.在量子系统的仿真实验中,为了保证较高的精度,一般对非马尔可夫主方程的求解采用的是四阶龙格-库塔法.

3.9 随机开放量子系统模型及其求解

为了能够更好地控制量子系统,常常需要通过测量来从被控系统中提取信息.量子力学系统中的测量理论与经典力学系统有着本质的差异,这是因为在量子力学系统中,测量会对被测系统造成不可逆的破坏.在量子力学中,可观测量用希尔伯特空间的厄米算符来表示,并且海森伯不确定性原理指出:人们无法同时对两个非对易观测量进行精确测量.一种被广泛应用的测量模型是投影测量或者称为冯·诺依曼测量,不过投影测量经常被视为是瞬时的,只有当测量的强度(即测量装置与被测系统之间的耦合强度)足够大,且测量的时间尺度比其他所有相关时间尺度都要短得多时,才可以认为模型是合理的.然而,这对于描述连续监测下被控量子系统的情况并不适用.在量子反馈控制中,连续获取反馈信息以调整系统的演化轨迹是十分重要的,因此,对于量子反馈控制而言,连续测量理论是十分必要的,并且已有实验结果证明连续测量对于固态量子比特是可以实现的.

在反馈控制策略中,人们通常需要持续地监测被控量子系统以获取反馈信息.考虑在真空环境下连续测量的量子反馈控制系统,记 t 时刻的量子系统状态为 ρ_t,则量子滤波方程或称为随机主方程的一般表达形式为

量子系统建模、特性分析与控制

$$\begin{cases} \mathrm{d}\rho_t = -\dfrac{\mathrm{i}}{\hbar}[H_t, \rho_t]\mathrm{d}t + \mathscr{D}(L, \rho_t)\mathrm{d}t + \sqrt{\eta}\,\mathscr{H}(L, \rho_t)\mathrm{d}W_t \\ \rho_0 = \rho(0) \end{cases} \tag{3.195}$$

其中，$H_t = H_0 + u_t H_c$ 为总哈密顿量，H_0 为系统自由哈密顿量，H_c 为控制哈密顿量，u_t 是随时间变化的外部控制场；η 是测量效率，且满足 $0 < \eta \leqslant 1$；L 是测量算符，系统信号通过此测量信道被检测，由测量引起的反作用效应则通过此信道反馈给量子系统；W_t 为具有随机特性的随机过程，也被称作"新息".

$\mathscr{D}(L, \rho_t)$ 和 $\mathscr{H}(L, \rho_t)\mathrm{d}W_t$ 分别体现了测量反作用效应中确定性漂移部分和随机耗散部分，其中，$\mathscr{D}(L, \rho_t)$ 为开放量子系统中常见的林德布拉德（Lindblad）算子：

$$\mathscr{D}(L, \rho_t) \equiv L\rho_t L^\dagger - \frac{1}{2}(L^\dagger L\rho_t + \rho_t L^\dagger L) \tag{3.196}$$

$\mathscr{H}(L, \rho_t)$ 是状态更新算子：

$$\mathscr{H}(L, \rho_t) = L\rho_t + \rho_t L^\dagger - \mathrm{tr}((L + L^\dagger)\rho_t)\rho_t \tag{3.197}$$

真空环境下的 W_t 就是标准的实值维纳（Wiener）过程，代表着对测量白噪声的建模，$\mathrm{d}W_t$ 作为标准维纳过程的增量，其期望 $E(\mathrm{d}W_t) = 0$，方差 $E((\mathrm{d}W_t)^2) = \mathrm{d}t$，且满足关系式

$$\mathrm{d}W_t = \mathrm{d}y_t - \sqrt{\eta}\,\mathrm{tr}(\rho_t(L + L^\dagger))\mathrm{d}t \tag{3.198}$$

其中 y_t 是测量输出.

从所给出的随机量子系统主方程(3.195)至(3.198)可以看出，与确定性的开放量子系统模型相比，随机量子系统主方程多了一个随机耗散部分项，并且这个项的大小是由测量效率 η 值的大小来确定的. 值得注意的是，式(3.195)仅仅代表着一类比较典型的随机主方程，由于测量过程的不同，还存在许多其他类型的随机主方程.

因为存在随机项，所以在随机微分方程的求解过程中需要用到 Itô 公式. 求解思路如下.

被控对象的随机微分方程(3.195)可以写成

$$\mathrm{d}\rho_t = f(\rho_t)\mathrm{d}t + g(\rho_t)\mathrm{d}W_t \tag{3.199}$$

其中

$$f(\rho_t) = -\mathrm{i}u_t[F_y, \rho_t] - \frac{1}{2}[F_z, [F_z, \rho_t]]$$

$$g(\rho_t) = \sqrt{\eta}(F_z\rho_t + \rho_t F_z - 2\mathrm{tr}(F_z\rho_t)\rho_t)$$

由 Itô 公式得到

$$\rho_t = \rho_{t_0} + \int_{t_0}^{t} f(\rho_s)\mathrm{d}s + \int_{t_0}^{t} g(\rho_s)\mathrm{d}W(s), \quad 0 \leqslant t \leqslant T \tag{3.200}$$

为了得到数值解,需要将时间区间 $[0,T]$ 离散,选取自然数 N 以确定步长 $\delta = \dfrac{T}{N}$,得到离散的时间点:$0 = \tau_0 < \tau_1 < \cdots < \tau_N = T$,则根据龙格-库塔法可以得到

$$\rho_{n+1} = \rho_n + f(\rho_n)\delta + g(\rho_n)\Delta W_n$$
$$+ \frac{1}{2\sqrt{\delta}}(g(\rho_n + f(\rho_n)\delta + g(\rho_n)\sqrt{\delta}) - g(\rho_n))((\Delta W_n)^2 - \delta) \tag{3.201}$$

其中,$\Delta W_n = W_{\tau_{n+1}} - W_{\tau_n}$,且满足 $\Delta W_n \sim N(0,\delta)$,$1 \leqslant n \leqslant N$.

小结

本章对封闭和开放量子系统的建模及其求解进行了系统的研究.在封闭量子系统中,需要掌握的最基本的量子系统演化方程是薛定谔方程、刘维尔方程、控制作用下的量子系统模型,以及相互作用的量子系统模型.开放量子系统的模型包括马尔可夫、非马尔可夫以及随机开放量子系统模型.对于封闭量子系统的求解比较简单,对于复杂的开放量子系统的模型,比较重要的是需要了解清楚各个参数变化下量子系统所表现出的特性,只有在了解了被控系统的内部特性之后,才有可能有的放矢地对控制器进行高效快速的设计与实现.本章中的各种图景变换也非常重要,它们有助于简化量子系统的特性分析或控制器的推导过程.本章是量子系统控制研究的基础,对本章内容的了解和掌握可以加速后面的量子系统控制方法的设计与实现.

第 4 章

量子系统的特性分析

4.1 量子系统状态与 Bloch 球的几何关系

Bloch 球是对量子系统二能级量子系统状态的一种几何描述,人们可以将一个用态矢或密度矩阵表示的单量子位状态变换为一个 Bloch 矢量,在 Bloch 球中直观地表示,这为对量子系统状态特性的分析提供了方便;通过量子态在 Bloch 球中所处的位置,能够对量子纯态和混合态之间的不同有清楚的认识.本节对二能级量子系统状态在 Bloch 球中所处的位置及其表示方法给予详细的分析,分别讨论纯态以及混合态的 Bloch 球的几何表示.

4.1.1 引言

能由一个波函数或一个态矢来描述的量子态称为纯态. 量子系统的纯态一般采用希尔伯特(Hilbert)空间中的态矢 $|\psi\rangle$ 表示, 一个二能级量子系统的状态可以表示为

$$|\psi\rangle = \alpha \, |\, 0\rangle + \beta \, |\, 1\rangle \tag{4.1}$$

其中, α 和 β 为复数, 为满足归一化条件, 令 $|\alpha|^2 + |\beta|^2 = 1$; $|0\rangle$ 和 $|1\rangle$ 为二维希尔伯特空间中的一组正交基, 用矩阵形式表示为

$$|\, 0\rangle = \begin{bmatrix} 1 \\ 0 \end{bmatrix}, \quad |\, 1\rangle = \begin{bmatrix} 0 \\ 1 \end{bmatrix} \tag{4.2}$$

系统波函数也可以采用极坐标形式表示为

$$|\psi\rangle = a\mathrm{e}^{\mathrm{i}\varphi_a} \, |\, 0\rangle + b\mathrm{e}^{\mathrm{i}\varphi_b} \, |\, 1\rangle \tag{4.3}$$

其中, a, φ_a, b 和 φ_b 为实参数.

因为全局相位 $\mathrm{e}^{\mathrm{i}\varphi_a}$ 不可观测, 式(4.3)所表示的波函数可以去掉其中的全局相位因子, 等价得到含有三个实参数的波函数:

$$|\psi\rangle = a \, |\, 0\rangle + b\mathrm{e}^{\mathrm{i}(\varphi_b - \varphi_a)} \, |\, 1\rangle = a \, |\, 0\rangle + b\mathrm{e}^{\mathrm{i}\varphi} \, |\, 1\rangle \tag{4.4}$$

其中, a, b 和 $\varphi = \varphi_b - \varphi_a$ 为实参数.

显然, 式(4.4)中的状态仍满足归一化条件. 令 $b\mathrm{e}^{\mathrm{i}\varphi} = x + \mathrm{i}y$, 其中, x 和 y 为实数, 则有

$$|\, a\,|^2 + |\, b\mathrm{e}^{\mathrm{i}\varphi}\,|^2 = a^2 + |\, x + \mathrm{i}y\,|^2 = a^2 + x^2 + y^2 = 1$$

取欧式空间中的球坐标

$$x = r\sin\theta'\cos\varphi, \quad y = r\sin\theta'\sin\varphi, \quad z = r\cos\theta' \tag{4.5}$$

令 $r = 1$, 有 $a = z$, 量子系统的波函数可写为

$$
\begin{aligned}
|\psi\rangle &= z \, |\, 0\rangle + (x + \mathrm{i}y) \, |\, 1\rangle = \cos\theta' \, |\, 0\rangle + \sin\theta'(\cos\varphi + \mathrm{i}\sin\varphi) \, |\, 1\rangle \\
&= \cos\theta' \, |\, 0\rangle + \mathrm{e}^{\mathrm{i}\varphi}\sin\theta' \, |\, 1\rangle
\end{aligned} \tag{4.6}
$$

因而仅需两个实参数 θ' 和 φ 就可以确定单位球面上的一个点.

Bloch 矢量由三维欧式空间的单位球中的一个矢量 $n = (\sin\theta\cos\varphi \quad \sin\theta\sin\varphi \quad \cos\theta)$

来表示.稍微计算一下可以发现,采用式(4.5)中所定义的球坐标并不能与 Bloch 球坐标完全对应,例如,当 $\theta' = 0$ 时,对应状态 $|0\rangle$;当 $\theta' = \pi/2$ 时,对应状态 $e^{i\varphi}|1\rangle$,即 $0 \leqslant \theta' \leqslant \pi/2$ 就对应 Bloch 球面上所有的点,也就是说,笛卡儿坐标系中的上半单位球面,对应整个 Bloch 球面.为了获得与 Bloch 球面上点的对应关系,有必要引入 $\theta = 2\theta'$,其中,$0 \leqslant \theta \leqslant \pi$,此时系统的波函数变为

$$|\psi(\theta,\varphi)\rangle = \cos(\theta/2)|0\rangle + e^{i\varphi}\sin(\theta/2)|1\rangle = \begin{bmatrix} \cos(\theta/2) \\ e^{i\varphi}\sin(\theta/2) \end{bmatrix} \tag{4.7}$$

其中,$0 \leqslant \theta \leqslant \pi$,$0 \leqslant \varphi \leqslant 2\pi$,$e^{i\varphi}$ 为相对相位因子.

由式(4.7)获得的系统状态与 Bloch 球面坐标具有完全一一对应的关系.

由所推导出的式(4.5)和式(4.7)可以看出,对于一个用两个复数 α 和 β 表示的波函数 $|\psi\rangle$,可以通过确定两个(实数)角度 θ 和 φ 用 Bloch 矢量表示并画出,且纯态的 Bloch 矢量均在单位球面上,即有 $\|n\| = 1$.二能级量子系统状态可以对应三维欧式空间的单位球中的一个矢量,即 Bloch 矢量,这为人们理解量子比特的操作提供了方便.

下面将分别具体讨论纯态以及混合态量子系统的 Bloch 矢量的几何表示方法.

4.1.2 纯态与 Bloch 矢量的对应关系分析

量子比特的标准观测器为泡利(Pauli)矩阵,泡利矩阵可以表示为如下的形式(丛爽,2006b):

$$\begin{cases} \sigma_x = \begin{bmatrix} 0 & 1 \\ 1 & 0 \end{bmatrix} = |0\rangle\langle 0| + |0\rangle\langle 1| \\ \sigma_y = \begin{bmatrix} 0 & -i \\ i & 0 \end{bmatrix} = i|1\rangle\langle 0| - i|0\rangle\langle 1| \\ \sigma_z = \begin{bmatrix} 1 & 0 \\ 0 & -1 \end{bmatrix} = |0\rangle\langle 0| - |1\rangle\langle 0| \end{cases} \tag{4.8}$$

状态 $|0\rangle$ 和 $|1\rangle$ 为泡利矩阵 σ_z 的特征向量,所对应的特征值分别为 $+1$ 和 -1,$|0\rangle$ 和 $|1\rangle$ 所对应的 Bloch 矢量分别为

$$|0\rangle = \begin{bmatrix} 1 \\ 0 \end{bmatrix} = |\psi(0,\varphi)\rangle = \begin{bmatrix} \cos(0/2) \\ \sin(0/2)e^{i\varphi} \end{bmatrix} \leftrightarrow$$

$$n = (\sin 0\cos\varphi \quad \sin 0\sin\varphi \quad \cos 0) = (0 \quad 0 \quad 1) \tag{4.9}$$

$$|1\rangle = \begin{bmatrix} 0 \\ 1 \end{bmatrix} = |\psi(\pi,\varphi)\rangle = \begin{bmatrix} \cos(\pi/2) \\ \sin(\pi/2)e^{i\varphi} \end{bmatrix} \leftrightarrow$$

$$n = (\sin\pi\cos\varphi \quad \sin\pi\sin\varphi \quad \cos\pi) = (0 \quad 0 \quad -1) \qquad (4.10)$$

若将 Bloch 球用 3 个垂直的直角坐标(x y z)来表出,那么由式(4.9)和式(4.10)所表示的坐标可以看出,$|0\rangle$ 和 $|1\rangle$ 分别位于 z 轴的 $+1$ 和 -1 处,也就是 Bloch 球的北极和南极,如图 4.1 所示.

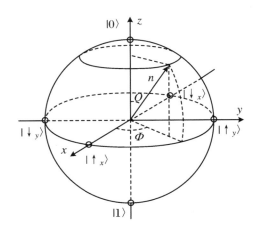

图 4.1 纯态量子系统的 Bloch 矢量

由所对应的坐标还可以看出,$|0\rangle$ 和 $|1\rangle$ 分别表示自旋 1/2 粒子系统的粒子沿 z 轴方向自旋向上和自旋向下的两个状态. 矩阵 σ_x 的特征向量分别表示为 $|\uparrow_x\rangle = \frac{1}{\sqrt{2}}(|0\rangle + |1\rangle)$ 和 $|\downarrow_x\rangle = \frac{1}{\sqrt{2}}(|0\rangle - |1\rangle)$,称为 x 轴方向自旋状态,它们所对应的 Bloch 矢量分别为

$$|\uparrow_x\rangle = \frac{1}{\sqrt{2}}(|0\rangle + |1\rangle) = \left|\psi\left(\frac{\pi}{2},0\right)\right\rangle = \begin{bmatrix} \cos\frac{\pi}{4} \\ e^{i0}\sin\frac{\pi}{4} \end{bmatrix} \leftrightarrow$$

$$n = \left(\sin\frac{\pi}{2}\cos 0 \quad \sin\frac{\pi}{2}\sin 0 \quad \cos\frac{\pi}{2}\right) = (1 \quad 0 \quad 0)$$

$$|\downarrow_x\rangle = \frac{1}{\sqrt{2}}(|0\rangle - |1\rangle) = \left|\psi\left(\frac{\pi}{2},\pi\right)\right\rangle = \begin{bmatrix} \cos\frac{\pi}{4} \\ e^{i\pi}\sin\frac{\pi}{4} \end{bmatrix} \leftrightarrow$$

$$n = \left(\sin\frac{\pi}{2}\cos\pi \quad \sin\frac{\pi}{2}\sin\pi \quad \cos\frac{\pi}{2}\right) = (-1 \quad 0 \quad 0) \tag{4.11}$$

矩阵 σ_y 的特征向量 $|\uparrow_y\rangle = \frac{1}{\sqrt{2}}(|0\rangle + \mathrm{i}|1\rangle)$ 和 $|\downarrow_y\rangle = \frac{1}{\sqrt{2}}(|0\rangle - \mathrm{i}|1\rangle)$，称为 y 轴方向自旋状态，它们所对应的 Bloch 矢量分别为

$$|\uparrow_y\rangle = \frac{1}{\sqrt{2}}(|0\rangle + \mathrm{i}|1\rangle) = \left|\psi\left(\frac{\pi}{2}, \frac{\pi}{2}\right)\right\rangle = \begin{bmatrix} \cos\dfrac{\pi}{4} \\[2ex] \mathrm{e}^{\mathrm{i}0}\sin\dfrac{\pi}{4} \end{bmatrix} \leftrightarrow$$

$$n = \left(\sin\frac{\pi}{2}\cos\frac{\pi}{2} \quad \sin\frac{\pi}{2}\sin\frac{\pi}{2} \quad \cos\frac{\pi}{2}\right) = (0 \quad 1 \quad 0)$$

$$|\downarrow_y\rangle = \frac{1}{\sqrt{2}}(|0\rangle - \mathrm{i}|1\rangle) = \left|\psi\left(\frac{\pi}{2}, \frac{3\pi}{2}\right)\right\rangle = \begin{bmatrix} \cos\dfrac{\pi}{4} \\[2ex] \mathrm{e}^{\mathrm{i}3\pi/2}\sin\dfrac{\pi}{4} \end{bmatrix} \leftrightarrow$$

$$n = \left(\sin\frac{\pi}{2}\cos\frac{3\pi}{2} \quad \sin\frac{\pi}{2}\sin\frac{3\pi}{2} \quad \cos\frac{\pi}{2}\right) = (0 \quad -1 \quad 0) \tag{4.12}$$

综合上述对应关系，状态 $|\uparrow_x\rangle$，$|\downarrow_x\rangle$，$|\uparrow_y\rangle$ 和 $|\downarrow_y\rangle$ 所对应的 Bloch 矢量，在 Bloch 球中的表示如图 4.1 所示.

在 Bloch 球面上，关于球心对称的两个 Bloch 矢量所对应的量子系统状态是正交的，对应式 (4.7) 所示的波函数 $|\psi\rangle$，可以写出另一个波函数 $|\varphi\rangle$ 为

$$|\varphi\rangle = \cos((\pi - \theta)/2)|0\rangle + \mathrm{e}^{\mathrm{i}(\pi + \varphi)}\sin((\pi - \theta)/2)|1\rangle \tag{4.13}$$

显然，状态 $|\psi\rangle$ 和 $|\varphi\rangle$ 所对应的 Bloch 矢量关于球心对称. 因为状态 $|\psi\rangle$ 和 $|\varphi\rangle$ 的内积为

$$\begin{aligned}
\langle\varphi|\psi\rangle &= \cos((\pi - \theta)/2)\cos\theta + \mathrm{e}^{-\mathrm{i}(\pi + \varphi)}\sin((\pi - \theta)/2)\mathrm{e}^{\mathrm{i}\varphi}\sin\theta \\
&= \cos((\pi - \theta)/2)\cos\theta - \sin((\pi - \theta)/2)\sin\theta \\
&= \cos((\pi - \theta)/2 + \theta) \\
&= \cos(\pi/2) \\
&= 0
\end{aligned} \tag{4.14}$$

所以状态 $|\psi\rangle$ 和 $|\varphi\rangle$ 是正交的.

系统波函数的更一般表示形式为

$$|\psi\rangle = \begin{bmatrix} \cos(\theta/2)\mathrm{e}^{-\mathrm{i}\phi/2} \\ \sin(\theta/2)\mathrm{e}^{-\mathrm{i}\phi/2} \end{bmatrix} \mathrm{e}^{\mathrm{i}\varphi} \tag{4.15}$$

其中,$e^{i\varphi}$ 为外部相位因子,可以不考虑其影响.

为便于问题的分析,令

$$| \psi \rangle = \begin{bmatrix} \cos(\theta/2)e^{-i\phi/2} \\ \sin(\theta/2)e^{-i\phi/2} \end{bmatrix} = \begin{bmatrix} \psi_1 \\ \psi_2 \end{bmatrix} = \begin{bmatrix} a_0 + ia_3 \\ -a_2 + ia_1 \end{bmatrix} \quad (4.16)$$

显然有 $\psi_1 = a_0 + ia_3, \psi_2 = -a_2 + ia_1$,这样可以十分方便地用几何代数的方法来描述量子态.纯态量子系统的几何代数描述为

$$\psi = a_0 I + a_1 I\sigma_x + a_2 I\sigma_y + a_3 I\sigma_z \quad (4.17)$$

其中,$\sigma_x,\sigma_y,\sigma_z$ 为 Pauli 矩阵,$I = \begin{bmatrix} 1 & 0 \\ 0 & 1 \end{bmatrix}$,$I = \sigma_x\sigma_y\sigma_z$.

显然,可以用几何代数的方式来描述态矢 $|0\rangle$,此时式(4.17)中的参数为 $a_0 = 1, a_1 = 0, a_2 = 0, a_3 = 0, \psi = a_0 + a_1 I\sigma_x + a_2 I\sigma_y + a_3 I\sigma_z = 1$,即 $|0\rangle \leftrightarrow 1$.

由此可得,态矢 $|0\rangle$ 的几何代数表示形式为 1.同理可得,$|1\rangle \leftrightarrow -I\sigma_y$,即态矢 $|1\rangle$ 的几何代数表示形式为 $-I\sigma_y$.

下面对式(4.17)进行证明:

$$\psi = a_0 I + a_1 I\sigma_x + a_2 I\sigma_y + a_3 I\sigma_z$$

$$\leftrightarrow a_0 \begin{bmatrix} 1 & 0 \\ 0 & 1 \end{bmatrix} + a_1 \begin{bmatrix} i & 0 \\ 0 & i \end{bmatrix} \begin{bmatrix} 0 & 1 \\ 1 & 0 \end{bmatrix} + a_2 \begin{bmatrix} i & 0 \\ 0 & i \end{bmatrix} \begin{bmatrix} 0 & -i \\ i & 0 \end{bmatrix} + a_3 \begin{bmatrix} i & 0 \\ 0 & i \end{bmatrix} \begin{bmatrix} 1 & 0 \\ 0 & -1 \end{bmatrix}$$

$$= \begin{bmatrix} a_0 + ia_3 & a_2 + ia_1 \\ -a_2 + ia_1 & a_0 - ia_3 \end{bmatrix}$$

$$= \begin{bmatrix} \psi_1 & -\psi_2^* \\ \psi_2 & \psi_1^* \end{bmatrix} \quad (4.18)$$

其中,$\psi_1 = a_0 + ia_3, \psi_2 = -a_2 + ia_1$.

证明的过程是将泡利矩阵直接代入,即可得到对应的矩阵表示形式.可见,矩阵第二列的元素其实是由第一列元素所决定的,因此,在处理问题时没有必要考虑矩阵后一列元素.

由于

$$\begin{bmatrix} \psi_1 & -\psi_2^* \\ \psi_2 & \psi_1^* \end{bmatrix} \begin{bmatrix} 1 & 0 \\ 0 & 0 \end{bmatrix} = \begin{bmatrix} \psi_1 & 0 \\ \psi_2 & 0 \end{bmatrix}$$

$$\begin{bmatrix} 1 & 0 \\ 0 & 0 \end{bmatrix} = \frac{1}{2}\left(\begin{bmatrix} 1 & 0 \\ 0 & 1 \end{bmatrix} + \begin{bmatrix} 1 & 0 \\ 0 & -1 \end{bmatrix} \right) \leftrightarrow \frac{1}{2}(1 + \sigma_z) = E$$

量子系统建模、特性分析与控制

因而,我们可以得出以下的对应关系:

$$\psi E \leftrightarrow \begin{bmatrix} \psi_1 & 0 \\ \psi_2 & 0 \end{bmatrix} \leftrightarrow \mid \psi \rangle$$

其中,ψE 为态矢 $\mid \psi \rangle$ 几何代数另外一种表示形式,可以认为 ψE 去掉了 ψ 中冗余自由度部分的影响,这对用几何代数的方法表示密度矩阵是有利的.

左矢 $\langle \psi \mid = \mid \psi \rangle^{\dagger} = \begin{bmatrix} \psi_1^* & \psi_2^* \end{bmatrix}$,则左矢的几何代数表示形式为 $(\psi E)^{\sim}$,且对应关系为

$$(\psi E)^{\sim} \leftrightarrow \begin{bmatrix} \psi_1^* & \psi_2^* \\ 0 & 0 \end{bmatrix} \leftrightarrow \langle \psi \mid$$

到此为止,可以得到纯态密度矩阵的几何代数描述形式为 $(\psi E)(\psi E)^{\sim}$,对应关系为

$$\rho = \mid \psi \rangle \langle \psi \mid = \begin{bmatrix} \psi_1 & 0 \\ \psi_2 & 0 \end{bmatrix} \begin{bmatrix} \psi_1^* & \psi_2^* \\ 0 & 0 \end{bmatrix} \leftrightarrow (\psi E)(\psi E)^{\sim}$$

其中,$E = \dfrac{1}{2}(1 + \sigma_z)$,$\widetilde{E} = \dfrac{1}{2}(1 + \sigma_z)$,$E\widetilde{E} = \dfrac{1}{4}(1 + 2\sigma_z + \sigma_z^2) = \dfrac{1}{4}(1 + 2\sigma_z + 1) = \dfrac{1}{2}(1 + \sigma_z) = E$.

进一步有

$$\rho \leftrightarrow (\psi E)(\psi E)^{\sim} = \psi E \widetilde{\psi} = \frac{1}{2}\psi(1 + \sigma_z)\widetilde{\psi}$$

$$= \frac{1}{2}\psi\widetilde{\psi} + \frac{1}{2}\psi\sigma_z\widetilde{\psi} = \frac{1}{2}(1 + \psi\sigma_z\widetilde{\psi}) \tag{4.19}$$

定义 $\psi\sigma_z\widetilde{\psi}$ 为极化矢量,极化矢量可以形象地描述量子系统的状态,并且极化矢量与态矢是一一对应的.为了使极化矢量的几何意义更明确,做以下推导.

令系统的波函数

$$\mid \psi \rangle = \begin{bmatrix} \cos(\theta/2)\mathrm{e}^{-\mathrm{i}\varphi/2} \\ \sin(\theta/2)\mathrm{e}^{\mathrm{i}\varphi/2} \end{bmatrix} = \begin{bmatrix} a_0 + \mathrm{i}a_3 \\ -a_2 + \mathrm{i}a_1 \end{bmatrix}$$

$$= \begin{bmatrix} \cos(\theta/2)\cos(\varphi/2) - \mathrm{i}\cos(\theta/2)\sin(\varphi/2) \\ \sin(\theta/2)\mathrm{e}^{\mathrm{i}\varphi/2}\cos(\varphi/2) + \mathrm{i}\sin(\theta/2)\sin(\varphi/2) \end{bmatrix} \tag{4.20}$$

其中,$a_0 = \cos(\theta/2)\cos(\varphi/2)$,$a_1 = \sin(\theta/2)\sin(\varphi/2)$,$a_2 = -\sin(\theta/2)\cos(\varphi/2)$,$a_3 = -\cos(\theta/2)\sin(\varphi/2)$.

态矢 $\mid \psi \rangle$ 所对应的几何代数表达式为

$$\psi = a_0 I + a_1 I\sigma_x + a_2 I\sigma_y + a_3 I\sigma_z$$

$$= \cos(\theta/2)\cos(\varphi/2) + \sin(\theta/2)\sin(\varphi/2)I\sigma_x - \sin(\theta/2)\cos(\varphi/2)I\sigma_y$$

$$\quad - \cos(\theta/2)\sin(\varphi/2)I\sigma_z$$

$$= \cos(\theta/2)(\cos(\varphi/2) - \sin(\varphi/2)I\sigma_z) - \sin(\theta/2)(\cos(\varphi/2) - \sin(\varphi/2)I\sigma_z)I\sigma_y$$

$$= e^{-I\sigma_z\varphi/2}(\cos(\theta/2) - I\sigma_y\sin(\theta/2))$$

$$= e^{-I\sigma_z\varphi/2}e^{-I\sigma_y\theta/2} \tag{4.21}$$

同理可得,ψ 的逆序为 $\widetilde{\psi} = e^{I\sigma_y\theta/2}e^{I\sigma_z\varphi/2}$.

极化矢量可以表示为 σ_x,σ_y 和 σ_z 的线性组合,即

$$\psi\sigma_z\widetilde{\psi} = e^{-I\sigma_z\varphi/2}e^{I\sigma_y\theta/2}\sigma_z e^{I\sigma_y\theta/2}e^{I\sigma_z\varphi/2}$$

$$= e^{-I\sigma_z\varphi/2}\sigma_z(\cos\theta + I\sigma_y\sin\theta)e^{I\sigma_z\varphi/2}$$

$$= e^{-I\sigma_z\varphi/2}(\sigma_z\cos\theta + \sigma_x\sin\theta)e^{I\sigma_z\varphi/2}$$

$$= \sigma_z\cos\theta + \sin\theta e^{-I\sigma_z\varphi/2}\sigma_x e^{I\sigma_z\varphi/2}$$

$$= \sigma_z\cos\theta + \sin\theta\sigma_x(\cos\varphi + I\sigma_z\sin\varphi)$$

$$= \sin\theta\cos\varphi\sigma_x + \sin\theta\sin\varphi\sigma_y + \cos\theta\sigma_z \tag{4.22}$$

显然,极化矢量 $\psi\sigma_z\widetilde{\psi}$ 与 Bloch 矢量 $n = (\sin\theta\cos\varphi \quad \sin\theta\sin\varphi \quad \cos\theta)$ 是完全一致的.纯态时系统极化矢量的模为 1,即 Bloch 矢量分布在单位球面上.

4.1.3　混合态的 Bloch 球几何表示

量子系综的混合态 ρ 需用密度矩阵来描述.对于任意混合态的密度矩阵描述形式为 $\rho = \sum_i p_i |\psi_i\rangle\langle\psi_i|$,其中,$p_i$ 为对应状态 $|\psi_i\rangle$ 的概率,且有 $\sum_i p_i = 1$.密度算子满足如下性质:

(1) 密度算子是厄米的:$\rho^\dagger = \rho$,或 $\rho_{ij} = \rho_{ji}^*$;

(2) 密度算子的迹为 1:$\mathrm{tr}(\rho) = 1$;

(3) 密度算子是半正定算子.

两个不同的混合态量子系统有可能产生相同的密度矩阵.假设有密度矩阵

$$\rho = \frac{3}{4}|0\rangle\langle0| + \frac{1}{4}|1\rangle\langle1| \tag{4.23}$$

定义 $|m\rangle = \dfrac{\sqrt{3}}{2}|0\rangle + \dfrac{1}{2}|1\rangle, |n\rangle = \dfrac{\sqrt{3}}{2}|0\rangle - \dfrac{1}{2}|1\rangle$,则可以验证

$$\rho = \frac{3}{4}|0\rangle\langle 0| + \frac{1}{4}|1\rangle\langle 1| = \frac{1}{2}|m\rangle\langle m| + \frac{1}{2}|n\rangle\langle n| \tag{4.24}$$

由式(4.24)可见,密度矩阵即可表示量子系综状态以 3/4 的概率处于状态 $|0\rangle$,1/4 的概率处于状态 $|1\rangle$,也可以表示量子系综状态以 1/2 的概率处于状态 $|m\rangle$,1/2 的概率处于状态 $|n\rangle$.

二能级量子系统的密度算子为 2×2 的矩阵,任意一个 2×2 的厄米矩阵可以被分解为 1 个单位矩阵与 3 个泡利矩阵的线性叠加:

$$\rho = \frac{I + n \cdot \sigma}{2} = \frac{I + n_x\sigma_x + n_y\sigma_y + n_z\sigma_z}{2} \tag{4.25}$$

其中,$n = (n_x \quad n_y \quad n_z)$ 为 Bloch 矢量;$\sigma = (\sigma_x \quad \sigma_y \quad \sigma_z)$,$\sigma_x, \sigma_y, \sigma_z$ 为泡利矩阵;I 为 2 维单位矩阵.

由于泡利矩阵具有迹为零的特性,即 $\mathrm{tr}(\sigma_x) = \mathrm{tr}(\sigma_y) = \mathrm{tr}(\sigma_z) = 0$,求式(4.25)的迹可得:$\mathrm{tr}(\rho) = \mathrm{tr}(I/2) = 1$.

又因为 $\mathrm{tr}(\sigma_x\sigma_y) = \mathrm{tr}(\sigma_z\sigma_y) = \mathrm{tr}(\sigma_x\sigma_z) = 0$,$\mathrm{tr}(\sigma_x^2) = \mathrm{tr}(\sigma_y^2) = \mathrm{tr}(\sigma_z^2) = 2$,则有

$$\langle \sigma_x \rangle = \mathrm{tr}(\rho\sigma_x) = \mathrm{tr}\left(\frac{I\sigma_x + n_x\sigma_x\sigma_x + n_y\sigma_y\sigma_x + n_z\sigma_z\sigma_x}{2}\right) = n_x \tag{4.26}$$

同理可得,$\langle \sigma_y \rangle = n_y$,$\langle \sigma_z \rangle = n_z$.

由此可见,泡利算符 σ_x, σ_y 和 σ_z 力学量的平均值分别对应 Bloch 矢量在相应方向上的分量,且有

$$\mathrm{tr}(\rho^2) = \mathrm{tr}\left(I\frac{1 + n_x^2 + n_y^2 + n_z^2}{4}\right) = \frac{1 + \|n\|^2}{2} \tag{4.27}$$

其中,$\|n\| \leqslant 1$.当 $\|n\| = 1$ 时,量子系统为纯态,即纯态处于 Bloch 球面上;当 $\|n\| < 1$ 时,量子系统处于混合态,它们处于 Bloch 球内.由此我们可以推导出系统处于纯态的充要条件是 $\mathrm{tr}(\rho) = \mathrm{tr}(\rho^2) = 1$.

将泡利矩阵式(4.8)代入式(4.25)有

$$\rho = \frac{I + n \cdot \sigma}{2} = \frac{1}{2}\begin{bmatrix} 1 + n_z & n_x - \mathrm{i}n_y \\ n_x + \mathrm{i}n_y & 1 - n_z \end{bmatrix} \tag{4.28}$$

其中,$n = (n_x \quad n_y \quad n_z)$ 为 Bloch 矢量中的 $(x \quad y \quad z)$ 分量;n_x, n_y 和 n_z 的值可以用待

定系数法求得.

式(4.28)即为量子系统混合态密度矩阵与Bloch矢量的对应关系,因而,当密度矩阵给定时,Bloch矢量可唯一确定.

下面将根据式(4.28)具体求解量子态与Bloch矢量的对应关系.

(1) 对于给定的一个具体的混合态密度矩阵 $\rho = \dfrac{3}{4}|0\rangle\langle0| + \dfrac{1}{4}|1\rangle\langle1|$,有

$$\rho = \frac{3}{4}|0\rangle\langle0| + \frac{1}{4}|1\rangle\langle1| = \begin{bmatrix} 3/4 & 0 \\ 0 & 1/4 \end{bmatrix} = \frac{1}{2}\begin{bmatrix} 1 + \dfrac{1}{2} & 0 \\ 0 & 1 - \dfrac{1}{2} \end{bmatrix} \tag{4.29}$$

通过令式(4.28)和式(4.29)对应系数相等可求得 $n_x = 0, n_y = 0$ 和 $n_z = \dfrac{1}{2}$,则该混合态量子系统对应的Bloch矢量为 $n = \begin{pmatrix} 0 & 0 & \dfrac{1}{2} \end{pmatrix}$,如图4.2所示.

(2) 对于量子态 $|\psi\rangle = \dfrac{1}{2}|0\rangle + \dfrac{\sqrt{3}}{2}|1\rangle$,其密度矩阵为

$$\begin{aligned} \rho = |\psi\rangle\langle\psi| &= \left(\frac{1}{2}|0\rangle + \frac{\sqrt{3}}{2}|1\rangle\right)\left(\langle0|\frac{1}{2} + \langle1|\frac{\sqrt{3}}{2}\right) \\ &= \frac{1}{4}|0\rangle\langle0| + \frac{\sqrt{3}}{4}|0\rangle\langle1| + \frac{\sqrt{3}}{4}|1\rangle\langle0| + \frac{3}{4}|1\rangle\langle1| \\ &= \frac{1}{2}\begin{bmatrix} \dfrac{1}{2} & \dfrac{\sqrt{3}}{2} \\ \dfrac{\sqrt{3}}{2} & \dfrac{3}{2} \end{bmatrix} = \frac{1}{2}\begin{bmatrix} 1 + \left(-\dfrac{1}{2}\right) & \dfrac{\sqrt{3}}{2} + \mathrm{i}0 \\ \dfrac{\sqrt{3}}{2} - \mathrm{i}0 & 1 - \left(-\dfrac{1}{2}\right) \end{bmatrix} \end{aligned} \tag{4.30}$$

此时可得,$n_x = \dfrac{\sqrt{3}}{2}, n_y = 0, n_z = -\dfrac{1}{2}$,该量子态对应的Bloch矢量 $n' = \begin{pmatrix} n_x & n_y & n_z \end{pmatrix}$ $= \begin{pmatrix} \dfrac{\sqrt{3}}{2} & 0 & -\dfrac{1}{2} \end{pmatrix}$.因为有 $\mathrm{tr}(\rho^2) = \mathrm{tr}(\rho) = \dfrac{4}{4} = 1$,所以该状态为纯态,且落在Bloch球面上,如图4.2所示.

当密度矩阵 $\rho = I/2$ 时,可得 $n_x = 0, n_y = 0$ 和 $n_z = 0$;Bloch矢量 $n = \begin{pmatrix} 0 & 0 & 0 \end{pmatrix}$ 处于球心,该系统处于完全(最大)混合态,此时不能获取量子系统的任何信息.

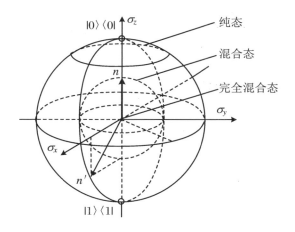

图 4.2　混合态在 Bloch 球中的位置

　　本节研究了二能级量子系统状态的 Bloch 球的几何表示方法.当系统为纯态时,对应的 Bloch 矢量位于单位球面上;当系统为混合态时,对应的 Bloch 矢量位于单位球面内,特别当系统状态对应 Bloch 球的球心时,表明系统处于完全混合状态,此时不能获取量子系统的任何信息.Bloch 球的几何表示方法对用复数表示的量子系统状态的认识具有直接和直观效果,为描述量子系统的状态、运动轨迹及其分析带来了方便.

4.2　量子力学系统与双线性系统可控性关系的对比

4.2.1　引言

　　量子系统控制的理论问题中最引人瞩目的是量子系统的可控性问题,而且许多特殊情况下的量子系统可控性问题已经被解决,如连续光谱量子系统的可控性问题、双线性量子系统波函数的可控性问题、分子系统的可控性问题、分布式系统的可控性问题、旋转系统的可控性问题、核磁共振分光器量子演化的可控性问题、紧致李群量子系统的可控性问题等.在解决这些问题中,人们引入了许多有关量子系统可控性的新观点和新概念,有关量子系统可控性问题的研究大多是基于李群和李代数来进行推导的.

很多物理情况下,多能级量子系统的动力学可以用薛定谔方程的形式来描述:

$$| \dot{\psi} \rangle = H | \psi \rangle = \left(A + \sum_{i=1}^{m} B_i u_i(t) \right) | \psi \rangle \tag{4.31}$$

其中,$| \psi \rangle$是一个在复球面上变化的状态向量,是由 n 个复元素组成的列向量,其元素的形式为 $x_j + \mathrm{i} y_j, j = 1, \cdots, n$,并且满足 $\sum_{j=1}^{n} x_j^2 + y_j^2 = 1$. H 为系统哈密顿量,矩阵 A,$B_1, \cdots, B_m$ 是具有斜厄米矩阵的 $n \times n$ 维李代数 $u(n)$ 中的元素,如果 $A, B_1, \cdots, B_m$ 的阵迹为零,那么它们所对应的李代数是具有迹零的 $su(n)$. 函数 $u_i(t), i = 1, 2, \cdots, m$ 是时变的起控制作用的电磁场,假定它们是连续的并且有幅度限制.

式(4.31)在时刻 t 的解 $|\psi(t)\rangle$,在初始条件 $|\psi_0\rangle$ 下被给定为

$$| \psi(t) \rangle = X(t) | \psi(0) \rangle \tag{4.32}$$

其中,$X(t)$ 是 t 时刻方程

$$\dot{X}(t) = \left(A + \sum_{i=1}^{m} B_i u_i(t) \right) X(t) \tag{4.33}$$

的解,该方程的初始条件是 $X(0) = I_{n \times n}$.

求解 $X(t)$ 是在特殊幺正李群 $SU(n)$ 或者在幺正李群 $U(n)$ 上变化进行的,并根据 A 和 B_i 的迹为零或不为零来决定.虽然量子系统所描述的是微观领域中粒子的运动规律,不过从式(4.31)和式(4.33)中都可以看出,其系统的数学模型在形式上就是宏观领域中的双线性系统的微分方程.通过对宏观系统可控性的研究表明,线性系统 $\dot{X} = AX + Bu$ 的能控性与由其系数矩阵 $\{B, AB, \cdots, A^{n-1}B\}$ 展成的线性空间有关;双线性系统的可控性与由 A,B 以及括号得到的线性矩阵空间有关,称作双线性系统的李代数.我们进一步深入研究表明,在采用李群和李代数对系统可控性进行研究的情况下,量子系统的可控性与双线性系统的可控性在本质上是相关的,即某种量子系统的可控性就是双线性系统在一定条件下的可控性.紧致李群上的量子系统的可控性的研究也表明量子系统的可控性依赖于它的动力学李群,并且许多不同的可控性概念实际上是等价的.

本节将揭示量子系统和双线性系统在可控性方面的内在关系.在界定了双线性系统、矩阵系统和右不变系统的基础上,归纳出已有的对 3 种不同系统的可控性定理,重点放在对双线性系统的可控性定理的总结以及与双线性系统可控性之间的关系上,其中特别强调它们的可控性定理主要根据李群、李代数的特性来判断,并以类似方法来详细分析各种不同情况下的量子系统的可控性定理,通过对比,指出现有的有关量子系统可控性定理与双线性系统可控性定理之间的对应关系,由此揭示每一种量子系统可控性定理

的适用情况以及各种不同量子系统可控性概念之间的相互关系.

4.2.2 双线性系统、矩阵系统和右不变系统可控性的对比

4.2.2.1 双线性系统、矩阵系统和右不变系统之间的关系

由方程(4.33)可以看出,量子系统所描述的系统模型以及一般的双线性系统都采用的是状态空间方程.对于状态空间方程,其中的状态变量可以有两种表示方式:一种是向量,另一种是矩阵.通常情况下,系统的状态变量大多采用向量表示,由此获得的系统模型就是人们熟知的向量形式的双线性系统,简称双线性系统:

$$\dot{x} = \left(A + \sum_{i=1}^{m} u_i B_i\right)x, \quad x \in \mathbf{R}^n/\{0\} \tag{4.34}$$

其中,x 是系统的状态变量,属于 n 维空间的向量.

不过在实际应用中,也同时存在一些系统如刚体的姿态控制(Brockett,1972)等,这些系统的状态空间都只能为矩阵群,由此建立出的系统模型则是矩阵双线性系统,简称矩阵系统,此时系统的微分方程形式为

$$\dot{X} = \left(A + \sum_{i=1}^{m} u_i B_i\right)X, \quad X \in \mathbf{R}^{n \times n} \tag{4.35}$$

其中,X 是系统的状态变量,为 $n \times n$ 矩阵.

如果矩阵系统的状态空间为李群 G,且 $A, B_1, \cdots, B_m$ 是李群 G 上的右不变向量场,则这样的矩阵系统被称为右不变双线性系统,简称右不变系统,其微分方程的形式为

$$\dot{X} = \left(A + \sum_{i=1}^{m} u_i B_i\right)X, \quad X \in G \tag{4.36}$$

其中,X 是系统的状态变量,为 $n \times n$ 矩阵;A, B_i 不仅为系统的系数矩阵,而且还构成李群 G 上的右不变向量场.

比较式(4.35)和式(4.36)可以看出,在形式上矩阵系统和右不变系统的最大不同在于所属空间不同:前者的状态变量属于一般的 $n \times n$ 维实空间;后者属于李群.从系统的角度来说,一般系统的可控性可以由以下定义给出.

定义 4.1(程代展,1987)　称一个系统为可控的,如果给定系统的任意两状态 x_0,x_1,存在一时间 $T \geqslant 0$ 和定义在 $[0, T]$ 上的容许控制 u 使得对 $x(0) = x_0$,有 $x(T) = x_1$.

对于如双线性这样特殊的非线性系统,其状态变量采用集合表示比较方便,所以其

可控性我们用定义 4.2 给出.

定义 4.2 任意一点 $x \in M$, 在时间 $T \geqslant 0$ 内到达的点的集合记作 $R^T(x)$; 所有的在 $T \geqslant 0$ 时的 $R^T(x)$ 的集合记作 $R(x)$; 如果 $R(x_0) = M$, 则称系统在 x_0 是可控的; 如果对任一 $x \in M$, $R(x) \neq \varnothing$, 且 $R(x) = M$, 则称系统是全局可控的, 简称系统是可控的.

对以上三种系统可控性的研究目前并没有像线性系统那样完善, 有许多问题还没解决, 如双线性系统可控性的充要条件. 但是对特殊条件下双线性系统的可控性研究已获得很多的结论. 有关双线性可控性的研究大多是基于李代数理论获得的. 最早获得的是对矩阵系统和右不变系统的可控性(Jurdjevic, Sussmann, 1972), 这是因为向量双线性系统的解是通过转移矩阵 $\Phi(u; t, 0)$ 来获得的, 即 $x(t) = \Phi(u; t, 0)x(0)$, 所以人们通过研究转移矩阵 $\Phi(u; t, 0)$ 的可控性, 再通过转移矩阵同样满足系统方程的性质: $\dot{\Phi} = (A + \sum\limits_{i=1}^{m} u_i B_i)\Phi$, $\Phi(u; 0, 0) = I$, 变换为矩阵系统, 以此方式通过研究由转移矩阵构成的矩阵系统的可控性来研究原双线性系统的可控性. 由于右不变系统是矩阵系统在李群中的情况, 不同的李群使得右不变系统表现出不同的性质, 因而对右不变系统的研究所获得的结论最多也最深入. 通过研究右不变系统的可控性, 再给定一定的条件限制, 就可以推断出双线性系统的可控性, 有关这方面的研究成果见 4.2.2.4 小节.

对于以上三种系统, 其控制量的选取一般是分段常量函数, 其优点一是易于实现, 二是当取其他函数时, 可以用分段常量函数进行近似. 本节若无特别说明, 控制量取分段常量函数. 例如当控制量取可测函数时, 双线性系统的可控性在特殊条件($A, B_1, \cdots, B_m$ 是可交换的)下等同于控制量是分段常量函数时的可控性(Khapalov, Mohler, 1996).

4.2.2.2 矩阵系统的可控性

对于矩阵系统的可控性研究, 在引入李代数的基础上, 还要考虑李群, 主要分为两种情况: 无漂移系统和漂移系统(又称非对称结构). 最简单的无漂移系统: $\dot{X} = \sum\limits_{i=1}^{m} u_i B_i X$, 即矩阵方程中无 A 项的对称结构. 由于可以证明该系统状态的可达集等价于由 $\{B_1, \cdots, B_m\}$ 形成的李代数指数映射所对应的李群, 所以研究起来较方便, 已获得可控性的充要条件和一些充分条件, 其中之一为:

定理 4.1(Brockett, 1972) 任给一时间 $t_a > 0$, 以及两个非奇异矩阵 X_1, X_2, 存在分段常量控制量能使系统从状态 $X_1(t=0)$ 转移到状态 $X_2(t=t_a)$ 的充要条件是: $X_2 X_1^{-1} \in \{\exp\{B_i\}_A\}_G$.

当矩阵系统是如式(4.33)所表示的漂移系统时, 系统状态的可达集只是由 $\{A, B_1, \cdots, B_m\}$ 形成的李代数指数映射所对应的矩阵群的子半群, 所以该矩阵系统只能在系数取特定值的情况下得出一些结论.其中一个定理如下.

定理 4.2（Brockett,1972） 假定$[ad_A^k B_i, B_j]=0(i,j=1,2,\cdots,m;k=0,1,\cdots,n^2-1)$,设 H 是由 $ad_A^k B_i(i=1,2,\cdots,m;k=0,1,\cdots,n^2-1)$张成的 $\mathbf{R}^{n\times n}$ 的线性子空间;任给一时间 $t_a>0$,以及两个矩阵 X_1,X_2,存在分段连续控制量,能使系统从状态 $X_1(t=0)$转移到状态 $X_2(t=t_a)$的充要条件是:存在 $h\in H$ 使得 $X_2=\exp(At_a)\cdot\exp(h)X_1$.

4.2.2.3 右不变系统的可控性

右不变系统的可控性的必要条件是:李群 G 是连通的,所以对右不变系统可控性的研究都是在连通李群的范畴内进行的,主要通过两种不同的途径来获得:一种是从判断任意一点的可达集是否等于李群来获得(Sachkov,1997);另一种是从李代数和可达集的拓扑结构来得到(Sachkov,2003).对于其他判断右不变系统可控性的方法,重点在于先分析右不变系统所作用的李群特性,所以在运用各个定理时,李群的特性要判断清楚.以下为了书写与研究方便,将右不变系统的可控性定义为右不变系统 $\Gamma=\{A+\sum_{i=1}^{m} u_i(t)B_i \mid u_i(t)\in R\}\subset g$ 在李群 G 上的可控性,其中 g 是李群 G 对应的李代数.有关右不变系统的可控性的主要结论有:

定理 4.3 当李群 G 是连通李群,同时右不变系统是对称系统时获得的可控性充要条件是:$Lie(\Gamma)=g$,其中,$Lie(\Gamma)$表示 Γ 中的元素形成的李代数(Gauthier,Borard,1982).

定理 4.4 当李群 G 是连通李群,右不变系统是非对称系统时,一个结论是从李代数和子群的性质获得,另一个是从右不变系统的局部可控性来获得它的可控性.定理的详细内容见文献(Sachkov,2003).

定理 4.5 如果引入李饱和的概念,则对连通李群 G 获得的可控性充要条件是:$LS(\Gamma)=g$,其中,$LS(\Gamma)$是指李饱和,即 Γ 对应的李代数 $Lie(\Gamma)$与 Γ 的饱和 $Sat(\Gamma)$的交集(Sachkov,2003).

定理 4.6 对于特殊的连通李群如紧连通李群得到可控性的充要条件是:$Lie(\Gamma)=g$.

定理 4.7 如果李群 G 是可解的单连通李群,则其右不变系统可控性定理是从李代数和子空间的角度获得的(Hilgert et al.,1985).

定理 4.8 如果李群 G 是完全可解的单连通李群或者是幂零的单连通李群,其可控性的充要条件是(Jurdjevic,Kupka,1981):$Lie(B_1,\cdots,B_m)=g$.

定理 4.9 如果李群 G 是半单李群,由于半单李群对应的李代数可以由任意一对向量场张成,所以只需研究控制量为单个的情况.其右不变系统可控性主要是利用特征根,并针对系数特殊的情况获得的充分条件,见文献(Assoudi,Gouthier,1989;Lawson,1985).

定理 4.10 如果李群 G 是单李群,则对右不变系统的可控性进行分析时主要是针对不同特性的系统获得的定理,见文献(Gauthier et al.,1984;Leite,Crouch,1988;Assoudi,Gouthier,1988).

4.2.2.4 双线性系统的可控性

双线性系统的可控性定理大多数是从右不变系统和矩阵系统的研究中得出的,部分是从双线性系统自身出发针对特殊情况来研究获得结论的.

对于控制量为单个的系统 $\dot{x}=(A+uB)x$ 的可控性,可以直接从系统系数矩阵 A 和 B 入手,不必使用李代数理论,所获得的结论是:

定理 4.11 如果状态变量都是非负的,即 $\mathbf{R}_+^n=\{x\in\mathbf{R}^n\,|\,x\geqslant 0\}$,系统 $\dot{x}=(A+uB)x$ 在单个控制量不受限制的情况下由初始状态 $x(0)\geqslant 0$ 转移到终态 $x(T)\geqslant 0$ 的充要条件为: A 是非负的($a_{ij}\geqslant 0,i\neq j$),且 B 是对角矩阵.对于控制量为多个的系统推广情况见文献(Boothby,1982).

在引入李代数理论时,所获得的必要条件的结论为:

定理 4.12 双线性系统可控性的必要条件为:该系统是可达的(Khapalov,Mohler,1996)或者李代数是可递的(Sachkov,2003)或者李代数对应的李群在 $\mathbf{R}^n/\{0\}$ 处是可递的(Sussmann,Jurdjevic,1972;Boothby,Wilson,1979).

对于双线性系统可控性的充分条件所获得的结论大多只针对单输入控制量的情况,所获得的结论是在 A 和 B 为特殊情况下利用李代数理论或特征值情况进行判断的,主要结论有:

定理 4.13 对于单输入控制量的双线性系统可控的充分条件是(Koditschek,Narendra,1985):双线性系统的 A 为斜对称的,且 $\mathrm{rank}\{Ax,Bx,ad_A(B)x,\cdots,ad_A^{n^2-1}(B)x\}=n$,其中,任意 $x\in\mathbf{R}^n/\{0\}$,且控制量有界.

定理 4.14 对于单输入控制量的双线性系统可控性的另一个充分条件是(Jurdjevic,Quinn,1978): A 的特征值为纯虚数且互不相同,同时李代数满秩.

定理 4.15 状态变量是 2 维的单输入控制量的双线性系统可控性的充要条件是(Gauthier,Borard,1982): A 和 B 是线性不相关的,且对任意实数 μ,$A+\mu B$ 的特征值是非实的,即特征值既有正实部又有负实部.

对于多输入控制量的情况则主要是从右不变系统的可控性结论来考虑的.

对于双线性系统可控性的判定可以利用右不变系统可控性结论推导出.考查双线性系统的转移矩阵的性质：

$$\dot{\Phi} = (A + \sum_{i=1}^{m} u_i B_i)\Phi, \quad \Phi(u;0,0) = I \tag{4.37}$$

此时如果想把转移矩阵方程看作右不变系统,首先确定右不变系统的李群 G,该李群 G 必包含状态转移矩阵的集合 $\{\Phi\}$,它等于方程(4.36)从单位矩阵状态出发的可达状态集,即 $\{\Phi\} = \{\exp(t_N A_N), \cdots, \exp(t_1 A_1)\,I \mid t_i \geqslant 0; A_i \in \Gamma\}$,由于李群 G 必须包含 $\{\Phi\}$,所以一般情况下选择李群 G 为包含 $\{\Phi\}$ 的最小李群,即 $G = e^L$,其中,L 是由 A,$B_i(i=1,\cdots,m)$ 形成的李代数,$G = e^L$ 是李代数 L 由指数映射对应的李群.显然 A,B_i $(i=1,\cdots,m)$ 是李群 G 上的右不变向量场.此时式(4.36)就可以看作右不变系统.

根据文献(Sachkov,1997)中定理5.1可以验证双线性系统的解 $x(t) = \Phi(u;t,0)x(0)$ 中的关系符合光滑映射 θ 的性质,并且诱导映射系统就是双线性系统,可得定理如下：

定理 4.16 如果右不变系统是可控的,则双线性系统是可控的.

定理 4.17 如果状态转移矩阵集合 $\{\Phi\}$ 在 $\mathbf{R}^n/\{0\}$ 是可递的,则双线性系统是可控的.

注意状态转移矩阵集合 $\{\Phi\}$ 是李群 G 的子半群.所以如果李群 G 在 $\mathbf{R}^n/\{0\}$ 上是可递的,并不能说明状态转移矩阵集合 $\{\Phi\}$ 在 $\mathbf{R}^n/\{0\}$ 上是可递的,但反过来成立,所以李群 G 在 $\mathbf{R}^n/\{0\}$ 上是可递的只是双线性系统是可控的必要条件,不是充分条件.

对于特殊情况下的双线性系统,其转移矩阵集合与李群 G 是等价的,此时可得双线性系统可控的充要条件.例如无漂移的双线性系统的转移矩阵集合就是 A,$B_i(i=1,\cdots,m)$ 形成的李代数所对应的李群 e^L,它的可控性的充要条件是李群 e^L 在 $\mathbf{R}^n/\{0\}$ 上是可递的.

对于通过矩阵系统的可控性来判定双线性系统的可控性,同样是利用状态转移矩阵的性质：由于矩阵系统的状态空间是矩阵群,而状态转移矩阵集合 $\{\Phi\}$ 是矩阵群的子半群.此时判断双线性系统的可控性与右不变系统的定理4.17一样：如果矩阵系统是可控的,同样可推出双线性系统是可控的,不过此时无多大实用价值,因为我们已经知道矩阵系统本身的可控性也只有在 A,$B_i(i=1,\cdots,m)$ 为特定条件下才能得出.

4.2.3　有限维量子系统的可控性

4.2.3.1　量子系统的不同可控性定义

重新考虑由有限维多级量子系统的数学模型(Albertini,Alessandro,2003)：

$$|\dot{\psi}\rangle = (A + \sum_{i=1}^{m} u_i B_i) |\psi\rangle \qquad (4.38)$$

其中,$|\psi\rangle$ 是在复球面 S_Φ^{n-1} 变化的状态向量;复球面 S_Φ^{n-1} 定义为复数 $x_j + iy_j(j=1,\cdots,n;\sum_{j=1}^{n}x_j^2 + y_j^2 = 1)$ 的 n-ples 的集合.矩阵 $A,B_1,\cdots,B_m$ 是在李代数 $u(n)$ 中的斜厄米矩阵;如果矩阵 $A,B_1,\cdots,B_m$ 的迹为零,则它们是在李代数 $su(n)$ 中的斜厄米矩阵.式(4.38) 在时刻 t、初态为 $|\psi_0\rangle$ 的解为 $|\psi(t)\rangle = X(t)|\psi_0\rangle$,其中,$X(t)$ 是方程 $\dot{X}(t) = (A + \sum_{i=1}^{m}u_i B_i)X(t)$ 在初始条件为 $X(0) = I_{n\times n}$、时刻 t 的解;$X(t)$ 属于 $U(n)$ 或 $SU(n)$ 群.

通过对于以上三种系统的可控性分析,联系量子系统的数学模型发现,量子系统经过变换推导所获得的由幺正演化算符 $X(t)$ 构成的数学模型就是矩阵双线性系统.

在量子系统可控性问题的研究上,由于系统本身的复杂性,至今没有形成统一的可控性理论.主要还是针对一些特殊情况进行研究.Huang 和 Tarn 等根据量子系统的物理意义以及分析的方便,针对希尔伯特空间中由范数定义为单位球 S_H 的情况(Huang et al.,1983;Tarn et al.,2000),此时状态空间是无限维的,因而造成量子系统从状态 $|\psi_0\rangle$ 演化的流形也是无限维的.而一般的可控性定理是针对有限维的双线性和非线性系统的情况,所以如果想把已有的可控性定理运用到量子系统中,则必须寻找状态空间为有限维的特殊情况(如仅旋转起作用的情况).这可以通过 Nelson 定理引入希尔伯特空间的解析域对状态进行分析,此时的量子系统状态 $|\psi_0\rangle$ 演化的流形就可变成有限维.该方法的优点是:解析域在希尔伯特空间是稠密的,而且解析域对算符是不变的,解析域里量子系统方程的解可以用指数来全局表示.通过解析域来定义量子系统的可控性如下.

解析可控性 设 $|\psi_0\rangle$ 是属于解析域 $D_{\tilde{\omega}}$ 中的一个解析向量场,且解析域在状态空间是稠密的;如果对所有的 $|\psi_0\rangle \in M \bigcap D_{\tilde{\omega}}$,都有 $R(|\psi_0\rangle) = M \bigcap D_{\tilde{\omega}}$ 成立,则系统在微分流形 $M \subseteq S_H$ 上是解析可控的.

Turinici 和 Claudio 把状态空间定义为特殊的单位球 $S(0,1) = \{f \in L^2(R^\gamma); \|f\|_{L^2(R^\gamma)} = 1\}$,他们通过引入有限维的微分流形 M,定义 $S_M = S(0,1) \bigcap M$,得出量子系统的波函数可控性(Turinici,2000;Claudio,2002).波函数可控性是解析可控性的一类特殊表示.

本节以下所讨论的状态空间是另一类特殊的单位复球 S_Φ^{n-1} 的情况,该复球被定义为复数 $x_j + iy_j(j=1,\cdots,n;\sum_{j=1}^{n}x_j^2 + y_j^2 = 1)$ 的 n-ples 的集合.发现复球 S_Φ^{n-1} 就是有限维流形和解析域的交集,所以在此基础上讨论的可控性定理都可以看作解析可控性的特殊情况.

针对量子系统本身的特点,量子系统的可控性有以下 6 种定义.

算符可控性 量子系统是算符可控的,如果每一个所期望状态的幺正(或特殊幺正)操作都可以用一个合适的控制场来实现.由式(4.32)和式(4.33)可知:如果存在控制量能驱动式(4.33)中的状态从初态 $X(0) = I_{n \times n}$ 演变到 $U(n)$(或 $SU(n)$)中的任意状态 X_f,则称量子系统(4.33)是算符可控的.

纯态可控性 量子系统被称为纯态可控的,如果对于每一对在复球面 S_ϕ^{n-1} 中的初态 $|\psi_0\rangle$ 和终态 $|\psi_1\rangle$,存在控制量 $u_1, \cdots, u_m$ 和一个时刻 $t > 0$,使得式(4.31)在初始条件 $|\psi(0)\rangle = |\psi_0\rangle$,时刻为 t 时的解是 $|\psi(t)\rangle = |\psi_1\rangle$.

等价状态可控性 量子系统被称为等价状态可控的,如果对于每一对在复球面 S_Φ^{n-1} 中的初态 $|\psi_0\rangle$ 和终态 $|\psi_1\rangle$,存在控制量 $u_1, \cdots, u_m$ 和一个相位因数 φ 使得式(4.31)在初态为 $|\psi(0)\rangle = |\psi_0\rangle$,时刻 $t > 0$ 时的解满足 $|\psi(t)\rangle = e^{i\varphi} |\psi_1\rangle$.

密度矩阵可控性 量子系统被称为密度矩阵可控的,如果对于每一对酉等价密度矩阵 ρ_1, ρ_2,存在控制量 $u_1, \cdots, u_m$ 和一个时刻 $t > 0$ 使得式(4.33)在时刻为 t 时的解 $X(t)$ 满足 $X(t)\rho_1 X^*(t) = \rho_2$.

算符可控性的定理(Boothby, Wilson, 1979) 量子系统是算符可控的充要条件是 $Lie\{A, B_1, \cdots, B_m\}$ 等于 $u(n)$(或 $su(n)$).

由于矩阵 $A, B_1, \cdots, B_m$ 是在李代数 $u(n)$ 或 $su(n)$ 中的斜厄米矩阵,它所对应的李群是 $U(n)$(或 $SU(n)$),且 $A, B_1, \cdots, B_m$ 可以看作在幺正李群 $U(n)$(或 $SU(n)$)上的右不变向量场,所以由式(4.33)所表示的量子系统就是一个右不变系统.众所周知,幺正李群 $U(n)$(或 $SU(n)$)是连通紧李群;而右不变系统在连通紧李群上可控的充要条件是 $Lie(\Gamma) = g$.由此我们可以得出结论:量子系统的算符可控性定理是根据右不变系统可控性的定理4.6获得的.

算符可控性可以通过验证由 $\{A, B_1, B_2, \cdots, B_m\}$ 所产生的李代数是否是一个完全李代数 $u(n)$(或 $su(n)$)来判定.更一般地,由于 $u(n)$ 的李子代数与 $U(n)$ 的连通李子群之间存在着一一对应的关系,我们用符号 L 表示由 $\{A, B_1, B_2, \cdots, B_m\}$ 产生的李代数,用 e^L 表示相应的 $U(n)$ 的连通李群,对于由式(4.34)所描述的双线性系统 $\dot{x} = (A + \sum_{i=1}^{m} u_i B_i)x, x \in \mathbf{R}^n / \{0\}$,所对应的状态转移矩阵集合只是李群 e^L 的子半群,并不一定等于李群 e^L,所以由定理4.12可得其可控的必要条件是对应于李代数 $L = Lie\{A, B_1, \cdots, B_m\}$ 的李群 e^L 在域 $\mathbf{R}^n / \{0\}$ 上是可递的.而量子系统的幺正演化算符集合等于李群 e^L,所以量子系统是纯态可控的充要条件是:对应于李代数 $L = Lie\{A, B_1, \cdots, B_m\}$ 的

李群 e^L 在复球面 S_Φ^{n-1} 上是可递的.假如双线性系统的李代数 $Lie\{A,B_1,\cdots,B_m\}$ 也是紧致李代数,则其状态转移矩阵集合就等于李群 e^L,此时双线性系统可控性的充要条件也是李群 e^L 在域 $\mathbf{R}^n/\{0\}$ 上是可递的.由此我们可以得出结论:量子系统的纯状态可控性与向量双线性系统的可控性定理是一致的.

一般向量双线性系统的可控性判定并没有充要条件,只有具体到某一特殊情况时才有.由于量子系统是一类特殊系统,其纯态可控性就有充要条件,通过紧连通李群在复球面上的可递性,可以推导出量子系统纯状态可控的其他的充要条件,如同构李群在实球面上的可递性如下.

纯态可控性的定理 量子系统是纯态可控的充要条件是:当 n 为偶数时,L 同构于 $sp(n/2)$ 或者 $u(n)$(或 $su(n)$);当 n 为奇数时,L 同构于 $u(n)$(或 $su(n)$).

4.2.3.2 量子系统不同可控性之间的关系

下面我们将分别对量子系统可控性的定理及其相互之间的关系进行分析对比.

如果量子系统是算符可控的,则有:$Lie\{A,B_1,\cdots,B_m\}$ 等于 $u(n)$(或 $su(n)$),所对应的李群为 $U(n)$(或 $SU(n)$),由于 $U(n)$(或 $SU(n)$)在复球面 S_Φ^{n-1} 上是可递的,由定理 4.12 所推导出的量子系统是纯态可控的充要条件可以得出结论:算符可控的量子系统也是纯态可控的.另一方面,如果量子系统是纯态可控的,则对应于李代数 $L = Lie\{A,B_1,\cdots,B_m\}$ 的李群 e^L 在复球面 S_Φ^{n-1} 上是可递的,但此时并没有要求 $Lie\{A,B_1,\cdots,B_m\}$ 必须等于 $u(n)$(或 $su(n)$),所以相反的结论不成立,由此我们可以得出结论:算符可控⇒纯态可控.

这种关系类似于:右不变系统可控⇒双线性系统可控.右不变系统与双线性系统之间的可控性关系是通过 $x(t)=\Phi(u;t,0)x_0$ 联系起来的,其桥梁是状态转移矩阵 $\Phi(u;t,0)$;量子系统的算符可控性与纯状态可控性之间是由关系式 $|\psi(t)\rangle = U(t)|\psi_0\rangle$ 联系起来的,其桥梁是幺正演化算符 $U(t)$,所以状态转移矩阵与幺正演化算符的作用是相同的.

等价状态可控性的概念,虽然看起来要弱一些,但事实上等价于纯态可控性,这是由于在量子系统中,由不同的相位因数 φ 引起的不同状态在物理意义上是不可分辨的,所以从物理的角度可看出纯态可控⇔等价状态可控.因此,等价状态可控性的作用显得尤其重要.另外从李群李代数的理论中也可以推导出纯态可控⇔等价状态可控(Albertini,Alessandro,2003).

为了得到量子系统是密度矩阵可控的,必须首先保证系统是纯态可控的.纯态可控性的条件为李代数 L 必须同构于 $u(n)$(或 $su(n)$),或者是当 n 为大于等于 2 的偶数时，L 同构于 $sp(n/2)$. 不过当李群 e^L 为 $sp(n/2)$ 时，推导不出量子系统是密度矩阵可控的，所以量子系统是密度矩阵可控的充要条件为 L 必须同构于 $u(n)$（或 $su(n)$），这又等价于算符可控性条件，所以密度矩阵可控 $\Leftrightarrow$ 算符可控. 密度矩阵考虑的是不同状态的混合全体，所以其可控性更具有实际应用价值.

在进行以上几种可控性条件判断时，都用到李代数及同构概念，在实际应用中实现起来太复杂，所以人们在检验量子系统可控性时又引出以下的定义.

定义 4.3 对于任一密度矩阵 D，定义在李代数 L 上的两个轨迹：

$$O_L: = \{WDW^* \mid W \in e^L\}, \quad O_U: = \{UDU^* \mid U \in U(n)\} \tag{4.39}$$

同时还定义中心化子，其中在李代数 $u(n)$ 中的 iD 的中心化子的定义为 C_D，它是李代数 $u(n)$ 的子代数，并且里面的元素是与 iD 可交换的. 在李代数 L 中的 iD 的中心化子定义为 $L \bigcap C_D$；经过证明得出两个轨迹等价的定理.

定理 4.18 设 D 是给定的密度矩阵，则 $O_L = O_U$ 的充要条件是（Boothby，Wilson，1979）：$\dim u(n) - \dim C_D = \dim L - \dim(L \bigcap C_D)$.

通过此定理我们可以得出量子系统是纯态可控的另一个定理. 定义 $D = \text{diag}(1, 0, 0, \cdots, 0)$，在李代数 $u(n)$ 中的 iD 的中心化子 C_D 定义为矩阵 $M: = \begin{bmatrix} ia & 0 \\ 0 & H \end{bmatrix}$ 的集合，a 是任意实数，H 是李代数 $u(n-1)$ 里的矩阵.

定理 4.19 量子系统是纯态可控的充要条件是：$\{A, B_1, \cdots, B_m\}$ 形成的李代数 L 满足 $\dim L - \dim(L \bigcap C_D) = 2n - 2$.

以上的定理及其性质主要运用的是李群 $U(n)$（或 $SU(n)$）的紧连通性，也有一些考虑其他情况下的研究，比如 Jurdjevic 讨论了李群 $SU(n)$ 在半单李群情况下的系统可控性（Jurdjevic，Quinn，1978）. 李群 $SU(n)$ 是半单的，对应的李代数 $su(n)$ 也是半单的，此时符合右不变系统可控性定理 4.9 的情况，即李代数 $su(n)$ 可由一对向量场张成，如果量子系统是两个（或多个）输入，若 B_1, B_2 是线性无关的，则 $su(n) = Lie\{B_1, B_2\}$，又因为 $A \in su(n)$，所以 $su(n) = Lie\{A, B_1, B_2\}$，由此可得该量子系统必是算符可控的，此时没有考虑 A 的作用. 若同时考虑 A 的作用，以及控制量为单输入的情况，可通过李代数 $su(n)$ 判断出是否由向量场 A, B 张成. 量子系统的演化算符的微分方程为：$\dot{X}(t) = (A + u(t)B)X(t)$，其中

$$X(t) \in SU(n), \quad A, B \in su(n), \quad X(0) = I \tag{4.40}$$

将已有的右不变系统在半单李群上的可控性定理 4.9 运用到该量子系统中，可以得到系统（4.39）可控性判断的一些充分条件. 这是量子系统算符可控性中李代数 $su(n)$ 为

特殊情况的例子.

根据动力李群和李代数的概念,人们提出一种量子系统的定义:观测可控性(Schirmer et al. ,2001).

观测可控性 量子系统被称为观测可控的,如果对系统的希尔伯特空间中的任意观测量 $\hat{A}$,和系统的任意初态 $\hat{\rho}_0$,存在容许的控制轨迹对 $(f(t),\hat{U}(t,t_0))$,在 $t_0 \leqslant t \leqslant T$ 时,能够使得观测量 $\hat{A}$ 的全部平均 $\mathrm{tr}[\hat{\rho}(t)\hat{A}]$ 可以呈现出运动学允许的任意期望值.所谓的观测量,是指可以表现出物理特性的物理量,比如能量.

定理 4.20 量子系统是观测可控的充要条件是:由 $\{A,B_1,\cdots,B_m\}$ 形成的李代数同构于 $u(n)$(或 $su(n)$).

当量子系统具体到特殊的情况时,充分考虑量子系统本身的物理特性,又提出另一种可控性:完全可控性.

完全可控性 量子系统是完全可控的,如果从单位算符开始,经过路径 $\gamma(t)=\hat{U}(t,t_0)$,并且满足方程 $i\hbar\dot{\hat{U}}=(\hat{H}_0+\hat{H}_I)\hat{U}$,任意一个幺正演化算符都是可达的.

定理 4.21 量子系统是完全可控的充要条件是:由 $\hat{H}=\hat{H}_0+\hat{H}_I$ 中的 $\hat{H}_0,\hat{H}_I$ 形成的李代数的维数是 N^2.

这只是量子系统是算符可控时李群为 $U(N)$ 的情况.所以由完全可控可以推导出算符可控,但是由算符可控不能推导出完全可控.经过以上分析,我们可以总结出所讨论的所有可控性之间的关系为:

完全可控 $\Rightarrow$ 密度矩阵可控 $\Leftrightarrow$ 观测可控 $\Leftrightarrow$ 算符可控 $\Rightarrow$ 纯态可控 $\Leftrightarrow$ 等价状态可控 $\Rightarrow$ 解析可控.

其中除了解析可控性与李代数无充要条件之外,其他 6 种带有厄米矩阵的量子系统可控性都可通过由厄密矩阵 $\{A,B_1,\cdots,B_m\}$ 形成的李代数 L 得到充要条件:

(1) 完全可控是 $L\cong u(n)$;

(2) 密度矩阵可控是 $L\cong u(n)$ 或 $L\cong su(n)$;

(3) 观测可控是 $L\cong u(n)$ 或 $L\cong su(n)$;

(4) 算符可控是 $L\cong u(n)$ 或 $L\cong su(n)$;

(5) 纯态可控是 $L\cong u(n)$ 或 $L\cong su(n)$,或者如果 n 是偶数 $L\cong sp(n/2)$;

(6) 等价状态可控是 $L\cong u(n)$ 或 $L\cong su(n)$,或者如果 n 是偶数 $L\cong sp(n/2)$.

通过对量子系统可控性的对比分析,我们发现量子系统的许多可控性的判定定理是相似的,不同的只是在定义时所考虑的量子系统的物理特性不同.量子系统的可控性通过右不变系统的可控性分析最直观,而且右不变系统可控性与双线性系统可控性的联系和量子系统的一些可控性定理的联系是一致的.利用李群、李代数的知识,并结合特殊情况下量子系统特有的物理特性,又可获得量子系统的其他一些可控性的判定定理,但这些定理都是在以上所分析由李代数判定可控性的基础上推导出的.

4.3 李群的一般分解及其在量子系统中的应用

实现量子系统控制的目标之一为:需要获得期望幺正演化算符,由于幺正演化算符复杂,难以通过物理实验获得,本节利用李群的一般分解来使复杂的期望幺正演化算符分解成简单且易于物理实验的算符.最后针对具体的量子系统,利用李群的一般分解进行数值仿真实验,并对仿真结果进行详细分析.

4.3.1 引言

在量子化学和原子物理的研究领域方面,有效驱动量子系统从初始态概率群分布到达期望态概率群分布是一种常用的方法.在实际的实验过程中,可以通过施加一系列的激光脉冲来实现量子系统从初始态概率群分布演化到期望态概率群分布,从控制角度考虑,实现量子系统的有效演化问题可以转变为:在外加控制场的作用下,如何获得期望幺正演化算符的问题.由于实际物理操作很难对应形式复杂的期望幺正演化算符,所以有必要把复杂的期望幺正演化算符分解成许多个简单因子的乘积形式,并且每个因子可以对应实际的物理操作,类似幺正演化算符形式的算子分解方法已经在数学理论上很成熟.

本小节利用李群的一般分解来实现期望幺正演化算符的分解,来实现量子系统的控制目标.为了分析李群的一般分解在量子系统中的应用,首先给出有限维的多能级量子系统的数学模型,假定所要研究的系统是离散的光谱,可以分离且是无耗散的系统.为了方便,令普朗克常量 $h = 1$,此时满足薛定谔方程的幺正演化算符的数学模型为(丛爽,2004):

$$i\dot{U}(t) = \left(H_0 + \sum_{m=1}^{M} H_m(f_m(t))\right) U(t) \qquad (4.41)$$

其中,幺正演化算符 $U(t) \in U(N)$ 或 $SU(N)$,系统的内部哈密顿的光谱由能级表示: H_0

$$= \begin{bmatrix} E_1 & \cdots & 0 \\ \vdots & \ddots & \vdots \\ 0 & \cdots & E_N \end{bmatrix} = \sum_{n=1}^{N} E_n \mid n \rangle\langle n \mid, E_n(1 \leqslant n \leqslant N)$$ 是能级的定义,$\{\mid n \rangle, n = 1, 2, \cdots,$

$N\}$ 代表量子系统的完全正交特征值,相邻能级之间的差 $\omega_n = E_{n+1} - E_n$ 表示系统能级之间的固有频率,如无特别说明,固有频率是互不相同的.利用外加控制场摄动系统产生的斜厄米矩阵为 $\sum_{m=1}^{M} H_m(f_m(t))$,$f_m(t)$ 是所施加的激光脉冲序列,要实现系统有效的幺正演化,所施加脉冲序列的频率和系统固有频率必须是共振的.所以所施加的控制场的形式为

$$f_m(t) = A_m(t)(e^{i(\omega_m t + \varphi_m)} + e^{-i(\omega_m t + \varphi_m)}) = 2A_m(t)\cos(\omega_m t + \varphi_m) \quad (4.42)$$

其中,φ_m 是初始脉冲相位,频率 ω_m 是对应于能级 $m \rightarrow m+1$ 跃迁的共振频率,$A_m(t)$ 是幅值函数,并且幅值函数的变化与频率 ω_m 相比很慢,我们可以通过联合一系列的控制脉冲、脉冲卷积以及初始脉冲相位 φ_m 来达到控制目的.在施加控制脉冲时,量子系统从能级 $m \rightarrow m+1$ 的跃迁所对应的斜厄米矩阵是

$$H_m(f_m(t)) = A_m(t)e^{i(\omega_m t + \varphi_m)} d_m \mid m \rangle\langle m+1 \mid + A_m(t)e^{-i(\omega_m t + \varphi_m)} \mid m+1 \rangle\langle m \mid$$
$$(4.43)$$

其中 d_m 是能级转换所对应的偶极动量.

在上述分析基础上,本小节先把李群的一般分解应用到该量子系统进行分析,来获得任意期望幺正演化算符的分解,然后在不同控制目标情况下,对特殊的期望幺正演化算符进行李群的一般分解,由此可以获得不同的控制策略,把所获得的不同控制策略应用到四能级的莫尔斯(Morse)振荡器中进行数值仿真,并对仿真结果进行详细分析.

4.3.2 李群的一般分解

由于量子系统(4.41)过于复杂,为了分析方便以及找到合适的控制脉冲序列,可以把量子系统(4.41)进行简化,首先把幺正演化算符 $U(t)$ 进行交互作用的相位分解:

$$U(t) = U_0(t)\Omega(t) \quad (4.44)$$

其中,$U_0(t)$ 是不施加控制场时所对应的幺正演化算符,$\Omega(t)$ 显示了施加控制场时系统的交互作用.在没有控制场施加的情况下,幺正演化算符所对应的演化方程是

$$\dot{U}_0(t) = -iH_0 U_0(t) \quad (4.45)$$

由于系统内部斜厄米矩阵 H_0 是不含时的,所以方程(4.45)的解的形式为

$$U_0(t) = \exp(-\mathrm{i}H_0 t) = \sum_{n=1}^{N} \mathrm{e}^{-\mathrm{i}E_n t} \mid n \rangle \langle n \mid \tag{4.46}$$

施加控制场时所对应的量子系统是式(4.41),把式(4.44)代入式(4.41)得

$$\dot{U}(t) = \dot{U}_0(t)\Omega(t) + U_0(t)\dot{\Omega}(t)$$

$$= -\mathrm{i}\Big(H_0 + \sum_{m=1}^{M} H_m(f_m(t))\Big) U_0(t)\Omega(t) \tag{4.47}$$

把式(4.47)化简可以得到

$$\dot{\Omega}(t) = -\mathrm{i}U_0(t)^{\mathrm{T}} \sum_{m=1}^{M} H_m(f_m(t)) U_0(t)\Omega(t) \tag{4.48}$$

把式(4.43)和式(4.46)代入式(4.48)的右边得到

$$\dot{\Omega}(t) = \sum_{m=1}^{M} A_m(t)d_m (\sin\varphi_m \hat{x}_m - \cos\varphi_m \hat{y}_m)\Omega(t) \tag{4.49}$$

其中定义

$$\hat{e}_{m,n} = \mid m \rangle \langle n \mid, \quad \hat{x}_m = \hat{e}_{m,m+1} - \hat{e}_{m+1,m}, \quad \hat{y}_m = \mathrm{i}(\hat{e}_{m,m+1} + \hat{e}_{m+1,m}) \tag{4.50}$$

并且参数 φ_m 是相位,在仿真实验中要根据具体问题以及经验来确定.

如果式(4.42)的控制脉冲的频率选择等于系统的某个固有频率 ω_m,即系统产生共振,作用时间是在一个时间间隔 $[t_{k-1}, t_k]$ 内,并且在此时间间隔内没有其他频率的控制脉冲作用,则可以得到:$\Omega(t_k) = V_k(t)\Omega(t_{k-1})$,其中算符 $V_k(t)$ 形式为

$$V_k(t) = \exp\Big(d_m \int_{t_{k-1}}^{t_k} A_k(t)\mathrm{d}t (\sin\varphi_k \hat{x}_m - \cos\varphi_k \hat{y}_m)\Big) \tag{4.51}$$

其中 $A_k(t)$ 是第 k 次控制脉冲的函数,参数 m 是对应系统在能级 m 与能级 $m+1$ 之间发生相互作用.

如果把时间间隔 $[0, T]$ 分成 k 个子间隔 $[t_{k-1}, t_k]$,使得 $t_0 = 0, t_k = T$,并且施加一系列的具有不同共振频率的控制场,每个控制脉冲的频率与系统的固有频率相等,即产生共振.而每一个小时间间隔 $[t_{k-1}, t_k]$ 内只施加一个控制脉冲.此时可获得量子系统(4.41)的李群的一般分解的形式为

$$U(T) = U_0(T)\Omega(T) = \mathrm{e}^{\mathrm{i}H_0 T}V_k V_{k-1} \cdots V_1 \tag{4.52}$$

换句话说,对于量子系统(4.41),任何期望的幺正演化算符 U_f 都可以被分解成类型

为 V_k 的因子和相角为 $\mathrm{e}^{\mathrm{i}\Gamma} = \det U_f$ 的因子的乘积,换一种说法就是存在一个正实数 Γ,以及实数 C_k 和初始相位 φ_k,$1 \leqslant k \leqslant K$,并且定义从集合 $\{1,\cdots,K\}$ 到控制集合 $\{1,\cdots,M\}$ 所组成的转换图为 σ,使得幺正演化算符 U_f 有如下的分解式:

$$U_f = \mathrm{e}^{\mathrm{i}\Gamma} V_k V_{k-1} \cdots V_1 \tag{4.53}$$

其中算符因子 V_k 为

$$V_k = \exp(C_k(\sin \varphi_k \hat{x}_{\sigma(k)} - \cos \varphi_k \hat{y}_{\sigma(k)})) \tag{4.54}$$

其中,参数 φ_k 是表示第 k 个脉冲的初始相位,$\sigma(k)$ 是从符号 $\{1,\cdots,K\}$ 到控制集合 $\{1,\cdots,M\}$ 的转换,在实际仿真实验中就是能级概率群分布转换时所对应的能级数.

分解因子 V_k 的参数 C_k 决定了第 k 个控制脉冲的面积:

$$C_k = d_{\sigma(k)} \int_{t_{k-1}}^{t_k} A_k(t)\mathrm{d}t \tag{4.55}$$

其中 $d_{\sigma(k)}$ 是能级概率群分布转换所对应的偶极动量,$A_k(t)$ 是一个控制脉冲的函数.

对于控制脉冲,可以根据实际实验中所用到的激光脉冲的特性来选择,由于激光非常类似脉冲方波,并且有上升延迟和下降延迟,所以为了在仿真实验中表示实际的激光脉冲,从数学领域寻找一个与实际激光脉冲非常接近的理想数学模型,所选取的控制脉冲 $A_k(t)$ 的数学模型形式为

$$2A_k(t) = A_k(1 + erf(4(t - \tau_0/2)/\tau_0)) + A_k(1 + erf(4(t - \Delta t + \tau_0/2)/\tau_0)) \tag{4.56}$$

其中 τ_0 表示延迟时间,Δt 表示脉冲宽度或时间间隔,$erf(x)$ 是误差函数,这里是从数学角度考虑的,没有实际的物理意义,误差函数 $erf(x)$ 的表示式为

$$erf(x) = \frac{2}{\sqrt{\pi}} \int_0^x \mathrm{e}^{-t^2}\mathrm{d}t \tag{4.57}$$

虽然控制脉冲函数的形式非常复杂,但最大幅值为 $2A_k$,脉冲宽度 $\Delta t_k \geqslant 2\tau_0$,上升延迟和下降延迟的时间都为 τ_0,并且控制脉冲方波的积分面积近似等于 $2A_k$ 与 $\Delta t_k - \tau_0$ 的乘积.所以根据式(4.55)可以推出以下关系:

$$2A_k(\Delta t_k - \tau_0) \cong 2C_k/d_{\sigma(k)} \tag{4.58}$$

为了仿真实验的方便,以下所涉及的时间间隔 Δt_k 都是相等的.

4.3.3 数值仿真实验及其结果分析

4.3.3.1 利用李群的一般分解实现从基态到激发态的概率转移

为了说明李群的一般分解在量子系统中的具体应用,我们选择一个具有 N 能级的分子结构的量子系统作为研究对象,首先考虑最简单的情况,系统初始态概率群分布是 $[1,0,\cdots,0]^{\mathrm{T}}$,即系统在初始时刻处于基态 $|1\rangle$ 的概率为 1,控制目标是使得系统的期望态概率群分布是 $[0,0,\cdots,1]^{\mathrm{T}}$,即系统终点时刻处于激发态 $|N\rangle$ 的概率为 1.我们可以通过施加控制脉冲使得系统从基态 $|1\rangle$ 跃迁到激发态 $|N\rangle$,从理论上分析量子系统从基态 $|1\rangle$ 直接跃迁到激发态 $|N\rangle$ 所需要的期望幺正演化算符的形式为:$U_{1f} = \begin{bmatrix} 0 & A_{N-1} \\ \mathrm{e}^{\mathrm{i}\theta} & 0 \end{bmatrix}$,其中 A_{N-1} 是维数为 $N-1$ 的任意幺正演化算符,把期望幺正演化算符 U_{1f} 作用到初始态,则演化结果是:$\begin{bmatrix} 0 & A_{N-1} \\ \mathrm{e}^{\mathrm{i}\theta} & 0 \end{bmatrix} \begin{bmatrix} 1 \\ 0 \end{bmatrix} = \begin{bmatrix} 0 \\ \mathrm{e}^{\mathrm{i}\theta} \end{bmatrix}$,而终态 $\begin{bmatrix} 0 \\ \mathrm{e}^{\mathrm{i}\theta} \end{bmatrix}$ 的模值是 $[0,0,\cdots,1]^{\mathrm{T}}$,即终态的概率分布就是期望态的概率群分布 $[0,0,\cdots,1]^{\mathrm{T}}$.所以如果要实现 N 能级的量子系统从基态 $|1\rangle$ 跃迁到激发态 $|N\rangle$,则需要获得期望的幺正演化算符 U_{1f}.但是考虑到实际实验,实现 N 能级的量子系统不能从基态 $|1\rangle$ 直接跃迁到激发态 $|N\rangle$,必须通过一步步地转换来获得期望目标 $|1\rangle \rightarrow |2\rangle \rightarrow \cdots \rightarrow |N\rangle$.所以此时可以利用李群的一般分解来把获得期望幺正演化算符 U_{1f} 的过程分解成 $N-1$ 步,其分解结果是

$$U_{1f} = U_0 V_{N-1} V_{N-2} \cdots V_1 \tag{4.59}$$

其中因子 V_k 是

$$V_k = \exp\left(\frac{\pi}{2}(\sin \varphi_k \hat{x}_m - \cos \varphi_k \hat{y}_m)\right), \quad 1 \leqslant k \leqslant N-1 \tag{4.60}$$

把式(4.60)与式(4.54)比较,其中式(4.54)的参数 C_k 被确定为 $\frac{\pi}{2}$,其原因是:每个因子 V_k 的作用是控制量子系统从能级 $|m\rangle$ 跃迁到能级 $|m+1\rangle$,为了说明问题方便,不妨设系统是从能级 $|1\rangle$ 跃迁到能级 $|2\rangle$,此时根据式(4.54)和式(4.51)可以获得

$$V_k = \exp(C_k(\sin\varphi_k\hat{x}_1 - \cos\varphi_k\hat{y}_1)$$

$$= \begin{bmatrix} \cos C_k & \sin\varphi_k\sin C_k - \mathrm{i}\cos\varphi_k\sin C_k & 0 & 0 \\ -\sin\varphi_k\sin C_k - \mathrm{i}\cos\varphi_k\sin C_k & \cos C_k & 0 & 0 \\ \vdots & \vdots & \ddots & \vdots \\ 0 & 0 & \cdots & 1 \end{bmatrix}$$

$$(4.61)$$

由式(4.61)可知,如果要实现系统从能级 $|1\rangle$ 跃迁到能级 $|2\rangle$,则必须满足关系: $\cos C_k = 0$,所以参数 C_k 是 $\dfrac{\pi}{2}$ 的奇数倍,又考虑到控制脉冲的大小,所以选择 $\dfrac{\pi}{2}$ 最小的奇数倍,即参数 $C_k = \dfrac{\pi}{2}$. 此推导同样适用下面的其他例子,所以下面所涉及的分解因子 V_k 中的参数 C_k 都被确定为 $\dfrac{\pi}{2}$. 由于获得每个因子 V_k 都需要一个控制脉冲,所以实现系统从基态 $|1\rangle$ 跃迁到激发态 $|N\rangle$ 共需要 $N-1$ 个脉冲.

为了演示该方法,我们应用该方法到一个四能级的莫尔斯(Morse)振荡器上,它所具有的能级的数值大小为

$$E_n = \hbar\omega_0\left(n - \frac{1}{2}\right)\left(1 - \frac{1}{10}\left(n - \frac{1}{2}\right)\right) \tag{4.62}$$

其中跃迁偶极动量 $d_n = p_{12}\sqrt{n}$,p_{12} 是常数,在仿真过程中令 $p_{12} = 1$,所以该系统的跃迁偶极动量分别为 $d_1 = 1$,$d_2 = \sqrt{2}$,$d_3 = \sqrt{3}$,而 ω_0 也是常数,表示振荡器的振荡周期.

根据式(4.62)可以计算出每个能级的数值大小,从能级 1 到能级 4 的数值大小分别为:$E_1 = 0.475\hbar\omega_0$,$E_2 = 1.275\hbar\omega_0$,$E_3 = 1.875\hbar\omega_0$,$E_4 = 2.275\hbar\omega_0$,为了分析方便,令 $\hbar = 1$. 从能级 m 跃迁到能级 $m+1$ 的共振频率 ω_m 为 $E_{m+1} - E_m$,所以四能级的 Morse 振荡器的共振频率分别为:$\omega_1 = 0.8\omega_0$,$\omega_2 = 0.6\omega_0$,$\omega_3 = 0.4\omega_0$,这些共振频率分别对应所施加的控制场 $f_m(t)$ 中的频率,由于幅值 $A_k(t)$ 与共振频率 ω_m 相比是慢变化的,并且控制场 $f_m(t)$ 中所含有的共振频率 ω_m 的项和系统内部的哈密顿项抵消了,所以在仿真过程中,只对控制场 $f_m(t)$ 的幅值函数 $A_k(t)$ 进行考虑.

控制该四能级的 Morse 振荡器的目标是完成系统从初始态概率群分布 $[1,0,0,0]^{\mathrm{T}}$ 演化到期望态概率群分布 $[0,0,0,1]^{\mathrm{T}}$,所需的控制脉冲的个数是 3 个.

在仿真过程中,所对应时间单位是 $1/\omega_0$,仿真实验中的采样周期为 0.5 个时间单位. 根据式(4.56)和式(4.57)可知,取延迟时间 $\tau_0 = 20$,令时间 t 分别从 $0,200,400$ 开始持续 200 个时间单位,而且控制脉冲在每个时间间隔 $\Delta t = 200$ 内满足关系式(4.55),这样

可以计算出脉冲函数 $A_k(t)(k=1,2,3)$ 随时间变化的曲线.

根据式(4.50)计算出 $\hat{x}_m$ 和 $\hat{y}_m$ 的大小,并且根据经验选取初始相位 φ_k,再由式(4.60)计算出 $V_k(k=1,2,3)$,因子 V_1 作用到系统的初始态后,可使系统从能级 1 跃迁到能级 2,因子 V_2 作用到上一步所获得的系统的状态后可使系统从能级 2 跃迁到能级 3,最后的因子 V_3 作用到上一步所获得的系统状态后可使系统从能级 3 跃迁到能级 4,至此,根据式(4.59)所计算出的幺正演化算符 U_{1f} 的李群的一般分解完成了系统的控制目标,其仿真演化曲线如图 4.3 所示,它是在 3 个方波的作用下,各能级在不同的时间段里进行状态变换的过程,纵坐标代表各能级群所处的概率大小,系统的 4 个能级初始状态的概率分布为 $[1,0,0,0]^{\mathrm{T}}$;经过 $[0,200]$ 时间,频率为 ω_1 的控制脉冲 A_1 作用,使得能级 1 与能级 2 的状态进行了相互变换,系统的状态概率分布变为 $[0,1,0,0]^{\mathrm{T}}$;而在时间 $[200,400]$ 之间,频率为 ω_2 的控制脉冲 A_2 作用,使得能级 2 与能级 3 又发生了相互变换,系统的状态概率分布变为 $[0,0,1,0]^{\mathrm{T}}$;等到经过时间 $[400,600]$ 之间,频率为 ω_3 的控制脉冲 A_3 作用,使得能级 3 与能级 4 又发生了相互变换,系统的状态概率分布最终变为 $[0,0,0,1]^{\mathrm{T}}$,从而完成系统从 1→2→3→4 的能级概率群的演化.

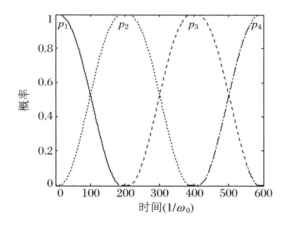

图 4.3　各能级的状态变换的过程

图 4.4 给出了所施加的将能级进行转换的具有 3 个不同共振频率的控制脉冲序列的图形,它们分别作用在时间段 $[0,200]$,$[200,400]$ 和 $[400,600]$,纵坐标是 $2A_k$ 的大小,即控制脉冲的幅值,仿真实验中所作用的每一个方波脉冲的面积与跃迁偶极动量 d_m 的乘积为 π.

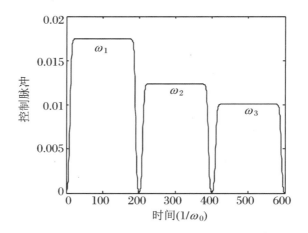

图 4.4　所施加的控制场方波脉冲序列图

4.3.3.2　利用李群的一般分解实现量子系统概率群分布的反转

为了使得分析的问题更一般化,同样是把一个 N 能级的量子系统作为研究对象,但是控制目标是实现 N 能级的量子系统的概率群分布的反转,并且量子系统的初始状态记作 $\rho_0 = \sum_{n=1}^{N} p_n \mid n \rangle \langle n \mid$,其中 p_n 表示系统在状态 $\mid n \rangle$ 的初始概率分布,$0 \leqslant p_n \leqslant 1$ 并且 $\sum_{n=1}^{N} p_n = 1$,如果 p_n 满足麦克斯韦-玻尔兹曼分布,则该量子系统被认为在初始时刻是处于热力平衡的,此时系统的初始态概率群分布是 $[p_1, p_2, \cdots, p_N]^{\mathrm{T}}$,我们通过施加激光脉冲来实现状态概率群分布的反转,即终点时刻所获得的期望态的概率群分布是 $[p_N, p_{N-1}, \cdots, p_1]^{\mathrm{T}}$.在实现 N 能级量子系统的概率群分布反转的过程中,所需要的期望幺正演化算符的形式为

$$
U_{2f} = \begin{bmatrix}
0 & 0 & \cdots & 0 & \mathrm{e}^{\mathrm{i}\theta_1} \\
0 & 0 & \cdots & \mathrm{e}^{\mathrm{i}\theta_2} & 0 \\
\vdots & \vdots & \ddots & \vdots & \vdots \\
0 & \mathrm{e}^{\mathrm{i}\theta_{N-1}} & \cdots & 0 & 0 \\
\mathrm{e}^{\mathrm{i}\theta_N} & 0 & \cdots & 0 & 0
\end{bmatrix} \tag{4.63}
$$

其中 $\mathrm{e}^{\mathrm{i}\theta_n}$ 是任意的相位因子,同样把期望幺正演化算符 U_{2f} 作用到初始态概率群分布

$[p_1, p_2, \cdots, p_N]^T$ 上,则演化结果 $U_{2f} \begin{bmatrix} p_1 \\ \vdots \\ p_N \end{bmatrix} = \begin{bmatrix} \mathrm{e}^{\mathrm{i}\theta_1} p_N \\ \vdots \\ \mathrm{e}^{\mathrm{i}\theta_N} p_1 \end{bmatrix}$,而演化结果的概率分布,即对结

果向量中的元素取模值后正是期望态的概率群分布,从而可以通过上述期望的幺正演化算符 U_{2f} 来实现量子系统的概率群反转.

如果 $m \neq m'$,共振频率 $\omega_m \neq \omega'_m$,则从能级 m 到能级 $m+1$ 的每个跃迁都独立对应所施加的激光控制脉冲频率,即所有共振频率都互不相同.同样可以通过李群的一般分解来获得期望幺正演化算符 U_{2f},其所需的动力李代数的生成元由式(4.54)所决定,所以基于这些生成元所实现的一种李群的一般分解的形式为

$$U = \prod_{l=N-1}^{1} \left(\prod_{k=1}^{l} V_k \right) \tag{4.64}$$

其中因子 $V_k = \exp\left(\dfrac{\pi}{2} (\sin \varphi_k x_m - \cos \varphi_k y_m) \right)$,在此分解式中因子的数目,也是控制脉冲的数目,为 $K = N(N-1)/2$,并且在共振频率互不相同的情况下,上述分解所对应的序列是最优的序列,如果控制脉冲的数目 $K' < K$,则该量子系统就不可能实现概率群分布的反转.

为了演示该控制策略,同样选择一个四能级的 Morse 振荡器作为例子来进行仿真,其中能级的数值大小为式(4.62),但系统的初始概率群分布不同.由于 Morse 振荡器所对应的系统满足热力平衡原理,所以该系统在此情况下的初始概率为

$$p_n = \frac{\exp((E_n - E_1)/(E_N - E_1))}{\displaystyle\sum_{k=1}^{N} \exp((E_k - E_1)/(E_N - E_1))} \tag{4.65}$$

如果实现四能级的量子系统的概率群反转,则所施加到量子系统中的激光控制脉冲数是 $K = N(N-1)/2 = 4(4-1)/2 = 6$.根据式(4.65),可以得到系统的初始概率群分布为 $[p_1, p_2, p_3, p_4]^T = [0.3646, 0.2920, 0.2092, 0.1341]^T$.控制该系统的目标是实现系统从初始概率群分布演化到期望概率群分布 $[p_4, p_3, p_2, p_1]^T = [0.1341, 0.2092, 0.2920, 0.3646]^T$.

在仿真过程中,其用到的参数,如时间单位、时间间隔、采样周期以及延迟时间都同于 4.3.3.1 小节数值仿真过程中所用到的参数.每个时间间隔所施加的控制脉冲函数的计算也如同上例,所施加的激光脉冲同样必须保证每一个共振频率为 ω_m 的控制脉冲的面积与跃迁偶极动量 d_m 的乘积为 π.实现控制目标所需的控制脉冲个数增加,即为 6 个,所以时间段数也增加为 6 段,总的时间就变为 1200 个时间单位,利用这些参数进行仿真

实验,其仿真结果如图 4.5 和图 4.6 所示.图 4.5 和图 4.6 分别给出了控制脉冲序列的曲线以及在控制脉冲作用下系统概率群分布的演化曲线.演化过程中的每个脉冲的作用是使得相邻两个能级的概率分布发生反转,直到达到量子系统的能级概率群分布的完全反转.从图 4.5 中可以看出,作用在群上的控制方波脉冲一共有 6 个,分别各作用 200 个时间单位,共振频率分别为 ω_1,ω_2,ω_3,ω_1,ω_2 和 ω_1.在它们的作用下,图 4.6 给出了不同时间段上系统概率群分布的变化过程,4 条线分别代表了系统在 4 个能级上的概率分布的演化过程.

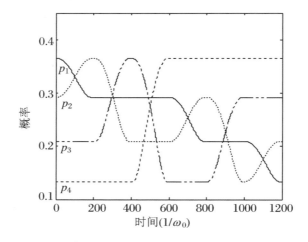

图 4.5　所施加的控制场方波脉冲序列图

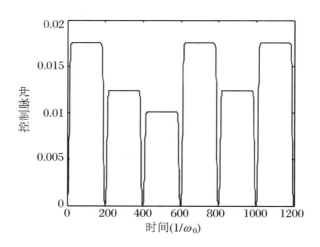

图 4.6　各能级的状态变换的过程

量子系统建模、特性分析与控制

在时间段$[0,200]$内,共振频率为ω_1的脉冲使得系统能级 1 和能级 2 之间的概率分布发生了变换,其变化后的顺序为$[p_2,p_1,p_3,p_4]^\mathrm{T}$;

到了时间段$[200,400]$内,共振频率为ω_2的脉冲使得系统能级 2 和能级 3 之间的概率分布发生了变换,其变化后的顺序为$[p_2,p_3,p_1,p_4]^\mathrm{T}$;

到了时间段$[400,600]$内,共振频率为ω_3的脉冲使得系统能级 3 和能级 4 之间的概率分布发生了变换,其变化后的顺序为$[p_2,p_3,p_4,p_1]^\mathrm{T}$;

到了时间段$[600,800]$内,共振频率为ω_1的脉冲使得系统能级 1 和能级 2 之间的概率分布发生了变换,其变化后的顺序为$[p_3,p_2,p_4,p_1]^\mathrm{T}$;

到了时间段$[800,1000]$内,共振频率为ω_2的脉冲使得系统能级 2 和能级 3 之间的概率分布发生了变换,其变化后的顺序为$[p_3,p_4,p_2,p_1]^\mathrm{T}$;

到了时间段$[1000,1200]$内,共振频率为ω_1的脉冲使得系统能级 1 和能级 2 之间的概率分布发生了变换,其变化后的顺序为$[p_4,p_3,p_2,p_1]^\mathrm{T}$.

经过以上步骤完成了整个系综的概率群的反转.

4.3.3.3 利用李群的一般分解实现特殊概率群分布的反转

4.3.3.1 小节和 4.3.3.2 小节所讨论的量子系统是一般的量子系统,即假设系统的共振频率ω_m是互不相同的.现在考虑特殊的量子系统,该特殊的量子系统是$N=2l(l$是自然数)能级的量子系统,系统跃迁的共振频率ω_m是成对相等的,偶极动量d_n也是成对相等的,所以假设$\omega_m=\omega_{N-m}$,$d_m=d_{N-m}$,并且假设若$n\neq m$,$n\neq N-m(1\leqslant m\leqslant N-1)$,则$\omega_n\neq\omega_m$.既然系统从能级$m$到能级$m+1$跃迁的共振频率与系统从能级$N-m$到能级$N-m+1$跃迁的共振频率一样,我们只需成对地处理系统在不同能级之间的跃迁,控制场f_m的交互哈密顿为

$$H_m(f_m(t))=(\mathrm{e}^{\mathrm{i}(\omega_m t+\varphi_m)}(\hat{e}_{m,m+1}+\hat{e}_{N-m,N-m+1})$$
$$+\mathrm{e}^{-\mathrm{i}(\omega_m t+\varphi_m)}(\hat{e}_{m+1,m}+\hat{e}_{N-m+1,N-m}))A_m(t)d_m,\quad 1\leqslant m<l \quad (4.66)$$

如果$m=l$,则

$$H_l(f_l(t))=(\mathrm{e}^{\mathrm{i}(\omega_l t+\varphi_l)}\hat{e}_{l,l+1}+\mathrm{e}^{-\mathrm{i}(\omega_l t+\varphi_l)}\hat{e}_{l+1,l})A_l(t)d_l \quad (4.67)$$

显然,这个控制系统的动力李代数,即由$H_0,H_1,\cdots,H_l$形成的李代数同构于$sp(l)$(维数是$l(2l+1)$的偶对李代数,如果$\mathrm{tr}(H_0)=0)$或者同构于$sp(l)\oplus u(1)$,根据系统纯态可控性的判定定理可以判定该系统是纯态可控的(丛爽,东宁,2006).对于该系统,利用李群的一般分解同样可实现系统的概率群分布的反转.

同样采用 4.3.2 小节所讨论的李群的一般分解方法,所获得的演化方程为

$$\dot{\Omega}(t) = \sum_{m=1}^{l} A_m(t) d_m (\sin \varphi_m \tilde{x}_m - \cos \varphi_m \tilde{y}_m) \Omega(t) \tag{4.68}$$

其中

$$\tilde{x}_m = \hat{x}_m + \hat{x}_{N-m}, \quad 1 \leqslant m < l; \quad \tilde{x}_l = \hat{x}_l \tag{4.69}$$

$$\tilde{y}_m = \hat{y}_m + \hat{y}_{N-m}, \quad 1 \leqslant m < l; \quad \tilde{y}_l = \hat{y}_l \tag{4.70}$$

针对系统(4.68),采用形式为式(4.42)的控制脉冲,以频率 $\omega_m = \omega_{N-m}$ 作为共振频率,其作用时间为一个时间间隔 $t_{k-1} \leqslant t \leqslant t_k$,并且在此时间间隔内无其他频率的控制脉冲的作用,可以得到下式:

$$\Omega(t) = \hat{V}_k(t) \Omega(t_{k-1}) \tag{4.71}$$

其中算符因子 $\hat{V}_k(t)$ 为

$$\hat{V}_k(t) = \exp\left(d_m \int_{t_{k-1}}^{t_k} A_k(t) \mathrm{d}t (\sin \varphi_k \hat{x}_m - \cos \varphi_k \hat{y}_m) \right) \tag{4.72}$$

为了达到一个系统的概率群分布的完全反转,如同4.3.3.2小节,不得不寻找一个期望的幺正演化算符 U_{3f} 的分解,由于控制目标和4.3.3.2小节中一样,所以期望的幺正演化算符 U_{3f} 等同于式(4.63).既然这个系统仅是纯态可控的,不是任意一个幺正演化算符都能够被分解为许多个如式(4.72)的因子的乘积形式.不过,总可以通过李群的一般分解来获得期望的演化算符 U_{3f} 的分解,从而达到一个系统的概率群分布的完全反转,其 U_{3f} 的分解结果的形式为

$$U_{3f} = \prod_{j=1}^{l} \left(\prod_{k=1}^{l} \hat{V}_k \right) \tag{4.73}$$

其中因子 $\hat{V}_k$ 是

$$\hat{V}_k = \exp\left(\frac{\pi}{2} (\sin \varphi_k \tilde{x}_m - \cos \varphi_k \tilde{y}_m) \right) \tag{4.74}$$

其中参数 φ_k 是表示第 k 个脉冲的初始相位,参数 $\tilde{x}_m, \tilde{y}_m$ 由式(4.69)和式(4.70)决定. U_{3f} 的分解结果中的因子的总数或控制脉冲的总数是 $K = l^2 = N^2/4$,显然当系统的能级数量大于3时,由于 $K = l^2 = N^2/4 < N(N-1)/2$,因而高于三能级的量子系统在实现概率群完全反转的控制目标时所需的步骤明显减少,即所需的控制脉冲的个数明显少于4.3.3.2小节中的控制策略所需的控制脉冲的个数.

再次考虑四能级系统,由于该方法针对特殊的量子系统,所以设定系统具有能量值

为 $E_1=1, E_2=1.8, E_3=2.8, E_4=3.6$（单位为 $\hbar\omega_0$），跃迁偶极动量分别为 $d_1=1, d_2=\sqrt{2}, d_3=1$，共振频率分别为 $\omega_1=0.8\hbar\omega_0, \omega_2=1\hbar\omega_0, \omega_3=0.8\hbar\omega_0$，从共振频率以及跃迁偶极动量可以看出系统在能级 1 和能级 2 之间，以及在能级 3 和能级 4 之间可以施加同一个控制场，所以所需的控制脉冲的共振频率为 ω_1 和 ω_2 两种．把能级数值代入式（4.65）可以获得该系统的初始概率群分布为 $[p_1, p_2, p_3, p_4]^T = [0.3841, 0.2824, 0.1922, 0.1413]^T$．

对于该四能级系统，其仿真所用到的参数同 4.3.3.1 小节和 4.3.3.2 小节，同样要使得作用在系统上的控制脉冲每个时间间隔内的控制脉冲面积与跃迁偶极动量 d_k 的乘积为 π．利用这些参数进行仿真实验，其仿真结果如图 4.7 和图 4.8 所示．图 4.7 和图 4.8 分别给出了控制脉冲序列的曲线以及在控制脉冲作用下系统概率群分布的演化曲线．演化过程中共振频率为 ω_1 的脉冲可以同时使系统在能级 1 和能级 2 之间，以及能级 3 和能级 4 之间的概率分布发生反转，共振频率为 ω_2 的脉冲仅能使系统在能级 2 和能级 3 之间的概率分布发生反转，所以通过施加 4 个控制脉冲可以使得系统的概率群实现完全反转，其过程为

$$[p_1, p_2, p_3, p_4]^T \rightarrow [p_2, p_1, p_4, p_3]^T \rightarrow [p_2, p_4, p_1, p_3]^T$$
$$\rightarrow [p_4, p_2, p_3, p_1]^T \rightarrow [p_4, p_3, p_2, p_1]^T$$

这也可以从图 4.8 中看出演化过程，图 4.8 中的 4 条线分别代表了系统在 4 个能级上的概率分布的演化过程．

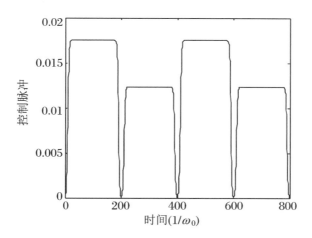

图 4.7　所施加的控制场方波脉冲序列图

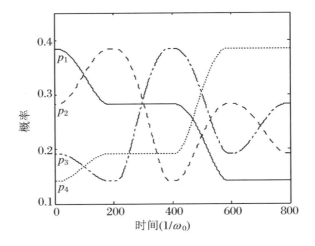

图 4.8　各能级的状态变换的过程

此方法只在系统的共振频率 $\omega_m = \omega_{N-m}$,并且 $d_{N-m} = d_m(1 \leqslant m \leqslant l)$ 的情况下有效,即跃迁偶极动量与相同共振频率的跃迁是一致对应的.如果共振频率 $\omega_m = \omega_{N-m}$,跃迁偶极动量 $d_{N-m} \neq d_m$,此时若施加共振频率为 ω_m 的控制场,则不能使得系统从能级 m 到能级 $m+1$ 跃迁的同时也使得系统从能级 $N-m$ 到能级 $N-m+1$ 的跃迁.

由李群的一般分解所产生的控制方法可以实现对期望幺正演化算符的分解,从而可以通过施加简单形式的激光脉冲,来使得多能级的量子系统从初始态概率群分布达到期望态概率群分布.但是该方法是在理想情况下对量子系统进行分析的,如果是针对实际实验中所遇到的系统,则情况非常复杂,所以在实际实验中要结合实际情况作进一步的分析.

4.4　Wei-Norman 分解及其在量子系统控制中的应用

量子力学系统的控制有许多重要的公开研究问题,可控性是其中的一个,对幺正演化矩阵的求解是吸引国际上众多学者研究的另一个有关量子系统控制的问题.薛定谔方程是量子力学的一个基本方程,为了控制系统状态的演化过程,必须求解量子力学系统取决于时间的薛定谔方程.一个多能级量子系统动力学的薛定谔方程的描述形式可以

写为

$$i \mid \dot{\psi} \rangle = H(t) \mid \psi \rangle = \left(H_0 + \sum_{j=1}^{m} H_j u_j(t) \right) \mid \psi \rangle \tag{4.75}$$

其中,$H_0, H_1, \cdots, H_m$ 为系统哈密顿量,矩阵 $H_0, H_1, \cdots, H_m$ 是李代数 $u(n)$ 中的元素,如果 $H_0, H_1, \cdots, H_m$ 的阵迹为零,那么它们所对应的李代数是具有迹零的李代数 $su(n)$.函数 $u_j(t)$ 是时变的,为外加控制磁场.

式(4.75)在初始状态 $\mid \psi(0) \rangle$ 给定的情况下,在时刻 t 的状态 $\mid \psi(t) \rangle$ 可表示为

$$\mid \psi(t) \rangle = U(t) \mid \psi(0) \rangle \tag{4.76}$$

其中,幺正演化矩阵 $U(t)$ 是 t 时刻的演化方程

$$\dot{U}(t) = -i \left(H_0 + \sum_{j=1}^{m} H_j u_j(t) \right) U(t), \quad U(0) = I_{n \times n} \tag{4.77}$$

的解,并且,$U(t)$ 属于李群 $U(n)$ 或 $SU(n)$.

从式(4.76)和式(4.77)中可以看出,如果量子系统要达到期望的状态,关键是通过外加控制场 $u_j(t)$,获得幺正演化矩阵 $U(t)$,然后将 $U(t)$ 代入式(4.76),根据已知的初始状态 $\mid \psi(0) \rangle$,求出任意时刻 t 的状态 $\mid \psi(t) \rangle$.换句话说,只要我们获得了在某个时刻期望的幺正演化矩阵 U_f,就可以求出该时刻的系统状态.从物理和技术实现的角度来看,每一个对量子力学系统的控制问题最终都可以归纳为对一个给定的量子系统,产生所期望的幺正演化矩阵的问题.

对于如方程(4.77)一类的矩阵微分方程,由于矩阵的特殊性,不能直接对该方程进行积分求解,所以在 1964 年由魏(Wei)和诺曼(Norman)提出的 Wei-Norman 分解方法解决了这一类方程的小时间的局部解问题,不过他们没有得到方程(4.77)在长时间情况下的全局解.

本节将针对量子系统的特性,把作用于系统的控制时间分成 K 段小时间,并在每一个小的时间段上分别采用 Wei-Norman 分解进行求解,以此方式来获得方程(4.77)在任意时刻的解.在详细给出 Wei-Norman 分解的具体求解过程后,针对一个具体的自旋 1/2 单个粒子系统,进行幺正演化方程求解,然后对量子系统施加不同的控制场,通过仿真实验观察系统在任意时刻的状态 $\mid \psi(t) \rangle$ 的变化,并对系统的状态 $\mid \psi(t) \rangle$ 与控制场之间的关系进行具体的分析.

4.4.1　Wei-Norman 分解

为了使问题更一般化以及解方程的方便,把方程(4.77)进行变换,得到如下矩阵微

分方程：

$$\dot{U}(t) = \sum_{j=1}^{l} v_j(t) A_j U(t), \quad U(0) = I_{n \times n} \tag{4.78}$$

其中，$U(t) \in G$ 和 $A_j \in g$ 均为 $n \times n$ 矩阵，g 是李群 G 对应的李代数，且李代数 g 的秩是 l. 把式(4.78)与式(4.77)比较可得，$v_1(t) = 1$，$A_1 = -iH_0$，当 $1 \leqslant j \leqslant m$ 时，有 $v_{j+1}(t) = u_j(t)$，$A_{j+1} = -iH_j$，如果式(4.77)的控制场的个数 $m \leqslant l - 1$，令控制场 $v_{m+2}(t), \cdots, v_l(t)$ 等于 0，并选择李代数 g 的其他的基 $A_{m+1}, \cdots, A_l$.

对于矩阵微分方程(4.78)的解，其分析方法之一是 Wei-Norman 分解定理.

定理 4.22 方程(4.78)在 $t = 0$ 附近的局部邻域解可以表示成矩阵 A_j 的指数因子的乘积形式：

$$U(t) = \exp(g_1(t) A_1) \exp(g_2(t) A_2) \cdots \exp(g_l(t) A_l) \tag{4.79}$$

在式(4.79)中 $g_i(t)$ 是时间的标量函数，并且 $g_i(t)$ 必须满足一组标量微分方程，即

$$\begin{bmatrix} \dot{g}_1(t) \\ \vdots \\ \dot{g}_l(t) \end{bmatrix} = \Xi(g_1(t), \cdots, g_l(t))^{-1} \begin{bmatrix} v_1(t) \\ \vdots \\ v_l(t) \end{bmatrix} \tag{4.80}$$

其中，$g_i(0) = 0$，且 $\Xi(\cdot)$ 是 $g_i(t)$ 的实解析函数.

定理 4.22 指出方程(4.78)在 $t = 0$ 附近的局部邻域的解可以表示成指数因子的乘积形式，如果李代数 g 是可解的李代数，则方程(4.78)的全局解就可以由指数因子的乘积来表示.

从定理 4.22 可以看出，Wei-Norman 分解是把方程(4.78)的解问题转换为微分方程组(4.80)的求解，通过微分方程组(4.80)进行求解可得到 $g_i(t)$，方程(4.79)的局部邻域解的指数因子乘积就可确定，只要获得方程组(4.80)中的解析函数 $\Xi(\cdot)$，则微分方程组(4.80)也就确定，因此必须首先获得解析函数 $\Xi(\cdot)$. 下面对 $\Xi(\cdot)$ 进行求解.

首先对局部解(4.79)等号左、右两边进行微分，可得到

$$\dot{U}(t) = \sum_{i=1}^{l} \dot{g}_i(t) \left(\prod_{j=1}^{i-1} \exp(g_j A_j) A_i \prod_{j=i}^{l} \exp(g_j A_j) \right) \tag{4.81}$$

结合式(4.78)和式(4.81)可以得到

$$\sum_{j=1}^{l} v_j(t) A_j U(t) = \sum_{i=1}^{l} \dot{g}_i(t) \left(\prod_{j=1}^{i-1} \exp(g_j A_j) A_i \prod_{j=i}^{l} \exp(g_j A_j) \right) \tag{4.82}$$

式(4.82)反映出了 $\dot{g}_i(t)$ 与控制场 $v_i(t)$ 之间的关系，也隐含着解析函数 $\Xi(\cdot)$，为

了得到解析函数 $\varXi(\cdot)$ 的显式表示,需要进一步化简分析式(4.82),利用坎贝尔-贝克-豪斯道夫(Campbell-Baker-Hausdauff)公式进行一系列的化简得到最终的结果是

$$\sum_{j=1}^{l} v_j(t) A_j = \sum_{i=1}^{l} \dot{g}_i(t) \left(\prod_{j=1}^{i-1} \exp(g_j ad_{A_j}) A_i \right) \tag{4.83}$$

由于 A_j 是李代数的基,则利用 A_j 是线性无关的并根据式(4.83)得到

$$\begin{bmatrix} v_1(t) \\ v_2(t) \\ \vdots \\ v_l(t) \end{bmatrix} = \begin{bmatrix} e_1 & \exp(g_1 ad_{A_1}) e_2 & \cdots & \prod_{i=1}^{l-1} \exp(g_i ad_{A_i}) e_l \end{bmatrix} \begin{bmatrix} \dot{g}_1(t) \\ \dot{g}_2(t) \\ \vdots \\ \dot{g}_l(t) \end{bmatrix} \tag{4.84}$$

从式(4.84)可以明显看出 $\dot{g}_i(t)$ 与控制场 $v_i(t)$ 的关系,并且可以得到解析函数

$$\varXi = \begin{bmatrix} e_1 & \exp(g_1 ad_{A_1}) e_2 & \cdots & \prod_{i=1}^{l-1} \exp(g_i ad_{A_i}) e_l \end{bmatrix} \tag{4.85}$$

其中,e_i 表示第 i 个元素是 1 的列向量,即 $e_i = \begin{bmatrix} 0 & \cdots & 1 & \cdots & 0 \end{bmatrix}^{\mathrm{T}}$.

从式(4.85)中可看出,求函数 $\varXi(\cdot)$ 的关键是指数 $\exp(g_j ad_{A_j})$ 的求解,而矩阵 A_j 的伴随表示 ad_{A_j} 是求解的第一步,伴随表示 ad_{A_j} 是指李代数 g 中的元素的伴随表示:

$$ad_{A_j} A_i = [A_j, A_i] = \sum_{k=1}^{l} c_{ji}^k A_k \tag{4.86}$$

其中,c_{ji}^k 是结构常数,且结构常数之间满足关系式:$c_{ji}^k = -c_{ij}^k = c_{ik}^j$.伴随表示 ad_{A_j} 可以由结构常数来表示,把伴随表示 ad_{A_j} 表示成矩阵形式,矩阵的第 i 列、第 k 行的元素是结构常数 c_{ji}^k,并且是 $l \times l$ 维的矩阵.第二步是计算 ad_{A_j} 的指数表示,即计算 $\exp(g_j ad_{A_j})$.有多种计算 $\exp(g_j ad_{A_j})$ 的方法,现简述常用的 3 种方法.

(1) 众所周知,$\exp(g_j ad_{A_j})$ 的级数展开是无穷级的,但根据卡利-哈美顿(Carley-Hamiton)定理可以使 $\exp(g_j ad_{A_j})$ 的级数展开是有限级的,即展开成 ad_{A_j} 的前 $l-1$ 次幂的各项之和.有限级的展开式中的各项系数满足一定的关系,利用此关系可以得到有限级展开式中的系数,继而得到矩阵 ad_{A_j} 的指数表示,此方法主要是可以与李代数的结构常数联系起来.但不是求解 $\exp(g_j ad_{A_j})$ 的最优的方法.

(2) 最简单的方法是先计算矩阵 ad_{A_j} 的特征值和特征向量,把矩阵 ad_{A_j} 表示成对角矩阵与特征向量矩阵 Q 的乘积形式,即 $ad_{A_j} = Q \mathrm{diag}\{\lambda_{j1}, \lambda_{j2}, \cdots, \lambda_{jl}\} Q^{-1}$,对于对角矩阵,也就是特征值不相同的指数形式为

$$\exp(g_j * \mathrm{diag}\{\lambda_{j1}, \cdots, \lambda_{jl}\}) = \mathrm{diag}\{\exp(g_j \lambda_{j1}), \cdots, \exp(g_j \lambda_{jl})\} \tag{4.87}$$

所得矩阵 ad_{A_j} 的指数表示就是:$\exp(g_j ad_{A_j}) = Q\mathrm{diag}\{\exp(g_j\lambda_{j1}),\cdots,\exp(g_j\lambda_{jl})\}Q^{-1}$;如果特征值 $\lambda_{j1},\cdots,\lambda_{jl}$ 之中有值相同,则矩阵 ad_{A_j} 表示的对角矩阵要变成约当形式的矩阵,约当形式的矩阵的指数形式计算也不复杂,其具体过程同对角矩阵的一样.

(3)利用拉普拉斯变换同样可以计算伴随表示矩阵 ad_{A_j} 的指数表示,即由等式 $\exp(g_j ad_{A_j}) = L^{-1}(sI - ad_{A_j})^{-1}$ 可以得到.先计算矩阵 ad_{A_j} 的函数 $sI - ad_{A_j}$,再对 $sI - ad_{A_j}$ 求逆得到 $(sI - ad_{A_j})^{-1}$,然后对 $(sI - ad_{A_j})^{-1}$ 进行拉普拉斯反变换,结果就是矩阵 ad_{A_j} 的指数形式.

利用以上 3 种方法中的任意一种方法都可以得到矩阵 ad_{A_j} 的指数因子表示,然后把矩阵 ad_{A_j} 的指数表示代入式(4.85)得到解析函数 Ξ,最后对 Ξ 求逆并代入微分方程组(4.80)获得微分 $\dot{g}_i(t)$ 与控制场 $v_i(t)$ 的关系.对所得到的微分方程组(4.80)进行分析求解得到 $g_i(t)$,将 $g_i(t)$ 代入式(4.79)便可得到方程(4.78)最终解的结果.

4.4.2　Wei-Norman 分解在量子系统中的应用

4.4.2.1　问题描述

一个自旋 1/2 的单个粒子量子系统在 t 时刻的状态 $|\psi(t)\rangle$ 可以用基态 $|0\rangle$ 和激发态 $|1\rangle$ 的线性组合来描述:

$$|\psi(t)\rangle = c_0(t)|0\rangle + c_1(t)|1\rangle \tag{4.88}$$

其中,$c_0(t)$ 和 $c_1(t)$ 是复数,并且对于每一个时刻 t 都满足关系:$|c_0(t)|^2 + |c_1(t)|^2 = 1$.

显然在式(4.88)中的状态 $|\psi(t)\rangle$ 满足薛定谔方程的形式(式(4.75)),考虑到自旋单个粒子的具体物理背景,并且设普朗克常量 $\hbar = 1$,则该系统的薛定谔方程具体形式为

$$\mathrm{i}|\dot{\psi}\rangle = (H_0 + H(t))|\psi\rangle = (\omega_0\sigma_z + u_x(t)\sigma_x + u_y(t)\sigma_y)|\psi\rangle \tag{4.89}$$

其中,H_0 为系统内部哈密顿,H 为包括外部施加作用场的系统外部哈密顿,$u_x(t)$ 和 $u_y(t)$ 分别表示在 x 方向和 y 方向施加的控制分量.对于 H_0 可以写为:$H_0 = \omega_0\sigma_z$,其中,ω_0 为固定磁场频率,σ_z 为粒子在 z 方向的分量自旋算符.σ_x 和 σ_y 分别是粒子在 x 方向以及在 y 方向的旋转分量,$\sigma_z,\sigma_x,\sigma_y$ 也被称为泡利(Pauli)矩阵,具体形式为

$$\sigma_z = \frac{1}{2}\begin{bmatrix} 1 & 0 \\ 0 & -1 \end{bmatrix}, \quad \sigma_x = \frac{1}{2}\begin{bmatrix} 0 & 1 \\ 1 & 0 \end{bmatrix}, \quad \sigma_y = \frac{1}{2}\begin{bmatrix} 0 & -\mathrm{i} \\ \mathrm{i} & 0 \end{bmatrix} \tag{4.90}$$

由式(4.89)可以得出该量子系统的幺正演化矩阵 $U(t)$ 的演化方程为

$$\dot{U}(t) = -\mathrm{i}(\omega_0 \sigma_z + u_x(t)\sigma_x + u_y(t)\sigma_y)U(t), \quad U(0) = I_{2\times 2} \quad (4.91)$$

其中,幺正演化矩阵 $U(t)$ 所在的李群 G 是 $SU(2)$,由 $\sigma_z, \sigma_x, \sigma_y$ 形成的李代数 g 是 $su(2)$.

对于该系统,首先利用 Wei-Norman 分解获得方程(4.91)在 $t = 0$ 附近的局部邻域解 $U(t)$ 的指数表示.为了得到方程(4.91)在任意时刻的幺正演化矩阵 $U(t)$,需要把 t 分成小段时间来分别进行 Wei-Norman 分解.通过施加不同的控制场 $u_x(t)$ 和 $u_y(t)$,利用 $|\psi(t)\rangle = U(t)|\psi(0)\rangle$ 来求状态 $|\psi(t)\rangle$,由于状态 $|\psi(t)\rangle$ 可以由复数 $c_0(t)$ 和 $c_1(t)$ 表示,并且为了直观和方便,我们在实验中通过计算并绘制出状态 $|\psi(t)\rangle$ 的概率 $c_0(t)$ 和 $c_1(t)$ 的模值的曲线变化来考查系统状态 $|\psi(t)\rangle$ 与外加控制场之间的关系.

4.4.2.2　Wei-Norman 分解的应用

为了利用 Wei-Norman 分解以及分析问题方便,对式(4.91)进行变换得到

$$\dot{U}(t) = (v_1 A_1 + v_2 A_2 + v_3 A_3)U(t), \quad U(0) = I_{2\times 2} \quad (4.92)$$

其中,$A_1 = -\mathrm{i}\sigma_x = \dfrac{1}{2}\begin{bmatrix} 0 & -\mathrm{i} \\ -\mathrm{i} & 0 \end{bmatrix}$,$A_2 = -\mathrm{i}\sigma_y = \dfrac{1}{2}\begin{bmatrix} 0 & -1 \\ 1 & 0 \end{bmatrix}$,$A_3 = -\mathrm{i}\sigma_z = \dfrac{1}{2}\begin{bmatrix} -\mathrm{i} & 0 \\ 0 & \mathrm{i} \end{bmatrix}$,$v_1 = u_x(t), v_2 = u_y(t), v_3 = \omega_0$.

基 A_1, A_2, A_3 之间的关系分别是:

$[A_1, A_2] = A_1 A_2 - A_2 A_1 = A_3$,其对应的结构常数为 $c_{12}^1 = c_{12}^2 = 0, c_{12}^3 = 1$;

$[A_2, A_3] = A_2 A_3 - A_3 A_2 = A_1$,其对应的结构常数为 $c_{23}^2 = c_{23}^3 = 0, c_{23}^1 = 1$;

$[A_3, A_1] = A_3 A_1 - A_1 A_3 = A_2$,其对应的结构常数为 $c_{31}^1 = c_{31}^3 = 0, c_{31}^2 = 1$.

由于结构常数满足关系:$c_{ji}^k = -c_{ij}^k = c_{ik}^j$,所以可得 $c_{21}^3 = c_{32}^1 = c_{13}^2 = -1$,其余的都等于 0.根据定理 4.22 可以得到方程(4.92)的解在 $t = 0$ 附近的局部邻域解的表示为

$$U(t) = \exp(g_1(t)A_1)\exp(g_2(t)A_2)\exp(g_3(t)A_3) \quad (4.93)$$

其中 $g_i(t)$ 必须满足一组微分方程,即

$$\begin{bmatrix} \dot{g}_1(t) \\ \dot{g}_2(t) \\ \dot{g}_3(t) \end{bmatrix} = \Xi(g_1(t), g_2(t), g_3(t))^{-1} \begin{bmatrix} v_1(t) \\ v_2(t) \\ v_3(t) \end{bmatrix} \quad (4.94)$$

其中,$g_i(0) = 0$,且 $\Xi(\cdot)$ 是 $g_i(t)$ 的实解析函数,以下任务主要是求解 $\Xi(\cdot)$.

第一步:求基 A_j 的伴随表示 ad_{A_j}.

基 A_j 的伴随表示 ad_{A_j} 作用在基 A_i 上的运算关系为:$ad_{A_j}A_i = [A_j, A_i] = \sum_{k=1}^{3} c_{ji}^k A_k$,由此式可得基 A_j 的伴随表示 ad_{A_j},即是 3×3 的矩阵,分别为

$$ad_{A_1} = \begin{bmatrix} c_{11}^1 & c_{12}^1 & c_{13}^1 \\ c_{11}^2 & c_{12}^2 & c_{13}^2 \\ c_{11}^3 & c_{12}^3 & c_{13}^3 \end{bmatrix} = \begin{bmatrix} 0 & 0 & 0 \\ 0 & 0 & -1 \\ 0 & 1 & 0 \end{bmatrix}$$

$$ad_{A_2} = \begin{bmatrix} c_{21}^1 & c_{22}^1 & c_{23}^1 \\ c_{21}^2 & c_{22}^2 & c_{23}^2 \\ c_{21}^3 & c_{22}^3 & c_{23}^3 \end{bmatrix} = \begin{bmatrix} 0 & 0 & 1 \\ 0 & 0 & 0 \\ -1 & 0 & 0 \end{bmatrix}$$

$$ad_{A_3} = \begin{bmatrix} c_{31}^1 & c_{32}^1 & c_{33}^1 \\ c_{31}^2 & c_{32}^2 & c_{33}^2 \\ c_{31}^3 & c_{32}^3 & c_{33}^3 \end{bmatrix} = \begin{bmatrix} 0 & -1 & 0 \\ 1 & 0 & 0 \\ 0 & 0 & 0 \end{bmatrix}$$

第二步:求基的伴随表示的指数因子表示.

根据求伴随表示的指数因子的方法,利用特征值和特征向量的方法可以分别得到

$$\exp(g_1 ad_{A_1}) = \begin{bmatrix} 1 & 0 & 0 \\ 0 & \cos(g_1) & -\sin(g_1) \\ 0 & \sin(g_1) & \cos(g_1) \end{bmatrix}$$

$$\exp(g_2 ad_{A_2}) = \begin{bmatrix} \cos(g_2) & 0 & \sin(g_2) \\ 0 & 1 & 0 \\ -\sin(g_2) & 0 & \cos(g_2) \end{bmatrix}$$

$$\exp(g_3 ad_{A_3}) = \begin{bmatrix} \cos(g_3) & -\sin(g_3) & 0 \\ \sin(g_3) & \cos(g_3) & 0 \\ 0 & 0 & 1 \end{bmatrix}$$

第三步:求解析函数 $\Xi(\cdot)$ 的表达式.

把以上所得到的伴随表示的指数因子表示代入函数 $\Xi(\cdot)$ 中,可以得到 $\Xi(\cdot)$ 的表达式为

$$\Xi = \begin{bmatrix} e_1 & \exp(g_1 ad_{A_1})e_2 & \exp(g_1 ad_{A_1})\exp(g_2 ad_{A_2})e_3 \end{bmatrix}$$

$$= \begin{bmatrix} 1 & 0 & \sin(g_2) \\ 0 & \cos(g_1) & -\sin(g_1)*\cos(g_2) \\ 0 & \sin(g_1) & \cos(g_1)*\cos(g_2) \end{bmatrix} \tag{4.95}$$

其中，$e_1 = \begin{bmatrix} 1 & 0 & 0 \end{bmatrix}^T$，$e_2 = \begin{bmatrix} 0 & 1 & 0 \end{bmatrix}^T$，$e_3 = \begin{bmatrix} 0 & 0 & 1 \end{bmatrix}^T$.

第四步：求 $g_i(t)$ 的微分方程组的最终结果.

把式(4.95)的函数 Ξ 代入 $\begin{bmatrix} \dot{g}_1(t) \\ \dot{g}_2(t) \\ \dot{g}_3(t) \end{bmatrix} = \Xi^{-1} \begin{bmatrix} v_1(t) \\ v_2(t) \\ v_3(t) \end{bmatrix}$，可得

$$\begin{bmatrix} \dot{g}_1(t) \\ \dot{g}_2(t) \\ \dot{g}_3(t) \end{bmatrix} = \begin{bmatrix} 1 & \sin(g_1)\tan(g_2) & -\cos(g_1)\tan(g_2) \\ 0 & \cos(g_1) & \sin(g_1) \\ 0 & -\sin(g_1)\sec(g_2) & \cos(g_1)\sec(g_2) \end{bmatrix} \begin{bmatrix} v_1(t) \\ v_2(t) \\ v_3(t) \end{bmatrix} \tag{4.96}$$

所以方程(4.91)的解在 $t = 0$ 附近的局部邻域表示为

$$\begin{aligned} U(t) &= \exp(g_1(t)A_1)\exp(g_2(t)A_2)\exp(g_3(t)A_3) \\ &= \exp(-\mathrm{i}g_1(t)\sigma_x)\exp(-\mathrm{i}g_2(t)\sigma_y)\exp(-\mathrm{i}g_3(t)\sigma_z) \end{aligned} \tag{4.97}$$

其中 $g_i(t)$ 必须满足一组微分方程

$$\begin{bmatrix} \dot{g}_1(t) \\ \dot{g}_2(t) \\ \dot{g}_3(t) \end{bmatrix} = \begin{bmatrix} 1 & \sin(g_1)\tan(g_2) & -\cos(g_1)\tan(g_2) \\ 0 & \cos(g_1) & \sin(g_1) \\ 0 & -\sin(g_1)\sec(g_2) & \cos(g_1)\sec(g_2) \end{bmatrix} \begin{bmatrix} u_x(t) \\ u_y(t) \\ \omega_0 \end{bmatrix} \tag{4.98}$$

4.4.2.3　多段 Wei-Norman 分解的应用

由于量子系统(4.91)所对应的李代数 $su(2)$ 不是可解李代数，所以该系统不能直接利用 Wei-Norman 分解来获得全局解.所以为了获得系统(4.91)在任意时刻的幺正演化矩阵，在时间 T 很长的情况下，需把 T 分成 K 段小时间 $\left(t_1, t_2 \cdots, t_K, \sum_{k=1}^{K} t_k = T\right)$，根据关系式

$$|\psi(t_1)\rangle = U(t_1)|\psi(0)\rangle$$

$$|\psi(t_1 + t_2)\rangle = U(t_2)|\psi(t_1)\rangle = U(t_2)U(t_1)|\psi(0)\rangle$$

$$\vdots$$

$$|\psi(T)\rangle = U(t_K)|\psi(t_{K-1})\rangle = \cdots = U(t_K)U(t_{K-1})\cdots U(t_1)|\psi(0)\rangle$$

以及关系式 $|\psi(T)\rangle = U(T)|\psi(0)\rangle$，可以得到在 T 时刻的幺正演化矩阵 $U(T)$ 的表示为

$$U(T) = U(t_K)U(t_{K-1})\cdots U(t_1) \tag{4.99}$$

所以对于任意时刻的幺正演化矩阵都可以分成 K 个幺正演化矩阵的乘积,对于每段小时间的幺正演化矩阵 $U(t_k)$ 都可以根据 Wei-Norman 分解来获得. 对于每段小时间 $t_k(k=1,2,\cdots,K)$,都满足演化方程(4.91),因此根据方程(4.91)解的表示式(4.97)可以获得每段小时间的幺正演化矩阵 $U(t_k)$,其形式为

$$U(t_k) = \exp(-\mathrm{i}g_1(t_k)\sigma_x)\exp(-\mathrm{i}g_2(t_k)\sigma_y)\exp(-\mathrm{i}g_3(t_k)\sigma_z) \qquad (4.100)$$

因此,通过式(4.99)和式(4.100)就可以获得该量子系统在任意时刻的幺正演化矩阵,再根据 $|\psi(t)\rangle = U(t)|\psi(0)\rangle$ 就可获得该量子系统在任意时刻的状态.

4.4.2.4 实验结果及其分析

根据以上所获得的量子系统的状态与控制场的关系(式(4.99)和式(4.100))进行仿真实验,以便获得系统状态随控制场的参数变化时的概率变化曲线.

首先假定当 $t=0$ 时,系统处于基态 $|0\rangle$,由式(4.88)有 $|\psi(0)\rangle = c_0(0)|0\rangle + c_1(0)|1\rangle$,可得,$c_0(0)=1$,$c_1(0)=0$. 为了方便起见,把状态 $|\psi(t)\rangle$ 写成列向量:$|\psi(t)\rangle = [c_0(t),c_1(t)]^{\mathrm{T}}$,此时 $|\psi(0)\rangle = [c_0(0),c_1(0)]^{\mathrm{T}} = [1,0]^{\mathrm{T}}$. 而该量子系统的内部磁场频率在仿真过程中都假定 $\omega_0 = 1$.

1. 选取控制场为正弦曲线

在 x 方向和 y 方向分别施加控制分量:$u_x(t) = \Omega\cos(\omega t + \theta_0)$,$u_y(t) = \Omega\sin(\omega t + \theta_0)$,各参数分别取 $\theta_0 = 0$,$\omega = 1$,$\Omega = \pi$,终态时间 $T=5$ s,将其分为 50 段,即 $K=50$. 由此可得 $t_k = 0.1$. 在 MATLAB 环境下,采用 ODE45 求解式(4.98),解出每个 t_k 时刻的 $g_i(t_k)(i=1,2,3)$. 然后根据式(4.99)和式(4.100)求解出每个 t_k 时刻幺正演化矩阵,最后通过式(4.76)和式(4.88)得到整个过程中系统状态的概率 $|c_0(t)|^2$ 和 $|c_1(t)|^2$ 的变化曲线如图 4.9 所示,其中,虚线是 $|c_0(t)|^2$,实线是 $|c_1(t)|^2$.

从图 4.9 中可以看出,概率曲线变化的周期为:$t_p = 2\pi/\Omega$,状态 $|\psi(t)\rangle$ 从态矢 $|0\rangle$ 变到态矢 $|1\rangle$ 的时间为:$t_f = (2\times m+1)\pi/\Omega(m=0,1,2,\cdots)$,所以如果所施加控制场的持续时间是 $t=t_f$,则量子系统就从初态 $|0\rangle$ 转换到激发态 $|1\rangle$.换句话说,若希望从初态 $|0\rangle$ 转换到激发态 $|1\rangle$,在 $u_x(t) = \pi\cos(t)$,$u_y(t) = \pi\sin(t)$ 磁场的作用下,只需要持续 1 s 的时间即可完成对粒子状态转变的操控过程.当然,如果希望操控的时间更短,可以通过改变其他参数来实现.通过改变控制场的参数,可以得到概率曲线的变化规律如下:

(1) 如果只增大控制分量的幅值 Ω,那么系统从基态 $|0\rangle$ 转换到激发态 $|1\rangle$ 的时间将随之减小,反之所需时间增加.

(2) 如果只改变控制分量的频率 ω,那么当频率 ω 偏离量子系统内部磁场的频率 ω_0

时,概率曲线的幅值减小,将达不到 0 和 1 值,不能使量子系统实现从初态$|0\rangle$转换到激发态$|1\rangle$的目标.偏离得越远,概率幅值就越小.换句话说,只有在外加控制场的频率与粒子自旋频率共振的情况下,才能够实现对粒子状态变化的控制.

（3）如果只改变初始角θ_0,概率曲线的控制时间不变化.

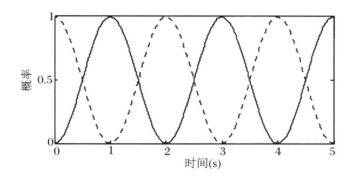

图 4.9　正弦曲线作用下系统状态概率随时间的变化曲线

2. 选取控制场为脉冲

把激光脉冲施加在 x 方向,由于激光脉冲符合高斯分布,所以可设所施加的控制分量 $u_x = A\exp\left(-\dfrac{1}{2d^2}(t - t_c)^2\right)$,其中,$A$ 是脉冲幅值,d 是脉冲宽度,t_c 是脉冲宽度的中点所处的时刻.在 y 方向不施加控制分量,即 $u_y(t) = 0$.将 1 s 平均分为 10 个分段,重复上述计算求解过程,得到系统状态$|\psi(t)\rangle$初始态为$|0\rangle$的概率$|c_0(t)|^2$ 和终始态为$|1\rangle$的概率$|c_1(t)|^2$ 的变化曲线如图 4.10 所示,其中,虚线是$|c_0(t)|^2$ 的变化曲线,实线是$|c_1(t)|^2$ 的变化曲线,实验中其他参数分别取 $A = 35, d = 0.05, t_c = 0.4$.

通过实验可以得出,控制场的脉冲幅值和宽度必须同时变化,才能使系统在规定的时间内达到期望值.如果激光脉冲的宽度越宽,控制场的幅值越小,那么概率曲线达到期望值所需要的时间越长;脉冲宽度越窄,控制场的幅值越大,所需要的时间越短.

需要指出的是,除了 Wei-Norman 分解用于求解幺正演化算符的方程外,还有 Cartan 分解、施密特分解、李群分解、指数分解等多种分解可以应用于量子系统幺正演化算符的求解中.作为一种量子系统幺正演化方程的求解方法,Wei-Norman 分解可以用来求解系统的幺正演化矩阵,但它并不是对期望的幺正演化矩阵的分解,只有通过施加有效的控制,才能得到期望的幺正演化矩阵和系统期望的状态.对于其他一些分解所具有的特性及其与 Wei-Norman 分解之间的关系,我们将另外专门进行研究.

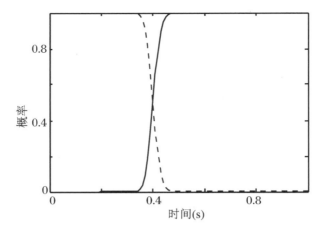

纵轴: 概率

横轴: 时间(s)

图 4.10　脉冲作用下系统状态概率随时间的变化曲线

　　本节利用 Wei-Norman 分解,提出了对量子系统进行分段利用 Wei-Norman 分解的方法,从而得出量子系统在任意时刻的幺正演化矩阵. Wei-Norman 分解对于分析维数较低的量子系统比较适用,如果量子系统的维数过高,Wei-Norman 分解的过程中得到的非线性微分方程组将变得过于复杂.这对于要获得期望的幺正演化矩阵不能带来任何方便,此时将不适合采用 Wei-Norman 分解来进行求解,可以采用比如 Cartan 分解,它是专门针对期望的幺正演化矩阵进行分解的.

4.5　Cartan 分解及其在量子系统最优控制中的应用

　　本节将通过具体介绍李群的卡坦(Cartan)分解方法,详细给出 Cartan 分解中各个参数之间的关系,并将其应用到自旋 1/2 系统中,把获得期望幺正演化矩阵所需最少时间问题的求解,转化到黎曼几何流形中寻求最短路径问题的求解;通过具体数值,对单个和两个粒子所建立的模型进行 Cartan 分解,具体求出系统在 $G = SU(2)$ 和 $SU(4)$ 上的任意期望幺正演化矩阵的分解.

4.5.1　引言

在量子计算机的实现上面对着许多挑战,其中之一是如何实现对量子系统状态的最有效的幺正转换.对于一个量子态的操控,就是从一个已知的初始态到一个期望的终态转变的操控.操控意味着在微扰外力的作用下的实现过程.这一问题转变到对幺正演化矩阵的控制就变成:在外加控制场的作用下,对期望的演化矩阵进行分解的问题.而量子系统的时间演化方程可以由时变薛定谔方程来描述:

$$\dot{U}(t) = -iH(t)U(t), \quad U(0) = I \tag{4.101}$$

其中,$H(t)$是相应的哈密顿量,为斜厄米矩阵,$U(t)$是幺正演化矩阵,$U(t) \in SU(2^N)$(N 表示自旋链中的原子的数目).

式(4.101)中的斜厄米矩阵 $H(t)$可以分离成以下形式:

$$H(t) = H_0(t) + \sum_{i=1}^{m} u_i(t)H_i(t) \tag{4.102}$$

其中,$H_0(t)$是系统的内部哈密顿量,$\sum_{i=1}^{m} u_i(t)H_i(t)$是为了获得系统期望的幺正演化矩阵所需要施加的外 部控制场.由式(4.102)可将式(4.101)重写为

$$\dot{U}(t) = -i\left(H_0(t) + \sum_{i=1}^{m} u_i(t)H_i(t)\right)U(t), \quad U(0) = I \tag{4.103}$$

其中,幺正演化矩阵 $U(t)$ 所对应的李群 G 是 $SU(2^N)$,李群 G 所对应的李代数 $g = su(2^N)$是维数为 $4^N - 1$、迹为零的斜厄米矩阵.

Cartan 分解是一种在 $G = SU(2^N)$ 群上,将 G 分解成 $G = KAK$ 的 3 个子群相乘的数学分解方法.由式(4.103)所建立的被控系统具有状态空间的矩阵形式,由其参数可以构造出李群.式(4.103)已经告诉我们由薛定谔方程决定的量子系统方程中的幺正演化矩阵 $U(t)$ 所对应的李群 G 是 $SU(2^N)$,采用 Cartan 分解应当针对李群 G 而言.不过,从数学角度上说,Cartan 分解的参数是针对由李群 G 所对应的李代数 g 来进行的.Cartan 分解给出了一种分解李代数的方法.对于一个给定的半单李代数 g(即除了单位元外,不存在阿贝尔子代数),可以通过 Cartan 分解使得该李代数 g 分解成更简单的子代数的直和.由于子代数的特征和性质更容易分析,也更加容易实现,由半单李代数 g 的 Cartan 分解可以获得对应李群 G 的乘积分解为:$G = KAK$,所得的乘积 $G = KAK$ 也称为李群 G 的 Cartan 分解,由于系统(4.103)是可控的,所以李群 G 中的期望解 U_F 相应地可以

分解成几个元素的乘积.在量子系统中应用 Cartan 分解,既可以将期望的幺正演化矩阵 U_F 分解成可实现的量子逻辑门,又可以根据实际控制时间的要求,确定具体的分解参数,以达到控制时间最短的目的.

4.5.2 Cartan 分解

为了介绍 Cartan 分解,首先给出半单李代数 g 的 Cartan 分解.

定义 4.4(Wolf,1967) 李代数 g 的 Cartan 分解:设 g 是半单李代数,分解 $g = l \oplus p$,其中,$p = l^{\perp}$ 满足交换关系:$[l,l] \subset l$,$[l,p] = p$,$[p,p] \subset l$.称分解 $g = l \oplus p$ 为李代数 g 的 Cartan 分解.

定义 4.4 中的 l 是个子李代数,而 p 不一定是李代数.由 (g,l) 组成的李代数对被称为正交对称李代数.为了分析问题的方便,需要定义包含在 p 中的最大阿贝尔子代数 h.

定义 4.5(Jesus,Fatima,2003) Cartan 子代数:给定半单李代数 g 和它的 Cartan 分解 $g = l \oplus p$,如果 h 是包含在 p 内的 g 的一个子李代数,则 h 是阿贝尔子代数,包含在 p 内的最大阿贝尔子代数被称为李代数对 (g,l) 的一个 Cartan 子代数.

通过以上定义可以得出李群 G 的 Cartan 分解定理.

定理 4.23 给定半单李代数 g 和它的 Cartan 分解 $g = l \oplus p$,设 h 是 (g,l) 的一个 Cartan 子代数,定义 $A = \exp(h) \subset G$,则 $G = KAK$.

本节中出现的 K 都是李群 G 的紧致闭子群,有 $K = \exp(l) \subset G$,而 l 是 K 的对应李代数.

众所周知,李群 G 与子群 K 的商空间 G/K 是微分流形结构.由李代数的 Cartan 分解可以得出 $G/K = \exp(p)$,可以证明 G/K 是黎曼对称空间.因为李群在几何上最出色的应用就是解决了对黎曼对称空间的分类、实现等问题.所以通过 Cartan 分解把量子力学系统的作用空间集中在黎曼对称空间进行分析,这是引入 Cartan 分解的非常关键的一点.对于定理 4.23 的结论可以通过 G/K 是黎曼对称流形来推导出同样的结论:

定理 4.24 如果 G/K 是黎曼对称流形,则 $G = KAK$,且 $A = \exp(h) \subset G$.

从 Cartan 分解的定理中可以看出,进行 Cartan 分解的步骤是:

(1) 确定李代数分解 $g = l \oplus p$ 中的子李代数 l 和对应的 K.

通常,l 是由设计者根据系统模型确定的.对于量子系统(4.103),可以令子李代数 l 为

$$l = \{H_1, \cdots, H_m\}_{LA} \tag{4.104}$$

其中,$\{H_1,\cdots,H_m\}_{LA}$ 表示由 $\{H_1,\cdots,H_m\}$ 组成的李代数.

确定 l 后,对应的子群 K 为

$$K = \exp(l) = \exp(\{H_1,\cdots,H_m\}_{LA}) \tag{4.105}$$

(2) 确定 p.

为了实现李代数 g 的 Cartan 分解,在确定 l 后,需要确定 p. p 一般经李代数 g 的正交基和 l 的正交基来联合确定,其方法是由 g 的正交基除去 l 的正交基所剩的基作为 p 中的基.确定好 p 和 l 之后,验证它们是否满足关系 $[l,l] \subset l$,$[l,p]=p$,$[p,p] \subset l$,如果满足,则根据定义 4.4 可知 $g = l \oplus p$ 是半单李代数 g 的 Cartan 分解.如果不满足,则就不能得到半单李代数 g 的 Cartan 分解,则该系统的期望幺正演化矩阵就不能实现 Cartan 分解.

(3) 确定子代数 h.

p 内最大的阿贝尔子代数 h,可以根据 h 中的元素是可交换的来获得,并根据定义 4.5 可知 h 也是 (g,l) 的 Cartan 子代数.

(4) 根据定理 4.23 可得:$G = KAK$,其中 $K = \exp(l)$,$A = \exp(h)$.

特别地,由于系统是可控的,所以在李群 G 中的任意期望幺正演化算子 U_F,根据李群 G 的 Cartan 分解所得到的 $G = KAK$ 可知,存在 $K_1, K_2 \in K$ 和 $A_1 \in A$ 满足 $U_F = K_1 A_1 K_2$,而且 K_1, K_2, A_1 都可以表示成矩阵的指数形式,由此可将系统(4.103)的期望幺正演化算符 U_F 进行指数分解.

4.5.3　量子系统中时间最优控制的 Cartan 分解

在对量子系统幺正演化算符的分解中,由式(4.105)可知子群 K 只对应外部控制场的哈密顿算符,即 $K = \exp(l) = \exp(\{H_1,\cdots,H_m\}_{LA})$,与内部哈密顿无关,所以对于自旋 1/2 的量子系统,如果施加控制场使得系统从李群 G 中的任意元素 U_1 到达 U_2 所需时间最少问题,就可转化为从考虑路径的几何角度来分析系统从集合 KU_1($KU_1 = \{kU_1 \mid k \in K\}$)到达 KU_2($KU_2 = \{kU_2 \mid k \in K\}$)的路径最短问题.又因为集合 KU_1 与 KU_2 都是对称空间 G/K 的元素,所以量子系统的最优控制问题集中在分析系统对称空间 G/K 中的元素之间最短路径问题.

由于所讨论的 G/K 是对称黎曼流形的情况,根据李括号 $[p,p] \subset l$ 可知在空间 G/K 内不会产生新的切向量.如果系统在对称空间 G/K 中从集合 KU_1 到达 KU_2 的路径的切向量是不可交换的,则所得到的路径就不是最短的.这表明在对称空间 G/K 中的

路径最短的条件必须是对应切向量是可交换的.

根据定义 4.5 可知,在 p 内的最大的阿贝尔子代数 h,并且在 h 中的元素是可交换的.对于任意元素 $\Omega \in G/K$,存在 $K_1 \in K$,以及 $Y \in h$,使得 $\Omega = K_1^{\dagger} \exp(Y) K_1$,所以根据对称空间的定义,Cartan 分解可以重新表述为:对于任意幺正演化矩阵 $U \in G$,存在 $U = K_a \Omega = K_a K_1^{\dagger} \exp(Y) K_1$,其中 $K_a, K_1^{\dagger} \in K$,而 $K_2 = K_a K_1^{\dagger} \in K$,所以关系式还可以表示为

$$U = K_2 \exp(Y) K_1 \tag{4.106}$$

式(4.106)同样可以根据李群的 Cartan 分解 $G = KAK$ 的关系式推导得到.

由于 $Y \in h$,所以 Y 可表示成

$$Y = \sum_{i=1}^{s} a_i ad_{k_i}(H_0) \tag{4.107}$$

其中,$a_i > 0$,s 是阿贝尔子代数 h 的维数,所有的 $ad_{k_i}(H_0) \in h$ 是可交换的.由式(4.107)可知,Y 项与系统内部哈密顿有关.

根据以上讨论已知 G/K 中的路径最短的首要条件必须是对应切向量是可交换的,而 Y 正是 G/K 的切向量,并且由可交换的元素组合而成.所以路径最短的首要条件已满足,路径最短的选取只需使得 $\sum_{i=1}^{s} a_i$ 值最小即可.由于 $ad_{k_i}(H_0)$ 是可交换的,所以

$$\exp(Y) = \exp\left(\sum_{i=1}^{s} a_i Ad_{k_i}(H_0)\right) = \prod_{i=1}^{s} \exp(a_i ad_{k_i}(H_0)) \tag{4.108}$$

由于获得 $K_1, K_2 \in K$ 所需时间可以忽略(根据假设),所以要使获得期望幺正演化矩阵 $U \in G$ 所需时间最少,从以上讨论知首先要使得 G/K 的切向量是可交换的,而 $Y \in h$ 正好满足,所以可通过在 h 中选取不同的基来构成 Y,在基确定的情况下,可以通过其他最优方法取不同的 a_i 值以便使得 $a_1 + a_2 + \cdots + a_s$ 的值最小.这样就可以使得系统从初态到达终态所需时间最少.

4.5.4　数值仿真实例

4.5.4.1　问题描述

选择自旋 1/2 的粒子所建立的量子动力系统作为研究对象,首先求系统所对应李代数 $su(2^N)$ 的基.定义泡利旋转矩阵为

量子系统建模、特性分析与控制

$$\sigma_x = \frac{1}{2}\begin{bmatrix} 0 & 1 \\ 1 & 0 \end{bmatrix}, \quad \sigma_y = \frac{1}{2}\begin{bmatrix} 0 & -\mathrm{i} \\ \mathrm{i} & 0 \end{bmatrix}, \quad \sigma_z = \frac{1}{2}\begin{bmatrix} 1 & 0 \\ 0 & -1 \end{bmatrix}$$

李代数 $su(2^n)$ 的正交基 $\{\mathrm{i}B_s\}$ 由泡利旋转矩阵的张积所定义：

$$B_s = 2^{q-1}\prod_{k=1}^{n}(\sigma_{k\lambda})^{a_{ks}} \tag{4.109}$$

其中，n 为系统中自旋 1/2 粒子的数目，k 为粒子的下标，$\lambda = x, y$ 或 z，q 表示乘积中算子的数目，如果自旋的粒子是 q 个，则 $a_{ks} = 1$，并且所剩的 $n - q$ 个粒子对应的 $a_{ks} = 0$.

泡利旋转矩阵的张积 $\sigma_{k\lambda} = I \otimes \cdots \otimes \sigma_\lambda \otimes \cdots \otimes I$，直积的元素数目是 n 个，σ_λ 在直积中的位置是第 k 个.例如旋转 1/2 的单个粒子，其正交基为：$q = 1, \mathrm{i}\{\sigma_x, \sigma_y, \sigma_z\}$.

4.5.4.2 单个自旋 1/2 的粒子的 Cartan 分解

选择自旋 1/2 的单个粒子所建立的量子动力系统作为研究对象，假定在一个外加控制场 u_x 的作用下，所建立的量子系统的幺正演化矩阵的方程为

$$\dot{U}(t) = -\mathrm{i}(\varepsilon\sigma_z + \sigma_x u_x(t))U(t), \quad U(0) = I_{2\times 2} \tag{4.110}$$

此时幺正演化矩阵 $U(t)$ 所在的李群 G 是 $SU(2)$，其对应的李代数是 $su(2)$.下面利用 Cartan 分解对幺正演化矩阵 $U(t) \in G = SU(2)$ 进行分解.

由系统 $\{-\mathrm{i}\sigma_x, -\mathrm{i}\sigma_z\}_{LA} = su(2)$，可以判断出系统 (4.110) 是可控的，其中，$\{-\mathrm{i}\sigma_x, -\mathrm{i}\sigma_z\}_{LA}$ 表示由元素 $-\mathrm{i}\sigma_x, -\mathrm{i}\sigma_z$ 形成的李代数.

根据式 (4.104)，令子代数

$$l = \{H_1\} = \{-\mathrm{i}\sigma_x\}_{LA} = \mathrm{span}(-\mathrm{i}\sigma_x) \tag{4.111}$$

对应的子群为

$$K = \exp(l) = \exp(\mathrm{span}(-\mathrm{i}\sigma_x)) \tag{4.112}$$

由于李代数 $su(2)$ 的基有 3 个，即 $su(2) = \mathrm{span}(-\mathrm{i}\sigma_x, -\mathrm{i}\sigma_y, -\mathrm{i}\sigma_z)$，又由于 $l = \mathrm{span}(-\mathrm{i}\sigma_x)$，所以为了实现半单李代数 $su(2)$ 的 Cartan 分解，自然令

$$p = \mathrm{span}(-\mathrm{i}\sigma_y, -\mathrm{i}\sigma_z) \tag{4.113}$$

因为 $[l, l] = l, [l, p] = p, [p, p] = l$，根据定义 4.4 可知 $su(2) = l \oplus p$ 是半单李代数 $su(2)$ 的 Cartan 分解.确定在 p 内的最大的阿贝尔子代数 h，可以根据 h 中的元素是可交换的，以及式 (4.108)：$Y \in h$，且 Y 与系统内部哈密顿有关得到

$$h = \mathrm{span}(-\mathrm{i}\sigma_z) \tag{4.114}$$

根据定义 4.5 可知 $h = \text{span}(-\mathrm{i}\sigma_z)$ 是正交对称李代数 $(su(2), l)$ 的 Cartan 子代数.

根据定理 4.23,最后可以得到 $SU(2)$ 的 Cartan 分解为

$$SU(2) = KAK \tag{4.115}$$

其中, $A = \exp(h) = \exp(\text{span}(-\mathrm{i}\sigma_z))$, $K = \exp(\text{span}(-\mathrm{i}\sigma_x))$.

因为系统是可控的,所以对于任意期望的幺正演化算子 $U_F \in SU(2)$,根据已得到的 $SU(2) = KAK$ 可知,存在 $K_1 = \exp(-\mathrm{i}\alpha\sigma_x) \in K$, $A_1 = \exp(-\mathrm{i}\beta\sigma_z) \in A$, $K_2 = \exp(-\mathrm{i}\gamma\sigma_x) \in K$,满足以下关系:

$$U_F = K_1 A_1 K_2 = \exp(-\mathrm{i}\alpha\sigma_x)\exp(-\mathrm{i}\beta\sigma_z)\exp(-\mathrm{i}\gamma\sigma_x) \tag{4.116}$$

此时 α, β, γ 是属于实数域的一个数,表示不同的时间.选取不同 α, β, γ 值可以得到不同的 Cartan 分解.

4.5.4.3 两个自旋 1/2 的粒子的 Cartan 分解

选择磁场中两个自旋 $-1/2$ 的粒子所建立的量子系统作为研究对象,所建立的量子系统的幺正演化矩阵的方程为

$$\dot{U}(t) = -\mathrm{i}\left(H_0 + \sum_{j=1}^{4} u_j H_j\right) U(t), \quad U(0) = I_{4\times4} \tag{4.117}$$

其中, $H_0 = 2\pi J \sigma_{1z}\sigma_{2z}$, $H_1 = 2\pi\sigma_{1x}$, $H_2 = 2\pi\sigma_{1y}$, $H_3 = 2\pi\sigma_{2x}$, $H_4 = 2\pi\sigma_{2y}$.

$$\sigma_{1x} = \sigma_x \otimes I = \frac{1}{2}\begin{bmatrix} 0 & 1 \\ 1 & 0 \end{bmatrix} \otimes I = \frac{1}{2}\begin{bmatrix} 0*I & 1*I \\ 1*I & 0*I \end{bmatrix} = \frac{1}{2}\begin{bmatrix} 0 & 0 & 1 & 0 \\ 0 & 0 & 0 & 1 \\ 1 & 0 & 0 & 0 \\ 0 & 1 & 0 & 0 \end{bmatrix}$$

$$\sigma_{2x} = I \otimes \sigma_x = \begin{bmatrix} 1 & 0 \\ 0 & 1 \end{bmatrix} \otimes \sigma_x = \begin{bmatrix} 1*\sigma_x & 0*\sigma_x \\ 0*\sigma_x & 1*\sigma_x \end{bmatrix} = \frac{1}{2}\begin{bmatrix} 0 & 1 & 0 & 0 \\ 1 & 0 & 0 & 0 \\ 0 & 0 & 0 & 1 \\ 0 & 0 & 1 & 0 \end{bmatrix}$$

其余的 σ_{1y}, σ_{2y} 等与以上计算类似.幺正演化矩阵所在的李群 G 是 $SU(4)$,其对应的李代数是 $su(4)$.下面利用 Cartan 分解来求解 $SU(4)$ 上时间最小分解.

由系统 $\{-\mathrm{i}H_d, -\mathrm{i}H_1, -\mathrm{i}H_2, -\mathrm{i}H_3, -\mathrm{i}H_4\}_{LA} = su(4)$,可以判断出系统(4.117)是可控的.

根据式(4.104)令子代数 l 为

$$l = \{-\mathrm{i}H_1, -\mathrm{i}H_2, -\mathrm{i}H_3, -\mathrm{i}H_4\}_{LA} = \mathrm{span}(\mathrm{i}\sigma_{1x}, \mathrm{i}\sigma_{1y}, \mathrm{i}\sigma_{1z}, \mathrm{i}\sigma_{2x}, \mathrm{i}\sigma_{2y}, \mathrm{i}\sigma_{2z})$$

$$(4.118)$$

对应的子群 K 为

$$K = \exp(l) = \exp(\mathrm{span}(\mathrm{i}\sigma_{1x}, \mathrm{i}\sigma_{1y}, \mathrm{i}\sigma_{1z}, \mathrm{i}\sigma_{2x}, \mathrm{i}\sigma_{2y}, \mathrm{i}\sigma_{2z})) \tag{4.119}$$

此时子群 $K = SU(2) \otimes SU(2)$.

为了实现半单李代数 $su(4)$ 的 Cartan 分解,根据李代数 $su(4)$ 的 15 个基,以及子代数 l 的 6 个基,令

$$p = (2\mathrm{i}\sigma_{1x}\sigma_{2x}, 2\mathrm{i}\sigma_{1x}\sigma_{2y}, 2\mathrm{i}\sigma_{1x}\sigma_{2z}, 2\mathrm{i}\sigma_{1y}\sigma_{2x}, 2\mathrm{i}\sigma_{1y}\sigma_{2y}, 2\mathrm{i}\sigma_{1y}\sigma_{2z},$$
$$2\mathrm{i}\sigma_{1z}\sigma_{2x}, 2\mathrm{i}\sigma_{1z}\sigma_{2y}, 2\mathrm{i}\sigma_{1z}\sigma_{2z})$$

因为 $[l,l] \subset l$,$[l,p] = p$,$[p,p] \subset l$,根据定义 4.4 可得所获得的 $su(4) = l \oplus p$ 是半单李代数 $su(4)$ 的 Cartan 分解.

下面确定在 p 内的最大的阿贝尔子代数 h,可以根据 h 中的元素是可交换的以及式 (4.108) 得到

$$h = \mathrm{span}(2\mathrm{i}\sigma_{1x}\sigma_{2x}, 2\mathrm{i}\sigma_{1y}\sigma_{2y}, 2\mathrm{i}\sigma_{1z}\sigma_{2z}) \tag{4.120}$$

根据定义 4.4 可知 h 是正交对称李代数 $(su(4), l)$ 的 Cartan 子代数.

由以上分析得到半单李代数 $su(4)$ 的 Cartan 分解 $su(4) = l \oplus p$,以及式 (4.120) 是 $(su(4), l)$ 的 Cartan 子代数,根据定理 4.23,可得到

$$SU(4) = KAK \tag{4.121}$$

其中

$$A = \exp(h) = \exp(\mathrm{span}(2\mathrm{i}\sigma_{1x}\sigma_{2x}, 2\mathrm{i}\sigma_{1y}\sigma_{2y}, 2\mathrm{i}\sigma_{1z}\sigma_{2z})) \tag{4.122}$$

由于该系统是可控的,所以对于任意期望的幺正演化算子 $U_F \in SU(4)$,根据已得到的 $SU(4) = KAK$ 可知存在 $K_1, K_2 \in K$,并且由于 A 是子群,共有 3 个基元素(如式 (4.122)),而 A_1 是子群 A 中的元素,所以 A_1 由子群 A 中的基元素组合而成:

$$A_1 = \exp(-2\mathrm{i}J\pi(a_1\sigma_{1x}\sigma_{2x} + a_2\sigma_{1y}\sigma_{2y} + a_3\sigma_{1z}\sigma_{2z})) \in A \tag{4.123}$$

任意期望的幺正演化算子 $U_F \in SU(4)$ 满足的关系为

$$U_F = K_1 A_1 K_2 = K_1 \exp(-2\mathrm{i}J\pi(a_1\sigma_{1x}\sigma_{2x} + a_2\sigma_{1y}\sigma_{2y} + a_3\sigma_{1z}\sigma_{2z}))K_2 \tag{4.124}$$

又因为 h 是阿贝尔子代数,所以

$$U_F = K_1 A_1 K_2 = K_1 \exp(-2\mathrm{i}J\pi a_1\sigma_{1x}\sigma_{2x})\exp(-2\mathrm{i}J\pi a_2\sigma_{1y}\sigma_{2y})\exp(-2\mathrm{i}J\pi a_3\sigma_{1z}\sigma_{2z})K_2$$

$$(4.125)$$

其中,a_1, a_2, a_3 是实数域中的任意一个数.

式(4.125)就是所获得的 Cartan 分解.根据 4.5.3 小节的讨论,要使系统获得的期望幺正演化矩阵 U_F 所需时间最少,就是使得 $t = a_1 + a_2 + a_3$ 的值最小.

4.5.4.4 其他情况

对于两个自旋 1/2 的粒子来说,由于所建立模型有差异,并且李群中所选的基也会不同,所以根据不同情况利用 Cartan 分解得出的量子系统期望幺正演化矩阵的分解也会不同.

(1) 由于子群 $SU(2) \otimes SU(2)$ 同构于 $SO(4)$,所以 $K = SO(4)$,而对称空间就成为 $SU(4)/SO(4)$,根据 $SU(4)$ 的其他方式的基,在李群 $SU(4)$ 中的任意幺正演化矩阵 U_F 进行 Cartan 分解的结果是

$$U_F = K_1 \exp(b_1 B_1) \exp(b_2 B_2) \exp(b_3 B_3) K_2 \tag{4.126}$$

其中,$B_1 = H_0$,$B_2 = ad_{\sigma_{2y}} ad_{H_0} \sigma_{1y}$,$B_3 = ad_{\sigma_{2x}} ad_{H_0} \sigma_{2x}$;$K_1, K_2 \in SO(4)$.

(2) 还可以根据 Cartan 分解得到李群 $SU(4)$ 中任意幺正演化矩阵 U_F 的形式:

$$U_F = K_1 \exp(c_1 H_0) K_2 \exp(c_2 H_0) K_3 \exp(c_3 H_0) K_4, \quad K_1, K_2, K_3, K_4 \in SO(4) \tag{4.127}$$

Cartan 分解通过把系统(4.103)转化到黎曼几何流形上分析,在此过程中它考虑子群 K 中的元素相互转换时所需的时间是微小的,可以忽略,而在对称空间 G/K 的元素转换所需的时间相对是非常大的,所以在考虑整个系统从初始状态到期望状态所需的时间时就只考虑对称空间 G/K 的元素转换所需的时间,也即寻找到在商空间中从初态到期望终态的最短路径.从控制理论的角度来说也就是达到系统的最优控制.在此过程中可获得任意期望幺正演化矩阵的分解,但是其分解式与控制场的关系没有显式表示,所以如何通过确定控制场以及如何联系到物理背景来分析将是以后的主要工作.本节只分析了单个粒子系统模型的情况,还可以进一步运用 Cartan 分解分析 2 个粒子和 3 个粒子或更多粒子的情况,从而进行最优控制分析.

4.6 量子系统中幺正演化矩阵分解方法的对比

对量子系统状态的控制可以看成是从一个已知初始态到一个期望终态的控制,这个

量子系统建模、特性分析与控制

问题可以转变成利用合适的分解方法来获得期望的幺正演化矩阵.通过右不变系统的期望状态指数因子分解的定理,可以得到量子系统期望幺正演化矩阵的指数因子分解.分别对马格纳斯(Magnus)分解、魏-诺曼(Wei-Norman)分解、李群的一般分解和Cartan分解的含义与内容进行对比研究,指出不同分解方法所具有的特点,以及它们各自所适用的范围.

4.6.1 引言

在量子计算机的实现上面对着许多挑战,其中之一是如何实现对量子系统状态的最有效的幺正转换.对于一个量子态的操控,就是从一个已知的初始态到一个期望的终态转变的操控.操控意味着在微扰外力的作用下的实现过程.这一问题转变到对幺正演化矩阵的控制就变成:在外加控制场的作用下,对期望的演化矩阵进行分解的问题.一个多能级的量子系统的动力学的薛定谔方程形式为

$$\mathrm{i}\mid\dot{\psi}\rangle = H(t)\mid\psi\rangle = \Big(H_0 + \sum_{j=1}^m H_j u_j(t)\Big)\mid\psi\rangle \qquad (4.128)$$

其中,$H_0,H_1,\cdots,H_m$ 为系统哈密顿量,矩阵 $H_0,H_1,\cdots,H_m$ 是李代数 $u(n)$ 中的元素,如果 $H_0,H_1,\cdots,H_m$ 的阵迹为零,那么它们所对应的李代数是具有迹零的李代数 $su(n)$.函数 $u_j(t)$ 是时变的起控制作用的电磁场,假定它们是连续的并且有幅度限制.式(4.128)在初始状态 $|\psi_0\rangle$ 给定的情况下,在时刻 t 的状态 $|\psi(t)\rangle$ 可表示为

$$\mid\psi(t)\rangle = U(t)\mid\psi(0)\rangle \qquad (4.129)$$

其中,$U(t)$ 在 t 时刻的演化方程为

$$\dot{U}(t) = -\mathrm{i}\Big(H_0 + \sum_{j=1}^m H_j u_j(t)\Big) U(t), \quad U(0) = I_{n\times n} \qquad (4.130)$$

对于系统(4.130),首先假定系统(4.130)的斜哈密顿 $H_0,H_1,\cdots,H_m$ 所形成的李代数 $\{H_0,H_1,\cdots,H_m\}_{LA}$(简记为 g)是李代数 $su(n)$ 或 $u(n)$,可得系统(4.130)是完全可控的.为了分析方便,将式(4.130)变换为

$$\dot{U}(t) = \Big(A_0 + \sum_{j=1}^m A_j u_j(t)\Big) U(t), \quad U(0) = I_{n\times n} \qquad (4.131)$$

其中,$A_j = -\mathrm{i}H_j(j=0,1,\cdots,m)$,$A_0,A_1,\cdots,A_m$ 属于李代数 g,$U(t)\in G$,系统

(4.131)也被称为右不变系统.

对于系统(4.131),同样可以判断该系统是可控的,并满足系统(4.131)的任意轨迹的指数因子分解,其定理如下:

定理 4.25(Sachkov,2003) 设 $U(t)$,$t \in [0,T]$是系统(4.131)在初始态 $U(0) = U_0$ 时的一条轨迹,则存在 $K \in \mathbf{N}$(N是自然数集合,K 是任一自然数),以及

$$\tau_1, \cdots, \tau_K > 0, \quad \hat{A}_1, \hat{A}_2, \cdots, \hat{A}_K \in g \tag{4.132}$$

满足关系式

$$U(T) = \exp(\tau_K \hat{A}_K)\exp(\tau_{K-1} \hat{A}_{K-1}) \cdots \exp(\tau_1 \hat{A}_1) U_0 \tag{4.133}$$

其中,$\tau_1 + \cdots + \tau_K = T$.

由定理 4.25 可知,如果 $U(t)$,$t \in [0,T]$是系统(4.130)在初始条件 $U(0) = I_{n \times n}$ 的任意一条轨迹,则存在 $K \in \mathbf{N}$(N是自然数集合,K 是任一自然数),以及

$$\tau_1, \cdots, \tau_K > 0, \quad \hat{H}_1, \cdots, \hat{H}_K \in u(n) \text{ 或 } su(n) \tag{4.134}$$

在 $t = T$ 时的幺正演化矩阵可以分解成指数因子乘积的形式:

$$U(T) = \exp(-\mathrm{i}\tau_K \hat{H}_K)\exp(-\mathrm{i}\tau_{K-1} \hat{H}_{K-1}) \cdots \exp(-\mathrm{i}\tau_1 \hat{H}_1) \tag{4.135}$$

其中,$\tau_1 + \cdots + \tau_K = T$.

如果系统是可控的,则任意期望的幺正演化矩阵都可以找到一条轨迹到达,这样根据定理 4.25 可以得出,任意期望的幺正演化矩阵 $U(T)$ 都可以分解成指数因子的乘积形式,而这些指数因子都是物理可实现的,所以要想得到期望的幺正演化矩阵 $U(T)$,则需要把它分解成指数因子的乘积形式.

虽然根据定理 4.25 可以从理论上得出任意期望的幺正演化矩阵分解成指数因子的乘积形式(如式(4.135)),但是并不能直接根据定理 4.25 确定分解式(4.135)中的 K 的大小,以及 $\hat{H}_1, \cdots, \hat{H}_K$ 和 $\tau_1, \cdots, \tau_K$.所以如何确定分解式(4.135)中的参数则成了关键,通过引入相关的分解理论,结合量子系统的特征,出现了许多分解方法.本节首先针对不同的分解方法作简要介绍,然后分析各种分解方法的特点,并指出它们的适用范围,最后给出小结.

4.6.2　各种分解方法

4.6.2.1　Magnus 分解

如果单纯从方程(4.130)来进行求解,则和求解一般矩阵微分方程的方法一样.对于一般矩阵微分方程,由于矩阵微分方程不能直接积分求解,所以就出现了马格纳斯 (Magnus)公式和魏-诺曼(Wei-Norman)分解方法来求解矩阵微分方程.最先得出类似方程(4.130)的一类矩阵微分方程的解的问题是在 1954 年,由马格纳斯证明并得出 Magnus 公式定理如下:

定理 4.26(Magnus,1954)　系统(4.130)在 $t = 0$ 附近的局部邻域的解的表示形式为

$$U(t) = \exp\left(\sum_{j=1}^{l} \mu_j(t) B_j\right) \tag{4.136}$$

其中,$B_1, B_2, \cdots, B_l$ 是李代数 g 的基,$\mu_j(t)$ 是实解析函数,l 是李代数 g 的维数.

由马格纳斯公式(4.136)可见,所得到的方程(4.130)中解 $U(t)$ 的表示只有一个指数因子,但由于指数因子中的指数存在 l 个基的线性组合,在这种情况下所获得的指数因子是不能直接进行物理实现的.所以利用马格纳斯公式(4.136)来分析系统(4.130)并获得期望的幺正演化算符是没有实际应用价值的.

4.6.2.2　Wei-Norman 分解

魏-诺曼(Wei-Norman)分解方法是在 1964 年由 Wei 和 Norman 提出的,其结论是:使得系统(4.130)在 $t = 0$ 的附近的局部邻域的解可以由指数因子的乘积表示.

定理 4.27(Wei,Norman,1964)　系统(4.130)在 $t = 0$ 附近的局部邻域的解的表示形式为

$$U(t) = \exp(g_1(t) C_1) \exp(g_2(t) C_2) \cdots \exp(g_l(t) C_l) \tag{4.137}$$

其中,$C_1, C_2, \cdots, C_l$ 是李代数 g 的基,l 是李代数 g 的维数,$g_i(t)$ 是时间的标量函数,并且 $g_i(t)$ 必须满足一组标量微分方程,即

$$\begin{bmatrix} \dot{g}_1(t) \\ \vdots \\ \dot{g}_l(t) \end{bmatrix} = \Xi(g_1(t), \cdots, g_l(t))^{-1} \begin{bmatrix} \nu_1(t) \\ \vdots \\ \nu_l(t) \end{bmatrix} \tag{4.138}$$

其中，$g_i(0) = 0$，且 $\Xi(\cdot)$ 是 $g_i(t)$ 的实解析函数，并且在一般情况下是非线性的函数.

对比 Wei-Norman 分解定理 4.27 和定理 4.25，可以看出定理 4.25 得到的幺正演化矩阵分解是直接对期望的幺正演化矩阵进行分解的，并且从全局来表示，而魏-诺曼分解只是从局部邻域考虑的，其解只能在 $t = 0$ 的附近的邻域分解成式(4.137)的形式.通过对比可以发现，先根据定理 4.25 把长时间分成许多小时间段，如果定理 4.25 中所分成的小时间段在魏-诺曼分解的适用范围内，则可以先对每个小时间段的幺正演化矩阵利用魏-诺曼分解来获得，进而根据定理 4.25 所得到的分解式(4.135)来获得任意时刻的幺正演化矩阵的指数因子的分解.

所以系统(4.130)获得任意时刻的幺正演化矩阵的关系式如下：

$$U(t) = \exp(-\mathrm{i}\tau_K \hat{H}_K)\exp(-\mathrm{i}\tau_{K-1}\hat{H}_{K-1})\cdots\exp(-\mathrm{i}\tau_1\hat{H}_1) = U(\tau_K)U(\tau_{K-1})\cdots U(\tau_1) \tag{4.139}$$

$$U(\tau_k) = \exp(g_1(\tau_k)C_1)\exp(g_2(\tau_k)C_2)\cdots\exp(g_l(\tau_k)C_l) \tag{4.140}$$

在式(4.139)和式(4.140)中所用到的参数关系为：$\tau_1 + \cdots + \tau_K = t$.

利用魏-诺曼分解和定理 4.25 联合得出任意时刻的幺正演化矩阵的优点在于：可以根据控制场来观察幺正演化矩阵的变化，从而得出控制场与幺正演化矩阵的关系，但是利用魏-诺曼分解过程中得出的分解式中的参数 $g_i(t)$ 与控制场的关系一般是非线性的关系，这对于分析问题带来了极大的不方便.运用魏-诺曼分解对一个例子进行分析如下：

首先给出自旋 1/2 的单个粒子的幺正演化矩阵 $U(t)$ 的演化方程：

$$\dot{U}(t) = -\mathrm{i}(\varepsilon\sigma_z + u_x(t)\sigma_x + u_y(t)\sigma_y)U(t), \quad U(0) = I \tag{4.141}$$

幺正演化矩阵 $U(t)$ 所在的李群 G 是 $SU(2)$，由 $\sigma_z, \sigma_x, \sigma_y$ 形成的李代数是 $su(2)$.

根据定理 4.27 得到系统(4.141)的解在 $t = 0$ 附近的邻域表示为

$$U(t) = \exp(-\mathrm{i}g_1(t)\sigma_x)\exp(-\mathrm{i}g_2(t)\sigma_y)\exp(-\mathrm{i}g_3(t)\sigma_z) \tag{4.142}$$

其中 $g_i(t)$ 必须满足一组微分方程，即

$$\begin{bmatrix} \dot{g}_1(t) \\ \dot{g}_2(t) \\ \dot{g}_3(t) \end{bmatrix} = \begin{bmatrix} 1 & \sin(g_1)\tan(g_2) & -\cos(g_1)\tan(g_2) \\ 0 & \cos(g_1) & \sin(g_1) \\ 0 & -\sin(g_1)\sec(g_2) & \cos(g_1)\sec(g_2) \end{bmatrix} \begin{bmatrix} u_x(t) \\ u_y(t) \\ \varepsilon \end{bmatrix} \tag{4.143}$$

4.6.2.3 李群的一般分解

马格纳斯公式(4.136)和魏-诺曼分解式(4.137)都是对系统(4.130)的微分方程进

行求解,并获得指数因子的解的形式.实际上,通过式(4.129)可以看出,只要知道了期望的幺正演化矩阵 $U(t)$,加上系统状态的初始值,就可以获得任意时刻的系统状态 $|\psi(t)\rangle$.所以可以如定理4.25一样直接对期望的幺正演化矩阵进行分解,使得期望的幺正演化矩阵通过几段时间的指数因子乘积来达到.这就是李群的一般分解.

首先假设控制场满足一定的条件,即所施加的控制场是一系列的脉冲,其中脉冲的表达式是

$$f_m(t) = A_m(t)(e^{i(\omega_m t + \varphi_m)} + e^{-i(\omega_m t + \varphi_m)}) \tag{4.144}$$

其中,φ_m 是初始脉冲相位;$A_m(t)$是一个波函数,相对于跃迁频率 ω_m 而缓慢变化.通过联合一系列的控制脉冲、脉冲卷积以及可能的初始脉冲相位 φ_m 来达到控制的目的.在以上情况下,得到李群的一般分解的定理如下.

定理4.28(Schirmer et al.,2001) 满足系统(4.130)的任意幺正演化矩阵 U_f 可以被分解成一个类型为 V_k 和相角因子 $e^{i\Gamma} = \det U$ 的矩阵乘积,即存在一个正实数 Γ,以及实数 C_k 和 φ_k,$1 \leqslant k \leqslant K$,从集合 $\{1,2,\cdots,K\}$ 到控制集合 $\{1,2,\cdots,M\}$ 组成的转换图,以至于有

$$U_f = e^{i\Gamma} V_K V_{K-1} \cdots V_1 \tag{4.145}$$

其中

$$V_k = \exp(C_k(\sin\varphi_k x_{\sigma(k)} - \cos\varphi_k y_{\sigma(k)})) \tag{4.146}$$

在式(4.146)中 $x_{\sigma(k)} = e_{\sigma(k),\sigma(k)+1} - e_{\sigma(k)+1,\sigma(k)}$,$y_{\sigma(k)} = i(e_{\sigma(k),\sigma(k)+1} + e_{\sigma(k)+1,\sigma(k)})$,$e_{m,n} = |m\rangle\langle n|$,$\varphi_k$ 是表示第 k 个脉冲的初始相位,而 C_k 决定第 k 个脉冲宽度:

$$C_k = d_{\sigma(k)} \int_{t_{k-1}}^{t_k} A_k(\tau) \mathrm{d}\tau \tag{4.147}$$

其中,$d_{\sigma(k)}$ 是能级转换所对应的力矩,$A_k(\tau)$是一个波函数.

定理4.28在一定的假设条件下才能成立.与定理4.25相比,定理4.28也是分成 K 个指数因子的乘积,但是定理4.28的每个指数都可以根据式(4.146)和式(4.147)求出,而定理4.25的指数是不确定的.定理4.28主要作用在时间间隔相等的情况下,要得到期望幺正演化矩阵所需时间最少,就是使得 K 值最小.当 K 值确定好之后,其相应的脉冲序列也就确定了,即控制场也就确定了.

4.6.2.4 Cartan 分解

Cartan 分解是针对李代数来说的.给定一个半单李代数 g,可以通过 Cartan 分解使得该李代数 g 分解成更简单的子代数的直和.由于子代数的特征和性质更容易分析,这

样使得所研究的问题比较简单.由半单李代数 g 的 Cartan 分解可以获得对应李群 G 的乘积分解 $G = KAK$,所得的乘积 $G = KAK$ 也称为李群 G 的 Cartan 分解,由于系统 (4.130)是可控的,所以李群 G 中的期望解 U_f 相应地可分解成几个元素之乘积.其具体定理如下.

定理 4.29 给定半单李代数 g 和它的 Cartan 分解 $g = l \oplus p$,设 h 是 (g, l) 的一个 Cartan 子代数,并且定义 $A = \exp(h) \subset G$,则 $G = KAK$.

定理 4.29 中的 K 是李群 G 的紧的闭子群,一般根据量子系统的具体物理背景而确定,而 l 是 K 的对应李代数.由于系统是可控的,所以任意期望的幺正演化矩阵 $U_f \in G$,都可以表示成如下形式:

$$U_f = K_1 \exp(\alpha_1 D_1 + \alpha_2 D_2 + \cdots + \alpha_m D_m) K_2 \tag{4.148}$$

其中,K_1, K_2 是子群 K 中的任意元素,m 是子代数 h 的维数,并且 $D_1, D_2, \cdots, D_m$ 是阿贝尔子代数 h 的基,由于阿贝尔子代数 h 的基是可以交换的,所以式(4.148)可以变换得到

$$U_f = K_1 \exp(\alpha_1 D_1) \exp(\alpha_2 D_2) \cdots \exp(\alpha_m D_m) K_2 \tag{4.149}$$

对于系统(4.130)在假定外部控制哈密顿算符可以任意大的情况下,由式(4.149)获得期望幺正演化矩阵所需时间就是 $T = \alpha_1 + \alpha_2 + \cdots + \alpha_m$,要达到最优控制就是确定不同的 $\alpha_1, \alpha_2, \cdots, \alpha_m$ 使得 $T = \alpha_1 + \alpha_2 + \cdots + \alpha_m$ 最小,获得此结论的主要方法是把获得期望幺正演化矩阵所需最少时间问题,转化到黎曼几何流形中寻求最短路径问题.把 Cartan 分解与定理 4.25 相比可知,在忽略次要因素 K_1, K_2 所需时间的情况下,Cartan 分解是把定理 4.25 中的基 $\hat{A}_1, \hat{A}_2, \cdots, \hat{A}_K$ 确定为 $D_1, D_2, \cdots, D_m$,段数确定为 m 段,而时间间隔 $\tau_k (k = 1, 2, \cdots, m)$ 就是参数 $\alpha_1, \alpha_2, \cdots, \alpha_m$.

4.6.3 各种方法之间的对比

1. 分解所起到的作用

利用 Magnus 公式与 Wei-Norman 分解直接解微分方程(4.130),是把矩阵微分方程(4.130)变换为标量形式的微分方程组,通过该微分方程组来获得解 $U(t)$ 的指数乘积中的参数 $g_i(t)$,继而获得任意时刻的幺正演化矩阵.

李群的一般分解是针对期望的幺正演化矩阵进行指数因子分解的,根据脉冲控制场的特性,把规定的时间间隔分成 K 段小区间,每段小区间的幺正演化矩阵对应一个指数

因子,并且指数因子中的指数由脉冲积分所得到.

Cartan 分解是分析微分方程(4.130)的作用李群 G,通过李群 G 的 Cartan 分解,又根据系统(4.130)是可控的,可实现李群 G 中的任意元素的指数乘积分解,从而可以得到期望的幺正演化矩阵的指数乘积分解.

2. 分解得到的关系

利用魏-诺曼分解时得到的分解式(4.137)中的每个指数因子里的参数 $g_i(t)$ 与控制场的关系明确,它们之间的关系可以通过非线性微分方程组(4.138)来获得.李群的一般分解中所得到的分解式(4.145)的每个指数中的参数也与控制场的关系明确,指数因子中的参数是通过对控制场的积分来获得的. Cartan 分解没有明确得到分解式中的参数与系统控制场之间的关系,分解式(4.149)所获得的是期望幺正演化矩阵 U_f 与时间之间的关系.

3. 分解的适用范围

一般情况下利用魏-诺曼分解只能把局部邻域的解表示成矩阵指数乘积的形式,只有在系数形成的李代数是可解的李代数的情况下,才能对全局的解表示成指数乘积的形式,不过可以结合定理 4.25,把长时间间隔分成小区间分别利用魏-诺曼分解,这样就可以获得全局解.李群的一般分解和 Cartan 分解所获得的幺正演化矩阵都是全局的解,但前提是它们所对应的量子系统是可控的.

4. 分解与控制作用之间的关系

利用魏-诺曼分解可以模拟控制场与幺正演化矩阵的定性关系.李群的一般分解在脉冲宽度相等的情况下,通过寻找最优的脉冲控制场序列,使得期望的幺正演化矩阵的分段最少,也可称所需的时间最少.Cartan 分解是通过把系统(4.130)转化到黎曼几何流形上分析,即把得到期望的幺正演化矩阵的最少时间问题,转换成在流形域内从起始点到期望点之间寻找最短的路径问题,通过最短路径再反过来寻找最优的时间间隔,从而使得期望的幺正演化矩阵所需时间最少.

5. 分解的难易程度及适用系统

利用魏-诺曼分解的过程中出现了非线性微分方程组,这在一定程度上增加了问题的难度,特别是当量子系统的对应李代数是高维的情况时,其非线性微分方程组是不可解的,所以魏-诺曼分解一般适用于维数较小的量子系统.

在利用李群的一般分解时,通常是在控制场的幅值变化与频率相比缓慢的假设下,只有这样假设才能使得指数因子的参数由对控制场的积分获得.而李群的一般分解几乎适用所有的多能级的量子系统.

Cartan 分解是通过把系统(4.130)转化到黎曼几何流形上分析,在此过程中,由于子群 K 只对应外部控制场的哈密顿算符,与内部哈密顿无关,而根据假定外部控制哈密顿算符是可以任意大的,所以子群 K 中的元素相互转换时所需的时间是可以忽略的.对于量子系统(4.130),如果施加控制场使得系统从李群 G 中的任意元素 U_1 到达 U_2 所需时间最少问题,就可转化为从考虑路径的几何角度来分析系统从集合 KU_1($KU_1 = \{kU_1 \mid k \in K\}$)到达 KU_2($KU_2 = \{kU_2 \mid k \in K\}$)的路径最短问题.又因为集合 KU_1 与 KU_2 都是对称空间 G/K 的元素,所以量子系统的最优控制主要集中分析系统在黎曼对称空间 G/K 中的元素之间相互到达的最短路径问题.由于 Cartan 分解是把系统(4.130)放到黎曼几何流形上分析,并且根据量子系统的物理特性可知,李群的 Cartan 分解主要适用于自旋 1/2 的量子系统.

对于量子系统,本节利用不同的方法来分析幺正演化方程,并对期望的幺正演化矩阵进行分解.不同的分解方法侧重点不同,魏-诺曼分解得到任意时刻的幺正演化矩阵的表示,但是不一定能得到期望幺正演化矩阵,如果要得到期望的幺正演化矩阵,则需要对控制场进行控制,从而使得在规定的时间内得到期望的幺正演化矩阵.李群的一般分解是直接对期望的幺正演化矩阵进行分解,在此过程中只考虑了控制场的幅值变化,从而使得分解中指数因子的参数可以通过积分得到.李群的一般分解需要进一步研究的内容是如何寻找到最优的控制脉冲,使得获得期望的幺正演化矩阵的时间最少.李群的 Cartan 分解是充分利用李群的理论,把获得期望的幺正演化矩阵的分解问题转化为在黎曼几何流形中寻找最优路径问题,从而使得问题进一步简化.

小结

对于量子系统,本章利用不同的方法来分析幺正演化方程,以此得到期望的幺正演化矩阵.不同的分析方法侧重点不同,魏-诺曼分解能得到任意时刻的幺正演化矩阵的表示,但是不一定能得到期望的幺正演化矩阵,如果要得到期望的幺正演化矩阵,则需要对控制场进行控制,从而使得在规定的时间内得到期望的幺正演化矩阵.李群的一般分解是直接对期望的幺正演化矩阵进行分解,在此过程中只考虑控制场的幅值变化,从而使得分解中指数因子的参数可以通过积分得到,而李群的一般分解的继续研究的内容就是如何寻找到最优的控制脉冲,使得获得期望的幺正演化矩阵的时间最少.李群的 Cartan 分解是充分利用李群的理论,把获得期望的幺正演化矩阵的分解转化为寻找黎曼流形中最优路径问题,使得问题进一步简化.

第 5 章

量子系统状态调控的开环控制方法

5.1　二能级量子系统控制场的设计与操纵

　　本节将从控制的角度出发,通过对一个二能级的量子系统控制过程的描述,详细分析控制在转变一个自旋 1/2 粒子的量子系统状态的过程中所起的作用.同时,通过对量子系统中算符的幺正变换,表明对量子态控制场的设计等价于对系统中算符实施幺正变换后,对波函数的幺正演化矩阵的设计.

5.1.1　引言

　　随着许多电力电子学工程系统体积的不断减小,量子的影响逐渐明显,更加显示出

197

量子系统控制研究的必要性,也露出了很多潜在的应用范围:从对原子或分子量子态的操纵,到化学反应以及量子计算,使量子系统控制的研究具有十分重要的理论以及实际应用的价值.控制一个量子系统的目标可以根据应用领域的不同而不同,从达到一个期望的系统演化(跟踪控制),到操纵系统从初始状态到目标状态(状态控制),或达到最优的期望值或所选择可观测系综的平均值(最优控制).不过,从物理和技术实现的角度来看,每一个控制问题最终都可以归纳为这样的问题:对一个给定的量子系统,产生所期望的幺正演化矩阵.

本节以一个自旋 $1/2$ 粒子的量子系统为例,对一个量子位系统进行状态变化的控制及量子逻辑门的实现.本节的重点在于,通过直接对含时的薛定谔方程的求解过程以及通过幺正变换,求解幺正演化矩阵的过程,从控制的角度来解决以下三个问题:① 控制磁场的设计;② 量子系统控制场的操纵;③ 控制与幺正演化矩阵之间的关系.

5.1.2 二能级量子系统的控制

一个二能级量子系统是最简单并令人感兴趣、具有着重要应用价值的量子系统.当一个量子系统具有彼此相互靠得很近,而同时又远离其他能级的双能级时,就可以看成合适的二能级量子系统.一些人们感兴趣的二能级量子系统有苯分子、氨离子、氨微波激射器中的氨分子、在 $|x\rangle$ 或 $|y\rangle$ 方向上激化的光子以及自旋 $1/2$ 的粒子,其中自旋 $1/2$ 的粒子已经被研究了数年,可以通过外加一个具有特殊共振频率的正弦磁场来改变系统的状态.

首先重温一下量子系统模型的建立.一个量子系统在 t 时刻的状态用希尔伯特(Hilbert)空间 H 中的右矢 $|\psi(t)\rangle$ 来描述. $|\psi(t)\rangle$ 的演化由薛定谔方程决定:

$$i\hbar|\dot{\psi}\rangle = H|\psi\rangle \qquad (5.1)$$

其中, H 是哈密顿算符,并且与系统及其控制相联系.方程(5.1)的解 $|\psi(t)\rangle$ 具有初始条件 $|\psi(0)\rangle$,可以写成

$$|\psi(t)\rangle = U(t)|\psi(0)\rangle \qquad (5.2)$$

其中, $U(t)$ 是幺正演化算符.

从式(5.2)中可以看出,对量子系统不论是进行状态控制、跟踪控制还是进行最优控制,都是对方程(5.1)中的状态 $|\psi(t)\rangle$ 的控制:在施加控制量的前提下,获得状态 $|\psi(t)\rangle$ 的演化律——方程(5.2),也就是方程(5.1)的解.由此可见,在控制的作用下,只要获得

了幺正演化算符 $U(t)$, 以及状态的初始条件 $|\psi(0)\rangle$, 就可以得到任意 t 时刻系统所处的状态. 对算符 $U(t)$ 的控制, 或对幺正演化算符 $U(t)$ 的求解, 就意味着对状态 $|\psi(t)\rangle$ 的控制.

5.1.2.1 系统模型的建立

一个二能级量子系统在希尔伯特空间具有一对可区分的状态: 我们可以分别称它们为基态 $|0\rangle$ 和激发态 $|1\rangle$. 在 t 时刻, 系统的状态可以用 $|0\rangle$ 和 $|1\rangle$ 的线性组合来描述:

$$|\psi(t)\rangle = c_0(t)|0\rangle + c_1(t)|1\rangle \tag{5.3}$$

其中, $c_0(t)$ 和 $c_1(t)$ 是复数, 并且对于每一个时刻 t 都满足

$$|c_0(t)|^2 + |c_1(t)|^2 = 1 \tag{5.4}$$

实际系统可将方程(5.1)中的哈密顿算符 H 分成两部分: 未受扰动的系统内部哈密顿 H_0 与受微扰动的外部哈密顿 $H_1(t)$ 之和的形式:

$$H = H_0 + H_1(t) \tag{5.5}$$

其中, H_0 的本征态为已知的态矢 $|0\rangle$ 和 $|1\rangle$, $H_1(t)$ 是为了达到改变量子系统的状态 $|\psi(t)\rangle$ 到期望的值所需要施加的外部控制量.

对于磁场中自旋 1/2 粒子的系统内部哈密顿 H_0 可以写为

$$H_0 = -\hbar\omega_0 S_z = -\hbar\gamma B S_z \tag{5.6}$$

其中, ω_0 为系统的特征频率; γ 为粒子回旋磁比; B 为磁场强度; S_z 为粒子在 z 方向的分量自旋算符.

定义粒子在 x 方向的分量以及在 y 方向的分量分别为 S_x 和 S_y, 泡利(Pauli)矩阵为

$$\sigma_z = \begin{bmatrix} 1 & 0 \\ 0 & -1 \end{bmatrix}, \quad \sigma_x = \begin{bmatrix} 0 & 1 \\ 1 & 0 \end{bmatrix}, \quad \sigma_y = \begin{bmatrix} 0 & -i \\ i & 0 \end{bmatrix}$$

那么自旋算符分量分别为

$$S_x = \frac{1}{2}\sigma_x, \quad S_y = \frac{1}{2}\sigma_y, \quad S_z = \frac{1}{2}\sigma_z$$

取 $|0\rangle = \begin{bmatrix} 1 \\ 0 \end{bmatrix}$, $|1\rangle = \begin{bmatrix} 0 \\ 1 \end{bmatrix}$, 系统粒子处于基态 $|0\rangle$ 的能量为 $-\hbar\omega_0/2$; 处于激发态 $|1\rangle$ 的能量为 $\hbar\omega_0/2$, 该量子系统的薛定谔方程为

$$i\hbar \mid \dot\psi\rangle = H_0 \mid \psi\rangle$$

$$= -\hbar\omega_0 S_z \mid \psi\rangle = -\frac{\hbar\omega_0}{2}\begin{bmatrix} 1 & 0 \\ 0 & -1 \end{bmatrix} \mid \psi\rangle$$

$$= -\frac{\hbar\omega_0}{2}(\mid 0\rangle\langle 0 \mid - \mid 1\rangle\langle 1 \mid) \mid \psi\rangle \tag{5.7}$$

在时刻 t,薛定谔方程的解为

$$\mid \psi(t)\rangle = e^{-iH_0 t/\hbar} \mid \psi(0)\rangle = \exp\left(\frac{\omega_0}{2}(\mid 0\rangle\langle 0 \mid - \mid 1\rangle\langle 1 \mid) t\right) \mid \psi(0)\rangle$$

$$= U_1(t) \mid \psi(0)\rangle$$

$$= c_0(0)e^{i\omega_0 t/2} \mid 0\rangle + c_1(0)e^{-i\omega_0 t/2} \mid 1\rangle \tag{5.8}$$

其中

$$U_1(t) = e^{-iH_0 t/\hbar} \tag{5.9}$$

$$\mid \psi(0)\rangle = c_0(0) \mid 0\rangle + c_1(0) \mid 1\rangle \tag{5.10}$$

式(5.10)就是在没有外加磁场的作用下,量子系统在任意时刻 t 可能所处的状态.量子系统控制的一个基本目标就是,通过对系统人为地施加一个外加磁场,迫使系统的状态在外加磁场的作用下从某一个初始状态 $\mid\psi(0)\rangle$,在 $t = t_f$ 的时间内转变到所期望的终态 $\mid\psi(t)\rangle$.

5.1.2.2 控制磁场的设计

为了能够达到所期望的控制目标,精心地设计和选择控制量,即外加磁场,是非常重要的.控制磁场的设计就是确定与已有磁场共振的圆形极化磁场的强度,以及操纵粒子旋转状态的时间.首先设计共振磁场强度.我们考虑人为地施加一个与 x-y 横截面平行圆形极化控制磁场,该控制磁场在 x-y 平面的分量分别为: $B_x = h\cos(\omega t + \varphi)$, $B_y = -h\sin(\omega t + \varphi)$,其中,$\omega$ 为外加磁场频率;φ 为磁场初始角度;h 为外加磁场强度幅值.为了简化起见,本节中我们只考虑 $\varphi = 0$ 的情况.定义

$$B^+ = B_x + iB_y = h\cos\omega t - ih\sin\omega t = h\cos(-\omega t) - ih\sin(-\omega t) = \hbar e^{-i\omega t}$$

$$B^- = B_x - iB_y = h\cos\omega t + ih\sin\omega t = \hbar e^{i\omega t}$$

定义自旋降算符 S^+ 和自旋升算符 S^- 分别为

$$S^+ = S_x + iS_y = \frac{1}{2}(\mid 0\rangle\langle 1\mid + \mid 1\rangle\langle 0\mid) + i\,\frac{i}{2}(-\mid 0\rangle\langle 1\mid + \mid 1\rangle\langle 0\mid)$$

$$= \mid 0\rangle\langle 1\mid$$

$$S^- = S_x - iS_y = \frac{1}{2}(\mid 0\rangle\langle 1\mid + \mid 1\rangle\langle 0\mid) + i\,\frac{i}{2}(-\mid 0\rangle\langle 1\mid + \mid 1\rangle\langle 0\mid)$$

$$= \mid 1\rangle\langle 0\mid$$

人为施加磁场的能量 $H_1(t)$ 为

$$H_1(t) = -\frac{\gamma\hbar}{2}(B^+ S^- + B^- S^+)$$

$$= -\frac{\hbar}{2}\Omega(e^{i\omega t}\mid 0\rangle\langle 1\mid + e^{-i\omega t}\mid 1\rangle\langle 0\mid)$$

$$= -\frac{\hbar}{2}\Omega \begin{bmatrix} 0 & e^{i\omega t} \\ e^{-i\omega t} & 0 \end{bmatrix} \tag{5.11}$$

其中,$\Omega = \gamma\hbar$ 为处在共振磁场中量子系统的频率,该频率又被称为拉比(Rabi)频率,它描述了在共振磁场的作用下,量子系统在基态$|0\rangle$和激发态$|1\rangle$之间的转变.

将式(5.6)与式(5.11)分别代入式(5.5)可以得到在控制场的作用下,控制系统的哈密顿算符 H 为

$$H = H_0 + H_1(t) = -\frac{\hbar\omega_0}{2}\begin{bmatrix} 1 & 0 \\ 0 & -1 \end{bmatrix} - \frac{\hbar}{2}\Omega\begin{bmatrix} 0 & e^{i\omega t} \\ e^{-i\omega t} & 0 \end{bmatrix} \tag{5.12}$$

将在时刻 t 的薛定谔方程的通解式(5.3),以及式(5.12)代入薛定谔方程(5.1)中可得

$$i\hbar(\dot{c_0}(t)\mid 0\rangle + \dot{c_1}(t)\mid 1\rangle)$$

$$= -\frac{h}{2}(\omega_0(\mid 0\rangle\langle 0\mid - \mid 1\rangle\langle 1\mid) + \Omega(e^{i\omega t}\mid 0\rangle\langle 1\mid + e^{-i\omega t}\mid 1\rangle\langle 0\mid))$$

$$\bullet (c_0(t)\mid 0\rangle + c_1(t)\mid 1\rangle)$$

$$= \hbar\left(-\frac{1}{2}(\omega_0 c_0(t) + \Omega e^{i\omega t}c_1(t))\mid 0\rangle + \frac{1}{2}(\omega_0 c_1(t) - \Omega e^{-i\omega t}c_0(t))\mid 1\rangle\right)$$

对比等式两边各项系数,可得

$$\begin{cases} i\dot{c}_0(t) = -\dfrac{1}{2}(\omega_0 c_0(t) + \Omega e^{i\omega t} c_1(t)) \\ \\ i\dot{c}_1(t) = \dfrac{1}{2}(\omega_0 c_1(t) - \Omega e^{-i\omega t} c_0(t)) \end{cases} \qquad (5.13)$$

式(5.13)中的两个方程都包含了随时间周期变化的系数 $e^{\pm i\omega t}$. 为了获得常系数方程,我们做以下的变换:

$$c_0(t) = c_0'(t) e^{i\omega t/2}, \quad c_1(t) = c_1'(t) e^{-i\omega t/2} \qquad (5.14)$$

将式(5.14)代入式(5.13)中,可获得求解 $c_0'(t)$ 和 $c_1'(t)$ 的方程式为

$$\begin{cases} i\dot{c}_0'(t) = \dfrac{1}{2}((\omega - \omega_0)c_0'(t) - \Omega c_1'(t)) \\ \\ i\dot{c}_1'(t) = \dfrac{1}{2}(-(\omega - \omega_0)c_1'(t) - \Omega c_0'(t)) \end{cases} \qquad (5.15)$$

当外加控制磁场频率与系统的特征频率处于共振状态,即在 $\omega = \omega_0$ 时,式(5.15)变为

$$i\dot{c}_0'(t) = -\dfrac{\Omega}{2}c_1'(t), \quad i\dot{c}_1'(t) = -\dfrac{\Omega}{2}c_0'(t) \qquad (5.16)$$

通过式(5.14)的变换,将系统转换到具有共振磁场的旋转坐标中.在此坐标中的圆形极化磁场变成了一个常数横向(transverse)磁场,其幅值为 $h = \Omega/\gamma$,而去掉了指向 z 方向的永久磁场.在下面的进一步分析中,为了书写方便,我们将省略式(5.16)变换后 $c_i'(t), i = 1,2$ 中的撇号.求解式(5.16),可以解出 $c_0(t)$ 和 $c_1(t)$ 的通解分别为

$$\begin{cases} c_0(t) = c_0(0)\cos\dfrac{\Omega}{2}t + ic_1(0)\sin\dfrac{\Omega}{2}t \\ \\ c_1(t) = ic_0(0)\sin\dfrac{\Omega}{2}t + c_1(0)\cos\dfrac{\Omega}{2}t \end{cases} \qquad (5.17)$$

此时,将式(5.17)代入式(5.3)中,便可求得在外加控制的共振磁场的作用下,由薛定谔方程所决定的系统演化方程所解出的波函数为

$$|\psi(t)\rangle = \left(c_0(0)\cos\dfrac{\Omega}{2}t + ic_1(0)\sin\dfrac{\Omega}{2}t\right)|0\rangle + \left(ic_0(0)\sin\dfrac{\Omega}{2}t + c_1(0)\cos\dfrac{\Omega}{2}t\right)|1\rangle$$

$$(5.18)$$

在外加共振磁场的作用下,我们可以对系统的状态进行控制和操作,使系统的状态能够按照我们的期望来获得.

量子系统建模、特性分析与控制

5.1.2.3 控制场的操纵

本小节将给出具体的系统状态在$|0\rangle \leftrightarrow |1\rangle$间转变的控制操纵过程,这也是对一个量子逻辑非门的控制过程.

假定$t = 0$时,系统处于基态$|0\rangle$,由式(5.10):$|\psi(0)\rangle = c_0(0)|0\rangle + c_1(0)|1\rangle$可得,$c_0(0) = 1$,$c_1(0) = 0$.把此初始条件代入式(5.17),可获得$t$时刻的$c_0(t)$和$c_1(t)$分别为

$$c_0(t) = \cos\frac{\Omega}{2}t, \quad c_1(t) = \mathrm{i}\sin\frac{\Omega}{2}t \tag{5.19}$$

此时,若人为施加共振磁场的持续时间为$t_1 = \pi/\Omega$,并代入式(5.19),可得时间t从0到t_1时$c_0(t)$和$c_1(t)$的值分别为

$$c_0(t_1) = \cos\frac{\Omega}{2}t_1 = \cos\frac{\Omega}{2}\cdot\frac{\pi}{\Omega} = 0, \quad c_1(t_1) = \mathrm{i}\sin\frac{\Omega}{2}t_1 = \mathrm{i}\sin\frac{\Omega}{2}\cdot\frac{\pi}{\Omega} = \mathrm{i}$$

代入式(5.18)可得系统的波函数为

$$|\psi(t_1)\rangle = c_0(t_1)|0\rangle + c_1(t_1)|1\rangle = \mathrm{i}|1\rangle$$

因为所观测的状态概率为

$$|c_0(t_1)|^2 = |0|^2 = 0, \quad |c_1(t_1)|^2 = |\mathrm{i}|^2 = 1$$

所以角度因子$\mathrm{e}^{\mathrm{i}\pi/2}$不影响物理量的观测值.因此系统以概率1被观测到激发态$|1\rangle$.

由此可见,当给量子系统施加一个持续时间为$t_1 = \pi/\Omega$的共振磁场脉冲时,将使量子系统从最初的基态$|0\rangle$转变到激发态$|1\rangle$.这样一个脉冲被称为一个π脉冲.一个π脉冲定义为$\Omega t_1 = \pi$,或$t_1 = \pi/\Omega$.同理可得$\pi/2$脉冲、$\pi/4$脉冲和2π脉冲.

相应地,若该量子系统最初在$t = 0$时处于激发态$|1\rangle$,此时有

$$|\psi(0)\rangle = c_0(0)|0\rangle + c_1(0)|1\rangle = |0\rangle$$

即$c_0(0) = 0$,$c_1(0) = 1$.同样代入式(5.17),可求得

$$c_0(t) = \mathrm{i}\sin\frac{\Omega}{2}t, \quad c_1(t) = \cos\frac{\Omega}{2}t \tag{5.20}$$

同样令所施加的共振磁场脉冲的持续时间为$t_1 = \pi/\Omega$,由式(5.20)可得

$$c_0(t_1) = \mathrm{i}\sin\frac{\Omega}{2}t_1 = \mathrm{i}\sin\frac{\Omega}{2}\cdot\frac{\pi}{\Omega} = \mathrm{i}$$

$$c_1(t_1) = \cos\frac{\Omega}{2}t_1 = \cos\frac{\Omega}{2}\cdot\frac{\pi}{\Omega} = 0$$

可见态矢由 $|1\rangle \rightarrow i|0\rangle$，即使量子系统从最初的激发态 $|1\rangle$ 转变到基态 $|0\rangle$.

综上所述，π 脉冲的作用相当于一个量子逻辑非门的作用，它使得量子系统的状态发生转换：从基态 $|0\rangle$ 转换到激发态，或反之亦然. 换句话说，在与 x-y 横截面平行的平面上人为地施加一个共振磁场，对其中的粒子持续作用 $t_1 = \pi/\Omega$ 的时间，则构造（实现）了一个量子逻辑门.

5.1.3 量子系统的控制与幺正演化矩阵之间的关系

在 5.1.2 小节中我们利用描述量子系统状态的动力学变化的薛定谔方程，详细推导了采用一个自旋 1/2 的量子位实现量子态变换的操纵控制以及量子逻辑非门的实现过程. 从推导过程可以看出，解决问题的关键是求出薛定谔方程解的波函数关系式(5.18). 比较式(5.18)和式(5.2)可以看出，在我们只考虑本征态的情况下，相当于求式(5.2)中的幺正变换矩阵 $U(t)$. 的确我们可以直接通过对量子系统的哈密顿算符进行幺正变换，就能够达到获得式(5.18)的目的.

我们已经熟悉了不随时间变化下的量子系统的薛定谔方程式(5.1)：$i\hbar|\dot\psi\rangle = H_0|\psi\rangle$. 因为这是一个齐次方程，所以有指数型的解为 $|\psi(t)\rangle = e^{-iH_0 t/\hbar}|\psi(0)\rangle$. 由式(5.2)可得量子系统从初始态转换到任意时刻 t 的幺正变换矩阵为式(5.9)：$U_1(t) = e^{-iH_0 t/\hbar}$. 现在我们获得在外加了共振磁场的作用后，该量子系统的幺正变换矩阵. 此时系统的哈密顿算符变为式(5.12)，我们重新写为

$$H = H_0 + H_1(t) = -\hbar\omega_0 S_z - \hbar\Omega B_c \tag{5.21}$$

其中，S_z 为 z 分量自旋算符：$S_z = \dfrac{1}{2}\begin{bmatrix} 1 & 0 \\ 0 & -1 \end{bmatrix} = \dfrac{1}{2}(|0\rangle\langle 0| - |1\rangle\langle 1|)$；$B_c$ 为所施加的控制用共振磁场：$B_c = \dfrac{1}{2}\begin{bmatrix} 0 & e^{i\omega_0 t} \\ e^{-i\omega_0 t} & 0 \end{bmatrix} = \dfrac{1}{2}(e^{i\omega_0 t}|0\rangle\langle 1| + e^{-i\omega_0 t}|1\rangle\langle 0|)$.

由式(5.21)可以看出，H 随时间变化. 此时，可以通过幺正变换，将该量子系统转换到与其对等的一个旋转量子系统中来获得不随时间变化的哈密顿算符：

$$|\psi'\rangle = U_1^\dagger|\psi\rangle, \quad F' = U_1^\dagger F U_1 \tag{5.22a}$$

其中，ψ' 是转换后量子系统的波函数；U_1 为实现将原系统转换到对等的旋转量子系统的

幺正矩阵;F 为原系统中的任意一个算符;F' 是转换后旋转量子系统与 F 相同的算符.

对于本节中的量子系统,因为 $H_0 = -\hbar\omega_0 S_z$,我们取:$U_1^\dagger = \mathrm{e}^{-\mathrm{i}\omega_0 S_z t}$,则有

$$|\psi\rangle = \mathrm{e}^{\mathrm{i}\omega_0 S_z t}|\psi'\rangle = U_1(t)|\psi'\rangle \tag{5.22b}$$

代入式(5.21)得

$$\mathrm{i}\hbar(\mathrm{e}^{\mathrm{i}\omega_0 S_z t}\dot{\psi}' + \mathrm{i}\omega_0 S_z \mathrm{e}^{\mathrm{i}\omega_0 S_z t}\psi') = (-\hbar\omega_0 S_z - \hbar\Omega B_c)\mathrm{e}^{\mathrm{i}\omega_0 S_z t}\psi' \tag{5.23}$$

整理后可得经过幺正变换后,旋转量子系统的薛定谔方程变为 $\mathrm{i}\hbar|\dot{\psi}'\rangle = H'|\psi'\rangle$,其中

$$H' = -\hbar\Omega\, \mathrm{e}^{\mathrm{i}\omega_0 S_z t} B_c \mathrm{e}^{\mathrm{i}\omega_0 S_z t}. \tag{5.24}$$

下面我们计算式(5.24)中 H' 的值.因为 $S^- = |1\rangle\langle 0|$,$S^+ = |0\rangle\langle 1|$,代入式(5.21)中的 B_c 表达式可得

$$\begin{aligned}
B_c &= \frac{1}{2}(\mathrm{e}^{\mathrm{i}\omega_0 t}|0\rangle\langle 1| + \mathrm{e}^{-\mathrm{i}\omega_0 t}|1\rangle\langle 0|) \\
&= \frac{1}{2}(\mathrm{e}^{\mathrm{i}\omega_0 t}S^+ + \mathrm{e}^{-\mathrm{i}\omega_0 t}S^-) \tag{5.25}
\end{aligned}$$

取 $S^{-\,\prime} = \mathrm{e}^{-\mathrm{i}\omega_0 S_z t}S^- \mathrm{e}^{\mathrm{i}\omega_0 S_z t}$,$S^{+\,\prime} = \mathrm{e}^{-\mathrm{i}\omega_0 S_z t}S^+ \mathrm{e}^{\mathrm{i}\omega_0 S_z t}$,我们进行以下的一些运算:

$$\frac{\mathrm{d}S^{-\,\prime}}{\mathrm{d}t} = (-\mathrm{i}\omega_0 S_z)\mathrm{e}^{-\mathrm{i}\omega_0 S_z t}S^- \mathrm{e}^{\mathrm{i}\omega_0 S_z t} + \mathrm{e}^{-\mathrm{i}\omega_0 S_z t}S^- \mathrm{e}^{\mathrm{i}\omega_0 S_z t}\mathrm{i}\omega_0 S_z \tag{5.26}$$

由关系式:$S_z S^- = \frac{1}{2}(|0\rangle\langle 0| - |1\rangle\langle 1|) \cdot |1\rangle\langle 0| = -\frac{1}{2}S^-$,$S^- S_z = |1\rangle\langle 0| \cdot \frac{1}{2}(|0\rangle\langle 0| - |1\rangle\langle 1|) = \frac{1}{2}S^-$,代回式(5.26)得:$\frac{\mathrm{d}S^{-\,\prime}}{\mathrm{d}t} = \mathrm{i}\omega_0 S^-$,由此微分方程可以解出

$$S^{-\,\prime} = \mathrm{e}^{\mathrm{i}\omega_0 t}S^- \tag{5.27}$$

以同样的方式可以求出

$$S^{+\,\prime} = \mathrm{e}^{-\mathrm{i}\omega_0 t}S^+ \tag{5.28}$$

将式(5.27)和式(5.28)以及式(5.25)代回式(5.24)中可得

$$H' = -\frac{\hbar}{2}\Omega(|0\rangle\langle 1| + |1\rangle\langle 0|) \tag{5.29}$$

由此可见,经过实施幺正变换后,式(5.24)中的 H' 等于式(5.29),其值不再随时间变化.故在变换后的自旋量子系统中,我们可以套用不含时间因子的哈密顿算符 H' 对系统动

力学方程进行求解得：$|\psi'(t)\rangle = \mathrm{e}^{-\mathrm{i}H't/\hbar}|\psi'(0)\rangle = U_2(t)|\psi'(0)\rangle$.

量子系统从初始状态 $\psi'(0)$ 转变到任意时刻 t 的状态的幺正演化算符为

$$U_2(t) = \mathrm{e}^{-\mathrm{i}H't/\hbar} \tag{5.30a}$$

这样我们求出了在控制共振磁场作用下的幺正变换 $U_2(t)$. 为了能够把 $U_2(t)$ 写成更加明显的矩阵形式,我们进行如下简化过程. 将式(5.29)代入式(5.30a)可得

$$U_2(t) = \exp\left(\frac{\mathrm{i}\Omega}{2}(|0\rangle\langle1| + |1\rangle\langle0|)t\right) \tag{5.30b}$$

式(5.30b)可以写成另一种表达式为

$$U_2(t) = \sum_{i,k=0}^{1}\left(a_{ik}\cos\frac{\Omega T}{2} + b_{ik}\sin\frac{\Omega T}{2}\right)|i\rangle\langle k| \tag{5.31}$$

其中, a_{ik} 和 b_{ik} 为不随时间变化的常系数.

下面我们将利用边界初始条件来获得式(5.31)中 a_{ik} 和 b_{ik} 的数值.

因为

$$\frac{\mathrm{d}U(t)}{\mathrm{d}t} = \frac{\mathrm{i}\Omega}{2}(|0\rangle\langle1| + |1\rangle\langle0|)U \tag{5.32}$$

以及对于任意算符 F,有下式成立:

$$\mathrm{e}^{\mathrm{i}F} = E + \mathrm{i}F + \frac{(\mathrm{i}F)^2}{2!} + \frac{(\mathrm{i}F)^3}{3!} + \cdots \tag{5.33}$$

其中, E 表示单位矩阵.

将式(5.33)代入式(5.30b),并令 $t = 0$,可得 $U(0) = E$. 由此可得

$$\left.\frac{\mathrm{d}U(t)}{\mathrm{d}t}\right|_{t=0} = \frac{\mathrm{i}\Omega}{2}(|0\rangle\langle1| + |1\rangle\langle0|) \tag{5.34}$$

将式(5.31)求导一次,并代入 $U(t)$ 以及 $U'(t)$ 的初始条件,联立方程求解可得

$$a_{00} = 1, \quad a_{01} = 0, \quad a_{10} = 0, \quad a_{11} = 1$$
$$b_{00} = 0, \quad b_{01} = \mathrm{i}, \quad b_{10} = \mathrm{i}, \quad b_{11} = 0$$

由此可得幺正演化算符为

$$U_2(t) = \cos\frac{\Omega t}{2}(|0\rangle\langle0| + |1\rangle\langle1|) + \mathrm{i}\sin\frac{\Omega t}{2}(|0\rangle\langle1| + |1\rangle\langle0|) \tag{5.35}$$

或者写成矩阵形式为

$$U_2(t) = \begin{bmatrix} \cos \Omega t/2 & i\sin \Omega t/2 \\ i\sin \Omega t/2 & \cos \Omega t/2 \end{bmatrix} \tag{5.36}$$

由式(5.36)可得任意时刻 t 在外加共振磁场作用下，量子系统的状态解波函数 $|\psi(t)\rangle$ 为

$$
\begin{aligned}
|\psi'(t)\rangle &= U_2(t)|\psi'(0)\rangle \\
&= U_2(t)(c_0'(0)|0\rangle + c_1'(0)|1\rangle) \\
&= c_0'(t)|0\rangle + c_1'(t)|1\rangle
\end{aligned} \tag{5.37}
$$

其中

$$c_0'(t) = c_0'(0)\cos \frac{\Omega}{2}t + ic_1'(0)\sin \frac{\Omega}{2}t, \quad c_1'(t) = ic_0'(0)\sin \frac{\Omega}{2}t + c_1'(0)\cos \frac{\Omega}{2}t \tag{5.38}$$

与省略了撇号"'"的式(5.17)完全一致.

由式(5.22b)和式(5.30a)，同时考虑初始本征态在旋转前后的不变性，即有 $|\psi'(0)\rangle = |\psi(0)\rangle$ 成立.我们可以得到

$$
\begin{aligned}
|\psi(t)\rangle &= U_1(t)|\psi'(t)\rangle \\
&= U_1(t)U_2(t)|\psi'(0)\rangle \\
&= e^{i\omega S_z t}e^{-iH't/\hbar}|\psi'(0)\rangle \\
&= e^{-iH_0 t/\hbar}e^{-iH't/\hbar}|\psi(0)\rangle \\
&= U(t)|\psi(0)\rangle
\end{aligned} \tag{5.39}
$$

其中

$$U(t) = e^{-iH_0 t/\hbar}e^{-iH't/\hbar} \tag{5.40}$$

为所要求解的系统状态的幺正演化矩阵.

对照 5.1.2.2 小节的分析推导过程可知，$U_1(t)$ 的变换式是由式(5.14)的变换体现出来的.

由式(5.40)可以看出，外加控制场后求解系统状态演化规律的过程，等同于对算符进行幺正变换后求解幺正演化矩阵的过程.所以对一个量子系统控制场的设计可以转化为对该系统的幺正演化矩阵的设计.

同经典力学系统控制一样，对于量子力学系统的控制就是要求解被控系统的状态随时间变化的规律.由于描述量子力学系统的动力学演化规律的薛定谔方程是一个含时(偏)微分方程，一般情况下很难对其进行求解.所以，和处理经典力学系统控制一样，我

们必须想其他办法,不通过具体对方程求解,也能够达到了解系统状态特性的目的.采用对幺正演化矩阵的设计就是一个切实可行的途径.本节中只是给出了一个单量子位的二能级量子系统状态的演化求解过程,也只是考虑了最简单和最理想的情况.对于量子计算机等应用,还需要考虑实现对多位量子系统的状态演化的控制.可能还需要考虑相互邻位之间的相互作用等影响因素.这些都是需要进一步研究的内容.

5.2 基于 Bloch 球的量子系统轨迹控制及其特性分析

Bloch 球提供了对自旋 1/2 量子系统的重要的几何描述,对系统的量子态及其演化给出了清晰直观的理解.它将单量子比特的状态影射为三维球上的点,而状态的幺正演化对应于这个点绕某向量旋转.量子系统的相干向量,或者 Bloch 向量表示的 Bloch 方程就是基于这种理解的.在此基础上发展的一系列的分析方法,在量子计算、量子信息以及量子控制领域扮演了重要的角色.比如量子比特随机消相干的研究、幺正演化算符的分解、对相干控制能控性的分析(Altafini,2003)、保持量子比特相干性的量子跟踪控制等.最初的 Bloch 球表示只适用于单量子比特,如何将 Bloch 球几何描述的概念扩展到两个量子比特甚至更高维是个吸引人的问题.

对于单量子比特情况,本节将说明量子系统的 Bloch 球几何描述使得我们可以很直观地设计控制场来实现任意状态之间的幺正演化.在这一情形下,我们能够清楚地认识到实际物理实现时的控制场与这种数学表示之间的内在联系.

5.2.1 单量子比特的 Bloch 球表示

对比经典比特的 0 和 1,单量子比特(位)的两个可能的状态是 $|0\rangle$ 和 $|1\rangle$.根据量子力学可知,上述封闭系统状态的演化服从薛定谔方程

$$i\hbar|\dot{\psi}\rangle = H|\psi\rangle \tag{5.41}$$

而 $|0\rangle$ 和 $|1\rangle$ 便是系统哈密顿量 H 的本征态.由量子力学的状态叠加原理可知,单量子位的纯态可以表示为

$$|\psi\rangle = \alpha\,|\,0\,\rangle + \beta\,|\,1\,\rangle \tag{5.42}$$

其中,α 和 β 是本征态的复系数,其模的平方表示测量得到相应本征态的概率,它们满足概率完备性:

$$\alpha^2 + \beta^2 = 1 \tag{5.43}$$

因此,式(5.42)可改写为

$$|\psi\rangle = \mathrm{e}^{\mathrm{i}\varphi}\left(\cos\frac{\theta}{2}\,|\,0\,\rangle + \mathrm{e}^{\mathrm{i}\varphi}\sin\frac{\theta}{2}\,|\,1\,\rangle\right) \tag{5.44}$$

由于状态的全局相位因子 φ 不具有任何观测效应,式(5.44)的有效形式为

$$|\psi\rangle = \cos\frac{\theta}{2}\,|\,0\,\rangle + \mathrm{e}^{\mathrm{i}\varphi}\sin\frac{\theta}{2}\,|\,1\,\rangle \tag{5.45}$$

其中,参数 θ 和 φ 定义了三维单位球面上的一个点,如图 5.1 所示. 这个球面被称为 Bloch 球面.

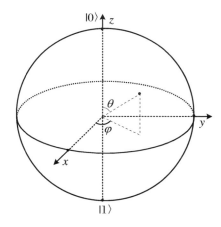

图 5.1 量子比特在 Bloch 球面上的表示

Bloch 球上的点的直角坐标用球坐标表示为

$$\begin{cases} x = \sin\theta\cos\varphi \\ y = \sin\theta\sin\varphi \\ z = \cos\theta \end{cases} \tag{5.46}$$

通过 Bloch 球使单量子位的状态有了直观的图解表示,单量子位状态的任意幺正演化,都可分解为状态在 Bloch 球上的旋转.

5.2.2 单自旋 1/2 粒子的控制

选取置于 z 方向恒定外加磁场 B_0 中的自旋 1/2 粒子作为被控对象,选 x-y 平面上的控制磁场为

$$\begin{cases} B_x = A\cos(\omega t + \varphi) \\ B_y = -A\sin(\omega t + \varphi) \end{cases} \tag{5.47}$$

此时的系统哈密顿量 H 由自由哈密顿量 H_0 和控制哈密顿量 H_c 组成,即

$$H = H_0 + H_c \tag{5.48}$$

其中,自由哈密顿量和控制哈密顿量分别为

$$H_0 = -\frac{\hbar}{2}\omega_0\sigma_z, \quad H_c = \Omega(\mathrm{e}^{-\mathrm{i}(\omega t + \varphi)}I^- + \mathrm{e}^{\mathrm{i}(\omega t + \varphi)}I^+) \tag{5.49}$$

其中,$\omega_0 = \gamma B_0$,是量子位在外加磁场中的本征频率,γ 是粒子的自旋磁比;$\Omega = \gamma A$ 为粒子的 Rabi 频率,为实数;$\sigma_z = \begin{bmatrix} 1 & 0 \\ 0 & -1 \end{bmatrix}$,$I^- = \begin{bmatrix} 0 & 0 \\ 1 & 0 \end{bmatrix}$,$I^+ = \begin{bmatrix} 0 & 1 \\ 0 & 0 \end{bmatrix}$.

据此可写出哈密顿量 H 的矩阵形式:

$$H = -\frac{\hbar}{2}\begin{bmatrix} \omega_0 & \Omega\mathrm{e}^{\mathrm{i}(\omega t + \varphi)} \\ \Omega\mathrm{e}^{-\mathrm{i}(\omega t + \varphi)} & -\omega_0 \end{bmatrix} \tag{5.50}$$

因此在共振条件下,即当控制脉冲的频率和系统的本征频率相同,$\omega = \omega_0$ 时,根据薛定谔方程可以解得系统的状态转移矩阵为

$$U(t) = \begin{bmatrix} \mathrm{e}^{\mathrm{i}\omega_0 t/2} & 0 \\ 0 & \mathrm{e}^{-\mathrm{i}(\omega_0 t + 2\varphi)/2} \end{bmatrix} \begin{bmatrix} \cos\left(\dfrac{\Omega t}{2}\right) & \mathrm{i}\sin\left(\dfrac{\Omega t}{2}\right) \\ \mathrm{i}\sin\left(\dfrac{\Omega t}{2}\right) & \cos\left(\dfrac{\Omega t}{2}\right) \end{bmatrix} \begin{bmatrix} 1 & 0 \\ 0 & \mathrm{e}^{\mathrm{i}\varphi} \end{bmatrix} \tag{5.51}$$

由式(5.51)的右式可以看出,状态转移矩阵 $U(t)$ 分别由从左到右三个矩阵组成.这三个矩阵在 Bloch 球上所表现出的行为分别是:第一和第三这两个矩阵的作用是使在 Bloch 球上的状态绕 z 轴旋转,其中,第三个矩阵使状态转过角度 φ,第一个矩阵使状态转过角度 $\omega_0 t + \varphi$,并加上一个全局相移;而第二个矩阵的作用是使 Bloch 球上的状态绕 x 轴旋转,转过的角度等于 Ωt.

通过对式(5.51)的分析可知,控制状态的演化,就是控制 Ω, φ 和 t 这三个参数.另一方面,对参数的不同选取,导致从任意给定初态,到任意给定终态演化的状态转移矩阵不是唯一的.比如图 5.2 所示两条可行的演化路径都是从 Bloch 球上的初始状态 a 点演化到终态 d 点,其中,粗线为实际演化轨迹,细线为演化按照式(5.51)分解之后的状态变化情况.图 5.2(a)中,控制场的初相 φ 在式(5.51)中的第三个矩阵的作用下,使状态从 a 点绕 z 轴旋转到 b 点;然后第二个矩阵使状态从 b 点绕 x 轴旋转到 c 点,再在第一个矩阵的作用下,使状态由 c 点转化为 d 点.图 5.2(b)中控制场的初相为 0,则直接绕 x 轴旋转,使状态从 a 点转化为 e 点,然后 $\omega_0 t$ 的作用使得状态由 e 点变为 d 点.

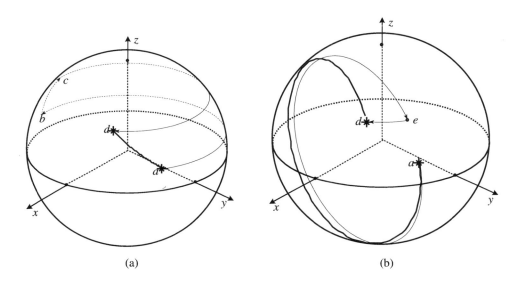

图 5.2 Bloch 球上状态演化的不同路径

为了唯一地确定状态在 Bloch 球上的演化路径,我们设计以下两种方案:控制场 Ωt 最小情况,以及给定时间 T 下的系统状态演化路径.

5.2.2.1 控制场中 Ωt 最小时的情况

此时要求在演化的过程中,绕 x 轴旋转的角度 Ωt 最小.对于 Bloch 球上的点 a:$(\theta_1, \varphi_1, 1)$ 和点 d:$(\theta_2, \varphi_2, 1)$,这个最小值为终态与初始态之间的夹角 $\Delta\theta = |\theta_2 - \theta_1|$.因为只有当 a 和 d 绕 z 轴旋转到 $x = 0$ 的平面上,此时该平面与 Bloch 球面所交圆的半径最大,a 绕 x 轴旋转到达 d 的最小角度为 $\Delta\theta$,如图 5.3 所示,图中画的是 $\theta_1 > \theta_2$ 的情况,若 $\theta_1 \leqslant \theta_2$,则 a' 和 d' 应该在右侧,即其 y 轴分量大于零.由此可以确定 Ωt 的值.为了达到最小值,控制场初相 φ 的作用必须使得 a 到达 a'.$\omega_0 t + \varphi$ 的作用是使得状态从 d' 演

变为 d. 另外,当外加恒定磁场的方向相反时,绕 z 轴旋转的方向也相反,利用这点可以在一定程度上减少演化到终态所需的时间.

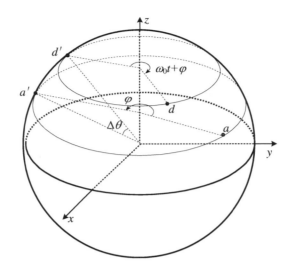

图 5.3 能量最小演化路径的控制参数关系

综上所述,要令控制场的 Ωt 最小需要满足的条件是

$$
\begin{cases}
\Omega t = \Delta\theta \\
\varphi = \dfrac{3\pi}{2} - \varphi_1, \quad \theta_1 > \theta_2; \quad \varphi = \dfrac{\pi}{2} - \varphi_1, \quad \theta_1 \leqslant \theta_2 \\
\omega_0 t = \mathrm{mod}(\varphi_1 - \varphi_2, 2\pi)
\end{cases}
\tag{5.52}
$$

其中,$\mathrm{mod}(A, B)$ 为 A/B 的余数运算. 如果对 Ω 的上限有限制,比如要求 $\Omega \leqslant \Omega_{\max}$,则根据式(5.52)有 $t \geqslant t_{\min} = \Delta\theta/\Omega_{\max}$,从而可得

$$
t = \frac{\mathrm{mod}(\varphi_1 - \varphi_2, 2\pi) + 2k\pi}{\omega_0}
\tag{5.53}
$$

其中

$$
k = \mathrm{ceil}\left(\frac{\omega_0 t_{\min} - \mathrm{mod}(\varphi_1 - \varphi_2, 2\pi)}{2\pi}\right)
\tag{5.54}
$$

其中 $\mathrm{ceil}(\cdot)$ 函数表示朝正无穷方向取整,即当 $\omega_0 t_{\min} \leqslant \mathrm{mod}(\varphi_1 - \varphi_2, 2\pi)$ 时为 0,否则为 1.

如果对操作过程完成的时间有要求,如 $t \leqslant t_{\max}$,同样可得

$$\Omega \geqslant \Omega_{\min} = \Delta\theta/t_{\max} \tag{5.55}$$

一般情况下对 Ω 和 t 都有要求,则根据上面的分析,它们必须满足

$$\begin{cases} t_{\min} \leqslant t \leqslant t_{\max} \\ \Omega_{\min} \leqslant \Omega \leqslant \Omega_{\max} \end{cases} \tag{5.56}$$

因此,在要求 Ωt 最小的情况下,一般需要满足式(5.52)和式(5.56).

需要强调的是,这样设计的演化路径,虽然外加控制量的 Ω 与 t 的乘积为最小,但不论在时间上,还是在 Bloch 球面的路径长度上,都不是最优(短)的.另外,我们说所设计控制场作用下系统状态演化轨迹的唯一性是由初态和终态参数的唯一性决定的,当状态处于极点,即在 z 轴上时,由于 φ_1 或 φ_2 取值的任意性,所以此时轨迹并不唯一,这是一种特殊情况.

5.2.2.2 给定时间下的状态演化路径

在实际的应用中,往往要求对状态的操作过程足够快,比如在某一特定的时刻 T 完成,而并不一定要求 Ωt 最小.我们来讨论在此情况下的 Ω 和初始相位的取值.

由于系统的本征频率 ω_0 在外加磁场不变的情况下是一个常数,给定 T 后,其作用是绕 z 轴旋转角度 $\omega_0 T$,如果让终态点 d 沿反方向旋转角度 $\omega_0 T$ 到达点 d',等效于让这一作用抵消,即相当于不考虑 ω_0 的旋转作用后,问题变为求取控制参数 Ω 和 φ,使得系统从初态点 a 演化到点 d'.控制场的初始相位 φ 的作用是在绕 x 轴旋转之前使 a 和 d' 绕 z 轴旋转角度 φ 到在同一个 y-z 平面上的 a' 和 d'',绕 x 轴旋转之后又将 d'' 旋转回 d';通过确定两者在 y-z 平面上形成的角度

$$\psi = \mathrm{mod}(\arg(y_{a'} + \mathrm{i}z_{a'}) - \arg(y_{d''} + \mathrm{i}z_{d''}), 2\pi) \tag{5.57}$$

可以确定 Ω,如图 5.4 所示.

因此,控制场的初始相位 φ 满足

$$\tan\varphi = \frac{\sin\theta_1\cos\varphi_1 - \sin\theta_2\cos(\varphi_2 + \omega_0 T)}{\sin\theta_1\sin\varphi_1 - \sin\theta_2\sin(\varphi_2 + \omega_0 T)} \tag{5.58}$$

根据式(5.58)可以得到控制场的初始相位 φ,而 Ω 可通过状态点 a' 和 d'' 在 y-z 平面上形成的角度 ψ 来确定:

$$\Omega = \psi/T \tag{5.59}$$

由球坐标和直角坐标的变换关系式(5.46),可得到

$$\tan(\psi) = \tan(\Omega T)$$

$$= \frac{\cos\theta_1\sin\theta_2\sin(\varphi_2 + \omega_0 T + \varphi) - \sin\theta_1\cos\theta_2\sin(\varphi_1 + \varphi)}{\sin\theta_1\sin\theta_2\sin(\varphi_1 + \varphi)\sin(\varphi_2 + \omega_0 T + \varphi) + \cos\theta_1\cos\theta_2} \quad (5.60)$$

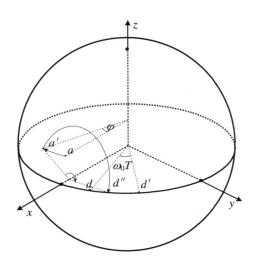

图 5.4　给定 T 情况下的演化路径

对于初始状态或终止状态为本征态的情况，$\psi = \Delta\theta$，而当 $(\theta_1 + \theta_2)/2 = \pi/2$ 时，有 $\psi = \pi$. 这时，根据式(5.59)，Ω 与 T 成反比. 对于一般的情形，根据式(5.58)和式(5.60)可以得到 Ω 与 T 的关系式：

$$\Omega = \begin{cases} \arctan(f(T))/T, & \psi \in \left(0, \dfrac{\pi}{2}\right] \\[2mm] (\pi - \arctan(f(T)))/T, & \psi \in \left(\dfrac{\pi}{2}, \pi\right] \\[2mm] (\pi + \arctan(f(T)))/T, & \psi \in \left(\pi, \dfrac{3\pi}{2}\right] \\[2mm] (2\pi - \arctan(f(T)))/T, & \psi \in \left(\dfrac{3\pi}{2}, 2\pi\right] \end{cases} \quad (5.61)$$

其中，$f(T)$ 由下式定义：

$$f(T) = \frac{\sqrt{\sin^2\theta_1 + \sin^2\theta_2 - 2\sin\theta_1\sin\theta_2\cos(\varphi_2 - \varphi_1 + \omega_0 T)}\left((-\cot\theta_1 - \cot\theta_2)\cos(\varphi_2 - \varphi_1 + \omega_0 T) + \dfrac{\cos\theta_1}{\sin^2\theta_1} + \dfrac{\cos\theta_2}{\sin^2\theta_2}\right)}{\cos^2(\varphi_2 - \varphi_1 + \omega_0 T) + \left(2\cot\theta_1\cot\theta_2 - \dfrac{\sin^2\theta_1 + \sin^2\theta_2}{\sin\theta_1\sin\theta_2}\right)\cos(\varphi_2 - \varphi_1 + \omega_0 T) + \left(1 - \dfrac{(\sin^2\theta_1 + \sin^2\theta_2)\cos\theta_1\cos\theta_2}{\sin\theta_1\sin\theta_2}\right)}$$

$$(5.62)$$

式(5.58)、式(5.61)和式(5.62)给出了在给定时间 T 的情况下,控制参数所满足的条件.当 Ω 的大小有限制时,可以根据式(5.61)和式(5.62)得到 T 的取值范围.

接下来将分别针对上面所分析的两类条件进行系统仿真,以验证所设计的控制场的有效性.

5.2.3 数值系统仿真及其结果分析

基于上面几小节的分析,本小节中我们将进行系统数值仿真实验.为了更清楚地观察状态在 Bloch 球上的演化轨迹,在实验中常数 ω_0 设定为比较小的值 5.自旋磁比 γ 是跟具体自旋粒子有关的常数,为了方便观察控制场的波形,取 $\gamma B_x = \Omega\cos(\omega_0 t + \varphi)$.

5.2.3.1 Ωt 最小情况下的系统仿真实验

以实现单量子位状态从 $|0\rangle$ 到 $|1\rangle$ 翻转为例,此时 $\Delta\theta = \pi$,由于这两个状态在 x-y 平面上的投影是 x 轴的原点,因此 φ_1 和 φ_2 可以具有任何值.实验中 φ_1 取初始状态绕 x 轴旋转无穷小角度时所具有的值,φ_2 取绕 x 轴旋转至终态时所具有的值,即 $\varphi_1 = \varphi_2 = \pi/2$.根据式(5.52)的第三个条件和式(5.54)可以得到 $t = 1.2566$,$k = 1$,进一步根据式(5.52)的第一个条件得到 $\Omega = 2.5$,而根据式(5.52)的第二个条件有 $\varphi = 0$.此时系统状态在 Bloch 球上的演化轨迹如图 5.5 所示,从中可以看出在控制脉冲作用下,系统状态成功地从 $|0\rangle$ 演化到 $|1\rangle$.但是状态演化的轨迹线却绕了 z 轴一圈,这主要是 φ_1 和 φ_2 取值造成的.

在初态和终态分别是 $|0\rangle$ 和 $|1\rangle$ 的情况下,只要保证 $\Omega t = \pi$,都能实现从初态到终态的成功演化,只要 Ω 趋向于 ∞ 而 t 趋向于 0,就可以使演化轨迹长度趋向于最小值,即半圆的情况.从初始状态 $(|0\rangle + |1\rangle)/\sqrt{2}$ 到终态 $0.8|0\rangle + 0.6|1\rangle$ 的演化的情况不同于从 $|0\rangle$ 到 $|1\rangle$ 的翻转,如图 5.6 所示.此时的控制参数为:$\varphi = 3\pi/2$,$\Omega = 0.2258$,$t = 1.2566$,$k = 1$,$\Delta\theta \approx 0.284$.由于 φ_1 和 φ_2 具有唯一值 $\varphi_1 = \varphi_2 = 0$,系统状态的演化具有唯一的一条轨迹.从图 5.6 可以看到状态演化的轨迹线绕了 z 轴一圈,使得轨迹线变得更长,所需时间更多.这是因为根据式(5.54)得到 $k = 1$,即在 $\varphi_1 = \varphi_2$ 的情况下,要求 Ωt 最小而设计控制场时 k 不可避免地增加了 1,即状态演化轨迹线多绕 z 轴一圈.

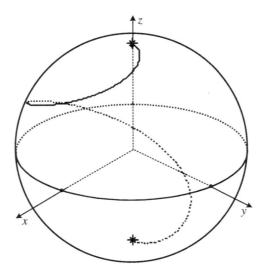

图 5.5　状态从 |0⟩ 到 |1⟩ 的翻转过程在 Bloch 球上的演化轨迹图

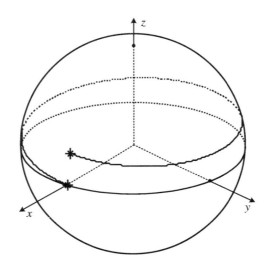

图 5.6　系统状态在 Bloch 球上的演化轨迹

5.2.3.2　给定时间下的系统仿真实验

同样以实现单量子位状态从 |0⟩ 到 |1⟩ 的翻转为例,由于 $\sin\theta_1 = \sin\theta_2 = 0$,想通过式(5.58)、式(5.61)和式(5.62)来确定控制参数并不现实,由推导式(5.58)、式(5.61)和式(5.62)的分析过程可知,时间 T 决定了终态的等效状态为终态绕 z 轴反方向旋转 $\omega_0 T$,初始相位 φ 的作用是使得终态的等效状态和初态绕 z 轴到同一个 y-z 平面.因为绕 z 轴

的旋转并不改变初态和终态在 Bloch 球上的位置,而此时初态和终态已经在同一个 y-z 平面上,因此控制场的初始相位 φ 可以取任意值;绕 x 轴旋转的角度刚好等于 θ_1,θ_2 的差,即 $\psi=\Omega T=\pi$.所以当给定 $T=0.02$ 时,得到 $\Omega=50\pi$,实验中取 $\varphi=0$.系统状态演化轨迹如图 5.7 所示.

对于初始状态 $(|0\rangle+|1\rangle)/\sqrt{2}$ 到终态 $0.8|0\rangle+0.6|1\rangle$ 的演化,给定 $T=0.02$,根据式(5.45)得到:$\theta_1=\pi/2,\theta_2\approx1.287,\varphi_1=\varphi_2=0$,并将 $\theta_1,\theta_2,\varphi_1,\varphi_2$ 的值代入式(5.58)就可以得到 $\varphi=-0.4372$,代入式(5.61)和式(5.62)得到 $\Omega=36.125$.系统状态在 Bloch 球上的轨迹如图 5.8 所示.

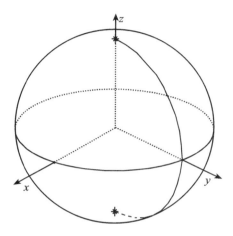

图 5.7　图 5.5 系统状态在给定时间 T 下的演化轨迹

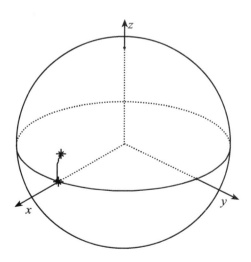

图 5.8　图 5.6 系统状态在给定时间 T 下的演化轨迹

通过将图 5.7、图 5.8 和图 5.5、图 5.6 进行比较,可看出轨迹线要短很多,不需要绕 z 轴一圈,因为此时控制场的设计按给定的时间 T 完成演化,决定了由外加恒定磁场使系统状态绕 z 轴旋转的角度为 $\omega_0 T = \gamma B_0 T$. 只是当 T 变小之后,需要的磁场强度 $A = \Omega/\gamma$ 将增大,通过式(5.59)可知,Ω 和 T 成反比关系,而式(5.62)是一个周期为 $\tau = 1/\omega_0$ 的有界函数,因此 Ω 的大小将主要由 T 决定.

5.3 量子相干控制策略及其实现

5.3.1 引言

量子系统的相干性来源于量子力学的叠加原理,它存在于单个粒子系统状态之间以及不同粒子系统之间.同一粒子系统状态之间所产生的相干性使粒子的状态具有不确定性;不同粒子系统之间所产生的相干性表现为不同子系统间的状态处于一种不确定的纠缠态.量子态的不确定性导致人们不能通过一次测量来完全获知系统状态的信息,所得到的结果都是概率性的.当系统和环境发生纠缠时就会产生消相干过程.消相干可以说是系统自身散射等原因而导致系统从受激状态回到平衡态,使系统各能态之间具有相对相位的相干性消失而出现的耗散.更特殊的情况是,对于粒子间的相干纠缠状态,在实际应用中最具普遍性,比如量子计算机的要求之一,量子寄存器,它的量子位之间就要求处于纠缠状态.这使得人们对如何控制纠缠态兴趣大增,相应的控制方法称为纠缠控制.

纠缠其实是量子态相干的一类特殊情况(不同粒子之间状态的相干性),或者说,是从另一个角度对相干态的描述,因此纠缠控制的问题是与多能级的状态转移的相干控制问题相对应的.

量子控制的一般方法是基于能够改变被控量子系统与控制器之间相互作用的假定,这意味着需要能够操控一个可能是取决于时间的、作用于 $H_c \otimes H_s$ 之上的哈密顿 H,其中 H_s 为被控系统哈密顿量,H_c 为控制哈密顿量,一般假定至少能够操控一个作为微扰的控制哈密顿量,这在许多物理实验中已被证实是可实现的.相干控制(coherent control)就是利用系统的相位关系,根据量子干涉原理,用激光来控制量子系统的演变,有时甚至可以做到保持系统的相干性,防止消相干的发生.由于被控对象的不同(常见的有 1/2 自旋粒子、量子点、离子阱等),所采用的控制手段也不尽相同(丛爽,2010),比如核磁共振技术、微波技术、激光(或激光脉冲)技术.而且不同的系统具有不同的动力学特性,系统的耦合方式也有所不同,主要有偶极耦合(dipole couplings)和拉曼耦合(Raman couplings).可利用的量子现象也是多种多样的,如能级共振、拉曼效应(Raman effect)、斯托克斯频移(Stokes shift)、斯塔克效应(Stark effect)等.从控制的角度希望能够将物理实验上可实现的方法与系统控制理论以及数学分析相结合,找到具有一般意义下的控制策略.一般而言,数学分析的复杂程度和控制策略的可实现性直接取决于所选择的被控物理对象、控制手段以及所利用的物理原理.所以对不同量子实验控制的物理机理的认识,对于设计出好的控制策略至关重要.

为了更好地理解单粒子相干态和相干纠缠态的制备在不同被控物理对象以及采用不同物理原理进行操控的情况下所获得的控制手段的差异性,本节通过采用 π 脉冲法来实现单粒子二能级系统的状态转换,来制备相干叠加态,以及考虑静态磁场中 2 个自旋 1/2 相互作用粒子组成的四能级封闭的复合系统,通过固定脉冲幅值,设计半反直觉脉冲序列,基于其相位变化实现特定的相干纠缠态制备的相干控制;最后基于空间相位控制实现非控制门,并对量子系统的相干控制策略及其实现进行了具体分析.本节的主要目的是从量子控制实现的技术上对几种相干控制策略进行机理上的解释,重点从数学和控制的角度对相干控制的不同技术的实现给予了阐述.

5.3.2　基于时间控制的单粒子相干态的制备

相干状态的制备与操控一般是通过控制系统和环境相互作用哈密顿量来控制量子系统状态的演化.一个量子系统在 t 时刻的状态用希尔伯特空间 H 中的右矢 $|\psi(t)\rangle$ 来描述. $|\psi(t)\rangle$ 的演化由薛定谔方程决定:

$$i\hbar|\dot{\psi}\rangle = H|\psi\rangle \tag{5.63}$$

对于封闭系统,式(5.63)中的 $H = H_0$, H_0 为系统内部哈密顿量.对于与环境相互作用的量子复合系统, $H = H_0 + H_E + H_I$, H_E 为环境哈密顿量, H_I 为系统和环境相互作用哈密顿量.一般来说, H_0, H_E 是不受控制的,人们能控制的是相互作用哈密顿量 H_I.在初始条件 $|\psi(0)\rangle$ 下,式(5.63)的解 $|\psi(t)\rangle$ 可以写成

$$|\psi(t)\rangle = U(t)|\psi(0)\rangle \tag{5.64}$$

其中, $U(t)$ 是幺正演化算符,它是一个有关 H 的函数.

所以,对量子态的控制其实就是控制幺正演化算符 $U(t)$,一般在实际操作中,通常是将某个受控电场、磁场或者是电磁脉冲作用在被控系统上,来使得系统状态按期望的要求变化.

π 脉冲法就是将 1/2 自旋粒子(比如电子)放入圆形极化磁场中,并让粒子与磁场发生共振,通过控制极化磁场的作用时间来达到控制粒子状态的目的.在与外部磁场相互作用时,系统的哈密顿量为

$$H = H_0 + H_1(t) \tag{5.65}$$

其中,$H_1(t)$ 为受微扰动的或外部哈密顿,即为达到改变量子系统的状态 $|\psi(t)\rangle$ 到期望值所需要施加的外部控制量.

对于磁场中自旋 1/2 粒子的系统内部哈密顿 H_0 可以写为:$H_0 = -\hbar\omega_0 S_z = -\hbar\gamma B S_z$,其中,$\omega_0 = \gamma B$ 为系统的特征频率;γ 为粒子回旋磁比;B 为磁场强度;S_z 为粒子在 z 方向的分量自旋算符,且 $S_z = \dfrac{1}{2}\sigma_z$.系统本征态为已知的态矢 $|0\rangle = [1 \quad 0]^{\mathrm{T}}$ 和 $|1\rangle = [0 \quad 1]^{\mathrm{T}}$.圆形极化磁场在 $x\text{-}y$ 平面上的分量为:$B_x = A\cos(\omega t + \varphi)$,$B_y = -A\sin(\omega t + \varphi)$,其中,$\omega$ 为外加磁场频率,因为要做到共振,取 $\omega = \omega_0$;φ 为磁场初始角度,为简化处理,这里取 0;A 为外加磁场强度幅值.定义 $B^+ = B_x + iB_y = Ae^{-i\omega t}$,$B^- = B_x - iB_y = Ae^{i\omega t}$.定义自旋降算符 S^+ 和自旋升算符 S^- 分别为:$S^+ = |0\rangle\langle 1|$,$S^- = |1\rangle\langle 0|$,则哈密顿 $H_1(t)$ 为:$H_1(t) = -\dfrac{\gamma\hbar}{2}(B^+ S^- + B^- S^+) = -\dfrac{\hbar}{2}\Omega\begin{bmatrix} 0 & e^{i\omega t} \\ e^{-i\omega t} & 0 \end{bmatrix}$,其中 $\Omega = \gamma h$,为量子系统在共振磁场中的频率,也称为拉比(Rabi)频率.因此,总的哈密顿量可以写成

$$H = H_0 + H_1(t) = -\frac{\hbar\omega_0}{2}\begin{bmatrix} 1 & 0 \\ 0 & -1 \end{bmatrix} - \frac{\hbar}{2}\Omega\begin{bmatrix} 0 & e^{i\omega t} \\ e^{-i\omega t} & 0 \end{bmatrix} \tag{5.66}$$

将式(5.64)与式(5.66)代入式(5.63),可将式(5.63)重新写成

$$\begin{bmatrix} \dot{c}_0(t) \\ \dot{c}_1(t) \end{bmatrix} = \frac{i}{2}\begin{bmatrix} \omega_0 & \Omega e^{i\omega_0 t} \\ \Omega e^{-i\omega_0 t} & -\omega_0 \end{bmatrix}\begin{bmatrix} c_0(t) \\ c_1(t) \end{bmatrix} \tag{5.67}$$

这里已经用了关系 $\omega = \omega_0$.解微分方程(5.67)可以得到

$$\begin{cases} c_0(t) = e^{i\omega_0 t}\left(c_0(0)\cos\dfrac{\Omega}{2}t + ic_1(0)\sin\dfrac{\Omega}{2}t\right) \\[3mm] c_1(t) = e^{-i\omega_0 t}\left(c_1(0)\cos\dfrac{\Omega}{2}t + ic_0(0)\sin\dfrac{\Omega}{2}t\right) \end{cases} \tag{5.68}$$

可以验证式(5.68)满足：$|c_0(t)|^2 + |c_1(t)|^2 = 1$. 也就是说，$c_0(t)$和$c_1(t)$分别为系统在任何时刻对系统所具有的本征态的观测概率，t 时刻系统的状态为

$$| \psi(t) \rangle = c_0(t) | 0 \rangle + c_1(t) | 1 \rangle \qquad (5.69)$$

从式(5.68)和式(5.69)中可以看出，只要控制作用时间 t，就可以控制 $c_0(t)$ 和 $c_1(t)$ 的大小，也就可以控制系统的状态$|\psi(t)\rangle$.

例如，假设系统初始状态为 $\psi(0) = |0\rangle = \begin{bmatrix} 1 & 0 \end{bmatrix}^T$，即对应于 $c_0(0) = 1, c_1(0) = 0$，则系统的状态可以写成

$$| \psi(t) \rangle = \mathrm{e}^{\mathrm{i}\omega_0 t} \cos \frac{\Omega}{2} t | 0 \rangle + \mathrm{i}\mathrm{e}^{-\mathrm{i}\omega_0 t} \sin \frac{\Omega}{2} t | 1 \rangle \qquad (5.70)$$

当作用时间 t 为 $\dfrac{\pi}{2\Omega}$ 时，系统状态变为

$$\left| \psi\left(\frac{\pi}{2\Omega}\right) \right\rangle = \frac{1}{\sqrt{2}} (\mathrm{e}^{\mathrm{i}\omega_0 \frac{\pi}{2\Omega}} | 0 \rangle + \mathrm{i}\mathrm{e}^{-\mathrm{i}\omega_0 \frac{\pi}{2\Omega}} | 1 \rangle) \qquad (5.71)$$

由于 $\Omega = \gamma h = \gamma B = \omega_0$，所以有

$$\left| \psi\left(\frac{\pi}{2\Omega}\right) \right\rangle = \frac{1}{\sqrt{2}} (\mathrm{i} | 0 \rangle + | 1 \rangle) \qquad (5.72)$$

式(5.72)所表示的状态为一个相干叠加态. 这里相对相位因子在基$\{|0\rangle, |1\rangle\}$上的测量不具有统计上的观测属性，即可以相同的概率制备$|0\rangle$和$|1\rangle$. 同理，对于 t 分别是 $\dfrac{\pi}{\Omega}, \dfrac{3\pi}{2\Omega}, \dfrac{2\pi}{\Omega}$，得到的结果分别为

$$\frac{\pi}{\Omega} \rightarrow \left| \psi\left(\frac{\pi}{\Omega}\right) \right\rangle = -\mathrm{i} | 1 \rangle$$

$$\frac{3\pi}{2\Omega} \rightarrow \left| \psi\left(\frac{3\pi}{2\Omega}\right) \right\rangle = \frac{1}{\sqrt{2}} (\mathrm{i} | 0 \rangle - | 1 \rangle)$$

$$\frac{2\pi}{\Omega} \rightarrow \left| \psi\left(\frac{2\pi}{\Omega}\right) \right\rangle = - | 0 \rangle$$

这里需要说明的是状态中的相对相位因子. 考虑状态 $a|0\rangle + b|1\rangle$，如果存在状态 θ，使得 $a = \exp(\mathrm{i}\theta)b$，即在此基下每个幅度都由一个相位因子联系，则称两个状态在某个基下差一个相对相位. 相对相位因子可以依幅值不同而不同，这使得相对相位依赖于基选择，其结果是在某个基下，仅相对相位不同的状态具有物理可观测的统计差别，而不能

把这些状态视为物理等价.在上面的情况中,我们选择$\{|0\rangle,|1\rangle\}$作为基,其结果是状态中的相对相位不具有物理可观测的统计属性,因此在此情形下可视为等价.

人们一般把作用时间为$\frac{\pi}{2\Omega}$的脉冲称作一个$\frac{\pi}{2}$脉冲.同理$t=\frac{\pi}{\Omega},\frac{3\pi}{2\Omega},\frac{2\pi}{\Omega}$的脉冲被称作$\pi,\frac{3\pi}{2},2\pi$脉冲,以此类推.当施加的时间是$\pi$的奇数倍脉冲时,实现了状态的完全翻转,相当于一个量子非门,当施加的时间是$\frac{\pi}{2}$的奇数倍脉冲时,可以相同的概率制备$|0\rangle$和$|1\rangle$状态,即制备了一个相干叠加态.

5.3.3 基于相位实现相干纠缠态的制备

本小节将通过调节相对相位来对两个相互作用的二能级粒子组成的被控系统实现相干纠缠态的制备.

在绝热通道动力方法中,场中的相对相位通常用来激励量子系统,即可以通过控制相对相位来获得期望的目标态.这里被控对象是两个相互作用的二能级粒子组成的复合系统,比如1/2自旋粒子,也可以是量子点,或者两个原子等.该复合系统可以描述为四能级封闭系统.假设状态的转换由脉冲来驱动.复合量子系统总的波函数满足薛定谔方程,记为

$$|\psi(t)\rangle = a_1(t)\,|00\rangle + a_2(t)\,|11\rangle + a_3(t)\,|01\rangle + a_4(t)\,|10\rangle \tag{5.73}$$

其中,哈密顿算符H的旋转波逼近(rotating wave approximation,RWA)形式为(丛爽,郑捷,2006)

$$H = -\frac{1}{2}\begin{bmatrix} 0 & 0 & \Omega_{13}(t) & \Omega_{14}(t) \\ 0 & 0 & \Omega_{23}(t) & \Omega_{24}(t)\mathrm{e}^{\mathrm{i}\varphi} \\ \Omega_{13}(t) & \Omega_{23}(t) & 2\Delta_1 & 0 \\ \Omega_{14}(t) & \Omega_{24}(t)\mathrm{e}^{-\mathrm{i}\varphi} & 0 & 2\Delta_2 \end{bmatrix} \tag{5.74}$$

其中,$\Omega_{ij}(t) = \vec{d}_{ij} \cdot \vec{e}$是Rabi频率,为实数,$\vec{d}_{ij}$为能级$i$和$j$之间的跃迁偶极动量,$\vec{e}$为作用其上的激光场强.$\Delta_1 = w_p - (E_{01}-E_{00})/\hbar = w_s - (E_{11}-E_{01})/\hbar$,$\Delta_2 = w_p - (E_{10}-E_{00})/\hbar = w_s - (E_{11}-E_{10})/\hbar$是单光子失谐量;$\mathrm{e}^{-\mathrm{i}\varphi}$为相位因子,$\varphi$是Rabi频率之间的相位差.

现在考虑两个粒子在状态 $|00\rangle$ 和 $|11\rangle$ 之间共振的情况,为简单起见,我们选择共振频率分别为

$$\Omega_{13}(t) = \Omega_{14}(t) = \Omega_p(t), \quad \Omega_{23}(t) = \Omega_{24}(t) = \Omega_S(t), \quad \Delta_{1,2} = 0 \quad (5.75)$$

从式(5.74)中哈密顿算符的一般结构上可以很清楚地看到控制状态从 $|00\rangle$ 到 $|11\rangle$ 有两条途径:

$$|00\rangle \xrightarrow{\Omega_{13}(t)} |01\rangle \xrightarrow{\Omega_{23}(t)} |11\rangle$$

$$|00\rangle \xrightarrow{\Omega_{14}(t)} |10\rangle \xrightarrow{\Omega_{24}(t)} |11\rangle$$

相位 φ 表示了两条途径的相干性,通过选择相位 φ 便可控制两条途径的相干性从而达到控制目的.事实上,相对相位可以作为几乎任何 n 量子位系统的控制参数.

下面将利用 $\Omega_S(t)$ 超前 $\Omega_p(t)$ 作用,但是同时结束的半反直觉(half counterintuitive,HCI)脉冲序列来制备期望的量子态.一般来说式(5.74)的哈密顿具有的本征值的形式为:$\lambda_{1,2} = \mp\dfrac{1}{2}\lambda_-$;$\lambda_{3,4} = \mp\dfrac{1}{2}\lambda_+$,其中

$$\lambda_\mp = \sqrt{\Omega_p^2(t) + \Omega_S^2(t) \mp \overline{\Omega}^2(t)}$$

$$\overline{\Omega}^2(t) = \sqrt{\Omega_p^4(t) + \Omega_S^4(t) + 2\cos\varphi\, \Omega_p^2(t)\Omega_S^2(t)}$$

当反直观脉冲开始作用时,即 $\Omega_S(t)$ 超前 $\Omega_p(t)$,可在哈密顿量本征状态的一般表达式中取极限 $\Omega_p(t)/\Omega_S(t)\to 0$,即此时仅有 $\Omega_S(t)$ 脉冲起作用,可得系统初始态为

$$\begin{cases}
|a_1(0)\rangle \doteq \left(\dfrac{1}{\sqrt{2}}, 0, -\dfrac{1}{2}\mathrm{i}\mathrm{e}^{\mathrm{i}\varphi/2}, \dfrac{1}{2}\mathrm{i}\mathrm{e}^{-\mathrm{i}\varphi/2}\right) \\[2mm]
|a_2(0)\rangle \doteq \left(\dfrac{1}{\sqrt{2}}, 0, \dfrac{1}{2}\mathrm{i}\mathrm{e}^{\mathrm{i}\varphi/2}, -\dfrac{1}{2}\mathrm{i}\mathrm{e}^{-\mathrm{i}\varphi/2}\right) \\[2mm]
|a_3(0)\rangle \doteq \left(0, \dfrac{1}{\sqrt{2}}, \dfrac{1}{2}, \dfrac{1}{2}\mathrm{e}^{-\mathrm{i}\varphi}\right) \\[2mm]
|a_4(0)\rangle \doteq \left(0, \dfrac{1}{\sqrt{2}}, -\dfrac{1}{2}, -\dfrac{1}{2}\mathrm{e}^{-\mathrm{i}\varphi}\right)
\end{cases} \quad (5.76)$$

由此可得系统的初始态是本征态的叠加态,为 $|00\rangle = (1/\sqrt{2})(|c_1(0)\rangle + |c_2(0)\rangle)$. 为获得使用 HCI 脉冲的终态,可以取极限 $\Omega_p(t)/\Omega_S(t)\to 1$,此时,$\Omega_S(t)$ 与 $\Omega_p(t)$ 同时作用,可得到

$$\begin{cases} |a_1(\infty)\rangle \doteq \dfrac{1}{2}(\mathrm{e}^{-\mathrm{i}\varphi/4}, -\mathrm{e}^{\mathrm{i}\varphi/4}, -\mathrm{i}, \mathrm{i}\mathrm{e}^{-\mathrm{i}\varphi/2}) \\[2mm] |a_2(\infty)\rangle \doteq \dfrac{1}{2}(\mathrm{e}^{-\mathrm{i}\varphi/4}, -\mathrm{e}^{\mathrm{i}\varphi/4}, \mathrm{i}, -\mathrm{i}\mathrm{e}^{-\mathrm{i}\varphi/2}) \\[2mm] |a_3(\infty)\rangle \doteq \dfrac{1}{2}(\mathrm{e}^{-\mathrm{i}\varphi/4}, \mathrm{e}^{\mathrm{i}\varphi/4}, 1, \mathrm{e}^{-\mathrm{i}\varphi/2}) \\[2mm] |a_4(\infty)\rangle \doteq \dfrac{1}{2}(\mathrm{e}^{-\mathrm{i}\varphi/4}, \mathrm{e}^{\mathrm{i}\varphi/4}, -1, -\mathrm{e}^{-\mathrm{i}\varphi/2}) \end{cases} \tag{5.77}$$

将其值代入式(5.73),可以得到 HCI 序列在绝热限制下制备出状态

$$|00\rangle - \mathrm{e}^{\mathrm{i}\varphi/2}|11\rangle, \quad |01\rangle - \mathrm{e}^{-\mathrm{i}\varphi/2}|10\rangle \tag{5.78}$$

这样可以根据选择不同的相位 φ 控制到期望的纯态本征态、相干态或纠缠态上.

在控制脉冲的设计以及物理实现的实验上,此方法的关键是脉冲的结束时刻,这时四个 Rabi 频率之间的比要固定不变.因为这种方法用了旋转波逼近的哈密顿形式,因此也称为旋转波逼近法.图 5.9 给出了系统终态概率随控制相位的变化规律,其中,实线表示状态 $|00\rangle$ 的概率,为 $\|a_1(T)\|^2$,虚线表示状态 $|11\rangle$ 的概率,为 $\|a_2(T)\|^2$,双划线和点划线分别为状态 $|01\rangle$ 和 $|10\rangle$ 的概率,分别为 $\|a_3(T)\|^2$ 和 $\|a_4(T)\|^2$,图 5.9 中这两条线重合.从图 5.9 中可以看出,在相位 $|\varphi|$ 比较小,比如小于 $\pi/2$ 时,状态 $|00\rangle$ 和 $|11\rangle$ 的概率相同,状态 $|01\rangle$ 和 $|10\rangle$ 的概率相同,它们的概率做周期性的振荡.可以根据图 5.9 选择不同的相位来获得期望的目标态.

我们通过固定幅值以及 $\Omega_p(t)$ 滞后 $\Omega_S(t)$ 的时间,选择不同的相位来制备不同的量子态.在时间段 $(0,3)$ 内设计控制脉冲序列,选用的 $\Omega_S(t)$ 与 $\Omega_p(t)$ 函数分别为

$$\Omega_S(t) = \begin{cases} k \cdot (1-\cos(\pi \cdot t))^2/4, & 0 < t \leqslant 1 \\ k, & 1 < t \leqslant 2 \\ k \cdot (\cos(\pi \cdot (t-2)) + 1)^2/4, & 2 < t \leqslant 3 \\ 0, & \{t \leqslant 0\} \bigcup \{t > 3\} \end{cases} \tag{5.79}$$

$$\Omega_p(t) = \begin{cases} k \cdot (1-\cos(\pi \cdot (t-1)))^2/4, & 1 < t \leqslant 3 \\ 0, & \{t \leqslant 1\} \bigcup \{t > 3\} \end{cases} \tag{5.80}$$

对被控系统的状态进行仿真实验,在固定幅值为 37.5,$\Omega_p(t)$ 滞后 $\Omega_S(t)$ 的时间为 1 s 的情况下,图 5.10 为相位选为零时,系统状态概率在所设计的控制脉冲作用下的动态响应,其中,上图是输入系统的控制脉冲序列,下图为系统状态随时间变化的概率.从图 5.10 的下图中可以看到状态概率在 $\Omega_p(t)$ 开始作用后才开始改变,在脉冲结束

时达到终态.若不考虑相对相位,只考虑本征态概率上的等价性,图 5.10 的终态为:$|\varphi_1\rangle$ $=(1/\sqrt{2})(|00\rangle+|11\rangle)$.

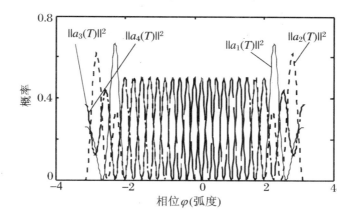

图 5.9   系统状态概率与相位关系图

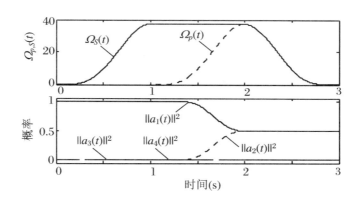

图 5.10   相位为零时被控状态概率变化曲线

图 5.11 为相位取 $\pi/30$ 时,在所设计的控制脉冲作用下,系统状态概率的变化曲线, 所获得的终态为

$$|\varphi\rangle = \frac{1}{2}(|00\rangle + |11\rangle + |01\rangle + |10\rangle) = \left(\frac{1}{\sqrt{2}}|0\rangle + \frac{1}{\sqrt{2}}|1\rangle\right) \otimes \left(\frac{1}{\sqrt{2}}|0\rangle + \frac{1}{\sqrt{2}}|1\rangle\right)$$

$$(5.81)$$

由于可以写成两个子系统张积的形式,所以式(5.81)所制备的态是一个相干叠 加态.

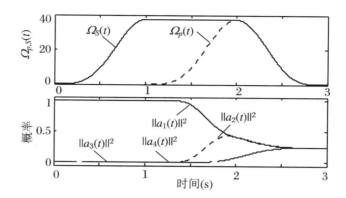

图 5.11　相位为 $\pi/30$ 时被控状态概率变化曲线

图 5.12 为相位取 $\pi/15$ 时,在所设计的控制脉冲作用下,系统状态概率的变化曲线,所获得的终态为:$|\varphi_2\rangle = (1/\sqrt{2})(|01\rangle + |10\rangle)$,所制备出的此状态和图 5.10 的终态也被称为 Bell 纠缠态. 由图 5.10 至图 5.12 可以看出,改变相位,只改变$(|00\rangle - \mathrm{e}^{\mathrm{i}\varphi/2}|11\rangle)$和$(|01\rangle - \mathrm{e}^{-\mathrm{i}\varphi/2}|10\rangle)$之间的概率比.

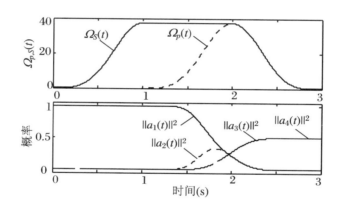

图 5.12　相位为 $\pi/15$ 时被控状态概率变化曲线

通过仿真实验还可以得到以下结果:

(1) 改变脉冲函数的幅值,幅值越大,达到目标态所需时间越短.

(2) 改变 $\Omega_p(t)$ 滞后 $\Omega_s(t)$ 的时间,不改变上面的成分比重,也不改变 $|01\rangle$ 和 $|10\rangle$ 之间的比重,只对 $|00\rangle$ 和 $|11\rangle$ 之间的成分比重略有影响.时延取得太小,引起的概率振动很厉害.若时延大于 $0.7\,\mathrm{s}$,则最终结果没有变化.

以上的实验的时间尺度是秒,若压缩控制脉冲的时间,只要保持脉冲的强度(面积)

量子系统建模、特性分析与控制

不变,得到的结果是不变的.又若考虑$\hbar$的影响,则时间尺度将会大大缩短.脉冲的强度对结果也有影响,比如若强度太小,则无法完成状态的转化,太大会引起动态响应过快从而产生振动,使得最终结果达不到目标状态.

5.3.4　基于空间相位的相干控制

本小节将讨论如何利用空间相位的相干控制来实现控制非门(C-NOT).被控对象为两个二能级量子系统组成的双量子位系统,使用激光脉冲驱动,激光脉冲的空间相位作为控制参数.定义:$c_{nm}(n,m=0,1)$——第一个下标表示第一个量子位作为控制门,第二个下标表示第二个量子位是被控位.0 表示基态,1 表示激发态.用这一基集使得点之间的相干性与$c_{nm}(n\neq m)$结合在一起.

在计算基下,整个波函数写成:$|\psi(t)\rangle = c_{00}|00\rangle + c_{01}|01\rangle + c_{10}|10\rangle + c_{11}|11\rangle$,这时的薛定谔方程为

$$i\frac{\mathrm{d}}{\mathrm{d}t}\begin{bmatrix} c_{00} \\ c_{01} \\ c_{10} \\ c_{11} \end{bmatrix} = \begin{bmatrix} \omega_{g1}+\omega_{g2} & A & B & 0 \\ A & \omega_{g1}+\omega_{e2} & 0 & B \\ B & 0 & \omega_{e1}+\omega_{g2} & A \\ 0 & B & A & \omega_{e1}+\omega_{e2} \end{bmatrix}\begin{bmatrix} c_{00} \\ c_{01} \\ c_{10} \\ c_{11} \end{bmatrix} \tag{5.82}$$

其中,$A = \Omega(t-t_2)\sin(\vec{k}\cdot\vec{R}_2 - \omega(t-t_2))$,$B = \Omega(t)\sin(\vec{k}\cdot\vec{R}_1 - \omega t)$,$\omega$ 为激光频率;$\Omega(t)$为 Rabi 频率,并假定为具有高斯时间分布,即

$$\Omega(t) = \Omega_0\exp(-4\ln 2(t-t_1)^2/\delta^2) \tag{5.83}$$

其中,Ω_0 为激光脉冲强度峰值;$\vec{k}$ 为激光脉冲方向;t_2 为激光脉冲到达第二个量子位与到达第一个量子位之间的时延;$\vec{R}_i$ 为第 i 个量子位的位置;ω_{gi},ω_{ei} 为基态和第一激发态的本征能量值,即假定被控态可以进行能级间的跃迁;δ 为最大值一半时的脉冲宽度;$\vec{k}\cdot\vec{R}_i(i=1,2)$为空间相位,它不同于通常说的时间相位,因为改变时间相位只改变依赖时间的波函数演化的起始时间,而改变空间相位不仅仅改变起始演化时间,同时,它通过选择和使薛定谔方程中依赖时间的非对角线元素具有多变性,可被用来进行控制.在实验中,认为$\vec{R} = \vec{R}_2 - \vec{R}_1$足够大,因此可忽略不同粒子之间的偶极子-偶极子相互作用.

现在要实现哈德(Hadamard)门,即要对一些特殊的状态,实现 H 门的功能:

$$H = \frac{1}{\sqrt{2}} \begin{bmatrix} 1 & 1 & 0 & 0 \\ 1 & -1 & 0 & 0 \\ 0 & 0 & 1 & 1 \\ 0 & 0 & 1 & -1 \end{bmatrix} \tag{5.84}$$

各种不同状态获得的途径如下:

$$A1: H \mid 00\rangle = \frac{1}{\sqrt{2}} (\mid 00\rangle + \mid 01\rangle), \quad A2: H \frac{1}{\sqrt{2}} (\mid 00\rangle + \mid 01\rangle) = \mid 00\rangle$$

$$B1: H \mid 01\rangle = \frac{1}{\sqrt{2}} (\mid 00\rangle - \mid 01\rangle), \quad B2: H \frac{1}{\sqrt{2}} (\mid 00\rangle - \mid 01\rangle) = \mid 01\rangle$$

$$C1: H \mid 10\rangle = \frac{1}{\sqrt{2}} (\mid 10\rangle + \mid 11\rangle), \quad C2: H \frac{1}{\sqrt{2}} (\mid 10\rangle + \mid 11\rangle) = \mid 10\rangle$$

$$D1: H \mid 11\rangle = \frac{1}{\sqrt{2}} (\mid 10\rangle - \mid 11\rangle), \quad D2: H \frac{1}{\sqrt{2}} (\mid 10\rangle - \mid 11\rangle) = \mid 11\rangle$$

现在要用数值计算的方法来找出实现上述转化的合适的系统参数. 一共有六个数值参数需要计算,它们分别是

$$\begin{cases} \tau = \omega t \\ \xi = \omega / \omega_0 \\ \eta = \dfrac{\omega R \cos \theta}{2c} \\ \delta = \dfrac{8 L_e E_0 \sin \theta \sin \varphi}{9 \pi^2 \hbar \omega} \\ a_0 = \dfrac{2 \sqrt{\ln 2}}{\omega \delta} \\ b_0 = \dfrac{2 \sqrt{\ln 2}\, t_1}{\delta} \end{cases} \tag{5.85}$$

其中,$\omega_0 = 3 \pi^2 \hbar / (2 m^* L^2)$,是基态与第一激发态之间的 Bohr 频率. C 为光速,R 是两个粒子之间的距离,E_0 是激光脉冲强度的峰值. ω_0, R, L 取决于材料,因此看作常数,而 $\omega, t, \theta, \varphi, E_0, \delta$ 及 t_1 是与实际控制场相关的参数,可以被最优化. 而从上面的式子可以看出,φ 一般取 $\pi/2$,$\eta = \pi R \cos \theta / \lambda$,$\lambda$ 为波长,$0 \leqslant \eta \leqslant 2\pi$,$R = 2c(\eta + 4n\pi)/(\omega \cos \theta)$,$n = 1, 2, \cdots$.

这种方法与 π 脉冲法相比,虽然在参数调整上复杂了很多,但这是对两粒子系统整

体的控制,而 π 脉冲法将不可避免地对另一个量子位产生干扰,使其状态发生改变.

为便于与旋转波逼近法作比较,在方波脉冲假设条件下,对薛定谔方程运用旋转波逼近,可得到 $c_{nm}(t)$ 的解析形式:

$$\begin{cases} c_{00}(t) = \gamma(-\mathrm{i}P\exp(\mathrm{i}\Omega t) + \mathrm{i}Q\exp(-\mathrm{i}\Omega t) + N)\exp(-\mathrm{i}(\omega_{g1} + \omega_{g2} + \bar{\omega})t) \\ c_{01}(t) = (P\exp(\mathrm{i}\Omega t) + Q\exp(-\mathrm{i}\Omega t) + M)\exp(-\mathrm{i}(\omega_{g1} + \omega_{e2} - \bar{\omega})t) \\ c_{10}(t) = \gamma^2(P\exp(\mathrm{i}\Omega t) + Q\exp(-\mathrm{i}\Omega t) - M)\exp(-\mathrm{i}(\omega_{g2} + \omega_{e1} - \bar{\omega})t) \end{cases}$$

$$(5.86)$$

其中,$\gamma = \exp(-\mathrm{i}\vec{k} \cdot \vec{R}/2)$. $\bar{\omega} = -d_1 d_2/(4\pi\varepsilon_0 R)$ 是两个量子点之间的偶极子相互作用能,且 $\bar{\omega}$ 充分小.

式(5.86)中假设,激光脉冲的频率与能级差 $\omega_{e1} - \omega_{g1}$ 或者 $\omega_{e2} - \omega_{g2}$ 产生共振,下标 g 和 e 分别表示基态和激发态. P,Q,N 和 M 的值由初始条件确定.

对于两个相同的粒子($\omega_{g1} = \omega_{g2}$,$\omega_{e1} = \omega_{e2}$),如果空间相位为零($\gamma = 1$)以及和的初始概率幅值相等($M = 0$),我们可以看到,即使在有偶极子-偶极子相互作用存在的情况下,这两个概率幅值以相同的方式变化.而避免这一问题的唯一方法是应用一个静态场来引起 Stark 变化及区分式中依赖时间的指数因子.但是,如果空间相位非零($\gamma \neq 1$),那么,大体说来,即使在 $c_{01}(0) = c_{10}(0)$,$\bar{\omega} = 0$,$\omega_{g1} = \omega_{g2}$ 以及 $\omega_{e1} = \omega_{e2}$ 的情况下,概率幅值也会因为 $c_{10}(t)$ 中有 γ^2 因子的存在而表现出不同的演化.

小结

本章中针对最典型的二能级量子系统进行了控制场的设计与操纵,并分析了量子系统的控制与幺正演化矩阵之间的关系.另一方面,对二能级量子系统在 Bloch 球上的轨迹,控制场在不同参数下的量子系统轨迹在最小控制量以及最短路径方面的特性进行了研究和分析.

在相干控制方面,其方法有 π 脉冲法、一般的相位控制、空间相位控制等,其中,脉冲法利用共振对单粒子状态进行转换(若要对多粒子进行控制,则要进一步应用非共振脉冲).一般的相位控制是通过调整脉冲作用时间的先后来达到控制目的的,利用空间相位则提供了更大的多变性.通常使用有限转换脉冲(transform-limited pulse)进行相干状态转换,这种转换有两种截然不同的方法:π 脉冲法和隔热通道动力法(adiabatic passage dynamic).两种方法都能够用一个特定的纯态建立相干叠加态.在 π 脉冲法中,通过控制脉冲的作用时间来建立相干叠加态.当脉冲作用时间是 π 的奇数倍时,能做到状态的完全翻转;而在隔热通道动力法中,只要能满足隔热条件,通常都能实现从初态到目标状态的完全转变.只有当隔热参数值小时,或者在某些情况下,控制不同的 Rabi 频率的比值才能实现局部的状态转移.因此,π 脉冲法一般用于单粒子状态的控制,比如用来实现受控非门,而隔热通道动力法常用来对复合系统进行整体的状态转换,建立相干态.

第 6 章

量子系统最优控制

6.1 双线性系统下的量子系统最优控制

本节通过介绍双线性系统的研究成果,结合量子系统数学模型所具有的双线性系统形式的特点,通过对含有两点边值条件的最优控制器的推导,从理论上对量子力学系统进行最优迭代控制器的设计,虽然我们所采用的方法是宏观领域中人们较为熟悉的控制策略,并且也被人在量子系统中使用,不过本节的最大特点是从系统控制的角度出发,对被控系统的模型,通过物理意义的分析,并根据系统仿真的需要,将其复数的微分方程分解为可在实数域里进行设计和实验的系统,从而可以分析与讨论系统中的各个参数对系统性能的影响.

6.1.1 引言

双线性系统(bilinear systems,BLS)的概念是在 20 世纪 60 年代引入自动控制理论中的.该理论是从时变线性系统理论和矩阵李群论发展而来的,已经应用于科学技术的许多领域.这一类系统的特别之处在于,它关于状态或控制量都是线性的,但是二者结合来看却是二次的,所以这类系统被称为双线性系统.对 BLS 的研究需要对线性控制系统的了解,同时也是研究非线性控制理论的第一步.与大多数其他非线性系统相比,BLS 更简单,也研究得更透彻.对 BLS 的研究涉及两种不断地相互影响且很有用的观点:把 BLS 看成非时变非线性系统和时变线性系统.可以将非线性系统近似成双线性系统,它的近似精度高于非线性系统的线性化.因此,双线性系统理论引起了国内外不少学者的兴趣.从 20 世纪 60 年代后期开始,双线性系统方面的研究大量地开展起来,特别是 70 年代左右达到高峰.布鲁尼(Bruni)等在 1974 年发表了第一篇综述文章,详尽地介绍了有关双线性系统早期的研究工作.莫勒(Mohler)等在 1980 年发表了有关双线性系统理论与应用的综述文章.在最优化方面,Mohler 等已证明,双线性系统最优控制比线性情况下有更好的性能.进入 90 年代,越来越多的数学工具(如微分几何、李群论)被用于分析双线性系统的性质和控制问题,埃利奥特(Elliott)在 1998 年发表的综述文章是对此前的研究的总结.近年来,对双线性系统的研究主要集中在对它的自适应控制、鲁棒控制、随机控制等领域的研究,以及它在量子系统控制等控制的前沿领域中的应用.

6.1.2 双线性系统的产生和定义

人们通过采用双线性系统对非线性系统进行近似以改善工作点附近的线性化.考虑如下单输入非线性系统:

$$\dot{x} = a(x) + uq(x), \quad a(x_e) = 0 \tag{6.1}$$

令 $A = \dfrac{\partial a}{\partial x}\Big|_{x = x_e}$, $b = q(x_e)$, $B = \dfrac{\partial q}{\partial x}\Big|_{x = x_e}$.变换坐标原点,使 $x_e = 0$,保留 x,u 的一阶项后得: $\dot{x} = Ax + u(Bx + b)$, $y = h'x$.多输入多输出时,它的一般形式为

$$\dot{x} = Ax + \sum_{j=1}^{k} u_j B_j x + bu, \quad y = Cx \tag{6.2}$$

通常假设 $b = 0$，此时的双线性系统被称为齐次双线性系统．它的单输入和多输入的形式分别为

$$\dot{x} = Ax + uBx \tag{6.3}$$

$$\dot{x} = Ax + \sum_{i=1}^{m} u_i B_i x \tag{6.4}$$

如果式(6.3)或式(6.4)中的 $A = 0$，则称该双线性系统为对称的．式(6.3)作为控制系统是非时变的，同时需要使用能随意开始或停止的控制信号．逐段常值控制信号不仅符合上述要求，还能够将开关线性系统看作双线性系统．这种情况下，控制量只取一些离散集合，如 $\{-1, 1\}$ 或 $\{0, 1\}$．

6.1.3 双线性系统与量子系统之间的关系

对于一个纯态量子系统，可以用如下薛定谔方程来建立数学模型：

$$i \hbar \dot{\psi} = \left(H_0 + \sum_{i=1}^{m} H_i u_i(t) \right) \psi \tag{6.5}$$

其中，$\psi(t)$ 为系统状态向量，属于一个合适的希尔伯特(Hilbert)空间．H_0, H_i 为该空间的自伴随算符，分别称为系统与控制哈密顿算符．通常感兴趣的都是 $\psi(t) \in C^r$ 的情形，即有限维量子系统．这种情况下，H_0 与 H_i 为 $r \times r$ 厄米矩阵．尽管也可用一个复数状态空间研究量子系统，但是为便于分析和计算，我们用实数空间描述，即可以把系统(6.5)看成如下齐次双线性系统：

$$\dot{x} = \left(A + \sum_{i=1}^{m} B_i u_i(t) \right) x \tag{6.6}$$

其中，A, B 均为斜对称矩阵，即 $A' + A = 0, B' + B = 0$．而此时实数状态空间的维数变为 $n = 2r$．因此可以利用双线性系统中的控制方法对纯态量子系统进行控制器的设计，控制目的是使系统从一个给定的初态，在控制的作用下到达另一个给定的(期望的)终态．在实际实验中，对控制有种种限制，这把它作为目标的一部分，只用平方可积控制来达到这一点．有趣的是，即使不要这一限制，仍然能够得到具有相同性质的控制．

6.1.4 量子系统的最优迭代控制器的推导

这里,我们希望从能够完成状态转移的许多可能的控制中,找到一种最优化某一特定性能指标的控制,很自然想到的是具有二次型的性能指标的最优控制,如 $J_0 = \frac{1}{2}\int_0^T \sum_{i=1}^m u_i^2(t)\mathrm{d}t$. 用二次型性能指标的好处是:控制量的变化方程 $\frac{\partial H}{\partial u_i} = 0$ 关于 u_i 是线性的,并可求出显式解.

所研究的系统是具有齐次双线性系统形式的量子系统方程:

$$\dot{x} = \left(A + \sum_{i=1}^m B_i u_i(t)\right)x \tag{6.7}$$

利用最优控制的"最大值原理",得到哈密顿算符为

$$H(x,\lambda,u_i) = \frac{1}{2}a_0 \sum_{i=1}^m u_i^2 + \lambda'\left(A + \sum_{i=1}^m B_i u_i\right)x \tag{6.8}$$

其中,$\lambda \in \mathbf{R}^n$ 是拉格朗日乘子,且标量 $a_0 \geqslant 0$,相应的最优控制方程为

$$\dot{x} = \frac{\partial H}{\partial \lambda'} = \left(A + \sum_{i=1}^m B_i u_i\right)x; \quad \dot{\lambda} = -\frac{\partial H}{\partial x'} = \left(A + \sum_{i=1}^m B_i u_i\right)\lambda \tag{6.9}$$

且有

$$0 = \frac{\partial H}{\partial u_i} = a_0 u_i + \lambda' B_i x \tag{6.10}$$

$a_0 > 0$ 的情形对应于一般极值的情形,则根据式(6.10),求出的控制律为

$$u_i = -\frac{1}{a_0}\lambda' B_i x = \frac{1}{a_0}x' B_i \lambda \tag{6.11}$$

$a_0 = 0$ 的情形对应于非一般极值的情形,此时式(6.10)简化为

$$x' B_i \lambda = 0 \tag{6.12}$$

必须始终满足这些约束,所以式(6.12)的时间导数也应该为 0. 此时通过式(6.9),可以导出一组新的控制方程,即在两种情形下的两点边值问题:边值条件均为 $x(0) = x_0$,$x(T) = x_f$,其中,T 为转移时间:$\dot{x} = \left(A + \sum_{i=1}^m B_i u_i\right)x$;$\dot{\lambda} = \left(A + \sum_{i=1}^m B_i u_i\right)\lambda$,$a_0 u_i =$

$x'B_i\lambda$(一般情形);$0 = x'B_i\lambda$(非一般情形);

$$x(0) = x_0, \quad x(T) = x_f \tag{6.13}$$

由于可能没有一个控制可以在给定时间完成状态转移,所以,这些两点边值问题一般情况下对一个给定的 T 无解.不过,对于一个二状态系统,式(6.9)和式(6.10)有解析解,同时两点边值问题可以数值求解,见文献(D'Alessandro,Dahleh,2001).但是到目前为止,高维系统仍无法处理.

以数值最优控制的观点,我们可以放松对精确转移的要求,而仅要最小化 J_0 再加上最小化 $x(T)$ 到 x_f 的距离平方 $\|x(T) - x_f\|^2$.对于量子系统,有 $x'(T)x(T) = x_f'x_f = 1$,则 $\|x(T) - x_f\|^2 = 2(1 - x_f'x(T))$.于是,我们考虑的目标函数变为

$$J_1' = \frac{1}{2} a_0 \int_0^T \sum_{i=1}^m u_i^2(t)\mathrm{d}t - x_f'x(T) := a_0 J_0 + J_1 \tag{6.14}$$

利用最大值原理再次导出式(6.9)、式(6.10)和式(6.11),只是由于 J_1' 中有 J_1 存在,故边值条件变为

$$x(0) = x_0, \quad \lambda(T) = -x_f \tag{6.15}$$

与式(6.13)相比,虽然表面看上去只是最后一个式子中由 $x(T) = x_f$ 变为 $\lambda(T) = -x_f$,但实际上我们已取得了很大进展:最终时间的问题不再存在,两边值问题被转化为单边值问题.此时对任意给定的 T,都能保证 J_1' 有一最小值,这可以容许我们通过迭代来求出问题的解.具体的迭代求解过程如下.

第一步:两种情形相同情况.

选择任意初态控制 $u_{i(1)}(t)$,$t \in [0, T]$,并解方程

$$\dot{x}_1 = \left(A + \sum_{i=1}^m B_i u_{i(1)}\right) x_1, \quad x_1(0) = x_0; \quad \dot{\lambda} = \left(A + \sum_{i=1}^m B_i u_i\right)\lambda, \quad \lambda_1(T) = -x_f \tag{6.16}$$

第 n 步:对于非一般情形,求解方程

$$\dot{x}_n = \left(A + \sum_{i=1}^m B_i(u_{i(n-1)} + cx_n'B_i\lambda_{n-1})\right) x_n, \quad x_n(0) = x_0 \tag{6.17}$$

并更新

$$u_{i(n)} = u_{i(n-1)} + cx_n'B_i\lambda_{n-1}, \quad c > 0 \text{ 为一参数} \tag{6.18}$$

对一般情形,求解方程

$$\dot{x}_n = \left(A + \sum_{i=1}^{m} B_i \left(x'_n B_i \lambda_{n-1}/a_0\right)\right) x_n, \quad x_n(0) = x_0 \tag{6.19}$$

接着,求解方程

$$\dot{\lambda}_n = \left(A + \sum_{i=1}^{m} B_i u_{i(n)}\right) \lambda_n, \quad \lambda_n(T) = -x_f \tag{6.20}$$

如此反复,直到到达所要求的精度为止.有研究已经证明了根据上述算法得到的控制量、状态轨迹在相应的 L_2 范数里收敛(Grivopoulos,Bamieh,2002).

6.1.5 量子系统最优控制迭代算法的仿真实验研究

这里将对一个位于磁场中的两个相互作用的自旋－1/2核子系统采用双线性最优控制迭代算法进行最优控制器的设计与仿真实验,并对结果进行分析.

6.1.5.1 模型的建立

该量子系统的双线性状态空间模型为

$$\begin{aligned} i\hbar\dot{\psi} = &\ (\gamma_1(B_0 S_z \otimes I + B_y(t)S_y \otimes I) \\ &+ \gamma_2(B_0 I \otimes S_z + B_y(t)I \otimes S_y) + J(S_z \otimes S_z))\psi \end{aligned} \tag{6.21}$$

其中,$\psi \in C^2 \otimes C^2$,同时,γ_1 和 γ_2 为两粒子的回旋磁比,J 为自旋-自旋相互作用强度.所有张量积左边的量都代表第一个自旋,右边的代表第二个自旋.令 $t \to \tau = \gamma_1 B_0 t/\hbar$,$u(t) = B_y(t)/B_0$,$\rho = \gamma_2/\gamma_1$,$\hat{J} = J/(\gamma_1 B_0)$,系统方程变为

$$\dot{\psi} = -i((S_z \otimes I + \rho I \otimes S_z + \hat{J}S_z \otimes S_z) + (S_y \otimes I + \rho I \otimes S_y)u(t))\psi \tag{6.22}$$

对 $\rho \neq 1$,即 $\gamma_1 \neq \gamma_2$,该系统能控.这里设 $\rho = 0.6$,$\hat{J} = 0.004$.同时,对相互作用量子系统模型空间关系的分析可知,$C^2 \otimes C^2 \subseteq C^4$,以及

$$S_z = \begin{bmatrix} 0.5 & 0 \\ 0 & -0.5 \end{bmatrix}, \quad S_y = \begin{bmatrix} 0 & -0.5i \\ 0.5i & 0 \end{bmatrix} \tag{6.23}$$

为了得到实数状态空间的系统方程,需要将系数矩阵以及状态的实部和虚部分离.设 $A_0 = -i(S_z \otimes I + \rho I \otimes S_z + \hat{J}S_z \otimes S_z)$,$B_0 = -i(S_y \otimes I + \rho I \otimes S_y)$,即系统状态空间方

程变为

$$\dot{\psi} = (A_0 + u(t)B_0)\psi \tag{6.24}$$

设 $\psi = [\psi_1 \quad \psi_2 \quad \psi_3 \quad \psi_4]^T = [x_1 + ix_5 \quad x_2 + ix_6 \quad x_3 + ix_7 \quad x_4 + ix_8]^T, x_i \in \mathbf{R}, i = 1, \cdots, 8$. 由等式两边的实、虚部分别相等得到如下关于实向量 x 的状态空间方程:

$$\dot{x} = Ax + uBx \tag{6.25}$$

其中

$$A = \begin{bmatrix} \mathrm{Re}(A_0) & -\mathrm{Im}(A_0) \\ \mathrm{Im}(A_0) & \mathrm{Re}(A_0) \end{bmatrix}, \quad B = \begin{bmatrix} \mathrm{Re}(B_0) & -\mathrm{Im}(B_0) \\ \mathrm{Im}(B_0) & \mathrm{Re}(B_0) \end{bmatrix}$$

代入各常数值,得

$$A = \begin{bmatrix} 0 & A_{12} \\ A_{21} & 0 \end{bmatrix}, \quad B = \begin{bmatrix} B_{11} & 0 \\ 0 & B_{22} \end{bmatrix} \tag{6.26}$$

其中

$$A_{12} = -A_{21} = \begin{bmatrix} 0.801 & 0 & 0 & 0 \\ 0 & 0.199 & 0 & 0 \\ 0 & 0 & -0.201 & 0 \\ 0 & 0 & 0 & -0.799 \end{bmatrix} \tag{6.27}$$

$$B_{11} = B_{22} = \begin{bmatrix} 0 & -0.3 & -0.5 & 0 \\ 0.3 & 0 & 0 & -0.5 \\ 0.5 & 0 & 0 & -0.3 \\ 0 & 0.5 & 0.3 & 0 \end{bmatrix} \tag{6.28}$$

6.1.5.2　控制器设计、仿真实验及其结果分析

现在考虑将状态 $\psi_0 = |++\rangle$(全部自旋向上)在时间 $T>0$ 时转移到 $\psi_1 = |--\rangle$(全部自旋向下)的问题. 这里采用矩阵的表示,取状态 $|+\rangle$ 和 $|-\rangle$ 分别为

$$|+\rangle = \begin{bmatrix} 1 \\ 0 \end{bmatrix}, \quad |-\rangle = \begin{bmatrix} 0 \\ 1 \end{bmatrix}$$

所以,系统的初态为

$$\psi_0 = \begin{bmatrix} 1 \\ 0 \end{bmatrix} \otimes \begin{bmatrix} 1 \\ 0 \end{bmatrix} = [1 \quad 0 \quad 0 \quad 0]^T \tag{6.29}$$

即 $x_1 = 1$，其余状态为零；系统的终态为

$$\psi_1 = \begin{bmatrix} 0 \\ 1 \end{bmatrix} \otimes \begin{bmatrix} 0 \\ 1 \end{bmatrix} = \begin{bmatrix} 0 & 0 & 0 & 1 \end{bmatrix}^{\mathrm{T}} \tag{6.30}$$

即 $x_4 = 1$，其余状态为零.

下面分为两种情形：一般极值问题和非一般极值问题进行系统仿真以及不同参数取值对控制效果影响进行分析.

1. 一般极值问题

性能指标为式(6.14)形式. 我们在 MATLAB 环境下进行系统控制器的迭代设计及其仿真系统的控制实验，取终止迭代的条件为：对 J_1' 的改善小于 10^{-6}，或迭代达到 500 步；采样周期为 $T_0 = 0.05$ s，实验中通过参数 a_0 的不同取值来观察系统响应的性能.

首先来看 a_0 的影响. 固定到达终态的时间为 $T = 5$，分别取 a_0 为 0.01 和 0.1，得到的系统各个变量的时间曲线分别如图 6.1 和图 6.2 所示，其中，横坐标为时间，单位为 s；上图为各状态变量 X 的变化曲线；下图为控制信号随时间的变化曲线；从各自图中可以看出，状态 x_1 从初态 1 经过 5 s 后转变为 0；而状态 x_4 由 0 转变为 1，其他状态均保持不变. 结合两图还可以看出，a_0 取值越小，控制的效果越好，即状态的终态值越能够准确地到达期望值，但是所需要的控制量幅值相对来说也需要大一些. 随着 a_0 的数值的增大，加强了对控制量的限制，因而驱动系统状态达到期望值的愿望也随之受到限制：或需要更长的控制时间；或无法达到期望终值. 图 6.2 中的状态 x_4 在 5 s 的控制时间内，其控制性能 J_1' 的改善，即连续两次迭代的 J_1' 的变化小于 10^{-6}，但此时的 $J_1' = 0.82$. 由此可见，对控制量的限制是有限的，太大将有可能达不到期望的终态.

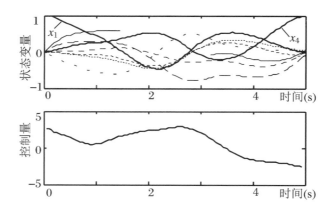

图 6.1 $a_0 = 0.01$ 时的量子系统控制结果

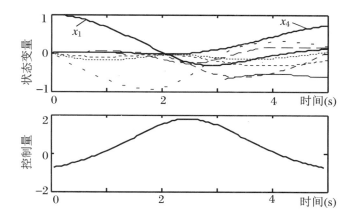

图 6.2 $a_0 = 0.1$ 时的量子系统控制结果

通过系统仿真我们还做了以下实验:固定 a_0 的取值不变,改变终态 T 的时间,比较所获得的控制效果,从中得出的结论是 T 越大,控制的效果越好,控制量的幅值也要小些,但这是以延长控制时间为代价的.反过来,控制时间 T 越小,要想达到同样的控制效果,就需要以提高控制量幅值为代价.

在利用 6.1.4 小节中所推导出的迭代算法进行控制律求解过程中,还有一个对控制效果有直接影响的因素,这就是初始控制值 $u(0)$ 的选取.我们对此做了反复的实验.结果表明,初始 $u(0)$ 可以取常值,也可以取随时间变化的函数,但不同的初始值下所获得的控制律在幅值以及所花费的迭代次数上是存在很大差异的.比如在 a_0 为 0.01,以及与前面一般极值给定的相同的迭代条件下,取 $u(0) = 1$.迭代次数需要 383 次;取 $u(0) = 0.8$,迭代次数只需要 97 次,但控制量的最大值达到 5 以上.而当取 $u(0) = 0.5$ 时,迭代次数满 500 次也没有达到期望的 10^{-6} 的性能指标.折中考查控制量大小和迭代次数两方面的因素,在我们的系统实验中所取的初始值为 $u(0) = \sin t$,它的迭代次数是 192 次.

2. 非一般极值问题

也就是 $a_0 = 0$ 的情形.此时的性能指标为: $J_1 = -x_f' x(T)$.取同样的采样周期 $T_0 = 0.05$ 以及不同的 c 值进行仿真实验发现 c 的取值对控制效果的影响很小,所以在实验中我们固定 $c = 0.987$,然后取不同的终值时间 T 进行实验,最终得到的结论是所有结果与一般极值问题有类似的趋势.

比较一般极值和非一般极值问题,可以明显看出, a_0 越小,越容易达到期望的终态值,但是所需控制量的幅值也越大. $a_0 = 0$ 时(即非一般极值问题)的状态转移效果最好.所以实际应用中应当根据所要达到的控制效果以及控制量大小的限制来调整相应的参数取值.

微观领域中的量子系统所遵循的薛定谔方程具有与宏观领域中的双线性系统形似的数学模型.本节借助于双线性系统中两点边值条件的最优控制器的设计结果,从理论上对量子系统进行最优迭代控制器的设计,并对所设计的量子控制系统的状态转移控制进行了仿真实验,同时对不同控制参数对控制结果的影响进行了分析和总结.

6.2 平均最优控制在量子系统中的应用

本节在假设控制时间 T 相对很大的情况下,利用平均理论对量子系统进行简化得到平均系统,对平均系统利用经典的最优控制理论进行控制场的设计,获得系统在能量达到最优情况下的控制场的解析解,避免了利用迭代求解二值边界条件的常规求解方式.最后通过一个三能级量子系统的实例进行仿真实验,根据实验结果得到相关结论.

6.2.1 引言

最优控制是经典控制理论中非常重要的一个内容.目前把最优控制应用到量子系统中已成为一个非常热门的研究方向,量子系统的最优控制是指在满足一定的性能指标最优的情况下,驱动量子系统从初始态到达期望的终态,或者是从初始概率分布到达期望的概率分布.所以性能指标的选取是实现量子系统最优控制非常关键的一步,控制量子系统的用途不同,其性能指标的选取就不同,相应的最优控制律的设计也不同.人们研究量子系统的最优控制所采用的性能指标主要包括:所需的转换时间最小(D'Alessandro,2002)、所对应控制场的 L_2 范数最小(Grivopoulos,Bamieh,2004)、量子系统受外部环境的影响最小(Khaneja et al.,2003),以及量子系统获得幺正转换的效率最高(Palao,Kosloff,2003)等.在以上的性能指标下,所采用的控制方法主要是解析与数值计算相结合的方法.此外所有最优控制场的设计都是基于给定的量子系统的结构来完成的.

对于最优控制的设计,首先需要给出量子系统的数学模型,一个满足薛定谔方程的多能级量子系统的数学模型为

$$i \mid \dot{\psi} \rangle = (H_0 + H_1 u(t)) \mid \psi \rangle \tag{6.31}$$

其中,H_0 是系统内部的哈密顿,H_1 是系统外部的哈密顿,$u(t)$ 是控制场,状态 $\mid \psi \rangle$ 可以

写成列向量 $|\psi\rangle = [c_1, c_2 \cdots, c_N]^{\mathrm{T}}$ (N 表示系统的能级) 形式, $c_j (j = 1, 2, \cdots, N)$ 是复数, 并且满足关系 $\sum\limits_{j=1}^{N} |c_j|^2 = 1$.

最优控制的目的就是寻找到控制场 $u(t) \in L^2[0, T]$, 使得如下的性能指标最小, 性能指标定义为

$$J = \frac{1}{2} \| u(t) \|^2_{L^2[0, T]} = \frac{1}{2} \int_0^T u^2(t) \mathrm{d}t \tag{6.32}$$

同时, 系统 (6.31) 要实现在规定时间为 T 的情况下从初始态 $|\psi_0\rangle$ 到达期望状态的概率分布 $\{|c_j(T)|^2 = p_j, j = 1, 2, \cdots, N\}$, 其中 $[p_1, p_2, \cdots, p_N]^{\mathrm{T}}$ 是在不同能级之间期望的概率分布.

在性能指标为式 (6.32) 的情况下, 根据最优控制的理论, 可以对系统 (6.31) 构造哈密顿函数

$$\begin{aligned} H(|\psi\rangle, |\lambda\rangle, u) &= \frac{1}{2} u^2(t) + \mathrm{i} |\psi\rangle^{\dagger} (H_0 + H_1 u(t)) |\lambda\rangle \\ &\quad - \mathrm{i} |\lambda\rangle^{\dagger} (H_0 + H_1 u(t)) |\psi\rangle \end{aligned} \tag{6.33}$$

其中, $|\psi\rangle^{\dagger}$ 表示 $|\psi\rangle$ 的共轭转置, $|\lambda\rangle = [\lambda_1, \lambda_2, \cdots, \lambda_N]^{\mathrm{T}}$ 是拉格朗日乘子, 而且 $\lambda_j (j = 1, 2, \cdots, N)$ 是复数, 此外在最优控制轨迹的条件下, $|\psi\rangle$ 和 $|\lambda\rangle$ 满足关系: $|\lambda\rangle^{\dagger} |\psi\rangle = 0$. 通过变分原理可以得到关系

$$|\dot{\psi}\rangle = \frac{\partial H}{\partial |\lambda\rangle^{\dagger}}, \quad |\dot{\lambda}\rangle = -\frac{\partial H}{\partial |\psi\rangle^{\dagger}}, \quad \frac{\partial H}{\partial u} = 0 \tag{6.34}$$

把式 (6.33) 代入式 (6.34) 得到

$$|\dot{\psi}\rangle = -\mathrm{i}(H_0 + H_1 u(t)) |\psi\rangle \tag{6.35}$$

$$|\dot{\lambda}\rangle = -\mathrm{i}(H_0 + H_1 u(t)) |\lambda\rangle \tag{6.36}$$

$$u(t) = \mathrm{i} |\lambda\rangle^{\dagger} H_1 |\psi\rangle - \mathrm{i} |\psi\rangle^{\dagger} H_1 |\lambda\rangle \tag{6.37}$$

把式 (6.37) 代入式 (6.35) 和式 (6.36) 得到

$$\begin{aligned} \mathrm{i} |\dot{\psi}\rangle &= (H_0 + H_1 u(t)) |\psi\rangle \\ &= (H_0 + \mathrm{i}V(|\lambda\rangle^{\dagger} H_1 |\psi\rangle - |\psi\rangle^{\dagger} H_1 |\lambda\rangle)) |\psi\rangle \end{aligned} \tag{6.38}$$

$$\begin{aligned} \mathrm{i} |\dot{\lambda}\rangle &= (H_0 + H_1 u(t)) |\lambda\rangle \\ &= (H_0 + \mathrm{i}H_1(|\lambda\rangle^{\dagger} H_1 |\psi\rangle - |\psi\rangle^{\dagger} H_1 |\lambda\rangle)) |\lambda\rangle \end{aligned} \tag{6.39}$$

为了达到目的,需给出最优控制的边界条件

$$| \psi(0) \rangle = \psi_0, \quad | c_j(T) | = p_j, \quad \text{Im}(c_j^* \lambda_j) = 0 \tag{6.40}$$

其中,$\text{Im}(\cdot)$ 表示取虚数,c_j^* 表示 c_j 的共轭,并且 $j = 1, 2, \cdots, N$.

为了分析方便,首先定义反哈密顿 Ω:

$$\Omega = | \psi \rangle | \lambda \rangle^\dagger - | \lambda \rangle | \psi \rangle^\dagger \tag{6.41}$$

联合利用式(6.35)、式(6.36)、式(6.37)可以得到关系式

$$\dot{\Omega} = -i(H_0 + H_1 u(t), \Omega) \tag{6.42}$$

所获得的控制场为

$$u(t) = i | \lambda \rangle^\dagger H_1 | \psi \rangle - i | \psi \rangle^\dagger H_1 | \lambda \rangle = i \text{tr}(H_1 \Omega) \tag{6.43}$$

其中,$\text{tr}(H_1 \Omega)$ 为对 $H_1 \Omega$ 求迹.

从以上的求解过程中可以看出,系统(6.31)的最优控制的求解过程过于复杂,所以,在假设时间 T 相对很大的情况下,本小节采用平均理论(Grivopoulos,Bamieh,2004)对最优控制器重新进行设计:通过直接求解微分方程,得到最优控制场的解析解,避免了迭代求解二值边界条件的常规求解方式.本小节详细地给出了整个求解过程,并在此基础上比较平均状态和实际状态的概率分布随时间演化的曲线,以及不同参数条件下的量子系统之间的对比,给出了相关的结论.

6.2.2　利用平均方法进行最优控制

采用平均方法的基本思想是这样的:首先通过变换消除量子系统(6.31)的漂移项,然后再采用平均方法对其进行简化,由此得到近似于原系统(6.31)的平均系统,此时可以对所获得的平均系统利用最优控制理论进行解析求解来得到最优控制场.其具体求解过程如下.

6.2.2.1　量子系统中漂移项的消除

令

$$x = \exp(iH_0 t) | \psi \rangle \tag{6.44}$$

对上式两边进行微分得

$$\dot{x} = \mathrm{i}H_0\exp(\mathrm{i}H_0t)\mid\psi\rangle + \exp(\mathrm{i}H_0t)\mid\dot{\psi}\rangle \tag{6.45}$$

把式(6.31)代入式(6.45)得

$$\dot{x} = \mathrm{i}H_0\exp(\mathrm{i}H_0t)\mid\psi\rangle - \mathrm{i}\exp(\mathrm{i}H_0t)(H_0 + H_1u(t))\mid\psi\rangle \tag{6.46}$$

化简式(6.46)得

$$\dot{x} = -\mathrm{i}\exp(\mathrm{i}H_0t)H_1u(t)\mid\psi\rangle \tag{6.47}$$

又由式(6.44)可以得: $\mid\psi\rangle = \exp(-\mathrm{i}H_0t)x$,将其代入式(6.47)得

$$\dot{x} = -\mathrm{i}\exp(\mathrm{i}H_0t)H_1u(t)\exp(-\mathrm{i}H_0t)x \tag{6.48}$$

为了书写方便,记

$$F(t) = \exp(\mathrm{i}H_0t)H_1\exp(-\mathrm{i}H_0t) \tag{6.49}$$

根据多能级量子系统内部哈密顿 H_0 的特点,可以得到如下关系:

$$F_{ij}(t) = H_{1ij}\exp(\mathrm{i}(E_i - E_j)t) = H_{1ij}\exp(\mathrm{i}\omega_{ij}t) \tag{6.50}$$

其中式(6.50)中 ω_{ij} 表示能级之间的跃迁频率.

根据以上分析,式(6.48)可记作

$$\dot{x} = -\mathrm{i}u(t)F(t)x \tag{6.51}$$

6.2.2.2 平均系统的获得

平均方法的原理是:在系统微分方程等式右边的函数含有小变化量的函数的情况下,该函数在任一时刻的值,可以近似地由函数从该时刻到时间无穷大处的平均值来表示.

为了使得系统(6.51)可以利用平均方法,并且保持量子系统产生共振,可以令控制场为

$$u(t) = \varepsilon\left(u_0(\varepsilon\cdot t) + \sum_{i\neq j}^{N}\exp(\mathrm{i}\omega_{ij}t)u_{ji}(t)\right) \tag{6.52}$$

其中, u_0 是实函数,并且 $u_{ij} = u_{ji}^*$, ε 表示很小的值.

把式(6.52)代入式(6.51)得到

$$\dot{x} = -\mathrm{i}\varepsilon\left(u_0(\varepsilon\cdot t) + \sum_{i\neq j}^{N}\exp(\omega_{ij}t)u_{ji}(t)\right)F(t)x \tag{6.53}$$

由式(6.53)并结合式(6.50)可得

$$\dot{x}_i = -\mathrm{i}\varepsilon\left(u_0(\varepsilon \cdot t) + \sum_{i \neq j}^{N} \exp(\mathrm{i}\omega_{ij}t)u_{ji}(t)\right)$$

$$\cdot \left(\sum_{j=1}^{N} H_{1ij}\exp(\mathrm{i}\omega_{ij}t)x_j\right) \tag{6.54}$$

为了利用平均理论,首先令 $\bar{x}$ 表示对 x 的平均值,为了书写方便.根据式(6.54)可以令

$$f(x,t,\varepsilon t,\varepsilon) = \left(u_0(\varepsilon \cdot t) + \sum_{i \neq j}^{N} \exp(\mathrm{i}\omega_{ij}t)u_{ji}(t)\right)$$

$$\cdot \left(\sum_{j=1}^{N} H_{1ij}\exp(\mathrm{i}\omega_{ij}t)x_j\right) \tag{6.55}$$

对式(6.55)求平均得

$$f_{\mathrm{av}}(x,\varepsilon t) = \lim_{\tau \to \infty} \frac{1}{\tau} \int_{t}^{t+\tau} f(x,t',\varepsilon t,0)\mathrm{d}t' \tag{6.56}$$

经过计算得到式(6.54)的最终平均表达式为

$$\dot{\bar{x}}_i = -\mathrm{i}\varepsilon\left(H_{1ii}u_0(\varepsilon t)\bar{x}_i + \sum_{j \neq i} H_{1ij}u_{ij}(\varepsilon t)\bar{x}_j\right) \tag{6.57}$$

令 $\varepsilon = \dfrac{1}{T}, s = \varepsilon t = \dfrac{t}{T}$,则式(6.57)可以写为

$$\frac{\mathrm{d}\bar{x}_i}{\mathrm{d}s} = -\mathrm{i}\left(H_{1ii}u_0(s)\bar{x}_i + \sum_{j \neq i} H_{1ij}u_{ij}(s)\bar{x}_j\right) \tag{6.58}$$

把系统(6.31)得到的平均表达式(6.58)写成向量形式,其简写形式为

$$\frac{\mathrm{d}\bar{x}}{\mathrm{d}s} = -\mathrm{i}\widetilde{H}_1[u_0,u_{ij}]\bar{x} \tag{6.59}$$

其中

$$\widetilde{H}_1[u_0,u_{ij}] = \begin{bmatrix} H_{111}u_0(s) & H_{112}u_{12}(s) & \cdots & H_{11N}u_{1N}(s) \\ H_{121}u_{21}(s) & H_{122}u_0(s) & \cdots & H_{12N}u_{2N}(s) \\ \vdots & \vdots & \ddots & \vdots \\ H_{1N1}u_{N1}(s) & H_{1N2}u_{N2}(s) & \cdots & H_{1NN}u_{NN}(s) \end{bmatrix} \tag{6.60}$$

6.2.2.3　控制器的设计

在得到原系统的平均系统(6.59)后,可以利用最优控制理论对系统(6.59)求其最优控制场,其具体过程为:首先将式(6.52)代入性能指标(6.32):

$$J = \int_0^T u^2(t)\,\mathrm{d}t = \frac{1}{T^2}\int_0^T \Big(u_0(\varepsilon \cdot t) + \sum_{i \neq j}^N \exp(\mathrm{i}\omega_{ij}t)u_{ji}(t)\Big)^2 \mathrm{d}t$$

$$= \frac{1}{T}\int_0^1 \Big(u_0(s) + \sum_{i \neq j}^N \exp(\mathrm{i}\omega_{ij}sT)u_{ji}(sT)\Big)^2 \mathrm{d}s$$

$$= \frac{1}{T}\int_0^1 \Big(u_0^2(s) + \sum_{i \neq j} u_{ij}(s)u_{ji}(s)\Big)\mathrm{d}s + \frac{1}{T^2}B(T) \tag{6.61}$$

由于式(6.61)等号右边的第二项 $\dfrac{1}{T^2}B(T)$ 只与时间 T 有关,在时间 T 确定的情况下,为了使得性能指标 J 最小,可以不考虑 $\dfrac{1}{T^2}B(T)$ 项,只需考虑等号右边的第一项,所以简化性能指标的形式为

$$J = \frac{1}{T}\int_0^1 \Big(u_0^2(s) + \sum_{i \neq j} u_{ij}(s)u_{ji}(s)\Big)\mathrm{d}s$$

$$= \frac{1}{T}\int_0^1 \Big(u_0^2(s) + \sum_{i \neq j} \mid u_{ij}(s)\mid^2\Big)\mathrm{d}s \tag{6.62}$$

根据式(6.33)对系统(6.59)定义哈密顿函数为

$$H(\bar{x}_i,\bar{z}_i,u_{ij}) = \frac{1}{2}u_0^2 + \frac{1}{2}\sum_{i \neq j} \mid u_{ij}\mid^2 - \mathrm{i}\bar{z}^\dagger \widetilde{H}_1[u_0,u_{ij}]\bar{x} + \mathrm{i}\bar{x}^\dagger \widetilde{H}_1[u_0,u_{ij}]\bar{z}$$

$$= \frac{1}{2}u_0^2 + \frac{1}{2}\sum_{i \neq j} u_{ij}u_{ji} - \mathrm{i}H_{1ji}u_{ji}(\bar{x}_i\bar{z}_j^* - \bar{z}_i\bar{x}_j^*)$$

$$- \mathrm{i}u_0\sum_i H_{1ii}(\bar{x}_i\bar{z}_i^* - \bar{z}_i\bar{x}_i^*) \tag{6.63}$$

同样根据变分原理的式(6.34)得到如下关系:

$$\frac{\mathrm{d}\bar{x}_i}{\mathrm{d}s} = \frac{\partial H}{\partial \bar{z}^\dagger} = -\mathrm{i}\Big(H_{1ii}u_0\bar{x}_i + \sum_{j \neq i} H_{1ij}u_{ij}\bar{x}_j\Big) \tag{6.64}$$

$$\frac{\mathrm{d}\bar{z}_i}{\mathrm{d}s} = \frac{\partial H}{\partial \bar{x}^\dagger} = -\mathrm{i}\Big(H_{1ii}u_0\bar{z}_i + \sum_{j \neq i} H_{1ij}u_{ij}\bar{z}_j\Big) \tag{6.65}$$

$$u_{ij} = \mathrm{i}H_{1ji}(\bar{x}_i\bar{z}_j^* - \bar{z}_i\bar{x}_j^*) \tag{6.66}$$

$$u_0 = \mathrm{i} \sum_i H_{1ii} (\bar{x}_i \bar{z}_i^* - \bar{z}_i \bar{x}_i^*) \tag{6.67}$$

同样可以把式(6.66)和式(6.67)代入式(6.64)和式(6.65)得到如下关系：

$$\frac{\mathrm{d}\bar{x}_i}{\mathrm{d}s} = H_{1ii}\bar{x}_i \sum_k H_{1kk} (\bar{x}_k \bar{z}_k^* - \bar{z}_k \bar{x}_k^*) + \sum_{j \neq i} \mid H_{1ij} \mid^2 (\bar{x}_i \bar{z}_j^* - \bar{z}_i \bar{x}_j^*) \bar{x}_j \tag{6.68}$$

$$\frac{\mathrm{d}\bar{z}_i}{\mathrm{d}s} = H_{1ii}\bar{z}_i \sum_k H_{1kk} (\bar{x}_k \bar{z}_k^* - \bar{z}_k \bar{x}_k^*) + \sum_{j \neq i} \mid H_{1ij} \mid^2 (\bar{x}_i \bar{z}_j^* - \bar{z}_i \bar{x}_j^*) \bar{z}_j \tag{6.69}$$

其边界条件是

$$\bar{x}(0) = \mid \psi_0 \rangle, \quad \mid \bar{x}_i(1) \mid^2 = p_i, \quad \mathrm{Im}(\bar{x}_i^*(1)\bar{z}_i(1)) = 0 \tag{6.70}$$

为了解问题方便，令

$$L = \bar{x}\bar{z}^\dagger - \bar{z}\bar{x}^\dagger \tag{6.71}$$

则

$$L_{ij} = \bar{x}_i \bar{z}_j^* - \bar{z}_i \bar{x}_j^* \tag{6.72}$$

定义反哈密顿矩阵 $K = K(L)$，其中

$$K_{ij} = \mid H_{1ij} \mid^2 L_{ij}, \quad i \neq j \tag{6.73}$$

$$K_{ii} = H_{1ii} \sum_k H_{1kk} L_{kk} \tag{6.74}$$

所以式(6.68)和式(6.69)可以简化为

$$\frac{\mathrm{d}\bar{x}}{\mathrm{d}s} = K(L)\bar{x} \tag{6.75}$$

$$\frac{\mathrm{d}\bar{z}}{\mathrm{d}s} = K(L)\bar{z} \tag{6.76}$$

根据式(6.75)和式(6.76)对 L 进行微分计算如下：

$$\begin{aligned}
\frac{\mathrm{d}L}{\mathrm{d}s} &= \dot{\bar{x}}\bar{z}^\dagger + \bar{x}\dot{\bar{z}}^\dagger - \dot{\bar{z}}\bar{x}^\dagger - \bar{z}\dot{\bar{x}}^\dagger \\
&= K(L)\bar{x}\bar{z}^\dagger + \bar{x}(K(L)\bar{z})^\dagger - K(L)\bar{z}\bar{x} - \bar{z}(K(L)\bar{x})^\dagger \\
&= K(L)\bar{x}\bar{z}^\dagger - K(L)\bar{z}\bar{x} + \bar{x}(K(L)\bar{z})^\dagger - \bar{z}(K(L)\bar{x})^\dagger \\
&= K(L)L - LK(L) = [K(L), L]
\end{aligned}$$

所以得到以下关系式：

$$\frac{\mathrm{d}L}{\mathrm{d}s} = [K(L), L] \tag{6.77}$$

同样可以计算得出 $\frac{\mathrm{d}L_{ii}}{\mathrm{d}s} = 0$，且由式(6.70)可得

$$L_{ii}(s) = L_{ii}(1) = -2\mathrm{i}\mathrm{Im}(\bar{x}_i^* \bar{z}_i) = 0 \tag{6.78}$$

根据式(6.74)和式(6.78)可以得到

$$K_{ii} = H_{1ii} \sum_k H_{1kk} L_{kk} = 0 \tag{6.79}$$

根据以上分析对式(6.68)和式(6.69)简化结果为

$$\frac{\mathrm{d}\bar{x}_i}{\mathrm{d}s} = \sum_{j \neq i} |H_{1ij}|^2 (\bar{x}_i \bar{z}_j^* - \bar{z}_i \bar{x}_j^*) \bar{x}_j \tag{6.80}$$

$$\frac{\mathrm{d}\bar{z}_i}{\mathrm{d}s} = \sum_{j \neq i} |H_{1ij}|^2 (\bar{x}_i \bar{z}_j^* - \bar{z}_i \bar{x}_j^*) \bar{z}_j \tag{6.81}$$

根据式(6.52)、式(6.66)、式(6.67)、式(6.71)以及式(6.72)得到最优控制场是

$$u(t) = \frac{\mathrm{i}}{T} \sum_{kl} H_{1kl} \exp(\mathrm{i}\omega_{kl} t) L_{lk}\left(\frac{t}{T}\right) \tag{6.82}$$

实际状态与平均状态之间的近似关系为

$$|\psi(t)\rangle = \mathrm{e}^{-\mathrm{i}H_0 t}\bar{x}\left(\frac{t}{T}\right), \quad |\lambda(t)\rangle = \frac{1}{T}\mathrm{e}^{-\mathrm{i}H_0 t}\bar{z}\left(\frac{t}{T}\right) \tag{6.83}$$

利用平均方法获得的最优控制律与直接利用最优控制理论迭代所获得的最优控制律的最大的不同在于：后者可以直接获得简单的解析解，而前者必须通过不断的迭代来求解．

6.2.3　仿真实验及其结果分析

我们以一个分子系统中的三能级量子系统的群演化为例来进行最优控制，该量子系统的方程为

$$\mathrm{i}|\dot{\psi}\rangle = \left(\begin{bmatrix} E_1 & 0 & 0 \\ 0 & E_2 & 0 \\ 0 & 0 & E_3 \end{bmatrix} + \begin{bmatrix} H_{111} & H_{112} & H_{113} \\ H_{121} & H_{122} & H_{123} \\ H_{131} & H_{132} & H_{133} \end{bmatrix} u(t)\right)|\psi\rangle \tag{6.84}$$

6.2.3.1 共振频率较小的量子系统的数值仿真实验

为了分析简便，设定 $|H_{112}| = |H_{121}| = 1, |H_{123}| = |H_{132}| = 1, H_{113} = H_{131} = 0$，而且 $H_{1ij} = H^{*}_{1ji}$，同时能级之间的差设定为 $\omega_{21} = E_2 - E_1 = 1, \omega_{32} = E_3 - E_2 = 1.5$。设计最优控制器使得系统在规定时间 T 内从初始态 $\psi_0 = [1 \quad 0 \quad 0]^{\mathrm{T}}$ 到达期望的能级概率分布为 $[p_1 \quad p_2 \quad p_3]^{\mathrm{T}} = [0 \quad 0 \quad 1]^{\mathrm{T}}$。

首先根据式(6.78)可以得到 $L_{11} = L_{22} = L_{33} = 0$，再由式(6.79)可以得到 $K_{11} = K_{22} = K_{33} = 0$，式(6.72)可以得到 $L_{ij} = -L^{*}_{ji}, i \neq j$，由式(6.73)可以得到 $K_{12} = L_{12}, K_{21} = L_{21}, K_{23} = L_{23}, K_{32} = L_{32}, K_{13} = K_{31} = 0$，由式(6.77)和以上关系式可得

$$\frac{\mathrm{d}L_{12}}{\mathrm{d}s} = L_{13}L^{*}_{23} \tag{6.85}$$

$$\frac{\mathrm{d}L_{13}}{\mathrm{d}s} = 0 \tag{6.86}$$

$$\frac{\mathrm{d}L_{23}}{\mathrm{d}s} = -L^{*}_{12}L_{13} \tag{6.87}$$

由式(6.86)可以得到 $L_{13} = \omega\exp(\mathrm{i}\varphi_{12} + \mathrm{i}\varphi_{23})$，$\omega$ 是常数，$\varphi_{12}, \varphi_{23}$ 是相位，然后根据式(6.84)和式(6.86)得到其解为

$$L_{12}(s) = \exp(\mathrm{i}\varphi_{12})A\cos(\omega s) \tag{6.88}$$

$$L_{23}(s) = -\exp(\mathrm{i}\varphi_{23})A\sin(\omega s) \tag{6.89}$$

由于 $L_{12}(1) = 0$，所以 $\omega = \left(n + \dfrac{1}{2}\right)\pi$，$n$ 是整数，根据式(6.75)得到微分方程为

$$\frac{\mathrm{d}\bar{x}}{\mathrm{d}s} = K(L)\bar{x} \tag{6.90}$$

其中

$$K(L) = \begin{bmatrix} 0 & \mathrm{e}^{\mathrm{i}\varphi_{12}}\cos(\omega s) & 0 \\ -\mathrm{e}^{-\mathrm{i}\varphi_{12}}A\cos(\omega s) & 0 & -\mathrm{e}^{\mathrm{i}\varphi_{23}}A\sin(\omega s) \\ 0 & \mathrm{e}^{-\mathrm{i}\varphi_{23}}A\sin(\omega s) & 0 \end{bmatrix}$$

边界条件是 $\bar{x}(0) = [1 \quad 0 \quad 0]^{\mathrm{T}}, \bar{x}(1) = [0 \quad 0 \quad \mathrm{e}^{\mathrm{i}\varphi}]^{\mathrm{T}}$，变换变量 $\bar{x}$ 为 y，即满足如下关系：

量子系统建模、特性分析与控制

$$y = \begin{bmatrix} y_1 \\ y_2 \\ y_3 \end{bmatrix} = \begin{bmatrix} \cos(\omega s) & 0 & \sin(\omega s) \\ 0 & 1 & 0 \\ -\sin(\omega s) & 0 & \cos(\omega s) \end{bmatrix} \begin{bmatrix} \bar{x}_1 \\ e^{i\varphi_{12}}\bar{x}_2 \\ e^{i\varphi_{12}+i\varphi_{23}}\bar{x}_3 \end{bmatrix} \tag{6.91}$$

则微分方程(6.90)简化为

$$\frac{\mathrm{d}y}{\mathrm{d}s} = \begin{bmatrix} 0 & A & \omega \\ -A & 0 & 0 \\ -\omega & 0 & 0 \end{bmatrix} y \tag{6.92}$$

此时的边界条件根据式(6.91)得到

$$y(0) = \begin{bmatrix} 1 & 0 & 0 \end{bmatrix}^{\mathrm{T}}, \quad y(1) = \begin{bmatrix} \pm 1 & 0 & 0 \end{bmatrix}^{\mathrm{T}} \tag{6.93}$$

由式(6.92)和式(6.93)得到微分方程(6.91)的解为

$$\begin{bmatrix} y_1 \\ y_2 \\ y_3 \end{bmatrix} = \begin{bmatrix} \cos(\sqrt{A^2+\omega^2}\,s) \\ (-A/\sqrt{A^2+\omega^2})\sin(\sqrt{A^2+\omega^2}\,s) \\ (-\omega/\sqrt{A^2+\omega^2})\sin(\sqrt{A^2+\omega^2}\,s) \end{bmatrix} \tag{6.94}$$

由 $y_1(1) = \pm 1$ 可得 $\cos(\sqrt{A^2+\omega^2}\,s) = \pm 1$, $\sqrt{A^2+\omega^2} = m\pi$, m 是整数,所以

$$A = \sqrt{(m\pi)^2 - \omega^2} = \sqrt{(m\pi)^2 - \left(n+\frac{1}{2}\right)^2 \pi^2}$$

其中 m, n 是整数并且 $m \geqslant n + \dfrac{1}{2}$.

根据式(6.62)和式(6.82)可以得到性能指标为 $J = 2\pi^2\left(m^2 - \left(n+\dfrac{1}{2}\right)^2\right)$,如果要使得性能指标 J 最小,则 $n = 0$, $m = 1$,由此得到式(6.82)的控制场为

$$u(t) = \frac{2}{T} \times \left(-\frac{\sqrt{3}}{2}\pi\right)\cos\left(\frac{\pi}{2} \times \frac{t}{T}\right)\sin(t + \varphi_{12} - \alpha_{12})$$

$$+ \frac{2}{T} \times \frac{\sqrt{3}}{2}\pi\sin\left(\frac{\pi}{2} \times \frac{t}{T}\right)\sin(1.5t + \varphi_{23} - \alpha_{23}) \tag{6.95}$$

其中,φ_{12}, φ_{23} 是任意相位,$\alpha_{ij} = \arg(V_{ij})$.

取时间 $T = 20\pi$,任取相位,根据控制场(6.95)以及量子系统(6.88)进行控制系统仿真实验,所得结果如图 6.3 所示,其中图 6.3(a)为系统群概率演化曲线,实线表示实际状

态的概率曲线的变化，虚线表示平均状态的概率曲线的变化，图6.3(b)为控制场的曲线.
从图6.3可以看出，平均状态的概率演化曲线与实际状态的概率演化曲线非常相近，由
平均理论所得到的最优控制场作用到实际量子系统中，可以近似获得期望目标.实验中
若改变作用时间 T，观察曲线的变化，如果作用时间 T 变长，则实际曲线与平均曲线更接
近，即两者之间的误差更小；反之则相反.

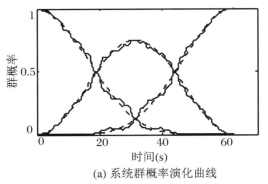

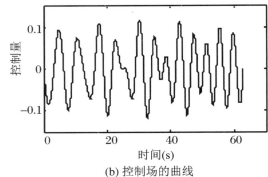

(a) 系统群概率演化曲线   (b) 控制场的曲线

图 6.3　$T = 20\pi$ 情况下系统仿真实验结果

6.2.3.2　共振频率较大的量子系统的数值仿真实验

对于量子系统模型(6.84)，在 6.2.3.1 小节所示的参数中，只改变量子系统能级之
间的差，即所对应的共振频率 ω_{21} 和 ω_{32}，令 $\omega_{21} = 100$，$\omega_{32} = 150$，而其他参数保持不变，
按照同样的方法利用平均理论以及最优控制理论得到最优控制场为

$$u(t) = \frac{2}{T} \times \left(-\frac{\sqrt{3}}{2}\pi \right) \cos\left(\frac{\pi}{2} \times \frac{t}{T} \right) \sin\left(100t + \varphi_{12} - \alpha_{12} \right)$$

$$+ \frac{2}{T} \times \frac{\sqrt{3}}{2}\pi \sin\left(\frac{\pi}{2} \times \frac{t}{T} \right) \sin\left(150t + \varphi_{23} - \alpha_{23} \right) \tag{6.96}$$

经过仿真可得到：所选取的作用时间 T 可以很小，所以在时间 $T = 0.3\pi$ 时，控制场为式
(6.96)，其相应控制场的曲线以及概率分布演化曲线如图6.4所示，其中图6.4(a)为系
统群概率演化曲线，实线表示实际状态的概率曲线，虚线表示平均状态的概率曲线.

从仿真结果图6.4可以看出，与频率较小的量子系统相比，在要求误差相同的情况
下，T 变小，相应的控制场的幅值从 ± 0.1 变大到 ± 10.

不同量子系统，其共振频率不同，共振频率越大，实现给定目标所需时间就越少，但
是对同一个量子系统而言，作用时间越长，其平均曲线与实际曲线之间的仿真误差越接

近,此时利用平均理论和最优控制理论所得到的最优控制场,在应用到实际物理实验中实现幺正演化的效率越高.

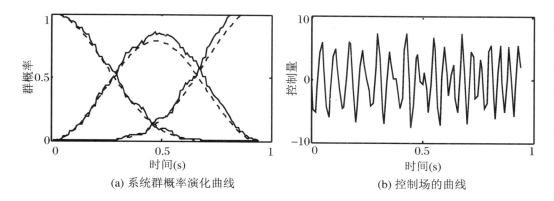

(a) 系统群概率演化曲线　　　　　　(b) 控制场的曲线

图 6.4　$T=0.3\pi$ 情况下系统仿真实验结果

　　同一能级而参数不同的量子系统,在相同的作用时间条件下,共振频率越大,其实际状态与平均状态之间的误差越小.参数相同的量子系统,控制时间越短,其实际状态与平均状态之间存在的误差越大,反之亦然,并且利用最优控制场所获得的终态值与期望值越接近,即系统的幺正转换效率越高.

　　不过当量子系统的能级越高,利用平均方法简化量子系统的难度越大,相应地获得最优控制场的难度也越大,即获得解析的最优控制场几乎不可能,所以利用平均方法对量子系统进行最优控制只适用于低能级的量子系统.

6.3　几何控制和棒棒控制

　　对于封闭量子系统的状态转移问题,很多控制方法可以采用,比如常用的基于最优控制理论设计的控制律.本节将对比研究控制律幅值限定的几何控制(Lou,Cong,2011)和棒棒控制(Boscain,Mason,2006)应用在封闭量子系统状态转移时的时间性能,并进一步分析系统受到外界干扰时的鲁棒性.

6.3.1 封闭量子系统模型

封闭量子系统的动力学方程为薛定谔方程(Boscain,Mason,2006)

$$i \frac{d\psi(t)}{dt} = \left(H_0 + \sum_{k=1}^{m} \Omega_k(t) H_k\right)\psi(t) \tag{6.97}$$

其中,$\psi(t)$是一个取值在空间S^{2n-1}的波函数.H_0是一个厄米矩阵,称为自由哈密顿量.H_0一般设为对角矩阵,即$H_0 = \text{diag}(E_1,\cdots,E_n)$,$E_1,\cdots,E_n$是实数代表能级.由于全局相位在物理上差别不大,为了避免歧义,不失一般性,设$\sum_{i=1}^{n} E_j = 0$.$H_k(k=1,\cdots,m)$是厄米矩阵,描述系统和外加控制律之间的耦合.时变哈密顿量$H(t) = H_0 + \sum_{k=1}^{m} \Omega_k(t) H_k$称为系统哈密顿量,其中$\Omega_1,\cdots,\Omega_m$是实数,代表外加控制律.

系统状态转移的最优控制问题一般有两类典型的指标:一类是限定控制时间T,控制律的振幅幅值不限制,设计消耗能量最少的控制律,即$\Omega_k(t)(t \in [0,T])$,$\min \int_0^T \sum_{k=1}^{m} \Omega_k^2(t)dt$;另一类是限定控制律振幅的幅值,时间不限制,设计控制律使控制时间最小,即$|\Omega(t)| < M, t \in [0,T], \min T$.

本小节研究的控制问题属于第二类,即限定控制律振幅的幅值,然后最小化控制时间.研究的系统为式(6.97)中最简单的系统——二能级量子系统,即在式(6.97)中取$n=2$,动力学方程为

$$i \frac{d|\psi(t)}{dt} = H(t)\psi(t) \tag{6.98}$$

其中,$|\psi(t)\rangle = (\psi_1(t),\psi_2(t))^T$,$\psi_1(t)$和$\psi_2(t)$的模平方分别表示本征态$|0\rangle$和$|1\rangle$的概率,满足完备性条件

$$\sum_{j=1}^{2} |\psi_j(t)|^2 = 1 \tag{6.99}$$

式(6.98)中的系统哈密顿量$H(t)$为

$$H(t) = H_0 + H_c(t) \tag{6.100}$$

其中,$H_0 = \text{diag}(-E,E)$为自由哈密顿量,$E>0$代表能级.H_c为控制哈密顿量,由外加控制律和描述外加控制律与系统耦合的厄米矩阵组成.在文献(Boscain,Mason,2006)和

（Lou，Cong，2011）中，由于外加控制律的不同，因此 H_c 也是不同的，具体形式在 6.3.2 小节中给出．

6.3.2　两种控制方法的控制律

当 H_c 中的外加控制为 x-y 平面可分解的几何控制时，即（Lou，Cong，2011）

$$\begin{cases} \Omega_x(t) = M\cos(2Et + \varphi) \\ \Omega_y(t) = -M\cos(2Et + \varphi) \end{cases} \tag{6.101}$$

其中，M 和 $\varphi \in [0, 2\pi)$ 分别为外加控制律的振幅和初始相位，则控制哈密顿量 $H_c(t)$ 为

$$H_c(t) = \Omega_x(t)\sigma_x + \Omega_y(t)\sigma_y \tag{6.102}$$

对于一个二能级系统，系统状态和 Bloch 球上的点具有直观的一一对应关系，对观测和研究量子系统的状态转移特性具有重要的意义．因此，本小节使用 Bloch 矢量描述系统的状态．状态在 Bloch 球上的描述如图 6.5 所示，θ 和 ϕ 分别代表球上的点与 z 轴和 y 轴的夹角．

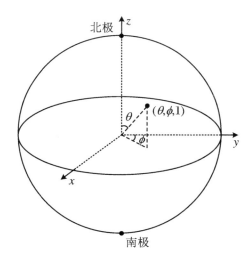

图 6.5　状态在 Bloch 球上的描述

研究结果表明，对 Bloch 球上的两个固定点 $a:(\theta_1, \phi_1, 1)$ 和点 $d:(\theta_2, \phi_2, 1)$，使用几何控制律驱动系统状态从点 a 到点 d 的最短时间为

$$t_{\min} = \frac{\Delta\theta}{2\Omega_{\max}} = \frac{\Delta\theta}{2M} \tag{6.103}$$

其中,$\Delta\theta = |\theta_1 - \theta_2|$,$M = \Omega_{\max}$ 为外加控制律振幅的最大幅值. 在这种情况下,控制律 (6.101)中的初始相位 φ 为

$$\varphi = \begin{cases} \dfrac{3\pi}{2}\phi_1, & \theta_1 > \theta_2 \\[2mm] \dfrac{\pi}{2}\phi_1, & \theta_1 \leqslant \theta_2 \end{cases} \tag{6.104}$$

当采用几何控制在 Bloch 球上驱动系统状态从北极 $(0,\phi_N,1)$ 到球面上的任意一点 $(\theta,\phi,1)$ 时,由于此时有 $\Delta\theta = |0 - \theta| = \theta$ 及最大幅值 $\Omega_{\max} = M$ 成立,根据式(6.103),状态转移的最短时间为

$$t_g = \frac{\theta}{2M} \tag{6.105}$$

根据式(6.104),此时初始相位 φ 与北极的极坐标中代表北极与 x 轴夹角的 ϕ_N 有关,为 $\varphi = \pi/2 - \phi_N$.

从以上分析可以看到,几何控制的特性(如时间、轨迹)依赖于起始点和目标点在 Bloch 球上的位置,其运动轨迹是根据起始点和目标点在 Bloch 球上的几何关系确定的.

当采用棒棒控制时,式(6.100)中控制哈密顿量 $H_c(t)$ 为(Boscain,Mason,2006)

$$H_c(t) = \Omega(t)\sigma_x \tag{6.106}$$

其中,$\Omega(t)$ 是 x 轴方向的棒棒控制,其幅值的最大值也为 M.

棒棒控制的设计思想来源于估算系统(6.98)的时间最优轨迹转换次数的上下界 (Boscain,Chitour,2005). 研究结果表明,当最大控制幅值小于能级,即 $M < E$ 时,在时间最优轨迹中不包含由零控制产生的奇异轨迹(singular trajectory),此时的控制律为常规的棒棒控制(regular bang-bang control);反之,如果 $M \geqslant E$,时间最优轨迹会包含奇异轨迹,此时的控制律不是常规的棒棒控制,而是通过结合 $M < E$ 情况时的设计方法和直觉得到的. 因此,当 $M \geqslant E$ 和 $M < E$ 时,棒棒控制律的设计方法及形式是不同的. 所以将 6.3.3 小节中对两种控制策略时间性能的比较会根据 M 和 E 的大小关系分别进行.

在本小节中,一个棒控制是指在棒棒控制中两次不同控制律幅值转换之间的一个正向或者一个负向控制. 一个棒棒控制由一系列的棒控制组成,如图 6.6 所示. 棒棒控制的第一段棒控制称为首段棒控制(first bang control),最后一段棒控制称为末段棒控制 (last bang control),其他棒控制称为内部棒控制(interior bang control). 另外,一个棒轨

迹指在对应的一个棒控制下驱动系统状态的运动轨迹.

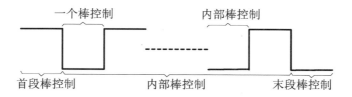

图 6.6　关于棒棒控制的若干定义

当 $M \geqslant E$ 时,用棒棒控制在 Bloch 球驱动系统状态从北极上到任意点的时间最优轨迹满足如下形式(Boscain et al.,2002):

$$B_T S_s B_T, \quad T \geqslant 0, \ s \geqslant 0, \ T' \geqslant 0 \tag{6.107}$$

其中,B_T 代表在控制 $+M$ 或 $-M$ 作用下,时间长为 T 的棒轨迹;S_s 代表在控制 0 作用下,时间长为 s 的棒轨迹.式(6.107)中轨迹包含的奇异轨迹,即轨迹 S_s,是基于直觉得到的.根据 B_T 和 S_s 的含义,对应式(6.107)中轨迹的控制律 $\Omega(t)$ 的形式为

$$\Omega(t) = \begin{cases} \pm M, & 0 \leqslant t \leqslant T \\ 0, & T < t \leqslant T + s \\ \pm M, & T + s < t \leqslant T + s + T' \end{cases} \tag{6.108}$$

对于 Bloch 球上的不同点,最优时间轨迹的形式是不同的:对某些点,最优轨迹为 B_T,对另外的一些点,最优时间轨迹为 $B_T S_s$,$B_T B_{T'}$ 或 $B_T S_s B_{T'}$.

当 $M < E$ 时,采用棒棒控制在 Bloch 球驱动系统状态从北极上到任意点的时间轨迹满足形式(Boscain,Chitour,2005)

$$B_{t_i} \underbrace{B_{v(t_i)} \cdots B B_{v(t_i)}}_{n} B_{t_f} \tag{6.109}$$

其中,$t_i \in [0, \pi/p]$ 和 $t_f \in [0, v(t_i)]$ 分别是首段和末段棒轨迹的时间区间,其中,$p = 2\sqrt{M^2 + E^2}$;n 为整数,代表内部棒控制的数目且满足 $0 \leqslant n < \pi/(2\alpha)$;$v(t_i)$ 是内部棒控制的时间区间,由 t_i 决定(D'Alessandro,Dahleh,2001)

$$v(t_i) = \frac{1}{p}\left(\pi + 2\arctan\left(\frac{\sin t_i}{\cos t_i + \cot^2 \alpha}\right)\right) \tag{6.110}$$

因此,对应轨迹(6.109)的棒棒控制律的形式为

$$\Omega(t) = \begin{cases} + M, & 0 \leqslant t \leqslant t_i \\ (-1)^{k+1}M, & t_i + k \cdot v(t_i) < t \leqslant t_i + (k+1) \cdot v(t_i), 0 \leqslant k < n \\ (-1)^{n+1}M, & t_i + n \cdot v(t_i) < t \leqslant t_i + n \cdot v(t_i) + t_f \end{cases}$$

$$(6.111)$$

同理可以获得 $-\Omega(T)$ 的表达式.

6.3.3 系统状态在 Bloch 球上从北极到任意点的对比研究

6.3.3.1 $M \geqslant E$ 时的控制时间对比

如 6.3.2 小节所述,当目标点不同时,对应的棒棒控制律形式不同.为了便于比较,将 Bloch 球分为不包含边界曲线在内的 8 个开区域($C_1^{\pm}$, $C_2^{\pm}$, $C_3^{\pm}$, $C_4^{\pm}$)和 16 条边界曲线($\overline{P_N A^+}$, $\overline{A^+ B^+}$, $\overline{O^+ B^+}$, $\overline{A^+ D^+}$, $\overline{D^+ B^+}$, $\overline{B^+ P_S}$, $\overline{D^+ P_S}$, $\overline{P_N A^-}$, $\overline{A^- B^-}$, $\overline{A^- O^-}$, $\overline{A^+ O^+}$, $\overline{O^- B^-}$, $\overline{A^- D^-}$, $\overline{D^- B^-}$, $\overline{B^- P_S}$, $\overline{D^- P_S}$),如图 6.7 所示.图 6.7 中显示了其中的 5 个开区域和 7 条曲线,P_N 和 P_S 分别代表 Bloch 球的北极和南极.

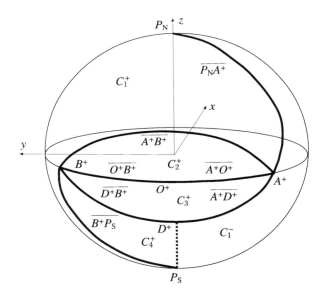

图 6.7　Bloch 球的分解

在棒控制 $-M$ 作用下,系统状态经过时间 $t_1 = (\pi - \arccos(\cot^2\alpha))/p$ 可以从北极到 A^+ 点,该点也是状态运动轨迹与赤道的第一次相交的点.曲线 $\overline{P_N A^+}$ 指在棒控制 $+M$ 作用下,系统状态从 P_N 到 A^+ 的运动轨迹,也是开区域 C_1^+ 和 C_1^- 的分界线.

在棒控制 $-M$ 作用下,经过时间 $t_2 = 2\arccos(\cot^2\alpha)/p$,系统状态可以从 A^+ 到 B^+.曲线 $\overline{A^+ B^+}$ 指在棒控制 $-M$ 作用下,系统状态从 A^+ 到 B^+ 的运动轨迹,也是开区域 C_1^+ 和 C_2^+ 的分界线.$O^+ = (-1,0,0)$ 是一个固定点.在棒控制 $+M$ 作用下,系统状态经过时间 π/p 可以从北极到 D^+.其他点(A^-、B^-、O^-、D^-)和曲线的定义是类似的,不再一一描述.上标"$+$"和"$-$"分别代表首段棒控制是正和负.16 条曲线将 Bloch 球分为 8 个开区域.需要注意的是,各点(除了北极、南极和 $O^{\pm}$)的坐标不是固定的,依赖于 M 和 E 的值.

根据首段棒控制的正、负符号,8 个开区域和 16 条曲线可以将 Bloch 球分成对称的 2 组,每组有 4 个开区域和 8 条曲线.无论首段棒控制的符号是正还是负,到目标点的时间都是相同的,所以在本小节只比较首段棒控制为正的情况.对不同的目标点,棒棒控制的形式是不同的,因此这里首先给出目标点在不同区域和曲线时棒棒控制的具体形式.

采用棒棒控制策略,目标点在 Bloch 球上的不同区域和曲线时的轨迹及控制律如表 6.1 所示.表 6.1 中控制律栏的值和时间栏的时间区间是一一对应的.如viii对应区域 C_3^+ 中的点,在表中列出轨迹形式为 $B_T S_s B_T$,控制律栏和时间栏一一对应,控制律为

$$\Omega(t) = \begin{cases} +M, & 0 \leqslant t \leqslant t_1, \\ 0, & t_1 < t \leqslant t_1 + s, s > 0 \\ +M, & t_1 + s < t \leqslant 2\pi/p + s \end{cases} \tag{6.112}$$

其他组的控制律均可以通过相同的方法得到准确的控制律.特别地,vi中的 t_{BP_S} 满足 $0 \leqslant t_{BP_S} \leqslant 2\pi/p - t_1$;ix中,在 $E \leqslant M < E \cdot \tan(\arcsin(1/\sqrt[4]{2}))$ 的情况下,采用第一行的控制律,在 $M \geqslant E \cdot \tan(\arcsin(1/\sqrt[4]{2}))$ 的情况下,采用第二行或者第三行的控制律.

下面,根据目标点在不同区域的情况下,比较棒棒控制与几何控制在时间上的性能.

(1)首先关注 i 中 A^+ 点.

在 $M \geqslant E$ 的情况下,驱动状态从北极到 A^+ 点,棒棒控制需要时间为 $t_{BB\text{-}A^+} = t_1$,而采用几何控制需要的时间为 $-Mt_{\alpha\text{-}A^+} = \pi/(4M)$.这里首先证明 $t_{\alpha\text{-}A^+} < t_{BB\text{-}A^+}$,即到达 A^+ 点,几何控制所用时间更少.

表 6.1　目标点在不同区域的轨迹及其棒棒控制律

序号	目标点区域	轨迹	控制律	时间	说明
i	$\overline{P_N A^+}$	B_T	$+M$	$[0,t_1]$	
ii	$A^+ B^+ \backslash B^+$	$B_T B_{T'}$	$+M,-M$	$[0,t_1],(t_1,t_3]$	
ii	C_2^+	$B_T S_s B_{T'}$	$+M,0,-M$	$[0,t_1],(t_1,t_3+s],$ $(t_1+s,2\pi/k+s]$	$s>0$
iii	$\overline{A^+ O^+}$	$B_T S_s$	$+M,0$	$[0,t_1],(t_1,t_3+s]$	$s\geq 0$
iii	$\overline{O^+ B^+}\backslash O^+$	$B_T S_s B_{T'}$	$+M,0,\pm M$	$[0,t_1],(t_1,t_3+s],$ $(t_1+s,t_1+s+\Delta t]$	$s\geq 0$ $\Delta t>0$
iv	$\overline{A^+ D^+}$	B_T	$+M$	$[0,\pi/k]$	
v	$\overline{D^+ B^+}\backslash B^+$	B_T	$+M$	$[0,t_3]$	$t_3=t_1+t_2$
vi	$\overline{B^+ P_s}$	$B_T B_{T'}$	$+M,-M$	$[0,t_1],(t_1,t_1+t_{BP_s}]$	
vii	$C_1^+ \cup \overline{D^+ P_s}\backslash P_s$	$B_T B_{T'}$	$+M,-M$	$[0,t'],(t',2\pi/k]$	$0<t'<t_1$
viii	C_3^+	$B_T S_s B_{T'}$	$+M,0,-M$	$[0,t_1],(t_1,t_1+s],$ $(t_1+s,2\pi/k+s]$	$s>0$
ix	C_4^+	$B_T B_{T'}$	$-M,+M$	$[0,t'],(t',t'+v(t')]$	$0<t'<t_1$
ix			$-M,+M$	$[0,t'],(t',2\pi/k]$	$0<t'<t_1$
ix			$+M,-M$	$[0,t'],(t',2\pi/k]$	$\pi/k<t'<t_3$

要使 $t_{\text{g-}A^+}<t_{BB\text{-}A^+}$,即要求

$$t_{\text{g-}A^+}=\frac{\pi}{4M}<\frac{\pi-\arccos(\cot^2\alpha)}{2\sqrt{M^2+E^2}}=t_1=t_{BB\text{-}A^+} \tag{6.113}$$

而 $\cot^2\alpha=\dfrac{E^2}{M^2}$,故式(6.113)可以写成

$$\arccos\left(\frac{E^2}{M^2}\right)<\left(1-\frac{\sqrt{M^2+E^2}}{2M}\right)\pi \tag{6.114}$$

令 $x=\dfrac{E}{M}\in(0,1]$,设函数 $f(x)$ 为

$$f(x) = f(E, M) = \arccos\left(\frac{E^2}{M^2}\right) - \left(1 - \frac{\sqrt{M^2 + E^2}}{2M}\right)\pi$$

$$= \arccos(x^2) + \left(\frac{\sqrt{1 + x^2}}{2} - 1\right)\pi$$

对 $f(x)$ 求导,有

$$f'(x) = \frac{x(\pi\sqrt{1 - x^2} - 4)}{2\sqrt{1 - x^4}} < 0, \quad x \in (0, 1]$$

因此,$f(x)$ 是关于 x 的单调减函数.

当 $x \to 0$ 时,$f(x)$ 趋于最大值 $f_{\max}(x) < f(0) = 0$;当 $x = 1$ 时,$f(x)$ 有最小值 $f(1) = f_{\min}(x) = (\sqrt{2}/2 - 1)\pi < 0$;由于最大值趋于零,从而 $f(x) \leqslant f_{\max}(x) < 0$,因此,式(6.114)成立.

因此,棒棒控制在 $t_{\text{g-}A^+}$ 时间不会到达 A^+ 点,而是到达与 z 轴夹角为 $\overline{\theta} = \pi/2 - \Delta\overline{\theta}$ 更靠近北极的点 A_1^+,同时几何控制到达点 A_1^+ 的时间为:$t_{\text{g-}A_1^+} = t_{\text{g-}A^+} - \Delta\overline{\theta}/(2M)$.另一方面,棒棒控制在时间 $t_{\text{g-}A_1^+}$ 到达与 z 轴夹角为 $\widetilde{\theta} = \overline{\theta} - \Delta\overline{\theta}$ 的点 A_2^+.以此类推,对于曲线 $\overline{P_N A^+}$ 上的点,几何控制总是需要更短的时间.说明示意图如图 6.8 所示.对 iv 和 vii 中曲线 $\overline{D^+ P_S}$ 上的点,可以采用类似的方法得到相同的结论.

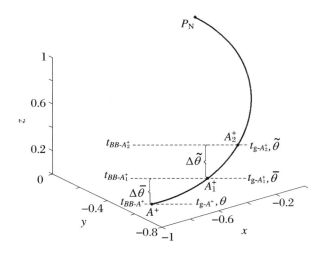

图 6.8 关于 $\overline{P_N A^+}$ 上点的时间示意图

(2) 对 ii 和 iii 中的所有点,采用棒棒控制所用的时间 t_{BB} 均大于 t_1,即 $t_{BB} > t_1$;另一方面,ⅱ 和 ⅲ 中的点与 z 轴的夹角 θ 分别小于和等于 $\pi/2$,因此对 ⅱ 和 ⅲ 中的点,几何控制所用的时间为 $t_g=\theta/(2M)\leqslant t_{g\text{-}A^+}$,而 $t>t_{g\text{-}A^+}$,因此 $t_g<t_{BB}$,即对 ⅱ 和 ⅲ 中的点,几何控制所用的时间更少. ⅴ 中的点与 z 轴的夹角 θ 小于点 D^+ 与 z 轴的夹角,故而几何控制需要的时间 t_g 短于 π/p. 同时,棒棒控制需要的时间为 $t_{BB}=\pi/p+\Delta t$,$\Delta t>0$,因此 $t_g<t_{BB}$,几何控制使用了更少的时间.

(3) 棒棒控制驱动状态到 B^+ 点的时间为 $t_3=(\pi+\arccos(\cot^2\alpha))/(2\sqrt{M^2+E^2})$,几何控制使用时间 t_3 至少可以驱动状态到达 θ 角为 $\pi/\sqrt{2}$ 的点,即对 $\overline{B^+P_S}$ 上 θ 角小于 $\pi/\sqrt{2}$ 的点,使用几何控制的时间小于使用棒棒控制到 B^+ 点的时间. 因此,对 $\overline{B^+P_S}$ 上的这些点,棒棒控制需要的时间更长. 设使用棒棒控制到 θ 角为 $\pi/\sqrt{2}$ 的点需要 $t_3+\Delta t$,此时几何控制可以驱动状态到 θ 角为 $2M(\pi/\sqrt{2}+\Delta t)$ 的点,而使用棒棒控制则需要花费更长的时间到达相同的点,以此类推,对 ⅵ 中的每个点,使用几何控制需要的时间更短.

(4) 对 ⅶ 中 C_1^+ 上的点,分别使用两种控制驱动状态从北极到该点,在 Bloch 球上的轨迹如图 6.9 所示. 从图 6.9 中的轨迹可以看到,使用棒棒控制驱动状态到 C_1^+ 区域内的点,第一段是 $\overline{P_N A^+}$ 上的一段,第二段是方向趋向北极的一条弧线,相对于几何控制的轨迹更长. 由于棒棒控制的最大幅值 M 和几何控制的最大幅值 M 是相同的,控制时间和能量总消耗成正比关系,而消耗总能量和运动轨迹长度也成正比关系,从而时间和运动轨迹成正比关系. 因此,对 C_1^+ 上的点,几何控制轨迹更短,需要时间更短.

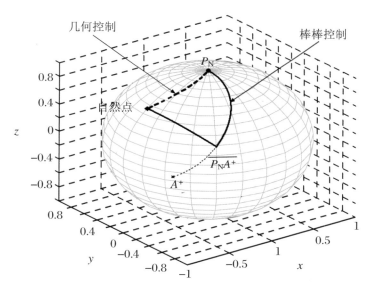

图 6.9　目标点在 C_1^+ 区域时两种控制策略下状态运动的轨迹

量子系统建模、特性分析与控制

(5) 对viii中 C_3^+ 上一点,分别使用两种控制驱动状态从北极到该点,在 Bloch 球上的轨迹如图 6.10 所示.目标点为 T^+,使用棒棒控制到达 A^+ 点的时间为 t_1,使用几何控制到达路径上的位于赤道上的点 G^+,时间为 $t_1'<t_1$.按照控制律和实际的运动轨迹,使用棒棒控制经过时间 s 到达点 A_1^+,时间 $t_{BB1}=t_1+s$,同时使用几何控制到达点 G_1^+,时间为 $t_{g1}=t_1'+s<t_{BB1}$.设定使用棒棒控制经过时间 Δt 从点 A_1^+ 到点 T^+,使用几何控制经过时间 Δt 从点 G_1^+ 到点 T^+.因此,使用棒棒控制到达点 T^+ 的时间为 $t_{BB1}+\Delta t$,使用几何控制到达点 T^+ 的时间为 $t_{gT}=t_{g1}+\Delta t'$.因为 $t_{g1}<t_{BB1}$,因此只要 $\Delta t'<\Delta t$,即有 $t_{gT}<t_{BBT}$.从图 6.10 上可以看到,曲线 $\overline{G_1^+T^+}$ 短于 $\overline{A_1^+T^+}$.根据时间和轨迹长度的关系,轨迹 $\overline{G_1^+T^+}$ 短于 $\overline{A_1^+T^+}$,因此有 $\Delta t'<\Delta t$,即 $t_{gT}<t_{BBT}$,对 C_3^+ 上的点使用几何控制需要的时间更短.

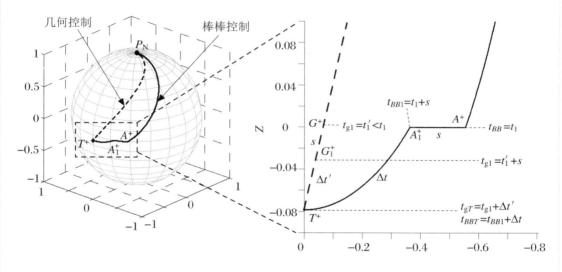

图 6.10 目标点在 C_3^+ 区域时,两种控制策略驱动系统状态的运动轨迹及说明示意图

(6) 对ix中的点,两种控制的时间对比也可以从状态运动轨迹的长度得到.为了在数值上结果更清楚,将首段棒控制时间 t_1 均分百份,计算棒棒控制到每一份时间的状态,然后计算几何控制到这个状态的时间,计算两个时间的差值.固定 E,改变 M,取 $t_{BB}-t_g$ 的最小值,结果如图 6.11 所示.图 6.11 中,两种情况下 $t_{BB}-t_g$ 的最小值均大于零,对ix中 C_4^+ 上的点,使用几何控制需要的时间更少.

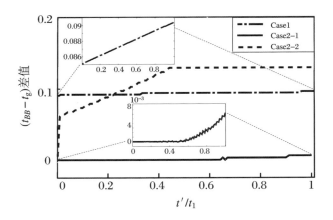

图 6.11　目标点在 C_4^+ 时，$t_{BB} - t_g$ 的最小值

6.3.3.2　$M < E$ 时的控制时间对比

在这种情况下，控制律有统一的形式(式(6.111))．通过改变 t_1, t_f 和 n 的值，使用棒棒控制可以驱动系统状态在 Bloch 球上从北极到任意点．采取相同的方法，可以得到图 6.12．在图 6.12 中所示的两种情况下，差值 $t_{BB} - t_g$ 的最小值均大于零，且随着 t_1 的增长（控制时间的增长）呈上升趋势，即当 $M < E$ 时，使用几何控制需要的时间更少．类似地，两种控制策略在时间上的表现，也可以通过观察相同目标点的运动轨迹的长度得到，得到的结论是相同的．

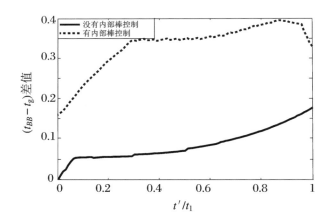

图 6.12　$M < E$ 时，$t_{BB} - t_g$ 的最小值

6.3.3.3 控制时间对比的数值实验

为了更直观地验证 6.3.3.1 小节和 6.3.3.2 小节中的结论,分别采用两种控制方法,在 Bloch 球上随机取 20 个点,$D = 1 - |\langle \psi | \psi_f \rangle|^2$ 随时间的变化曲线如图 6.13 所示,(a)和(b)分别为棒棒控制在 $M \geqslant E$ 和 $M < E$ 的情况下 D 随时间的变化.(c)和(d)分别为几何控制在 $M \geqslant E$ 和 $M < E$ 的情况下 D 随时间的变化.从图 6.13 可以看到:

(1)两种情况下,两种控制作用下,随着时间的增加,D 均是收敛的,但是几何控制收敛速度更快一些.

(2)两种情况下,棒棒控制的指标随时间均不是单调减小的;而几何控制在 $M \geqslant E$ 的情况下是单调减小的,在 $M < E$ 的情况下是非单调减小的,这是由状态的运动轨迹决定的.

(3)无论是 $M \geqslant E$ 还是 $M < E$,使用几何控制时的时间区间宽度以及区间的最大值和最小值均小于使用棒棒控制时的相应结果.具体数值如表 6.2 所示.

表 6.2   两种控制的时间最小值、最大值及区间宽度

时间 关系	最小值		最大值		区间宽度	
	几何控制	棒棒控制	几何控制	棒棒控制	几何控制	棒棒控制
$M \geqslant E$	0.1326	0.1466	0.5203	0.8011	0.3877	0.6545
$M < E$	0.0565	0.2285	1.2036	2.0161	1.1471	1.7876

总结 $M \geqslant E$ 和 $M < E$ 的所有结果,有下面的结论:无论是 $M \geqslant E$ 还是 $M < E$,目标点为 Bloch 球上任意点,使用几何控制需要的时间更短.

6.3.3.4 两种控制的鲁棒性分析

为了研究两种控制策略的鲁棒性,通过扰动 rH_0 将不确定性带入自由哈密顿量:

$$H_0 \rightarrow H_0 + rH_0 \tag{6.115}$$

其中,$rH_0 = \sum r_n \sigma_n$,r_n 为一个实数,σ_n,$n = I, x, y, z$ 分别对应单位短阵和泡利矩阵.

不同的 σ_n 对系统的影响如图 6.14 所示,其中 OA 为棒棒控制准确的控制律,幅值 M;OB 为棒棒控制受到 $r\sigma_x$ 影响后的控制律,幅值 $M + r$;OE 为棒棒控制受到 $r\sigma_y$ 影响后的控制律,幅值 $\sqrt{M^2 + r^2}$.实线圆为几何控制受到影响后的实际控制律,虚线圆为几何

控制准确的控制律. OC 为几何控制准确的控制律, 幅值 M; OD 为几何控制受到 $r\sigma_x$ 影响后的控制律. AB 和 OF 分别表示在 x 轴和 y 轴控制律增加 r, 分别对应 $r\sigma_x$ 和 $r\sigma_y$ 的影响.

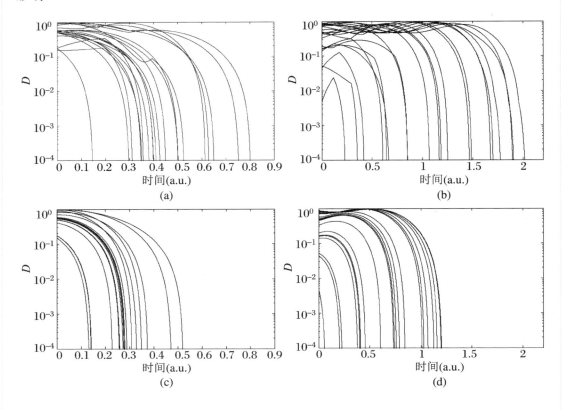

图 6.13　D 随时间的变化

(1) 当 $\sigma = \sigma_z$ 时, $H_0 = -E\sigma_z \rightarrow H_0 = -E\sigma_z + r\sigma_z$, 直接改变了系统的自由哈密顿量, 因此在这种情况下对系统的影响最大, 鲁棒性要弱于 σ 取其他值的情况.

(2) 当 $\sigma = I$ 时, $H_0 = -E\sigma_z \rightarrow H_0 = -E\sigma_z + rI$, 这样导致在获得系统的演化状态时, 会出现 $\mathrm{e}^{-\mathrm{i} r I}$, 相当于一个全局相位, 不会影响观测结果, 因此对系统不会产生影响, 鲁棒性最好.

(3) 当 $\sigma = \sigma_x$ 时, 对棒棒控制

$$H = H_0 + r\sigma_x + \Omega\sigma_x = H_0 + (r + \Omega)\sigma_x \tag{6.116}$$

与准确的哈密顿量相比, 不会影响 H_0. 当 $\sigma_n = \sigma_x$ 时, 控制律 $\Omega \rightarrow \Omega + r$, 幅值变化 r, 即由图 6.14 中的 $OA \rightarrow OB$. 对几何控制

$$H = H_0 + r\sigma_x + \Omega\sigma_x = H_0 + (r + \Omega)\sigma_x \tag{6.117}$$

与准确的哈密顿量相比,同样不会影响 H_0.控制律在 x 轴方向左移 r,即由图 6.14 中的 $OC \rightarrow OD$.

(4) 当 $\sigma = \sigma_y$ 时,对棒棒控制

$$H = H_0 + r\sigma_y + \Omega\sigma_x \tag{6.118}$$

与准确的哈密顿量相比,不会影响 H_0.控制律在 y 轴方向有一个分量 r,即由图 6.14 中的 $OA \rightarrow OE$.对几何控制

$$H = H_0 + r\sigma_y + \Omega_x\sigma_x + \Omega_y\sigma_y = H_0 + \Omega_x\sigma_x + (r + \Omega_y)\sigma_y \tag{6.119}$$

与准确的哈密顿量相比,不会影响 H_0.控制律在 y 轴方向上移 r.因此无论是 $\sigma = \sigma_x$ 还是 $\sigma = \sigma_y$,均通过对控制律产生作用,从而影响系统的鲁棒性.

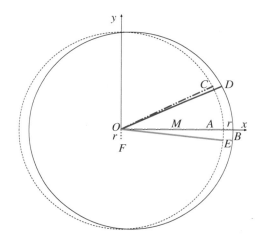

图 6.14 $\sigma_n = \sigma_x, \sigma_y$ 时对系统的影响示意图

取参数 $r \in [-0.1, 0.1]$,对每个固定的 r,固定起点为北极,随机选取 20 个目标点,计算平均保真度

$$Fidelity = \frac{1}{N}\sum_{i=1}^{N} |\langle \psi_i | \psi_f \rangle|^2 \tag{6.120}$$

实验结果如图 6.15 所示,其中图 6.15(a)、图 6.15(b) 和图 6.15(d) 为 $M < E$ 情况下,分别当 $\sigma = \sigma_z, \sigma_x, \sigma_y$ 时采用几何控制和棒棒控制的平均保真度随参数 r 的变化.图 6.15(c) 为 $M \geqslant E$ 情况下,当 $\sigma = \sigma_y$ 时采用几何控制和棒棒控制的平均保真度随参数 r 的变化."□"和"○"分别对应使用几何控制和棒棒控制时的平均保真度.根据图 6.15 所

示的实验结果,可以得到如下结论:

(1) 比较图 6.15(b) 和图 6.15(d),在 $M<E$ 的情况下,当 $\sigma=\sigma_x$ 和 $\sigma=\sigma_y$ 时使用几何控制时的鲁棒性弱于使用棒棒控制时的鲁棒性,原因在于:

(i) $\sigma=\sigma_x$ 时,棒棒控制的方向不会受到影响,是准确的,幅值 $M\to M+r$,幅值不准确值为 $|r|$,即 $OA\to OB$.几何控制的幅值和方向均受到影响,幅值 $M\to[M-r,M+r]$,幅值不准确值为 $|r|$,即 $OC\to OD$.二者在幅值的不准确值上是一样的,但是由于几何控制在方向上也是不准确的,因此在鲁棒性上更差.

(ii) $\sigma=\sigma_y$ 时,两种控制的幅值和方向均受到影响.棒棒控制幅值 $M\to\sqrt{M^2+r^2}$,不准确值为 $|\sqrt{M^2+r^2}-M|$,即 $OA\to OE$.几何控制幅值 $M\to[M-r,M+r]$,幅值不准确值为 $|r|$.几何控制的不准确值大于棒棒控制的不准确值.因此,在二者方向均受到影响的情况下,使用幅值不准确值更小的棒棒控制,系统的鲁棒性更好.

(2) 对同一个 r,比较图 6.15(b) 和图 6.15(d) 所示的鲁棒性,图 6.15(d) 的鲁棒性更好,即在 $\sigma=\sigma_y$ 时更好一些,说明对鲁棒性的影响,幅值的影响强于方向的影响.

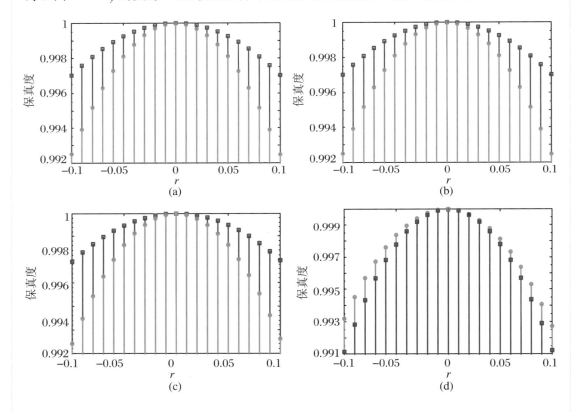

图 6.15　鲁棒性实验结果

(3) 比较图 6.15(c) 和图 6.15(d),图 6.15(c) 中鲁棒性更好,原因是当 M 较大时,幅值的不准确值相对于 M 本身比较小,对系统的影响不如 M 较小时那么大,因此鲁棒性更好.不仅是在 $\sigma = \sigma_y$,在 $\sigma = \sigma_z$,σ_x 时,鲁棒性均是 $M \geqslant E$ 的情况好于 $M < E$,原因与 $\sigma = \sigma_y$ 时是一样的.

(4) 图 6.15(a)、图 6.15(b) 和图 6.15(d) 中,图 6.15(a) 的鲁棒性最差,原因如 $\sigma = \sigma_z$ 时所述.另外,当 $\sigma = \sigma_z$ 时,无论是 $M \geqslant E$ 还是 $M < E$,使用几何控制时的鲁棒性均好于使用棒棒控制时的鲁棒性,说明当外界干扰影响到系统本身时,使用几何控制可以获得更好的鲁棒性.

(5) (1) 中所述的现象在 $M \geqslant E$ 的情况下也存在,但在鲁棒性上的表现和 $M < E$ 不同.原因在于,当 $M \geqslant E$ 时,由于 M 较大,时间短,存在几何控制的幅值变化不能完全进行的情况,因此幅值的不准确值的变化范围会小于理论值,甚至小于棒棒控制的幅值变化,因此会出现好于棒棒控制的情况.即当干扰影响控制律时,虽然在理论上使用几何控制时的鲁棒性弱,但是由于其在时间上的优势,会出现使用几何控制时的鲁棒性好于使用棒棒控制时的情况,这也显示了几何控制的时间优势对鲁棒性具有重要的意义.

6.4 基于超算符变换的开放量子系统最优控制

开放量子系统状态的演化方程是一个非齐次微分方程,很难求解出系统状态的表达式.本节利用 Liouville 超算符的思想(Nakano,Yamaguchi,2003),将演化方程变换到 Liouville 空间,用拓展演化方程维数的方法换取求解系统状态的简便,精简了对开放量子系统状态演化的处理.本节运用最优控制的思想,以使系统状态最终到达期望的终态为目标,推导得到最优控制的控制律.最后,在 MATLAB 环境下,以二能级开放量子系统为例,用控制系统状态到达目标状态所用的时间 t 为首要性能指标,同时兼顾系统终态与目标状态间的误差,完成了对开放量子系统的仿真实验,并对不同参数取值下的性能指标进行了比较和分析,得出最优的参数取值.

6.4.1 引言

控制理论的一项重要任务是对给定的系统,能设计出合适的控制律,将系统状态操控至期望的目标状态,并使其保持稳定.量子控制即是将经典控制理论和现代控制方法应用于量子系统上,实现对量子系统状态的操控.封闭量子系统是理想的量子系统模型,其系统演化模型相对简单.对封闭量子系统的控制已经产生了很多可喜的成果(Cong et al.,2007).反馈控制是一种控制方法(Kuang,Cong,2008),但由于量子系统状态一被测量即遭破坏的特性,基于测量的反馈控制有很大的难度,因而人们更倾向于使用开环控制,最优控制就是其中被广泛采用的控制手段.运用双线性系统的控制理论(丛爽,郑祺星,2005),用 Lyapunov 方法(Wang,Schirmer,2008),以搜索步长(匡森,丛爽,2006)或状态间距离为性能指标(Cong,Kuang,2007),完成了对封闭量子系统的最优控制,并进行了可控性分析(丛爽,东宁,2006).而开放量子系统与外界热浴相互作用,产生耦合,发生耗散,使系统模型变得复杂.人们对开放量子系统的控制还尚未形成完整的理论,但已有很多相关研究结果,其中不少涉及了开放量子系统的最优控制(Matthew,2005),介绍了开放量子系统最优控制的思路(Grivopoulos,2005),并进行了某些特定条件下的最优控制(Schirmer,Solomon,2004).

6.4.2 开放量子系统的模型分析

N 能级量子系统的状态往往用作用在希尔伯特(Hilbert)空间 H 上的密度算符 ρ 表示.若系统封闭,则演化过程由量子刘维尔(Liouville)方程给出:

$$\dot{\rho}(t) = -\frac{\mathrm{i}}{\hbar}[H, \rho(t)] \tag{6.121}$$

其中,H 是系统本身的哈密顿.

开放系统 S 是其本身与环境 E 组成的大封闭系统 $S+E$ 的一部分.这个大封闭系统由 $S+E$ 的哈密顿控制.子系统 S 的状态可以通过对整个系统的密度算符 ρ_{S+E} 求偏迹得到.

当系统与环境相互作用时,会发生两类耗散:相位松弛和布居数松弛.当相互作用破坏了量子态间的相位关系时就发生了相位松弛,这导致了系统密度矩阵非对角元素衰减为

$$\dot{\rho}_{kn}(t) = -\frac{\mathrm{i}}{\hbar}([H, \rho(t)])_{kn} - \Gamma_{kn}\rho_{kn} \tag{6.122}$$

其中,$\Gamma_{kn} = \Gamma_{nk}$ 为状态 $|k\rangle$ 和 $|n\rangle$ 之间的移相速率.

当激发态 $|n\rangle$,$E_n > E$,自发发射出一个光子,衰减到低激发态 $|k\rangle$ 时,就发生了布居

数松弛.这同时影响能量本征态$|n\rangle$的布居数(ρ的对角元素)和相干性(ρ的非对角元素).布居数松弛改变系统密度矩阵的对角元素为

$$\dot{\rho}_{nn}(t) = -\frac{\mathrm{i}}{\hbar}([H,\rho(t)])_{nn} - \sum_{k\neq n}\gamma_{kn}\rho_{nn} + \sum_{k\neq n}\gamma_{nk}\rho_{kk} \qquad (6.123)$$

其中,γ_{kn}和γ_{nk}为布居数松弛速率,γ_{kn}是从状态$|n\rangle$到状态$|k\rangle$的布居数松弛速率,取决于状态$|n\rangle$的寿命.当有多条衰减路径时,它还与特殊的转移概率有关.因为布居数松弛同时引起相位松弛和能量耗散,所以有

$$\Gamma_{nk} = \frac{1}{2}(\gamma_{kn} + \gamma_{nk}) + \widetilde{\Gamma}_{nk} \qquad (6.124)$$

其中,$\widetilde{\Gamma}_{nk}$为ρ_{kn}的纯移相速率,$\frac{1}{2}(\gamma_{kn} + \gamma_{nk})$为从$|n\rangle$到$|k\rangle$的由布居数松弛导致的移相速率.

由此,相位松弛和布居数松弛改变了系统的演化,导致量子刘维尔方程(6.121)变为

$$\dot{\rho}(t) = -\frac{\mathrm{i}}{\hbar}[H,\rho(t)] + L_{\mathrm{D}}[\rho(t)] \qquad (6.125)$$

其中,$L_{\mathrm{D}}[\rho(t)]$是由松弛速率决定的耗散(超)算符.

刘维尔耗散(超)算符的第一种标准型为量子动力学半群的生成子标准型:

$$L_{\mathrm{D}}[\rho(t)] = \frac{1}{2}\sum_{k,k'=1}^{N^2-1} a_{kk'}([V_k\rho(t),V_{k'}^\dagger] + [V_k,\rho(t)V_{k'}^\dagger]) \qquad (6.126)$$

耗散(超)算符的第二种标准型为 Lindblad 首先给出的耗散动力学生成子的标准型:

$$L_{\mathrm{D}}[\rho(t)] = \frac{1}{2}\sum_{k=1}^{N^2-1} r_k([A_k\rho(t),A_k^\dagger] + [A_k,\rho(t)A_k^\dagger]) \qquad (6.127)$$

6.4.3 最优控制及其求解

由于量子系统与环境的相互作用导致了能量耗散或者相对相位改变,从而导致了量子相干性消失,量子信息散失在无法控制的环境中.为了解决这种量子消相干现象,我们对系统S施加外部控制场,力图抵消环境E的作用,使耗散变为零并保护系统不消相干,从而使系统S的状态ρ_S自由演化到原定的目标态ρ_{tar}.

若系统受到外部控制,则系统S的哈密顿取决于一个或多个控制函数

$$\vec{f(t)} = (f_1(t), f_2(t), \cdots, f_M(t)) \tag{6.128}$$

不妨假设控制场数量有限,且系统对控制是线性的,即系统的总哈密顿可以分解为

$$H = H_0 + \sum_{m=1}^{M} f_m(t) H_m \tag{6.129}$$

则相应的刘维尔算符可以分解为

$$L = L_0 + \sum_{m=1}^{M} f_m(t) L_m \tag{6.130}$$

控制量 $f_m(t)$ 是定义在 $[t_0, t_F]$ 上的有界、可测、实值函数.

此时,受控耗散系统的演化方程(6.125)可写为

$$\dot{\rho}(t) = -\frac{\mathrm{i}}{\hbar}[H_0, \rho(t)] - \frac{\mathrm{i}}{\hbar}\sum_{m=1}^{M} f_m(t)[H_m, \rho] + L_D[\rho(t)] \tag{6.131}$$

我们的目标是采用最优控制的思想对开放量子系统(6.121)进行控制场的设计.

量子系统的目标状态为 ρ_{tar},我们的目标是控制与热浴相耦合的系统状态,通过系统跃迁偶极子与系统的耦合,施加不同方向上的控制场 f_m,使系统状态尽可能演化到目标状态 ρ_{tar} 上.所施加的控制哈密顿的形式为

$$H_c = \sum_{m=1}^{M} f_m H_m \tag{6.132}$$

被控系统演化方程变为

$$\dot{\rho}_c(t) = -\mathrm{i}[H_0, \rho_c(t)] - \mathrm{i}[H_c, \rho_c(t)] + L_D[\rho_c(t)] \tag{6.133}$$

要找到合适的控制场 f_m,使 $\rho_c(t)$ 在动力学上接近 ρ_{tar}.若不考虑对控制场大小的限制,系统的性能指标可以设定为

$$J(t) = \mathrm{tr}\{\rho_c \rho_{\text{tar}}\} = \langle \rho_{\text{tar}} \rangle \tag{6.134}$$

$J(t)$ 可理解为被控状态到达目标状态的期望值.为达到目标状态,需要通过施加控制场来增大目标算符的期望值 $J(t)$ 直至最大,即求取合适的 f_m 使被控对象 ρ_c 在 $t \in [t_0, t_f]$ 中的任何时刻都满足

$$\frac{\mathrm{d}}{\mathrm{d}t} J(t) = \frac{\mathrm{d}}{\mathrm{d}t} \langle \rho_{\text{tar}} \rangle \geqslant 0 \tag{6.135}$$

由于目标算符 $\langle \rho_{\text{tar}} \rangle$ 与时间 t 有关,整理由控制哈密顿生成的 $\langle \rho_{\text{tar}} \rangle$ 的海森伯方程得

$$\frac{\mathrm{d}}{\mathrm{d}t}\langle\rho_{\mathrm{tar}}\rangle = -\mathrm{i}\langle[H_0 + H_c, \rho_{\mathrm{tar}}]\rangle$$

$$= -\mathrm{i}\langle[H_c, \rho_{\mathrm{tar}}]\rangle$$

$$= -\mathrm{i}\mathrm{tr}\{[H_c, \rho_{\mathrm{tar}}]\rho_c\}$$

$$= -\mathrm{i}\mathrm{tr}\{H_c\rho_{\mathrm{tar}}\rho_c - \rho_{\mathrm{tar}}H_c\rho_c\} \tag{6.136}$$

将式(6.132)代入式(6.136),可得

$$\frac{\mathrm{d}}{\mathrm{d}t}\langle\rho_{\mathrm{tar}}\rangle = -\mathrm{i}\mathrm{tr}\left(\sum_{m=1}^{M} f_m H_m \rho_{\mathrm{tar}}\rho_c - \rho_{\mathrm{tar}}\sum_{m=1}^{M} f_m H_m \rho_c\right)$$

$$= -\mathrm{i}\sum_{m=1}^{M} f_m \mathrm{tr}(H_m \rho_{\mathrm{tar}}\rho_c - \rho_{\mathrm{tar}}H_m \rho_c) \tag{6.137}$$

要满足 $\frac{\mathrm{d}}{\mathrm{d}t}\langle\rho_{\mathrm{tar}}\rangle\geqslant 0$,则需要

$$-\mathrm{i}f_i \mathrm{tr}(H_i \rho_{\mathrm{tar}}\rho_c - \rho_{\mathrm{tar}}H_i \rho_c)\geqslant 0, \quad i = 1,2,\cdots,M \tag{6.138}$$

显然,选择如下的 f_i 可以满足式(6.138):

$$f_i = \mathrm{i}K\mathrm{tr}(H_i \rho_{\mathrm{tar}}\rho_c - \rho_{\mathrm{tar}}H_i \rho_c)^*, \quad i = 1,2,\cdots,M \tag{6.139}$$

其中,K 为任意正数.由式(6.139)可见,当 ρ_c 趋向于 ρ_{tar} 时,f_i 趋向于 0.

到此我们求得了在保证系统性能指标(6.134)为最大,即驱动系统状态 ρ_c 趋向于目标态 ρ_{tar} 的外加控制场 f_i 的表达式(6.139),从中可以看出,要想调控系统的状态,必须在每一个控制时刻分别获得该时刻的目标状态 ρ_{tar} 以及系统状态 ρ_c,通过选择合适参数 K,结合被控系统自身的哈密顿量,按照式(6.139)求解控制量.这里最难解决的问题就是求解系统状态 ρ_c,这是需要通过式(6.131)来求解的.下面我们将专门解决这个问题.

6.4.4　开放量子系统状态的求解

开放量子系统状态的演化方程(6.131)是一个非齐次微分方程,因此很难求解出系统状态的表达式.为了简化式(6.131)的求解,我们按列堆垛,将 $N \times N$ 的密度矩阵 $\rho(t)$ 重写为 $1 \times N^2$ 的列向量,记为 $|\rho(t)\rangle\rangle$.由于 $[H, \rho(t)]$ 和 $L_\mathrm{D}[\rho(t)]$ 是密度矩阵的线性算符,可以将式(6.131)重写为

$$\frac{\mathrm{d}}{\mathrm{d}t}|\rho(t)\rangle\rangle = \left(-\frac{\mathrm{i}}{\hbar}L_\mathrm{H} + L_\mathrm{D}\right)|\rho(t)\rangle\rangle \tag{6.140}$$

其中，L_H 和 L_D 分别为表示动力学的哈密顿部分和耗散部分的 $N^2 \times N^2$ 矩阵. 式 (6.140) 称为刘维尔超算符型.

若只考虑哈密顿部分：$\dfrac{\mathrm{d}}{\mathrm{d}t}|\rho(t)\rangle\rangle = -\dfrac{\mathrm{i}}{\hbar} L_H |\rho(t)\rangle\rangle$，则 $|\rho(t)\rangle\rangle$ 的解为

$$|\rho(t)\rangle\rangle = \exp\left(-\frac{\mathrm{i}}{\hbar} L_H t\right)|\rho(0)\rangle\rangle \tag{6.141}$$

若只考虑耗散部分：$\dfrac{\mathrm{d}}{\mathrm{d}t}|\rho(t)\rangle\rangle = L_D |\rho(t)\rangle\rangle$，则 $|\rho(t)\rangle\rangle$ 的解为

$$|\rho(t)\rangle\rangle = \exp(L_D t)|\rho(0)\rangle\rangle \tag{6.142}$$

L_H 生成一个群，而 L_D 生成一个半群.

考虑一个二能级开放量子系统：

$$\dot{\rho} = -\mathrm{i}[H,\rho] + \frac{1}{2}\sum_{j=1}^{3}\left([V_j\rho, V_j^+] + [V_j, \rho V_j^+]\right), \quad \hbar = 1 \tag{6.143}$$

令

$$H := w\begin{bmatrix} 1 & 0 \\ 0 & -1 \end{bmatrix} + f_x\begin{bmatrix} 0 & 1 \\ 1 & 0 \end{bmatrix} + f_y\begin{bmatrix} 0 & -\mathrm{i} \\ \mathrm{i} & 0 \end{bmatrix} \tag{6.144}$$

$$V_1 = \begin{bmatrix} 0 & 0 \\ \sqrt{\gamma_{21}} & 0 \end{bmatrix}, \quad V_2 = \begin{bmatrix} 0 & \sqrt{\gamma_{12}} \\ 0 & 0 \end{bmatrix}, \quad V_3 = \begin{bmatrix} \sqrt{2\widetilde{\Gamma}_{12}} & 0 \\ 0 & 0 \end{bmatrix} \tag{6.145}$$

其中，γ_{21}, γ_{12} 和 $\widetilde{\Gamma}_{12}$ 满足关系式 (6.124).

$$
\begin{bmatrix} \dot{\rho}_{11} & \dot{\rho}_{12} \\ \dot{\rho}_{21} & \dot{\rho}_{22} \end{bmatrix}
$$
$$
= \begin{bmatrix} (\mathrm{i}f_x - f_y)\rho_{12} - (\mathrm{i}f_x + f_y)\rho_{21} & (\mathrm{i}f_x + f_y)\rho_{11} - (\mathrm{i}f_x - f_y)\rho_{22} - 2\mathrm{i}w\rho_{12} \\ (\mathrm{i}f_x - f_y)\rho_{22} - (\mathrm{i}f_x - f_y)\rho_{11} + 2\mathrm{i}w\rho_{21} & (\mathrm{i}f_x + f_y)\rho_{21} - (\mathrm{i}f_x - f_y)\rho_{12} \end{bmatrix}
$$
$$\tag{6.146}$$

转化为刘维尔型：

$$\frac{\mathrm{d}}{\mathrm{d}t}\mid \rho(t)\rangle\rangle = \begin{bmatrix} \dot{\rho}_{11} & \dot{\rho}_{12} & \dot{\rho}_{21} & \dot{\rho}_{22} \end{bmatrix}^{\mathrm{T}}$$

$$= \begin{bmatrix} 0 & \mathrm{i}f_x - f_y & -\mathrm{i}f_x - f_y & 0 \\ \mathrm{i}f_x + f_y & -2\mathrm{i}w & 0 & -\mathrm{i}f_x - f_y \\ -\mathrm{i}f_x + f_y & 0 & 2\mathrm{i}w & \mathrm{i}f_x - f_y \\ 0 & -\mathrm{i}f_x + f_y & \mathrm{i}f_x + f_y & 0 \end{bmatrix} \begin{bmatrix} \rho_{11} \\ \rho_{12} \\ \rho_{21} \\ \rho_{22} \end{bmatrix}$$

$$= \begin{bmatrix} 0 & \mathrm{i}f_x - f_y & -\mathrm{i}f_x - f_y & 0 \\ \mathrm{i}f_x + f_y & -2\mathrm{i}w & 0 & -\mathrm{i}f_x - f_y \\ -\mathrm{i}f_x + f_y & 0 & 2\mathrm{i}w & \mathrm{i}f_x - f_y \\ 0 & -\mathrm{i}f_x + f_y & \mathrm{i}f_x + f_y & 0 \end{bmatrix} \mid \rho(t)\rangle\rangle \qquad (6.147)$$

其中，$\begin{bmatrix} 0 & \mathrm{i}f_x - f_y & -\mathrm{i}f_x - f_y & 0 \\ \mathrm{i}f_x + f_y & -2\mathrm{i}w & 0 & -\mathrm{i}f_x - f_y \\ -\mathrm{i}f_x + f_y & 0 & 2\mathrm{i}w & \mathrm{i}f_x - f_y \\ 0 & -\mathrm{i}f_x + f_y & \mathrm{i}f_x + f_y & 0 \end{bmatrix}$ 为 $-\mathrm{i}L_{\mathrm{H}}$.

将式(6.145)代入式(6.143),整理即可得到耗散部分的微分方程:

$$\begin{bmatrix} \dot{\rho}_{11} & \dot{\rho}_{12} \\ \dot{\rho}_{21} & \dot{\rho}_{22} \end{bmatrix} = \begin{bmatrix} -\gamma_{21}\rho_{11} + \gamma_{12}\rho_{22} & -\widetilde{\Gamma}_{12}\rho_{12} - \frac{1}{2}\gamma_{12}\rho_{12} - \frac{1}{2}\gamma_{21}\rho_{12} \\ -\widetilde{\Gamma}_{12}\rho_{21} - \frac{1}{2}\gamma_{12}\rho_{21} - \frac{1}{2}\gamma_{21}\rho_{21} & \gamma_{21}\rho_{11} - \gamma_{12}\rho_{22} \end{bmatrix}$$

$$(6.148)$$

转化为刘维尔型:

$$\frac{\mathrm{d}}{\mathrm{d}t}\mid \rho(t)\rangle\rangle = \begin{bmatrix} \dot{\rho}_{11} & \dot{\rho}_{12} & \dot{\rho}_{21} & \dot{\rho}_{22} \end{bmatrix}^{\mathrm{T}}$$

$$= \begin{bmatrix} -\gamma_{21} & 0 & 0 & \gamma_{12} \\ 0 & -\widetilde{\Gamma}_{12} - \frac{1}{2}\gamma_{12} - \frac{1}{2}\gamma_{21} & 0 & 0 \\ 0 & 0 & -\widetilde{\Gamma}_{12} - \frac{1}{2}\gamma_{12} - \frac{1}{2}\gamma_{21} & 0 \\ \gamma_{21} & 0 & 0 & -\gamma_{12} \end{bmatrix} \begin{bmatrix} \rho_{11} \\ \rho_{12} \\ \rho_{21} \\ \rho_{22} \end{bmatrix}$$

$$= \begin{bmatrix} -\gamma_{21} & 0 & 0 & \gamma_{12} \\ 0 & -\Gamma_{12} & 0 & 0 \\ 0 & 0 & -\Gamma_{12} & 0 \\ \gamma_{21} & 0 & 0 & -\gamma_{12} \end{bmatrix} \begin{bmatrix} \rho_{11} \\ \rho_{12} \\ \rho_{21} \\ \rho_{22} \end{bmatrix}$$

$$= \begin{bmatrix} -\gamma_{21} & 0 & 0 & \gamma_{12} \\ 0 & -\Gamma_{12} & 0 & 0 \\ 0 & 0 & -\Gamma_{12} & 0 \\ \gamma_{21} & 0 & 0 & -\gamma_{12} \end{bmatrix} | \rho(t) \rangle\rangle \tag{6.149}$$

其中, $\begin{bmatrix} -\gamma_{21} & 0 & 0 & \gamma_{12} \\ 0 & -\Gamma_{12} & 0 & 0 \\ 0 & 0 & -\Gamma_{12} & 0 \\ \gamma_{21} & 0 & 0 & -\gamma_{12} \end{bmatrix}$ 为 L_{D}.

至此,我们得到了二能级开放量子系统(式(6.143))的刘维尔超算符型为

$$\frac{\mathrm{d}}{\mathrm{d}t} | \rho(t) \rangle\rangle = (-\mathrm{i}L_{\mathrm{H}} + L_{\mathrm{D}}) | \rho(t) \rangle\rangle$$

$$= \begin{bmatrix} -\gamma_{21} & \mathrm{i}f_x - f_y & -\mathrm{i}f_x - f_y & \gamma_{12} \\ \mathrm{i}f_x + f_y & -2\mathrm{i}w - \Gamma_{12} & 0 & -\mathrm{i}f_x + f_y \\ -\mathrm{i}f_x + f_y & 0 & 2\mathrm{i}w - \Gamma_{12} & \mathrm{i}f_x - f_y \\ \gamma_{21} & -\mathrm{i}f_x + f_y & \mathrm{i}f_x + f_y & -\gamma_{12} \end{bmatrix} | \rho(t) \rangle\rangle \tag{6.150}$$

根据式(6.150),可以在 MATLAB 环境下,通过选择较短的采样周期 Δt 来计算出每个采样时间下的系统状态 $|\rho(t)\rangle\rangle$,进而可以计算出操控系统状态演化的控制律.

6.4.5　量子系统的系统仿真实验

我们在 MATLAB 环境下对式(6.143)所描述的二能级开放量子系统,通过将其变换成刘维尔超算符型后,进行最优控制器的设计,并对系统状态的演化过程进行了系统仿真实验.在系统仿真实验中,控制目标是为了使被控对象的状态布居数 ρ_{c} 到达 ρ_{tar} 目标状态的布居数.图 6.16 为系统仿真实验中控制算法实现过程的示意图.

在系统仿真实验中,我们所选用的性能指标为系统到达目标状态所用的时间 t,同时考虑系统终态与目标状态之间的误差 *error*:

$$error = \frac{|\rho_{tar} - \rho(t_F)|}{\rho_{tar}} \tag{6.151}$$

调控系统状态 ρ_c 的控制律为式(6.139),其中可调参数有 2 个:控制场的比例系数 K 和循环计算系统状态的采样周期 Δt,它们的取值与性能指标的优劣密切相关.

系统哈密顿和林德布拉德(Lindblad)算符 V_i 分别满足式(6.144)、式(6.145),其中,参数取值分别为(Nakano,Yamaguchi,2003)

$$w = 20000, \quad r_{12} = 19.8\ \mathrm{cm}^{-1}, \quad r_{21} = 20\ \mathrm{cm}^{-1}, \quad \Gamma_{12} = 29.9\ \mathrm{cm}^{-1} \tag{6.152}$$

系统初始状态和目标状态分别设为

$$\rho_0 = \begin{bmatrix} \dfrac{15}{16} & \dfrac{\sqrt{15}}{16} \\[3mm] \dfrac{\sqrt{15}}{16} & \dfrac{1}{16} \end{bmatrix}, \quad \rho_{tar} = \begin{bmatrix} \dfrac{9}{16} & \dfrac{3\sqrt{7}}{16} \\[3mm] \dfrac{3\sqrt{7}}{16} & \dfrac{7}{16} \end{bmatrix} \tag{6.153}$$

下面给出分别调节 K 和 Δt 得到的性能指标对比.

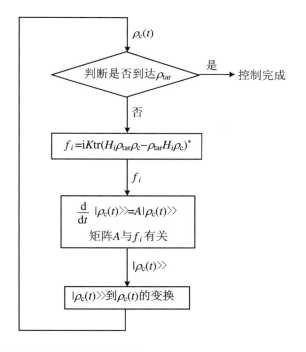

图 6.16　系统仿真实验控制算法实现过程示意图

（1）参数 K 的选取.

K 是控制场的系数，其大小与控制场的大小成正比.先设 $\Delta t = 0.01$,调节 K 得到表6.3.

从表 6.3 可以看出,完成控制所需的时间 t 随着 K 值的减小而增大,但幅度有限,且从 $K = 50$ 处附近起不再增大,维持在 $t = 0.0480$.而 J 值随着 K 值的减小先减小后增大,最后逼近 $J = 1.2687 \times 10^{-5}$.其最小值出现在 $K = 2$ 处,最小值为 $J = 6.3649 \times 10^{-7}$.考虑到量子控制的特性,控制场应是一个微扰量,$K$ 的取值宜小不宜大,所以在此条件下我们选取的 K 的最优值为 2.

表 6.3　调节 K 得到的性能指标对比（$\Delta t = 0.01$）

K	t	J
200	0.0477	0.0030
100	0.0479	7.4993×10^{-4}
50	0.0480	1.8781×10^{-4}
10	0.0480	2.2144×10^{-5}
5	0.0480	6.2085×10^{-6}
4	0.0480	1.2135×10^{-5}
3	0.0480	1.8234×10^{-5}
2	0.0480	6.3649×10^{-7}
1	0.0480	6.6298×10^{-6}
0.5	0.0480	9.6594×10^{-6}
0.1	0.0480	1.2081×10^{-5}
0.05	0.0480	1.2384×10^{-5}
0.01	0.0480	1.2626×10^{-5}
0.0001	0.0480	1.2686×10^{-5}
0.0000001	0.0480	1.2687×10^{-5}

（2）参数 Δt 的选取.

Δt 是系统实施控制的单步运算周期.我们在根据上一步系统仿真实验获得的最优值 $K = 2$ 的基础上,通过选择不同的 Δt 值进行系统仿真实验,观察得到由表 6.4 所示的实验数据.

表 6.4　调节 Δt 得到的性能指标对比($K = 2$)

Δt	t	J
1	0.0480	2.2628×10^{-6}
0.1	0.0480	2.2628×10^{-6}
0.05	0.0480	2.2628×10^{-6}
0.02	0.0480	2.2487×10^{-6}
0.015	0.0480	3.8432×10^{-6}
0.01	0.0480	6.3649×10^{-7}
0.005	0.0480	4.0446×10^{-6}
0.001	0.0481	8.5350×10^{-6}
0.0005	0.0481	2.2439×10^{-5}
0.0001	0.0478	1.0564×10^{-5}

从表 6.4 可以看出,随着 Δt 的减小,完成状态转移所花费的控制时间 t 的变化不明显,而 J 有先减小后增大的变化趋势.当 $\Delta t = 0.01$ 时,J 到达最小值 6.3649×10^{-7}.综合实验所出现的不同情况,最优参数的选择为:$K = 2, \Delta t = 0.01$.在此组参数作用下,系统所达到的最优性能指标为:$t = 0.0480, J = 6.3649 \times 10^{-7}$.图 6.17 给出几组不同参数值下的系统状态布居数转移图和控制场量变化曲线.

由系统仿真实验结果可以看出,采用本节所利用的基于刘维尔超算符变换对开放量子系统进行最优控制,可以得到比较理想的状态调控的结果.需要强调指出的是:由于每个被控系统都存在着可控性问题,所以能完满进行调控的系统初始状态和目标状态是有条件限制的,不是任意的.以本节所给出的系统仿真实验中的二能级系统为例,可以进行状态调控的条件是:$(\rho_c(1,1) - 0.5) \times (\rho_{tar}(1,1) - 0.5) > 0$.若不满足此条件,被控系统状态的演化会在到达 0.5 的布居状态后不再向目标状态演化.

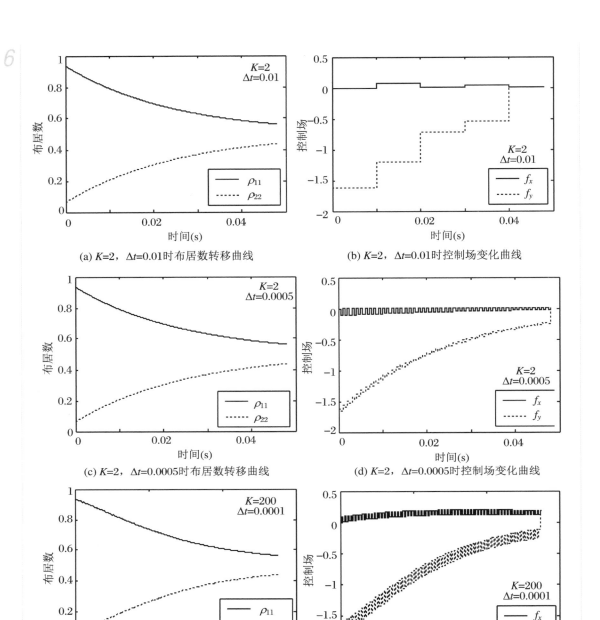

(a) $K=2$，$\Delta t=0.01$时布居数转移曲线

(b) $K=2$，$\Delta t=0.01$时控制场变化曲线

(c) $K=2$，$\Delta t=0.0005$时布居数转移曲线

(d) $K=2$，$\Delta t=0.0005$时控制场变化曲线

(e) $K=200$，$\Delta t=0.0001$时布居数转移曲线

(f) $K=200$，$\Delta t=0.0001$时控制场变化曲线

图 6.17　不同参数条件下布居数和控制场随时间变化曲线

6.5　n 能级开放量子系统的状态转移控制图景

本节主要给出探索对 n 能级开放量子系统的状态转移概率控制图景的一般的问题描述及方法.首先我们将描述 n 能级开放量子系统的模型,并且推导它的相干向量表示,然后定义控制图景的临界点,最后介绍 D-MORPH 算法来数值研究控制图景.

6.5.1　n 能级开放量子系统模型

在马尔可夫(Markovian)近似下,与外界相互作用的 n 能级量子系统的演化可以用一个量子动力学半群描述,并且满足林德布拉德(Lindblad)主方程:

$$\mathrm{i}\hbar\dot{\rho} = [H(t), \rho] + D(\rho) \tag{6.154}$$

这里,普朗克(Plank)常量被选择为 $\hbar = 1$.随时间变化的哈密顿量由自由哈密顿量 H_0 和控制哈密顿量 $H_c(t)$ 组成,即

$$H(t) = H_0 + H_c(t) \tag{6.155}$$

在电极化近似下,控制哈密顿量为如下形式:$H_c(t) = u(t)\mu$,其中极化算符是 μ,$u(t)$ 是标量的外部控制场,其中林德布拉德(Lindbladian)项为

$$D(\rho) = \mathrm{i}\hbar\sum_{\mu=1}^{N^2-1}\gamma_\mu\left([L_\mu\rho, L_\mu^\dagger] + [L_\mu\rho, L_\mu^\dagger]\right)$$

$$= \mathrm{i}\hbar\sum_{\mu=1}^{N^2-1}\gamma_\mu\left(L_\mu\rho L_\mu^\dagger - \frac{1}{2}L_\mu L_\mu^\dagger\rho - \frac{1}{2}\rho L_M\kappa L_\mu^\dagger\right) \tag{6.156}$$

其中 $L_j, j = 1, \cdots, n^2-1$ 是林德布拉德算符.

林德布拉德主方程(6.154)可以方便地改用相干向量的形式表示.令 $n \times n$ 矩阵 $iX_1, \cdots, IX_m, m: = n^2 - 1$ 作为 $su(n)$ 的正交产生算符,并且满足:

$$(\text{i})\ \mathrm{tr}(X_l) = 0; \quad (\text{ii})\ \mathrm{tr}(X_l X_j) = 2\delta_{lj}; \quad (\text{iii})\ X_j^\dagger = X_j \tag{6.157}$$

反对易算子与对易算子分别定义为如下形式:

$$\{X_l, x_j\} := X_l X_j + X_j X_l = \frac{4\delta_{lj}}{n}I_n + 2\sum_{k=1}^{m} g_{ljk}X_k \qquad (6.158a)$$

$$-\mathrm{i}[X_l, x_j] := -\mathrm{i}(X_l X_j - X_j X_l) = 2\sum_{k=1}^{m} f_{ljk}X_k \qquad (6.158b)$$

其中 $g_{ljk} := \frac{1}{4}\mathrm{tr}\{X_l, x_j\}X_k, f_{ljk} := \frac{1}{4\mathrm{i}}\mathrm{tr}\{X_l, x_j\}X_k$ 为结构常数.因此任意的密度算符可以用相干向量 x 的形式写成

$$\rho = I/n + \frac{1}{2}\sum_{l=1}^{m} x_l X_l \qquad (6.159)$$

其中 $x_l = \mathrm{tr}(X_l\rho)$ 是一个实数,是相干向量的一个元素,相干向量定义为

$$x = (x_1, x_2, \cdots, x_m)^{\mathrm{T}} \qquad (6.160)$$

它属于相干向量空间 $B(\mathbf{R}^n) \subset \mathbf{R}^n$.显然 $\mathrm{tr}(1) = 1$ 满足.并且 $B(\mathbf{R}^n)$ 是一个凸集并包含在半径为 $\sqrt{2(n-1)/n}$ 的球中.虽然只有纯态位于球的表面上,但不是所有的球表面上的点都是物理状态,除了二能级的情况.

将方程(6.159)代入方程(6.154)中,相干向量 S 的演化方程可以写成

$$\dot{x}(t) = f(x(t)) + u(t)g(x(t)), \quad x(0) = x_0 \qquad (6.161)$$

其中,漂移项 $f(x(t)) = (L_{H_0} + L_D)x(t) + f_0$,控制项 $g(x(t)) = L_\mu x(t)$ 是 $m \times 1$ 向量.超算符 L_{H_0}, L_D, L_μ 是 $m \times m$ 矩阵,它们的每一个元素为

$$(L_D)_{lr} = -\frac{\delta_{lr}}{n}\mathrm{tr}\sum_{j=1}^{m} L_j^\dagger L_j - \frac{1}{2}\sum_{j=1}^{m}\sum_{k=1}^{m} g_{lrk}\mathrm{tr}(X_k L_j^\dagger L_j) + \frac{1}{2}\sum_{j=1}^{m}\mathrm{tr}(X_l L_j X_r L_j^\dagger) \qquad (6.162)$$

$$(L_{H_0})_{lr} = \sum_{k=1}^{m} f_{lrk}\mathrm{tr}(X_k H_0), \quad (L_\mu) = \sum_{k=1}^{m} f_{lrk}\mathrm{tr}(X_k \mu) \qquad (6.163)$$

非其次项 f_0 是 $m \times 1$ 向量,表示为

$$f_0 = \left(\frac{1}{n}\mathrm{tr}\sum_{j=1}^{m}[L_j, L_j^\dagger]X_1, \frac{1}{n}\mathrm{tr}\sum_{j=1}^{m}[L_j, L_j^\dagger]X_2, \cdots, \frac{1}{n}\mathrm{tr}\sum_{j=1}^{m}[L_j, L_j^\dagger]X_m\right)^{\mathrm{T}}$$

$$(6.164)$$

6.5.2　状态转移控制图景及其控制临界点

最优控制的目标是将相干向量从一个初始态 x_0 转移到一个终态 $x(T)$,使其在终端

时间 T 与特定的目标态 x_f 尽可能接近，也就是说，需要最小化的目标泛函由下式给出：

$$\bar{J} = \parallel x_f - x(T) \parallel^2 \tag{6.165}$$

其中 $\parallel x \parallel^2 = x^T x$ 是一个向量范数. 为了与对应的封闭系统的转移概率相比，考虑目标函数

$$J = 1 - \frac{n}{8(n-1)} \parallel x_f - x(T) \parallel^2 \tag{6.166}$$

当 $x(T)$ 与目标 x_f 之间的距离最小时，J 达到最大. 常数 $\dfrac{n}{8(n-1)}$ 用来使得目标函数的范围位于 0 与 1 之间. 这样控制问题可以陈述为：考虑动力学系统(6.161)，寻找一个控制 $u \in L^2([0,T],\mathbf{R})$ 来使 J 在某个终端时间 T 最大化，即

$$\max_{u \in L^2([0,T],\mathbf{R})} J[u] \tag{6.167}$$

目标泛函 $J[u]$ 被称作控制图景，定义为关于控制 u 的泛函. 控制图景的临界点(极值)对应于使得泛函的一阶导数对所有时间都为 0 的控制场，即

$$\frac{\delta J[u]}{\delta u(t)} = 0, \quad \forall\, t \in [0,T] \tag{6.168}$$

利用链式法则，可以得到

$$\frac{\delta J}{\delta u(t)} = \left\langle \nabla J(x(T)), \frac{\delta x(T)}{\delta u(t)} \right\rangle \tag{6.169}$$

其中，$\nabla J(x(T))$ 是 J 在 $x(T)$ 关于相干向量的梯度向量，并且其在 $\mathbf{R}^3$ 上的内积定义为 $\langle v, w \rangle = v^T w$.

给定一个控制 u，令 $x(\cdot)$ 为对应的状态轨迹. 从而关于 δu 与 $\delta x(t)$ 之间的无限小泛函关系可以通过将式(6.161)在 (x,u) 处线性化得到：

$$\frac{\mathrm{d}}{\mathrm{d}t}\delta x(t) = (\nabla f(x(t)) + u(t)\nabla g(x(t)))\delta x + g(x(t))\delta u(t), \quad \delta x(0) = 0 \tag{6.170}$$

对于这个微分方程，δx 的基础解阵是

$$M(t) = (\nabla f(x(t)) + u(t)\nabla g(x(t)))M(t), \quad M(0) = I \tag{6.171}$$

从而可以得到

$$\delta x(T) = M(T)\int_0^T M(-t)g(x(t))\delta u(t)\mathrm{d}t \tag{6.172}$$

从而,泛函导数等于

$$\frac{\delta x(T)}{\delta u(t)} = M(T)M(-t)g(x(t)) \tag{6.173}$$

因此,一个控制 u 是控制图景的一个临界点,如果它满足

$$\frac{\delta J}{\delta u(t)} = \nabla J(x(T))M(T)M(-t)g(x(t)), \quad \forall\, t \in [0,T] \tag{6.174}$$

为了计算方便,我们引入伴随向量 $p(t)$,将其定义为

$$p(t) := \nabla J(x(T))M(T)M(-t) \tag{6.175}$$

它满足

$$p(t) := -p(t)(\nabla f(x(t)) + u(t)\nabla g(x(t))), \quad p(T) = \nabla J(x(T)) \tag{6.176}$$

这样一来,我们可以得到

$$\frac{\delta J}{\delta u(t)} = p(t)L_u x(t) := \phi(t) \tag{6.177}$$

它可以通过对方程(6.161)向前积分后对方程(6.176)向后积分求解得到.这样的计算方法不用对矩阵方程(6.171)求积分.

从式(6.174)我们无法知道怎样更明确地确定控制图景的临界点,因为控制图景泛函 $J[u]$ 关于 u 是高度非线性的.可以证明由于系统不满足能控性条件,在开放量子系统中,纯态目标态 x_f 在有限的终端时间都是不可达的,因此梯度向量 $\nabla J(x(T)) = \dfrac{n}{4(n-1)}(x_f - x(T))^{\mathrm{T}}$ 不可能等于 0.这就导致没有相应的运动学临界点存在.尽管如此,相应的控制图景当泛函导数 $\dfrac{\delta x(T)}{\delta u(t)}$ 不是满秩的仍然可能拥有次优的奇异临界点.

6.5.3 D-MORPH 算法

为了评估是否在控制图景拓扑中存在局部最优点,全局搜索算法(如遗传算法)可能

跨过这些点,从而这些算法不适合用来评估控制图景的拓扑结构.这里一种基于梯度的算法:D-MORPH 搜索算法可以用来在控制图景上搜索最优解.

在 D-MORPH 算法中,控制场 $u(t)$ 用一个变量 s 进行参数化得到 $u(s,t) \in L^2([0,T],\mathbf{R}), \forall s$.从而,在控制图景 $J[u(s,\cdot)]$ 中对应于微分变化 $\mathrm{d}s$ 的变化由 $\mathrm{d}J \equiv \dfrac{\mathrm{d}J}{\mathrm{d}s}$ 给出,其中

$$\frac{\mathrm{d}J}{\mathrm{d}s} = \int_0^T \mathrm{d}t \, \frac{\delta J}{\delta u(s,t)} \cdot \frac{\partial u(s,t)}{\partial s} \tag{6.178}$$

为了在控制图景上爬升,有必要令 $\dfrac{\mathrm{d}J}{\mathrm{d}s} \geqslant 0$,这可以通过下面的关系式来保证:

$$\frac{\partial u(s,t)}{\partial s} = \frac{\delta J}{\delta u(s,t)} \tag{6.179}$$

方程(6.179)定义了一个在控制函数空间中的梯度流,它可以用前向 Euler 方法(或其他高阶迭代方法,如果有必要)在 s 域上数值求解,即

$$u(s+\Delta s,t) = u(s,t) + \frac{\delta J}{\delta u(s,t)} \Delta s \tag{6.180}$$

其中对于每一个 s 以及 $\dfrac{\delta J}{\delta u(s,t)}$ 的值根据方程(6.177)计算.

接下来我们将研究一个一般的二能级开放量子系统的状态转移概率控制图景,并且研究这个系统达到离目标态最近的终态时的最优终端时间.

6.5.4　二能级系统状态转移控制图景

在本小节中,我们详细考虑一个一般的二能级系统的情况.在介绍该模型后,我们证明系统没有对应于非 0 控制场的临界点存在.最后,通过数值方法找到最佳的目标时间 T_{out},并讨论相应的最优控制场的行为.

受控的二能级系统的林德布拉德(Lindblad)方程可以写成

$$\dot{\rho} = -\mathrm{i}[H_0 + H_{\mathrm{c}}(t), \rho] + \frac{1}{2} \sum_{j=1}^3 ([L_j \rho, L_j^\dagger] + [L_j, \rho L_j^\dagger]) \tag{6.181}$$

其中 $H_{\mathrm{c}}(t) = u(t)\mu$;哈密顿量和林德布拉德算符可以用下式表示:

$$H_0 = \begin{bmatrix} -\dfrac{1}{2} & 0 \\ 0 & \dfrac{1}{2} \end{bmatrix}, \quad L_1 = \begin{bmatrix} 0 & 0 \\ \sqrt{\gamma_{21}} & 0 \end{bmatrix}, \quad L_2 = \begin{bmatrix} 0 & \sqrt{\gamma_{12}} \\ 0 & 0 \end{bmatrix}, \quad L_3 = \begin{bmatrix} \sqrt{2\Gamma} & 0 \\ 0 & 0 \end{bmatrix}$$

$$(6.182)$$

其中,γ_{21},γ_{12} 和 Γ 是正的描述与环境的相互作用的常数.γ_{21} 与 γ_{12} 对应于布居松弛,而 Γ 是纯相位退相干率.偶极子算符 μ 的可以被分解为

$$\mu = \cos\varphi\sigma_x + \sin\varphi\sigma_y \tag{6.183}$$

其中,φ 是在赤道平面上的方位角,表示的是控制所绕的轴线和 x 轴之间的夹角,矩阵 $\sigma_x := \begin{bmatrix} 0 & 1 \\ 1 & 0 \end{bmatrix}$ 和 $\sigma_y := \begin{bmatrix} 0 & -\mathrm{i} \\ \mathrm{i} & 0 \end{bmatrix}$ 是泡利(Pauli)算符.

在二能级的情况下,式(6.159)中的 X_1,X_2,X_3 可以分别选择为 σ_x,σ_y 和 $\sigma_z := \begin{bmatrix} 1 & 0 \\ 0 & -1 \end{bmatrix}$.这样一来,密度矩阵的相干向量就是众所周知的 Bloch 矢量:

$$\boldsymbol{x} = (x, y, z)^{\mathrm{T}} := (\mathrm{tr}(\sigma_x\rho), \mathrm{tr}(\sigma_y\rho), \mathrm{tr}(\sigma_z\rho))^{\mathrm{T}} \tag{6.184}$$

它的动力学方程是

$$\dot{x} = \underbrace{\begin{bmatrix} -\Gamma_{12} & 1 & 0 \\ -1 & -\Gamma_{12} & 0 \\ 0 & 0 & -\gamma_+ \end{bmatrix}}_{L_{H_0}+L_D} x(t) + \underbrace{\begin{bmatrix} 0 \\ 0 \\ \gamma_- \end{bmatrix}}_{f_0} + u(t) \underbrace{\begin{bmatrix} 0 & 0 & -2\sin\theta \\ 0 & 0 & 2\cos\theta \\ 2\sin\theta & -2\cos\theta & 0 \end{bmatrix}}_{L_\mu} x(t)$$

$$(6.185)$$

其中,$\gamma_+ := \gamma_{12} + \gamma_{21}$,$\gamma_- := \gamma_{12} - \gamma_{21}$ 和 $\Gamma_{12} := \dfrac{1}{2}(\gamma_{12} + \gamma_{21}) + \Gamma$.

自由哈密顿的作用是以等于 1 的常值角速度绕 z 轴旋转,而控制哈密顿的作用可以以任何角速度绕与 x 轴的水平夹角为 φ 的轴旋转.那么二能级系统的最优化问题可以定义为

$$\max_{u \in L^2([0,T],\mathbf{R})} J[u] := 1 - \frac{1}{4} \| x_f - x(T) \|^2 \tag{6.186}$$

不失一般性,初始状态选择为 $x_0 = [0 \ 0 \ 1]^{\mathrm{T}}$.$x(\cdot)$ 是系统(6.185)对应于控制 u 的状态轨迹,并且目标状态 x_f 是 Bloch 球上一个点.通过调用 D-MORPH 的算法,控制场

$u(t)$从$s=0$以$u(0,t)$出发,然后沿着控制图景上的某个轨迹向前运动,即在每一步s $\rightarrow s+\mathrm{d}s$,$u(s,t) \rightarrow u(s+\mathrm{d}s,t)$,直到满足6.5.2小节中的算法停止的仿真精度指标.

6.5.4.1 状态到状态转移图景的临界点

在本小节中,我们证明了对于系统(6.185),临界点条件(6.168)在平方可积的控制场空间$L^2([0,T],\mathbf{R})$是无法满足的,除非目标态被选择为南极点.而在后者的情况下,唯一的临界点是零控制场($u=0$).

令u对应于转移概率控制图景的一个临界点,$x(\cdot)$是对应的状态轨迹.根据式(6.176),伴随向量$p(t):=[p_1 \quad p_2 \quad p_3] \in \mathbf{R}^3$满足动力学方程:

$$\begin{cases} \dot{p}_1 = \Gamma_{12} p_1 - p_2 + 2u\sin\theta p_3 \\ \dot{p}_2 = p_1 + \Gamma_{12} p_2 - 2u\cos\theta p_3 \\ \dot{p}_3 = -2u\sin\theta p_3 + 2u\cos\theta p_2 + \gamma_+ p_3 \end{cases} \tag{6.187}$$

并且满足终端条件

$$p(t) = \nabla J(x(T)) \tag{6.188}$$

由式(6.177),我们有

$$\phi(t) = p(t)L_\mu x(t) = 0, \quad t \in [0,T] \tag{6.189}$$

初始条件$p(0)$可以由方程(6.189)在$t=0$推导得到,即

$$\phi(0) = p(0)L_\mu x(0) = 0 \tag{6.190}$$

$$\dot{\phi}(0) = -p(0)[L_{H_0} + L_D, L_\mu]x(0) + p(0)L_\mu f_0 = 0 \tag{6.191}$$

方程(6.190)和方程(6.191)表明

$\sin\theta p_1(0) = \cos\theta p_2(0)$

$(2(\Gamma_{12} - \gamma_+ + \gamma_-)\sin\theta + 2\cos\theta)p_1(0) = (2(\Gamma_{12} - \gamma_+ + \gamma_-)\cos\theta - 2\sin\theta)p_2(0)$

这两个等式当且仅当$p_1(0) = p_2(0)$时满足.因此非零的伴随向量$p(t)$的初始状态的形式为$p(0) = [0 \quad 0 \quad p_3(0)]$.由于伴随向量的定义可以有一个乘法常数,不失一般性,我们可以选择$p(0) = [0 \quad 0 \quad 1]$,求取式(6.177)关于$t$的二阶导数,控制场$u$由$p(t)$和$x(t)$的函数以反馈形式确定:

$$u(t) = \frac{p(t)[L_{H_0} + L_D, [L_D + L_{H_0}, L_\mu]]x(t) - p(t)(2(L_D + L_{H_0})L_\mu - L_\mu(L_D + L_{H_0})f_0)}{p(t)[L_\mu, [L_D + L_{H_0}, L_\mu]]x(t) - p(t)L_\mu^2 f_0}$$

$$\tag{6.192}$$

将 u 的表达式代入方程(6.185)和方程(6.187),结合初始条件 $p(0) = \begin{bmatrix} 0 & 0 & 1 \end{bmatrix}$ 和 $x(0) = \begin{bmatrix} 0 & 0 & 1 \end{bmatrix}^{\mathrm{T}}$,$(x(t), p(t))$ 唯一地被确定.由方程(6.174)和方程(6.176)可知,如果 $p(t)$ 平行于 $\nabla J(x(t))$(这里终端条件(6.188)变成了 $p(T) \parallel \nabla J(x(T)) \parallel$,因为 $p(0)$ 已被归一化),相应的控制 u 是控制图景的一个临界点.这个附加的条件不一定会满足,依赖于目标态在 Bloch 球上的位置.事实上,通过显式的迭代计算,不难检验对应于 $u = 0$ 的状态 $(x(t), p(t))$ 由下式给出:

$$x(t) = \left(0, 0, \mathrm{e}^{-\gamma_+ t} + \frac{\gamma_- (1 - \mathrm{e}^{-\gamma_+ t})}{\gamma_+} \right)^{\mathrm{T}}, \quad p(t) = (0, 0, \mathrm{e}^{\gamma_+ t})$$

并且满足 $p(t) L_\mu x(t) = 0, t \in [0, T]$.由唯一性知,$u = 0$ 是状态到状态转移概率控制图景的临界点的唯一候选者.我们检验了,式(6.192)中相应的分母不会等于 0.此外,当且仅当目标状态被选择为 $(0, 0, -1)$,零控制场确实是一个临界点.因此,我们得出这样的结论:对于二能级的开放系统,状态到状态的转移控制图景在 $L^2([0, T], \mathbf{R})$ 一般不存在临界点,除非目标态在南极点,并在该情况下,唯一的临界点是零控制场.此外,在后一种情况下,直观上知道零控制场不是问题(6.186)的解,因为强的短脉冲将使系统绕 x 轴旋转,并驱动它向南极靠近.这一显而易见的结果促使我们对问题(6.186)的解的存在性问题进行讨论,我们将在下一小节澄清这一问题.

6.5.4.2 解的存在性的讨论

在本小节中,我们引入可达集的概念来讨论问题(6.186)中目标泛函 $J[u]$ 的解的存在性.控制系统(6.185)在时刻 T 的可达集被定义为

$$R_T := \{ x(T), u \in L^2([0, T], \mathbf{R}) \}$$

其中,$x(\cdot)$ 是系统(6.185)从北极点出发,对应于控制 u 的轨迹.换句话说,R_T 是在时间 T、一些平方可积的控制场的作用下可以到达的所有状态的集合.这样一来,最优控制问题(6.186)等价于下面的问题:

$$\min_{x \in R_T} \parallel x_f - x \parallel^2 \tag{6.193}$$

不难证明可达集 R_T 不是一个闭集.因为当 x 接近单位圆时,它的范数沿着式(6.185)的动力学方程是严格单调下降的,所以所有的点 $(0, \sin\theta, \cos\theta), \theta \in (0, 2\pi)$ 都不能从 $(0, 0, 1)^{\mathrm{T}}$ 达到.因此,问题(6.193)可能没有理论上的解,所以问题(6.186)也可能没有解.事实上,6.5.4.1 小节中关于转移概率控制图景在 $L^2([0, T], \mathbf{R})$ 中不存在临界点的结论揭示了问题(6.186)在 $L^2([0, T], \mathbf{R})$ 中解不存在性.另一方面,让我们考虑一个稍微修改的问题:

量子系统建模、特性分析与控制

$$\min_{x \in Cl(R_T)} \| x_f - x \|^2 \tag{6.194}$$

这里 $Cl(R_T)$ 表示 R_T 在 $\mathbf{R}^3$ 中的闭包. 根据闭包的定义, $Cl(R_T)$ 是一个闭集, 并且它显然包含于单位球中, 因此它是有界的, 所以 $Cl(R_T)$ 是紧致的. 从而问题(6.194)的解的存在性由 $Cl(R_T)$ 的紧致性保证. 当目标态 x_f 不属于 R_T 时, 直观上很清晰地知道 x_f 与 $Cl(R_T)$ 的最小距离在其边界上得到. 注意到虽然 $Cl(R_T)$ 的边界不属于 R_T, 但是可由 R_T 中连续的点逼近. 换句话说, 存在控制序列能够驱动对应的轨迹的终点向 R_T 的边界逼近. 这种现象将被 6.5.5.1 小节中的数值实验验证.

6.5.5 D-MORPH 算法探索控制图景及最优控制时间

本小节将使用 D-MORPH 算法数值研究二能级量子系统(6.185)的转移概率控制图景(式(6.186)). 耗散系数被选择为 $\gamma_{12} = \gamma_{21} = \Gamma = 0.1$, 从而式(6.185)中的 f_0 消失. 这是单位的林德布拉德的特殊情况. 选择若干的 φ 值来执行数值仿真实验, 我们观察的数值结果对 φ 的值的选取不敏感. 因此, 我们以 $\varphi = 0$ 为例来说明数值研究结果, 即控制的作用是对应于绕 x 轴的旋转.

在 $s = 0$ 的初始控制场选择为

$$u(0, t) = \exp\left(-\frac{(t - T/2)^2}{2\sigma^2} \right) \sum_{m=1}^{3} a_m \sin(\omega_m t + \varphi_m), \quad t \in [0, T] \tag{6.195}$$

这个控制场包含了 3 个正弦分量, 每一个的幅值 $a_m > 0$, 载波频率为 ω_n, 并且有随机相位 $\varphi_m \in [0, 2\pi]$, $m = 1, 2, 3$. 在最优控制仿真实验中, 其中参数 σ, a_m, ω_m 分别在区间 $[1, 5], [1, 20], [1, 10]$ 上随机选择. D-MORPH 算法被用于执行最优仿真实验, 并当满足 $e < 10^{-3}$, 程序停止执行, 其中 $e = \sqrt{\sum_{j=1}^{M} \left(\frac{\delta J}{\delta u(t_j)} \right)} \cdot \sqrt{\Delta t}$, $M = \frac{T}{\Delta t}$, Δt 是时间步长.

6.5.5.1 T 固定时 J 的优化

这里, 我们考虑目标态是 $x_f = (1, 0, 0)^{\mathrm{T}}$, 目标时间是 $T = 2$. 目标态位于 x 轴上, 所以要求控制场与自由演化一起作用才能逼近目标点. 时间步长为 $\Delta t = 0.002$, 初始的控制场被离散化成 1000 个格点. 控制场可以在整个迭代过程中在每一个时间点 $u(s, t_j)$, $j = 1, 2, \cdots, 1000$ 上自由地变化.

图 6.18 显示了目标泛函 J 关于迭代次数的变化, 其中选择了 100 个随机的初始控

制场. 可以看到,每一个初始控制场对应的 J 的值都渐进地达到相同的最大值 0.9728,当梯度 $\delta J/\delta u$ 接近 0 时,最终得到的优化控制场均是不同的.

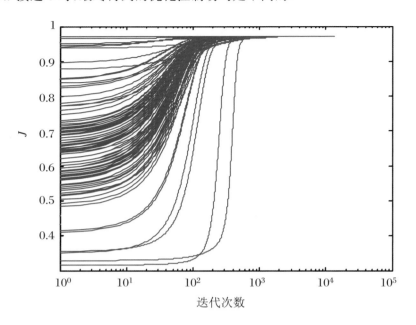

图 6.18　100 个随机初始控制场对应的目标泛函关于迭代次数的变化曲线

图 6.19 展示了我们已经讨论的向可达集 R_T 边界的收敛行为的示意图,其中,红色符号"＋"代表对应不同仿真精度的状态轨迹的终点;二维曲面代表 $\mathbf{R}^3$ 的边界. 因为选择的目标态 R_T 不能够达到,搜索轨迹收敛到离目标态最近的可达集中的某一个点. 所有的状态轨迹收敛到一个同样的最终状态而不依赖于初始控制场,预示着集合 $Cl(R_T)$ 具有局部凸性. 需要进一步研究来表征可达集边界的特点,这个可达集一般依赖于林德布拉德方程的所有参数和控制时间 T.

6.5.5.2　最优目标时间

对于一个可控的封闭系统,该系统可以从初始状态被驱动到任何目标状态,假如终端时间 T 是足够大的. 但是对于开放量子系统,T 越大,由于系统的耗散,状态会朝 Bloch 球的中心运动得越多. 本小节将数值方法探讨转移控制图景作为终端时间 T 的函数的最大值. 特别地,我们期望找到最佳时间 T_{opt} 使得目标泛函 $J[u]$ 的值最大.

为了做到这一点,我们首先以步长 $\Delta T = 0.1$ 从 0.5 到 3 选择 T 的值,目标状态为 $x_f = (1,0,0)^{\mathrm{T}}$. 对于每个 T,我们以 50 个随机选择的初始控制场来执行最优控制仿真,结果表明,对于每一个 T,所有的仿真达到相同的最大值. 然后目标泛函关于 T 的函数被显示在图 6.20 中,其中的放大的图给出了一个最优的 T_{opt} 值.

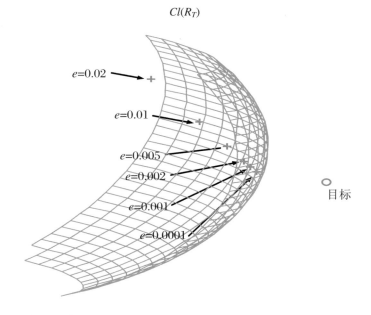

图 6.19　向可达集边界上一点收敛的示意图

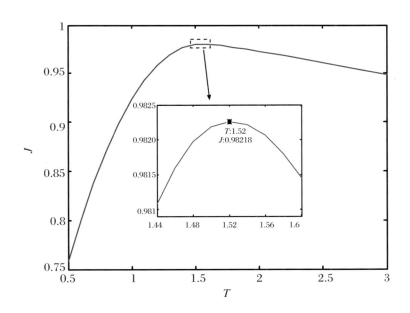

图 6.20　目标函数关于终端时间 T 的变化曲线

如图 6.20 所示,目标泛函在 R_T 时达到它的最大值.为了更准确地找到最优的终端时间,我们进一步以 $\Delta T = 0.02$ 为步长将 T 从 1.44 到 1.6 离散化,结果表明最佳时间 T_{opt} 非常接近于 1.52,对应的目标泛函是 $J = 0.98218$.接下来的仿真中,这个过程将不断地执行来找到对应于不同目标态和耗散率的最优终端时间.

6.5.5.3 最优控制与对应的轨迹

在本小节中,我们研究对应于 T_{opt} 的最优控制的行为和相应的轨迹.实验结果表明最优控制包含时间短的强子脉冲,并且最优控制脉冲的结构与目标状态的位置和耗散率有关.

首先,考虑两个目标状态 $x_f = (1,0,1)^{\mathrm{T}}$ 与 $x_f = (0.6,0,-0.8)^{\mathrm{T}}$,它们分别位于 Bloch 球的赤道和南半球上.耗散率选择为 $\gamma_{12} = \gamma_{21} = \Gamma = 0.1$.

图 6.21 给出了对应 $x_f = (1,0,1)^{\mathrm{T}}$ 的最优状态轨迹,其中,最优时间是 $t_{\text{opt}} = 1.52$,$j = 0.98218$;最优轨迹 AB 绕 x 轴快速旋转,点 B 和 C 非常接近 $(0,1,0)$,CD 是在赤道上的绕 z 轴的自由演化.

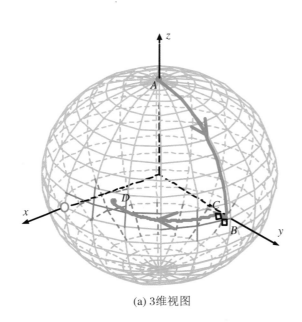

(a) 3维视图

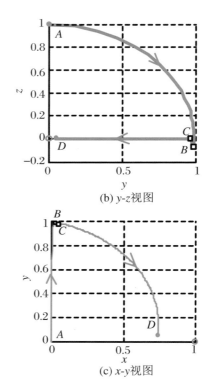

(b) y-z视图

(c) x-y视图

图 6.21 对应于 $x_f = (1,0,1)^{\mathrm{T}}$(红色圆圈)的最优轨迹(红线)

图 6.22 显示了相应的初始控制(蓝线)和最优控制(红线),其中点 A, B, C 对应于图 6.21 中相应的点. 显而易见的是,位于时间段开始的短的强的子脉冲使得状态围绕 x 轴旋转大约 $\pi/2$(请看图 6.21 中的 AB 几乎是在球的表面上. 因为此时相比于强的控制脉冲,耗散和自由哈密顿的作用可以忽略不计). 点 B 和 C 非常接近 $(0,1,0)$,弧 CD 是绕 z 轴的自由演化.

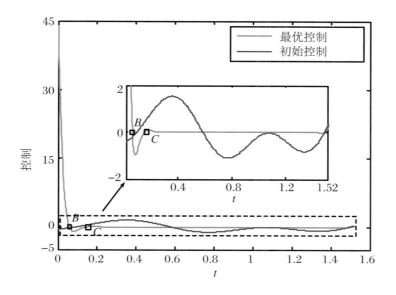

图 6.22　对应于 $x_f = (1,0,1)^\top$ 的初始控制和最优控制

为了评估 BC 是否是短脉冲的一部分,我们也做了进一步的实验. 在这些实验中,设定了更高的仿真精度为 σ 或减小时间步长. 结果是点 B 和 C 更加接近 $(0,1,0)$,并且 AB 段子脉冲的幅度要比原来大,时间更短. 并且当初始态选择为 $(0,1,0)$,得到的目标泛函的最大值为 $J = 0.98224$. 从而,我们可以推测可达集边界上的最优点可以由一个 Dirac 脉冲作用下快速旋转到 $(1,0,1)^\top$,接着是自由演化达到,而图 6.21 中观察到的强的短脉冲是 Dirac 脉冲的近似.

图 6.23 显示了对应于目标态 $x_f = (0.6,0,-0.8)^\top$ 的状态最优轨迹,其中最优时间是 $T_{\mathrm{opt}} = 0.62$, $J = 0.9962$. CD 是在赤道上的绕 z 轴的自由演化.

图 6.24 显示的是对应的初始控制(蓝色)和最优控制(红色). 从中可以发现最优控制($T_{\mathrm{opt}} = 0.62$)由两个分别位于时间轴开始和结尾的子脉冲组成. 这两个脉冲由一个长的控制场为 0 的时间段连接,这个零控制场对应于赤道上的状态自由演化.

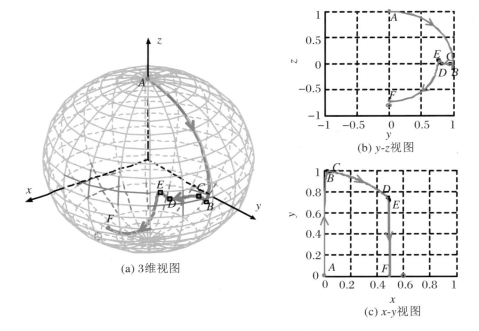

(a) 3维视图

(b) y-z视图

(c) x-y视图

图 6.23　对应于 $x_f = (0.6, 0, -0.8)^\top$(红色圆圈)的最优轨迹(红线)

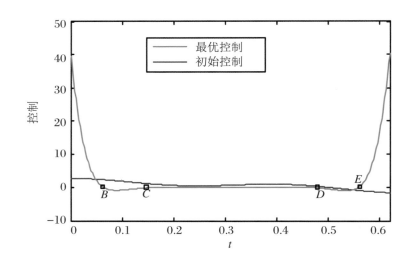

图 6.24　对应于 $x_f = (0.6, 0, -0.8)^\top$ 的初始控制和最优控制

　　其次,我们检查不同的耗散速率对最优控制脉冲结构的影响.这里,我们考虑了 $\gamma_{12} = 0.3, \gamma_{21} = 0.1, \Gamma = 0.1$ 的情况,对应于 $\Gamma_{12} = 0.3, \gamma_+ = 0.4$ 和 $\gamma_- = 0.2$.目标态选择和图 6.23 中的一致.图 6.25 给出了最优状态轨迹,其中最优时间是 $T_{\text{opt}} = 1.52, J =$

0.9936，与图 6.23 不同之处是 BC 不再位于赤道上.

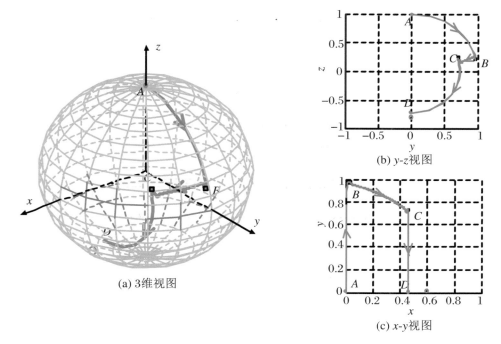

(a) 3维视图

(b) y-z视图

(c) x-y视图

图 6.25　对应于 $\gamma_- \neq 0$，目标态 $x_f = (0.6, 0, -0.8)^\top$（红色圆圈）的最优轨迹（红线）

　　图 6.26 是对应的初始控制（蓝色）和最优控制（红色），其中与图 6.24 不同之处是连接两个子脉冲的控制不是 0. 从中可以发现最优控制包含两个分别位于时间轴开始和结尾的短的强子脉冲. 但是连接两个脉冲的控制不是零，与图 6.23 中所示的 $\gamma_- \neq 0$ 的情况形成鲜明对比. 因为在此情况下，在 BC 段非零的控制用来平衡缓慢演化中的 γ_- 的影响.

　　我们从图 6.22、图 6.24、图 6.26 中观察到，对应于最优时间 T_{opt} 的每个最优控制都有短的强子脉冲的特性. 这与封闭的单自旋系统控制无约束的最小时间的情况类似. 对于弱耗散量子系统，方程（6.186）中的最优控制问题的解应该与相应的封闭系统的解接近. 对应地，最优轨迹的行为也与封闭系统的类似，并且最优时间与封闭系统的最短时间接近. 例如，对于图 6.21 中的情况，如果没有林德布拉德项，最小时间应该是 $\pi/2$，它比开放系统的 $T_{\text{opt}} = 1.52$ 要大，这是因为林德布拉德项使得状态向 Bloch 球的中心运动.

　　本节探讨了由林德布拉德方程描述的开放量子系统的状态转移概率控制图景，采用解析方法和数值方法研究了二能级开放量子系统的状态转移概率的最优化. 理论的分析表明从 Bloch 球上的北极到任意（除了南极点）的目标态的状态转移概率控制图景没有控制临界点（控制是有界的）；对于目标态是南极点的情况，只存在唯一的对应于零控制场的临界点. 此外，数值实验证明了一个最优终端时间是存在的，对应于这个最优时间的转移概率达到控制图景上的最高值,并且所对应的最优控制包含短的强子脉冲.

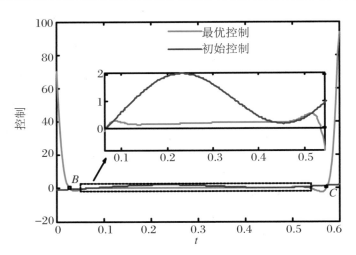

图 6.26 对应 R_T 的初始控制(蓝色)和最优控制(红色)

小结

本章系统地研究了封闭与开放量子系统的最优控制,其中包括:双线性系统下的量子系统最优控制、平均最优控制在量子系统中的应用、几何控制和棒棒控制、基于超算符变换的开放量子系统最优控制,以及 n 能级开放量子系统的状态转移控制图景的研究.不论是封闭还是开放量子系统,对于单量子位,单位 Bloch 球上的研究都不失为一个好的方法,一旦单量子位的特性与控制情况分析清楚,对高量子位系统的控制研究的理解与数学推导就容易得多.

第 7 章

量子系统状态调控的闭环反馈控制方法

根据李雅普诺夫理论设计控制律的方法由于所得到的控制律的稳定性能得到保证，且能比较简便地设计控制律，因此在生产实际中被普遍采用．而自 2002 年以来，李雅普诺夫理论首次应用到量子系统中，形成量子李雅普诺夫方法后，这种控制方法越来越受到关注．纵观其研究历程，它的发展可以分为两个方向：一个是量子李雅普诺夫方法在量子调控中的应用及其随之产生的目标态的收敛问题；另外一个是将其与其他控制方法或技术相结合，以提高控制性能．

关于第一个研究方向，研究者们已经做了大量的工作．早期人们针对薛定谔方程的本征态，利用微分几何理论、拉塞尔（Lassale）不变原理等工具分析其收敛性，在此基础上，李雅普诺夫量子控制方法实现了一个激发本征态的高概率的布居分布．此后，李雅普诺夫方法被成功用于叠加态（Cong, Zhang, 2008）、混合态（Kuang et al., 2009）的制备，这促使人们开始研究更一般量子态的收敛性．对于这个问题，Wang 等和中国科学技术大学丛爽研究小组做了大量的工作（Cong, Zhang, 2008；Cong, Zhang, 2009；Lou et al., 2011；Kuang, Cong, 2008；Kuang et al., 2009）．Wang 和 Schirmer（Wang, Schirmer,

2008)针对一般的混合态量子系统,探讨了以观测量平均作为李雅普诺夫函数的控制律设计问题,并从运动学的角度分析了系统不变集状态的稳定性,指出当系统能控时,不变集中的状态除了初始状态和目标状态外都是运动学上的鞍点.当然这些收敛性的结果都是基于系统是理想的(非简并)情况下得到的.针对系统简并的情况,Lou 等 2001 年提出了一种量子跃迁路径规划问题,利用李群分解技术,通过规划量子演化的路径使其能够达到目标态;博沙尔(Beauchard)等 2007 年利用隐函数的思想,在系统控制项中加一个扰动,使得系统能一直满足收敛性条件,最终实现系统向目标态收敛.利用该方法,赵(Zhao)等 2009 年将其推广到了更一般的基于观测算符平均值的李雅普诺夫函数中,孟(Meng)等 2012 年将其推广到了多个控制哈密顿量的情况.而且隐李雅普诺夫方法还用在了存在二阶控制项的哈密顿控制系统中(Grigoriu,2011).

　　而第二个发展方向最明显的体现就是李雅普诺夫方法与无退相干子空间的结合使得量子李雅普诺夫方法能够用在开放量子系统的状态调控中.Wang 和 Schirmer 2009 年证明了量子李雅普诺夫控制中常用的 Hilbert-Schmidt 距离不适用于开放量子系统动力学,但同年,Yi 等利用无退相干子空间,结合李雅普诺夫方法,针对伽玛(Gamma)型的四能级系统,将系统初态驱动到了无退相干子空间中的一个目标态.次年,Wang 和 Schirmer 等将被控系统拓展至了更一般的四能级开放量子系统中.而最优技术应用到李雅普诺夫量子控制方法中,也将明显提高控制的性能,如 Hou 等 2012 年利用最优技术优化李雅普诺夫函数,使其下降速度尽可能快,使得系统演化到目标态的时间比传统的李雅普诺夫方法要短许多.

　　从第一个研究方向的研究成果中可以看出,想要采用李雅普诺夫方法进行量子控制器的设计,需要满足的条件是苛刻的.那些数学上要求必须满足的条件在实际量子物理系统中往往是无法实现的.如果想真正把李雅普诺夫方法应用到量子控制系统中,必须解决这些问题.本章给出两种最具代表性的研究成果:基于李雅普诺夫量子系统控制方法的任意状态的调控,以及解决实际物理系统无法满足量子李雅普诺夫控制理论要求的统一的量子李雅普诺夫控制方法.

7.1　基于李雅普诺夫量子系统控制方法的状态调控

7.1.1　引言

　　纳米技术与纳米制作工艺技术的提高,以及量子效应如量子信息处理新应用兴趣的增长,使得量子现象的控制在很多不同的研究领域包括量子计算、量子化学、纳米级材料及玻恩--爱因斯坦压缩等方面正在得到极大的关注,引起世界范围的广泛兴趣.将宏观领域中的系统控制理论延伸到量子领域,或将系统控制的思想扩展到不受控于经典定律而由量子效应控制的物理系统,在最近的十年里逐步成为一个重要的交叉学科的研究领域.量子系统控制方法及其技术也已经成为国际科技界的一个前沿研究方向.量子控制理论是宏观世界中的经典和现代控制理论对微观世界中的量子系统的应用.所研究的问题主要是从系统论和控制论的观点探讨量子系统状态和轨迹的调控及其演化.量子控制方法是从系统控制的角度,利用控制理论结合量子系统所具有的特点,对量子态调控及其轨迹跟踪的外加控制律进行理论设计的研究.如何根据量子系统本身所具有的特点,开发出适合量子系统的控制理论与方法一直是人们努力追求的目标.到目前为止,在量子系统控制理论的研究中,可控性问题已受到了大量的关注并取得了相当多的研究成果,特别是对于有限维封闭量子系统的可控性研究较为成熟.在系统可控的前提下,如何设计出合适的控制律以实现期望的控制任务则是量子控制理论的另一重要研究方向.与宏观世界中被控系统的状态不同,量子系统的状态及其应用涉及制备和调控具有特殊存在形式的状态,例如,在化学反应的分子动力学中,为了能有效控制产物形成的选择性,人们需要对相应的分子系统进行主动控制:借助激光辐射的强度和相位来操纵系统的布居,使之从分子系统的某一初始基态以高概率转移并稳定在一个指定的激发态上,实现对期望反应产物的选择性控制.

　　在量子计算中,利用辐射诱导原子和分子的激发,并由此驱动微观运动以生成指定目标态上的布居转移就是一种运算操作,尤其是完全的布居转移可以用来制备一个初始纯态,而量子并行运算的快速性是依赖于量子系统所独特具有的相干性,也就是叠加态的运算.在量子保密通信的应用中,所用到的最关键的量子态就是纠缠态.所有这些量子态的制备、调控和保持都是一个量子控制理论和方法所需要解决的问题.最后,一个完整的量子控制理论必须对其控制方法所能达到的精度进行理论分析与研究.在此方面,量子控制理论与宏观系统也有所不同:由于量子系统是对不确定的概率进行控制,只要是误差不为零的稳定控制,就意味着可能100%达不到控制目标.这就提出了一个苛刻的要求:任何一个可达的量子控制方法必须保证是误差为零的收敛控制.综上所述,一个量子控制理论的成形,必须在有能力对具有特殊需求的各种量子态调控的同时,设计出收敛的量子控制律.

到目前为止,已经发展出不少量子控制方法和技术.最简单的是π脉冲动力学方案,它是利用共振单光子跃迁或者相应的共振双光子的拉曼(Raman)跃迁,通过控制脉冲面积来建立相干态.它可以实现两级系统布居的完全翻转,该调控技术的缺点是难以精确控制激发脉冲的强度和持续时间.在基于绝热背景的理论研究方面,也提出和实现了一些量子调控技术,例如,啁啾绝热通道(CHIRAP)技术和受激拉曼绝热通道(STIRAP)技术.在CHIRAP和STIRAP技术中,诸如频率或振幅包络之类的激光参数的调整极其缓慢,以满足系统的跃迁只沿着绝热定义的缀饰态进行.这一设计方案的目的是实现到达期望本征态的完全布居转移,因而把这些理论用于更一般的要求对叠加态或混合态的量子态的控制将是相当困难的.更进一步的量子控制方案是基于测量的量子反馈控制方法.这一方法中所涉及的测量问题是用测量算符来描述的.不过一般量子系统中测量算符的可实现性以及实现的困难度一直以来是基于测量的量子反馈控制理论所面临的一个严峻问题.在现有的量子控制方法中,应用最成功的应当是:基于宏观系统中的最优控制理论(OCT)的量子最优控制技术.它是将一个状态调控问题转变成一个全局优化问题.在这一控制技术中,(不含时)性能指标的定义比较灵活,因此可以用于多种优化问题.但是,基于OCT的量子最优控制的主要缺点是:所要解决的优化问题是一个"两点边值问题",系统状态及其伴随状态的运动方程都依赖于未知的控制场,人们只有从猜测控制场开始,通过不断迭代来完成控制场的设计与优化.这不仅需要大量的数值计算,而且极大地限制了对于复杂量子系统以及需要快速响应的量子控制问题的应用.能够避免迭代、设计相对简单并可实现实时反馈控制的量子控制方法就是本世纪初被引入量子系统控制中的基于李雅普诺夫的量子控制方法.

纵观量子李雅普诺夫方法的研究历程,可以将其分为两个阶段:第一个阶段为物理、化学领域的一些学者对量子李雅普诺夫方法的应用.他们常常将此方法称为局部(优化的)控制方法.为了专门的控制目的,他们已经将该方法成功用于许多具体的量子调控问题中,例如,pump-dump类型的反应控制、异构化、分裂反应控制等.在这些具体问题的研究中,量子态控制的目标主要集中在高效实现一个激发本征态的布居分布上,此外也包括通过实验或仿真实验尝试实现量子系统的布居分布、路径转移、波包成形等具体任

量子系统建模、特性分析与控制

务. 由于这些研究的重点在于对外加控制的设计方面,而对于最终的状态控制或控制效果上缺乏理论上的分析和保证,因此对于不同的系统无法判定和确保期望的最终控制效果的实现.实际上,即使仅通过系统仿真实验,也能够容易地发现,采用基于李雅普诺夫的量子控制方法设计出的控制律,并不能 100%保证控制目标的实现.这是因为该方法是一种仅仅保证系统稳定的控制方法,而量子系统的概率控制这一特殊的自身性质,恰恰要求必须采用收敛的控制方法.这就导致了第二阶段的研究:系统控制与数学领域中的学者对基于李雅普诺夫的量子控制方法的研究,其研究的重点放在从理论上分析系统状态演化的收敛性或状态稳定化问题上,为物理、化学领域的学者在这一方法具体应用的可达性上提供了理论上的分析依据,其中,对于完全确定的李雅普诺夫函数,Mirrahimi 等在纯态模型以及假定目标态是本征态的前提下,利用不变原理论证了系统状态演化对于目标态的渐进稳定性与围绕本征态处的线性化系统的可控性的等价性,提出了线性化系统不可达的情形下利用绝热演化对于目标本征态的渐进跟踪方法(Mirrahimi et al.,2005);阿尔塔菲尼(Altafini)和剑桥大学席默尔(Schirmer)研究组则针对密度算符描述的系统模型,分别利用动力系统理论和不变原理重点分析了闭环系统的任意状态的收敛性问题(Altafini,2007a;Altafini,2007b;Wang,Schirmer,2009a).丛爽研究组也一直致力于基于李雅普诺夫的量子控制方法的研究,不但提出了完全确定的量子李雅普诺夫函数下不借助扰动实现理想系统两个本征态间转移的控制律设计方法(Cong,Kuang,2007),而且提出了带有附加自由度的李雅普诺夫控制方法,并论证和比较了出现过的几种纯态量子李雅普诺夫函数下的稳定化效果(Kuang,Cong,2008).基于李雅普诺夫的方法还设计出无须迭代的量子系统最优控制;制备出叠加态(Cong,Zhang,2008);提出最优纯态的量子控制策略(Cong,Zhang,2009);针对对角型李雅普诺夫函数,利用不变集原理提出了保证系统收敛的控制方案(Kuang et al.,2009).

与宏观控制系统相似,我们认为量子控制系统也分为两大类:状态转移控制与轨迹跟踪.在量子系统的状态转移调控中,又可细分为纯态控制和一般态控制.针对每一种控制问题都已经产生出多种不同的控制策略.而每一种控制策略都具有自己的特性,即适用范围以及局限性.有计算量大小、求解及其实现难易以及控制性能上的差异.所以一个完整的量子系统控制过程实际上是一个选择合适的模型以及合适的控制策略来达到期望目标的过程,这就要求设计者熟悉多种不同模型及其相关控制策略的特点.为此,本节专门对已经提出的几个具有代表性的基于李雅普诺夫量子控制方法的特点进行分析综合以及性能对比研究.基于李雅普诺夫方法控制的最大优势就是避免迭代求解,不需要求解被控系统的偏微分方程,直接根据李雅普诺夫第二(间接)稳定性定理来获得调控系统状态的控制律.这就使得极快速的量子控制有可能实现.一般而言,对一个系统进行控制器的设计,其前提是该系统必须是可控的,否则对于任何系统输入其系统输出状态都将发散,无论采用何种理论或方法对其进行控制器设计都是徒劳的.因此,在对任何系统进行控制器设计之前,需要对被控系统的可控性进行研究,即先弄清楚被控系统是否可控.系统可控性条件就是其研究成果.它的主要作用(或功能)就是给人们提供了方便的判断被控系统是否可控的条件准则,仅此而已.它不参与任何控制器的设计.另一方面,从系统控制的角度来研究问题,由某个系统控制理论所设计出的控制器能够使用的基本条件是:在此控制器的作用下,整个控制系统应当是稳定的;如果控制系统不但稳定而且收敛,则说明在此控制器的作用下,系统的跟踪误差可达到 0 值.由于稳定性只能保证系统的跟踪误差落在某个允许的小的范围内,所以稳定性不保证收敛性,而收敛的系统一定是稳定的.从系统控制的角度来看,一个控制系统是否为反馈(或闭环)控制,主要取决于所设计出的控制律在表达形式上是否是被控系统输出状态的函数,如果控制律与系统输出状态有关就是反馈控制,无关就是开环控制.所以在量子系统控制中,就控制系统结构图来分类也分为开环控制系统和闭环控制系统两大类.反馈控制是一种典型的闭环控制.实际上,利用宏观控制理论所设计出的量子系统反馈控制律也可以通过基于模型的数学表达式计算出系统的输出状态,并设计出相应的反馈控制律.这种基于模型的状态反馈控制的前提是被控系统的状态确实能够按照模型进行演化,这意味着被控系统是一个封闭量子系统,因为该情况下从模型获得系统状态与实际被控系统输出是一致的.由于开放量子系统导致更复杂的数学模型,所以迄今为止绝大部分量子控制研究都限于封闭量子系统,这也是本节研究的范围.

对于实现控制目标的工作,李雅普诺夫控制方法已经被用于状态转移,包括封闭量子系统(Kuang,Cong,2008;Wen,Cong,2011;Yang,Cong,2010;Zhao et al.,2012)和开放量子系统(Cong et al.,2013)、状态跟踪(Cong,Liu,2012;Liu et al.,2012)及量子逻辑门制备(Liu,Cong,2014)等工作.不过并不是所有依据李雅普诺夫定理设计的控制律都可以完成控制任务,还需要在理论上研究设计的控制律的收敛性.对于控制律的收敛性分析,Mirrahimi 及其合作者研究了封闭量子系统本征态的收敛控制,结果表明在系统哈密顿量满足一定条件下,系统状态可收敛到目标态.在此基础上,Kuang 和 Cong 解决了封闭量子系统本征态的收敛控制问题,并研究了封闭量子系统对角混合态的收敛控制(Kuang,Cong,2010).此后,Wang 和 Schirmer 分别研究目标态具有非退化本征谱和退化本征谱时的状态收敛问题(Wang,Schirmer,2010a;Wang,Schirmer,2010b).这两组研究者的工作结果都是要求量子系统的哈密顿量满足很强的条件——强正则和全连接,这为控制理论的实现带来了困难.为了突破这个限制,隐李雅普诺夫方法被引入量子系统控制(Beauchard et al.,2007;Zhao et al.,2012;Cong,Meng,2013),其中 Cong 和 Meng 分别基于薛定谔(Schrödinger)方程和刘维尔(Liouville)方程,研究了使用隐李雅普诺夫控制方法来解决封闭量子系统退化情况下任意目标态(本征态、叠加态及混合态)

的收敛控制(Cong,Meng,2013).而 Zhao 等通过使用多个李雅普诺夫函数并设计开关控制(switching control)同样解决了封闭量子系统退化情况下的状态收敛控制问题(Zhao et al.,2012).与其他控制方法类似,使用李雅普诺夫方法设计控制律的最终目的是在实际系统中使用,目前这方面的工作还没有取得显著的成果.但是,一些学者已经考虑并做了相关工作,比如 Gao 等将李雅普诺夫方法应用于半导体双量子点中,设计出满足物理系统和实际脉冲发生器的控制律,实现量子位高性能的状态转移(Gao et al.,2015).

7.1.2 量子系统的状态驱动

7.1.2.1 量子被控系统模型的描述

与宏观系统控制的方式相似,在量子系统控制中,可以有多种描述被控系统模型和控制问题的方式.系统模型可以采用薛定谔方程或刘维尔方程.具体到某个被控系统是采用哪种模型表示,应取决于所要解决的控制问题.相对于刘维尔方程,采用波函数作为变量的薛定谔方程相对简单,但它只能对纯态进行调控,不能对混合态进行调控.而采用密度矩阵作为变量的刘维尔方程没有此限制.考虑双线性哈密顿量的控制系统:

$$\frac{\partial}{\partial t}\hat{\rho}(t) = -\mathrm{i}\left[\hat{H}_0 + \sum_{m=1}^{M} f_m \hat{H}_m, \hat{\rho}(t)\right] \tag{7.1}$$

其中,$\hat{H}_0$ 是系统(自由)内部哈密顿量,$\hat{H}_m$ 是(控制)外部哈密顿量.假定 $\hat{H}_0$ 与 $\hat{H}_m$ 均独立于时间;$f_m(t)$ 是一个允许的外部控制场,它是实数.为了简单起见,我们取普朗克常数 $\hbar = 1$,而将其忽略.

一个哈密顿系统的演化是幺正的.一个纯态幺正控制问题常常用希尔伯特空间的波函数 $|\psi\rangle$ 所遵循的薛定谔方程的演化来描述为

$$\frac{\partial}{\partial t}|\psi\rangle = -\mathrm{i}\left(\hat{H}_0 + \sum_{m=1}^{M} f_m \hat{H}_m\right)|\psi\rangle \tag{7.2}$$

当对系统状态在纯态之间进行调控时,波函数所描述的式(7.2)等价于采用密度算符描述形式,因为有 $\hat{\rho}(t) = |\psi\rangle\langle\psi|$.但是式(7.2)不适用于混合态,这也是式(7.2)的适用范围.需要指出的是,尽管可以将系统模型(7.2)看作模型(7.1)的一种特殊情况,但在具体的研究中,纯态情况下往往可以得到一些更为直观、简洁的结论,且时常可以为模型

(7.1)的研究提供一些启发性的思路.

7.1.2.2　量子系统控制问题的描述

从系统控制的角度来看,根据系统控制理论设计出控制律的最大优势就在于:可以通过理论来设计控制律并确定其中的所有参数而不是靠实验调节来获得最优控制律,使控制系统的实验获得最佳控制效果,因此对实际系统实验具有指导意义.从这个意义上来说,控制律的设计最终都可以归结到寻求最佳控制参数的问题上.这在量子系统科学工程中存在许多挑战:

(1) 一般情况下这不是一个凸优化问题;

(2) 寻优空间往往是无限维的:控制范围被定义在区间 $[0, t_f]$,也可能是无限的 $[0, \infty)$ 区间;

(3) 计算量极大,因为涉及偏微分方程的求解;

(4) 系统被控模型常为非标准形式,很难求解;

(5) 系统被控模型的精度不够.

减少无限维寻找空间的途径之一就是通过控制参数来得到一个有限维里的控制解.这也是最常用的处理手段,对应的控制方案就是采用"平滑常数函数逼近".参数化控制场的一般形式为:$f(t) = \sum_{m=1}^{M} a_m \cos(\omega_m t + \varphi_m)$,其中,控制参数 a_m,ω_m 和 φ_m 就是需要通过系统控制理论进行优化的参数.

量子系统最典型的控制问题是:设计一组控制函数 $f_m(t)$,$m = 1, \cdots, M$,使系统状态从一个给定的初始态转移到一个期望的目标态.在量子系统控制中,常称为状态驱动,或状态制备,也可以统称为状态调控.此时,期望到达的目标态是固定的:ψ_f 或 ρ_f.状态驱动的类型可以分别是纯态和一般态.

从系统控制的角度来说,对一个系统状态的调控,一般是指所设计出的控制律能够完成从任意初态驱动到期望的目标态,并能够最终稳定在该目标态上的控制.结合量子系统本身的特性,对量子系统状态的控制问题,从严格意义上来说,仅能够稳定系统的稳态,也就是本征态.对于系统的非稳态的调控,只能说将目标态稳定在其自行演化的轨道上.

更进一步,如果期望的目标态不是一个固定的态,而是一个随时间变化的函数,此时只能采用密度矩阵表示的刘维尔方程来描述.这里又可分为两种情况:一种情况是目标态是一个自由演化方程,满足:$\dot{\rho}_f(t) = -\mathrm{i}[H_0, \rho_f(t)]$;另一种情况是目标态为一个随时间变化的任意函数:$\rho_f(t) = f(t)$.

量子系统一般的控制问题是:设计一组控制函数 $f_m(t)$,$m = 1, \cdots, M$,使系统从其

初始状态 ρ_0 收敛到期望的目标态 ρ_f. 由于一个哈密顿系统的演化是幺正的,所以其状态 $\rho(t)$ 的频谱是时不变的,或等价于 $\mathrm{tr}\left[\rho^n(t)\right] = \mathrm{tr}\left[\rho_0^n(t)\right]$, $\forall n \in \{1, \cdots, N\}$. 因此为了保证目标态 ρ_f 的可达性,必须要求 ρ_0 与 ρ_f 具有相同的频谱(或熵),且系统是密度矩阵可控的. 如果 ρ_0 与 ρ_f 的熵不同,我们可以通过最小化它们之间的距离 $\|\rho(t) - \rho_f(t)\|$ 来达到目标.

可以分析出,只要 ρ_f 与 $\hat{H}_0$ 是对易的,即 $[\hat{H}_0, \rho_f(0)] = 0$ 成立,那么 ρ_f 就是固定的. 因此量子态的控制问题对大多数目标态而言,就是一个状态调控问题. 而对于非固定目标态 $\rho_f(t)$ 的控制问题就是轨迹跟踪问题:寻找一个控制 $f(t)$ 使初始态 ρ_0 的轨迹 $\rho(t)$ 在外加控制作用下的演化渐进收敛到一个目标轨迹 $\rho_f(t)$ 上. 在量子系统的状态跟踪中,可能涉及轨迹跟踪与轨道跟踪问题. 有人认为 $\rho(t)$ 本身是个轨迹,而目标态 ρ_f 运行在自身的一个轨道上. 轨道上的路径在量子态上表现出的是全局相位,其变化对态的幅值没有影响,所以在状态控制过程中一般不予考虑. 轨迹 $\rho(t)$ 是一个随时间变化的函数,是控制律可以影响的被控量.

7.1.3 基于李雅普诺夫量子控制方法的特性分析

现实世界中的实际系统往往是复杂的、非线性的,大多数情况下很难精确求出表征系统动力学特性的非线性方程的解. 系统控制理论是根据一些数学上可以使用的分析工具,在不需要对其进行精确求解的情况下,仅通过对这些非线性被控系统的行为及其特性进行分析来获得控制系统的信息.

基于李雅普诺夫控制的基本思想是:基于李雅普诺夫有关的稳定性定理,对于一个自治的动力学量子系统 $X = f(x)$,构造一个李雅普诺夫函数 $V(x)$:它是一个定义在相空间 $\Omega = (x)$ 上的可微标量函数,且 $\forall x \in \Omega$,有 $V(x) \geqslant 0$. 利用确保系统稳定性的条件 $\dot{V}(x) \leqslant 0$,来求解此式成立情况下系统的控制律. 所以基于李雅普诺夫控制方法设计的关键是李雅普诺夫函数 $V(x)$ 的构造. 因为如果 $V(x)$ 构造得不合适,得不到 $\dot{V}(x) \leqslant 0$,则设计失败. 只要能够构造出一个 $V(x) \geqslant 0$,同时能够得到 $\dot{V}(x) \leqslant 0$,就能够成功地设计出一个基于李雅普诺夫方法的控制律. 必须强调的是,从系统控制理论的角度来看李雅普诺夫稳定性定理所给出的条件只是充分条件,不是必要条件,换句话说,找不到合适 $V(x) \geqslant 0$,使 $\dot{V}(x) \leqslant 0$,不能说系统就一定不稳定. 如果找不到这样一个李雅普诺夫函数来设计出有效的控制律,也不能说该系统不能控,最多只能说基于李雅普诺夫的设计方法对该系统不适用.

在量子系统控制中,李雅普诺夫函数的选取主要有3种:

(1) 状态距离:

$$V_1 = 1 - |\langle \psi_f \mid \psi \rangle|^2 \tag{7.3}$$

(2) 状态投影(平均值):

$$V_2 = \langle \psi \mid P \mid \psi \rangle \tag{7.4}$$

(3) 状态误差:

$$V_3 = \langle \psi - \psi_f \mid \psi - \psi_f \rangle \tag{7.5}$$

系统控制理论告诉我们:对于稳定量子系统,其状态轨迹的路径朝系统能量下降方向移动并停止在能量的极小值上.李雅普诺夫函数实际上就是一种能量函数.由于该方法引入李雅普诺夫函数 $V(x)$,且在保证系统稳定条件下的控制设计通过求李雅普诺夫函数对时间的一阶导数并令 $\dot{V}(x) = 0$ 来求得控制律,其方法等价于构造一个与李雅普诺夫函数相同的性能指标,通过求其最小情况下的控制函数.从这个角度上说,基于李雅普诺夫方法的控制就是一种最优控制,这就是李雅普诺夫函数与最优控制性能指标之间的关系.知道了李雅普诺夫函数的物理意义,有助于人们选择合适的李雅普诺夫函数.具体到上述常用的3种李雅普诺夫函数,所求出的控制律就是当系统性能指标分别取式(7.3)、式(7.4)或式(7.5)情况下,同时满足被控系统方程约束情况下的最优控制律.由于所选取的李雅普诺夫函数作为的性能指标的有效范围是某个初始时刻到无穷大,而不是像标准最优控制中的性能指标的积分取值范围为某个初始时刻到给定的一个终态时刻 $[t_0, t_f]$,因此,采用李雅普诺夫方法不用进行黎卡蒂方程迭代,而是根据确保系统稳定的条件就可以直接获得控制律的表达式,而根据控制律的表达式可以很容易地获得任意终态时刻的系统状态.这也是基于李雅普诺夫控制进行量子态控制设计的最大优势所在.

从另一方面来看,基于李雅普诺夫方法的控制存在明显的缺点.其一,它是局部寻优控制器,不是全局寻优控制设计.这是由于李雅普诺夫函数的构造要求 $V(x) \geqslant 0$ 为单调的,并且对李雅普诺夫函数求时间导数(即梯度)的算法本身为局部寻优算法所造成的:当期望目标态不在寻优的李雅普诺夫函数范围内,系统将永远达不到期望目标.由于一般量子系统都是由多个本征态构成的,而每个本征态都是一个稳定的平衡状态.对于这种多平衡态构成的多极值求最优控制问题,采用基于仅适用于单极值的李雅普诺夫方法必然导致不是所有的本征目标态都能达到.其二,即使是目标态落在局部寻优李雅普诺夫函数的范围内,也不能保证所设计出的控制一定能够驱动状态从初始态收敛到目标态.这也是由李雅普诺夫设计方法本身造成的.因为它是稳定控制不是收敛控制.从系统控制理论角度上看稳定控制只能保证系统被控状态收敛到平衡态的一个小的误差范围内,即被控态与期望态之间存在一个误差.既然基于李雅普诺夫方法的控制只是一种稳定控制,它从本质上决定了不能保证将系统的状态一定调整到目标态上.

7.1.4 基于李雅普诺夫方法的量子系统控制的设计

尽管基于李雅普诺夫控制的设计过程比较简单,但其本身所存在的一些不足使得人们在具体量子系统控制的应用中遇到一些困难.对此,人们结合量子系统本身所具有的特点,针对不同的设计目标,已经提出几种行之有效的改进方案来解决所遇到的问题.下面针对不同的改进方案的设计思想、所能解决的问题以及物理意义等进行剖析.

7.1.4.1 本征态的制备与调控

本征态是系统的稳定态,实际上也是经典态和量子系统在测量情况下的塌缩态.相对来说对此状态的调控研究要简单点,这也是人们最早开始研究基于李雅普诺夫的方法进行控制器设计的情况.不过有关基于李雅普诺夫方法的缺点在对本征态的制备与调控中表现得十分突出.

1. 李雅普诺夫函数为状态距离情况

此时采用波函数的 $|\psi\rangle$ 的薛定谔方程为被控系统模型: $\mathrm{i}|\dot{\psi}\rangle = H|\psi\rangle$,李雅普诺夫函数为式(7.3): $V_1 = 1 - |\langle\psi_f|\psi\rangle|^2$,其物理意义为: $|\langle\psi_f|\psi\rangle|^2$ 表示系统状态 $|\psi\rangle$ 到目标态 $|\psi_f\rangle$ 的转移概率,一般称之为状态距离,因为当 $|\psi\rangle$ 完全被驱动到 $|\psi_f\rangle$ 时,即 $|\psi\rangle = |\psi_f\rangle$,有 $|\langle\psi_f|\psi\rangle|^2 = 1$ 成立,且 $V_1(|\psi_f\rangle) = 0$,所以满足 $V_1 \geqslant 0$,即 V_1 是个单调递减函数.

在选择状态距离为李雅普诺夫函数的情况下,所能够解决的问题为:状态转移.

利用式(7.3)进行量子态转移调控的适用范围是:仅限于初始态与目标态均为本征态的情况.这主要是因为在对本征态的制备与调控中进行控制器设计时,利用了系统的另外一个关系恒等式,那就是本征方程式: $H_0|\psi_f\rangle = \lambda_f|\psi_f\rangle$.即使这样,所设计出的控制律也还存在问题,问题如下:

(1) 不是所有的本征态之间都能进行状态转移调控,存在不可控的本征态.可能出现的情况是:系统在控制律的作用下稳定到一个平衡态,但此平衡态不是期望的目标态.

(2) 当初始态与目标态相互正交时,会导致初始控制量为零而无法进行调控.

对上述两个问题常用的解决方案有两种:通过增加一个附加控制量 ωI.这种做法相当于给被控系统状态增加了一个全局相位,且定义当控制量的幅值为零时,其相位为零.在量子系统中,全局相位不影响系统状态的观测效果,所以在被控系统中附加控制量 ωI 不会影响对原系统的控制结果.对第(2)个问题的另一种解决方案为:对初始控制量增加一个微量扰动量来使 $u(0) \neq 0$.

当采用第一种改进方案时,被控系统方程(7.2)变为

$$i \mid \dot{\psi} \rangle = \left(H_0 + \sum_{k=1}^{m} H_k u_k(t) + \omega I \right) \mid \psi \rangle \tag{7.6a}$$

通过将所选取的李雅普诺夫函数 $V_1 = 1 - |\langle \psi_f | \psi \rangle|^2$ 对时间求一阶导数,可得

$$\dot{V} = -2 \sum_{k=1}^{m} \Im(\langle \psi_f \mid H_k \mid \psi \rangle) u_k - 2\Im(\langle \psi_f \mid (H_0 + \omega I) \mid \psi \rangle)$$

$$= -2 \sum_{k=1}^{m} \Im(\langle \psi_f \mid H_k \mid \psi \rangle) u_k - 2(\lambda_f + \omega) \Im(\langle \psi_f \mid \psi \rangle) \tag{7.6b}$$

其中,$\Im$ 为算符的虚部.通过取:$\lambda_f + \omega = K_0 f_0(\Im(\langle \psi_f | \psi \rangle))$,即 $\omega = K \cdot f(\Im(\langle \psi_f | \psi \rangle)) - \lambda_f$ 可以保证 $\dot{V}_1 \leqslant 0$,在此情况下,系统的控制律为

$$u_k = K_k f_k(\Im(\langle \psi_f \mid H_k \mid \psi \rangle)), \quad k = 1, \cdots, m \tag{7.6c}$$

其中,$K_k > 0, k = 0, 1, 2, \cdots, m$.

只要所选取函数 $f_k(x_k) = y_k$ 的图像单调过平面 x_k-y_k 的原点,且位于第一或三象限构成控制律 u_k 即能够保证系统稳定,换句话说,控制律 u_k 有多种选择,不唯一.

2. 李雅普诺夫函数为观测状态的投影(平均值)情况

此时李雅普诺夫函数选为:$V_2 = \langle \psi | P | \psi \rangle$,其中,$P$ 为一个观测矩阵,也称为"虚拟力学量".一般设计时取:$P = H_0 = \sum_{i=1}^{N} p_i \mid \lambda_i \rangle \langle \lambda_i \mid$.已经证明对于本征态的制备与调控选取 P 的公式为(Lou et al.,2011)

$$P = -\rho_f = -\mid \psi_f \rangle \langle \psi_f \mid \tag{7.7a}$$

式(7.7a)实际上是将期望的目标态选为 V_2 的最小值.因此,只要 V_2 是单调的,不论初始状态为何值,在收敛的、可实现的控制律的作用下,系统将收敛到 V_2 的最小值——期望的目标态.

通过分析可知,V_2 也是一个单调递减函数.由于在选取 $V_2 = \langle \psi | P | \psi \rangle$ 情况下所采用的还是波函数为状态变量,所以对系统的状态控制也仅适用于初始态与目标态均为本征态的情况.由于在 V_2 中多了一个可调矩阵 P,设计者可以通过对 P 值的设计来使得

系统在控制律的作用下,收敛到期望的目标态,从而避免选择 V_1 时可能出现的第(1)个问题.不过,与取 $V_1 = 1 - |\langle \psi_f | \psi \rangle|^2$ 时所可能遇到的相同问题是:当初始态与目标态相互正交时,$u(0) = 0$,导致控制量为零而无法进行调控.此时可以采用的解决方案同样是:对初始控制量增加一个微量扰动量来使 $u(0) \neq 0$.

通过将所选取的李雅普诺夫函数 $V_2 = \langle \psi | P | \psi \rangle$ 对时间求一阶导数,可得

$$\dot{V}_2 = -2\langle \dot{\psi} | P | \psi \rangle - \langle \psi | P | \dot{\psi} \rangle$$

$$= -\mathrm{i}\langle \psi | \left(H_0 + \sum_{k=1}^{m} H_k u_k \right) P | \psi \rangle - \mathrm{i}\langle \psi | P \left(H_0 + \sum_{k=1}^{m} H_k u_k \right) | \psi \rangle$$

$$= -\mathrm{i}\langle \psi | [H_0, P] | \psi \rangle - \mathrm{i}\langle \psi | \sum_{k=1}^{m} [H_k, P] u_k | \psi \rangle$$

$$= -\mathrm{i}\langle \psi | [H_0, P] | \psi \rangle - \mathrm{i}\sum_{k=1}^{m} \langle \psi | [H_k, P] | \psi \rangle u_k \qquad (7.7\mathrm{b})$$

通过选择 P 满足 $[H_0, P] = 0$,可以获得保证 $\dot{V}_2 \leqslant 0$ 的情况下控制律的形式为

$$u_k = K_k f_k(\mathrm{i}\langle \psi | [H_k, P] | \psi \rangle), \quad k = 1, \cdots, m \qquad (7.7\mathrm{c})$$

其中参数 $K_k > 0, k = 0, 1, 2, \cdots, m$ 及其函数 $f_k(x_k)$ 选择原则与 V_1 情况相同.

3. 李雅普诺夫函数为状态误差情况

此时李雅普诺夫函数的选择又可以分为两种:① $V_3 = \dfrac{1}{2}\langle \psi - \psi_f | \psi - \psi_f \rangle$;② $V_4 = \dfrac{1}{2}(x - x_f)' P(x - x_f)$,两者均为一个单调减函数,且当取 $P = I$ 时,②变为①.由于 V_3 和 V_4 都是关于状态误差的李雅普诺夫函数,所以从系统控制理论的角度来说,这两种李雅普诺夫函数应当可以被应用在被控系统的状态跟踪中.当然也能应用它来进行本征态的制备和驱动,不过此时在 V_1 和 V_2 可能出现的问题同样也可能出现在 V_3 和 V_4 中.

需要强调的是,在对 V_2 和 V_4 的设计中,由于多了个 P 的设计问题,所以是否能够驱动状态到达期望的目标态,完全取决于 P 的构造(也就是 V 的构造).因此系统控制的关键问题又转变成:寻找一种构造 P 的方法,让 V 不仅仅使系统稳定,同时使系统收敛.解决上述关键问题的条件为:

(1) V 必须是单调的;

(2) 目标态对应于李雅普诺夫函数的最小值点,即 $V(\psi_f) = \min V$;

(3) $\dot{V} \leqslant 0$.

理论上已经证明 V_1 与 V_3 是等价的(Kuang,Cong,2008),也就是说,V_3 的应用价值是被限制在纯态范围的.所以最有价值的李雅普诺夫函数应当是 V_4 形式.

7.1.4.2 叠加态的制备与调控

量子系统中的叠加态由本征态的叠加生成,纯态包含本征态和叠加态,可以用状态变量为波函数的薛定谔方程来描述,所以对于叠加态制备中的李雅普诺夫函数的选择,原则上说 V_1 至 V_4 形式均可用,但控制器的设计过程与本征态不同.由于调控的状态是叠加态,李雅普诺夫函数对时间的一阶导数由原来调控本征态时的齐次方程变为带有漂移项的非齐次方程,这使得控制律的求解变得困难.具体由 V_3 对时间的一阶导数

$$\dot{V}_3 = -2\sum_{k=1}^{m}\Im(\langle \psi_f \mid H_k \mid \psi \rangle)u_k - 2\Im(\langle \psi_f \mid (H_0) \mid \psi \rangle) \tag{7.8}$$

可以看出,当目标态 ψ_f 不是本征态时,$\dot{V}_3$ 右边的第二项的符号是不确定的,也就是说无法设计出保证 $\dot{V}_3 \leq 0$ 的控制律来.

通过量子力学的基本概念以及有关量子系统控制的研究,我们发现在量子系统控制中可以借用量子力学中的一个很重要的数学处理方式来解决一些棘手问题,那就是:系统模型的坐标变换.通过同样精心地选择与设计,可以得到一个合适的李雅普诺夫函数,并使其一阶导数较容易判断出正负符号来.

在叠加态的制备与调控中解决出现漂移问题的方法是:通过将被控系统变换到一个由 $\mathrm{e}^{-i\lambda_n} \mid \psi \rangle$ 给定的旋转框架(rotating frame)上,其中,$\{\mid \psi \rangle : n = 1, \cdots, N = \dim H\}$ 是由 H_0 的本征值为 λ_n 的本征态 $\mid \psi \rangle$ 组成的 H 的一个基,且有:$H_0 \mid \psi \rangle = \lambda_n \mid \psi \rangle$.令 $U(t) = \exp(-itH_0)$,旋转框架中的动力学由新的(相互作用图景的)哈密顿量操控:$A_k(t) = \mathrm{e}^{iH_0 t}H_k\mathrm{e}^{-iH_0 t}$,通过此变换可以将漂移项消掉.

现以 V_3 为例,根据所采取的解决办法,在设计中需要进行幺正变换:$\mid \psi(t) \rangle = U(t) \cdot \mid \tilde{\psi}(t) \rangle$,其中

$$U = \mathrm{diag}(\mathrm{e}^{-i\lambda_1 t}, \mathrm{e}^{-i\lambda_2 t}, \cdots, \mathrm{e}^{-i\lambda_n t}) \tag{7.9}$$

由此可得变换后的系统为:$i \mid \dot{\tilde{\psi}} \rangle = (\tilde{H}_0 + \sum_{k=1}^{m}\tilde{H}_k u_k(t) - \Lambda) \mid \tilde{\psi} \rangle$,其中 $\Lambda = \mathrm{diag}(\lambda_1, \lambda_2, \cdots, \lambda_n), \tilde{H}_0 = U^{\dagger}H_0 U, \tilde{H}_k = U^{\dagger}H_k U$.由于所采用的坐标变换实际上是不同基底的坐标旋转,在量子系统中,系统的描述都是在选择不同基底的表象中进行的描述,基底选择的不同,导致所描述的系统的形式是不同的,但变换前后的两个系统所具有的状态的动态特性是相同的.所以对于给定的一个系统,在进行了坐标变换后所得到的另一个表象

量子系统建模、特性分析与控制

中的系统,对变换后的系统从状态$|\widetilde{\psi}_0\rangle$到$|\widetilde{\psi}_f\rangle$的调控,等价于对变换前的系统从状态$|\psi_0\rangle$到$|\psi_f\rangle$的调控.另一方面,通过坐标变换,$V_3$对时间的一阶导数变为

$$
\begin{aligned}
\dot{V}_3 &= \langle\widetilde{\psi}\mid\Big(-\mathrm{i}\widetilde{H}_0-\mathrm{i}\sum_{k=1}^{m}\widetilde{H}_k u_k(t)+\mathrm{i}\Lambda\Big)^{\dagger}\mid\widetilde{\psi}-\widetilde{\psi}_f\rangle \\
&\quad +\langle\widetilde{\psi}-\widetilde{\psi}_f\mid\Big(-\mathrm{i}\widetilde{H}_0-\mathrm{i}\sum_{k=1}^{m}\widetilde{H}_k u_k(t)+\mathrm{i}\Lambda\Big)\mid\widetilde{\psi}\rangle \\
&= 2\Im\Big(\langle\widetilde{\psi}\mid\sum_{k=1}^{m}\widetilde{H}_k u_k(t)\mid\widetilde{\psi}\rangle\Big)-2\Im\Big(\langle\widetilde{\psi}_f\mid\Big(\widetilde{H}_0+\sum_{k=1}^{m}\widetilde{H}_k u_k(t)-\Lambda\Big)\mid\widetilde{\psi}\rangle\Big) \\
&= -2\Im\Big(\langle\widetilde{\psi}_f-\widetilde{\psi}\mid\sum_{k=1}^{m}\widetilde{H}_k u_k(t)\mid\widetilde{\psi}\rangle\Big)-2\Im\Big(\langle\widetilde{\psi}_f\mid(\widetilde{H}_0-\Lambda)\mid\widetilde{\psi}\rangle\Big) \\
&= -2\sum_{k=1}^{m} u_k(t)\Im\Big(\langle\widetilde{\psi}_f-\widetilde{\psi}\mid\widetilde{H}_k\mid\widetilde{\psi}\rangle\Big)
\end{aligned}
\tag{7.10}
$$

所以有$\dot{V}_3\leqslant0$成立.

相应的控制律为

$$
u_k = K_k\Im\big(\langle\psi_f-\psi\mid\widetilde{H}_k\mid\psi\rangle\big)
\tag{7.11}
$$

对于包括叠加态在内的纯态调控,不论选择V_3还是V_4,控制律是相同的.实际上能否调控到期望的目标态,主要是取决于合适的P的构造来保证系统的收敛性.

7.1.4.3 混合态的制备与调控

如果说纯态的调控是对单位球面上点的调控,那么,由密度矩阵所表示的刘维尔方程的状态调控就是扩大到了包括小于单位球面的内部球上点的调控.这将导致密度矩阵非对角线上元素出现零的情形,即出现系统状态相干性的缺失.在进行混合态的制备、调控与跟踪中,由于系统状态本身的情况变得复杂化,同样存在控制律的设计过程中,李雅普诺夫函数对时间的一阶导数符号的正负情况不易确定的问题.所以,借助于量子物理中常用的关键技术处理手段,需要根据量子力学系统所具有的全局相位不具有观测效应的性质,结合具体被控系统自身特性,通过适当变换将系统的状态"旋转"到目标态所在的坐标系上;将动点跟踪问题转变为不动点的调节问题,并以此方式将李雅普诺夫函数一阶导数中的不确定值项变为具有确定正负判定值项.初步研究结果表明,量子纯态与混合态的制备、调控与跟踪也存在数学关系上处理的共性.另外,量子态的跟踪问题也与宏观世界系统的跟踪问题一样,可以根据系统的调控原理通过适当数学上的技术处理,将其变换成调节问题.

混合态的产生有两个原因:一个原因是量子系统与环境相互作用,出现耗散现象,此

时密度矩阵的演化不再是幺正的；另一个原因是大量处于不同纯态的同种粒子的非相干混合，即统计平均上的混合，从这样的纯态序列系综来看一个给定的混合态，就是将这些纯态密度矩阵按给定的概率非相干叠加，成为一个单一的混合态矩阵.本小节仅研究不受环境影响的封闭量子系统，因此所讨论的混合态均指系综混合态.混合态的调控只能采用密度矩阵形式的刘维尔方程.不过其中包含了对纯态的调控——本征态和叠加态.仅就单个粒子混合态的调控来看，其几何意义可以解释为在单位圆内的某个圆上的量子态的调控.对于封闭量子系统，其纯态的调控为单位圆上的量子态的调控.

一般情况下所谓的混合态的制备与调控只能是从混合初始态到混合目标态的调控.通俗简单的解释就是：你只能在小于单位 1 的球中，在与初始混合态所在的同一个圆上进行其他混合终态的调控.对于混合态的制备与调控，情况比较复杂：除了在控制器设计方面就有许多需要考虑的因素以外，一般需要根据目标态本身的情况分成两种情况分别对待：

第 1 种情况：如果目标态是本征态的统计非相干混合，即 $\hat{\rho}_f = \sum_{n=1}^{N} w_n \mid n \rangle \langle n \mid$，则 $\hat{\rho}_f$ 是不随时间变化的固定目标态，例如 $\hat{\rho}_f = \mid 0 \rangle \frac{1}{4} \langle 0 \mid + \mid 1 \rangle \frac{3}{4} \langle 1 \mid = \frac{1}{4} \begin{bmatrix} 1 & 0 \\ 0 & 3 \end{bmatrix}$.在这种情况下，目标态矩阵的所有非对角元素都是 0.

第 2 种情况：如果目标态矩阵中的非对角元素不全为 0，这也是混合态的一种情况，例如 $\hat{\rho}_f = \mid 1 \rangle \frac{1}{2} \langle 1 \mid + \left(\frac{\sqrt{2}}{2} \mid 0 \rangle + \frac{\sqrt{2}}{2} \mid 1 \rangle \right) \frac{1}{2} \left(\frac{\sqrt{2}}{2} \langle 0 \mid + \frac{\sqrt{2}}{2} \langle 1 \mid \right) = \frac{1}{4} \begin{bmatrix} 1 & 1 \\ 1 & 3 \end{bmatrix}$.在这种情况下，本征态 $\hat{\rho}_f(t)$ 事实上已不再是固定的，而在 $\hat{H}_0$ 的作用下依照刘维尔-冯·诺依曼方程演化：$\mathrm{i} \frac{\partial}{\partial t} \hat{\rho}_f(t) = [\hat{H}_0, \hat{\rho}_f(t)]$.此刻目标态是一个随时间变化的函数，控制问题成为一个轨迹跟踪问题.从系统控制的角度来看，轨迹跟踪问题通过适当变换，可以转变为状态驱动问题.为了达到这个目的，可以首先对系统算符 $\hat{\rho}(t)$ 实施一个幺正变换：$\hat{\rho}(t) = U(t) \tilde{\rho}(t) U^{\dagger}(t)$.对期望目标态 $\hat{\rho}_f(t)$ 也要进行同样的幺正变换：$\hat{\rho}_f(t) = U(t) \tilde{\rho}_f U^{\dagger}(t)$，其中，$\tilde{\rho}_f$ 是一个固定的目标态，$U(t) = \mathrm{diag}(\mathrm{e}^{-\mathrm{i}E_1 t}, \mathrm{e}^{-\mathrm{i}E_2 t}, \cdots, \mathrm{e}^{-\mathrm{i}E_N t})$，并且 $E_i, i = 1, \cdots, N$ 满足 $\hat{H}_0 = \mathrm{diag}(E_1, E_2, \cdots, E_N)$.由于所进行的变换是幺正的，因此 $\hat{\rho}(t)$ 和 $\tilde{\rho}(t)$ 具有相同的布居数.以这样的方式，控制系统(7.1)的状态跟踪一个时变的目标态 $\hat{\rho}_f(t)$ 的问题等价于驱动变换后系统的状态转移到固定目标态 $\tilde{\rho}_f$ 的问题.

对于密度矩阵形式的李雅普诺夫函数可以选择：$V_5 = \frac{1}{2} (\langle \rho - \rho_f \mid P \mid \rho - \rho_f \rangle)$，此式

相当于纯态定义中的 V_3. 密度矩阵的另外两种形式的李雅普诺夫函数为: $V_6 = \mathrm{tr}\{\rho\rho_f\}$ $= \langle \rho_f \rangle$ 和 $V_7 = \dfrac{1}{2}\mathrm{tr}\{(\rho - \rho_f)^2\} = \mathrm{tr}(\rho_f^2) - \mathrm{tr}(\rho\rho_f)$, 其中, V_7 中的终态为纯态时, $\mathrm{tr}(\rho_f^2) = 1$, 有 $V_6 = V_7$.

可以证明: V_5, V_6 和 V_7 都是等价的, 所以人们常取

$$V = \mathrm{tr}(P\rho) \tag{7.12}$$

在混合态本身的特性了解清楚并进行了相应的处理后, 可以按照已经在 7.1.4.1 小节和 7.1.4.2 小节中叙述过的有关基于李雅普诺夫方法进行控制器的设计. 这里不再赘述.

如果混合态的调控情况不是出现在单位球内部的同一个半径上, 在此介绍两种极端的情况: 一种是从任意纯态到给定的期望的目标混合态的调控, 即从单位球面上的初始态转移到球内部的某个目标态; 另一种是从单位球内的某个初始混合态转移到球表面的某个目标纯态, 即混合态的纯化. 这两种情况下的混合态调控问题的解决方案简述如下. 对于从任意纯态到给定的期望的目标混合态的调控, 所采取的量子调控策略要复杂得多, 最复杂的情况下需要采用三步调控来实现. 第一步为本征态的制备: 将被控系统状态由给定的任意叠加态驱动到系统的一个本征态 (如果初始态是个本征态, 此步省略), 可采用 7.1.4.1 小节中的方法. 第二步将获得的本征态驱动到非对角元素不为零的混合态. 在这一步中需要借助一个辅助系统, 该辅助系统的状态处在混合态上. 通过将辅助系统与被控系统相互作用构成一个复合系统. 通过设计一个基于李雅普诺夫的控制器, 使复合系统从被控系统的本征初态驱动到辅助系统的期望混合态上. 如果期望目标态是矩阵非对角元素为零的混合态, 则需要进行第三步的操作: 将第二步得到的矩阵非对角元素不为零的混合态驱动到期望的混合态. 此种情况下需要注意的是, 作为第二步的矩阵非对角元素不为零的混合态不能随便选, 它必须是与目标混合态在同一个半径球面上的混合态. 对于混合态纯化问题的控制策略, 只需要设计最多两步控制器 (Yang, Cong, 2010): 第一步只要将纯态到混合态调控中的第二步方案反过来做即可, 也就是借助一个状态处在某个本征态的辅助系统, 通过将辅助系统与被控系统相互作用构成一个复合系统. 设计一个基于李雅普诺夫的控制器, 使复合系统从被控系统的混合初态驱动到辅助系统的本征态上. 然后, 再利用 7.1.4.1 小节中的方法, 将系统状态转移到期望的纯态上.

已有的研究经验表明, 采用基于李雅普诺夫的控制方法对不同量子态的制备和跟踪, 从设计过程上所表现出的不同点就是判断李雅普诺夫函数对时间的一阶导数的符号. 从系统控制的角度来看, 基于李雅普诺夫的控制方法的最大优点就是不需要通过求解复杂的系统方程, 就能够获得系统是否稳定的判断, 而对系统状态调控的控制律就是

通过利用此判断条件进行设计的,所以设计简单.但同时将设计难点转移到判断条件的获得上.量子系统的操作中有关坐标旋转技术是物理和化学家们在求解物理微分时常用的一种处理手段,把它引入基于李雅普诺夫的控制方法中,虽然目的不同,但能够达到相同的效果,这一点在已进行的研究中得到了证实.

虽然基于李雅普诺夫方法所设计出的控制律中用到了系统的输出状态,从系统控制的角度来看,此控制律是反馈控制,此类系统控制结构应当是一个闭环控制系统.不过,由于目前真正采用测量来获得的系统输出状态的闭环反馈控制在量子系统的实现中存在困难,所以大部分实验还是开环控制.考虑到目前所存在的实验中的系统输出状态的获取问题,不论是在系统仿真实验还是在实际装置的系统实验中,都将利用系统方程的求解来获取输出状态,我们将其称为"带有状态反馈的程序控制".此种控制可实现的前提是被控系统的方程与实际系统状态演化的一致性.换言之,能够被精确描述的封闭量子系统是可以满足此条件的.真正对实际量子系统包括开放量子系统进行控制和操纵时,需要根据从实际系统中获取的输出数据,进行量子态的在线实时估计,再进行基于在线估计状态的反馈控制.这才是基于系统控制理论的高精度的量子系统控制,这部分内容将在本书的第 11 章中阐述.

7.2　统一的量子李雅普诺夫控制方法

7.2.1　引言

经过近 20 年的发展,李雅普诺夫控制理论自引入量子控制系统开始,基于李雅普诺夫的封闭量子系统控制理论得到了充分发展.薛定谔方程中的本征态转移已经得到了很充分的研究,并且叠加态和纯态的转移以及刘维尔方程中的混合态转移也得到了发展.实现对量子系统状态的控制,必须设计出使量子控制系统渐进稳定的收敛控制律.为了保证量子系统状态可以达到期望的目标状态,现有的基于李雅普诺夫的控制方法设计收敛控制律要求量子控制系统满足以下 3 个条件:

(1) H_0 与目标态 ρ_e 对易;

(2) H_0 强正则;

（3）H_c 全连接.

我们称满足以上所有条件的系统为理想量子系统;对于满足条件 H_0 强正则与 H_c 全连接的量子系统是非退化的.然而在实际量子系统中,大多数量子控制系统都不是理想的系统,不满足现有的基于李雅普诺夫的控制方法所要求的条件,例如 V 型和 Λ 型量子系统,这导致现有的基于李雅普诺夫的控制方法不适用,换句话说,现有的基于李雅普诺夫控制方法不具有实用价值.因此,有必要对量子系统的基于李雅普诺夫的控制方法进行更加深入的研究,解决上述存在的问题,提出一种适用于非理想情况下的基于李雅普诺夫的封闭量子系统的控制方法,以使李雅普诺夫的控制理论能够真正应用到实际的量子系统中去.孟芳芳通过引入隐函数来解决退化情况下的收敛问题(孟芳芳,2013),Ji 等通过结合棒棒控制实现控制系统收敛到目标态(Ji et al.,2017).

本节提出并设计出一种基于李雅普诺夫稳定性定理的封闭量子系统的统一控制方法,所提方法可以用于非理想情况下的封闭量子系统的状态转移,以解决控制系统在退化情况下目标态为任意量子态的收敛性问题,其中包括任意的本征态、叠加态和混合态.控制律的设计具有灵活性,且在所设计的控制律作用下,无论封闭量子控制系统具有何种哈密顿量,都可以使系统从任意初始状态转移到任意期望目标状态.在给出刘维尔方程下,在李雅普诺夫稳定性定理的封闭量子系统的统一控制方法的设计过程的基础上,分别通过三、四和五能级量子系统在不同情况下,量子态转移控制的系统仿真实例及其结果分析,来验证所设计的统一控制律的控制效果.

7.2.2　被控系统描述及问题的解决思路

被控系统的动力学方程为量子刘维尔方程:

$$i\frac{\partial \rho}{\partial t} = \left[H_0 + \sum_{c=1}^{m} H_c u_c, \rho \right], \quad \rho(0) = \rho_0 \tag{7.13}$$

其中,ρ 为密度算符,H_0 为自由哈密顿量,H_c 为控制哈密顿量,$u_c(t)$ 为基于李雅普诺夫的控制方法设计的控制律.

统一控制律作用下的量子控制系统的方程为

$$i\frac{\partial \rho}{\partial t} = \left[H_0 + \sum_{c=1}^{m} H_c u_c, \rho \right] = \left[H_0 + \sum_{q=1}^{m} H_q (u_q + v_q + w_q), \rho \right] \rho(0) = \rho_0 \tag{7.14}$$

其中,控制律 u_c 分为三部分:时变控制律 u_q,v_q 和常值控制律 w_q,$q=1,\cdots,m$.

统一控制律设计的主要思路是,构造虚拟力学量 $\hat{P}$ 均值为李雅普诺夫函数 V,虚拟力学量旨在保证 V 在目标态下达到最小值.通过使量子控制系统的自由哈密顿量与目标态对易来设计控制律 w_q;如果原系统为退化的,则设计控制律 v_q 来使得系统新的自由哈密顿量强正则与控制哈密顿量全连接,并使控制系统变为非退化情况,同时控制律 v_q 还用于解决收敛到除目标态以外系统其他平衡态的问题;设计控制律 u_q 来使 V 的导数在量子控制系统演化过程中小于或等于零,使量子控制系统在演化过程中保持稳定.

7.2.3 统一李雅普诺夫的控制方法的设计

7.2.3.1 控制律 w_q 的设计

如果量子系统的自由哈密顿量 H_0 与目标态 ρ_e 非对易,设计控制律 w_q 使得新的哈密顿量 H_0' 与目标态对易,否则取控制律 w_q 为 0.当 $[H_0,\rho_e]\neq 0$,根据 $A_q=[H_q,\rho_e]$ 和 $B=[\rho_e,H_0]$,$q=1,\cdots,m$,控制律 w_q 满足

$$Aw=b \tag{7.15}$$

由于 H_0,H_q,ρ_e 为厄米算符,当矩阵 A_q,B,$q=1,\cdots,m$ 的主对角线元素皆为零时,即 $(A_q)_{j,j}=B_{j,j}=0$,$j=1,\cdots,N$,$q=1,\cdots,m$,可以得到 A 的表达式为

$$A=\begin{bmatrix} (A_1)_{1,2} & (A_2)_{1,2} & \cdots & (A_m)_{1,2} \\ \vdots & \vdots & \ddots & \vdots \\ (A_1)_{1,N} & (A_2)_{1,N} & \cdots & (A_m)_{1,N} \\ (A_1)_{2,3} & (A_2)_{2,3} & \cdots & (A_m)_{2,3} \\ \vdots & \vdots & \ddots & \vdots \\ (A_1)_{2,N} & (A_2)_{2,N} & \cdots & (A_m)_{2,N} \\ \vdots & \vdots & \ddots & \vdots \\ (A_1)_{N-1,N} & (A_2)_{N-1,N} & \cdots & (A_m)_{N-1,N} \end{bmatrix} \tag{7.16}$$

b 的表达式为

$$b=[B_{1,2},\cdots,B_{1,N},B_{2,3},\cdots,B_{N-1,N}]^{\mathrm{T}} \tag{7.17}$$

此时,可得到在控制律 w_q 的作用下,系统(7.13)的等价系统的自由哈密顿量 H_0' 为

$$H'_0 = H_0 + \sum_{q=1}^{m} H_q w_q \tag{7.18}$$

在所设计的控制律 w_q 的作用下,所得到的新的哈密顿量 H'_0 与目标态对易:$[H'_0, \rho_e] = 0$.

此时量子系统(7.14)变为

$$\mathrm{i} \frac{\partial \hat{p}}{\partial t} = \left[\hat{H}'_0 + \sum_{q=1}^{m} \hat{H}_q (u_q + v_q), \hat{\rho} \right] \quad \hat{\rho}(0) = \hat{\rho}_0 \tag{7.19}$$

其中 $\hat{\rho}(t) = \hat{U}^\dagger \rho(t) \hat{U}, \hat{H}'_0 = UV^\dagger H'_0 \hat{U}, \hat{H}_q = \hat{U}^\dagger H_q \hat{U}, \hat{\rho}_0 = \hat{U}^\dagger \rho_0 \hat{U}, \hat{\rho}_e = \hat{U}^\dagger \rho_e \hat{U}, H'_0$ 的特征值和对应的特征向量分别为:$\lambda'_1, \cdots, \lambda'_N$ 与 $|\varphi'_1\rangle, \cdots, |\varphi'_N\rangle$,幺正矩阵 $\hat{U}$ 的第 j 列元素由特征向量 $|\varphi'_1\rangle, \cdots, |\varphi'_N\rangle$ 构成:

$$\hat{U} = \left[\, |\varphi'_1\rangle \quad |\varphi'_2\rangle \quad \cdots \quad |\varphi'_N\rangle \,\right] \tag{7.20}$$

7.2.3.2 控制律 v_q 的设计

控制律 v_q 的作用有两个:一个是当量子系统为退化的情况时,我们通过设计 v_q,来使系统的自由哈密顿量为强正则以及控制哈密顿量为全连接,使原系统变为非退化情况;另一个是解决系统除目标状态外,存在多个平衡点所产生的系统收敛不到目标态的问题.我们设计控制律 v_q 为

$$v_q(t) = \begin{cases} cg(\mathrm{tr}(\hat{P}_v(\hat{\rho} - \hat{\rho}_e))), & q = q_j, j = 1, \cdots, n, 1 \leqslant n \leqslant m \\ 0, & q \neq q_j \end{cases} \tag{7.21}$$

其中,函数 g 连续可微且 $g(0) = 0$,导函数 g' 为正且有界,系数 c 满足

$$c < \left| \mathrm{tr} \left(\frac{\partial \hat{P}_v}{\partial v} (\hat{\rho} - \hat{\rho}_e) \right) g' \right|^{-1} \tag{7.22}$$

加上控制律 v_q 后,系统的新自由哈密顿量 $\hat{H}''_0$ 为:$\hat{H}''_0 = \hat{H}'_0 + \sum_{q=1}^{m} \hat{H}_q v_q$,其中,$\hat{H}'_0 = \hat{U}^\dagger \hat{H}'_0 \hat{U}$;幺正矩阵 $\hat{U}$ 的第 j 列元素 $\hat{U}_j$ 由 $\hat{H}''_0 = \hat{H}'_0 + \sum_{q=1}^{m} \hat{H}_q v_q$ 的特征向量 $|\phi''_1\rangle, \cdots, |\phi''_N\rangle$ 构成:$\hat{U}_j = |\phi''_j\rangle$.所得到系统新的自由哈密顿值为强正则,并且,此时系统的控制哈密顿量为全连接.

从式(7.21)中可以看出,所设计的控制律 v_q 除了在最大不变集上的目标状态外,在

其他平衡点处均不为零,从而使控制系统能够跳出非目标态的平衡点.

7.2.3.3 虚拟力学量 $\hat{P}_v$ 以及 u_q 的设计

通过设计虚拟力学量 $\hat{P}_v$ 使得目标状态 $\hat{\rho}_e$ 对应的李雅普诺夫函数值最小,系统将最终收敛到目标状态.虚拟力学量 $\hat{P}_v$ 的计算公式为

$$\hat{P}_v = \sum_{j=1}^{N} \hat{\beta}_j \mid \phi''_j(v) \rangle \langle \phi''_j(v) \mid \tag{7.23}$$

其中,$\hat{\beta}_1, \cdots, \hat{\beta}_N$ 的值的选择满足:① 若 $\hat{\alpha}_j > \hat{\alpha}_k$,则 $\hat{\beta}_j < \hat{\beta}_k$;② 若 $\hat{\alpha}_j < \hat{\alpha}_k$,则 $\hat{\beta}_j > \hat{\beta}_k$;③ 若 $\hat{\alpha}_j = \hat{\alpha}_k$,则 $\hat{\beta}_j \neq \hat{\beta}_k$,$\hat{\alpha}_1, \cdots, \hat{\alpha}_N$ 为目标态 $\hat{\rho}_e$ 的特征值.

控制律 u_q 的设计的目的是使得李雅普诺夫函数 V 的导数在演化过程中小于或等于零,保持系统在平衡状态下的稳定.在任何情况下:

$$u_q(t) = a_q f_q(\mathrm{itr}([\hat{P}_v, \hat{H}_q]\hat{\rho})), \quad q = 1, \cdots, m \tag{7.24}$$

其中,系数 $a_q \geqslant 0$,函数 f_q 为定义在 $\mathbf{R}$ 上的严格递增函数且 $f_q(0) = 0$.

控制律 u_q 是根据李雅普诺夫稳定性定理设计出的,所以它可以使控制系统在演化过程中保持稳定.

7.2.4 统一控制律

在控制律 w_q,u_q 和 v_q 作用下,量子系统的总哈密顿量变为

$$H = \hat{H}'_0 + \sum_{q=1}^{m} \hat{H}_q(u_q + v_q) \tag{7.25}$$

当系统的初始时刻状态为 $\hat{\rho}(0) = \hat{\rho}_0$ 时,计算此时量子系统的幺正演化矩阵:$U(t) = \mathrm{e}^{-\mathrm{i}Ht}$,可得任意时刻 t 的状态为:$\hat{\rho}(t) = U(t)\hat{\rho}_0 U^\dagger(t) = \mathrm{e}^{-\mathrm{i}Ht}\hat{\rho}_0 \mathrm{e}^{\mathrm{i}Ht}$,整个控制系统的最终状态转移结果为

$$\rho = \hat{U}\hat{\rho}(t)\hat{U}^\dagger = \hat{U}\mathrm{e}^{-\mathrm{i}Ht}\hat{\rho}_0 \mathrm{e}^{\mathrm{i}Ht}\hat{U}^\dagger$$

$$= \hat{U}\mathrm{e}^{-\mathrm{i}(\hat{H}'_0 + \sum\limits_{q=1}^{m}\hat{H}_q(u_q+v_q))t}\hat{\rho}_0 \mathrm{e}^{-\mathrm{i}(\hat{H}'_0 + \sum\limits_{q=1}^{m}\hat{H}_q(u_q+v_q))t}\hat{U}^\dagger$$

$$= \mathrm{e}^{-\mathrm{i}\hat{U}^\dagger(H_0 + \sum\limits_{q=1}^{m}H_q(w_q+u_q+v_q))\hat{U}t}\rho_0 \mathrm{e}^{-\mathrm{i}\hat{U}^\dagger(H_0 + \sum\limits_{q=1}^{m}H_q(w_q+u_q+v_q))\hat{U}t} \tag{7.26}$$

量子系统建模、特性分析与控制

7.2.5　数值仿真及其结果分析

为了对设计的统一控制律的控制效率进行验证,本小节中分别对三、四、五能级系统进行了三个不同情况的量子系统状态转移的控制器设计以及控制结果性能分析的实验.实验中如果不采用本小节所提出的控制方法,则无法设计出合适的控制器.实验中转移保真度按 $\mathrm{tr}\sqrt{\sqrt{\rho}\rho_e\sqrt{\rho}}$ 计算,其中 ρ_e 为目标态,ρ 为系统演化的结果状态.实验中采样步长选为 0.01 a.u.,仿真时间选为 150 a.u..

1. 三能级量子系统仿真实验:自由哈密顿量非强正则与控制哈密顿量全连接的情况

此实验中,被控系统为一个自由哈密顿量非强正则和控制哈密顿量全连接的三能级系统,系统的自由哈密顿量为

$$H_0 = \begin{bmatrix} 0.3 & 0 & 0 \\ 0 & 0.6 & 0 \\ 0 & 0 & 0.9 \end{bmatrix}$$

从中可以计算出 H_0 的能级差分别为:$\Delta_{21} = 0.6 - 0.3 = 0.3$,$\Delta_{32} = 0.9 - 0.6 = 0.3$,所以 $\Delta_{21} = \Delta_{32}$,故系统非强正则.

系统控制哈密顿量分别有 3 个,满足全连接条件:

$$H_1 = \begin{bmatrix} 0 & 1 & 0 \\ 1 & 0 & 0 \\ 0 & 0 & 0 \end{bmatrix}, \quad H_2 = \begin{bmatrix} 0 & 0 & 1 \\ 0 & 0 & 0 \\ 1 & 0 & 0 \end{bmatrix}, \quad H_3 = \begin{bmatrix} 0 & 0 & 0 \\ 0 & 0 & 1 \\ 0 & 1 & 0 \end{bmatrix}$$

系统初态为一个混合态,目标态为与系统自由哈密顿量非对易的混合态:

$$\rho_0 = \begin{bmatrix} 0.1 & 0.1 & 0.04 \\ 0.1 & 0.5 & 0.08 \\ 0.04 & 0.08 & 0.4 \end{bmatrix}, \quad \rho_e = \begin{bmatrix} 0.1085 & 0.0755 & 0.0745 \\ 0.0755 & 0.3354 & 0 \\ 0.0745 & 0 & 0.5560 \end{bmatrix}$$

根据统一控制律的设计思想,因为该系统目标态与系统自由哈密顿量非对易,因此先设计控制律 w_q.由 $A_q = [H_q, \rho_e]$ 可得

$$A_1 = [H_1, \rho_e] = \begin{bmatrix} 0 & 0.2269 & 0 \\ -0.2269 & 0 & 0.0745 \\ 0 & -0.0745 & 0 \end{bmatrix}$$

$$A_2 = [H_2, \rho_e] = \begin{bmatrix} 0 & 0 & 0.4475 \\ 0 & 0 & -0.0755 \\ -0.4475 & 0.0755 & 0 \end{bmatrix}$$

$$A_3 = [H_3, \rho_e] = \begin{bmatrix} 0 & -0.0745 & -0.0755 \\ 0.0745 & 0 & 0.2206 \\ 0.0755 & -0.2206 & 0 \end{bmatrix}$$

$$B = [\rho_e, H_0] = \begin{bmatrix} 0 & 0.0227 & 0.0447 \\ -0.0227 & 0 & 0 \\ -0.0447 & 0 & 0 \end{bmatrix}$$

由于 A_q, B 对角线元素为 0,根据式(7.16)、式(7.17)有

$$A = \begin{bmatrix} 0.2269 & 0 & -0.0745 \\ 0 & 0.4475 & -0.0755 \\ 0.0745 & -0.0755 & 0.2206 \end{bmatrix}, \quad b = \begin{bmatrix} 0.0227 \\ 0.0447 \\ 0 \end{bmatrix}$$

根据式(7.15),可得

$$w = \begin{bmatrix} w_1 & w_2 & w_3 \end{bmatrix}^T = \begin{bmatrix} 0.1002 & 0.1000 & 0.0004 \end{bmatrix}^T$$

系统新的自由哈密顿量 H_0' 为

$$H_0' = H_0 + \sum_{q=1}^{3} H_q w_q = \begin{bmatrix} 0.3 & 0.1002 & 0.1 \\ 0.1002 & 0.6 & 0.0004 \\ 0.1 & 0.0004 & 0.9 \end{bmatrix}$$

可得 H_0' 的特征向量为

$$|\varphi_1'\rangle = \begin{bmatrix} 0.9499 \\ -0.2757 \\ -0.1474 \end{bmatrix}, \quad |\varphi_2'\rangle = \begin{bmatrix} -0.2636 \\ -0.9598 \\ 0.0967 \end{bmatrix}, \quad |\varphi_3'\rangle = \begin{bmatrix} 0.1681 \\ 0.0530 \\ 0.9843 \end{bmatrix}$$

幺正矩阵 $\hat{U}$ 为

$$\hat{U} = \begin{bmatrix} 0.9499 & -0.2636 & 0.1681 \\ -0.2757 & -0.9598 & 0.0530 \\ -0.1474 & 0.0967 & 0.9843 \end{bmatrix}$$

此时可以得到

$$\hat{H}_1 = \hat{U}^\dagger H_1 \hat{U} = \begin{bmatrix} -0.5238 & -0.8390 & 0.0040 \\ -0.8390 & 0.5059 & -0.1753 \\ 0.0040 & -0.1753 & 0.0178 \end{bmatrix}$$

$$\hat{H}_2 = \hat{U}^\dagger H_2 \hat{U} = \begin{bmatrix} -0.2800 & 0.1307 & 0.9102 \\ 0.1307 & -0.0510 & -0.2432 \\ 0.9102 & -0.2432 & 0.3310 \end{bmatrix}$$

$$\hat{H}_3 = \hat{U}^\dagger H_3 \hat{U} = \begin{bmatrix} 0.0812 & 0.1141 & -0.2796 \\ 0.1141 & -0.1881 & -0.9392 \\ -0.2796 & -0.9392 & 0.1069 \end{bmatrix}$$

$$\hat{\rho}_0 = \hat{U}^\dagger \rho_0 \hat{U} = \begin{bmatrix} 0.0798 & 0.0321 & -0.0349 \\ 0.0321 & 0.5047 & -0.0943 \\ -0.0349 & -0.0943 & 0.4154 \end{bmatrix}$$

$$\hat{\rho}_e = \hat{U}^\dagger \rho_e \hat{U} = \begin{bmatrix} 0.0751 & 0 & 0 \\ 0 & 0.3561 & 0 \\ 0 & 0 & 0.5687 \end{bmatrix}$$

根据目标态 $\hat{\rho}_e$ 的对角元素可以计算出其特征值为：$\alpha_1 = 0.0751$，$\alpha_2 = 0.3561$，$\alpha_3 = 0.5687$，再根据式(7.23) $P_v = \sum_{q=1}^{3} \beta_q \mid \varphi_q \rangle \langle \varphi_q \mid$，以及参数 β_q 值与特征值间应满足的关系可得：$\beta_1 > \beta_2 > \beta_3$，我们通过系统仿真实验中状态转移的结果 $\hat{\rho}_t$，对 β_q 进行调节. 通常情况下，如果 $(\hat{\rho}_t)_{ii} < (\hat{\rho}_e)_{ii}$，则减小 β_q；如果 $(\hat{\rho}_t)_{ii} > (\hat{\rho}_e)_{ii}$，则增大 β_q，其中 $(\hat{\rho}_t)_{ii}$ 与 $(\hat{\rho}_e)_{ii}$ 分别是 $\hat{\rho}_t$ 与 $\hat{\rho}_e$ 的第 i 行、第 i 列元素. 最终虚拟力学量 P 中参数选择为：$\beta_1 = 2.2$，$\beta_2 = 1.4$，$\beta_3 = 0.5$.

根据式(7.21)，我们设计控制律 v_q 来解决非强正则问题. 通过选择 $g(x) = x$，得到控制律 v_q 为：$v_q = c\,\mathrm{tr}(P_v(\rho - \rho_e))$；根据式(7.24)，通过选择 $f(x) = x$，将控制律 u_q 设计为：$u_q = \mathrm{i}a_q\,\mathrm{tr}([P_v, H_q]\rho)$.

实验中，先粗调参数 β_q，a_q 和 c，使控制系统向目标态收敛. 之后再细调其他控制律参数来进一步改善控制结果. 对于控制律 u_q 参数，a_q 越大，控制系统向目标态收敛的速度越快，但过大会使系统控制效果变差. 经过反复仔细地调节控制参数，可以得到较好控制效果的控制参数分别为：控制律 u_q 参数为 $a_1 = 0.6$，$a_2 = 0.7$，$a_3 = 0.4$，控制律 v_q 参数为 $c_1 = c_2 = c_3 = 0.1$.

最终可得设计出的控制律为

$$\begin{cases} P_v = 2.2 \mid \varphi_1'' \rangle \langle \varphi_1'' \mid + 1.4 \mid \varphi_2'' \rangle \langle \varphi_2'' \mid + 0.5 \mid \varphi_3'' \rangle \langle \varphi_3'' \mid \\ u_1 = 0.6\mathrm{tr}(\mathrm{i}[P_v, H_1]\rho) \\ u_2 = 0.7\mathrm{tr}(\mathrm{i}[P_v, H_1]\rho) \\ u_3 = 0.4\mathrm{tr}(\mathrm{i}[P_v, H_1]\rho) \\ v_1 = v_2 = v_3 = 0.1\mathrm{tr}(P_v(\rho - \rho_e)) \\ w_1 = 0.1002 \\ w_2 = 0.1 \\ w_3 = 0.0004 \end{cases}$$

在 150 a.u. 处被控状态的转移结果为

$$\rho = \begin{bmatrix} 0.1085 & 0.0756 & 0.0745 \\ 0.0756 & 0.3354 & -0.0001 \\ 0.0745 & -0.0001 & 0.5559 \end{bmatrix}$$

系统仿真实验结果如图 7.1 所示,其中,图 7.1(a) 为控制律演化曲线,图 7.1(b) 为李雅普诺夫函数演化曲线,图 7.1(c) 为密度矩阵对角元素演化曲线,图 7.1(d) 为密度矩阵非对角元素演化曲线. 在 150 a.u. 时间时,状态转移的保真度为 0.9999. 系统仿真实验的控制结果表明:在量子系统的自由哈密顿量非强正则,控制哈密顿量全连接,目标态与自由哈密顿量非对易的情况下,采用本小节所提控制律,可以获得很好的控制效果.

2. 四能级量子系统仿真实验:自由哈密顿量强正则和控制哈密顿量非全连接情况

此实验中,被控系统为一个自由哈密顿量强正则和控制哈密顿量非全连接的四能级系统,系统的自由哈密顿量为

$$H_0 = \begin{bmatrix} 0.4948 & 0 & 0 & 0 \\ 0 & 1.4529 & 0 & 0 \\ 0 & 0 & 2.3691 & 0 \\ 0 & 0 & 0 & 3.2434 \end{bmatrix}$$

计算出 H_0 能级差分别为:$\Delta_{21} = 0.9581$, $\Delta_{31} = 1.8743$, $\Delta_{41} = 2.7486$, $\Delta_{32} = 0.9162$, $\Delta_{42} = 1.7905$, $\Delta_{43} = 0.8743$, 由计算结果可得系统的自由哈密顿量满足强正则.

系统的控制哈密顿量分别有 3 个,不满足全连接条件:

$$H_1 = \begin{bmatrix} 0 & 1 & 0 & 0 \\ 1 & 0 & 0 & 0 \\ 0 & 0 & 0 & 0 \\ 0 & 0 & 0 & 0 \end{bmatrix}, \quad H_2 = \begin{bmatrix} 0 & 0 & 0 & 0 \\ 0 & 0 & 1 & 0 \\ 0 & 1 & 0 & 0 \\ 0 & 0 & 0 & 0 \end{bmatrix}, \quad H_3 = \begin{bmatrix} 0 & 0 & 0 & 0 \\ 0 & 0 & 0 & 0 \\ 0 & 0 & 0 & 1 \\ 0 & 0 & 1 & 0 \end{bmatrix}$$

量子系统建模、特性分析与控制

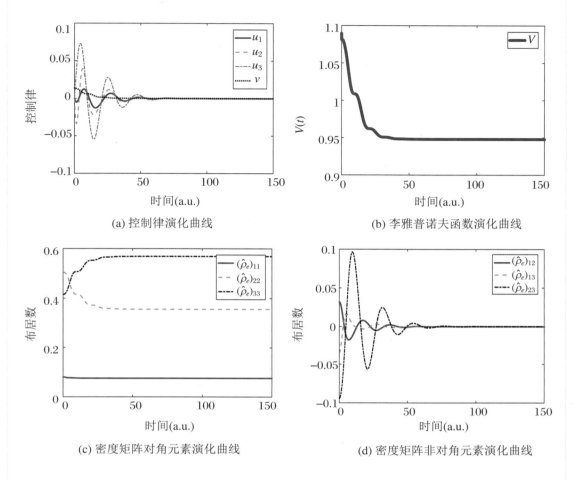

(a) 控制律演化曲线

(b) 李雅普诺夫函数演化曲线

(c) 密度矩阵对角元素演化曲线

(d) 密度矩阵非对角元素演化曲线

图 7.1　三能级量子系统仿真实验结果

系统初态为一个混合态,目标态为与系统自由哈密顿量对易的混合态:

$$\rho_0 = \begin{bmatrix} 0.3850 & 0 & 0 & 0 \\ 0 & 0.2758 & 0 & 0 \\ 0 & 0 & 0.1976 & 0 \\ 0 & 0 & 0 & 0.1416 \end{bmatrix}$$

$$\rho_e = \begin{bmatrix} 0.1416 & 0 & 0 & 0 \\ 0 & 0.1976 & 0 & 0 \\ 0 & 0 & 0.2758 & 0 \\ 0 & 0 & 0 & 0.3850 \end{bmatrix}$$

根据设计思想,在目标态与系统自由哈密顿量对易时,控制律 $w_q = 0$.

根据目标态 ρ_e 的对角元素可以计算出其特征值为:$\alpha_1 = 0.1416, \alpha_2 = 0.1976, \alpha_3 = 0.2758, \alpha_4 = 0.3850$,再根据式(7.23):$P_v = \sum_{q=1}^{4} \beta_q \mid \varphi_q \rangle\langle \varphi_q \mid$ 以及参数 β_q 值与特征值间应满足的关系可得:$\beta_1 > \beta_2 > \beta_3 > \beta_4$.根据式(7.21),我们通过选择 $g(x) = x$,得到控制律 v_q 为:$v_q = c \operatorname{tr}(P_v(\rho - \rho_e))$;根据式(7.24),通过选择 $f(x) = x$,将控制律 u_q 设计为:$u_q = \mathrm{i} a_q \operatorname{tr}([P_v, H_q]\rho)$.

经过反复仔细地调节控制参数,可以得到较好控制效果的控制参数分别为:虚拟力学量参数 $\beta_1 = 4.75, \beta_2 = 4, \beta_3 = 2.89, \beta_4 = 1.72$,控制律 u_q 参数 $a_1 = 1.25, a_2 = 0.85, a_3 = 0.8$,控制律 v_q 参数 $c_1 = c_2 = c_3 = 0.1$.控制律表达式为

$$
\begin{cases}
P_v = 4.75 \mid \varphi_1 \rangle\langle \varphi_1 \mid + 4 \mid \varphi_2 \rangle\langle \varphi_2 \mid + 2.89 \mid \varphi_3 \rangle\langle \varphi_3 \mid + 1.72 \mid \varphi_4 \rangle\langle \varphi_4 \mid \\
u_1 = 1.25 \operatorname{tr}(\mathrm{i}[P_v, H_1]\rho) \\
u_2 = 0.85 \operatorname{tr}(\mathrm{i}[P_v, H_2]\rho) \\
u_3 = 0.8 \operatorname{tr}(\mathrm{i}[P_v, H_3]\rho) \\
v_1 = v_2 = v_3 = 0.1 \operatorname{tr}(P_v(\rho - \rho_e)) \\
w = 0
\end{cases}
$$

采样步长选为 $0.01\,\mathrm{a.u.}$,仿真时间选为 $150\,\mathrm{a.u.}$.在 $150\,\mathrm{a.u.}$ 处系统状态为

$$
\rho = \begin{bmatrix}
0.1416 & 0.0007 & -0.0009 & -0.0004 \\
0.0007 & 0.1976 & 0 & 0 \\
-0.0009 & 0 & 0.2758 & 0 \\
-0.0004 & 0 & 0 & 0.3850
\end{bmatrix}
$$

系统仿真实验结果如图 7.2 所示,其中,图 7.2(a)为控制律演化曲线,图 7.2(b)为李雅普诺夫函数演化曲线,图 7.2(c)为密度矩阵对角元素演化曲线,图 7.2(d)为密度矩阵非对角元素演化曲线.在 $150\,\mathrm{a.u.}$ 时间时,当控制系统的自由哈密顿量强正则,控制哈密顿量非全连接时,如果不采用所设计的统一控制律,则无法对该系统进行有效控制,当采用所提控制律,可以达到 1 的转移保真度.

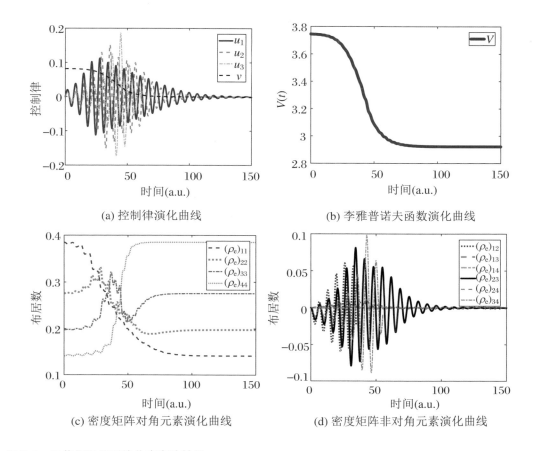

(a) 控制律演化曲线 (b) 李雅普诺夫函数演化曲线

(c) 密度矩阵对角元素演化曲线 (d) 密度矩阵非对角元素演化曲线

图 7.2　四能级量子系统仿真实验结果

3. 五能级量子系统仿真实验:强正则和控制哈密顿量非全连接的情况

被控系统为一个自由哈密顿量强正则和控制哈密顿量非全连接的五能级系统,系统的自由哈密顿量与控制哈密顿量分别为

$$H_0 = \begin{bmatrix} 1.0 & 0 & 0 & 0 & 0 \\ 0 & 1.2 & 0 & 0 & 0 \\ 0 & 0 & 1.3 & 0 & 0 \\ 0 & 0 & 0 & 2.0 & 0 \\ 0 & 0 & 0 & 0 & 2.15 \end{bmatrix}, \quad H_1 = \begin{bmatrix} 0 & 0 & 0 & 0 & 1 \\ 0 & 0 & 0 & 0 & 0 \\ 0 & 0 & 0 & 0 & 0 \\ 0 & 0 & 0 & 0 & 0 \\ 1 & 0 & 0 & 0 & 0 \end{bmatrix}$$

可计算出 H_0 能级差分别为:$\Delta_{21}=0.2, \Delta_{31}=0.3, \Delta_{41}=1.0, \Delta_{51}=1.15, \Delta_{32}=0.1, \Delta_{42}=0.8, \Delta_{52}=0.95, \Delta_{43}=0.7, \Delta_{53}=0.85, \Delta_{54}=0.15$,系统的自由哈密顿量满足强正则,控制哈密顿量不满足全连接条件.

系统初态为一个本征态,目标态为与系统自由哈密顿量对易的本征态:

$$\rho_0 = \begin{bmatrix} 1 & 0 & 0 & 0 & 0 \\ 0 & 0 & 0 & 0 & 0 \\ 0 & 0 & 0 & 0 & 0 \\ 0 & 0 & 0 & 0 & 0 \\ 0 & 0 & 0 & 0 & 0 \end{bmatrix}, \quad \rho_e = \begin{bmatrix} 0 & 0 & 0 & 0 & 0 \\ 0 & 0 & 0 & 0 & 0 \\ 0 & 0 & 0 & 0 & 0 \\ 0 & 0 & 0 & 0 & 0 \\ 0 & 0 & 0 & 0 & 1 \end{bmatrix}$$

根据设计思想,在目标态与系统自由哈密顿量对易时,控制律 $w_q = 0$;根据目标态 ρ_e 的对角元素可以计算出其特征值为:$\alpha_1 = 0, \alpha_2 = 0, \alpha_3 = 0, \alpha_4 = 0, \alpha_5 = 1$,再根据式 (7.23)$P_v = \sum_{q=1}^{5} \beta_q |\varphi_q\rangle\langle\varphi_q|$ 以及参数 β_q 值与特征值间应满足的关系可得:$\beta_1 \neq \beta_2 \neq \beta_3 \neq \beta_4$ 且 $\beta_1, \beta_2, \beta_3, \beta_4 > \beta_5$.根据式 (7.21),我们通过选择 $g(x) = x$,得到控制律 v_q 为:$v_q = c\,\text{tr}(P_v(\rho - \rho_e))$;根据式 (7.24),通过选择 $f(x) = x$,将控制律 u_q 设计为:$u_q = ia_q\text{tr}([P_v, H_q]\rho)$.

经过反复仔细地调节控制参数,可以得到较好控制效果的控制参数分别为:虚拟力学量参数 $\beta_1 = 0.85, \beta_2 = 0.5, \beta_3 = 0.7, \beta_4 = 1.28, \beta_5 = 0.03$,控制律 u_q 参数为 $a_1 = 0.16$,控制律 v_q 参数为 $c_1 = 0.005$.控制律表达式为

$$\begin{cases} P_v = 0.85 |\varphi_1\rangle\langle\varphi_1| + 0.5 |\varphi_2\rangle\langle\varphi_2| + 0.7 |\varphi_3\rangle\langle\varphi_3| \\ \qquad + 1.28 |\varphi_4\rangle\langle\varphi_4| + 0.03 |\varphi_5\rangle\langle\varphi_5| \\ u_1 = 0.16\text{tr}(i[P_v, H_1]\rho) \\ v_1 = 0.005\text{tr}(P_v(\rho - \rho_e)) \\ w = 0 \end{cases}$$

采样步长选为 0.01 a.u.,仿真时间选为 150 a.u..在 150 a.u. 处系统状态演化结果为

$$\rho = \begin{bmatrix} 0 & 0 & 0 & 0 & 0 \\ 0 & 0 & 0 & 0 & 0 \\ 0 & 0 & 0 & 0 & 0 \\ 0 & 0 & 0 & 0 & 0 \\ 0 & 0 & 0 & 0 & 1 \end{bmatrix}$$

系统仿真实验结果如图 7.3 所示,其中,图 7.3(a)为控制律演化曲线,图 7.3(b)为李雅普诺夫函数演化曲线,图 7.3(c)为密度矩阵对角元素演化曲线.

在 150 a.u.时间时,当 5 能级控制系统的自由哈密顿量强正则和控制哈密顿量非全连接,目标态与自由哈密顿量对易时,控制哈密顿量虽然只有一个,但是根据本小节所提

出的统一控制律,对系统状态进行转移,可以以保真度为 1 达到目标态.

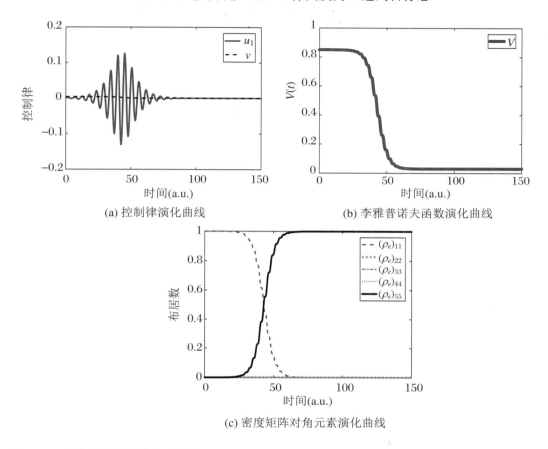

(a) 控制律演化曲线

(b) 李雅普诺夫函数演化曲线

(c) 密度矩阵对角元素演化曲线

图 7.3 五能级量子系统仿真实验结果

本节通过不同情况下的量子系统仿真实验,验证所设计的统一控制律,分别在量子系统的内部哈密顿量非强正则(不同能级之间的频率差相等)、控制哈密顿量非全连接以及目标态与自由哈密顿量非对易的情况下,均可以实现从任意一个初始态转移到任意一个目标态.

小结

有关基于李雅普诺夫稳定性定理对封闭量子系统状态调控问题已经研究得比较透彻,并且基本解决了各种状态的控制问题,以及放宽控制收敛性条件使之有可能在实际实验中实现,所以在本章量子系统状态调控的闭环反馈控制方法中,重点研究了两部分内容,一是基本的有关本征态、叠加态和混合态的制备与调控,通过对这些状态调控的设计过程,可以了解到需要满足的收敛性条件.实际上这些条件限制了所设计出的控制器实际使用的可能性.所以本章的第二部分是专门解决不满足收敛性条件的量子系统的控制器的设计,所设计出的统一的量子李雅普诺夫控制方法可以适用于对非理想的量子系统的控制.这为复杂量子系统在实际实验中采用李雅普诺夫方法,获得高精度的控制性能打下了坚实的理论基础.

第 8 章

量子系统状态的制备与纯化

8.1 双自旋系统中纠缠态的制备

本节将介绍利用李雅普诺夫方法在一个双自旋系统中制备纠缠态,特别地,对 Bell 态这种量子信息技术常用的资源,将证明其在李雅普诺夫控制下是全局渐进稳定的.

8.1.1 双自旋系统的相互作用绘景模型

任意一个 n 维系统的量子态可以用一个复数向量 $\psi \in \mathbf{C}^n$ 来表示,而且满足 $\|\psi\| := \sqrt{\psi^\dagger \psi} = 1$ 表示共轭转置. 例如,考虑单个自旋系统,它的自旋朝上与自旋朝下

状态可以分别用 ψ_u，ψ_d 表示，其中 $\psi_u = \begin{bmatrix} 1 & 0 \end{bmatrix}^T$，$\psi_d = \begin{bmatrix} 0 & 1 \end{bmatrix}^T$. 根据量子态的叠加原理，该系统的任意状态可以表示为 $\psi = a\psi_u + b\psi_d$，系数 $a, b \in \mathbf{C}$，而且满足：$|a|^2 + |b|^2 = 1$. 因此，由两个自旋粒子组成的系统可以用两个自旋的直积空间来表示，也就是说 $\mathbf{C}^4 = \mathbf{C}^2 \otimes \mathbf{C}^2$. 这个系统的基可以表示为（Yamamoto et al.，2008）

$$\langle \psi_u \otimes \psi_u, \psi_u \otimes \psi_d, \psi_d \otimes \psi_u, \psi_d \otimes \psi_d \rangle = \{ |1\rangle, |2\rangle, |3\rangle, |4\rangle \}$$

$$= \left\{ \begin{bmatrix} 1 \\ 0 \\ 0 \\ 0 \end{bmatrix}, \begin{bmatrix} 0 \\ 1 \\ 0 \\ 0 \end{bmatrix}, \begin{bmatrix} 0 \\ 0 \\ 1 \\ 0 \end{bmatrix}, \begin{bmatrix} 0 \\ 0 \\ 0 \\ 1 \end{bmatrix} \right\} \tag{8.1}$$

此时，该系统的任意量子态可以表示为式（8.1）中的基的叠加，即 $\psi = \begin{bmatrix} a & b & c & d \end{bmatrix}^T$，且 $|a|^2 + |b|^2 + |c|^2 + |d|^2 = 1$. 如果两个自旋粒子之间没有关联，这种量子态可以表示为

$$\psi = \psi_1 \otimes \psi_2 = \begin{bmatrix} a \\ b \end{bmatrix} \otimes \begin{bmatrix} c \\ d \end{bmatrix} = \begin{bmatrix} ac & ad & bc & bd \end{bmatrix}^T \tag{8.2}$$

否则，两个自旋间存在关联，即处于纠缠状态. 例如，一个纠缠态

$$\psi = a\psi_u \otimes \psi_d + b\psi_d \otimes \psi_u = \begin{bmatrix} 0 & a & b & 0 \end{bmatrix}^T, \quad a \neq 0, \ b \neq 0 \tag{8.3}$$

不能表示为式（8.2）的形式.

下面的 4 个 Bell 态，也是最大纠缠态，将被重点考虑进行制备：

$$|\Psi^+\rangle = \frac{1}{\sqrt{2}} (\psi_u \otimes \psi_d + \psi_d \otimes \psi_u) = \frac{1}{\sqrt{2}} \begin{bmatrix} 0 & 1 & 1 & 0 \end{bmatrix}^T \tag{8.4a}$$

$$|\Phi^-\rangle = \frac{1}{\sqrt{2}} (\psi_u \otimes \psi_u + \psi_d \otimes \psi_d) = \frac{1}{\sqrt{2}} \begin{bmatrix} 1 & 0 & 0 & 1 \end{bmatrix}^T \tag{8.4b}$$

$$|\Phi^+\rangle = \frac{1}{\sqrt{2}} (\psi_u \otimes \psi_u - \psi_d \otimes \psi_d) = \frac{1}{\sqrt{2}} \begin{bmatrix} 1 & 0 & 0 & -1 \end{bmatrix}^T \tag{8.4c}$$

$$|\Psi^-\rangle = \frac{1}{\sqrt{2}} (\psi_u \otimes \psi_d - \psi_d \otimes \psi_u) = \frac{1}{\sqrt{2}} \begin{bmatrix} 0 & 1 & -1 & 0 \end{bmatrix}^T \tag{8.4d}$$

为了建立两个相邻粒子之间的相互作用的量子系统的数学模型，考虑在外场作用下的一维伊辛（Ising）模型. 此时系统的哈密顿函数由系统未受扰动的（或内部的）哈密顿算符 H_0 与外部哈密顿 $H_1(t)$ 组成，即

$$H(t) = H_0 + H_1(t) \tag{8.5}$$

量子系统建模、特性分析与控制

当考虑一般的海森伯模型的相互作用时,两个自旋 1/2 粒子系统内部未受扰动的哈密顿 H_0 为(为方便起见,令 $\hbar = 1$)

$$H_0 = J \sum_{k=x,y,z} I_{1k} I_{2k} \tag{8.6}$$

其中 $J > 0$ 为相互作用强度,是一个定常系数.对于 $k = x, y, z$,有 $I_{1k} = \dfrac{1}{2}\sigma_k \otimes I$,$I_{2k} = I \otimes \dfrac{1}{2}\sigma_k$,$I_{1k}I_{2k} = \sigma_k \otimes \sigma_k$,其中 σ_k 是自旋算符在 x, y, z 方向的分量:$\sigma_x = \begin{bmatrix} 0 & 1 \\ 1 & 0 \end{bmatrix}$;$\sigma_y = \begin{bmatrix} 0 & -\mathrm{i} \\ -\mathrm{i} & 0 \end{bmatrix}$;$\sigma_z = \begin{bmatrix} 1 & 0 \\ 0 & -1 \end{bmatrix}$,$I$ 为 2×2 单位矩阵.

如果由外部可以同时从 x, y, z 方向对该系统进行控制,则此时的外部哈密顿函数可以定义为(丛爽,2006b)

$$H_1(t) = -\sum_{k=x,y,z} (\gamma_1 I_{1k} + \gamma_2 I_{2k}) u_k(t) \tag{8.7}$$

其中,γ_1 与 γ_2 分别是两粒子具有的回旋磁比,$u_k(t)$ 表示外部控制量.

由式(8.5)、式(8.6)、式(8.7)可得

$$H(t) = -\sum_{k=x,y,z} (\gamma_1 I_{1k} + \gamma_2 I_{2k}) u_k(t) - J\sum_{k=x,y,z} I_{1k} I_{2k} \tag{8.8}$$

一般地,在 t 时刻量子力学系统的状态 $|\psi(t)\rangle$ 的演化由薛定谔方程决定,即

$$\mathrm{i}\hbar |\dot{\psi}\rangle = H(t)|\psi\rangle \tag{8.9}$$

将式(8.8)代入式(8.9)可得

$$|\dot{\psi}\rangle = (\bar{A} + \bar{B}_x \bar{u}_x + \bar{B}_y \bar{u}_y + \bar{B}_z \bar{u}_z)|\psi\rangle \tag{8.10}$$

其中,$\bar{A} = \mathrm{i}J \sum\limits_{k=x,y,z} I_{1k} I_{2k}$,$\bar{B}_x = \mathrm{i}\gamma_1(I_{1x} + rI_{2x})$,$\bar{B}_y = \mathrm{i}\gamma_1(I_{1y} + rI_{2y})$,$\bar{B}_z = \mathrm{i}\gamma_1(I_{1z} + rI_{2z})$,$r = \gamma_1/\gamma_2$.矩阵 $\bar{A}$,$\bar{B}_x$,$\bar{B}_y$ 和 $\bar{B}_z$ 是 4×4 具有阵迹为零的斜厄米矩阵,即为 $SU(4)$ 中的矩阵.

为了使 $\bar{A}$ 对角化,对系统状态作变换 $|\psi'\rangle = T|\psi\rangle$,$T$ 满足 $T^\dagger = T^{-1}$,其中

$$T = \frac{1}{\sqrt{2}} \begin{bmatrix} 0 & \mathrm{i} & -\mathrm{i} & 0 \\ 0 & 1 & 1 & 0 \\ -\mathrm{i} & 0 & 0 & -\mathrm{i} \\ -1 & 0 & 0 & 1 \end{bmatrix} \tag{8.11}$$

并通过调整控制量的幅值,式(8.10)变为

$$| \dot{\psi}' \rangle = (A + B_x u_x + B_y u_y + B_z u_z) | \psi' \rangle \tag{8.12}$$

并且式(8.4)中的 Bell 态转换为

$$| \Psi^+ \rangle' = T | \Psi^+ \rangle = \begin{bmatrix} 0 & 1 & 0 & 0 \end{bmatrix}^T \tag{8.13a}$$

$$| \Phi^+ \rangle' = T | \Phi^+ \rangle = \begin{bmatrix} 0 & 0 & -i & 0 \end{bmatrix}^T \tag{8.13b}$$

$$| \Phi^- \rangle' = T | \Phi^- \rangle = \begin{bmatrix} 0 & 0 & 0 & -1 \end{bmatrix}^T \tag{8.13c}$$

$$| \Psi^- \rangle' = T | \Psi^- \rangle = \begin{bmatrix} i & 0 & 0 & 0 \end{bmatrix}^T \tag{8.13d}$$

为了方便起见,接下来记四个 Bell 态从式(8.13a)到式(8.13d)为 $\psi_1, \psi_2, \psi_3, \psi_4$.这样一来对应于系统(8.12),任务就是制备(8.13)中的 Bell 态.可以证明,在此变换下,布居分布是不变的,即 $|\psi\rangle$ 与 $|\psi'\rangle$ 关于布居分布是等价的,因此为了方便,将 $|\psi'\rangle$ 记为 $|\psi\rangle$,即式(8.12)写为

$$| \dot{\psi} \rangle = (A + B_x u_x + B_y u_y + B_z u_z) | \psi \rangle \tag{8.14}$$

其中

$$A = T\bar{A}T^{-1}\mathrm{diag}(-3i, i, i, i)$$

$$B_x = T\bar{B}_x T^{-1} = \begin{bmatrix} 0 & 0 & 0 & 1-r \\ 0 & 0 & r+1 & 0 \\ 0 & -r-1 & 0 & 0 \\ r-1 & 0 & 0 & 0 \end{bmatrix}$$

$$B_y = T\bar{B}_y T^{-1} = \begin{bmatrix} 0 & 0 & 1-r & 0 \\ 0 & 0 & 0 & -r-1 \\ r-1 & 0 & 0 & 0 \\ 0 & r+1 & 0 & 0 \end{bmatrix}$$

$$B_z = T\bar{B}_z T^{-1} = \begin{bmatrix} 0 & 1-r & 0 & 0 \\ r-1 & 0 & 0 & 0 \\ 0 & 0 & 0 & r+1 \\ 0 & 0 & -1-r & 0 \end{bmatrix}$$

显然式(8.13)中的四个 Bell 态是 A 的本征态.事实上,在原系统模型(8.10),可以验证 $\bar{A}$ 的本征态是式(8.4)中的 Bell 态,表明模型(8.10)和模型(8.14)是等价的.

将该系统模型变换到相互作用绘景中,即进行变换 $|\psi''\rangle = \exp(-At)|\psi\rangle$,则变换后

的系统控制模型为

$$| \dot{\psi}'' \rangle = \sum_{k=x,y,z} A_k(t) u_k | \psi'' \rangle \tag{8.15}$$

其中,$A_k(t) = \exp(-At) B_k \exp(At), k = x,y,z$,满足 $A_k^\dagger = -A_k$,而该变换对于布居分布是等价的,因此,为方便,之后将省略"''"号.因此方程(8.15)就是双自旋系统在相互作用绘景下的数学模型.

8.1.2 基于观测算符平均值的李雅普诺夫控制律设计

利用李雅普诺夫理论设计控制律的基本思想是,借助李雅普诺夫稳定性定理,通过保证所选定的李雅普诺夫函数的一阶时间导数非正来设计系统的控制律,这样能保证系统稳定.因此其关键是选择适合的李雅普诺夫函数,目前量子李雅普诺夫函数的形式主要有三大类:其一是基于状态误差距离的;其二是基于希尔伯特-施密特(Hilbert-Schmidt)距离,即迹距离的;其三是基于虚拟力学量的观测量平均的形式.本小节选择一个基于观测量算符平均值作为李雅普诺夫函数,即设

$$V = \langle \psi | P | \psi \rangle \tag{8.16}$$

其中,P 是厄米算符.

考虑式(8.15),则李雅普诺夫函数(8.16)对时间的一阶导数为

$$\begin{aligned}
\dot{V} &= \langle \dot{\psi} | P | \psi \rangle + \langle \psi | P | \dot{\psi} \rangle \\
&= \sum_{k=x,y,z} u_k \langle \psi A_k(t) | P | \psi \rangle + \sum_{k=x,y,z} u_k \langle \psi | P | A_k(t) | \psi \rangle \\
&= \sum_{k=x,y,z} u_k \langle \psi | A_k^\dagger(t) P | \psi \rangle + \sum_{k=x,y,z} u_k \langle \psi | P A_k(t) | \psi \rangle \\
&= \sum_{k=x,y,z} u_k \langle \psi | [P, A_k(t)] | \psi \rangle
\end{aligned} \tag{8.17}$$

为了使 $\dot{V} \leq 0$,控制律可以设计为

$$u_k = -K_k \langle \psi | [P, A_k(t)] | \psi \rangle, \quad k = x,y,z \tag{8.18}$$

其中,$K_k > 0$,用来调整控制幅度.

为了使目标态在李雅普诺夫意义下稳定,下面两个条件需要满足:

(1) 只有当系统演化到目标态时,李雅普诺夫函数(8.16)达到最小;

(2) 之后系统能够保持在目标态.

事实上,条件(2)可以从条件(1)得到.如果假设条件(1)满足,当系统达到目标态时控制场一定为 0,否则李雅普诺夫函数在控制律的作用下会继续下降,这就意味着没有达到最小,和假设矛盾.因此只要条件(1)满足就可以得到条件(2)满足.因此现在唯一的事情就是构造观测算符 P 满足条件(1),也就是使得目标态 ψ_f 是李雅普诺夫函数的最小点.P 的设计过程如下.

任意一个厄米矩阵可以表示成相干向量的形式.一个幺正 Lie 代数 $su(n)$ 的基记为

$$\{iX_1, \cdots, iX_m\}, \quad m = n^2 - 1 \tag{8.19}$$

它们满足关系

$$\mathrm{tr}(X_l) = 0 \tag{8.20a}$$

$$\mathrm{tr}(X_l X_j) = \delta_{lj} \tag{8.20b}$$

这样一来,一个 n 维的密度矩阵 $\rho = |\psi\rangle\langle\psi|$ 可以写成

$$\rho = I/n + \sum x_l X_l \tag{8.21}$$

其中 $x_l = \mathrm{tr}(X_l \rho)$ 是实数,表示对应基 X_l 的相干向量分量.

于是由 $x_1, x_2, \cdots, x_{n^2-1}$ 构成的向量 V_ρ 即是密度矩阵 ρ 的相干向量:

$$V_\rho = (x_1, x_2, \cdots, x_{n^2-1})^\top \tag{8.22}$$

相干向量的模长表示了状态的纯度,当状态是纯态时它具有最大值 $\sqrt{(n-1)/n}$,而当状态处于极大混合态 I/n 时具有最小值零.由于封闭量子系统演化的幺正性,在整个演化过程中系统的纯度是不变的,即相干向量 V_ρ 的模长等于常值:

$$\sum |x_l|^2 = C \tag{8.23}$$

类似地,目标状态 ρ_f 和虚拟力学量 P 可以写成

$$\rho_f = I/n + \sum_j f_j X_j \tag{8.24a}$$

$$P = c_0 I + \sum_k c_k X_k \tag{8.24b}$$

那么有

$$V = \langle\psi|P|\psi\rangle = \mathrm{tr}(P\rho_f) = c_0 + \sum_k c_k f_k \tag{8.25}$$

为了使式(8.25)在条件(8.23)下取得最小值,可得

$$c_k = \lambda f_k, \quad \lambda < 0 \tag{8.26}$$

即观测量算符 P 的相干向量 V_P 与目标状态 ρ_f 的相干向量 V_{ρ_f} 的方向相反：

$$V_P = \lambda V_{\rho_f}, \quad \lambda < 0 \tag{8.27}$$

假定系统(8.15)从一个初始状态转移到一个目标态 ρ_f，由式(8.24a)求得目标状态密度矩阵的相干向量为 $V_{\rho_f} = (f_1, f_2, \cdots, f_{n^2-1})^{\mathrm{T}}$. 为了使目标态是李雅普诺夫函数的最小值点，所构造的观测量 P 的相干向量 V_P 必须与目标状态密度矩阵 ρ_f 的相干向量 V_{ρ_f} 方向相反，即 $V_P = \lambda V_{\rho_f}$，$\lambda < 0$ 成立. 矩阵 P 可以通过一组包括目标态的正交基态来构造：

$$P = p_h \sum_{\langle \phi_j | \phi_f = 0 \rangle} |\phi_j\rangle\langle\phi_j| + p_l |\phi_f\rangle\langle\phi_f|, \quad p_h > p_l \tag{8.28}$$

根据式(8.28)，获取 P 的最简单的方法是直接令

$$P = -\rho_f \tag{8.29}$$

很显然，按照式(8.29)构造出的 P 矩阵与目标状态密度矩阵是对易的. 同时这样的 Δt 也保证当系统演化到目标态时，李雅普诺夫函数达到最小值. 因此目标态在控制律(8.18)的作用下是李雅普诺夫意义下的稳定.

8.1.3 Bell 态的收敛性证明

在8.1.2小节中推导的李雅普诺夫控制律使系统稳定，但不是渐进稳定. 也就是说，构造观测算符 P 只能保证目标态是李雅普诺夫函数的最小值点，而不能保证系统的收敛性. 因此这一小节将证明系统在控制律(8.18)的驱使下会向期望的 Bell 态收敛，即对任意的初始态，可以利用基于李雅普诺夫方法设计的控制律(8.18)来制备任意的 Bell 态.

若被控系统是渐进稳定的，则系统在控制律(8.18)的作用下会收敛到目标状态. 当系统是自治的时，可以用拉塞尔(Lasalle)不变原理分析系统的渐进稳定性. 但在作了相互作用图景变换之后，系统由一个自治系统变为非自治系统，不再能直接运用拉塞尔不变原理进行分析. 不过我们可以利用巴尔巴拉(Barbalat)引理获得类似的结论.

引理 8.1 如果标量函数满足：① $E(x, t)$ 有下界；② $\dot{E}(x, t)$ 是负半定的；③ $\dot{E}(x, t)$ 对时间是一致连续的，则当 $t \to \infty$ 时 $\dot{E}(x, t) \to 0$.

对于纯态，李雅普诺夫函数 $V(\psi) = \langle\psi|P|\psi\rangle = -|\langle\psi|\psi_f\rangle|^2 \geqslant -1$ 有下界. 它的一阶导数是负半定的. 它的二阶导数是

$$\ddot{V}(\rho(t)) = \sum (u_j \mathrm{tr}([\dot{\rho}(t), p]A_j(t)) + u_j \mathrm{tr}([\rho(t), P]\dot{A}_j(t))) \tag{8.30}$$

当输入有界时,式(8.30)是有界的,于是 $\dot{V}(\rho(t))$ 对时间是一致连续的.根据引理 8.1,在控制律的作用下,李雅普诺夫函数的一阶导数最终收敛到零,即 $\dot{V}(\rho(\infty), u(\infty)) = 0$,则系统的状态最终收敛到的集合 R 为

$$R \equiv \{\psi : \langle \psi \mid [P, A_k(t)] \mid \psi \rangle = 0, k = x, y, z, \forall t\} \tag{8.31}$$

由控制律(8.18)的形式可知,集合 R 中的状态同时使得控制量为零,并且考虑到相互作用图景变换以后,系统是齐次的,根据不变集的定义可以得到,R 中的最大不变集是它本身.也就是说,下面的定理成立.

定理 8.1 在控制律(8.18)的作用下,式(8.15)描述的量子系统的状态最终必然收敛到由式(8.31)定义的集合 R 中.

集合 R 一般是有限维的,表明将系统驱动到这个集合容易但是到一个特定的目标态比较困难.幸运的是,我们只关注 Bell 态的收敛性.也就是说,需要证明下面的定理 8.2.

定理 8.2 对于任意给定的目标态 ψ_f(Bell 态),$f \in \{1, 2, 3, 4\}$,在控制律(8.18)的作用下,式(8.15)描述的量子系统的状态最终必然收敛到 ψ_f,其中控制律中的观测算符为 $P = -\mid \psi_f \rangle \langle \psi_f \mid$.

证明 因为 P, A_k 和密度矩阵 ρ 都是厄米的,结合 $\mathrm{tr}(A[B, C]) = \mathrm{tr}(B[C, A])$,可以计算

$$
\begin{aligned}
\langle \psi \mid [P, A_k(t)] \mid \psi \rangle &= \mathrm{tr}(\rho[P, A_k(t)]) \\
&= \mathrm{tr}(P[\rho, A_k(t)]) \\
&= -\langle \psi_f \mid [\rho, A_k(t)] \mid \psi_f \rangle
\end{aligned}
\tag{8.32}
$$

因此,方程(8.31)等价于

$$\langle \psi_f \mid [\rho, A_k(t)] \mid \psi_f \rangle = 0, \quad k = x, y, z, \forall t \tag{8.33}$$

即

$$([\rho, A_k(t)])_{jj} = 0, \quad k = x, y, z, \forall t \tag{8.34}$$

其中 $(A)_{jj}$ 表示矩阵 A 的第 j 行、第 j 列元素.

将 A_k 的表达式代入式(8.34)中得到

$$\rho_{jf} = (\mid \psi \rangle \langle \psi \mid)_{jf} = 0, \quad j \neq f \tag{8.35}$$

因为系统是封闭的,如果初始态是纯态,任意时刻的状态都是纯态.所以量子态可以表示成 $\mid \psi \rangle = \sum_{i=1}^{4} c_i \mid \psi_i \rangle$,$\sum_{i=1}^{4} \mid c_i \mid^2 = 1$,从而式(8.35)等价于

$$c_j^* c_f = 0, \quad j \neq f \tag{8.36}$$

这表明集合 R 中的状态可以表示成

$$\left\{ |\psi\rangle : |\psi\rangle = \sum_{i=1}^{4} c_i |\psi_i\rangle, c_f = 0 \right\} \tag{8.37a}$$

或

$$\left\{ |\psi\rangle : |\psi\rangle = \sum_{i=1}^{4} c_i |\psi_i\rangle, |c_f| = 1, c_j = 0, \forall j \neq f \right\} \tag{8.37b}$$

因此,集合 R 可以写成

$$R = R_1 \bigcup R_2 \tag{8.38}$$

其中

$$R_1 = \mathrm{span}\{|\psi_f\rangle\}, \quad R_2 = \mathrm{span}\{|\psi_f\rangle, j \neq f\} \tag{8.39}$$

根据定理 8.1,系统会收敛到集合 R 中.注意到 R_2 是集合 R_1 的正交空间,所以两者的交集为空.因此系统会收敛到两个集合之一中.事实上系统只能收敛到集合 R_1 中,因为 R_2 中的状态使得李雅普诺夫函数取最大值.因此,对于任意的初始态 $|\psi_0\rangle \notin R_2$,由于 $\dot{V} \leqslant 0$ 系统会收敛到 R_1;对于 $|\psi_0\rangle \notin R_2$,状态处于临界稳定点,此时控制场为 0,针对这种情况,引入一个扰动可以使得李雅普诺夫函数下降,也就是系统状态离开并且不会再到达集合 Λ.最终,被控状态会收敛到 R_1 中.综上所述,在观测算符为 $P = -|\psi_f\rangle\langle\psi_f|$ 的控制律(8.18)的作用下,式(8.15)描述的量子系统的状态最终必然收敛到 ψ_f.

8.1.4 数值仿真及其结果分析

本小节中我们将用两个仿真实例说明以李雅普诺夫方法设计控制律来实现纠缠态制备的有效性,并且验证 Bell 态是渐进稳定的.因此选择目标态为 $\psi_1, \psi_2, \psi_3, \psi_4$.假设系统初始处于状态 $|\psi_0\rangle = \psi_u \otimes \psi_d$,也就是复合系统的两个粒子分别处于自旋朝上和自旋朝下的状态.系统模型转换为式(8.15),并且取 $r = 2$,则转换后的对于系统模型(8.15)的初始态是 $T\psi_u \otimes \psi_d = 1/\sqrt{2}\,[\mathrm{i} \quad 1 \quad 0 \quad 0]^\mathrm{T}$.

控制目标是将系统从初始态 $|\psi_0\rangle$ 分别转移到 4 个 Bell 态 $\psi_1, \psi_2, \psi_3, \psi_4$.那么对应的控制根据式(8.18)设计,并分别设为 $u^{(1)}, u^{(2)}, u^{(3)}$ 和 $u^{(4)}$:

$$u_k^{(j)} = -K_k \langle\psi| [P^{(j)}, A_k] |\psi\rangle, \quad k = x, y, z, \ j = 1, 2, 3, 4 \tag{8.40}$$

其中 $K_x = K_y = K_z = 0.1$.

根据式(8.29),其中的观测算符是

$$P^{(1)} = \begin{bmatrix} 0 & 0 & 0 & 0 \\ 0 & -1 & 0 & 0 \\ 0 & 0 & 0 & 0 \\ 0 & 0 & 0 & 0 \end{bmatrix}, \quad P^{(2)} = \begin{bmatrix} 0 & 0 & 0 & 0 \\ 0 & 0 & 0 & 0 \\ 0 & 0 & -1 & 0 \\ 0 & 0 & 0 & 0 \end{bmatrix}$$

$$P^{(3)} = \begin{bmatrix} 0 & 0 & 0 & 0 \\ 0 & 0 & 0 & 0 \\ 0 & 0 & 0 & 0 \\ 0 & 0 & 0 & -1 \end{bmatrix}, \quad P^{(4)} = \begin{bmatrix} -1 & 0 & 0 & 0 \\ 0 & 0 & 0 & 0 \\ 0 & 0 & 0 & 0 \\ 0 & 0 & 0 & 0 \end{bmatrix}$$

在状态 $|\psi(t)\rangle$ 和目标态 ψ_f 之间的保真度定义为 $F(t) = |\langle \psi(t)|\psi_f\rangle|$,它代表了从 $|\psi(t)\rangle$ 到 ψ_f 的转移概率. F 越大表明转移概率越高. $F = 1$ 则表示系统达到了目标态. 设定时间步长为 $\Delta t = 0.01$,控制时间为 $t = 80$,对应于各个目标态的保真度随时间变化曲线显示在图8.1中. 从中可以发现,对于每一个目标态,保真度最终都达到了1,也就是说,在控制律(8.40)的作用下,4个Bell态都产生了,这个结果表明我们的方法是有效的.

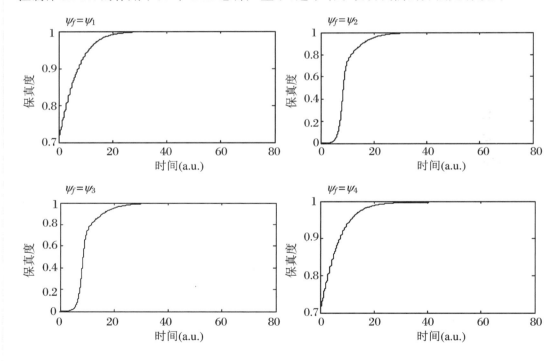

图 8.1　不同目标态的保真度变化曲线

控制律的变化曲线显示在图 8.2 中,从中可以看到,所有的控制律 $u^{(1)}$, $u^{(2)}$, $u^{(3)}$ 和 $u^{(4)}$ 最终都变成了 0. 也就是说系统会保持在 Bell 态,这与定理 8.2 的结论是一致的. 对于不同的目标态,需要相应方向的控制起作用. 例如,为了制备目标态 ψ_1 和 ψ_4,沿 z 方向的控制 $u_z^{(j)}$, $j=1,4$ 起主要作用,而沿 x 和 y 方向的控制不起作用. 与之相反的是,对于目标态是 ψ_2 和 ψ_3 的情况,z 方向的控制几乎不影响系统. 此外,对于 ψ_2 和 ψ_3 的控制律几乎拥有相同的形状,唯一的不同就是,对于目标态是 ψ_2 的情况,在时间段 $[0,13]$ 系统主要受到 x 方向控制的影响,然后受到 y 方向控制的影响;相反目标态是 ψ_3 的情况,$u_y^{(3)}$ 首先作用于系统然后才是 $u_x^{(3)}$.

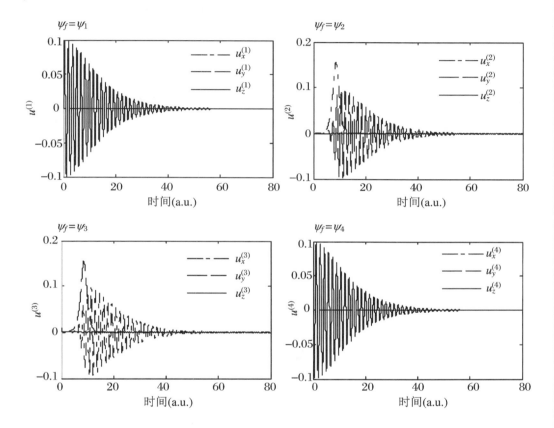

图 8.2 不同目标态的控制律变化曲线

8.2 量子纯态到混合态的转移

为了实现系统状态从任意纯态到期望混合态的转移,基于李雅普诺夫定理设计了控制律,并且使用设计的控制律,至多经过三步就可以实现转移目的.除了李雅普诺夫方法之外,还有很多其他控制律可以实现量子系统的状态转移,因此我们对比研究了几何控制和棒棒控制在应用到封闭量子系统的状态转移时的时间性能,并进一步分析了系统受到外界干扰使系统哈密顿量包含不确定性时的鲁棒性.

处于纯态的量子系统由于环境噪声可能会变成混合态,但并不是所有类型的混合态都可以通过噪声从纯态得到.已有结果表明,噪声只能使纯态到达有限范围的混合态,而不是全空间的混合态(Henderson et al.,2001).因此,为了使系统状态能由任意纯态到达期望的混合态,需要设计合适的控制律.

班克斯等提出了针对密度矩阵 ρ 的刘维尔方程,并指出:为了满足线性、起始收敛、概率守恒的条件,ρ 遵循的刘维尔方程的一般形式为

$$i\hbar\frac{\partial}{\partial t}\rho = [H,\rho] + i\sum_{n,m} h_{nm}(Q_m Q_n \rho + \rho Q_m Q_n - 2Q_n \rho Q_m) \tag{8.41}$$

其中,Q_n 是任意厄米算符,h_{nm} 是复数.

对于量子系统,ρ 是厄米的,本征值非负,且满足 $\text{tr}(\rho)=1$.但是,刘维尔方程(8.41)并不能保证 $\text{tr}(\rho^2)$ 的值和 1 具有确定的比较关系.当 ρ 描述纯态时,$\text{tr}(\rho^2)=1$,描述混合态时,$\text{tr}(\rho^2)<1$.因此,简单地从 ρ 满足的刘维尔方程(8.41)可以看出,系统状态可以从纯态转移到混合态.

由于使用李雅普诺夫方法设计控制律,方法简单,适用范围广,因此在很多量子系统的状态转移研究中被采用(Sugawara,2003;Kuang,Cong,2008;Wang,Schirmer,2010a).在本节中,我们也采用李雅普诺夫方法设计控制律,实现封闭量子系统状态从任意纯态到混合态的转移.

8.2.1 任意纯态到本征态的转移

本小节将使用李雅普诺夫方法设计控制律,实现封闭量子系统纯态之间的转移,从

而使任意纯态转移到本征态.

考虑一个封闭量子系统 S,其系统状态 $|\psi_S(t)\rangle$ 的演化遵循如下的薛定谔方程:

$$\mathrm{i}\hbar|\dot{\psi}_S\rangle = H|\psi_S\rangle \tag{8.42}$$

其中,$H = H_0 + H_c(t)$,H_0 为自由哈密顿量;$H_c(t) = \sum_{k=1}^{m} H_k u_k(t)$,$H_k$ 为控制哈密顿量,$u_k(t)$ 是控制场.

对 $|\psi_S(t)\rangle$ 作如下幺正变换:

$$|\psi_S(t)\rangle = U(t)|\widetilde{\psi}_S(t)\rangle \tag{8.43}$$

其中,幺正矩阵 $U(t) = \mathrm{diag}(\mathrm{e}^{-\mathrm{i}\lambda_1 t}, \mathrm{e}^{-\mathrm{i}\lambda_2 t}, \cdots, \mathrm{e}^{-\mathrm{i}\lambda_n t})$,$\lambda_1, \cdots, \lambda_n$ 为 H_0 的本征值.

将式(8.43)代入式(8.42)可得

$$\mathrm{i}|\dot{\widetilde{\psi}}_S\rangle = \left(\widetilde{H}_0 + \sum_{k=1}^{m}\widetilde{H}_k u_k(t) - \Lambda\right)|\widetilde{\psi}_S\rangle \tag{8.44}$$

其中,$\Lambda = \mathrm{diag}(\lambda_1, \lambda_2, \cdots, \lambda_n)$,$\widetilde{H}_0 = U^\dagger H_0 U$,$\widetilde{H}_k = U^\dagger H_k U$.

式(8.42)和式(8.44)描述同一个系统,因此不再区分 $|\psi_S\rangle$ 和 $|\widetilde{\psi}_S\rangle$.

选取的李雅普诺夫函数为

$$V = \langle\psi_S - \psi_{Sf}|\psi_S - \psi_{Sf}\rangle \tag{8.45}$$

其中,$|\psi_S\rangle$ 为系统的演化状态,$|\psi_{Sf}\rangle$ 为目标态.

V 对时间的一阶导数为

$$\begin{aligned}
\dot{V} &= \langle\dot{\psi}_S|\psi_S - \psi_{Sf}\rangle + \langle\psi_S - \psi_{Sf}|\dot{\psi}_S\rangle \\
&= -2\Im\left(\langle\psi_{Sf} - \psi_S|\sum_{k=1}^{m}\widetilde{H}_k u_k(t)\rangle\right) - 2\Im(\langle\psi_{Sf}|(\widetilde{H}_0 - \Lambda)|\psi_\Sigma\rangle)
\end{aligned} \tag{8.46}$$

由于 $|\psi_{Sf}\rangle = \sum_n \widetilde{c}|\widetilde{\psi}_n\rangle$ 且 $\widetilde{H}_0|\widetilde{\psi}_n\rangle$,$\Im(\langle\psi_{Sf}|(\widetilde{H}_0 - \Lambda)|\psi_S\rangle) = 0$,其中"$\Im$"表示取虚部,则式(8.46)可以进一步写成

$$\begin{aligned}
\dot{V} &= -2\Im\left(\langle\psi_{Sf} - \widetilde{\psi}|\sum_{k=1}^{m}\widetilde{H}_k u_k(t)|\psi_S\rangle\right) \\
&= -2\sum_{k=1}^{m} u_k(t)\Im(\langle\psi_{Sf} - \psi_S|\widetilde{H}_k|\psi_S\rangle)
\end{aligned} \tag{8.47}$$

为使 $\dot{V} \leqslant 0$,设计控制律 u_k 为

$$u_k = K_k \Im(\langle\psi_{Sf} - \psi_S|\widetilde{H}_k|\psi_S\rangle) \tag{8.48}$$

其中,$K_k > 0$.

当 $|\psi_S\rangle = |\psi_{Sf}\rangle$ 时,$\dot{V} = 0$,$u_k = 0$,系统稳定在 $|\psi_{Sf}\rangle$. 当 $|\psi_{Sf}\rangle$ 为系统的一个本征态,在控制律(8.49)作用下,S 的状态就可以由任意纯态转移到本征态.

8.2.2 本征态到混合态的转移

8.2.2.1 复合系统的模型描述

在 8.2.1 小节中,已经将任意一个初始纯态转移到系统 S 的一个本征态 $|\psi_{Sf}\rangle$,用密度矩阵可以将该本征态表示为 $\rho_S = |\psi_{Sf}\rangle\langle\psi_{Sf}|$. 接下来的工作就是将得到的本征态转移到混合态. 根据量子控制理论,控制直接作用于封闭量子系统相当于做适当的幺正变换(丛爽,2006a). 但是,本征态和混合态的纯度是不一样的,而幺正变换不改变状态的纯度. 因此,对封闭量子系统,不可能通过设计控制律,将系统状态从本征态转移到混合态.

为了解决上面的问题,本小节将使用一种新的控制策略,使系统的状态可以从本征态转移到混合态. 这个控制策略借助了一个初始时与被控系统 S 不相关的辅助系统 P (Romano,D'Alessandro,2006). 系统 S 和系统 P 之间由于耦合会产生相互作用,通过这种相互作用,就可以改变被控系统 S 的状态演化. S 的状态演化动力学方程为

$$\rho_S(t,u) = \mathrm{tr}_P \rho_T(t) \tag{8.49}$$

其中,T 是由 S 和 P 组成的复合系统 $S+P$. 系统 T 的状态遵循方程

$$\rho_T = \gamma_t[\rho_S(0) \otimes \rho_P(u)] \tag{8.50}$$

其中,γ_t 代表 T 的时间演化算符.

当被控系统 S 和辅助系统 P 组成一个封闭量子系统时,有

$$\gamma_t[\cdot] = \mathrm{e}^{-iH_T t} \cdot \mathrm{e}^{iH_T t} \tag{8.51}$$

其中,H_T 是系统 T 的哈密顿量.

根据式(8.49),并结合式(8.50)和式(8.51),S 的动力学方程可以写成

$$\rho_S(t,u) = \mathrm{tr}_P(U(t)\rho_S \otimes \rho_P(u)U^\dagger(t)) \tag{8.52}$$

其中,$U(t) = \mathrm{e}^{-iH_T t}$ 是幺正演化算符,哈密顿量 H_T 为

$$H_T = H_S + H_P + H_I \tag{8.53}$$

其中,H_S 和 H_P 分别是系统 S 和系统 P 各自的哈密顿量,H_I 是 S 和 P 相互作用的哈密顿量.

考虑模型(Romano,2007)

$$H_S = \omega_S \sigma_z^S, \quad H_P = \omega_P \sigma_z^P, \quad H_I = g \sigma_x^S \otimes \sigma_x^P \tag{8.54}$$

其中,ω_S 和 ω_P 分别为 S 和 P 的本征频率;g 为耦合常数;σ_z^S 和 σ_x^S 是 S 的泡利(Pauli)矩阵,σ_z^P 和 σ_x^P 是 P 的泡利矩阵.

由于复合系统 T 是一个封闭系统,因此 T 满足刘维尔方程

$$\dot{\rho}_T(t) = -\mathrm{i}[H_S + H_P + u(t)H_I, \rho_T(t)] \tag{8.55}$$

由于 $H_L = H_S + H_P$,因此式(8.55)可以简写成

$$\dot{\rho}_T(t) = -\mathrm{i}[H_L + u(t)H_I, \rho_T(t)] \tag{8.56}$$

根据式(8.50)和式(8.51),有

$$\rho_T(t) = U(t)\rho_S \otimes \rho_P(u)U^\dagger(t) \tag{8.57}$$

其中,$U(t) = \mathrm{e}^{-\mathrm{i}H_T t}$ 是幺正演化算符.

状态 ρ_S 的纯度定义为 ρ_S 距离完全混合态的冯·诺依曼距离,即

$$\pi = \sqrt{2\mathrm{tr}\left(\rho_S - \frac{I}{2}\right)^2} = \sqrt{2\mathrm{tr}(\rho_S^2) - 1} \tag{8.58}$$

如果使用 Bloch 矢量描述状态 ρ_S,有

$$\rho_S(t) = \frac{1}{2}(I + s(t) \cdot \sigma^S) \tag{8.59}$$

其中,$s(t)$ 是满足 $\parallel s(t) \parallel \leqslant 1$ 的实矢量,σ^S 是 S 的泡利矩阵矢量,则纯度可表示成

$$\pi(t) = \parallel s(t) \parallel \tag{8.60}$$

这样,从纯态到混合态的转移过程相当于 $\pi(t)$ 的减小过程.

8.2.2.2　本征态到混合态的控制律设计

根据式(8.53),复合系统 T 的哈密顿量由两部分组成:一个是由被控系统 S 和辅助系统 P 各自的哈密顿量 H_S 和 H_P 组成的哈密顿量 $H_L = H_S + H_P$;另一个是两者相互作用的哈密顿量 H_I.

当量子系统状态由本征态转移到混合态时,被控系统 S 的初始状态是本征态,辅助

系统 P 的初始状态是混合态,且初始时 S 和 P 是不相关的,而复合系统 T 在相互作用结束之后的终态是

$$\rho_T^f = \rho_S^f \otimes \rho_P^f \tag{8.61}$$

其中,ρ_T^f 代表复合系统 T 的终态;ρ_S^f 代表被控系统 S 的终态,为混合态;ρ_P^f 代表辅助系统 P 的终态.

本小节使用李雅普诺夫方法设计使系统状态由本征态转移到混合态的控制律 $u(t)$.选择的李雅普诺夫函数为

$$
\begin{aligned}
V(\rho_T(t), \rho_T^f) &= \frac{1}{2} \parallel \rho_T(t) - \rho_T^f \parallel_2 \\
&= \frac{1}{2} \mathrm{tr}((\rho_T(t) - \rho_T^f)^2)
\end{aligned} \tag{8.62}
$$

其中,$\parallel \rho_T(t) - \rho_T^f \parallel_2$ 为希尔伯特-施密特距离.

V 对时间的一阶导数为

$$\dot{V} = \mathrm{tr}((\rho_T(t) - \rho_T^f) \cdot \dot{\rho}_T(t)) \tag{8.63}$$

将式(8.56)代入式(8.63)可得

$$
\begin{aligned}
\dot{V} &= \mathrm{tr}((\rho_T(t) - \rho_T^f) \cdot (-\mathrm{i}[H_L + u(t)H_I, \rho_T(t)])) \\
&= \mathrm{tr}((\rho_T(t) - \rho_T^f) \cdot (-\mathrm{i}[H_L, \rho_T(t)] - \mathrm{i}[u(t)H_I, \rho_T(t)])) \\
&= \mathrm{tr}(-\mathrm{i}\rho_T(t) \cdot [H_L, \rho_T(t)] - \mathrm{i}\rho_T(t)[u(t)H_I, \rho_T(t)]) \\
&\quad + \mathrm{tr}(\mathrm{i}\rho_T^f \cdot [H_L, \rho_t(t)] + \mathrm{i}\rho_T^f[u(t)H_I, \rho_T(t)])
\end{aligned} \tag{8.64}
$$

根据矩阵迹的性质:$\mathrm{tr}(A \cdot [B, C]) = -\mathrm{tr}(B \cdot [A, C])$,$\mathrm{tr}(A \cdot B) = \mathrm{tr}(B \cdot A)$ 和 $\mathrm{tr}([B, C] \cdot A) = -\mathrm{tr}([B, A] \cdot C)$,式(8.64)可以写成

$$
\begin{aligned}
\dot{V} &= \mathrm{tr}(\mathrm{i}H_L \cdot [\rho_T(t), \rho_T(t)] + \mathrm{i}u(t)H_I[\rho_T(t), \rho_T(t)]) \\
&\quad + \mathrm{tr}(\mathrm{i}\rho_T^f \cdot [H_L, \rho_T(t)] + \mathrm{i}\rho_T^f[u(t)H_I, \rho_T(t)]) \\
&= \mathrm{tr}(\mathrm{i}\rho_T^f \cdot [H_L, \rho_T(t)] + \mathrm{i}\rho_T^f[u(t)H_I, \rho_T(t)]) \\
&= \mathrm{tr}(\mathrm{i}[H_L, \rho_T(t)] \cdot \rho_T^f) - u(t)\mathrm{tr}(\rho_T^f[-\mathrm{i}H_I, \rho_T(t)]) \\
&= -\mathrm{tr}(\mathrm{i}[H_L, \rho_T^f(t)] \cdot \rho_T(t)) - u(t)\mathrm{tr}(\rho_T^f[-\mathrm{i}H_I, \rho_T(t)])
\end{aligned} \tag{8.65}
$$

只要复合系统 T 的终态满足 $[H_L, \rho_T^f] = 0$,则式(8.65)等号右边的第一项为 0.为了使 $\dot{V} \leqslant 0$,式(8.65)等号右边的第二项要不大于 0,设计控制律 $u(t)$ 为

$$u(t) = k\,\mathrm{tr}(\rho_T^f[-\mathrm{i}H_I, \rho_T(t)]) \tag{8.66}$$

将式(8.66)代入式(8.65)可得

$$\dot{V} = -ku(t)^2 \leqslant 0, \quad k > 0 \tag{8.67}$$

因此,在控制律(8.66)作用下,由于 $\dot{V} \leqslant 0$,李雅普诺夫函数 V 将单调减小,控制律 (8.66)驱动系统 T 的状态 $\rho_T(t)$ 到终态 $\rho_T^f(t)$,同时 S 和 P 之间由于耦合产生的相互作用消失,控制律趋于 0.最终,系统 S 的状态由本征态转移到终态 ρ_S^f:

$$\mathrm{tr}_P(\rho_T^f) = \mathrm{tr}_P(\rho_S^f \otimes \rho_P^f) = \rho_S^f \tag{8.68}$$

通过上面的分析,只要复合系统的终态满足 $[H_L, \rho_T^f] = 0$,通过被控系统 S 和辅助系统 P 的相互作用,在控制律(8.66)作用下,S 的状态就可以由本征态转移到混合态.

8.2.3　混合态到目标混合态的转移

从 8.2.2 小节中控制律的设计过程可以看到,要将被控系统从初态为纯态驱动到期望的混合态,复合系统的末态要满足一定的限制条件.控制律(8.66)只能将系统状态由本征态转移到密度矩阵非对角元素不全为零的混合态.因此,如果被控系统的目标态是密度矩阵非对角元素为零的混合态,就需要量子系统混合态之间的转移,即混合态量子系统的控制,将 8.2.2 小节中得到的混合态转移到期望的混合态.本小节将给出控制律的具体设计过程.

在 8.2.1 小节中,使用波函数描述被控系统 S 的状态,由于涉及混合态,因此本小节中,使用密度矩阵 $\rho_S(T)$ 来描述系统 S 的状态.$\rho_S(t)$ 在希尔伯特空间 H 上遵循刘维尔方程:

$$\mathrm{i}\hbar\frac{\partial}{\partial T}\rho_S(t) = [H(t), \rho_S(t)] \tag{8.69}$$

其中,$H(t) = H_0 + \sum_{k=1}^{m} f_k(t)H_k$,$H_0$ 是系统自由哈密顿量,H_k 是控制哈密顿量,f_k 是外部控制场.

令 $\rho_S(t)$ 的刘维尔空间表示是 $|\rho_S(t)\rangle\rangle$,则式(8.69)可以改写成与薛定谔方程相同的形式:

$$\mathrm{i}\frac{\partial}{\partial T}|\rho_S(t)\rangle\rangle = L(t)|\rho_S(t)\rangle\rangle \tag{8.70}$$

其中, $L(t) = L_0 + \sum_{k=1}^{m} f_k(t) L_k$.

根据矩阵的形式, 混合态有两种, 一种是密度矩阵非对角元素为零, 另一种是密度矩阵非对角元素不为零. 当目标态是后一种混合态时, 只要选择合适的辅助系统, 使用控制律(8.66)就可以将系统状态从本征态转移到目标态. 如果期望的目标态是密度矩阵非对角元素为零的混合态, 即 $\rho_f = \sum_{n=1}^{N} \omega_n |n\rangle\langle n|$, 就需要重新设计一个新的控制律, 将使用控制律(8.66)得到的混合态驱动到期望的混合态.

使用李雅普诺夫方法设计控制律, 选择的李雅普诺夫函数为

$$V(|\rho_S\rangle\rangle) = \frac{1}{2}\langle\langle\rho_S - \rho_{Sf} | P | \rho_S - \rho_{Sf}\rangle\rangle \tag{8.71}$$

其中, $|\rho_S\rangle\rangle$ 为演化状态, $|\rho_{Sf}\rangle\rangle$ 为目标态, P 正定对称且满足

$$PL_0 - L_0^\dagger P = 0 \tag{8.72}$$

根据式(8.70)和式(8.71), $V(|\rho_S\rangle\rangle)$ 关于时间的一阶导数为

$$\dot{V}(|\rho_S\rangle\rangle) = \Re(\langle\langle\rho_S - \rho_{Sf} | P | \dot{\rho}_S\rangle\rangle)$$

$$= \Re(\langle\langle\rho_S - \rho_{Sf} | PL_0 | \rho_S\rangle\rangle) + \sum_{k=1}^{m} f_k(t)\Re(\langle\langle\rho_S - \rho_{Sf} | PL_0 | \rho_S\rangle\rangle)$$

$$= \sum_{k=1}^{m} f_k(t)\Re(\langle\langle\rho_S - \rho_{Sf} | PL_0 | \rho_S\rangle\rangle) \tag{8.73}$$

为使 $\dot{V}(|\rho_S\rangle\rangle) \leqslant 0$, 设计控制律为

$$f_k = -\frac{1}{r_k}\Re(\langle\langle\rho_S - \rho_{Sf} | PL_0 | \rho_S\rangle\rangle), \quad k = 1, 2, \cdots, m \tag{8.74}$$

将式(8.74)代入式(8.73)可得

$$\dot{V}(|\rho_S\rangle\rangle) = \sum_{k=1}^{m} \frac{1}{r_k}(\Re(\langle\langle\rho_S - \rho_{Sf} | PL_k | \rho_S\rangle\rangle))^2 \leqslant 0 \tag{8.75}$$

使用控制律(8.74)可以将被控系统 S 的状态由密度矩阵非对角元素不为零的混合态转移到密度矩阵非对角元素为零的混合态. 这样经过三步控制就可以将量子系统的状态由任意纯态转移到期望的混合态.

8.2.4 数值实验及其结果分析

本小节将通过数值仿真系统实验验证所设计的控制律的有效性. 在实验中, 使用 Bloch 矢量表示系统的状态. 实验目的是将被控系统 S 由初始的叠加态 $S(0) = (0.866, 0, -0.5)$ 驱动到期望的混合态 $S_{\text{final}} = (0, 0, 0.7)$. 在实验中, 期望的混合态是密度矩阵的非对角元素为零的混合态.

第一步是通过纯态量子系统的控制将被控系统 S 的状态由初始叠加态 $S(0) = (0.866, 0, -0.5)$ 驱动到本征态 $S'(0) = (1, 0, 0)$. 数值仿真的实验结果如图 8.3 所示, 其中, 图 8.3(a) 为被控系统 S 的状态由叠加态转移到本征态的变化曲线, 图 8.3(b) 为控制律变化曲线. 从图 8.3 中可以看出, 被控系统 S 的状态在控制律的作用下转移到了本征态, 且系统 S 趋于本征态时, 控制律趋于零, 并保持为零, 此时系统能够持续稳定在本征态上.

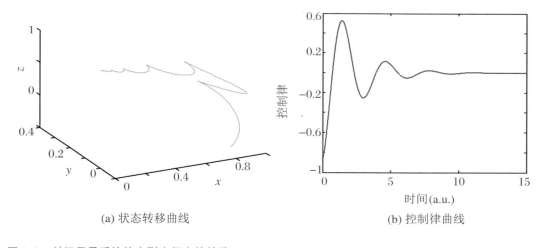

(a) 状态转移曲线   (b) 控制律曲线

图 8.3 封闭量子系统纯态到本征态的转移

第二步是将第一步中得到的本征态 $S'(0) = (1, 0, 0)$ 转移到密度矩阵非对角元素不为零的混合态 $S_f = (0.7, 0, 0)$. 辅助系统 P 的初始状态设为 $P(0) = (0.7, 0, 0)$, 终态设为 $P_f(0, 0, 1)$, 因此, 复合系统 T 的终态为 $\rho_T^f = \rho_S^f \otimes \rho_P^f$. 设定系统 S 和系统 P 的本征频率均为 1, 即 $\omega_S = \omega_P = 1$. 根据式 (8.54), 被控系统 S 的哈密顿量 $H_S = \omega_S \sigma_z^S = \text{diag}(1, -1)$, 辅助系统 P 的哈密顿量 $H_P = \text{diag}(1, -1)$, 则 T 的哈密顿量为 $H_0 = \sigma_z^S \otimes I + I \otimes \sigma_z^P = \text{diag}(2, 0, 0, -2)$, S 和 P 的相互作用哈密顿量为 $H_I = \sigma_z^S \otimes \sigma_x^P$. 数值仿真的实验结果如图

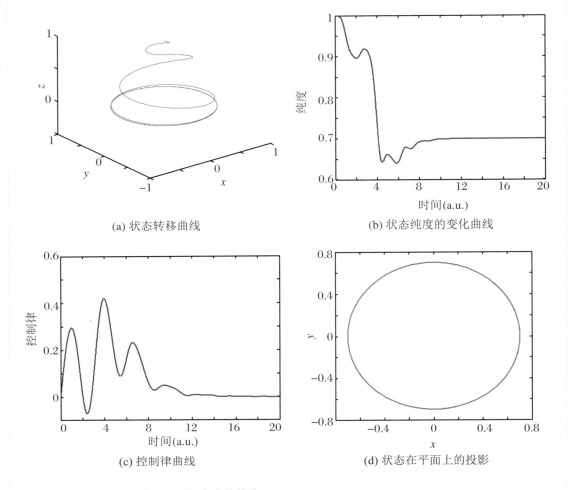

(a) 状态转移曲线　　　　　　　　　　　(b) 状态纯度的变化曲线

(c) 控制律曲线　　　　　　　　　　　　(d) 状态在平面上的投影

图 8.4　封闭量子系统本征态到混合态的转移

　　图 8.4(a) 为转移过程中系统 S 的状态变化曲线,从中看到,S 从 Bloch 球的北极在 $u(t)$ 的作用下进入 Bloch 球的内部,在相互作用结束后,绕着 z 轴做圆周运动.图 8.4(b) 为转移过程中系统 S 状态的纯度变化.状态的纯度从 1 逐渐减小,最终稳定在 0.7.根据纯度的定义,纯度为 1 时是纯态,纯度小于 1 时是混合态,因此被控系统 S 从本征态转移到了混合态.图 8.4(c) 为系统 S 的状态由本征态到混合态的转移过程中控制律的变化曲线,从中可以看出,在时间大约为 20 的时候,控制律的值收敛到 0,说明 S 和 P 两个系统之间的相互作用结束.图 8.4(d) 为控制律等于 0 后,被控系统 S 的状态在 X-Y 平面上的运动轨迹.从图 8.4(a) 和图 8.4(d) 中可以看出,被控系统 S 的状态在控制律的作用下从本征态转移到了密度矩阵非对角元素不为 0 的混合态.

为使被控系统状态到达期望的非对角元素为零的混合态 $S_{final} = (0,0,0.7)$，需要混合态量子系统的控制，即第三步采用控制律(8.74)来实现. 在第二步中，被控系统 S 的终态为 $S_f = (0.7,0,0)$，这是第三步控制的初态，终态为期望的混合态：$S_{final} = (0,0,0.7)$. 同样的被控系统 S 的哈密顿量为：$H_0 = \mathrm{diag}(1,-1)$，$H_I = \begin{bmatrix} 0 & 1 \\ 1 & 0 \end{bmatrix}$，控制律中的参数正定对称矩阵为 $P = \mathrm{diag}(16.5,1,1,1)$，数值仿真的实验结果如图8.5所示.

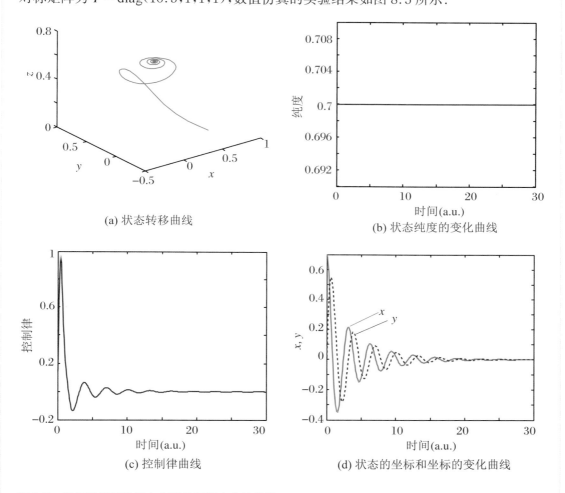

(a) 状态转移曲线

(b) 状态纯度的变化曲线

(c) 控制律曲线

(d) 状态的坐标和坐标的变化曲线

图8.5 封闭量子系统混合态到目标混合态的转移

图8.5(a)为系统 S 的状态转移变化轨迹，从中可以看出，系统 S 在控制律的作用下转移到了目标混合态. 图8.5(b)为状态的纯度变化曲线，从中看到，最后系统状态的纯度为0.7，根据纯度的定义，被控系统 S 到达了期望的混合态. 图8.5(c)为控制律的变化曲线，控制律和参数 P 的选择有关，选择不同的参数，会有不同的控制律变化曲线和控制

347

效果.对于目标混合态,其密度矩阵的非对角元素为零,也就是其 Bloch 矢量的 x 坐标和 y 坐标均为 0,图 8.5(d)为第三步中系统 S 的 Bloch 矢量的 x 坐标和 y 坐标的变化曲线. 图中这两个坐标都趋于零,说明终态是非对角元素为零的混合态.

这样经过三步将被控系统 S 的状态从叠加态转移到了期望的混合态.如果被控系统 的初始状态是本征态,就不需要第一步控制,可以直接进行第二步控制.如果期望的目标 态是密度矩阵非对角元素不为零的混合态,那么就不需要第三步,只需要前两步就可以 实现控制目的.

8.3 二能级系统中混合态的纯化

在量子信息处理中,量子态作为信息的载体必须是纯态.但是由于环境噪声的影响, 量子系统通常处于混合态.因此对量子系统的纯化越来越受到关注,一些方法也被提出, 比如 2003 年雅各布斯(Jacobs)提出的利用连续测量和反馈控制的方法.而一种通过引入 辅助系统的非相干控制策略也是可以实现量子态的纯化的,而这种方法不需要量子 测量.

8.3.1 引入辅助系统的纯化方法

一般来说,对于一个封闭量子系统,控制律直接影响其动力学演化并且对应了一个 幺正变换,一个混合态的纯度在幺正变换下是保持不变的,因此这种单一的相干控制不 可能将单个系统的混合态驱动到纯态.

为了实现非幺正的演化算符,通过引入辅助系统来影响原系统使得原系统的演化是 非幺正演化.这个辅助系统被叫作探测系统(probe),根据这种思想,一种量子态的纯化 方案被提了出来.在这种方法中,系统 S 可以和探测系统 P 相互作用,并且它们开始处于 非关联状态 $\rho_S \otimes \rho_P$.假定控制通过 $\rho_P = \rho_P(u)$ 来进入系统 S 的动力学,在假定符合系统 $T = S + P$ 是封闭的情况下,系统 S 的动力学可以写成

$$\rho_S(t,u) = \mathrm{tr}_P(X(t)\rho_S \otimes \rho_P P(u) X^{\dagger}(t)) \tag{8.76}$$

其中,tr_P 表示对系统 P 的部分积,$X(t) = \mathrm{e}^{-iH_T t}$ 是幺正演化算符,并且 $H_T = H_S + H_P +$

H_I 是复合系统 T 的总哈密顿,其中 H_S 和 H_P 分别是系统 S 和 P 的自由哈密顿,它们之间的耦合由相互作用哈密顿 H_I 描述.

罗马诺(Romano)2007 年提出一种纯化策略,其中将注意力限制在二维的系统 S 和 P 中.具体的哈密顿量为 $H_S = \omega_S \sigma_z^S$,$H_P = \omega_P \sigma_x^P$ 和 $H_I = g\sigma_x^S \otimes \sigma_x^P$,其中 ω_S 和 ω_P 分别表征了系统 S 和 P 的能量,g 是耦合常数,σ_i^S,σ_i^P,$i = x, y, z$ 分别是系统 S 和 P 的泡利矩阵.一个状态 ρ_S 的纯度定义为这个状态和最大混合态的冯·诺依曼距离,即

$$\pi = \sqrt{2\mathrm{tr}\left(\rho_S - \frac{I}{2}\right)^2} = \sqrt{2\mathrm{tr}(\rho_S)^2 - 1} \tag{8.77}$$

为了方便起见,采用二能级系统的 Bloch 矢量来表示量子态:

$$\rho_S(t) = \frac{1}{2}(I + \vec{s}(t) \cdot \vec{\sigma}^S), \quad \rho_P(t) = \frac{1}{2}(I + \vec{p}(t) \cdot \vec{\sigma}^P) \tag{8.78}$$

其中,I 是 2×2 单位矩阵,$\vec{s}(t) = (s_x, s_y, s_z) = (\mathrm{tr}\{\rho_S\sigma_x^S\}, \mathrm{tr}\{\rho_S\sigma_y^S\}, \mathrm{tr}\{\rho_S\sigma_z^S\})$,$\vec{p}(t) = (p_x, p_y, p_z) = (\mathrm{tr}\{\rho_P\sigma_x^P\}, \mathrm{tr}\{\rho_P\sigma_y^P\}, \mathrm{tr}\{\rho_P\sigma_z^P\})$ 分别是 S 和 P 的 Bloch 矢量,满足 $\|\vec{s}(t)\| \leqslant 1$,$\|\vec{p}(t)\| \leqslant 1$.

在 Bloch 矢量的表示下,时变的纯度可以表示为 $\pi(t) = \|\vec{s}(t)\|$.如果 $\pi(t) = 1$,表明状态 ρ_S 是一个纯态,否则是一个混合态.

一般来讲,推导 $\pi(t)$ 的解析表达式是不可能的,但是如果系统 S 的初始态选择为最大混合态 $\rho_S(0) = I/2$,并且 S 和 P 之间的耦合作用是很小的,即 $g \ll \omega_S \ll \omega_P$,纯度函数的最大值 $\pi_M = \max_{t \geqslant 0} \pi(t)$ 可以得到,即

$$\pi_M \approx \frac{|p_z| g^2}{\delta\omega^2 + g^2} \tag{8.79}$$

其中 $\delta\omega = \omega_S - \omega_P$ 就是系统 S 和 P 之间的能量差.

从式(8.79)中可以看出,只有当 $|p_z| = 1$ 和 $\delta\omega = 0$ 时,才能实现将最大混合态完全纯化.为了解决在 $\delta\omega \neq 0$ 时任意混合态的完全纯化,两个系统之间的相互作用强度不再设定为常数,并且它们之间的强度将根据李雅普诺夫方法得到.

8.3.2 基于状态间距离的李雅普诺夫控制律设计

在罗马诺(Romano)的方法中,纯化方法是通过引入探针(probe),而控制作用在 probe 上,改变其动力学并通过其与原系统的相互作用而获得对原系统的控制.在这种情

349

况下,一旦探测系统 probe 的初态确定后,系统 S 的动力学就是确定的,而且是不可控的,这也是 Romano 的方法不能完全纯化自旋系统的原因.因此,有必要提出一种新的纯化策略:调整控制变量来影响系统 S 和 P 之间的相互作用强度从而实现混合态的纯化,在这种情况下,系统 S 的动力学由控制 u 决定.

同样考虑 Romano 中的系统 T,它在相互作用控制(interaction control)的动力学可以描述为

$$\dot{\rho}_T(t) = -\mathrm{i}[H_{\text{local}} + u(t)H_I, \rho_T(t)] \tag{8.80}$$

其中 $H_I = \sigma_x^S \otimes \sigma_x^P$ 是相互作用哈密顿量,$H_{\text{local}} = H_S + H_P$ 是局部哈密顿量.则系统 S 的动力学可用 $\rho_S(t) = \mathrm{tr}_P(\rho_T(t))$ 给出.

这里,需要强调的是在系统 S 和 P 之间的耦合强度不再是常数,而是由控制 u 影响并且通过设计产生期望的相互作用.接下来就是找到一种方法设计 u 来纯化混合态到一个本征态.因为基于李雅普诺夫的控制方法设计简单,所以被用来设计 u.

这里,选择状态距离作为李雅普诺夫函数,即

$$V(\rho_T, \rho_{Tf}) = \frac{1}{2} \| \rho_T(t) - \rho_{Tf} \| = \frac{1}{2} \mathrm{tr}((\rho_T(t) - \rho_{Tf})^2) \tag{8.81}$$

其中,ρ_{Tf} 是复合系统的目标态,它是一个非关联状态,并且为了使得 $\rho_{Sf} = \mathrm{tr}_P(\rho_{Tf}) = \rho_{Se}$,选择 $\rho_{Tf} = \rho_{Se} \otimes \rho_{Pf}$.这里的 ρ_{Se} 表示的是系统 S 的本征态,也就是说,我们期望能够将系统 S 中的混合态驱动到本征态,ρ_{Pf} 表示系统 P 的目标态,它可以是任意的对角的密度矩阵,且满足 $[H_{\text{local}}, \rho_{Tf}] = 0$.

由于 $[H_{\text{local}}, \rho_{Tf}] = 0$,根据式(8.80),可以推导李雅普诺夫函数(8.81)的一阶导数为

$$\begin{aligned}
\dot{V}(t) &= \mathrm{tr}((\rho_T(t) - \rho_{Tf})\dot{\rho}_T(t)) \\
&= \mathrm{tr}(-\mathrm{i}(\rho_T(t) - \rho_{Tf})[H_{\text{local}} + u(t)H_I, \rho_T(t)]) \\
&= \mathrm{tr}(-\mathrm{i}\rho_{Tf}[H_{\text{local}} + u(t)H_I, \rho_T(t)]) \\
&= -ut(t)\mathrm{tr}(\rho_{Tf}[-\mathrm{i}H_I, \rho_T(t)])
\end{aligned} \tag{8.82}$$

为了确保 $\dot{V}(t) \leqslant 0$,可以设计相互作用控制律为

$$u(t) = k\,\mathrm{tr}(\rho_{Tf}[-\mathrm{i}H_I, \rho_T(t)]) \tag{8.83}$$

其中 $k > 0$ 是用来调整控制幅度的常数.

可以验证在式(8.83)的控制下,满足 $\dot{V}(t) \leqslant 0$,这就意味着李雅普诺夫函数在系统演化过程中单调下降.并且复合系统 T 会收敛到它的稳定点,即满足 $V(\rho_T, \rho_{Tf}) = 0$.也

就是说, $\rho_T(t_f) = \rho_{Tf}$. 同时,系统 S 的终态就是 $\rho_{Sf} = \mathrm{tr}_P(\rho_{Tf}) = \rho_{Se}$,这样就完成了混合态的纯化.

8.3.3　数值仿真和结果对比

为了和 Romano 的结果进行对比,我们选择相同的实验参数来做仿真实验.选择不同的 $\delta\omega$ 的值来验证所提策略的性能.为了验证目标本征态是否达到,在 ρ_S 和目标本征态 ρ_{Se} 间的保真度定义为

$$F(\rho_S, \rho_{Se}) = \mathrm{tr}(\sqrt{\sqrt{\rho_S}\rho_{Se}\sqrt{\rho_S}}) \tag{8.84}$$

在仿真实验中,采用 Bloch 矢量来表示量子态,系统 S 和 P 的初始态分别为 $\vec{s}(0) = (0.7, 0, 0)$ 和 $\vec{p}(0) = (0, 0, 0.1)$. 令 $\omega_S = 1$,复合系统的终态为 $\rho_{Tf} = \rho_{Se} \otimes \rho_{Pf}$,其中 $\vec{p}_f = (0, 0, 0)$, $\vec{s}_f = (0, 0, 1)$. 选取时间步长为 $\Delta t = 0.01$,控制时间为 $t_f = 100$,对应于 4 种不同能级差情况 $\delta\omega = 0$, $\delta\omega = 0.2$, $\delta\omega = 0.5$ 和 $\delta\omega = 0.9$ 的系统状态轨迹显示在图 8.6 中.

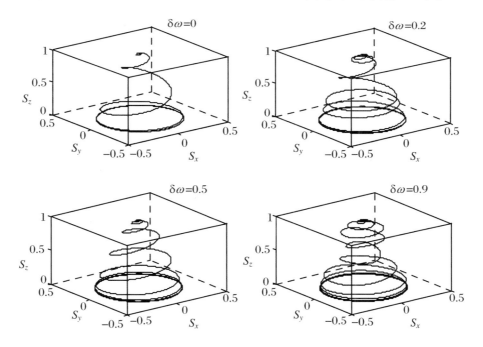

图 8.6　状态 $\vec{s}(t)$ 在时间段 $0 \leqslant t \leqslant 100$ 的演化轨迹

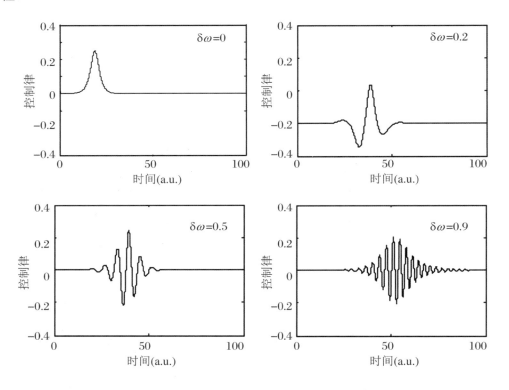从实验数据中我们发现对不同能级差 $\delta\omega$ 的保真度 $F(\rho_S, \rho_{S_e})$ 的值几乎最后全都等于 1,也就是说系统 S 的状态 $\rho_S(t)$ 收敛到 ρ_{S_e}.因此可以得出结论:对于任意的 $\delta\omega$ 的值,在控制律(8.83)的作用下混合态 $\vec{s}(0) = (0.7, 0, 0)$ 都被转移到 $\vec{s}_f = (0, 0, 1)$.而这个结果在 Romano 的文献中是无法做到的.因此可以说我们的方法大大提高了混合态纯化的性能.

控制律是根据式(8.83)设计的,其中 $k = 1$,所得的控制函数显示在图 8.7 中,每一个图分别对应于图 8.6 中的一种情况.从图 8.7 中我们可以看出控制函数随着能级差 $\delta\omega$ 的增加会振荡得越强烈.对应于 $\delta\omega = 0$ 的控制函数近似于在实验室中经常用到的高斯(Gauss)脉冲.并且所有情况的控制函数最终都变为 0,这就意味着所设计的控制具有鲁棒性.

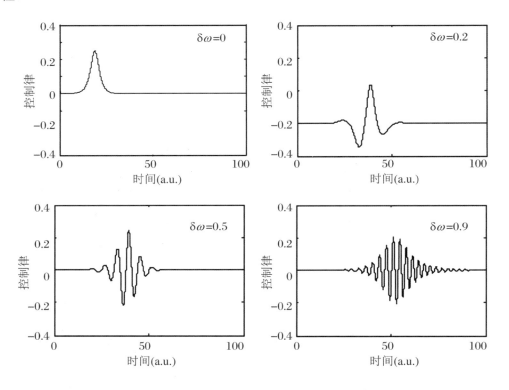

图 8.7　对应不同 $\boldsymbol{\delta\omega}$ 值的控制函数变化

下面分析我们的方法在实际实验中的可行性.这里有两个障碍,一个是在系统 S 和 P 之间产生任意强度的相互作用,另外一个是系统 P 中的初始状态必须是一个本征态,这是为了能够完全纯化系统 S 中的混合态.事实上一些物理系统是我们纯化方案实施的候选者.例如,Mancini 和 Bose 在 2004 年分别对由光纤连接的两个腔中的两个原子系统,

量子系统建模、特性分析与控制

通过提高腔的辐射强度来增加原子间的相互作用. 在我们的纯化方案中, 这样的系统是可以采用的, 这两个原子分别扮演系统 S 和 P 的角色, 并且根据李雅普诺夫方法获得的控制律来调整腔的辐射强度. 并且光腔可以外部调谐, 因此 P 的初始态可以任意制备, 从而我们提出的纯化方案在物理系统中是有可能实现的.

小结

量子态的制备与纯化在实际量子系统应用的实验中始终占有重要地位. 本章中我们研究了双自旋系统中纠缠态的制备、量子纯态到混合态的转移, 以及二能级系统中混合态的纯化, 所做研究包含了几乎重要的不同量子态之间的制备、转移与纯化, 既有系统性, 又有深度和实际应用的价值.

第 9 章

开放量子系统的特性分析

9.1 非马尔可夫开放量子系统的特性分析

9.1.1 量子系统被控模型

考虑二能级开放量子系统,假设系统与环境弱耦合,且相互作用哈密顿量是双线性的,采用时间无卷积形式的非马尔可夫动力学主方程,控制系统的模型可以写成

$$\dot{\rho}_s = -\frac{\mathrm{i}}{\hbar}[H, \rho_s] + L_t(\rho_s) \qquad (9.1)$$

其中

$$L_t(\rho_s) = \frac{\Delta(t) + \gamma(t)}{2}([\sigma_-\rho_s,\sigma_-^\dagger] + [\sigma_-,\rho_s\sigma_-^\dagger])$$

$$+ \frac{\Delta(t) - \gamma(t)}{2}([\sigma_+\rho_s,\sigma_+^\dagger] + [\sigma_+,\rho_s\sigma_+^\dagger]) \tag{9.2}$$

并且有 $H = H_0 + \sum_{m=1}^{2} f_m(t)H_m$ 为受控哈密顿量;$H_0 = \frac{1}{2}\omega_0\sigma_z$ 是系统自由哈密顿量;ω_0 为二能级系统的振荡频率;H_m 为控制哈密顿量;$f_m(t)$ 是随时间变化的外部控制场;$H_1 = \sigma_x$,$H_2 = \sigma_y$;σ_x,σ_y,σ_z 是 Pauli 矩阵 σ;$\sigma_\pm = \frac{\sigma_x \pm \mathrm{i}\sigma_y}{2}$ 是产生和湮没算符. 为了简单起见,我们取普朗克常数 $\hbar = 1$.

式(9.1)中的 $L_t(\rho_s)$ 描述了系统与环境的相互作用. 在欧姆环境下,$L_t(\rho_s)$ 中的耗散系数 $\gamma(t)$ 和扩散系数 $\Delta(t)$ 的解析表达式可以表示为(Maniscalco,Piilo,2004)

$$\gamma(t) = \frac{\alpha^2\omega_0 r^2}{1 + r^2}(1 - \mathrm{e}^{-r\omega_0 t}(\cos(\omega_0 t) + r\sin(\omega_0 t))) \tag{9.3}$$

$$\Delta(t) = \alpha^2\omega_0\frac{r^2}{1 + r^2}(\coth(\pi r_0) - \cot(\pi r_c)\mathrm{e}^{-\omega_c t}(r\cos(\omega_0 t) - \sin(\omega_0 t))$$

$$+ \frac{1}{\pi r_0}\cos(\omega_0 t)(\overline{F}(-r_c,t) + \overline{F}(r_c,t) - \overline{F}(\mathrm{i}r_0,t) - \overline{F}(-\mathrm{i}r_0,t))$$

$$- \frac{1}{\pi}\sin(\omega_0 t)\left(\frac{\mathrm{e}^{-v_1 t}}{2r_0(1 + r_0^2)}((r_0 - \mathrm{i})\overline{G}(-r_0,t) + (r_0 + \mathrm{i})\overline{G}(r_0,t))\right.$$

$$+ \frac{1}{2r_c}(\overline{F}(-r_c,t) - \overline{F}(r_c,t))) \tag{9.4}$$

其中,常数 α 为耦合强度,$r_0 = \omega_0/(2\pi kT)$,$r_c = \omega_c/(2\pi kT)$,$r = \omega_c/\omega_0$,kT 是环境温度,ω_c 是高频截断频率;$\overline{F}(x,t) \equiv {}_2F_1(x,1,1+x,\mathrm{e}^{-v_1 t})$,$\overline{G}(x,t) \equiv {}_2F_1(2,1+x,2+x,\mathrm{e}^{-v_1 t})$,${}_2F_1(a,b,c,z)$ 是超几何分布函数(Gradshtein,Ryzhik,2007).

在高温近似下,扩散系数的表达式 $\Delta(t)$ 可以写成

$$\Delta(t)^{HT} = 2\alpha^2 kT\frac{r^2}{1 + r^2}\left(1 - \mathrm{e}^{-r\omega_0 t}\left(\cos(\omega_0 t) - \frac{1}{r}\sin(\omega_0 t)\right)\right) \tag{9.5}$$

通过分析式(9.3)和式(9.5)可以得出:高温环境下耗散系数 $\gamma(t) \approx 0$,并且 $|\Delta(t)| \gg \gamma(t)$. 这说明扩散系数 $\Delta(t)$ 在高温情况下对系统动力学特性的影响占据着主导性作

用.马尔可夫和非马尔可夫系统的本质区别在于是否存在环境的记忆效应.定义衰减系数为

$$\beta_{1,2}(t) = \frac{\Delta(t) \pm \gamma(t)}{2} \tag{9.6}$$

则马尔可夫和非马尔可夫系统之间的区别就表现在 $\beta_i(t)$ 的符号上:

(1) 当 $\beta_i(t) \geqslant 0$ 时,系统主要呈现马尔可夫特性;

(2) 当 $\beta_i(t) < 0$ 时,系统主要呈现非马尔可夫特性.

由分析可知,在高温环境下,由于有 $\gamma(t) \approx 0$,所以有 $\beta_1(t) \approx \beta_2(t) = \frac{\Delta(t)}{2} = \beta(t)$.

值得注意的是,当系统处于中温或者低温环境时,高温近似条件及其结果式(9.5)将不再适用,此时 $\Delta(t)$ 的解析表达式需要重新推导,$\gamma(t)$ 将不能再忽略不计,$\beta_i(t)$ 与 $\Delta(t)$,$\gamma(t)$ 都相关.

在高温环境下,分析控制系统(9.1),可以发现环境截断频率 ω_c、耦合系数 α 和系统振荡频率 ω_0 是影响系统性能的重要参数,本小节将研究各参数对系统性能的影响,并引入状态相干性和纯度为系统性能指标.我们知道二能级量子系统的状态密度矩阵 ρ 与 Bloch 矢量 r 的关系为:$\rho = \frac{I + r \cdot \sigma}{2}$,其中 $r = (x, y, z) = (\mathrm{tr}(\rho\sigma_x), \mathrm{tr}(\rho\sigma_y), \mathrm{tr}(\rho\sigma_z))$,且满足 $\|r\| \leqslant 1$,此时,$\rho = \frac{1}{2}\begin{bmatrix} 1+z & x-\mathrm{i}y \\ x+\mathrm{i}y & 1-z \end{bmatrix}$.

本小节在研究参数对相干性的影响时,定义相干性为

$$Coh = \|x - \mathrm{i}y\| = \|x + \mathrm{i}y\| = \sqrt{x^2 + y^2} \tag{9.7}$$

在研究参数对状态纯度的影响时,定义纯度为

$$p = \mathrm{tr}(\rho_s^2) \tag{9.8}$$

那么,纯度的变化率 $\partial p/\partial t$ 为

$$
\begin{aligned}
\partial p/\partial t &= 2\mathrm{tr}(\rho_s \dot{\rho_s}) \\
&= 2\mathrm{tr}(\rho_s(-\mathrm{i}[H, \rho_s] + L_t(\rho_s))) \\
&= 2\mathrm{tr}(\rho_s L_t(\rho_s))
\end{aligned} \tag{9.9}
$$

将式(9.2)代入式(9.9),则有

$$
\begin{aligned}
\partial p/\partial t &= 2\mathrm{tr}(\rho_s L_t(\rho_s)) \\
&\approx -4\beta(t)\mathrm{tr}(XX^\dagger - XY - YX + YY^\dagger)
\end{aligned}
$$

$$= -4\beta(t) \parallel X - Y^\dagger \parallel^2 = -4K\beta(t) \tag{9.10}$$

其中,$X = \rho_s \sigma_-$,$Y = \rho_s \sigma_+$,$K = \parallel X - Y^\dagger \parallel^2 \geqslant 0$.

由式(9.10)看出:

(1) 非马尔可夫系统中状态纯度的变化 $\partial p / \partial t$ 与衰减系数 $\beta(t)$ 相关,并且 $\beta(t)$ 是可正可负的,即纯度的变化是非单调的;

(2) 封闭量子系统中的 $\beta(t)$ 为零,纯度是保持不变的;

(3) 马尔可夫系统中的 $\beta(t)$ 是一个正值,纯度的变化是单调的.

因此,纯度的变化体现出了非马尔可夫系统与封闭系统、马尔可夫系统的动力学特性的本质差异.

9.1.2 截断频率对衰减系数特性的影响

在保持温度 kT、系统振荡频率 ω_0 不变的情况下,截断频率 ω_c 对系统动力性特性的影响体现在参数 $r = \omega_c / \omega_0$ 上,并且高温环境下有:$\beta_1(t) \approx \beta_2(t) = \dfrac{\Delta(t)}{2} = \beta(t)$,对式(9.6)进行整理,可得衰减系数 $\beta(t)$ 为

$$\beta(t) = \alpha^2 kT \frac{r^2}{1+r^2} + \alpha^2 kT \frac{r}{\sqrt{1+r^2}} e^{-r\omega_0 t} \sin(\omega_0 t - \arctan r) \tag{9.11}$$

由式(9.11)可以发现:$\beta(t)$ 是一个随时间振荡衰减的曲线,且随着时间 t 的增加,$\beta(t)$ 逐渐衰减,并最终稳定在一个正值 $\beta_M = \beta(t \to \infty) = \alpha^2 kT \dfrac{r^2}{1+r^2}$ 上;r 值决定了该曲线的包络线 $\Gamma(t) = \alpha^2 kT \dfrac{r^2}{1+r^2} + \alpha^2 kT \dfrac{r}{\sqrt{1+r^2}} e^{-r\omega_0 t}$ 的幅值、衰减速度以及这个正值 β_M 的大小. 当设置参数为:$\omega_0 = 1, kT = 300\omega_0, \alpha = 0.1$,对 r 分别取 $0.05, 0.1, 0.274$ 和 1 时,$\beta(t)$ 在 50 a.u. 时间内的变化曲线如图9.1所示.

从图9.1中可以发现:当 $r = 0.05$ 时,$\beta(t)$ 以较小的幅值在正负值之间随时间缓慢衰减,需要较长时间($t \approx 125$ a.u.)才能到达稳定值;当 $r = 0.274$ 时,$\beta(t) \geqslant 0$ 恒成立,此时系统(9.1)退化为马尔可夫系统,并能较快地($t \approx 29.18$ a.u.)振荡衰减达到稳定值;当 $r = 1$ 时,$\beta(t)$ 恒为正值并在更短的时间($t \approx 9.80$ a.u.)内很快衰减到稳定值.

由相关分析以及图9.1可知,r 取值不同,系统呈现出的动力学特性有明显的差异:当 $r < 0.274$ 时,非马尔可夫特性和马尔可夫特性交替出现,但非马尔可夫特性会随着时

间演化逐渐消失,系统退化为马尔可夫系统,并且非马尔可夫特性存在时间的长短取决于 r 值的大小;当 $r > 0.274$ 时,$\beta(t)$ 会很快到达稳定值,系统主要呈现马尔可夫特性.

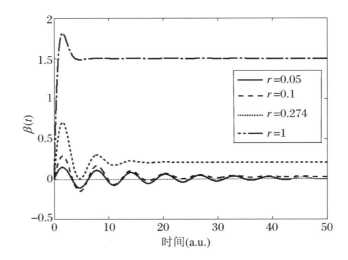

图 9.1   不同 r 值下 $\boldsymbol{\beta}(t)$ 的变化曲线

9.1.3   截断频率对系统相干性和纯度的影响

由 9.1.2 小节的分析可知 r 值直接决定了 $\beta(t)$ 的变化趋势,本小节将进一步研究 r 值,也就是截断频率 ω_c 的值对状态相干性 Coh 和纯度 p 的影响.选用系统初态为叠加态 $\rho_0 = [1/3, \sqrt{2}/3; \sqrt{2}/3, 2/3]$,其他参数设置与 9.1.2 小节中相同,分别为 $\omega_0 = 1, kT = 300\omega_0, \alpha = 0.1$,仿真时间为 50 a.u.,参数 $r = \omega_c/\omega_0$ 分别取值为 $0.05, 0.1$ 和 1 时,系统相干性 Coh 和纯度 p 随时间的变化曲线如图 9.2 所示,其中,实线表示相干性变化曲线,虚线表示纯度变化曲线.

从图 9.2 中可以看出,随着 r 值的增大,系统的相干性衰减速度增快.当 $r = 0.05$ 时,系统相干性随时间振荡缓慢衰减,在仿真时间结束时,相干性衰减到 $Coh = 0.339$;当 $r = 0.1$ 时,系统相干性衰减速度加快,在仿真时间结束时,相干性衰减到 $Coh = 0.0271$;而当 $r = 1$ 时,系统的相干性呈单调衰减,在仿真时间约为 5 a.u.时,相干性近似为零,系统状态演化到平衡态,此时系统主要呈现了马尔可夫特性.

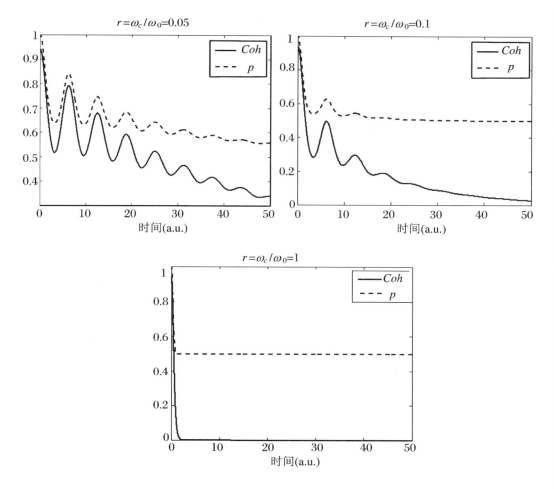

图 9.2　不同 r 值下系统相干性 Coh 及状态纯度 p 随时间的变化曲线

图 9.2 中的系统状态纯度 p 的变化可以结合图 9.1 来解释: 当 $\beta(t)>0$ 时, 纯度 p 单调递减, 当 $\beta(t)<0$ 时, 纯度 p 单调增加, 系统状态的纯度变化遵循式 (9.9), 对于非马尔可夫系统, 纯度 p 的大小上下波动, 这种上下波动的变化在演化过程中会逐渐消失, 此时 $\beta(t)>0$ 恒成立, 系统的非马尔可夫特性消失, 系统退化为马尔可夫量子系统, 这就会使纯度 p 单调衰减, 系统状态不断向着平衡态演化. 为了能够对非马尔可夫量子系统进行状态转移控制, 本小节系统仿真实验中的系统参数 r 值取为 0.05.

9.1.4　耦合系数对系统相干性和纯度的影响

所研究的非马尔可夫系统(9.1)是通过对耦合项进行二阶微扰展开的方式获得的,其限制条件是环境与系统弱耦合,本小节我们将研究耦合系数 α^2 对系统性能的影响.设置系统初态为 9.1.3 小节的叠加态 ρ_0,参数为:$\omega_0 = 1, kT = 300\omega_0, r = 0.05$,耦合系数 α^2 取不同数值时系统状态相干性 Coh 及纯度 p 的变化情况如图 9.3 所示,其中点线、直线、点划线和虚线分别对应的是 α^2 取值为 $0, 0.001, 0.01$ 以及 0.05.

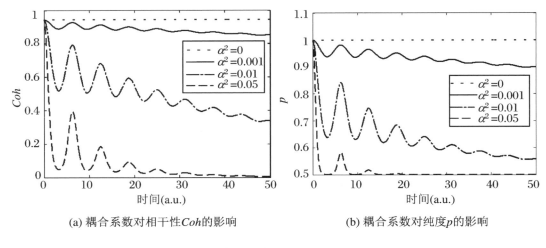

(a) 耦合系数对相干性Coh的影响　　　　(b) 耦合系数对纯度p的影响

图 9.3　不同耦合系数对系统相干性和纯度的影响

从图 9.3(a)中可以看出,当 $\alpha^2 = 0$ 时,系统与环境无耦合作用,此时可将被控系统当作封闭量子系统,系统状态的相干性始终保持一个常值不变,在图 9.3(a)中为一条水平点线.由式(9.3)和式(9.5)可知,不管是对于 $\gamma(t)$ 还是 $\Delta(t)$,耦合系数 α^2 与两者都成正比例关系,耦合系数增大,则衰减强度以同等幅值增大.因此状态的退相干特性表现为同频率,但不同幅值的特性.

从图 9.3(b)中可以看出,当 $\alpha^2 = 0$ 时,系统状态的纯度不变,在图 9.3(b)中表示为一条幅值为 1 的水平线,此时系统以幺正形式演化;随着耦合强度 α^2 的增加,系统状态趋于稳态的速度越快,但在趋于稳态的过程中,其纯度值也在上下波动的过程中逐渐减小,而不是单调减小,这表明:非马尔可夫系统的记忆特性能够使系统失去的信息(纯度减小)部分地被补偿回来(纯度增大),并且耦合强度越大,非马尔可夫特性越明显,信息的补偿能力越大.

需要特别指出的是,实验表明,当耦合强度 α^2 不断增大,如 $\alpha^2 = 0.1$,系统将出现非物理行为,其表现为状态正定性不再保持,二阶系统的数值实验表现出状态跑出 Bloch 球外,这表明耦合系数不再满足系统(9.1)的限制条件.基于以上分析结果,在本章的系统仿真研究中,参数 α 值取为 0.1.

9.1.5 振荡频率对衰减系数特性的影响

通过前几小节比较同一个系统的不同环境参数对其特性影响的分析可知:高频截断频率 ω_c 决定了系统衰减幅值的大小,但不改变衰减频率.从式(9.5)中亦可得:决定衰减频率的是系统振荡频率 ω_0.本小节我们将通过考查不同的振荡频率对系统衰减系数 $\beta(t)$ 的影响来观察系统性能,设置系统初态仍为 9.1.4 小节的叠加态 ρ_0,参数为: $\alpha = 0.1, r = 0.05$,振荡频率 ω_0 分别取值为 1,5 和 10 时,衰减系数 $\beta(t)$ 的变化曲线如图 9.4 所示.

从图 9.4 中可以看出,改变系统振荡频率 ω_0 只能改变 $\beta(t)$ 的振荡频率,而不会改变其幅值,并且 ω_0 越大,衰减振荡频率 $\beta(t)$ 越大.当 $\omega_0 = 1$ 时,在系统仿真实验中会发现在量子李雅普诺夫控制律的作用下,可能会出现未等系统表现出非马尔可夫性质时就已经完成了状态转移这种情况.为了研究非马尔可夫特性对状态转移的影响,在系统仿真控制研究中,振荡频率 ω_0 的值选为 10.

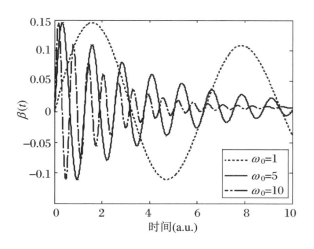

图 9.4 不同系统振荡频率 ω_0 对 $\beta(t)$ 的影响

9.2 基于测量的量子系统方程及其特性分析

9.2.1 量子滤波器方程

通过对一个量子系统 S 进行连续测量来获得系统状态信息的整个结构框图如图 9.5 所示,其中人们向被控量子系统 S 输入一个探测光子场,量子系统 S 和探测场相互作用后的系统输出信息中带有被控量子系统 S 的状态信息.测量装置对系统输出进行连续不断的测量,测量到的信号经过滤波器,通过某种滤波计算来获得系统的状态估计值,最后根据非线性滤波器理论得到估计状态的演化方程.

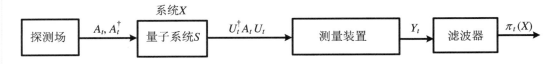

图 9.5　基于连续测量的量子系统结构框图

假设探测场和量子系统没有受到其他作用的影响,根据量子滤波器理论,探测场和量子系统组成的整体系统的动力学方程可以用状态的演化算符 U_t 来描述,U_t 满足 Hudson-Parthasarathy 方程:

$$dU_t = \left(-\mathrm{i}(H_0 + u_t H_b)dt - \frac{1}{2}L^\dagger L dt + L dA_t^\dagger + L^\dagger dA_t \right)U_t, U_0 = I \quad (9.12)$$

其中,U_t 是幺正的;H_0 和 H_b 分别是系统和控制哈密顿量,且均是厄米的;u_t 是可调参数;L 为表示相互作用的有界测量算符,$L^\dagger$ 是 L 的共轭转置矩阵;A_t 是输入的探测场算符:$A_t = \int_0^t b(0^-, s)ds$,其中 $b(z, t)$ 是在 t 时刻 z 位置的湮灭算符.

系统与探测场发生相互作用之后,t 时刻的系统状态算符 X 用 U_t 表示为 $j_t(X) = U_t^\dagger(X \otimes I)U_t$.根据 Itô 法则,得到海森伯绘景下系统算符 $j_t(X)$ 的演化方程为

$$\mathrm{d}j_t(X) = j_t(L(X))\mathrm{d}t + j_t([L^\dagger, X])\mathrm{d}A_t + j_t([L^\dagger, X])\mathrm{d}A_t^\dagger \qquad (9.13)$$

其中, $L(X)$ 为 Lindblad 算符: $L(X) = \mathrm{i}[H_0 + u_t H_b, X] + kL^\dagger XL - \dfrac{k}{2}(L^\dagger LX + XL^\dagger L)$.

相互作用后的系统的输出分别用 $U_t^\dagger A_t U_t$ 和 $U_t^\dagger A_t^\dagger U_t$ 描述. 若采用零差测装置接收系统输出后获得正交测量信号: $Y_t = U_t^\dagger(A_t + A_t^\dagger)U_t$. 测量信号 Y_t 满足两个条件: ① Y_t 是自非破坏的(self-nondemolition), 即 $[Y_t, Y_s] = 0$, 其中 $s < t$. 这说明测量信号 Y_t 等价于经典随机过程; ② Y_t 是非破坏的(nondemolition), 即 $[j_t(X), Y_s] = 0$, 其中 $s < t$. 这保证系统算符的条件期望存在性. 通过量子 Itô 法则和量子动态过程(9.12)可以得到测量信号 Y_t 的演化方程为: $\mathrm{d}Y_t = \sqrt{k}j_t(L + L^\dagger)\mathrm{d}t + \mathrm{d}A_t^\dagger + \mathrm{d}A_t$. η 是测量效率, $\eta = 1$ 为完美测量; 实际测量过程中受到噪声的影响, 使测量效率一般为 $\eta < 1$, 此时采用附加的 $B_t + B_t^\dagger$ 来对噪声信号进行建模, $B_t + B_t^\dagger$ 与 $A_t + A_t^\dagger$ 不相关, 且与系统没有相互作用, 因此由测量输出 Y_t 与探测场算符 $A_t + A_t^\dagger$ 和噪声算符 $B_t + B_t^\dagger$ 之间的动力学关系为: $\mathrm{d}Y_t = \sqrt{k\eta}j_t(L + L^\dagger)\mathrm{d}t + \sqrt{\eta}(\mathrm{d}A_t^\dagger + \mathrm{d}A_t) + \sqrt{1-\eta}(\mathrm{d}B_t + \mathrm{d}B_t^\dagger)$.

量子滤波方程利用测量过程得到的测量信号 $\{Y_s: 0 \leqslant s \leqslant t\}$ 对 t 时刻的系统算符 X 进行估计. 定义量子条件期望 $\pi_t(X) = E(j_t(X) \to y_t)$, 其中 y_t 是由 $\{Y_s: 0 \leqslant s \leqslant t\}$ 得到的冯·诺依曼代数. 图 9.5 中 $\pi_t(X)$ 是量子滤波器输出, 它可以是与状态 $j_t(X)$ 之间的最小均方差情况下的估计状态, 或其他优化方法下的量子态估计值. $\pi_t(X)$ 将系统算符 $j_t(X)$ 映射到一个经典随机过程上. 汉德尔(Handel)等根据测量信号 Y_t 的无破坏测量性质以及滤波器理论, 获得量子随机微分方程(QSDE)形式的量子滤波器状态 $\pi_t(X)$ 方程(van Handel et al., 2005)为

$$\mathrm{d}\pi_t(X) = \pi_t(L(X))\mathrm{d}t + \sqrt{\eta k}\,(\pi_t(XL + L^\dagger X)$$
$$- \pi_t(L + L^\dagger)\pi_t(X))(\mathrm{d}Y_t - \sqrt{\eta}\pi_t(L + L^\dagger)\mathrm{d}t) \qquad (9.14)$$

方程(9.14)称为量子滤波方程(quantum filtering equation). 实际上式(9.14)是一个带有滤波器的随机开放量子系统方程. 量子滤波器方程(9.14)与经典非线性滤波器中的 Kushner-Stratonovich 方程对应, 它们都是根据观测信号得到的系统状态估计值的时间演化方程.

9.2.2 随机主方程

2012 年阿尔塔菲尼(Altafini)和提科齐(Ticozzi)通过定义有限维状态空间 $S = \{\rho \in$

363

$\mathbf{C}^{N \times N}: \rho = \rho^{\dagger}, \mathrm{tr}\rho = 1, \rho > 0\}$ 上的一个密度算符 ρ_t,通过关系式: $\pi_t(X) = \mathrm{tr}(X\rho_t)$ 和量子微积分法则,将方程(9.3)转化为薛定谔绘景下 N 维量子系统估计状态的非线性随机主方程为

$$\mathrm{d}\rho_t = -\mathrm{i}[H_0 + u(t)H_1, \rho_t]\mathrm{d}t + D(L, \rho_t)\mathrm{d}t + \sqrt{\eta}H(L, \rho_t)\mathrm{d}W_t \qquad (9.15)$$

其中,$D(L, \rho) = L\rho L^{\dagger} - (1/2)(L^{\dagger}L\rho + \rho L^{\dagger}L)$,$H(L, \rho) = L\rho + \rho L^{\dagger} - \mathrm{tr}((L^{\dagger} + L)\rho)\rho$,$\rho_t$ 是根据观测过程 $\{Y_s : 0 \leqslant s \leqslant t\}$ 估计出的随机密度矩阵;H_0, H_1 是 $N \times N$ 的厄米矩阵,H_0 为系统的自由哈密顿量,H_1 是控制哈密顿量;$u(t)$ 是可调参数过程;$L \in \mathbf{C}^{N \times N}$ 称为测量算符,$L = L^{\dagger}$,L 是正则的且满足 L 和 H_0 对易;$\eta \in (0, 1]$ 是测量装置的测量效率;在零差测量情况下,$\mathrm{d}W_t$ 为零差测量时测量输出带来的噪声,是一维维纳(Wiener)过程,满足:$E(\mathrm{d}W_t) = 0$,$E((\mathrm{d}W_t)^2) = \mathrm{d}t$.这些假设条件在实际实验中是存在的,比如光学腔中的被囚禁的冷原子系综.

方程(9.15)中的后两项 $D(L, \rho)$ 和 $H(L, \rho_t)\mathrm{d}W_t$ 都是量子测量过程带来的,其中,$D(L, \rho)$ 项是一个超算符,是测量过程带来的确定性的林德布拉德形式的漂移项,代表测量过程带来的确定的退相干作用.$D(L, \rho)$ 项与马尔可夫开放量子系统主方程中的退相干项结构一致.$H(L, \rho_t)$ 项是测量过程带来的随机扩散项,是对量子系统状态产生的干扰,也称为反向效应(back-action).由于测量的影响,方程(9.15)比马尔可夫开放量子系统主方程多出了一个随机项 $\sqrt{\eta}H(L, \rho_t)\mathrm{d}W_t$.与方程(9.15)相比,方程(9.4)能更方便地描述连续测量的量子系统估计状态演化过程.实际上,在对系统进行反馈控制设计时,被控系统模型一般使用的都是随机主方程(9.15).方程(9.15)中的 $\mathrm{d}W_t$ 称为新息过程(innovation process),它和测量信号 Y_t 之间的关系为 $\mathrm{d}Y_t = \mathrm{d}W_t - \mathrm{tr}(L\rho_t + \rho_t L)\mathrm{d}t$.因此方程(9.15)也可以写成

$$\begin{aligned} \mathrm{d}\rho_t = &-\mathrm{i}[H_0 + u(t)H_1, \rho_t]\mathrm{d}t + D(L, \rho_t)\mathrm{d}t \\ &+ \sqrt{\eta}H(L, \rho_t)(\mathrm{d}Y_t - \mathrm{tr}(L\rho_t + \rho_t L)\mathrm{d}t) \end{aligned} \qquad (9.16)$$

方程(9.16)是量子滤波方程的另一种形式,也称为贝拉夫金(Belavkin)方程.

在方程(9.15)的基础上,在外界的环境扰动是基本交换的情况下,波顿(Bouten)等 2005 年还研究了一种更为简单的线性随机主方程:

$$\mathrm{d}\rho_t = L(\rho_t)\mathrm{d}t - \mathrm{i}\alpha[\sigma_z, \rho_t]\mathrm{d}W_t \qquad (9.17)$$

其中,$L(\rho_t) = -\mathrm{i}[B_t\sigma_z, \rho_t] + \alpha^2\left(\sigma_z\rho_t\sigma_z - \dfrac{1}{2}\{\sigma_z^2, \rho_t\}\right)$,$\alpha$ 是实数,它由光学腔和探测场的特点决定,B_t 是外部的沿 z 轴的磁场,σ_z 是泡利矩阵.

量子系统建模、特性分析与控制

方程(9.16)是随机主方程(9.15)的一种线性简化形式:通过相互作用绘景使得 H_0 $=0$,同时取控制输入 $u_t = B_t$;测量算符 $L = \sigma_z$,漂移项 $D(L,\rho)$ 前考虑系数为 α^2,扩散项为 $H(L,\rho) = -\mathrm{i}\alpha[\sigma_z,\rho_t]$.方程(9.17)常用在最优控制中.这些线性系统对应在强驱动、高阻尼、光学腔中的二能级原子物理系统,且假设腔场频率不与原子跃迁频率共振.

除了线性随机主方程,当将角动量系统作为一类简化的被控量子系统时,随机主方程(9.15)中的系统哈密顿量取为 $H_0 = 0$;控制哈密顿量取为 $H_1 = u(t)F_y$;测量算符取为 $L = F_y$,其中 F_z 和 F_y 是自旋算符,由此,得到基于连续间接测量的 N 维角动量系统方程为(Mirrahimi,van Handel,2007)

$$\mathrm{d}\rho_t = -\mathrm{i}u(t)[F_y,\rho_t]\mathrm{d}t + D(F_z,\rho_t)\mathrm{d}t + \sqrt{\eta}H(F_z,\rho_t)\mathrm{d}W_t \qquad (9.18)$$

当方程(9.15)中取 $H(t) = \Delta\sigma_z, L = \sqrt{M}\sigma_z$,可以得到只考虑 z 方向电磁场作用的二能级量子系统的随机主方程为

$$\mathrm{d}\rho_t = -\mathrm{i}[\Delta\sigma_z,\rho_t]\mathrm{d}t + (\sigma_z\rho_t\sigma_z - \rho_t)\mathrm{d}t + \sqrt{\eta}(\sigma_z\rho_t + \sigma_z\rho_t - 2\mathrm{tr}(\sigma_z\rho_t)\rho_t)\mathrm{d}W_t$$
$$(9.19)$$

其中,σ_z 是泡利矩阵.

在二能级系统中,密度矩阵可以表示为 $\rho = (1/2)\begin{bmatrix} 1+z & x-\mathrm{i}y \\ x+\mathrm{i}y & 1-z \end{bmatrix}$,其中 $[x,y,z]^{\mathrm{T}}$ 是二能级系统的 Bloch 球直角坐标.因此方程(9.19)也可以等价地写成 Bloch 向量的形式:

$$\begin{cases} \mathrm{d}x_t = \left(-\Delta y_t - \dfrac{1}{2}Mx_t\right)\mathrm{d}t - \sqrt{M}x_t z_t\mathrm{d}W_t \\[2mm] \mathrm{d}y_t = \left(\Delta x_t - \dfrac{1}{2}My_t\right)\mathrm{d}t - \sqrt{M}y_t z_t\mathrm{d}W_t \\[2mm] \mathrm{d}z_t = \sqrt{M}(1-z_t^2)\mathrm{d}W_t \end{cases} \qquad (9.20)$$

方程(9.20)描述了在 $\mathbf{R}^3$ 中封闭单位球中的量子系统的扩散过程.可以证明在没有控制作用的情况下,系统有两个平衡点 $[x,y,z]^{\mathrm{T}} = [0,0,-1]^{\mathrm{T}}$ 和 $[x,y,z]^{\mathrm{T}} = [0,0,1]^{\mathrm{T}}$.

9.2.3 退相干影响下的随机主方程

当基于测量的量子系统所处的环境对量子系统产生退相干作用时对应的随机主方

程可写为

$$\mathrm{d}\rho_t = -\mathrm{i}u(t)[F_y,\rho_t]\mathrm{d}t + D(F_z,\rho_t)\mathrm{d}t + \gamma D(\sigma,\rho_t)\mathrm{d}t + \sqrt{\eta}H(F_z,\rho_t)\mathrm{d}W_t$$

$$(9.21)$$

其中，$D(\sigma,\rho) = \sigma\rho\sigma^{\dagger} - \dfrac{1}{2}(\sigma^{\dagger}\sigma\rho + \rho\sigma^{\dagger}\sigma)$；$\gamma$ 为退相干强度系数，表示环境对系统的影响强度；σ 为与环境相关的原子衰竭算符；$\gamma D(\sigma,\rho_t)\mathrm{d}t$ 表示系统和环境相互作用下的非幺正动态过程，描述环境对量子系统的退相干影响.

与方程(9.15)相比，方程(9.21)多出了一个$(\sigma,\rho_t)\mathrm{d}t$ 项，此项与测量带来的退相干项 $D(F_z,\rho_t)\mathrm{d}t$ 形式类似，都是退相干作用在随机主方程上的体现，这表明方程(9.21)同时考虑了测量过程和环境带来的消相干作用和影响.

9.2.4　延时影响下的随机主方程

除了测量和环境对量子系统带来的消相干作用，在基于测量的量子反馈控制中还会考虑控制回路实现时的物理限制，如时间延迟.反馈回路中存在的时间延迟可能会减弱反馈控制的作用，甚至造成系统的不稳定.所以在进行状态反馈时，必须合理地考虑延时因素的影响.一种考虑延时影响，但不考虑环境对系统的消相干作用的随机主方程可以表示为(Kashima，Nishio，2007)

$$\mathrm{d}\rho_t = -\mathrm{i}[H_0 + u(t)H_1,\rho_t]\mathrm{d}t + D(L,\rho_t)\mathrm{d}t + \sqrt{\eta}H(L,\rho_t)\mathrm{d}W_t \quad (9.22\mathrm{a})$$
$$u(t) = u(\rho_{t-\tau}) \qquad\qquad\qquad\qquad (9.22\mathrm{b})$$

其中 τ 为时间延迟.

方程(9.22a)实际上是在随机主方程(9.15)的基础上，同时考虑具有时延的状态反馈方程(9.22b).方程(9.22b)表明用来产生反馈输入的系统状态不是实时的，而是具有 $t\text{-}\tau$ 延时的状态.在基于测量的反馈控制中，反馈回路中的时间延时是实际存在的.常见的时延有：控制器有限的计算速度造成的延迟、执行器产生控制信号的时间延迟以及测量装置产生测量输出信号的延迟.所有的时间延迟在系统模型(9.22)中简化为控制输入延迟 $u(t) = u(\rho_{t-\tau})$.

9.3 随机开放量子系统模型及其控制的特性分析

从量子系统控制理论角度来看,根据控制过程中是否存在测量,以及是否将测量信息应用于控制律的变量中,可以将控制策略分为开环控制和反馈控制,其中,基于测量的反馈控制(measurement-based feedback control,MFC)通过直接或者间接的量子观测来获取量子信息进行量子态估计,进而设计控制律进行量子态调控.对于经典系统,测量过程对被测系统本身的状态是没有影响的,但是对于量子系统,测量会对量子系统本身产生不可避免的随机影响,系统的状态会随机收敛到某些状态,即量子态还原.在不同的测量手段或者检测方式下,量子系统状态的估计结果是不一样的,这可以归结为量子滤波问题,而量子滤波问题本质上可以看作计算系统观测量的条件期望值.通常来说,条件期望的计算取决于相互作用系统状态的特性,因此,当被控系统处于真空态、相干态,或处在一个具备非经典光学特性的状态,量子滤波方程的形式都是不同的.值得注意的是,检测方式不同,量子滤波方程的形式也不同,比如:零差检测和光电检测下得到的量子滤波方程就有两种不同形式.量子滤波方程描述了测量下的量子态的动力学演化系统,滤波方程中包含通过测量和滤波所估计出的量子态,可以通过将连续测量和反馈控制策略相结合,构成随机开放量子系统的反馈控制.

有关随机开放量子系统反馈控制的研究可以归纳为两大类——线性和非线性随机开放量子系统反馈控制.当量子系统处于某些特殊的初态或者某个时间段时,可通过线性化处理加上测量将复杂的被控系统转化为线性随机开放量子系统,2008 年詹姆斯(James)和彼得森(Petersen)研究团队成功地将经典线性系统控制理论中的 LQG 控制、H^{∞} 控制应用到了线性光学量子系统中.有关非线性随机开放量子系统的研究焦点大多集中在设计全局稳定反馈控制律上,以实现系统的控制目标.2005 年汉德尔(Handel)等针对原子系综,首次给出了量子反馈控制方案,并设计出全局稳定反馈控制律制备本征态,同年,将李雅普诺夫控制引入随机开放量子系统的稳定性研究中,解决了低维随机开放量子系统的稳定问题,但此方法不适用于高维系统.2005 年,提科齐(Ticozzi)等将研究对象扩展到了 N 维系统,不过由于李雅普诺夫函数选取的局限性,他们所设计出的反馈控制律只能使系统几乎全局稳定.2007 年,米拉希米(Mirrahimi)和汉德尔(Handel)利用李雅普诺夫稳定性定理和 LaSalle 不变原理,针对 N 维角动量系统,给出了全局收敛到观测量的任意本征态的反馈控制律;针对双比特量子系统,给出了全局收敛到纠缠态的反馈控制律,不过所设计出的控制律均为开关控制;2007 年和 2008 年,津村(Tsumura)对开关控制进行了改进,设计出连续反馈控制律,实现了系统全局收敛到任意本征态.此外,2013 年,提科齐等从哈密顿控制的角度出发,研究了随机开放量子系统的稳定性问题.

总的来说,对开放量子系统的测量和滤波给系统带来了随机项,使得随机开放量子系统所表现出的特性更加复杂,对其内部特性的分析和控制器的设计也更加困难.有关随机开放量子系统控制的研究时间并不长,目前只能够实现对本征态的收敛控制律的设计;在控制设计的形式上,主要有开关控制和连续控制两大类.本节在有关随机量子系统李雅普诺夫收敛性控制理论研究的基础上,分别对无控制作用下的随机量子系统的内部特性,以及控制作用下系统的状态转移控制性能进行了系统仿真研究.探讨开关与连续控制作用下的参数对系统控制性能的影响,以及对两种控制作用下所获得的系统控制性能进行对比分析.

9.3.1 随机量子系统主方程及其控制

考虑在真空环境下连续测量的量子反馈控制系统,记 t 时刻的量子系统状态为 ρ_t,则量子滤波方程,或称为随机主方程(stochastic master equation,SME)的一般表达形式为

$$\begin{cases} \mathrm{d}\rho_t = -\dfrac{\mathrm{i}}{\hbar}[H_t,\rho_t]\mathrm{d}t + D(L,\rho_t)\mathrm{d}t + \sqrt{\eta}H(L,\rho_t)\mathrm{d}W_t \\ \rho_0 = \rho(0) \end{cases} \tag{9.23}$$

其中,$H_t = H_0 + u_t H_u$ 为总哈密顿量,H_0 为系统自由哈密顿量,H_u 为控制哈密顿量,u_t 为随时间变化的外部控制场;η 为测量效率,且满足 $0 < \eta \leqslant 1$;L 为测量算符,系统信号通过此测量信道被检测,由测量引起的反作用效应则通过此信道反馈给量子系统;W_t 为具有随机特性的随机过程,也被称作"新息".为了简单起见,一般设置普朗克常数 $\hbar = 1$.$D(L,\rho_t)\mathrm{d}t$ 和 $H(L,\rho_t)\mathrm{d}W_t$ 分别体现了测量反作用效应中确定性漂移部分和随机耗散部分,其中,$D(L,\rho_t)$ 为开放量子系统中常见的林德布拉德算子;$H(L,\rho_t)$ 为状态更新算子;真空环境下的 W_t 就是标准的实值维纳过程,$\mathrm{d}W_t$ 作为标准维纳过程的增量,代表着对测量白噪声的建模,满足:期望 $E(\mathrm{d}W_t) = 0$,方差 $E((\mathrm{d}W_t)^2) = \mathrm{d}t$.林德布拉德算子 $D(L,\rho_t)$、状态更新算子 $H(L,\rho_t)$ 以及随机过程增量 $\mathrm{d}W_t$ 的表达式分别为

$$D(L,\rho_t) \equiv L\rho_t L^\dagger - \frac{1}{2}(L^\dagger L\rho_t + \rho_t L^\dagger L) \tag{9.24}$$

$$H(L,\rho_t) = L\rho_t + \rho_t L^\dagger - \mathrm{tr}((L+L^\dagger)\rho_t)\rho_t \tag{9.25}$$

$$dW_t = dy_t - \sqrt{\eta}\,\mathrm{tr}(\rho_t(L+L^\dagger))\,dt \tag{9.26}$$

其中,$L^\dagger$ 是 L 的共轭转置.

从所给出的随机量子系统主方程(9.23)~(9.26)中可以看出,与确定性的开放量子系统模型相比,随机量子系统主方程多了一个随机耗散部分项,并且这个项的大小是由测量效率 η 值的大小来确定的.在实际的量子反馈控制系统中,不同的测量方式决定不同的随机项,不同的测量效率 η 也产生不同的随机项的大小.以角动量作为可观测量为例:当原子簇数目为 n 时,量子态的角动量维数则为 $N = 2J+1$,其中 $J = n/2$ 是动量的绝对值.若在实验中以 z 方向的原子簇角动量为检测量,在 y 方向上施加可控磁场,则相应的量子滤波方程可以整理为关于 ρ_t 的非线性 Itô 随机微分方程

$$d\rho_t = -iu_t[F_y,\rho_t]dt - \frac{1}{2}[F_z,[F_z,\rho_t]]dt + \sqrt{\eta}(F_z\rho_t + \rho_t F_z - 2\mathrm{tr}(F_z\rho_t)\rho_t)dW_t \tag{9.27}$$

其中,F_y 是沿 y 方向的角动量;F_z 是沿 z 方向的角动量,且 F_z 为对角实矩阵,且满足 $F_z = F_z^\dagger$,它们分别为

$$F_y = \frac{1}{2i}\begin{bmatrix} 0 & -c_1 & & & \\ c_1 & 0 & -c_2 & & \\ & \ddots & \ddots & \ddots & \\ & & c_{2J-1} & 0 & -c_{2J} \\ & & & c_{2J} & 0 \end{bmatrix} \tag{9.28}$$

$$F_z = \begin{bmatrix} J & & & & \\ & J-1 & & & \\ & & \ddots & & \\ & & & -J+1 & \\ & & & & -J \end{bmatrix} \tag{9.29}$$

其中,$c_m = \sqrt{(2J+1-m)m}$,$m = 1,\cdots,2J$.

当 $N = 4$ 时,可以计算出动量的绝对值为 $J = \dfrac{N-1}{2} = \dfrac{3}{2}$,$m = 1,2,3$.根据式(9.28)和式(9.29)可以确定出沿 y 与 z 方向的角动量分别为

$$F_y = -\frac{\mathrm{i}}{2}\begin{bmatrix} 0 & -\sqrt{3} & 0 & 0 \\ \sqrt{3} & 0 & -2 & 0 \\ 0 & 2 & 0 & -\sqrt{3} \\ 0 & 0 & \sqrt{3} & 0 \end{bmatrix}, \quad F_z = \begin{bmatrix} 3/2 & 0 & 0 & 0 \\ 0 & 1/2 & 0 & 0 \\ 0 & 0 & -1/2 & 0 \\ 0 & 0 & 0 & -3/2 \end{bmatrix} \tag{9.30}$$

随机开放量子系统的全局稳定控制问题可以表述为:寻找一个反馈控制器 u_t 来使量子系统全局稳定到期望的目标态 ρ_f,且当 $t \to \infty$ 时,状态 ρ_t 的期望 $E(\rho_t)$ 能够收敛到 ρ_f,即 $E(\rho_t) \to \rho_f$. 到目前为止,对于 N 维的角动量系统,基于随机李雅普诺夫理论和拉塞尔(LaSalle)不变原理等技术的控制策略主要分为两种:开关控制策略和连续控制策略. 米拉希米(Mirrahimi)等 2007 年提出一种开关控制策略,当期望的目标态为测量算符 L 的本征态 ρ_f 时,他们证明了一种收敛的控制律 u_t 的公式为

$$u_t = \begin{cases} u_1(\rho_t) = -\mathrm{tr}(\mathrm{i}[F_y, \dot{\rho}_t]\rho_f), & \mathrm{tr}(\rho_t\rho_f) \geqslant \gamma \\ u_2 = 1, & \mathrm{tr}(\rho_t\rho_f) \leqslant \gamma/2 \\ u_1(\rho_t), & \rho_t \in B, \text{且能过 } \mathrm{tr}(\rho_t\rho_f) = \gamma \text{ 进入 } B, \\ & \text{其中 } B \triangleq \{\rho : \gamma/2 < \mathrm{tr}(\rho_t\rho_f) < \gamma\} \\ u_2, & \text{其他} \end{cases}$$
$$\tag{9.31}$$

其中,γ 为控制律切换的临界参数,且 $0 < \gamma \leqslant 1$.

由于开关控制需要根据不同的情况在几个控制函数之间进行快速切换,这给控制的实现带来一定的难度. 津村(Tsumura)针对这一问题对开关控制式(9.31)进行了改进,于 2008 年推导并证明出一种连续反馈控制律 u_t:

$$u_t = \alpha u_1(\rho_t) + \beta V^I_{\rho_f}(\rho_t) \tag{9.32}$$

其中,$u_1(\rho_t) = -\mathrm{tr}(\mathrm{i}[F_y, \rho_t]\rho_f)$,$V^I_{\rho_f}(\rho_t) = \lambda_i - \mathrm{tr}(F_z\rho_t)$,$\lambda_i = J - (i-1)$,$i = 1$, $2, \cdots, N$. α 和 β 是可调的控制参数,且需要满足系统式(9.27)全局稳定的充分条件: $\beta^2/(8\alpha\eta) < 1$.

式(9.32)中的控制律 u_t 由两项组成,其中 $\alpha u_1(\rho_t)$ 主要用来控制系统状态收敛到期望目标态,$V^I_{\rho_f}(\rho_t)$ 用来驱动系统状态远离其他系统稳态. 需要注意的是,虽然 $\beta^2/(8\alpha\eta) < 1$ 仅仅是系统全局稳定的充分条件,但是它为实际应用中的参数选取提供了依据. 在上述两种已提出的收敛控制策略的基础上,本节重点以状态转移控制为出发点,通过进行系统仿真实验,详细分析无控制作用下系统内部特性,以及有控制作用下系统状态转移的控制性能.

量子系统建模、特性分析与控制

9.3.2 无控制作用下系统内部特性分析

随机开放量子系统的独特性主要表现在由于测量引起的反作用效应会通过测量信道反馈给量子系统,测量效率 η 直接影响着系统特性,一般来说,测量效率 η 是由实际实验状况决定的,满足 $0 < \eta \leqslant 1$,当 $\eta = 1$ 时,其测量被称为"完美测量",但这在实际中是无法实现的.因此,本小节在对系统内部特性进行分析时,通过研究不同的测量效率 η 值对系统状态 ρ_t 的纯度 $p_t = \mathrm{tr}(\rho_t^2)$ 的影响,来揭示随机量子系统本身在没有外加控制(即 $u_t = 0$)作用的情况下所表现出的特性.

对于 $N = 4$ 的角动量系统,根据式(9.27)可知,测量算符 L 即是式(9.30)所示的 4×4 的对角矩阵 F_z,其中有 4 个本征态 ρ_{ei},$i = 1, 2, 3, 4$,它们分别为:$\rho_{e1} = \mathrm{diag}\{[1 \ \ 0 \ \ 0 \ \ 0]\}$,$\rho_{e2} = \mathrm{diag}\{[0 \ \ 1 \ \ 0 \ \ 0]\}$,$\rho_{e3} = \mathrm{diag}\{[0 \ \ 0 \ \ 1 \ \ 0]\}$ 和 $\rho_{e4} = \mathrm{diag}\{[0 \ \ 0 \ \ 0 \ \ 1]\}$.在系统状态转移仿真实验中,目标态 ρ_f 应满足:$\rho_f \in \{\rho_{ei}\}$.此外,在本节的系统仿真实验中,被控系统式(9.27)的实现将采用龙格-库塔(Runge-Kutta)方法,采样步长均设置为:$\Delta t = \mathrm{d}t = 0.01$,实验时间长度为:$T = 20 \ \mathrm{a.u.}$,$\mathrm{d}W_t$ 是服从均值为 0、方差为 $\mathrm{d}t = 0.01$ 的正态分布.

选取系统初始状态 ρ_{01} 为叠加态:

$$\rho_{01} = \begin{bmatrix} 0.5 & 0.5 & 0 & 0 \\ 0.5 & 0.5 & 0 & 0 \\ 0 & 0 & 0 & 0 \\ 0 & 0 & 0 & 0 \end{bmatrix} \tag{9.33}$$

此时有 $p_{01} = \mathrm{tr}(\rho_{01}^2) = 1$ 成立.对测量效率 η 从 $\eta_0 = 0.01$ 开始,以等间距 $\Delta\eta = 0.01$ 增大至 $\eta_f = 1$,分别进行系统状态的纯度 p_t 随测量效率 η 和时间变化的实验,在 20 a.u. 时间里,纯度 p_t 随 η 值和时间的变化的系统仿真实验结果如图 9.6 所示,其中从蓝色到绿黄红色的变化表示纯度 p_t 从 0.5 到 1 之间的变化情况.

从图 9.6 中可以看出:

(1) 当 $0 < \eta < 0.2$ 时,系统状态的纯度 p_t 的幅度由小到大变化较大,但基本上都属于纯度小于 1 的情况,这表明系统从最初的纯态演化到了混合态,如果延长仿真实验的时间,系统的状态最终还是可以还原到某一纯态的;

(2) 随着 η 值的增大,纯度 p_t 的变化幅度将逐渐减小,其变化过程所需的时间也缩短;

（3）当 $0.9 < \eta \leqslant 1$ 时,纯度 p_t 的值基本在 $0.9 \sim 1$ 之间,变化幅度很小,表明系统的状态能够很快地演化到纯态,并保持不变.

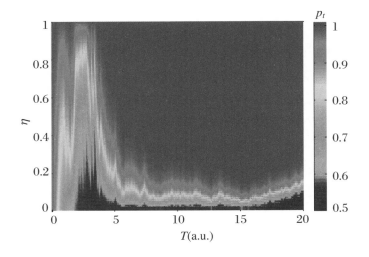

图 9.6　纯度 p_t 随 η 值和时间的变化情况

通过实验及其结果的分析可以发现:测量操作能够将量子信息通过测量通道反馈给被控量子系统,对系统的耗散作用进行了有效补偿,这种基于测量的反馈系统特性类似于非马尔可夫开放量子系统特性.对于所研究的 $N=4$ 的角动量系统,当测量效率 η 取值很小(如 $0 < \eta < 0.2$)时,则需要较长的时间来体现对系统状态的补偿特性;当测量效率 η 取值很大(如 $0.9 < \eta \leqslant 1$)时,由测量对系统状态所表现出的补偿特性变化得非常迅速.为了能够充分展现出测量对系统状态的影响,在后面的控制作用下的系统仿真实验中,将测量效率取值为 $\eta = 0.5$.此外值得一提的是,由于测量噪声的随机性,图 9.6 所示的仅为 1 次实验的运行结果,当进行多次仿真实验时,纯度 p_t 具体的变化情况可能会与图 9.6 有所不同,不过所体现出的变化规律是一致的.

下面我们将固定测量效率 $\eta = 0.5$,初态为式(9.33)的情况下,研究密度矩阵 ρ_t 在演化过程中各个元素的变化及其到达系统稳态的情况.位于初态 ρ_{01} 中非零位置的元素 $\rho_{11}, \rho_{12}, \rho_{21}$ 和 ρ_{22} 在 5 次实验中随时间的变化曲线分别如图 9.7(a)～图 9.7(d)所示,其中,黑色实线、红色虚线、蓝色点线、绿色点划线和灰色实线分别代表不同位置元素同一次的运行结果.

从图 9.7 中可以看出,在系统仿真实验过程中,处在非对角线位置上的元素 ρ_{12}(图 9.7(b))和 ρ_{21}(图 9.7(c))的 5 次实验结果均是振荡衰减为 0;而处在对角线位置上的元素 ρ_{11}(图 9.7(a))和 ρ_{22}(图 9.7(d))的 5 次实验结果,出现随机的振荡增加为 1 或者振荡衰减为 0. 通过观察原本处在初态 ρ_{01} 零位置元素的变化情况,发现其在仿真过程中均保持不变,因此,系统从初态 ρ_{01} 可能演化到的稳态有 2 个,分别是:$\rho_{s1} =$ diag$\{[1 \quad 0 \quad 0 \quad 0]\}$ 和 $\rho_{s2} =$ diag$\{[0 \quad 1 \quad 0 \quad 0]\}$. 研究发现,如果改变系统初态,系统在不同初态下所收敛到的稳态 $\{\rho_{sj}\}$ 是与系统初态相关的,其中 j 与初态的密度矩阵中对角线非零元素的个数相等,代表着可能到达的稳态的个数,系统的稳态 $\{\rho_{sj}\}$ 与测量算符 F_z 的本征态 $\{\rho_{ei}, i = 1,2,3,4\}$ 满足:$\{\rho_{sj}\} \subseteq \{\rho_{ei}, i = 1,2,3,4\}$. 此外,通过进行不同测量效率 η 值下系统从同一初态开始演化的仿真实验发现:量子态的还原时间是随着测量效率 η 值的增大而缩短的,这与图 9.6 的结论一致.

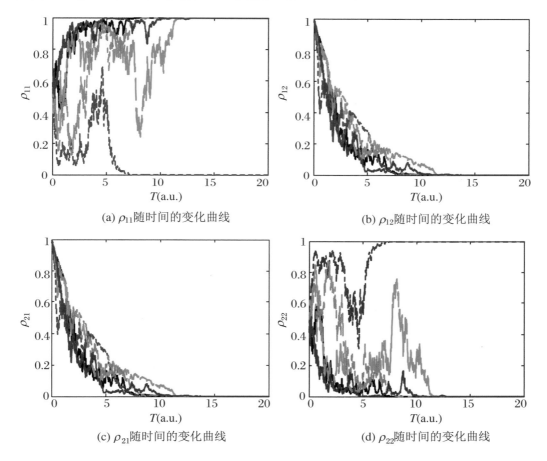

(a) ρ_{11} 随时间的变化曲线

(b) ρ_{12} 随时间的变化曲线

(c) ρ_{21} 随时间的变化曲线

(d) ρ_{22} 随时间的变化曲线

图 9.7　$\pmb{\eta} = 0.5$ 时状态 $\pmb{\rho}_t$ 从初态 $\pmb{\rho}_{01}$ 的自由演化曲线

9.3.3 反馈控制作用下的系统状态转移性能分析

反馈控制作用下的系统状态转移性能分析将分别研究:

(1) 开关控制作用下,不同的 γ 值对控制性能的影响;

(2) 连续控制作用下,可调参数 α 和 β 对控制性能的影响,探讨随机量子系统控制中的参数选择问题;

(3) 对两种控制方案下的系统状态转移控制性能进行对比和分析.

选取系统状态 ρ_t 与目标态 ρ_f 之间的距离 $\varepsilon(\rho_t)$ 作为状态转移的性能指标为

$$\varepsilon(\rho_t) = 1 - \mathrm{tr}(\rho_t \rho_f), \quad 0 \leqslant \varepsilon(\rho_t) \leqslant 1 \tag{9.34}$$

分析式(9.34)可知,当且仅当 $\rho_t = \rho_f$ 时, $\varepsilon(\rho_f) = 0$. 因此, $\varepsilon(\rho_t)$ 值越接近于 0,系统演化终态则越接近目标态,转移精度越高. 实验中设置状态转移目标值为 $\varepsilon_0 = 1 \times 10^{-5}$,在系统状态调控过程中达到转移目标 ε_0 时,则认为实现了状态转移. 进一步地,若在之后的仿真时间段内能一直满足 $\varepsilon(\rho_t) < \varepsilon_0$,则认为在此实验时间段内实现了状态保持.

9.3.3.1 开关控制作用下参数 γ 对控制性能的影响

本小节将重点研究开关控制律中参数 $\gamma (0 < \gamma \leqslant 1)$ 对状态转移控制性能的影响,并且,通过分析 γ 取不同值的情况下系统所能达到的不同的控制性能函数 $\varepsilon(\rho_t)$,来探讨合适的 γ 的取值. 系统仿真实验分为 2 组:① 叠加态与本征态之间的状态转移;② 本征态与本征态之间的状态转移,其中,参数 γ 的取值均是从 $\gamma_0 = 0.01$ 开始以等间距 $\Delta\gamma = 0.01$ 增大至 $\gamma_f = 1$.

系统初态为式(9.33)所示的叠加态 ρ_{01},目标态选取为本征态:$\rho_{s1} = \mathrm{diag}\{[1 \quad 0 \quad 0 \quad 0]\}$ 和 $\rho_{s2} = \mathrm{diag}\{[0 \quad 1 \quad 0 \quad 0]\}$. 在开关控制作用式(9.31)下,仿真实验时间长度设置为 $T = 20 \, \mathrm{a.u.}$. 系统均从初态 ρ_{01} 分别转移到目标态 ρ_{s1} 和 ρ_{s2} 时,性能指标函数 $\varepsilon(\rho_t)$ 随 γ 值和时间的变化实验结果如图9.8所示,其中,图9.8(a)的目标态为 ρ_{s1},图9.8(b)的目标态为 ρ_{s2};图中的颜色从蓝色到绿黄红色分别代表着 $\varepsilon(\rho_t)$ 值从 0 变化到 1 的过程,黑色区域表示的是性能指标满足 $\varepsilon(\rho_t) < \varepsilon_0$ 的情况,连续的黑色区域可以认为是状态的保持阶段. 从图9.8(a)中可以看出,当从 ρ_{01} 转移到 ρ_{s1} 时,参数 γ 在几乎所有的可取值范围内($0.01 < \gamma < 0.95$)都能使得系统的状态转移到期望的目标态,并且仅需要花费 $5.52 \, \mathrm{a.u.}$ 的时间,同时还能够长时间保持目标态.

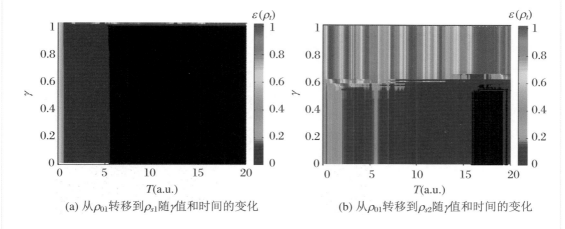

(a) 从ρ_{01}转移到ρ_{s1}随γ值和时间的变化   (b) 从ρ_{01}转移到ρ_{s2}随γ值和时间的变化

图 9.8   开关控制作用下从叠加态转移到本征态时 $\varepsilon(\pmb{\rho}_t)$ 随 $\pmb{\gamma}$ 值和时间的变化

从图 9.8(b)中可以看出,相比较于从 ρ_{01} 转移到 ρ_{s1},从 ρ_{01} 转移到 ρ_{s2} 时,可以使得系统达到目标态的参数 γ 的有效取值范围小了许多,只有 $0.01 < \gamma < 0.5$,并且到达转移目标的仿真时间用了 15.97 a.u.,只保持到 19.15 a.u.,保持时间为 3.18 a.u.,而图 9.8(a)中黑色区域的保持时间从 5.52 a.u. 一直到 20 a.u.,保持时间为 14.48 a.u.. 这说明不同的本征态作为目标态时,参数 γ 的有效取值范围大小差别是很大的.

当控制系统状态在本征态 $\{\rho_{ei}, i = 1, 2, 3, 4\}$ 任意两个之间进行转移时,本研究一共进行了所有的 12 种情况的系统仿真实验. 通过研究仿真实验的结果发现:当目标态为 ρ_{s1},初态分别为 $\{\rho_{ei}, i = 2, 3, 4\}$ 时的 3 组实验结果所表现出的变化规律是一致的,而目标态分别为 $\{\rho_{ei}, i = 2, 3, 4\}$ 时的 9 组实验结果具有相同变化规律. 因此,我们以 ρ_{s1} 与 ρ_{s2} 之间的状态转移为例,在实验时间为 40 a.u. 情况下,所获得的不同参数 γ 与系统控制性能 $\varepsilon(\rho_t)$ 之间关系的实验结果如图 9.9 所示,其中,图 9.9(a)是从 ρ_{s1} 转移到 ρ_{s2},图 9.9(b)是从 ρ_{s2} 转移到 ρ_{s1}.

从图 9.9(a)中可以看出,当从 ρ_{s1} 转移到 ρ_{s2} 时,能够使状态转移到目标态的参数 γ 的有效取值范围并不是连续的:在 $0.4 < \gamma < 0.5$ 取值范围内,达到转移目标所用的仿真时间约为 22.14 a.u.,在 $0.01 < \gamma < 0.4$ 取值范围内,在 25.12 a.u. 时首次达到转移目标,之后性能指标函数 $\varepsilon(\rho_t)$ 出现振荡增加,在 29.52 a.u. 时系统再次达到状态转移目标,此后对于 $0.01 < \gamma < 0.58$,系统状态能够一直保持在目标态;从图 9.9(b)中可以看出,当从 ρ_{s2} 转移到 ρ_{s1} 时,能够使状态转移到目标态的参数 γ 的有效取值范围近似为矩形,大致为 $0.02 < \gamma < 0.95$,并且在 γ 的有效取值内,达到状态转移目标所用转移时间近似相等,大致为 7.75 a.u.,之后实现了状态保持. 这表明,相比于目标态为 ρ_{s2} 的情况,目

标态为 ρ_{s1} 时, γ 的有效取值范围要大很多,同时达到状态转移目标所用的时间明显缩短,且实现状态转移后,系统能够比较稳定地保持在目标态.

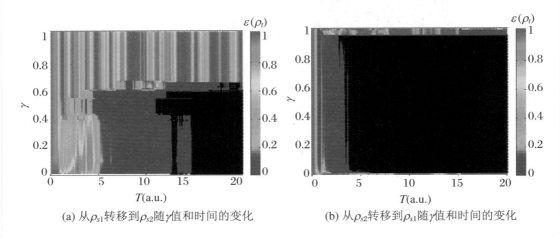

(a) 从 ρ_{s1} 转移到 ρ_{s2} 随 γ 值和时间的变化   (b) 从 ρ_{s2} 转移到 ρ_{s1} 随 γ 值和时间的变化

图 9.9   开关控制作用下从本征态转移到本征态时 $\varepsilon(\boldsymbol{\rho}_t)$ 随 γ 值和时间的变化

通过叠加态到本征态以及本征态之间的状态转移实验可知,较好的参数 γ 值是:在状态从初始态调控到目标态的过程所花费的时间较短,并且达到目标态后,系统状态能够稳定地保持在目标态的时间较长.综合图 9.8 和图 9.9 的实验结果分析可得较好的参数 γ 值为 0.5.当设置不同的系统初态和目标态时,参数 γ 的取值是不一样的,本研究给出的选取方法,通过大致遍历 γ 取值,对控制性能进行分析,是一种比较严谨的方法.

9.3.3.2   连续控制下参数 α 和 β 对控制性能的影响

在连续控制律(式(9.32))中,可调参数 α 和 β 需要满足约束条件: $\beta^2/(8\alpha\eta)<1$,不同的可调参数 α 和 β 对控制性能的影响是不同的.本研究参数调整的策略是:固定其中一个参数,通过求解不等式: $\beta^2/(8\alpha\eta)<1$,得到另一个参数的取值范围,确定此参数取值的上下边界值,并从下边界值等间距变化到上边界值,则可以生成大量的不同参数组合对 (α,β),在此基础上,分析系统状态转移的控制性能,并选取合适的控制参数对 (α^*,β^*).系统状态转移仿真实验分为两组:从叠加态 ρ_{01} 转移到本征态 ρ_{s1} 以及从本征态 ρ_{s2} 转移到本征态 ρ_{s1}.

固定参数 $\alpha=1$,计算满足约束条件的参数 β 取值范围为: $-2<\beta<2$.在约束条件中,参数 β 仅以平方的形式出现,故可以推断:当 $-2<\beta<2$,分析不同控制参数对 (α,β) 下的系统性能指标函数 $\varepsilon(\rho_t)$ 的变化情况时, $\varepsilon(\rho_t)$ 将会以 $\beta=0$ 为分界线对称变化,因此,可以 $0\leqslant\beta<2$ 为取值范围来进行研究,在系统仿真实验中,参数 β 从 $\beta_0=0$

开始以等间距 $\Delta\beta=0.01$ 增大至 $\beta_f=1.99$,仿真时间设置为 $T=20\,\mathrm{a.u.}$. 图 9.10 所示的是连续控制作用下,系统状态转移过程中 $\varepsilon(\rho_t)$ 随参数 β 和时间的变化,其中,图 9.10(a) 是从 ρ_{01} 转移到 ρ_{s1},图 9.10(b) 是从 ρ_{s2} 转移到 ρ_{s1}.

从图 9.10(a) 中可以看出,对于初态为叠加态 ρ_{01},当 $0\leqslant\beta\leqslant1.99$ 时,$\varepsilon(\rho_t)$ 的变化情况大致相同,在仿真时间约为 5.52 a.u. 时均到达转移目标,并且能够稳定保持在目标态 ρ_{s1},这表明:在从 ρ_{01} 转移到 ρ_{s1} 的仿真实验中,参数 β 的有效取值范围为 $0\leqslant\beta\leqslant$ 1.99. 从图 9.10(b) 中可以看出,对于初态为本征态 ρ_{s2},当 $0\leqslant\beta<0.3$ 时,在初始时间段 $[0,10]$ 内 $\varepsilon(\rho_t)$ 振荡变化比较剧烈,之后不连续的黑色区域表明系统状态在达到转移目标 ε_0 后,不能稳定地保持目标态,而是出现了 $\varepsilon(\rho_t)$ 振荡增加的情况;而当 $0.35\leqslant\beta\leqslant$ 1.99 时,相比于其他 β 取值,系统状态在仿真时间约为 7.73 a.u. 时均达到转移目标 ε_0,并在仿真时间内一直保持在目标态. 因此,初态为本征态 ρ_{s2} 时,参数 β 的有效取值范围为:$0.35\leqslant\beta\leqslant1.99$,明显小于初态为叠加态 ρ_{01} 的情况.

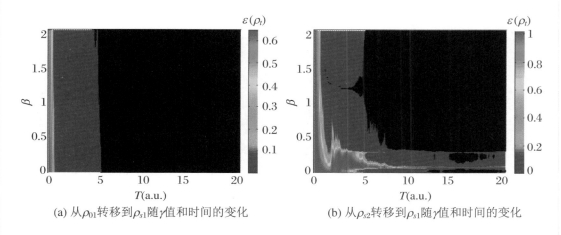

(a) 从ρ_{01}转移到ρ_{s1}随γ值和时间的变化   (b) 从ρ_{s2}转移到ρ_{s1}随γ值和时间的变化

图 9.10　连续控制作用下 $\boldsymbol{\varepsilon}(\boldsymbol{\rho}_t)$ 随 $\boldsymbol{\beta}$ 值和时间的变化

对比图 9.10(a) 和图 9.10(b),可以发现,在相同的参数调整策略下,对于不同的系统初态,控制参数 α 和 β 对控制性能的影响是不同的. 当改变系统的初态和目标态后,控制参数 α 和 β 需要重新调整. 与 9.3.3.1 小节中参数 γ 的选取准则类似,对于从叠加态 ρ_{01} 和本征态 ρ_{s2} 转移到本征态 ρ_{s1} 的这两组实验,本研究希望状态调控过程中,在达到转移精度后能够稳定在目标态,以此确定较好的参数 α 和 β 为:$\alpha=1,\beta=1$.

9.3.3.3　两种控制作用下的控制性能对比分析

在 9.3.3.1 小节和 9.3.3.2 小节中详细分析了开关控制和连续控制作用下,参数对状态转移控制性能的影响,给出了两种控制作用下较好的系统仿真实验控制参数.本小节将在确定的控制参数下,分别为:$\eta = 0.5$,$\gamma = 0.5$,$\alpha = 1$,$\beta = 1$,对比分析两种不同控制方案的系统状态转移控制性能.在开关控制和连续控制作用下,进行了 2 组系统仿真实验:① 分别以叠加态 ρ_{01} 和本征态 ρ_{s2} 为初态,转移到本征态 ρ_{s1};② 以任意纯态为初态,转移到本征态 ρ_{s1}.实验仿真时间均设置为:$T = 40$ a.u..由于测量噪声的随机性对实验结果会有一定的影响,本研究运行 M 次系统仿真实验,通过对性能指标函数 $\varepsilon_i(\rho_t)$,$i = 1, \cdots, M$ 进行平均值处理,得 $\bar{\varepsilon}(\rho_t) = (1/M) \sum_{i=1}^{M} \varepsilon_i(\rho_t)$,通过分析两种控制作用下平均性能指标函数 $\bar{\varepsilon}(\rho_t)$ 的变化情况,来对比研究不同控制作用下的状态转移控制性能.

图 9.11 所示的是以叠加态 ρ_{01} 和本征态 ρ_{s2} 为初态时,分别在开关控制作用和连续控制作用下运行 $M = 200$ 次,平均性能指标函数 $\bar{\varepsilon}(\rho_t)$ 随时间的变化曲线,其中,黑色实线代表开关控制作用,红色虚线代表连续控制作用,黑色和红色实心圆点标注的均为 $\bar{\varepsilon}(\rho_t) < \varepsilon_0$ 的情况,图 9.11(a) 是从 ρ_{01} 转移到 ρ_{s1},图 9.11(b) 是从 ρ_{s2} 转移到 ρ_{s1}.从图 9.11 中可以看出,以叠加态 ρ_{01} 和本征态 ρ_{s2} 为初态时,在两种控制作用下均能够实现状态转移控制目标,其中,初态为叠加态 ρ_{01} 时,开关控制作用下,达到转移目标 ε_0 所用仿真时间为 31.88 a.u.,连续控制作用下,所用仿真时间为 25.43 a.u.;初态为本征态 ρ_{s2} 时,开关控制作用下,达到转移目标 ε_0 所用仿真时间为 35.49 a.u.,连续控制作用下,所用仿真时间为 34.74 a.u..两种控制作用下,在达到目标态后,均能够一直保持到实验结束时间 40 a.u..实验结果表明:以叠加态 ρ_{01} 和本征态 ρ_{s2} 为初态时,连续控制作用下所用的状态转移时间均小于开关控制下的情况;同时在两种控制作用下,初态为叠加态 ρ_{01} 时,状态调控所用时间均小于初态为本征态 ρ_{s2} 的情况.

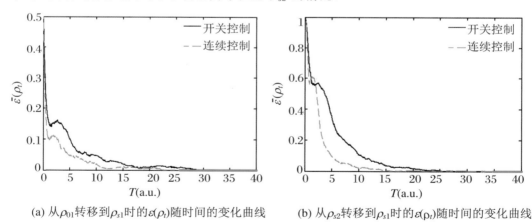

(a) 从 ρ_{01} 转移到 ρ_{s1} 时的 $\bar{\varepsilon}(\rho_t)$ 随时间的变化曲线   (b) 从 ρ_{s2} 转移到 ρ_{s1} 时的 $\bar{\varepsilon}(\rho_t)$ 随时间的变化曲线

图 9.11   以叠加态 $\boldsymbol{\rho}_{01}$ 和本征态 $\boldsymbol{\rho}_{s2}$ 为初态时 $\bar{\boldsymbol{\varepsilon}}(\boldsymbol{\rho}_t)$ 随时间的变化曲线

以本征态 ρ_{s1} 为目标态,任意选取 20 个纯态作为初始状态,分别在开关控制作用和连续控制作用下运行 $M=50$ 次,平均性能指标函数 $\bar{\varepsilon}(\rho_t)$ 的变化情况如图 9.12 所示,其中,图 9.12(a) 是在开关控制作用下的仿真结果,图 9.12(b) 是连续控制作用下的实验结果.从图 9.12(a) 中可知,开关控制作用下,在随机选取的 20 个纯态到目标态的转移过程中,平均性能指标函数 $\bar{\varepsilon}(\rho_t)$ 最快达到转移目标 ε_0 所用的时间为 20.88 a.u.,在仿真时间结束时有未能实现状态转移的情况,但是通过延长仿真时间则能够达到转移目标.从图 9.12(b) 中可知,连续控制作用下,在仿真时间为 16.57 a.u.~32.17 a.u 时,系统从任意初始纯态均转移到了目标态,$\bar{\varepsilon}(\rho_t)$ 最快达到转移目标 ε_0 所用的时间为 16.57 a.u.,比开关控制作用下的情况缩短了 20.64%.结合图 9.11 和图 9.12 的仿真实验结果,可以得出以下结论:不论是开关控制还是连续控制,系统能够从任意纯态转移到期望的本征态;相比于开关控制作用,连续控制作用下的平均性能指标函数 $\bar{\varepsilon}(\rho_t)$ 的衰减速度更快,达到转移目标 ε_0 所用的时间更少.

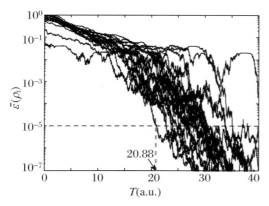 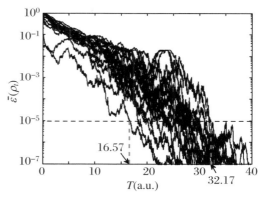

(a) 开关控制作用时的 $\bar{\varepsilon}(\rho_t)$ 随时间的变化曲线　　　(b) 连续控制作用时的 $\bar{\varepsilon}(\rho_t)$ 随时间的变化曲线

图 9.12　20 个任意纯态为初态时 $\bar{\varepsilon}(\rho_t)$ 随时间的变化曲线

本节在有关随机量子系统李雅普诺夫收敛性控制理论研究的基础上,以 $N=4$ 的角动量系统为研究对象,分别对无控制作用下的随机量子系统的内部特性,以及控制作用下系统的状态转移控制性能进行了系统仿真研究.结果表明:在测量所带来的随机回馈项的作用下,在无控制作用的自由演化情况下,系统的状态最终能够随机地收敛到测量算符的某个本征态,其可能达到的本征态的个数与初态密度矩阵中对角线非零元素的个数相等;不论是开关控制还是连续控制,系统能够从任意的初始纯态转移到期望的本征态,相比于开关控制,连续控制作用下的性能指标函数收敛速度加快,缩短达到转移目标所用时间.

小结

相对封闭量子系统,开放量子系统的特性更加复杂.在开放量子系统中,带有记忆的非马尔可夫开放量子系统比简化后的马尔可夫开放量子系统更加复杂,对一个系统内部的特性分析是进行控制器设计的基础.本章是关于开放量子系统的特性分析,之所以直接对非马尔可夫开放量子系统进行特性分析的研究,是因为非马尔可夫开放量子系统中包含马尔可夫特性,开放量子系统中的不同参数,在取不同范围的数值情况下,表现出不同的特性.本章中还包括对随机开放量子系统模型及其控制的特性分析.通过本章的学习,可以对开放量子系统的特性有比较系统深入的了解,为后面章节中对开放量子系统状态的保持、转移与调控的研究打下必要的理论基础.

第 10 章

开放量子系统状态的保持与转移

10.1　马尔可夫开放量子系统收敛的状态控制策略

10.1.1　引言

　　状态控制是量子控制的最主要任务之一. 具体来说, 就是设计一个可实现的控制律将量子系统从某个初始量子态驱动到期望的目标态. 一般来说, 量子系统可分为封闭量子系统和开放量子系统. 在封闭量子系统中, 量子态在相干控制场的作用下的动力学演化都是幺正的. 到目前为止, 在封闭量子系统中, 有数种控制策略实现了一些特定的状态驱动任务,控制策略的收敛性结论都是基于量子系统幺正动力学演化得到的,不过在系统动力学演化是非幺正的开放系统中,这些结果将不再适用.也就是说,需要重新研究在开放量子系统的动力学特性,以及其在控制律作用下的量子态的收敛特性.

在开放量子系统中,可分为马尔可夫、非马尔可夫,以及随机开放量子系统.在开放量子系统中有一类不受环境影响,仍然可以幺正形式进行演化的状态的集合非常重要,这类集合就是无消相干子空间(decoherence-free subspace,DFS)(Lidar et al.,1998),它为量子信息的保存提供了重要工具.因此,在开放量子系统中,量子控制的目标态一般是 DFS 中的纯态.2010 年 Wang 等提出了利用李雅普诺夫方法将量子开放系统驱动到 DFS 中并操控量子态到任意的系统自由哈密顿的本征态.他们的结果表明李雅普诺夫控制在开放量子系统中可以实现目标状态的收敛控制.但是,这种收敛性没有经过严格的证明.另一方面,如果目标状态是 DFS 中的叠加态时,他们的方法将不再适用.

本节利用李雅普诺夫方法来实现开放量子系统中量子态操控的策略.选择观测算符平均值为李雅普诺夫函数,在相互作用绘景下设计了控制律.由于此时系统是一个非自治系统,引入巴尔巴拉(Barbalat)引理来分析系统的最大不变集,这个集合依赖李雅普诺夫函数中观测算符的选取.为了使目标态是全局渐进稳定的,通过利用施密特(Schmidt)正交化来构造观测算符的方法精心设计观测算符,使得系统的最大不变集与 DFS 的交集只含有目标态,也就是说,开放系统在所设计的控制律作用下可以从任意的初态收敛到期望的目标态.利用巴尔巴拉引理分析系统的最大不变集.在假定系统哈密顿的基础上,给出了一个使得系统收敛的关于观测算符的充分条件,并且证明了如果该条件满足,无消相干子空间中任意纯的目标态都是全局渐进稳定的.

10.1.2 系统描述与问题的提出

研究者们在研究开放量子系统时,构建了许多开放量子系统模型.一类在量子光学与固态物理经常用到的开放系统模型就是马尔可夫主方程.本小节将在马尔可夫主方程的背景下研究开放量子系统的状态控制问题.在特定条件下,与环境相互作用的量子系统可以用量子动力学半群描述,并且开放量子系统的密度矩阵 ρ 的演化满足林德布拉德主方程(Lindblad master equation,LME)(Claudio,2004):

$$\dot{\rho}(t) = -\mathrm{i}[H,\rho] + \mathscr{L}(\rho) \tag{10.1a}$$

$$\mathscr{L}(\rho) = \frac{1}{2}\sum_{m=1}^{M}\lambda_m([L_m,\rho L_m^{\dagger}] + [L_m\rho,L_m^{\dagger}]) \tag{10.1b}$$

$$H = H_0 + \sum_{n=1}^{F} f_n(t) H_n \qquad (10.1c)$$

其中,H_0 是系统的自由哈密顿,H_n 是控制哈密顿,$f_n(t)$ 是控制场.$\mathscr{L}(\rho)$ 是林德布拉德项,即系统的耗散项,表征了量子系统与环境的相互作用特性.λ_m 是正的非时变的参数,表现了系统消相干的强度.

我们将在能量表象下讨论问题,也就是说 H_0 可以表示成对角矩阵的形式,即 $H_0 = \sum_{j=1}^{N} w_j |j\rangle\langle j|$.物理上,系统的内部哈密顿的本征值 w_j 表示量子系统所具有的能量值(或称能级),而 $\omega_{jl} = \omega_j - \omega_l$ 表示该量子系统的能级 j 与 l 间的 Bohr 频率(或称跃迁频率).这样我们给出以下定义:

定义 10.1 如果一个量子系统的所有能级互不相同,即 $\omega_{jk} \neq \omega_{pq}$,$(j,k) \neq (p,q)$,则称该量子系统为强正则的.

在开放量子系统中,DFS 是一个很重要的概念.一般来说,DFS 就是所有的在环境影响下仍然以幺正形式演化的状态集合.在马尔可夫主方程的情况下,DFS 常常被定义成使马尔可夫主方程耗散部分为 0 的所有状态集合.比如对系统(10.1),这些状态满足 $\mathscr{L}(\rho) = 0.2008$ 年卡拉西克(Karasik)等给出了一种 DFS 定义,在其定义下,DFS 中纯态是系统的动力学稳定点.

定义 10.2 对于式(10.1)所描述的 N 维量子系统,它的子空间 $H_{\mathrm{DFS}} = \mathrm{span}\{|\psi_1\rangle,$ $|\psi_2\rangle, \cdots, |\psi_D\rangle\}$ 在任意时刻 t 都是 DFS 的充要条件为:① 在 H_0 作用下 H_{DFS} 是不变的;② $L_m |\psi_k\rangle = c_m |\psi_k\rangle$;③ $\varGamma |\psi_k\rangle = g |\psi_k\rangle$ 对所有的 $m = 1, 2, \cdots, M$ 和 $k = 1, 2, \cdots, D$ 均成立.其中,$g = \sum_{m=1}^{M} \lambda_m |c_m|^2$,$\varGamma = \sum_{m=1}^{M} \lambda_m L_m^\dagger L_m$.

显然,定义 10.2 表明 DFS 不是唯一的.而且该定义只是给出了我们判断一个子空间是否是 DFS 的充要条件,并不能指导我们去构造 DFS.当然,现在还没有文献给出构造 DFS 的通用方法,并且这也不是本书的关注点.尽管如此,对于一些比较简单的系统,我们可以凭直觉得到 DFS 的基,并且利用定义 10.2 来判断这些基是否能够张成一个无消相干子空间.比如考虑一个三能级 Λ 型原子,它的激发态是 $|3\rangle$,它在环境作用下分别衰减到两个稳定态 $|1\rangle$,$|2\rangle$,即它的林德布拉德算符表示成 $L_1 = |1\rangle\langle 3|$,$L_2 = |2\rangle\langle 3|$,很容易验证,它的 DFS 是 $\mathrm{span}\{|1\rangle, |2\rangle\}$.

众所周知,开放量子系统在耗散动力学的作用下将不可避免地向系统的动力学稳定点转移.根据定义 10.2,DFS 中的所有纯态都是动力学稳定点,它是一个连续空间.系统演化到该空间的某一个状态依赖于耗散作用,它是不可控的.如果我们期望目标态是 DFS 中的某一个特定的状态,则要求对其进行相干动力学控制时系统向该目标态移动,

10 第10章
在线量子态估计优化算法的深入研究

因此设计控制场将开放量子系统驱动到 DFS 中的期望的状态是开放系统中状态控制的一个基本任务,这也是本小节研究的出发点.

我们的问题就可以描述为:对于一个式(10.1)描述的 N 维开放量子系统,设计控制场 $f_n(t), n = 1, 2, \cdots, F$,使得该量子系统收敛到 DFS 中期望的目标态 $\varphi_f = \sum_{d=1}^{D} c_d \mid \psi_d \rangle$, $\sum_{d=1}^{D} \mid c_d \mid^2 = 1$.

10.1.3　基于李雅普诺夫函数的控制场设计

在这一小节中,我们主要利用李雅普诺夫方法来设计控制律.为了使设计过程简单,我们将在相互作用绘景下考虑问题.

对系统(10.1)进行相互作用绘景变换,即 $\rho' = \mathrm{e}^{iH_0 t} \rho \mathrm{e}^{-iH_0 t}$,变换后的林德布拉德方程可以写成

$$\dot{\rho}' = \Big[\sum_{j=1}^{F} A_j(t) f_j(t), \rho' \Big] + \mathscr{L}(\rho') \tag{10.2a}$$

$$\mathscr{L}(\rho') = \frac{1}{2} \sum_{m=1}^{M} \lambda_m \left([L'_m, \rho' L_m'^{\dagger}] + [L'_m \rho', L_m'^{\dagger}] \right) \tag{10.2b}$$

$$L'_m = \mathrm{e}^{iH_0 t} L_m \mathrm{e}^{-iH_0 t} \tag{10.2c}$$

其中,$A_j(t) = -\mathrm{i} \mathrm{e}^{iH_0 t} H_j \mathrm{e}^{-iH_0 t}$ 和 $L'_m = \mathrm{e}^{iH_0 t} L_m \mathrm{e}^{-iH_0 t}$ 分别是相互作用绘景下的控制哈密顿量与林德布拉德算符.可以验证相互作用绘景变换不改变系统状态的布居数分布.本小节以控制状态的概率分布为目的,因此可以认为 ρ 与 ρ' 是等价的,为了方便,之后的讨论中将省略"'"号.

常用的李雅普诺夫函数的形式有三种,本小节中我们采用观测算符 P 的平均值的李雅普诺夫函数,这是因为其中的观测算符是待构造的,这就增加了设计控制律的自由度.李雅普诺夫函数选为

$$V(\rho) = \mathrm{tr}(P\rho) \tag{10.3}$$

其中,P 是一个待构造的厄米的非时变的算符.

用李雅普诺夫方法设计控制律的基本思想就是设计控制律使得李雅普诺夫函数的一阶导数小于等于零.这样一来,在所设计的控制律作用下,被控系统是李雅普诺夫意义下稳定的.对 $V(\rho)$ 进行求导,得

$$\dot{V}(\rho(t)) = \sum_{j=1}^{F} f_j \mathrm{tr}([\rho(t), P]A_j) + \mathrm{tr}(P\mathscr{L}(\rho)) \tag{10.4}$$

为了使 $\dot{V}(\rho) \leqslant 0$, 我们设计控制场满足

$$\begin{cases} f_{j_0}(t) = -\dfrac{\mathrm{tr}(\mathscr{L}(\rho)P)}{\mathrm{tr}([\rho(t), P]A_{j_0})}, & j_0 \in \{1, 2, \cdots, F\} \\ f_j(t) = -\kappa_j(t)\mathrm{tr}([\rho(t), P]A_j(t)), & \kappa_j(t) > 0, \ j \neq j_0 \end{cases} \tag{10.5}$$

其中, $\kappa_j(t)$ 为控制量增益, 可用来调节系统状态收敛的快慢, 在实际的设计过程中, 它通常取常数.

注 10.1 此处与闭环系统的李雅普诺夫控制方法不同的是, 需要用一个特殊的控制场 $f_{j_0}(t)$ 来抵消 $\dot{V}$ 中的 $\mathrm{tr}(P\mathscr{L}(\rho))$ 项, 并且它对开放量子系统(10.2)的动力学是有贡献的. 另外, 系统在收敛到目标态之前, 要求 $f_{j_0}(t)$ 始终存在, 否则无法保证 $\dot{V}(\rho) \leqslant 0$. 为了找到 $f_{j_0}(t)$, 要求 $\mathrm{tr}([\rho(t), A_{j_0}]P) \neq 0$. 这可以通过构造 P 和控制哈密顿量来实现.

注 10.2 容易验证所有设计的控制场均为实数. 根据 $\mathscr{L}(\rho)$ 的定义, 它是厄米的, 加上 P 也是厄米矩阵, 从而 $\mathrm{tr}(\mathscr{L}(\rho)P)$ 是实数. 注意到 $\rho(t), A_{j_0}$ 都是厄米的, 因此 $\mathrm{tr}([\rho(t), P]A_{j_0})$ 也是实数, 从而 $f_{j_0}(t)$ 是实数. 同样地, 只要控制哈密顿量是厄米的, 可以验证 $f_j(t), j \neq j_0$ 都是实数.

一般来说, 李雅普诺夫方法所设计的控制律能保证系统是稳定的, 而不是收敛的. 因此, 控制场(10.5)可能驱动系统到某一个局部极小值点并保持在该点, 而不能使系统收敛到我们期望的目标态. 为了解决这个问题, 在下一小节, 我们将假定控制哈密顿满足特定的条件, 分析系统的收敛性, 并且在此基础上设计出合适的观测算符 P, 使得系统收敛到目标态.

10.1.4 观测算符 P 的构造与收敛性分析

本小节中我们主要分析系统的收敛性. 为了使任意 DFS 中的目标态都是全局渐进稳定的, 我们将推导观测算符 P 需要满足的基本条件. 一般来说, 系统将收敛到一个状态集合, 而不能收敛到某个特定状态. 为了得到目标态的收敛性证明, 付出的代价往往是对系统增加限制条件. 因此, 本小节在以下给定的假设条件下进行系统收敛性的讨论.

假设 10.1 被控量子开放系统(10.1)是强正则的.

假设 10.2 控制哈密顿量除了 H_{j_0} 外具有如下的特殊结构:

$$H_l \in \{h_{jk} \mid h_{jk} = \mid j \rangle \langle k \mid + \mid k \rangle \langle j \mid , j < k\} \tag{10.6}$$

其中,$\mid j \rangle$是对应本征值为 ω_j 的本征态.并且对 $\forall j,k$,$\exists l$,使得 $H_l = h_{jk}$,也就是说任意能级间都是允许跃迁的.

假设 10.3 被控量子系统(10.1)的 DFS 空间已知,并且由系统的 D 个正交本征态组成,即 $H_{\mathrm{DFS}} = \mathrm{span}\{\mid d_1 \rangle, \mid d_2 \rangle, \cdots, \mid d_D \rangle\}, D < N, \mid d_j \rangle \in \{\mid 1 \rangle, \mid 2 \rangle, \cdots, \mid N \rangle\}, j = 1, 2, \cdots, D$.

注 10.3 假设 10.1 中设定所有能级之间的跃迁频率是可以区分的,因此系统的跃迁可以相互区别,这使得假设 10.2 在考虑旋转波近似的情况下是成立的.在假设 10.3 的条件下,系统在相互作用绘景变换后,DFS 的基是不变的,因此 DFS 在相互作用绘景变换下不变.因此在相互作用绘景下考虑问题与原问题是等价的.在假设 10.3 满足的情况下,我们的目标态就是系统自由哈密顿函数某些本征态的相干叠加,即 $\varphi_f = \sum_{j=1}^{D} c_j \mid d_j \rangle$,$\sum_{j=1}^{D} \mid c_j \mid^2 = 1$.

接下来,我们分析系统的收敛性.根据拉塞尔(LaSalle)不变原理,一个自治动力学系统将收敛到一个最大不变集 $R = \{\rho : \dot{V}(\rho) = 0\}$,但在本小节中,在进行了相互作用绘景变换后,系统由一个自治系统变为非自治系统,不能直接运用拉塞尔不变原理进行分析.不过,我们可以利用巴尔巴拉(Barbalat)引理获得类似的结论.

引理 10.1 如果一个标量函数满足:① $E(x,t)$ 有下界;② $\dot{E}(x,t)$ 是负半定的;③ $\dot{E}(x,t)$ 对时间是一致连续的,则当 $t \to \infty$ 时,$\dot{E}(x,t) \to 0$.

考虑李雅普诺夫函数 $V(\rho) = \mathrm{tr}(\rho P)$ 的最小值是 P 的最小本征值,因此它是有下界的.它的一阶导数在所设计的控制律(10.5)的作用下是负半定的,它的二阶导数

$$\ddot{V}(\rho,t) = \sum_j (f_j \mathrm{tr}([\dot{\rho}(t), P]A_j(t)) + f_j \mathrm{tr}([\rho(t), P]\dot{A}_j(t))) + \mathrm{tr}(P\mathscr{L}(\dot{\rho})) \tag{10.7}$$

当控制律有界时有界.

于是 $\dot{V}(\rho,t)$ 对时间是一致连续的.则根据引理 10.1,在控制律作用下,李雅普诺夫函数的一阶导数收敛到零,即 $\dot{V}(\rho(\infty),\infty) = 0$,这就意味着系统收敛到使李雅普诺夫函数一阶导数为 0 的某些状态.

若令 R 是使得李雅普诺夫函数一阶导数为零的状态集合,即

$$R \equiv \{\rho : \mathrm{tr}([\rho, P]A_j(t)) = 0, \forall j \neq j_0, t\} \tag{10.8}$$

则系统的状态最终收敛到集合 R 中的最大不变集.满足 $\dot{V}(\rho)=0$ 的时间点,本质上是系统演化过程中李雅普诺夫函数关于时间的极值点,而对于该时间点上的状态,则是系统演化过程中李雅普诺夫函数的极值状态.下面分析集合 R 中的最大不变集 ε.

假定系统在控制场的作用下从系统任一初始态 ρ_0 开始演化,在时刻 t_1 演化至 R 中的一个极限点上,即 $\rho(t_1) \in R$,此时

$$f_j(t_1) = -\kappa_j(t_1)\mathrm{tr}([\rho(t_1),P]A_j(t_1)) = 0, \quad \kappa_j(t_1) > 0 \tag{10.9}$$

此刻状态的演化方程变为

$$\dot{\rho}(t_1) = [f_{j0}(t_1),\rho(t_1)] + \mathscr{L}(\rho(t_1)) \tag{10.10}$$

若 $\rho(t_1)$ 是最大不变集 ε 中的状态,则需要 $\forall t \geq t_1, \rho(t) \in R$.即需满足 $\dot{\rho}(t_1)=0$,这就要求 $\mathscr{L}(\rho(t_1)) = 0$.因此集合 R 中的最大不变集 ε 为

$$\varepsilon = \{\rho(t_1):\mathrm{tr}([\rho(t_1),P]A_j(t_1)) = 0, \mathscr{L}(\rho(t_1)) = 0, \forall j \neq j_0, \forall t_1\} \tag{10.11}$$

很容易验证集合 ε 的最大不变性,则以下定理成立.

定理 10.1 在控制律(10.5)的作用下,动力学系统(10.2)的状态必将收敛到集合 ε 中,ε 可以表示成

$$\varepsilon = \varepsilon_1 \bigcap \varepsilon_2 \tag{10.12}$$

其中 $\varepsilon_1 = \{\rho:\mathrm{tr}([\rho,P]A_j(t)) = 0, \forall j \neq j_0, t\}$,$\varepsilon_2 = \{\rho:\mathscr{L}(\rho) = 0\}$.

注 10.4 显然,如果系统是封闭的,即不存在耗散项 $\mathscr{L}(\rho)$,则系统的最大不变集退化为 ε_1,它与在薛定谔绘景下用拉塞尔不变原理分析得到的最大不变集是一致的.这也在一定程度上说明在相互作用绘景下考虑问题与薛定谔绘景下是等价的.

命题 10.1 若假设 10.1 与假设 10.2 同时满足,则 ε_1 可以简化成

$$\varepsilon_1 = \langle\rho:[\rho,P] = 0\rangle \tag{10.13}$$

证明 根据假设 10.2,$A_j(t)$ 可以表示为 $A_{lk}(t) = \mathrm{e}^{\omega_{lk}t}|k\rangle\langle l| + |l\rangle\langle k|\mathrm{e}^{-\omega_{lk}t}$,因此,由 $\mathrm{tr}([\rho,P]A_{lk}(t)) = \langle l|[\rho,P]|k\rangle\mathrm{e}^{-\omega_{lk}t} + \langle k|[\rho,P]|l\rangle\mathrm{e}^{\omega_{lk}t} = 0$ 对 $\forall t$ 成立,可知 $([\rho,P])_{kl} = 0$.而且由于任意能级间都是允许跃迁的,所以定理 10.1 中 ε_1 的状态 ρ_s 满足 $[\rho_s,P] = D$,其中 D 是一个对角矩阵,且 $(D)_{jj} = d_j$.现在作幺正变换 U,将 P 变为对角矩阵,即 $[U\rho_sU^{\dagger},D_f] = UDU^{\dagger}$.等式左边矩阵的对角元素为零,要使等式成立,等式右边矩阵的对角元素也应该为零,即

$$(UDU^{\dagger})_{jj} = \sum_k d_k \mid (U)_{jk}\mid^2 = 0 \tag{10.14}$$

于是有 $d_k = 0$，即 $[\rho_s, P] = 0$.

命题 10.2 若 N 阶厄米矩阵 A, B 对易，即 $[A, B] = 0$，则 A, B 具有相同的本征态.

Wang 等 2010 年利用变分原理，证明了以下命题：

命题 10.3 在条件 $\mathrm{tr}(\rho) = 1$ 以及 $\rho \geqslant 0$ 的限制下，李雅普诺夫函数 $V = \mathrm{tr}(\rho P)$ 的极值点由 P 的归一化本征态给出，其中对应于 P 的最大本征值的本征态是 V 的局部最大值点，P 的最小本征值所对应的本征态是 V 的局部最小值点，其余本征态是 V 的鞍点.

这个命题在理论上非常重要. 根据这个命题，如果 P 的最小本征值所对应的本征态正好是我们的目标态，则由于李雅普诺夫函数是单调下降的，系统在控制律的作用下很可能被驱动到目标态. 并且由于目标态是李雅普诺夫函数的最小值点，因此目标态是李雅普诺夫函数的稳定点. 这个思想可以用来构造 P.

厄米算符 P 唯一的谱分解可以写成 $P = \sum_{k=1}^{N} p_k | \varphi_k \rangle \langle \varphi_k |$，这里 p_k 是 P 的本征值，$| \varphi_k \rangle$ 是与之对应的本征态. 为了得到 P，关键是设计它的 N 个本征值与本征态，根据引理 10.4，我们设定 P 的一个本征态是目标态，并且它对应的本征值是最小的. 其余的本征态与本征值可根据下面的定理 10.2 来构造.

定理 10.2 假定三个假设同时满足，如果观测算符 P 具有如下形式：

$$P = \sum_{j=1}^{N-1} p_j | \psi_j \rangle \langle \psi_j | + p_0 | \psi_f \rangle \langle \psi_f |, \quad \langle \psi_j | \psi_k \rangle = \delta_{jk} \tag{10.15}$$

对于 $j \neq k$，有 $0 < p_0 < p_j, p_j \neq p_k$ 成立；对于 $\forall k$，有 $p_k \neq 0$，其中，$| \psi_f \rangle \in H_{\mathrm{DFS}}$，$| \psi_j \rangle \notin H_{\mathrm{DFS}}$. 则系统 (10.2) 在控制律 (10.5) 的作用下将收敛到 $\varepsilon = \{ \rho : \rho = | \psi_f \rangle \langle \psi_f | \}$.

证明 需要证明系统的最大不变集只含有目标态，即 $\varepsilon = \varepsilon_1 \bigcap \varepsilon_2 = \{ \rho : \rho = | \psi_f \rangle \langle \psi_f | \}$.

一方面，定理 10.1 中的 ε_2 的任一状态可以写成

$$\rho = \sum_j c_j | \varphi_j \rangle \langle \varphi_j | \tag{10.16}$$

其中 $| \varphi_j \rangle = \sum_{k=1}^{D} d_{jk} | d_k \rangle$，即 $| \varphi_j \rangle$ 是 DFS 中的任意纯态，$| \psi_j \rangle \in H_{\mathrm{DFS}}$.

另一方面，根据命题 10.1 和命题 10.2，以及式 (10.11)，ε_1 中的状态可以表示成：$\varepsilon_1 = \left\{ \rho : \sum_{j=1}^{N-1} \alpha_j | \psi_j \rangle \langle \psi_j | + \alpha_0 | \psi_f \rangle \langle \psi_f |, \sum_{k=0}^{N-1} \alpha_k = 1 \right\}$，由于 $| \psi_j \rangle \notin H_{\mathrm{DFS}}$，且 $\langle \psi_j | \psi_f \rangle = \delta_{jk}$，则 $\varepsilon_1 \bigcap \varepsilon_2 = \{ \rho : \rho = | \psi_f \rangle \langle \psi_f | \}$.

注 10.5 式 (10.15) 中 P 的所有特征值都要求是正的，是为了保证李雅普诺夫函数正定. 此外，所有的特征值互不相等，意味着 P 不存在简并态，并且所有本征态都是相互正交的.

量子系统建模、特性分析与控制

定理 10.2 表明,如果我们按照式(10.15)构造观测算符 P,则开放量子系统(10.2)在控制律(10.5)的作用下可以从任意的初始态收敛到无消相干子空间 H_{DFS} 中的任何一个期望的纯态.但是如何得到 P 的除 $|\psi_f\rangle$ 之外的 $n-1$ 个正交基仍然不明显.这里,我们将给出一种利用施密特正交化得到观测算符 P 的 n 个正交基的方法.具体方法如下:

(1) 选择 N 维厄米空间的 N 个线性无关的矢量:$\varphi_0, \varphi_1, \cdots, \varphi_{N-1}$,其中 $\varphi_0 = |\psi_f\rangle$,并且 $\varphi_1, \cdots, \varphi_{N-1} \notin H_{\text{DFS}}$.比如我们可以选择

$$\varphi_j = \sqrt{N-D+1}\left(|d_j\rangle + \sum_{|k\rangle \notin H_{\text{DFS}}} |k\rangle\right), \quad j = 1, 2, \cdots, D \tag{10.17}$$

$$\varphi_j = |k\rangle, \quad |k\rangle \notin H_{\text{DFS}}, \ j = D+1, D+2, \cdots, N-1 \tag{10.18}$$

显然,$\varphi_1, \cdots, \varphi_{N-1} \notin H_{\text{DFS}}$,并且容易验证 $\text{rank}(\varphi_0, \varphi_1, \cdots, \varphi_{N-1}) = N$,即这些矢量线性无关.

(2) 对这 N 个矢量进行施密特正交化得到 N 个标准正交基,即

$$\begin{cases} \beta_0 = \varphi_0 = \psi_f, \ \eta_0 = \psi_f \\ \beta_1 = \varphi_1 - \langle \varphi_1 \mid \eta_0 \rangle \eta_0, \ \eta_1 = \beta_1 / \|\beta_1\| \\ \beta_2 = \varphi_2 - \langle \varphi_2 \mid \eta_0 \rangle \eta_0 - \langle \varphi_2 \mid \eta_1 \rangle \eta_1, \ \eta_2 = \beta_2 / \|\beta_2\| \\ \vdots \\ \beta_{N-1} = \varphi_{N-1} - \sum_{i=0}^{N-2} \langle \varphi_{N-1} \mid \eta_i \rangle \eta_i, \ \eta_{N-1} = \beta_{N-1} / \|\beta_{N-1}\| \end{cases} \tag{10.19}$$

(3) 利用 $\eta_0, \eta_1, \cdots, \eta_{N-1}$ 构造 P:

$$P = \sum_{j=1}^{N-1} p_j \mid \eta_j \rangle\langle \eta_j \mid + p_0 \mid \eta_0 \rangle\langle \eta_0 \mid, \quad 0 < p_0 < p_j, \ p_j \neq p_k, \ j \neq k \tag{10.20}$$

注 10.6 显然,这样的施密特正交基有无数个.最为关键的是第一步中 N 个线性无关矢量的选取.它必须满足两个基本条件:一是必须有目标态 $|\psi_f\rangle$;二是其余所有的矢量不能完全用 DFS 中的基来表示.

事实上,定理 10.2 的结论还可以用席尔默和王提出的理论来解释(Schirmer, Wang, 2010):对于一个由 LME 描述的开放量子系统,如果它的稳定态有且仅有一个,那么这个稳定态具有收敛性和全局渐进稳定性.这里稳定态 ρ 的定义是 $\dot{\rho} = 0$.根据这个定义,系统(10.2)的平衡态属于集合 $\{\rho : f_j(\rho, t) = 0, \forall j, \mathcal{L}(\rho) = 0\}$,这与定理 10.1 的最大不变集是一致的.在 P 满足式(10.15)的情况下,系统只存在唯一的平衡态 $\rho_{ss} = |\psi_f\rangle\langle\psi_f|$.相对地,我们可以推测,如果观测算符 P 有 0 特征值,则目标态不是全局渐进

稳定的.

10.1.5　系统数值仿真实验及其结果分析

为了更形象地说明控制策略,我们将以一个三能级量子系统作为被控对象进行数值仿真实验.考虑图 10.1 所示的三能级被控系统,其中$|e\rangle$为激发态,并且分别以衰减比率γ_1,γ_2向稳定态$|1\rangle$和$|2\rangle$衰减.假定每个能级之间都是允许跃迁的,那么系统的自由哈密顿量为

$$H_0 = \omega_e \mid e\rangle\langle e \mid + \omega_1 \mid 1\rangle\langle 1 \mid + \omega_2 \mid 2\rangle\langle 2 \mid \tag{10.21}$$

其中,$\omega_e = 0.8$,$\omega_1 = 0.5$,$\omega_2 = 0.4$.它们之间的能级差分别为:$\omega_{e1} = 0.3$,$\omega_{e2} = 0.4$,$\omega_{12} = 0.1$.

从式(10.21)中可以看出各个能级差之间是可以区分的,假设 10.1 得到满足.在仿真中我们将各个本征态表示为:$|e\rangle = \begin{bmatrix} 1 & 0 & 0 \end{bmatrix}^{\mathrm{T}}$,$|1\rangle = \begin{bmatrix} 0 & 1 & 0 \end{bmatrix}^{\mathrm{T}}$,和$|2\rangle = \begin{bmatrix} 0 & 0 & 1 \end{bmatrix}^{\mathrm{T}}$.

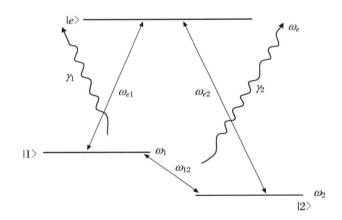

图 10.1　三能级系统能级结构及能级跃迁示意图

假定衰减过程是马尔可夫型的,并且可以用以下的林德布拉德项表示:

$$\mathscr{L}(\rho) = \frac{1}{2}\sum_{k=1}^{2} \gamma_k \left(\left[\sigma_-^{(k)}, \rho\sigma_+^{(k)} \right] + \left[\sigma_-^{(k)} \rho, \sigma_+^{(k)} \right] \right) \tag{10.22}$$

其中,$\sigma_-^{(k)} = \mid k\rangle\langle e \mid$,$\sigma_+^{(k)} = (\sigma_k^-)^{\dagger}$.

不难发现该系统的 DFS 可以表示成 span$\{|1\rangle,|2\rangle\}$，从而，假设 10.3 得到满足．根据假设 10.2，我们选择控制哈密顿为 $\sum\limits_{n=1}^{4} f_n(t)H_n$，其中

$$\begin{cases} H_1 = |1\rangle\langle e| + |e\rangle\langle 1|, & H_2 = |1\rangle\langle 2| + |2\rangle\langle 1| \\[2mm] H_3 = |2\rangle\langle e| + |e\rangle\langle 2|, & H_4 = \begin{bmatrix} 1 & 1 & 1 \\ 1 & 1 & 1 \\ 1 & 1 & 1 \end{bmatrix} \end{cases} \tag{10.23}$$

这里，控制函数 $f_4(t)$ 用来抵消 $\dot{V}$ 中的 $\mathrm{tr}(P\mathscr{L}(\rho))$．

我们选定初始态为 $|\psi_0\rangle = \sqrt{2}/2(|e\rangle + |1\rangle)$，任意目标态表示成 $|\psi_f\rangle = \sin\beta|1\rangle + \cos\beta|2\rangle, \beta\in(0,2\pi)$，这样就可以完全表示 DFS 中所有的纯态．具体参数选择如下：$\gamma_1 = \gamma_2 = 0.1, \kappa_1 = \kappa_2 = \kappa_3 = 10$，控制场 $f_k, k = 1,2,3,4$ 根据式(10.5)得到，而其中的观测算符 P 按照式(10.17)、式(10.18)、式(10.19)和式(10.20)设计，其中的参数选择为 $p_1 = 3, p_2 = 2, p_0 = 1$．在区间 $(0,2\pi)$ 每隔 0.1 选取一个值，即得到 63 个 DFS 中的目标态．选择时间步长为 $\Delta t = 0.01$，用四阶龙格-库塔法对系统的动力学方程(10.2)进行仿真．这 63 条关于演化过程中状态与目标态的保真度变化显示在图 10.2 中．

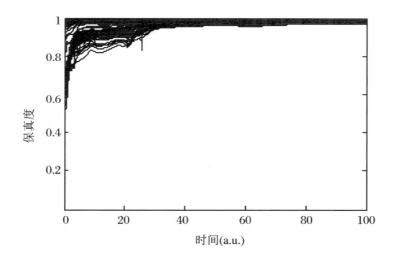

图 10.2 保真度变化曲线

其中，保真度的定义是 $F(\rho,\rho_f) = \mathrm{tr}\sqrt{\sqrt{\rho}\rho_f\sqrt{\rho}}$，只有当系统达到目标态时，保真度才等于 1．

从图 10.2 中可以看到，所有的保真度变化曲线都向 1 收敛．虽然在 $t = 100$ a.u. 时，

系统还没有完全地达到目标态,这是因为仿真时间是有限的,而根据定理 10.2,系统在时间为无穷时一定完全收敛到目标态.尽管如此,在状态制备时,保真度为 0.95 也意味着状态非常接近目标态了.实验结果表明,我们的控制策略对于几乎所有的 DFS 中的纯态目标态都是有效的.事实上,保真度反映了系统状态在目标态中投影分量的大小.从图 10.2 中可以看出,当状态接近目标态时,保真度以振荡的形式增加,这是因为控制律使得李雅普诺夫函数的值不断减小,也就是说在控制作用下系统状态向 P 较小的本征值所对应的本征态的投影分量增加,而不仅仅使系统状态向目标态的投影分量增加,这就造成了保真度振荡变化.

针对开放量子系统,本节研究了利用李雅普诺夫方法设计控制律来驱动系统到 DFS 中的纯态.通过选择基于观测算符平均值的李雅普诺夫函数来增加控制器的自由度.在相互作用绘景下设计了系统的控制律,并且在假设量子系统能级差互不相同,任意两个能级间都允许跃迁的基础下,利用巴尔巴拉引理分析了系统的最大不变集.通过设计李雅普诺夫函数中的观测算符来使该最大不变集中只含有目标态.这样就能保证系统在所设计的控制律作用下能收敛到目标态.本节中控制的目标态不仅可以是本征态,也可以是叠加态,这使得李雅普诺夫方法能够更好地应用到量子开放系统的状态控制中.

10.2 非马尔可夫开放量子系统状态转移控制

10.2.1 引言

量子系统根据是否与外界环境有相互作用,可以分为封闭量子系统和开放量子系统.封闭量子系统即是处于绝对零度条件下、不与外界环境发生相互作用、状态演化是幺正的量子系统.而实际的量子信息处理、量子计算中,系统往往难以达到封闭量子系统的理想条件,都会与外界环境进行相互作用,从而成为开放量子系统.对于忽略环境记忆效应的开放量子系统,可以用通过伯恩近似或马尔可夫逼近得到林德布拉德型的马尔可夫主方程的系统模型,这种模型广泛应用于量子光学的很多领域.但在另一些情况下,比如初态的相关与纠缠、大部分凝聚态如量子系统与一个具有纳米结构的环境的相互作用等都会导致较长的环境记忆效应,此时的马尔可夫近似失效,系统呈现出非马尔可夫特性,这种特性广泛存在于自旋回波、量子点、荧光系统中.由于具有记忆效应的实际非马尔可夫量子系统呈现出较复杂的系统特性,对其状态的操纵和控制也越加困难.

近年来,人们关注的重点主要集中在有关非马尔可夫系统物理特性和系统模型的研究上,例如,非马尔可夫系统的动力学特性(Haikka,Maniscalco,2010)、非马尔可夫环境下量子信道中的纠缠动力学特性(Ji,Xu,2011),以及非马尔可夫开放量子系统动力学模型等.随着量子控制理论与量子信息技术的发展,有关非马尔可夫开放量子系统控制问题也开始展开.如,采用最优控制(Cui et al.,2008)、最优反馈控制、相干反馈控制等系统控制方法来抑制消相干;基于 GRAPE 算法(Rebentrost et al.,2009)、基于克罗托夫(Krotov)方法等搜索算法的最优控制用来寻找制备单量子门的最优控制脉冲.

本节针对与环境弱耦合的非马尔可夫开放二能级量子系统,期望采用基于李雅普诺夫稳定性定理设计控制律来操控非马尔可夫系统的状态转移.研究对象是与高温环境弱耦合的非马尔可夫开放二能级量子系统,采用时间无卷积(time-convolutionless,TCL)形式的动力学主方程,在假设相互作用哈密顿量为双线性的前提下给出控制系统模型;考虑到高温环境对系统的持续加热效应会使系统状态不断向着系统稳态运动,在此基础上,研究了非马尔可夫开放量子系统状态纯度的变化特性:基于李雅普诺夫稳定性定理来设计一组控制场,通过调整相应的控制参数,保证在给定的转移误差允许范围内,实现非马尔可夫系统从一个给定的初态转移到期望目标态的控制任务;最后,在 MATLAB 环境下进行不同初态到纯态的状态转移数值仿真实验,并将所提出的量子李雅普诺夫控制方法应用于非马尔可夫系统状态转移中,通过实验结果对所提方法的性能进行了验证.

本节考虑 9.1 节中二能级开放非马尔可夫动力学主方程(9.1):

$$\dot{\rho}_s = -\frac{\mathrm{i}}{\hbar}[H, \rho_s] + L_t(\rho_s) \tag{10.24}$$

其中

$$L_t(\rho_s) = \frac{\Delta(t) + \gamma(t)}{2}([\sigma_- \rho_s, \sigma_-^{\dagger}] + [\sigma_-, \rho_s \sigma_-^{\dagger}])$$
$$+ \frac{\Delta(t) - \gamma(t)}{2}([\sigma_+ \rho_s, \sigma_+^{\dagger}] + [\sigma_+, \rho_s \sigma_+^{\dagger}])$$

我们将对式(10.24)非马尔可夫开放量子系统中状态转移控制进行控制器的设计.

10.2.2 控制器设计

本小节将对具有复杂特性的非马尔可夫开放量子系统的状态转移进行基于李雅普诺夫的量子控制器的设计.基于李雅普诺夫稳定性定理的量子控制方法的基本思想是:构造一个李雅普诺夫函数 $V(x)$,同时使其满足:① $V(x)$在定义域内连续且具有连续的一阶导数;② $V(x)$是正定的,即 $V(x)\geqslant0$,当且仅当 $x=x_0$ 时 $V(x_0)=0$;③ 根据 $\dot{V}(x)\leqslant0$ 来设计控制器.根据李雅普诺夫稳定性定理设计出的控制律总能保证系统至少是稳定的.该控制律设计方法的关键在于选出合适的李雅普诺夫函数.

选取基于状态距离的李雅普诺夫函数为

$$V = \frac{1}{2}\mathrm{tr}((\rho_s - \rho_f)^2) \tag{10.25}$$

其中,ρ_s 是系统状态;ρ_f 是目标状态.

二能级量子系统的状态密度矩阵 ρ 与 Bloch 矢量 r 的关系为 $\rho = \frac{I + r\cdot\sigma}{2}$,其中 $r=(x,y,z)=(\mathrm{tr}(\rho\sigma_x),\mathrm{tr}(\rho\sigma_y),\mathrm{tr}(\rho\sigma_z))$,且满足 $\|r\|\leqslant1$.记 r,r_f 分别是 ρ_s,ρ_f 的 Bloch 矢量,度量两个单量子比特状态 ρ_s,ρ_f 的接近程度常用的是迹距离 $D(\rho_s,\rho_f)=\frac{1}{2}\mathrm{tr}|\rho_s-\rho_f| = \frac{1}{2}|r-r_f|$,其几何解释为 Bloch 球上两矢量之间的 Euclid 距离的一半.将式(10.25)用 Bloch 形式表示出来为:$V=\frac{1}{4}|r-r_f|^2 = D^2(\rho_s,\rho_f)$,因此可以用李雅普诺夫函数 V 的值来度量 ρ_s 与 ρ_f 的距离,定义系统的转移误差为 ε(ε 为给定的充分小的正数),在系统状态转移实验过程中,若 $V\leqslant\varepsilon$ 成立,则认为此时系统状态从给定的初态转移到了目标态.

对 V 求时间的一阶导数为

$$\begin{aligned}
\dot{V} &= \mathrm{tr}(\dot{\rho}_s(\rho_s - \rho_f)) \\
&= \mathrm{tr}\left(\left(-\mathrm{i}\left[H_0 + \sum_{m=1}^{2}f_m(t)H_m,\rho_s\right] + L_t(\rho_s)\right)(\rho_s - \rho_f)\right) \\
&= \sum_{m=1}^{2}f_m(t)\cdot\mathrm{tr}(\mathrm{i}[H_m,\rho_s]\rho_f) + \mathrm{tr}((L_t(\rho_s) - \mathrm{i}[H_0,\rho_s])(\rho_s - \rho_f)) \\
&= f_1(t)\cdot T_1 + f_2(t)\cdot T_2 + C
\end{aligned} \tag{10.26}$$

其中，$T_m = \mathrm{tr}(\mathrm{i}[H_m, \rho_s]\rho_f), m = 1, 2$ 是一个关于 ρ_s 的实函数；f_1 和 f_2 分别为待求控制律；$C = \mathrm{tr}((L_t(\rho_s) - \mathrm{i}[H_0, \rho_s])(\rho_s - \rho_f))$，称为漂移项，此项包含了系统的自由哈密顿量 H_0、系统状态 ρ_s、$L_t(\rho_s)$ 和目标状态 ρ_f.

为了得到一个合适的控制律，希望式 (10.26) 满足 $\dot{V}(x) \leqslant 0$，但是式 (10.26) 中漂移项 C 中的正负号难以确定. 因此本小节设计控制律的主要思想是：通过施加其中一个方向上的控制作用来抵消漂移项 C 的影响，设计另一个方向的控制律来使 $\dot{V} \leqslant 0$ 成立. 控制律设计过程中引入一个可调阈值变量 θ，通过判断 T_m 与 θ 的大小关系，决定设计哪个方向的控制作用来抵消漂移项 C，控制律的具体设计过程如下：

(1) 式 (10.24) 在式 (10.26) 中，当 $|T_1| > \theta$ 时，设计控制律 $f_1 = -\dfrac{C}{T_1}$ 用来抵消漂移项；设计控制律 $f_2 = -g_2 \cdot T_2, g_2 > 0$，则可使 $\dot{V} = -g_2 \cdot T_2^2 \leqslant 0$ 成立. 控制律可以写成：
$f = \begin{bmatrix} f_1 \\ f_2 \end{bmatrix} = \begin{bmatrix} -C/T_1 \\ -g_2 \cdot T_2 \end{bmatrix}$，其中 g_2 是正的可调控制参数.

(2) 在式 (10.26) 中，当 $|T_1| < \theta, |T_2| > \theta$ 时，则用控制律 f_2 来消除漂移项，同式 (10.24)，设计的控制律为：$f = \begin{bmatrix} f_1 \\ f_2 \end{bmatrix} = \begin{bmatrix} -g_1 \cdot T_1 \\ -C/T_2 \end{bmatrix}$，其中 g_1 为正的可调控制参数，可以保证 $\dot{V} = -g_1 \cdot T_1^2 \leqslant 0$.

(3) 在式 (10.26) 中，当 $|T_1| < \theta, |T_2| < \theta$ 时，计算李雅普诺夫函数 V 的值来判断系统状态对目标态的逼近程度，若达到了转移误差 ε，则认为控制目标实现，否则重新选取控制参数 g_1 和 g_2 的数值.

控制律的设计过程中，在决定设计哪个方向的控制作用来抵消漂移项 C 时，引入了变量 θ 而不直接以 $T_m \neq 0$ 为依据，其主要原因解释如下.

分析系统状态在 Bloch 球上与 $T_m = 0$ 的对应关系，记 $r_f = (x_f, y_f, z_f)$，则 $\rho_f = \dfrac{1}{2} \begin{bmatrix} 1 + z_f & x_f - \mathrm{i}y_f \\ x_f + \mathrm{i}y_f & 1 - z_f \end{bmatrix}$. 对 T_1 和 T_2 的表达式进行整理，得到

$$T_1 = y_f z - z_f y \tag{10.27}$$
$$T_2 = z_f x - x_f z \tag{10.28}$$

由式 (10.27) 和式 (10.28) 可知，当 $T_1 = 0$ 时，系统的状态位于平面 $O_1 : z_f y = y_f z$ 上；当 $T_2 = 0$ 时，系统的状态位于平面 $O_2 : z_f x = x_f z$ 上；当 $T_1 = 0$ 且 $T_2 = 0$ 时，系统的状态位于平面 O_1 和平面 O_2 的交线 L 上，其方向向量为 r_f，即目标状态 ρ_f 在交线 L 上. 由此可知，当系统状态在转移过程中落在平面 $O_m (m = 1, 2)$ 上时，这会使相应的 $T_m (m =$

1,2)为零,此时与之相乘的控制律 f_m 不论设计为何值,都只能使 $\dot{V}=0$ 成立,V 值保持不变;当系统状态转移到交线 L 上时,T_1 和 T_2 均为零,计算 $\dot{V}=C$,而 C 的符号是不确定的,基于李雅普诺夫稳定性定理设计控制律 f 的方法则不再适用,此时状态只有满足 $V\leqslant\varepsilon$ 时,才能认为完成了初态转移到目标态的控制任务,否则只能重新选取控制参数. 可以发现,若直接以 $T_m\neq0$ 为依据决定设计哪个方向的控制作用来抵消漂移项 C,当且仅当 $T_m(m=1,2)$ 均不为零时,设计的控制律才能严格保证 $\dot{V}<0$. 因此,在控制律设计过程中引入了可调阈值变量 θ,通过判断 T_m 与 θ 的大小关系来保证所设计出的控制律能够有效驱使系统状态不落在平面 O_1 和平面 O_2 上,尽可能满足 $\dot{V}<0$,使李雅普诺夫函数 V 的值不断减小,从而能够达到期望的控制精度 ε.

根据上述思想设计出的控制律的流程图如图 10.3 所示,其中虚线箭头的执行条件需要满足以下两种情况:① 当 $|T_1|<\theta$,$|T_2|<\theta$ 同时成立时,系统状态位于交线 L 附近,转移误差若未能达到 ε,则需要重新选择控制参数. ② 当系统按照(1)和(2)情况下设计的控制律演化时,若仍无法达到控制要求,则需要重新选择控制参数.

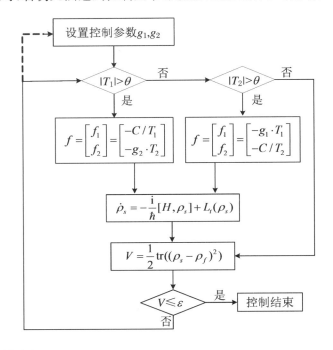

图 10.3 控制律设计流程图

10.2.3 系统仿真实验及其结果分析

为了验证所设计的量子李雅普诺夫控制律对非马尔可夫开放量子系统状态转移的有效性,本小节在 MATLAB 环境下进行了三组状态转移仿真实验.实验 A:本征态到叠加态的状态转移;实验 B:叠加态到叠加态的状态转移;实验 C:混合态到叠加态的状态转移,并对实验结果进行了分析.

仿真实验系统参数设置如下:$\alpha = 0.1, \omega_0 = 10, kT = 30\omega_0, r = 0.05$;仿真时间间隔:$\Delta t = 5 \times 10^{-4}$;三组实验目标态均设置为叠加态 $\rho_{s1} = [15/16, \sqrt{15}/16; \sqrt{15}/16, 1/16]$,初态分别设置为本征态 $\rho_{s01} = \mathrm{diag}([0,1])$、叠加态 $\rho_{s02} = [3/8, -\sqrt{15}/8; -\sqrt{15}/8, 5/8]$ 和混合态 $\rho_{s03} = [3/8, -1/3 + i/3; -1/3 - i/3, 5/8]$.考虑到 Bloch 球面能够使单量子比特状态可视化,故仿真实验中状态演化轨迹均在 Bloch 球上表示.

10.2.3.1 实验 A:本征态到叠加态的状态转移

选用系统初态是本征态 $\rho_{s01} = \mathrm{diag}([0,1])$,图 10.4 是从本征态 ρ_{s01} 转移到叠加态 ρ_{s1} 在 Bloch 球上的状态转移轨迹,其中红色的".".表示初态,红色的"+"表示目标态,绿色的".".表示状态转移的终态.仿真实验设置的控制参数为 $g_1 = 35, g_2 = 10$,系统状态在仿真时间为 0.6045 a.u. 时达到转移误差最小值 $\varepsilon = 10^{-4}$.图 10.5 是相应的控制律变化曲线,采用的是双 y 坐标:横坐标的标度相同,均为仿真时间,纵坐标有两个,左纵坐标表示控制律 f_1(实线)的大小,右纵坐标表示控制律 f_2(虚线)的大小.

10.2.3.2 实验 B:叠加态到叠加态的状态转移

选用的初态为叠加态 $\rho_{s02} = [3/8, -\sqrt{15}/8; -\sqrt{15}/8, 5/8]$,图 10.6 是从叠加态 ρ_{s02} 转移到叠加态 ρ_{s1} 在 Bloch 球上的状态转移轨迹,其中红色的".".表示初态,红色的"+"表示目标态,绿色的".".表示状态转移的终态.仿真实验设置的控制参数为 $g_1 = 4, g_2 = 12$,在仿真时间为 0.714 a.u. 时系统状态与目标态之间的转移误差达到最小值 $\varepsilon = 1.03 \times 10^{-4}$,图 10.7 是相应的控制律变化曲线.

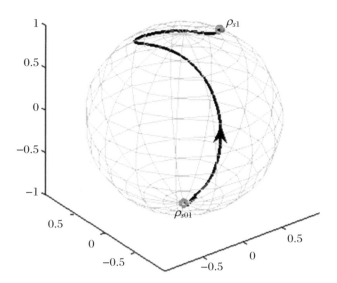

图 10.4 本征态到叠加态的状态转移轨迹

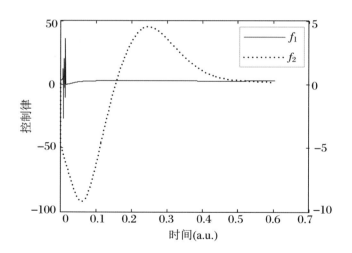

图 10.5 控制律的变化曲线

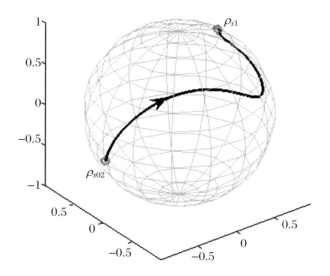

图 10.6　叠加态到叠加态的状态转移轨迹

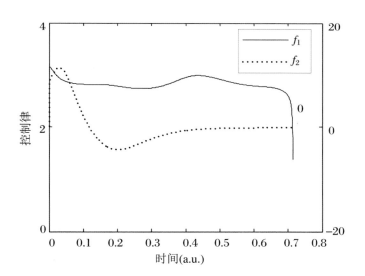

图 10.7　控制律的变化曲线

10.2.3.3　实验 C：混合态到叠加态的状态转移

选用的初态为混合态 $\rho_{s03} = [3/8, -1/3+\mathrm{i}/3; -1/3-\mathrm{i}/3, 5/8]$，纯度为 $p(\rho_{s03}) = 0.97569$. 图 10.8 所示的是从混合态 ρ_{s03} 到叠加态 ρ_{s1} 的状态转移轨迹，其中红色的"."

表示初态,红色的"+"表示目标态,绿色的"."表示状态转移的终态.仿真实验设置的控制参数为 $g_1 = 6, g_2 = 8$,在仿真时间为 0.641 a.u.时系统状态与目标态之间的转移误差达到最小值 $\varepsilon = 2 \times 10^{-4}$,图 10.9 是相应的控制律变化曲线.

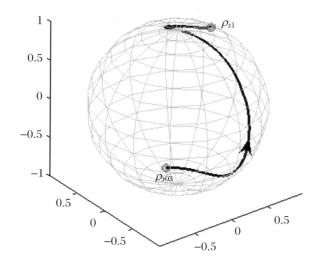

图 10.8　混合态到叠加态的状态转移轨迹

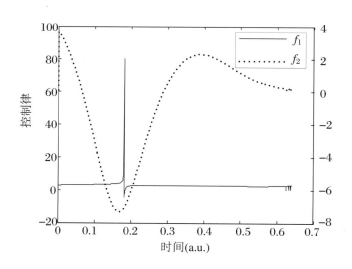

图 10.9　控制律的变化曲线

　　从图 10.4、图 10.6 和图 10.8 中可以看出,所设计的量子李雅普诺夫控制律可以有效地改变状态演化轨迹,在给定的转移误差允许范围内,能够实现非马尔可夫开放量子系统不同初态到纯态的状态转移.对比三组实验的状态转移轨迹和相应的控制律变化曲线,可以发现,虽然李雅普诺夫控制能够有效地实现从不同初态到纯态的状态转移,但是相比于初态为混合态时,从纯态到纯态状态转移所需要的控制能量小些,达到的转移误差也小些.

本节主要研究了高温、弱耦合环境下非马尔可夫开放性二能级量子系统不同初态到纯态的状态转移问题.研究了非马尔可夫系统状态纯度的变化特性;基于李雅普诺夫稳定性理论设计控制律,通过调整控制参数来保证控制律的有效性;在 MATLAB 环境下对系统状态自由演化和纯态到纯态之间的状态转移进行了数值仿真.通过实验,得出以下结论:基于李雅普诺夫稳定性理论设计的一组控制律对非马尔可夫系统的不同初态到纯态的状态转移是有效的;相比于以混合态为初态的状态转移,以纯态为初态的状态转移所需要的控制能量较小,同时对目标态的逼近程度较高.

10.3 非马尔可夫开放量子系统状态保持时间的研究

10.3.1 引言

开放量子系统可分为马尔可夫和非马尔可夫两大类,其中,马尔可夫开放量子系统不具有记忆效应,仅由当前状态就能够决定系统的将来状态;而非马尔可夫开放量子系统存在记忆效应.实际的开放量子系统多呈现出具有记忆的非马尔可夫特性和较复杂的系统内部特性,对其状态的控制也相对更困难(刘建秀,丛爽,2011).这使得如何控制系统的状态,使之能在环境的影响下,系统状态保持更长时间成为具有挑战性和实际应用价值的研究.

随着量子控制理论与量子信息技术的不断发展,非马尔可夫开放量子系统的物理特性、系统模型、状态控制成为人们关注的重点.2013 年 Cong 等主要研究了高温环境、弱耦合的非马尔可夫二能级开放量子系统下,环境截断频率、耦合系数和系统振荡频率变化情况对系统衰减系数、相干性和纯度的影响.设计了基于李雅普诺夫的控制器,并通过系统数值仿真实验,实现了系统从纯态到纯态的状态转移.薛静静等 2013 年在设计控制器完成非马尔可夫开放量子系统叠加态转移的基础上,进行了状态保持的控制研究,并通过系统仿真实验,在对控制器参数进行优化的同时,分别对系统在没有控制量以及施加控制的情况下,系统的状态进行保持时间长短的研究,以获得最佳的状态保持时间.从控制方法上来看,基于李雅普诺夫稳定性定理设计控制律的过程相对简单,所设计出来的控制律具有解析形式,能够避免类似由最优控制所获得的数值解的迭代计算,并且至少可以设计出保证系统稳定的控制律.

本节是在9.1节基础上,基于量子李雅普诺夫控制稳定性定理,针对时间无卷积的二能级非马尔可夫开放量子系统,在固定系统频率和环境温度的情况下,对系统给定的状态进行保持的研究.设计基于李雅普诺夫控制器,通过系统仿真实验对控制器的参数进行优化;观察控制系统在不同控制参数下所表现出的状态保持特性来选取使得状态保持的时间为最长的一组参数作为最优控制器参数.

10.3.2　开放量子系统模型

本节同样采用式(9.1)表示的非马尔可夫开放量子系统的模型:

$$\dot{\rho}_s = -\frac{\mathrm{i}}{\hbar}[H,\rho_s] + L_t(\rho_s) \tag{10.29}$$

根据9.1节中对各种参数影响系统性能的分析研究,通过在取 r 为不同值的情况下,系统相干性 Coh 和纯度 p 随时间变化的系统仿真实验,结合 r 与 $\beta(t)$ 的关系,可得:

(1) 对于非马尔可夫系统,纯度 p 的大小是在上下波动的,且波动在演化过程中逐渐消失,系统由非马尔可夫退化为马尔可夫特性,纯度 p 不断衰减,状态向平衡态演化.

(2) 随着 r 值的增大,系统的相干性随时间振荡缓慢衰减,变成快速消失衰减为零.

(3) 由耦合系数 α^2 与衰减系数 $\beta(t)$ 之间的关系式可以看出,耦合系数 α^2 与 $\gamma(t)$ 和 $\Delta(t)$ 都以比例的关系影响着 $\beta(t)$.

(4) 在耦合系数 α 对系统相干性和纯度的影响的实验中,通过不同耦合系数对系统相干性和纯度的影响的系统仿真实验可以看出,随着耦合系数 α^2 增大,系统状态的退相干特性表现为同频率但不同幅值的衰减特性.在耦合系数 α^2 越大的情况下,纯度 p 下降越快,系统状态趋于稳态的速度越快.纯度 p 在趋于稳态过程中,上下波动的幅度逐渐减小,这表明非马尔可夫系统记忆特性能够使系统失去的信息(纯度减小)部分地又被补偿回来(纯度增大),并且耦合强度越大,非马尔可夫特性越明显,信息的补偿能力越大.

综合上述分析,本小节在非马尔可夫开放量子系统状态保持的系统仿真实验的研究中,系统参数取值分别为:振荡频率 $\omega_0 = 10$、耦合系数 $\alpha = 0.1$、截断频率与振荡频率比值 $r = 0.05$ 和系统温度 $kT = 30\omega_0$.

10.3.3　控制器设计

本小节的研究任务是设计基于李雅普诺夫的控制器使系统在外界控制的作用下,弥补能量损耗的同时,通过调整相应的控制参数来尽量长时间地使系统保持在目标态.与10.2 节相同,我们选择基于状态距离的李雅普诺夫函数为

$$V = \frac{1}{2}\mathrm{tr}((\rho_s - \rho_f)^2) \tag{10.30}$$

其中,ρ_s 是系统状态;ρ_f 是目标状态.

对 V 求时间的一阶导数为

$$
\begin{aligned}
\dot{V} = \mathrm{tr}(\dot{\rho}_s(\rho_s - \rho_f)) &= \mathrm{tr}\Big(\Big(-\mathrm{i}\Big[H_0 + \sum_{m=1}^{2} f_m H_m, \rho_s\Big] + L_t(\rho_s)\Big)(\rho_s - \rho_f)\Big) \\
&= -\mathrm{itr}\Big(\Big[\sum_{m=1}^{2} f_m H_m, \rho_s\Big](\rho_s - \rho_f)\Big) \\
&\quad + \mathrm{tr}((L_t(\rho_s) - \mathrm{i}[H_0, \rho_s])(\rho_s - \rho_f)) \\
&= \mathrm{itr}\Big(\Big[\sum_{m=1}^{2} f_m H_m, \rho_s\Big]\rho_f\Big) \\
&\quad + \mathrm{tr}((L_t(\rho_s) - \mathrm{i}[H_0, \rho_s])(\rho_s - \rho_f)) \\
&= f_1(t) \cdot T_1 + f_2(t) \cdot T_2 + C \tag{10.31}
\end{aligned}
$$

其中,$T_m = \mathrm{tr}(\mathrm{i}[H_m, \rho_s]\rho_f)$,$m = 1, 2$ 是一个关于 ρ_s 的实函数;f_1 和 f_2 分别为控制分量;$C = \mathrm{tr}((L_t(\rho_s) - \mathrm{i}[H_0, \rho_s])(\rho_s - \rho_f))$ 是漂移项.

由于漂移项 C 的值可正可负,符号不确定,所以 $\dot{V}$ 的值也可正可负.为了保证满足李雅普诺夫稳定性条件,确保 $\dot{V}(x) \leqslant 0$,需要在控制律中专门设计一个控制分量将漂移项 C 消去.所以控制律中最少需要两个控制变量,其中一个变量用于抵消 C,另一个变量用来保证 $\dot{V}(x) \leqslant 0$ 成立.为了保证有效的控制量、避免控制量的幅值过大以及避免数学计算中的奇异性,同时由于控制律中存在分数表达式,我们引入一个用来限制控制量最大幅值的阈值 θ,θ 通过仿真实验来确定.通过判断 T_1 和 T_2 与 θ 的大小关系,来确定抵消漂移项 C 的控制分量 f_1 或 f_2,设计出保证 $\dot{V} < 0$ 的控制律.T_1 和 T_2 与 θ 的控制规则

设计如下：

(1) 当 $|T_1|>\theta$(即 $T_1\neq0$)时,选用控制变量 $f_1 \cdot T_1 = -C$ 来抵消漂移项 C,此时有 $f_1 = -C/T_1$;选用控制变量 $f_2 = -g_2 \cdot T_2$ 来保证 $\dot{V}$ 小于零成立:$\dot{V} = -g_2 \cdot T_2^2 \leqslant 0$,其中,$g_2$ 为待确定控制参数且 $g_2>0$,此时控制律为

$$f = \begin{bmatrix} f_1 \\ f_2 \end{bmatrix} = \begin{bmatrix} -C/T_1 \\ -g_2 \cdot T_2 \end{bmatrix} \tag{10.32}$$

(2) 当 $|T_1|<\theta$ 和 $|T_2|>\theta$(即 $T_1=0$ 且 $T_2\neq0$)时,选用控制变量 $f_2 \cdot T_2 = -C$ 来抵消漂移项 C,则有 $f_2 = -C/T_2$;选择控制变量 $f_1 = -g_1 \cdot T_1$ 保证 $\dot{V}$ 小于零成立:$\dot{V} = -g_1 \cdot T_1^2 \leqslant 0$,其中,$g_1$ 为待确定控制参数且 $g_1>0$,此时控制律为

$$f = \begin{bmatrix} f_1 \\ f_2 \end{bmatrix} = \begin{bmatrix} -g_1 \cdot T_1 \\ -C/T_2 \end{bmatrix} \tag{10.33}$$

(3) 当 $|T_1|<\theta$ 和 $|T_2|<\theta$(即 $T_1=0$ 且 $T_2=0$)时,此时李雅普诺夫函数导数 $\dot{V}$ 符号不确定,无法确保基于李雅普诺夫控制的效果.

通过多次系统仿真实验我们发现非马尔可夫开放量子系统一个很独特现象:可以达到给定性能指标 ε 的控制参数 g_1 和 g_2 的组合有很多;同时导致系统控制量很大的参数组合也很多.所以可以说:能够达到较优的 g_1 和 g_2 参数的组合也很多,并且不同的控制参数值 g_1 和 g_2,所得到的系统状态的保持控制的时间长短是不一样的.为此有必要在保证有效控制律的前提下,对 g_1 和 g_2 参数组合的优化进行研究.系统仿真实验中控制律的实现过程如下:

首先,通过系统特性所选定的系统各个参数选取初始控制量:$f_0 = [0.05 \quad 0.05]^\mathrm{T}$,包括选定的控制参数 g_1 和 g_2.然后,采用四阶龙格-库塔方法,根据式(10.29)求解出被控系统的状态 ρ_s,同时计算 T_1 和 T_2 以及漂移项 C 的值.随后,分别进行(1)、(2)与(3)的判断并根据情况执行;当遇到情况(3),即 $|T_1|<\theta$ 和 $|T_2|<\theta$ 时无法得到有效的控制律,此时所选择的控制参数 g_1 和 g_2 不合适,需要重新选择 g_1 和 g_2 值,计算新的状态密度矩阵 ρ_s 后,代入 T_1 和 T_2 中,重新进行判断.

10.3.4　控制参数调整与优化

本小节采用基于李雅普诺夫方法设计的控制器,对系统状态保持的控制参数进行选

量子系统建模、特性分析与控制

择与优化.给定系统状态保持的性能指标为:$\varepsilon_k = 1 \times 10^{-3}$.系统状态的保持是指,系统从初始状态保持开始,计算 V 不断增大直至达到 ε_k 所持续的时间 t_p.

为了观察量子系统状态保持时的特性,我们选择初始状态对的保持控制:初始状态时系统误差为零,开放量子系统的能量耗散,导致状态的偏离.我们通过施加外加作用力来尽量保持偏离的状态与初态之间的误差小于给定指标 ε_k.实验中,采用控制律(式(10.32)、式(10.33)),选取不同的 g_1 和 g_2 值,可以得到控制系统状态保持的不同的时间长度.控制目标是:通过仿真实验获得一组保持时间最长的控制参数 g_1 和 g_2.选择参数 g_1 和 g_2 的组合实验的总体思路为:分别对参数 g_1 和 g_2 进行粗调和精调实验.

(1)粗调 g_1:选择控制参数 g_2 固定,在一定范围内,十倍数值改变控制参数 g_1 进行粗调,通过仿真实验选择状态保持时间最长的一组 g_1, g_2 的值;

(2)粗调 g_2:将(1)中获得最长时间的参数 g_1 固定,十倍数值改变 g_2 进行粗调,并选择调节结果中状态保持时间最长的一组 g_1, g_2 的值;

(3)精调 g_1:选择(2)中 g_2 固定,在小范围内连续改变 g_1 取值精调,选择状态保持时间最长的一组 g_1, g_2 作为最终控制参数组合.

仿真实验中系统参数设置如下:$r = 0.05, \theta = 0.0001, \omega_0 = 10, kT = 30\omega_0, \alpha^2 = 0.01, H_0 = (1/2)\omega_0\sigma_z$;仿真时间间隔为 $\Delta t = 1 \times 10^{-3}$;阈值设为 $\theta = 1 \times 10^{-4}$.初始控制参数设为 $g_1 = 30, g_2 = 10$,选择系统初态和终态相同,均为 $\rho_{sf} = \left[3/8, \sqrt{15}/8; \sqrt{15}/8, 5/8\right]$,系统的状态保持误差的性能指标为 $\varepsilon_k = 1 \times 10^{-3}$.

10.3.4.1 固定 g_2,粗调控制参数 g_1

仿真实验中,固定控制参数 g_2 为:$g_2 = 10$,对 g_1 进行粗调.g_1 取值从 0.001 到 1000 每隔十倍递增变化.在基于李雅普诺夫稳定性定理设计的控制律作用下,分别记录系统保持状态 ρ_s 在距离误差 $V \leqslant \varepsilon_k$ 的时间,系统从初始状态误差为零到系统状态误差为 $\varepsilon_k = 1 \times 10^{-3}$ 的保持时间 t_p,如表 10.1 所示,其中,当 $g_2 = 10, g_1 = 1$ 时,系统有最长的保持时间 $t_p = 0.903$,此时的最大控制律 $f_{1max} = 69.8398$ 和 $f_{2max} = 1.2927$.

表 10.1 $g_2 = 10$ 时,系统保持精度为 1×10^{-3} 的时间 t_p

g_1	0.001	0.01	0.1	1	10	100	1000
t_p	0.56	0.561	0.836	0.903	0.305	0.136	0.171
f_{1max}	66.992	47.4475	62.2992	69.8398	59.336	0	37.7141
f_{2max}	3.1835	1.772	1.3803	1.2927	7.8156	0	51.47

从表 10.1 中可以看出,随着 g_1 值十倍增大变化,状态保持时间 t_p 没有出现相应增

大的变化,还会出现保持时间减少的情况,如 $g_1 = 1000$ 时,t_p 仅为 0.171. 最大控制律 $f_{1\max}$ 和 $f_{2\max}$ 没有严格单调递增或者递减规律,$f_{1\max}$ 控制量维持在几十,$f_{2\max}$ 控制量通常为个位数. 在 $g_1 = 100$ 和 $g_2 = 10$ 组合下,出现 $|T_1| < \theta, |T_2| < \theta$ 的情况,此时控制律为:$f_{1\max} = 0, f_{2\max} = 0$,李雅普诺夫函数的导数 $\dot{V}$ 符号不确定,因此控制律对这组的控制参数 g_1 和 g_2 的组合不再适用,属于无效控制. 表 10.1 中选择状态保持时间最长的是:$t_p = 0.903$,所对应的一组控制参数 $g_1 = 1, g_2 = 10$ 作为最佳控制参数值. 下一步我们将固定通过实验所获得的最佳控制参数 $g_1 = 1$,通过调节 g_2 值来获取更长保持时间.

10.3.4.2　固定 g_1,粗调控制参数 g_2

固定 10.3.4.1 小节中所获得的最大保持时间的参数 $g_1 = 1$ 不变,重新调节 g_2 以便获得一组最佳 g_1 和 g_2 组合. 与 10.3.4.1 小节中相同,g_2 的取值也是从 0.001 到 1000 每隔十倍递增变化,实验过程与 10.3.4.1 小节相同. 当 $g_1 = 1$ 时,系统状态保持的时间 t_p 和最大控制律 $f_{1\max}$ 与 $f_{2\max}$ 的系统仿真实验结果如表 10.2 所示,其中,当 $g_1 = 1, g_2 = 0.001$ 时,系统有最长的保持时间 $t_p = 0.935$. 此时的最大控制律 $f_{1\max} = 66.1878, f_{2\max} = 0.3269$. 随着 g_2 取值十倍递增变化,时间 t_p 出现反复增长减少的振荡,系统最大的控制律 $f_{1\max}$ 和 $f_{2\max}$ 没有严格单调递增或者递减,并存在控制律无效的情况. 选择 $t_p = 0.935$ 时控制参数的组合 $g_1 = 1, g_2 = 0.001$,继续对 g_1 进一步精调.

表 10.2　$g_1 = 1$ 时,系统保持精度为 1×10^{-3} 的时间 t_p

g_2	0.001	0.01	0.1	1	10	100	1000
t_p	0.935	0.298	0.915	0.315	0.903	0.203	0.899
$f_{1\max}$	66.1878	0	62.6851	46.3857	69.8398	45.8023	51.4275
$f_{2\max}$	0.3269	0	0.8048	0.4706	1.2927	22.9693	1.2039

10.3.4.3　固定 g_2,精调控制参数 g_1

由 10.3.4.2 小节可知,当 $g_2 = 0.001, g_1 = 1$ 时有最长保持时间 $t_p = 0.935$,通过改变 g_1 精调,寻找系统状态保持更长的时间 g_1 和 g_2 组合. 精调 g_1 分两部分:当 $g_1 < 1$ 时,以 0.2 为单位等间距地连续递减改变 g_1 值,直至 g_1 减小到下一个数量级,即 $g_1 = 0.1$;当 $g_1 > 1$ 时,以 2 为单位等间距地连续递增改变 g_1 值,直至 g_1 增加到上一个数量级,即 $g_1 = 10$. 分别测得系统状态保持时间 t 及最大的控制律 $f_{1\max}$ 和 $f_{2\max}$,实验结果如表 10.3 所示,其中,当 $g_1 = 2, g_2 = 0.001$ 时,在允许的精度范围内,系统状态保持有最长时间 $t = 0.936$,控制律为 $f_{1\max} = 65.0929, f_{2\max} = 2.2939$. 表 10.3 中,除了几个不可控的点($f_{1\max} = $

$0, f_{2\max} = 0$）以外,状态保持时间均可以达到 0.9 左右,由此可知,当 g_1 取值在一定范围内,系统状态保持时间近乎不变,通过调节控制参数可以获得很多较长的保持时间.

表 10.3　$g_2 = 0.001$ 时,系统保持精度为 1×10^{-3} 的时间 t_p

g_1	0.1	0.2	0.4	0.6	0.8	1
t_p	0.222	0.895	0.9	0.867	0.917	0.935
$f_{1\max}$	0	56.5016	54.8717	54.6348	66.6979	66.1878
$f_{2\max}$	0	1.9117	1.1957	0.4761	3.752	0.3269
g_1	2	4	6	8	10	
t_p	0.936	0.254	0.919	0.913	0.928	
$f_{1\max}$	65.0929	0	54.7661	52.2692	66.992	
$f_{2\max}$	2.2939	0	3.1742	2.3125	3.1835	

为了更进一步找寻控制参数与状态保持时间的关系,实验分别对 g_1 和 g_2 从 0.001 至 1000 每隔十倍取值两两组合,给出控制参数 g_1 和 g_2 与系统状态保持时间 t_p 如表 10.4 所示,其中,当 $g_1 = 1, g_2 = 0.001$ 时状态保持时间最长为 $t_p = 0.935$.由表 10.4 可知,g_1 和 g_2 两个参数的组合选取与时间 t_p 并没有明显的单调递增和递减关系.通过较大控制量与较小控制量对比,即 $g_1 = 0.001, g_2 = 0.001$ 与 $g_1 = 1000, g_2 = 1000$ 对比,保持时间均为相同数量级,控制量的增加不但没有延长保持时间,反而使得保持时间减少.

表 10.4　系统保持精度为 1×10^{-3} 的时间 t_p

g_2 ＼ g_1	0.001	0.01	0.1	1	10	100	1000
0.001	0.314	0.174	0.222	0.935	0.928	0.281	0.192
0.01	0.561	0.317	0.322	0.916	0.154	0.236	0.220
0.1	0.560	0.309	0.880	0.915	0.916	0.183	0.159
1	0.293	0.292	0.800	0.315	0.297	0.218	0.278
10	0.56	0.561	0.836	0.903	0.305	0.136	0.171
100	0.609	0.561	0.801	0.203	0.300	0.253	0.246
1000	0.723	0.725	0.283	0.899	0.904	0.751	0.246

10.3.5 系统状态保持的系统仿真实验的特性分析

根据 10.3.4 小节中对控制参数 g_1 和 g_2 粗调和细调可知,当 $g_1 = 2, g_2 = 0.001$ 时,系统有最长状态保持时间 $t_p = 0.936$,对系统特性的观察与分析如下:

通过对非马尔可夫开放量子系统的特性分析可知,该系统本身的记忆特性能够使系统失去的能量部分地补偿回来.控制律可以部分补偿系统的能量的耗散,因此李雅普诺夫函数 $V(t)$ 随时间上升. $V(t)$ 在初始时刻值为 0,即系统状态保持误差最小的时刻为初始时刻,$V(t)$ 最小值为 0.随着时间 t 增加,$V(t)$ 值不断重复先增加后递减,但总的趋势是增加的,如图 10.10 所示.

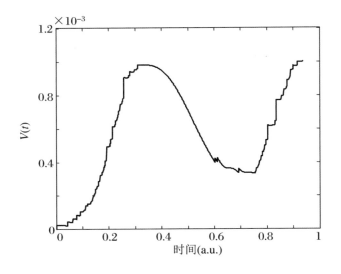

图 10.10　$V(t)$ 随时间 t 的变化

由于系统在 Bloch 球上的点表现出的是向球心运动的趋势,所施加的控制可以减缓点向球心的运动,即施加的控制系统状态能够比不加控制保持更长的时间. $V(t)$ 值递减表明,有控制作用施加在系统上时,点可以往误差减小的方向运动,但是由于控制量产生的作用小于向心运动的作用,最终点向球心运动,误差越来越大,当误差 $V(t)$ 达到选定的系统容错指标 ε_k 时,初始时刻到此时 $t = t_p$,为系统状态保持最长时间 t_p.李雅普诺夫函数的一阶导数为 $\dot{V}(t)$,当 $\dot{V}(t) < 0$ 时,$V(t)$ 单调递减,控制律 f_1 和 f_2 变化平稳,几乎恒定.当系统控制律无效,即 $f_1 = 0, f_2 = 0$ 时,$\dot{V}(t) = 0$,$V(t)$ 由于存在向稳态运动

的趋势,值逐渐变大.$\dot{V}(t)$随时间 t 的变化如图 10.11 所示,其中,$\dot{V}(t)$取值始终小于等于 0,$V(t)$值越小则系统误差越小、精度越高.当 $\dot{V}(t) \leqslant 0$ 时,$V(t)$单调递减,$V(t)$值不断降低,即系统的误差 ε 逐渐减小.初始阶段系统初态等于目标态,系统误差 ε 为 0,所以控制律为 0.实验中,当控制律为 0 时,系统趋向稳态运动,$V(t)$值开始上升,当前时刻状态 ρ_s 与系统目标态 ρ_f 产生偏差,误差 ε 变大,当控制律作用大于趋向稳态的作用时,$V(t)$值开始下降,误差变小.通过不断改变控制律 f_1 和 f_2 的值来减缓趋向稳态作用,使得系统保持在一定误差精度内.

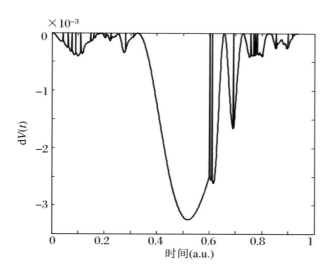

图 10.11　$\dot{V}(t)$随时间 t 的变化

已知李雅普诺夫函数 $V(t)$值表示系统当前时刻状态 ρ_s 与目标态 ρ_f 的误差 ε.由于系统初态 ρ_s 与目标态 ρ_f 为同一点,系统初始时刻误差为零.为了便于观察系统在误差范围内的轨迹变化,需要绘制 x,y,z 三轴在 Bloch 球上的坐标随时间 t 的变化曲线,如图 10.12 所示,其中,x,y,z 轴坐标分别用实线、虚线、点划线表示,可以看出在状态保持的初始阶段 x,y,z 轴坐标值几乎无变化.

由式(10.30)、式(10.31)可知,当 $V(t)$值逐渐下降时,x,y,z 轴坐标值出现了波动,表示轨迹在 Bloch 球内有局部小范围的变化.为了使系统当前状态与目标态之间的距离误差 $V(t) \leqslant \varepsilon_k$ 保持在 $\varepsilon = 1 \times 10^{-3}$ 的范围内,需要对系统施加外部控制.实验中通过调节控制律 f_1 和 f_2 值使得 $V(t)$在系统保持误差范围内,控制律 f_1 和 f_2 值随时间的变化情况,如图 10.13 所示,其中,左边坐标轴为控制律 f_1 的标度,右边坐标轴为控制律 f_2 的标度,f_1 和 f_2 分别采用实线、虚线绘出.由图 10.13 可知,f_1 的控制值在 $-10 \sim 70$ 范围内变化,f_2 的控制值在 $-0.5\sim0.5$ 之间波动变化. 在 $V(t)$ 递减的过程中,f_1 和 f_2 变化平缓,控制值几乎不变;当 $V(t)$ 增加时,f_1 和 f_2 剧烈抖动,出现明显的振荡,幅值明显增大.

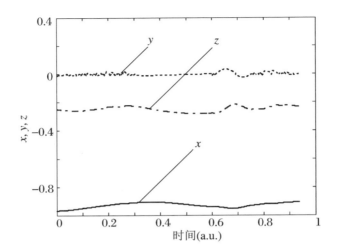

图 10.12　Bloch 球上 x,y,z 坐标随时间 t 的变化

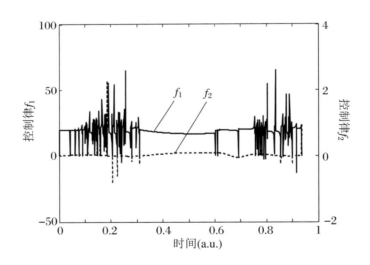

图 10.13　控制律 f_1 和 f_2 随时间 t 的变化

　　本节主要研究了李雅普诺夫的量子控制方法用于二能级非马尔可夫开放量子系统状态保持的问题.设计了基于李雅普诺夫稳定性定理的控制律,通过系统仿真实验对控

量子系统建模、特性分析与控制

制参数 g_1 和 g_2 进行调节选取最优控制参数,使得系统状态保持时间达到最长.研究得出控制参数 g_1 和 g_2 的大小取值与被控系统状态保持时间的影响:在系统内部参数选定的情况下,系统状态保持的最长时间有多种可能的控制情况.不同的控制参数 g_1 和 g_2 的组合都能获得,并且控制参数与最大控制律 f_{1max} 和 f_{2max} 并无明确单调关系,给出了控制参数 g_1 和 g_2 在状态保持控制中的一种参数优化方式,调节过程中 g_1 和 g_2 顺序没有特别限制,实验证实经多次反复调节控制参数可以获得最长状态保持时间下的最优控制参数.

10.4 开放量子系统控制的状态保持及其特性分析

10.4.1 引言

根据是否与外界环境有相互作用,量子系统一般可分为封闭量子系统和开放量子系统.封闭量子系统指处于绝对零度条件下或不与外界环境发生相互作用的量子系统.现实中的量子系统往往与外界环境之间存在相互作用,难以达到封闭量子系统的理想条件,因此为开放量子系统.开放量子系统动力学演化主方程可分为两大类:马尔可夫主方程和非马尔可夫主方程.若不存在记忆效应,只需要系统的当前状态就可以决定系统的将来状态,则称演化过程是马尔可夫的,否则称为非马尔可夫.对于一般实际量子系统,系统与环境之间的相互作用通常来讲是比较强的,系统具有明显的记忆效应,属于非马尔可夫量子系统.具有记忆效应的非马尔可夫量子系统呈现出较复杂的系统特性,对其状态的控制也相对更困难.

本节继续进行状态保持的研究.利用基于李雅普诺夫方法设计控制器,对时间无卷积(TCL)的非马尔可夫动力学主方程的量子系统,当系统运行到目标态后,分别进行无控制量作用下系统状态保持的实验及其特性分析和采用李雅普诺夫方法,通过系统仿真实验对状态保持控制器的参数进行优化,并同时进行延长状态保持时间的实验,以及与无控制情况下的性能进行对比分析.

10.4.2　系统模型描述和分析

重温 9.1 节中的二能级开放量子系统非马尔可夫模型.假设系统与环境弱耦合,相互作用哈密顿量是双线性的,采用非马尔可夫动力学主方程是 TCL 形式的主方程(刘建秀,丛爽,2011),控制系统的模型可以写成

$$\dot{\rho}_s = -\frac{i}{\hbar}[H,\rho_s] + L_t(\rho_s) \tag{10.34}$$

其中,$H = H_0 + \sum_{m=1}^{2} f_m(t) H_m$ 为总哈密顿量,$H_0 = \omega_0 \sigma_z / 2$ 是系统自由哈密顿量,ω_0 为系统的跃迁频率;H_m 为控制哈密顿量,$f_m(t)$ 是随时间变化的外部控制场,$H_1 = \sigma_x$,$H_2 = \sigma_y$,σ_x,σ_y,σ_z 是 Pauli 矩阵 σ,$\sigma_{\pm} = (\sigma_x \pm i\sigma_y)/2$ 是产生和湮没算符.为了简单起见,取普朗克常数 $\hbar = 1$,$L_t(\rho_s)$ 描述了系统与环境的相互作用:

$$L_t(\rho_s) = \frac{\Delta(t) + \gamma(t)}{2}([\sigma_- \rho_s, \sigma_-^{\dagger}] + [\sigma_-, \rho_s \sigma_-^{\dagger}])$$

$$+ \frac{\Delta(t) - \gamma(t)}{2}([\sigma_+ \rho_s, \sigma_+^{\dagger}] + [\sigma_+, \rho_s \sigma_+^{\dagger}]) \tag{10.35}$$

当系统处在欧姆环境下,$L_t(\rho_s)$ 中的耗散系数 $\gamma(t)$ 和扩散系数 $\Delta(t)$ 的解析表达式可以表示为

$$\gamma(t) = \frac{\alpha^2 \omega_0 r^2}{1 + r^2}(1 - e^{-r\omega_0 t}(\cos(\omega_0 t) + r\sin(\omega_0 t))) \tag{10.36a}$$

$$\Delta(t) = \alpha^2 \omega_0 \frac{r^2}{1 + r^2}(\coth(\pi r_0) - \cot(\pi r_c)e^{-\omega_c t}(r\cos(\omega_0 t) - \sin(\omega_0 t))$$

$$+ \frac{1}{\pi r_0}\cos(\omega_0 t)(\bar{F}(-r_c, t) + \bar{F}(r_c, t) - \bar{F}(ir_0, t) - \bar{F}(-ir_0, t))$$

$$- \frac{1}{\pi}\sin(\omega_0 t)\Big(\frac{e^{-\nu_1 t}}{2r_0(1 + r_0^2)}((r_0 - i)\bar{G}(-r_0, t) + (r_0 + i)\bar{G}(r_0, t))$$

$$+ \frac{1}{2r_c}(\bar{F}(-r_c, t) - \bar{F}(r_c, t)))\Big) \tag{10.36b}$$

其中,常数 α 为耦合强度,$r_0 = \omega_0/(2\pi kT)$,$r_c = \omega_c/(2\pi kT)$,$r = \omega_c/\omega_0$,kT 是环境温度,ω_c 是高频截断频率;$\bar{F}(x, t) \equiv {}_2F_1(x, 1, 1+x, e^{-\nu_1 t})$,$\bar{G}(x, t) \equiv {}_2F_1(2, 1+x,$

$2 + x , \mathrm{e}^{-v_1 t}) , {}_2 F_1 (a , b , c , z)$ 是超几何分布函数.

定义系统主方程的衰减系数 $\beta_{1,2} (t) = (\Delta (t) \pm \gamma (t)) / 2$,则系统的马尔可夫和非马尔可夫特性的区别在 $\beta_i (t)$ 的符号上,当 $\beta_i (t) \geqslant 0$ 时,系统主要呈现马尔可夫特性;当 $\beta_i (t) < 0$ 时,系统主要呈现非马尔可夫特性.

在高温近似下,扩散系数的表达式 $\Delta (t)$ 可写成

$$\Delta (t)^{HT} = 2 \alpha^2 kT \frac{r^2}{1 + r^2} \left(1 - \mathrm{e}^{-r\omega_0 t} \left(\cos (\omega_0 t) - \frac{1}{r} \sin (\omega_0 t) \right) \right) \quad (10.37)$$

通过分析式(10.36a)、式(10.37)和系统仿真实验可以得出:在高温环境下耗散系数 $\gamma (t) \approx 0$ 且 $| \Delta (t) | \gg \gamma (t)$.此时衰减系数变为 $\beta_1 (t) \approx \beta_2 (t) = \Delta (t) / 2 = \beta (t)$.若定义相干性为:$Coh = \sqrt{x^2 + y^2}$,其中 x , y 为 Bloch 矢量 r 的坐标,纯度为:$p = \mathrm{tr} (\rho_s^2)$.在二能级量子系统中,系统的状态密度矩阵 ρ 与 Bloch 矢量 r 的关系为:$\rho = (I + r \cdot \sigma) / 2$.因为非马尔可夫系统中 $\beta (t)$ 可正可负,而状态纯度的导数 $\partial p / \partial t$ 与 $\beta (t)$ 相关,所以纯度的变化是非单调的;而封闭量子系统中的 $\beta (t)$ 为零,纯度是保持不变的;马尔可夫系统中的 $\beta (t)$ 是一个恒定值,纯度的变化是单调的.因此通过对纯度的变化分析可以看出封闭系统、马尔可夫系统、非马尔可夫系统的差异.

实际上,系统参数环境截断频率 ω_c、耦合系数 α 和系统振荡频率 ω_0 对一个量子系统的特性具有很大的影响.

截断频率 ω_c 对系统动力学特性的影响体现在参数 $r = \omega_c / \omega_0$ 上,r 值决定了 $\beta (t) = \alpha^2 kT \frac{r^2}{1 + r^2} + \alpha^2 kT \frac{r}{\sqrt{1 + r^2}} \mathrm{e}^{-r\omega_0 t} \sin (\omega_0 t - \arctan r)$ 曲线的包络线.由 9.1 节中的系统仿真实验的结果分析可知,r 较小时,相干性 Coh 随时间振荡缓慢衰减,振荡的包络线会在振荡过程中出现负值,即非马尔可夫特性,由于纯度的导数与衰减系数的关系为 $\partial p / \partial t = -4 K \beta (t)$,纯度也会出现振荡现象;$\beta (t)$ 终值为正,此时纯度大小始终下降,系统退化为马尔可夫系统;当 r 变大时,振荡的包络线 $\beta (t)$ 在振荡过程中始终为正值,且终值也为正,系统呈现马尔可夫特性.纯度的导数为负,纯度不断衰减,而系统相干性 Coh 很快消失衰减为零,系统状态演化到平衡态.因此,本小节的系统仿真实验中,系统参数 r 值取为 0.05,以体现非马尔可夫特性.

$\alpha^2 = 0$ 为系统与环境无耦合作用情况,此时为一个封闭系统,系统状态的相干性 Coh 为常值;随着耦合系数 α^2 增大,$\Delta (t)$ 成正比增大,衰减强度 $\beta (t)$ 同等幅值增大,状态的退相干呈现同频率、不同幅值的特点.此时,纯度值在上下波动的过程中逐渐减小.这个现象说明非马尔可夫系统的记忆特性能够使系统失去的信息(纯度减小)部分地又被补偿回来(纯度增大),并且耦合强度越大,非马尔可夫特性越明显,信息的补偿能力越大.

所以在本小节的仿真实验中系统参数的 α 值取为 0.1.

改变系统振荡频率 ω_0,只能改变 $\beta(t)$ 的振荡频率,而不会改变其幅值,并且 ω_0 越大,衰减振荡频率 $\beta(t)$ 越大.当 ω_0 比较小时,在系统仿真实验中会发现,可能未等系统出现非马尔可夫性质,在基于李雅普诺夫方法设计出来的控制律的作用下,系统就已经完成了状态转移.因此,为了使控制系统能够体现非马尔可夫特性,在本小节的系统仿真实验研究中,振荡频率 ω_0 的值选为 10.

10.4.3　基于李雅普诺夫方法的控制器设计

选取基于状态距离的李雅普诺夫函数

$$V = \frac{1}{2}\mathrm{tr}((\rho_s - \rho_f)^2) \tag{10.38}$$

其中,ρ_s 是系统状态密度矩阵;ρ_f 是目标状态密度矩阵.

李雅普诺夫函数 V 的值可用来度量 ρ_s 与 ρ_f 的距离.为了得出控制律,计算 V 对时间的一阶导数:

$$
\begin{aligned}
\dot{V} &= \mathrm{tr}(\dot{\rho}_s(\rho_s - \rho_f)) \\
&= \mathrm{tr}\left(\left(-\,\mathrm{i}\left[H_0 + \sum_{m=1}^{2} f_m(t)H_m, \rho_s\right] + L_t(\rho_s)\right)(\rho_s - \rho_f)\right) \\
&= \sum_{m=1}^{2} f_m(t) \cdot \mathrm{tr}(\mathrm{i}[H_m, \rho_s]\rho_f) + \mathrm{tr}((L_t(\rho_s) - \mathrm{i}[H_0, \rho_s])(\rho_s - \rho_f)) \\
&= f_1(t) \cdot T_1 + f_2(t) \cdot T_2 + C
\end{aligned}
\tag{10.39}
$$

其中,$T_m = \mathrm{tr}(\mathrm{i}[H_m, \rho_s]\rho_f)$,$m = 1,2$ 是一个关于 ρ_s 的实函数;f_1 和 f_2 分别为待求控制场;$C = \mathrm{tr}((L_t(\rho_s) - \mathrm{i}[H_0, \rho_s])(\rho_s - \rho_f))$,这一项为漂移项,它包含系统的自由哈密顿量 H_0、系统状态 ρ_s、$L_t(\rho_s)$ 和目标状态 ρ_f,其正负号难以确定.

总结本节控制律的设计思想是:通过施加其中一个控制作用来抵消漂移项 C 的影响,设计另一个控制作用来使 $\dot{V} \leqslant 0$ 成立.控制律设计过程中引入了一个阈值变量 θ,通过判断 T_m 与 θ 的大小关系,来决定设计哪个控制作用抵消漂移项 C,控制律的具体设计过程如下:

(1) 当 $|T_1| > \theta$ 时,令 $f_1 = -\dfrac{C}{T_1}$ 来抵消漂移项,同时令 $f_2 = -g_2 \cdot T_2$,g_2 是正的可

调控制参数,得到 $\dot{V} = -g_2 \cdot T_2^2 \leqslant 0$.

(2) 当 $|T_1| < \theta, |T_2| > \theta$ 时,令 $f_2 = -\dfrac{C}{T_2}, f_1 = -g_1 \cdot T_1$,此时得到 $\dot{V} = -g_1 \cdot T_1^2 \leqslant 0$.

(3) 当 $|T_1| < \theta, |T_2| < \theta$ 时,李雅普诺夫函数的导数符号不确定,因此基于李雅普诺夫稳定性定理的控制律失去作用.此时需要重新选取控制参数 g_1 和 g_2 的数值.

需要通过选择合适的控制参数 g_1 和 g_2,保证控制律在系统到达目标状态,即 $\dot{V}(x) \leqslant 0$.在系统状态转移过程中,若不等式 $V \leqslant \varepsilon$ 成立,则认为此时系统状态从给定的初态转移到了目标态,其中 ε 为给定的充分小的正值,称为转移误差.

当系统状态转移到目标态之后,我们的任务是通过继续施加一个状态保持控制作用,使系统状态能够在这个目标态上维持尽量长的时间.

状态保持控制器的设计方法与状态转移完全相同,仍采用由式(10.39)所获得的控制律:f_1 和 f_2,只是其中的参数 g_1 和 g_2 需要根据状态保持的情况,通过仿真实验来重新确定.为了考查系统在控制器的作用下所具有的状态保持时间的长短,设置系统容错指标为 ε_k,系统状态 ρ_s 与目标态 ρ_f 之间的距离误差 $V \leqslant \varepsilon_k$ 的所有时间,系统都处于原状态的保持阶段,状态保持控制器设计的目标是尽量获得更长的保持系统状态的时间,即系统的容错能力更强.

10.4.4　状态保持的系统仿真实验及其结果分析

本小节采用 10.4.3 小节中基于李雅普诺夫方法设计的控制器,对系统状态保持进行系统仿真对比实验和结果分析.仿真实验分为两部分:

(1) 无控制量作用下系统状态保持的实验与特性分析;观察系统状态在自由演化情况以及满足给定的容错性能指标下所能够持续的时间,并将其作为状态保持控制作用下的对比性能.

(2) 系统运行到目标态后,为了延长系统状态保持的时间,采用李雅普诺夫方法进行状态保持及其控制器参数优化的实验.

系统仿真实验中系统与环境参数设置为:$r = 0.05, \omega_0 = 10, kT = 30\omega_0, \alpha = 0.1$.选择系统的初态和终态分别为叠加态 $\rho_{s11} = [15/16, \sqrt{15}/16; \sqrt{15}/16, 1/16]$ 与叠加态 $\rho_{s12} = [3/8, -\sqrt{15}/8; -\sqrt{15}/8, 5/8]$,采样周期为 $\Delta t = 5 \times 10^{-4}$.系统状态转移的控制器的参数为 $g_1 = 10, g_2 = 30$;状态转移控制的性能指标为 $\varepsilon = 1.24 \times 10^{-4}$;设定的容错性能指标

为 $\varepsilon_k = 1 \times 10^{-3}$.

10.4.4.1 无控制作用下系统状态保持的实验与特性分析

在所设计的状态转移控制器的作用下,控制系统从给定初态转移到与期望目标态的误差小于 $\varepsilon = 1.24 \times 10^{-4}$ 的情况下完成状态转移任务,此时我们令状态转移控制器为零,观察此时系统状态自由演化情况下到达容错性能指标的时间.由于此时无控制量作用,系统在能量耗散的作用下进行自由演化,其状态逐渐偏离目标态,误差逐渐变大.无控制作用下系统误差 ε 随时间的变化曲线如图 10.14 所示,其中横坐标是时间,纵坐标是李雅普诺夫函数 V.从图 10.14 中可以看出在控制律为零后,李雅普诺夫函数 V 的值随时间单调上升,表明系统状态逐渐增大.当 t 为 0.006 a.u. 时,李雅普诺夫函数 V 达到设定的容错性能指标值 $\varepsilon_k = 1 \times 10^{-3}$.换句话说,在给定的容错性能指标下,自由演化的系统的状态保持的时间为 0.006 a.u..

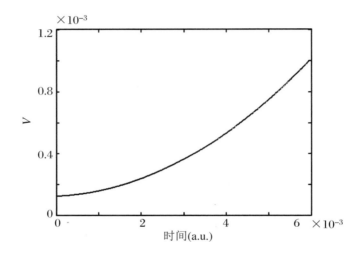

图 10.14　控制律为零时误差随时间的变化

10.4.4.2 保持控制器参数优化及其实验结果分析

由 10.2 节中的系统状态转移实验可知,在给定的状态转移控制性能指标为 $\varepsilon = 1.24 \times 10^{-4}$ 的情况下,控制系统花费 0.6385 a.u 时间,将给定的初态 ρ_{s11} 转移到的实际终态为

$$\rho_{sf} = \begin{bmatrix} 0.376 & -0.4731 + 0.0011i \\ -0.4731 - 0.0011i & 0.6240 \end{bmatrix}$$

此后,我们将以状态 ρ_{sf} 为初始状态,采用李雅普诺夫方法设计的控制律,继续进行状态

量子系统建模、特性分析与控制

保持的实验,并通过实验来优化控制器参数.参数优化的技术路线为:在一定的范围内,通过系统仿真实验分别等间隔、连续化地改变控制参数 g_1 与 g_2;通过粗调和精调来观察和了解控制参数 g_1 与 g_2 的变化对系统状态保持时间的影响,最终目标是使系统获得尽量长的状态保持时间.

通过系统仿真实验进行控制器参数的具体优化过程如下.首先,保持控制参数 g_2 为某个值不变,比如 $g_2 = 10$,g_1 取不同的值来进行对参数 g_1 的粗调的实验.在不同的控制参数的控制律控制作用下,系统状态从转移误差最小的时刻开始进行状态保持的演化.此时由于环境影响,控制系统误差将逐渐增大,所施加的控制作用能够对逐渐增大的系统误差进行弥补,以此来延长状态保持的时间.经过时间 t_k,我们将系统状态误差达到设定的容错性能指标 $\varepsilon_k = 1 \times 10^{-3}$ 时的长度作为系统对状态保持的时间性能.

图 10.15 给出在 $g_2 = 10$,分别取 g_1 值从 0 到 100,变化间隔为 0.1 的 1000 组不同的 g_1,g_2 组合情况下,控制系统的状态保持时间 t_k 的结果图,其中,线条为 1000 个离散实验结果的连线;红色圆圈"○"表示此时 g_1,g_2 的组合系统运行最终出现控制律设计 10.4.3 小节中的第(3)种情况,即 $|T_1| < \theta$,$|T_2| < \theta$ 的情况.按照设计的控制律的规定,此时李雅普诺夫函数的导数符号不确定,李雅普诺夫函数 V 不一定减小.因此基于李雅普诺夫稳定性定理设计的控制律对这组控制参数 g_1,g_2 的组合不再适用,属于无效控制.此时需要重新选取 g_1,g_2 的数值.图 10.15 中共有 190 组失效的控制参数 g_1,g_2 值.

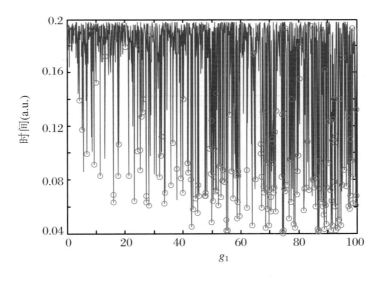

图 10.15　参数 g_1 取值和保持时间的关系

从图 10.15 中可以看出:

（1）g_1 的取值与状态保持时间之间没有明确的单调关系,呈现出不规则的振荡现象.

（2）在 1000 个实验结果中,虽然存在很多控制无效的情况,但仍然有 70 组 g_1 与 g_2 的组合能够达到相同的状态的最长保持时间:0.198 a.u..

图 10.16 是仍然固定 $g_2 = 10$,g_1 取从 0 到 1,每次变化 0.001,一共 1000 组不同的 g_1,g_2 组合情况下,控制系统的状态保持时间 t_k 的精调实验结果图,其中,红色圆圈"○"表示此时 g_1,g_2 的组合系统运行最终出现控制律设计中第(3)种情况,共有 13 组 g_1 与 g_2 组合值.从图 10.16 中可以看出,与粗调 g_1 时情况相同,当其他系统和环境参数不变,仅改变 g_1 的数值时,无论 g_1 的间隔取值如何小,保持最长时间是相同的,都是 0.198 a.u..在所做的 1000 个结果中,有 6 组 g_1,g_2 的组合能够达到相同的状态的最长保持时间.

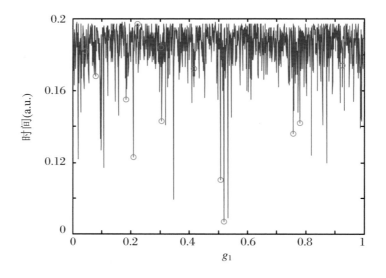

图 10.16　小范围精确参数 g_1 取值和保持时间的关系

针对在系统仿真实验过程中基于李雅普诺夫方法设计的控制律存在许多控制参数失效的情况,我们通过系统仿真实验将 g_1 的选择扩大为 1～1000,每次间隔 1,观察不同的 g_1 取值和保持时间 t_k 的关系如图 10.17 所示.从图 10.17 和系统仿真实验可以看出,当 g_1 的取值处于 500～600,720～740 以及 920～980 之间时,无论 g_1 如何取值,系统运行最终都会出现 $|T_1| < \theta$,$|T_2| < \theta$ 的情况,此时控制律失效,即控制参数 g_1 与 g_2 有可能出现大范围失效的情况.此外,这些范围附近的保持时间都达不到最长保持时间.

图 10.18 为施加控制前后保持时间长短性能的对比图,其中,虚线为无控制作用下

系统状态保持的误差变化曲线；实线为在 $g_2 = 10, g_1 = 3$，施加保持控制律的情况下的系统状态保持的误差变化曲线. 从图 10.18 中可以看出，因为开放的非马尔可夫量子系统本身的记忆特性能够使系统失去的能量部分地补偿回来，控制律也只是部分补偿系统的能量的耗散，因此李雅普诺夫函数 V 随时间上升. 在给定的容错性能指标值为 $\varepsilon_k = 1 \times 10^{-3}$ 的情况下，无控制作用下系统状态保持的时间长度为 0.006 a.u.；施加保持控制律的情况下的系统状态保持的时间长度为 0.198 a.u..

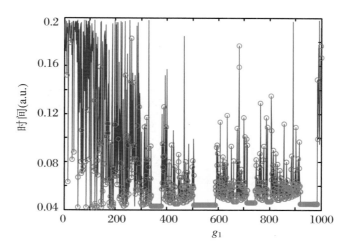

图 10.17　参数 g_1 取值导致控制律失效

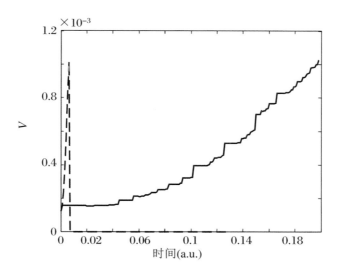

图 10.18　控制律施加前后误差 V 随时间的变化

从图 10.18 中可以明显地看出，在所设计的保持控制律的作用下，系统状态保持的时间长度由 0.006 a.u. 增加到 0.198 a.u.，系统的状态保持时间增加了 30 多倍，系统容错性能得到极大提高. 然后，按照优化参数 g_1 的过程，我们通过系统仿真实验，在固定 g_1 不变的情况下，对参数 g_2 进行取值优化实验. 观察 g_2 的不同取值对相干保持时间长度的影响. 固定 $g_1 = 18$，g_2 从 0 到 100，每次变化 0.1，一共 1000 组 g_1 与 g_2 组合. 将控制参数 g_1 与 g_2 的取值代入控制律，进行系统仿真实验得到控制系统的状态保持时间 t_k 的结果如图 10.19 所示，其中，横坐标为不同的 g_2 取值，纵坐标为保持时间. 从图 10.19 中可以看出，保持 $g_1 = 18$ 不变，不同的 g_2 与保持时间 t_k 之间也呈现不规则的振荡特性，同时也有很多导致控制律失效的 g_1，g_2 的组合点.

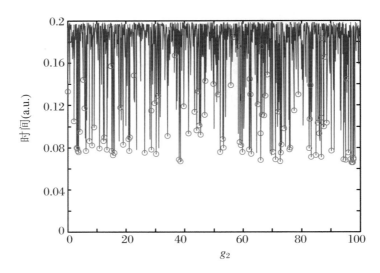

图 10.19　参数 g_2 和保持时间的关系

通过以上分析可以看到，我们可以利用 10.4.3 小节设计的基于李雅普诺夫方法的控制律对式 (10.34) 表示的系统的状态进行保持控制以延长状态保持的时间. 可以先任意固定一个控制参数，比如 $g_1 = 18$，然后再通过系统仿真实验，确定使保持时间最长的 g_1 的取值，当 g_1 从 1 到 100，间隔变化 1 时，找到使保持时间为最长 0.198 a.u 的 g_1 值为：3，18，51，77，84，97. 当 $g_1 = 3$ 或者 $g_1 = 18$，$g_2 = 10$ 时的控制律如图 10.20 和图 10.21 所示. 从图 10.20 和图 10.21 中可以看到，随着 g_1 的增大，控制场 f_1 的数值都在 20 左右振荡，f_1 的最大值无明显的单调变化规律；控制场 f_2 的数值都在 0 左右振荡. f_1，f_2 与控制参数 g_1，g_2 之间没有明显的变化趋势. 反过来，g_1 不变，取使时间最大时的 g_2 值，控制场 f_1，f_2 也没有明显的区别. 因此，从控制场大小的角度来说，g_1 为 3，18，51，77，84，97，g_2 为 10 时的基于李雅普诺夫方法设计的控制律都是合适的，并且它们都能使系统的相

量子系统建模、特性分析与控制

干保持时间为最大.

通过系统仿真实验结果可以得到以下结论:

(1) 对 TCL 形式的非马尔可夫动力学主方程的二能级开放量子系统(10.34),通过施加一个基于李雅普诺夫方法的控制律,并调节控制律中的控制参数 g_1 与 g_2,可以使系统状态达到容错性能指标时经过的状态相干保持时间延长.延长的相干保持时间存在一个确定的最大值.

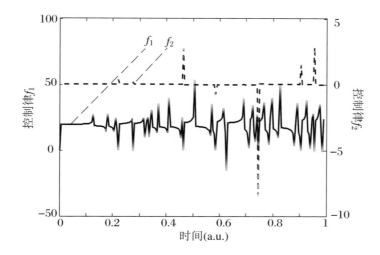

图 10.20　$g_1 = 3, g_2 = 10$ 时的控制场

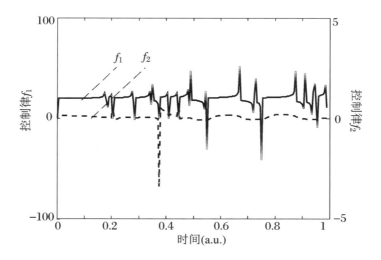

图 10.21　$g_1 = 18, g_2 = 10$ 时的控制场

（2）基于李雅普诺夫方法设计的控制律中,控制参数 g_1 与 g_2 调节没有先后顺序,g_1 与 g_2 的多种取值组合均能使系统状态的相干保持时间为最长,并且多种 g_1 与 g_2 取值的精度可以不同.

（3）在保证控制参数 g_1 与 g_2 对应的控制律都能使系统保持时间达到最大时,不同控制参数 g_1、g_2 取值对应的控制场的变化范围类似,没有明显的优缺点.

小结

开放量子系统中的状态保持是其独有的控制任务.本章专门对马尔可夫开放量子系统收敛的状态控制策略、非马尔可夫开放量子系统状态转移控制、非马尔可夫开放量子系统状态保持时间,以及开放量子系统控制的状态保持及其特性分析进行了系统的研究,并通过数值仿真实验展现了开放量子系统在状态保持与控制方面的特性及对其控制的复杂性.

第 11 章

基于在线估计状态的量子反馈控制

11.1 单比特量子系统的状态在线估计

　　根据系统是否与环境相互作用,可以将量子系统分为封闭量子系统和开放量子系统.封闭量子系统是一个孤立的、与外界无相互作用或能量交换的系统.开放量子系统与环境相互作用,比如对量子态进行测量,会产生诸如耗散、消相干等现象,给量子态的演化引入随机性成为随机开放量子系统.由于量子态无法通过直接测量的结果来获得,因此需要进行量子态重构.量子层析就是一种确定未知量子态的方法,它是通过反复制备相同的量子态,对量子态进行完备的测量结果建立量子态信息的完整描述.通过估计量子系统的状态,人们能够有效地获得系统的当前信息,并由此设计相应的调控方案.为了能够准确估计出量子的状态,人们需要测得该状态在一组完备观测量上对应投影均值的观测值.

对于 n 比特系统而言,对一个维数为 d 的量子密度矩阵的完备观测量的数目为 $d \times d = 2^n \times 2^n = 4^n$. 通常情况下,量子层析是通过对重复制备的状态进行破坏性的投影(强)测量,来得到 d^2 个完备的观测结果,因此随着量子位 n 的增加,完整层析所需要的测量次数呈指数增长. 压缩传感理论为降低量子态估计中的测量次数问题提供了新的解决问题的理论. 该理论指出:如果一个量子系统密度矩阵的秩 r 远小于其维度 $d(r \ll d)$,那么只需要根据少量随机观测量的测量值,就可重构出系统状态的密度矩阵. 格罗斯(Gross)证明了在以泡利测量算符进行观测时,仅需要 $O(rd \log d)$ 个观测量上的测量值,就可以保证重构出的密度矩阵 ρ. 将压缩传感引入量子态估计可以极大减少所需要的测量次数,提高状态估计的效率. 根据观测算符、所对应的测量值、压缩传感理论以及优化算符来重构密度矩阵 ρ 的过程,就是量子态的估计过程.

本节我们考虑测量带来的退相干效应以及演化过程中的随机噪声的开放量子系统,采用对估计状态影响较小,并连续不断地实时进行的间接连续弱测量来实现量子态的在线估计. 通过引入探测系统与被测系统发生关联,然后通过对探测系统进行直接投影测量,根据测量结果来推断被测系统的信息. 在测量与估计的过程中,系统状态随时间演化又成为新的状态,再对系统演化后的状态进行估计,重复此过程来实现在线的量子态估计. 同时,我们还基于压缩传感理论,采用最小二乘(LS)优化算法,将本节所提出的在线量子态估计方案,在单量子位上进行系统仿真实验. 研究外加控制场、测量强度,以及弱测量观测算符对在线状态估计结果性能的影响进行了性能实验.

11.1.1 随机开放量子系统的连续弱测量

11.1.1.1 量子弱测量

本小节中所研究的随机开放量子系统的在线估计包括量子连续弱测量过程,以及基于压缩传感理论对连续弱测量所得到的测量值进行优化处理,进而实现在线估计的过程. 对被测系统 S 的一次完整弱测量操作过程如图 11.1 所示,其中,量子弱测量是通过引入一个探测系统 P 与被测系统 S 发生短时间的关联,来使探测系统 P 包含被测系统 S 的部分信息,然后对探测系统 P 进行强测量,再根据此强测量结果来推断出被测系统 S 的信息(Wiseman,Milburn,2010). 图 11.1 中左边虚框为探测部分,右边虚框为测量读数部分. 不同于投影测量等强测量会造成被测系统的瞬时塌缩,弱测量是一个非瞬时的测量过程,对量子系统造成的影响较弱.

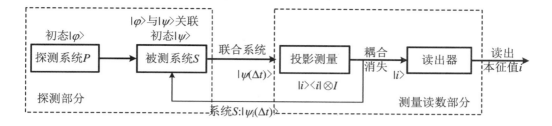

图 11.1　量子连续弱测量过程的结构图

在图 11.1 的量子连续弱测量过程中,当对被测系统 S 进行弱测量时,需要制备探测系统 P,探测系统 P 作为输入量与被测系统 S 发生耦合成为联合系统 $S \otimes P$. 设探测系统 P 的初态为 $|\varphi\rangle$,被测系统 S 的初态为 $\rho_0 = |\psi\rangle\langle\psi|$,$H_S$ 和 H_P 为 S 和 P 哈密顿量,联合系统 $S \otimes P$ 的哈密顿为 $H = H_P \otimes H_S$. 联合系统 $S \otimes P$ 的初态为 $|\Psi\rangle = |\varphi\rangle \otimes |\psi\rangle$. 经过 Δt 时间的联合演化后,$|\Psi\rangle$ 变为 $|\Psi(\Delta t)\rangle$,将其作为探测部分的输出送入测量读数部分进行读数,读数过程表现为利用投影算符 $\pi_i = |i\rangle\langle i|$ 对探测系统 P 进行投影测量,读出结果为探测系统 P 在希尔伯特空间上本征态 $|i\rangle$ 的本征值. 在弱测量过程中,当探测系统 P 与被测系统 S 间的相互作用强度 ξ 和作用时间 Δt 都足够小时,弱测量强度 $\lambda = \xi \Delta t \rightarrow 0$,测量对被测系统 S 的影响明显减弱. 因此,当量子系统测量过程满足 $\xi \Delta t \rightarrow 0$ 的条件时,即为量子弱测量.

量子连续弱测量是指对量子系统进行连续不断的弱测量,我们根据弱测量的输出结果与量子系统之间的关系,可以推导出作用在被测系统上的实时测量算符,并根据测量算符与密度矩阵之间的关系重构出量子态. 在测量和量子态重构的过程中,该量子态会随时间演化成为新的状态,此时需要对新的状态重新进行弱测量,进而重构出新的量子态,重复此过程,可以得到系统状态的连续演化轨迹. 这样一个连续不断的弱测量动态过程,称为量子连续弱测量.

在量子弱测量过程中,联合系统初态 $|\Psi\rangle$ 经过 Δt 的演化时间后变为 $|\Psi(\Delta t)\rangle$ 且满足关系

$$| \Psi(\Delta t)\rangle = U(\Delta t) | \Psi\rangle = U(\Delta t)(| \varphi\rangle \otimes | \psi\rangle) \tag{11.1}$$

其中,$U(\Delta t)$ 为联合系统的联合演化算符:

$$U(\Delta t) = \exp(-\mathrm{i}\xi \Delta t H / \hbar) \tag{11.2}$$

其中,ξ 表示相互作用强度(单位 $1/s$).

由于弱测量过程实质上是对探测系统 P 进行投影测量,根据正交投影测量公式,可

得联合系统第 i 个本征值所对应的状态 $|\Psi_i(\Delta t)\rangle$ 为

$$|\Psi_i(\Delta t)\rangle = (|i\rangle\langle i|\otimes I \cdot U(\Delta t)|\varphi\rangle\otimes|\psi\rangle)/\Theta_i \tag{11.3}$$

其中，Θ_i 为标准化参数，$\Theta_i = \sqrt{\langle\Psi(\Delta t)|\overline{\Pi_i|\Psi(\Delta t)\rangle}}$，代表测得结果为 $|i\rangle$ 的概率.

弱测量过程的读数部分会导致探测系统 P 与被测系统 S 之间的耦合消失，此时探测系统会塌缩到本征态 $|i\rangle$，被测系统 S 的状态变为 $|\psi_i(\Delta t)\rangle$，根据完备正映射原理可知，联合系统在 Δt 时间后的状态还可以表示为

$$|\Psi_i(\Delta t)\rangle = |i\rangle\otimes|\psi_i(\Delta t)\rangle \tag{11.4}$$

比较式(11.3)和式(11.4)，可以得出整个测量过程前后被测系统 S 状态变化的关系式为

$$|\psi_i(\Delta t)\rangle = \langle i|\otimes I\cdot U(\Delta t)|\varphi\rangle\otimes|\psi\rangle/\Theta_i \tag{11.5}$$

为了表示方便，定义 Kraus 算符 M_i：

$$M_i = \langle i|\otimes I\cdot U(\Delta t)|\varphi\rangle\otimes I \tag{11.6}$$

标准化参数 Θ_i 可由 M_i 表示为

$$\Theta_i = \sqrt{\langle\psi|M_i^\dagger M_i|\psi\rangle} \tag{11.7}$$

将式(11.6)和式(11.7)代入式(11.5)，我们可以得到整个测量过程前后被测系统 S 状态变化的关系式为

$$|\psi_i(\Delta t)\rangle = \frac{M_i}{\sqrt{\langle\psi|M_i^\dagger M_i|\psi\rangle}}|\psi\rangle \tag{11.8}$$

由式(11.8)可以看出，如果将整个弱测量过程看作对被测系统 S 的一次测量操作，那么 Kraus 算符 M_i 就是此测量操作对系统 S 的测量算符，它是由探测系统 P 的初态 $|\varphi\rangle$、读出的投影算符 $\pi_i = |i\rangle\langle i|$，以及联合系统的演化算符 $U(\Delta t)$ 构成的广义测量算符. 根据算符 M_i，以及系统 S 初态 $|\psi\rangle$ 就可以重构出测量后系统 S 的状态 $|\psi_i(\Delta t)\rangle$.

在量子态在线实时估计中，一次测量操作无法获得重构量子态的足够信息，需要一组信息，也就是不同时刻的连续测量值才能完整估计出系统 S 的状态密度矩阵，因此在进行在线估计状态之前就需要求出连续弱测量下随时间变化的测量算符 $M_i(t)$.

11.1.1.2 基于连续弱测量的测量算符与量子态演化方程

基于连续弱测量的量子态在线估计过程如图 11.2 所示，其中，通过引入的探测系统 P 与被测系统 S 的状态发生耦合关联，在 t 时刻进行弱测量操作，来获得含有系统 S 状态信息的测量值及其间接作用在量子态上的测量算符，以及系统的输出值. 量子系统的

状态在系统中随时间做自由演化而在不断变化,通过连续弱测量,可以连续不断地对系统随时间演化的状态所产生的输出值进行不断的测量,每测量一次系统的输出值,根据输出值与量子密度矩阵之间的关系,采用在线优化算法对量子态进行一次估计和重构,随着测量值的不断增加,所重构出的量子态估计值就能够跟踪上变化的自由演化的系统状态,实现对量子态的在线实时估计.

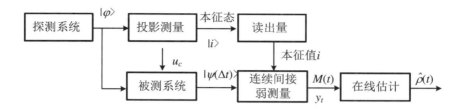

图 11.2　基于连续弱测量的量子态在线估计过程

在薛定谔绘景下,图 11.2 中被测量子系统随机主方程(SME)可以写为

$$
\begin{cases}
\rho(t+\mathrm{d}t)-\rho(t)=-\dfrac{\mathrm{i}}{\hbar}\big[H(t),\rho(t)\big]\mathrm{d}t \\
\qquad+\sum\left(L\rho(t)L^{\dagger}-\left(\dfrac{1}{2}L^{\dagger}L\rho(t)+\dfrac{1}{2}\rho(t)L^{\dagger}L\right)\right)\mathrm{d}t \\
\qquad+\sqrt{\eta}\sum\left(L\rho(t)+\rho(t)L^{\dagger}\right)\mathrm{d}W \\
\rho_{0}=\rho(0)
\end{cases}
$$

(11.9)

其中,$\rho(t)$ 为密度矩阵,$\hbar$ 为普朗克常量,通常取 $\hbar=1$,$H(t)=H_{S}+H_{P}+u(t)H_{c}$,$H(t)$ 为总哈密顿量,H_{S} 为被测系统哈密顿量,H_{P} 为探测系统哈密顿量,H_{c} 为控制哈密顿量,$u(t)$ 为外加控制调节量;η 为测量效率,且满足 $0<\eta\leqslant1$;令 $D[L,\rho]=L\rho L^{\dagger}-\left(\dfrac{1}{2}L^{\dagger}L\rho+\dfrac{1}{2}\rho L^{\dagger}L\right)$,表示测量过程带来的退相干作用,表现为林德布拉德形式的漂移项;令 $H[L,\rho]=L\rho+\rho L^{\dagger}$,表示测量过程带来的随机扩散项,表现为对量子系统状态产生的干扰,也称为反向效应(back-action).在零差测量情况下,$\mathrm{d}W$ 为零差测量时测量输出带来的噪声,是一维维纳(Wiener)过程,满足 $E(\mathrm{d}W)=0,E((\mathrm{d}W)^{2})=\mathrm{d}t$.

　　基于连续弱测量下的测量算符不再是一组常值矩阵,它变成一组随时间变化的测量算符 $M_{i}(t)$,我们首先需要推导出随时间变化的测量算符 $M_{i}(t)$.

　　在弱测量过程中,对式(11.2)中的 $U(\Delta t)$ 在 $\xi\Delta t\rightarrow0$ 时进行泰勒(Talyor)展开并舍

427

去三阶以上微小量,可得

$$U(\Delta t) \approx I \otimes I - \mathrm{i}\xi\Delta t H - (\xi\Delta t)^2 H^2/2 \tag{11.10}$$

将式(11.10)代入 Kraus 算符 M_i(式(11.6))中,同时也进行泰勒展开,并舍去三阶以上微小量,可得弱测量算符 $M_i(t)$ 的表达式为

$$M_i(\Delta t) \approx I\langle \mathrm{i} \mid \varphi\rangle - \mathrm{i}\xi\Delta t H_S\langle \mathrm{i} \mid H_P \mid \varphi\rangle - (\xi\Delta t)^2 H_S^2\langle \mathrm{i} \mid H_P^2 \mid \varphi\rangle/2 \tag{11.11}$$

若令 $r_i = (\xi\Delta t)H_S^2\langle \mathrm{i}|H_P^2|\varphi\rangle/2 = L^\dagger L$,$i = 1,2,\cdots,d$,则弱测量算符 $M_i(t)$ 的一般形式为

$$M_i(\Delta t) = I\langle \mathrm{i} \mid \varphi\rangle - (r_i\lambda/2 + \mathrm{i}\lambda H_S\langle \mathrm{i} \mid H_P \mid \varphi\rangle) \tag{11.12}$$

令 $i = j$,即 $\langle j|\varphi\rangle = 1$,此时弱测量算符 $M_i(t)$ 为

$$M_j(\Delta t) = I - (\xi r_{i=j}/2 + \mathrm{i}\xi H_S)\Delta t \tag{11.13}$$

根据完备算符条件可知

$$M_{i\neq j}(\Delta t) = M_{j\perp}(\Delta t) = \sqrt{r_{i\neq j}\Delta t} \tag{11.14}$$

其中,$M_{j\perp}$ 是 M_j 的正交算符,且满足 $(M_{j\perp})^2 + (M_j)^2 = I$.

对二能级量子系统进行连续弱测量时,测量算符组中仅包含 $M_0(\mathrm{d}t)$ 和 $M_1(\mathrm{d}t)$ 两个算符,通过选择合适的算符 L,可以构建出相应的弱测量算符 $m_0(\mathrm{d}t)$ 与 $m_1(\mathrm{d}t)$,分别为

$$\begin{cases} m_0(\mathrm{d}t) = M_j + \mathrm{i}(1 - \xi)H_S\Delta t = I - (L^\dagger L/2 + \mathrm{i}H(t))\mathrm{d}t \\ m_1(\mathrm{d}t) = M_{i\neq j} = L \cdot \sqrt{\mathrm{d}t} \end{cases} \tag{11.15}$$

式(11.15)中的弱测量算符就是作用在量子系统状态上的算符,因为量子系统状态是随时间动态变化的,此算符也是随时间变化的.根据构建的弱测量算符,以及系统动力学方程,在不考虑系统随机噪声与测量效率情况下,可得连续弱测量过程中测量算符的动态演化方程为

$$M_i(t + \mathrm{d}t) = m_0^\dagger M_i(t)m_0 + m_1^\dagger M_i(t)m_1, \quad i = 0,1 \tag{11.16}$$

从量子系统的连续弱测量过程中可以看出,测量过程实际上包含了量子系统随时间的演化,所以弱测量算符 $M_0(\mathrm{d}t)$ 中包含了系统总哈密顿量 $H(t)$.若在测量过程中考虑系统随机噪声与测量效率,则系统状态密度矩阵的演化算符可以写为

$$\begin{cases} a_0 = m_0(\mathrm{d}t) + \sqrt{\eta}L \cdot \mathrm{d}W = I - (L^{\dagger}L/2 + \mathrm{i}H(t))\mathrm{d}t + \sqrt{\eta}L \cdot \mathrm{d}W \\ a_1 = m_1(\mathrm{d}t) + \sqrt{\eta}L \cdot \mathrm{d}W = L \cdot \sqrt{\mathrm{d}t} + \sqrt{\eta}L \cdot \mathrm{d}W \end{cases} \tag{11.17}$$

根据系统演化算符,可得离散形式的随机开放量子系统演化方程为

$$\rho(t + \mathrm{d}t) = a_0\rho(t)a_0^{\dagger} + a_1\rho(t)a_1^{\dagger} \tag{11.18}$$

11.1.2　基于压缩传感的量子态在线估计

压缩传感(compressed sensing,CS)理论指出,如果量子态的密度矩阵 ρ 为低秩矩阵,那么只需要 $O(rd\ln d)$ 量级的随机观测量的测量值,并通过将系统状态的估计问题转化为一个优化问题来重构出密度矩阵,其中 d 和 r 分别为状态密度矩阵 ρ 的维度和秩.

在进行量子态在线估计时,根据测量算符的动态演化方程(11.16),可以随着时间的演化,在连续弱测量过程中顺序获得一组测量矩阵 $M = \{M_i, i = 1, 2, \cdots, m\,(m \leqslant d^2)\}$,并构成采样矩阵 A:

$$A = (\mathrm{vec}(M_{i_1})^{\mathrm{T}} \quad \mathrm{vec}(M_{i_2})^{\mathrm{T}} \quad \cdots \quad \mathrm{vec}(M_{i_m})^{\mathrm{T}})^{\mathrm{T}} \tag{11.19}$$

通过计算密度矩阵 ρ 与采样矩阵 A 的 m 个内积值

$$y_j = \langle \rho, M_j \rangle = \mathrm{tr}(\rho M_j), \quad j = 1, 2, \cdots, m \tag{11.20}$$

可以获得基于连续弱测量的量子系统的理论测量值: $y = (y_1, y_2, \cdots, y_m)$.需要强调的是,实际应用时,系统输出的测量值是直接从实际量子装置上获得的.人们就是仅根据从量子系统中获得的输出值,来重构出量子态密度矩阵的.在进行优化算法的开发的理论研究中,测量值是通过理论关系式(11.20)来获得的.

由于测量过程为有限 m 次测量,所以存在估计误差

$$e = y - A\rho \tag{11.21}$$

实际上,式(11.21)中的误差往往也代表量子态重构的估计误差.此误差越小,表明算法的重构性能越高.

由压缩传感理论可知,只要采样矩阵 A 满足限制等距条件(RIP)

$$(1 - \delta)\|\rho\|_{\mathrm{F}} \leqslant \|A\hat{\rho}\|_2 \leqslant (1 + \delta)\|\rho\|_{\mathrm{F}} \tag{11.22}$$

其中, $\delta \in (0,1)$ 为等距常数, $\|\cdot\|_{\mathrm{F}}$ 为弗罗贝尼乌斯(Frobenius)范数.

此时在允许有估计误差存在时,可以通过求解满足带有约束条件的最优范数的问题

唯一确定 d^2 个待估计的密度矩阵元素：

$$\begin{cases} \hat{\rho} = \arg \min \parallel \rho \parallel_* \\ \mathrm{s.\,t.}\ \ \rho \geqslant 0, \mathrm{tr}(\rho) = 1, \ \parallel y - A\mathrm{vec}(\rho) \parallel_2^2 \leqslant \varepsilon \end{cases} \tag{11.23}$$

其中，$\parallel \rho \parallel_*$ 表示 ρ 的核范数，$\hat{\rho}$ 为利用压缩传感重构出的估计密度矩阵，ε 表示估计误差，$\mathrm{vec}(X)$ 为变换算符，表示任意矩阵 X 的每一列按顺序首尾相连变换成的矢量.

式(11.23)中的核范数优化问题等价于在正定约束下，目标为 ρ 的二范数最小的优化问题：

$$\begin{cases} \hat{\rho} = \arg \min \parallel A \cdot \mathrm{vec}(\rho) - y \parallel_2 \\ \mathrm{s.\,t.}\ \ \hat{\rho} = \rho, \rho \geqslant 0, \mathrm{tr}(\rho) = 1 \end{cases} \tag{11.24}$$

我们采用非负最小二乘优化方法来进行量子密度矩阵的优化求解，求解过程中通过取性能指标函数

$$J(\rho) = \sum_{i=1}^{t} (y(i) - A\mathrm{vec}(\rho))^2 (y_t - A_t\mathrm{vec}(\rho))^{\mathrm{T}}(y_t - A_t\mathrm{vec}(\rho)) \tag{11.25}$$

为最小值时，求得参数矢量 ρ 的估计值 $\hat{\rho}$.

在式(11.25)中对 ρ 求偏导，并令其为 0，可以得到最小二乘估计公式为：$\hat{\rho} = (A^{\mathrm{T}}A)^{-1}A^{\mathrm{T}}y$.

当密度矩阵优化问题具有正定约束条件时，仅仅通过对目标函数求偏导无法得到满足条件的最优解，本小节中我们采用 MATLAB 环境下的 CVX 工具箱来求解式(11.25)中的凸优化问题. CVX 是一个采用最小二乘法来求解带有约束条件的凸优化问题工具箱，功能比较强大. 我们在使用中的具体实现的求解步骤为：

(1) 定义目标变量 f_k，令其初值为 0，计算残差 $resid = A * f_k - y_k$；

(2) 定义拉格朗日(Lagrange)算子：$\lambda = A^{\mathrm{T}} * resid$；

(3) 定义 P 为一组逻辑 1 的变量空间，Z 为一组逻辑 0 的变量空间，利用正集中的变量空间计算中间解 $z(P) = A(:,P) \backslash (y_t(k))$；

(4) 确定中间解 z 为负值时的变量空间 $Q = (z \leqslant 0)\&P$；

(5) 根据 Q 的值计算新的目标变量 f_k，进而保证 f_k 非负：$\alpha = \min(f(Q)./(f(Q) - z(Q)))$，$f_k = f_k + \alpha * (z - f_k)$；

(6) 根据 f_k 的值重置 P 与 Z 的值，并重复上述步骤，直至达到循环终止条件；

(7) 循环结束后，f_k 的值即为 k 时刻密度矩阵的估计值 $\hat{\rho}_k$.

在实时估计系统的状态 $\rho(t)$ 时,假定实验中连续弱测量读数的时刻为 t_k,两相邻时刻的间隔为 Δt.从零时刻开始记录测量值 $y(t_k)$,在每次弱测量后,将所记录的 $\{y(t_k)\}$ 与对应 $\{M_i(t_k)\}$,得到对应的采样矢量 y 与采样矩阵 A,构建如式(11.24)的优化问题,利用优化算法求解优化问题,得到 ρ 的重构密度矩阵 $\hat{\rho}$,$\hat{\rho}$ 即为量子态的实时估计结果.

11.1.3 数值仿真实验及其结果分析

本小节我们在 MATLAB 环境下进行系统数值仿真实验,考虑随机开放量子系统的退相干效应和随机噪声,研究二能级量子系统状态的演化轨迹与所对应的实时估计状态,并通过性能对比实验,分析系统外加控制场、相互作用强度、弱测量观测算符等参数对状态实时估计效果性能的影响.

我们选择处于 z 方向恒定外加磁场 B_z 与 x 方向控制磁场 $B_x = A\cos\varphi$ 中的 $1/2$ 自旋粒子系综 S 的状态 $\rho(t)$ 作为被估计对象,薛定谔绘景下系统的初始状态为 $\rho(0)$,随时间 t 演化的状态用 $\rho(t)$ 表示.对系统 S 施加连续的弱测量,初始观测算符为 M_{i0},假设测量对系统造成的破坏较弱,即弱测量强度 $\lambda = \xi\Delta t \to 0$.考虑系统 S 具有随机噪声,该系统演化方程为(11.18).被测系统在磁场 B_z 中的本征频率为 $\omega_0 = \gamma B_z$,其中 γ 是粒子系综的自旋磁比,$\Omega = \gamma A$ 为系统的拉比(Rabi)频率,$\Omega \in \mathbf{R}$.

实验中用保真度 f 来表示系统状态重构的效果,定义保真度的计算公式为

$$f(t) = \mathrm{tr}\sqrt{\hat{\rho}(t)^{\frac{1}{2}}\rho(t)\hat{\rho}(t)^{\frac{1}{2}}} \tag{11.26}$$

其中,$\rho(t)$ 表示 t 时刻下的真实密度矩阵,$\hat{\rho}(t)$ 为对应的实时估计密度矩阵.

单比特自旋系统 S 的哈密顿量为:$H = H_0 + u_x H_x$,其中,$H_0 = -\dfrac{\hbar}{2}\omega_0\sigma_z$ 为自由哈密顿,$\sigma_z = \begin{bmatrix} 1 & 0 \\ 0 & -1 \end{bmatrix}$ 为 z 方向的泡利(Pauli)算符,$H_x = -\dfrac{\hbar\Omega}{2}(\mathrm{e}^{-\mathrm{i}\varphi}\sigma^- + \mathrm{e}^{\mathrm{i}\varphi}\sigma^+)$ 为控制哈密顿,$\sigma^- = \begin{bmatrix} 0 & 0 \\ 1 & 0 \end{bmatrix}$,$\sigma^+ = \begin{bmatrix} 0 & 1 \\ 0 & 0 \end{bmatrix}$,$u_x$ 为常值控制量,$u_x \in \mathbf{R}^+$.在仿真实验中,我们选择单比特自旋量子系统的初态为 $\rho(0) = (3/4, -\sqrt{3}/4, -\sqrt{3}/4, 1/4)$,对应 Bloch 球坐标为 $(\sqrt{3}/2, 0, 1/2)$.实验参数取 $\dfrac{\hbar}{2}\omega_0 = \Omega = 2.5 \times 10^{-18}$,控制场初始相位 $\varphi = 0$,取连续弱测量时间间隔 $\Delta t = 0.4 \times \dfrac{\hbar}{2}\omega_0 = 1 \times 10^{-18}$ s ≈ 4 a.u.,采样周期 $\Delta T = 0.1$ a.u.,控制量 u_x

分别取两种不同常值 $u_{x1}=0$，$u_{x2}=2$，每种控制量下分别选择两种观测算符 $M_z=\sigma_z=\begin{bmatrix}1 & 0 \\ 0 & -1\end{bmatrix}$，$M_x=\sigma_x=\begin{bmatrix}0 & 1 \\ 1 & 0\end{bmatrix}$.

11.1.3.1 无外加控制作用下系统状态的自由演化轨迹实验

本小节主要研究单比特开放量子系统在无外加控制磁场作用下的状态自由演化实验. 图 11.3 为 $u_x=0$ 时不同观测算符下系统真实状态 $\rho(t)$ 与实时估计状态 $\tilde{\rho}(t)$ 在 Bloch 球中的演化轨迹，其中红色实线对应真实的状态，蓝色虚线对应实时在线估计的状态，"o"表示真实状态的初态 $\rho(0)$，"*"表示实时估计状态的初态 $\tilde{\rho}(0)$，左、右两图分别对应于分别采用观测算符 M_z 与 M_x 情况下的系统状态估计结果.

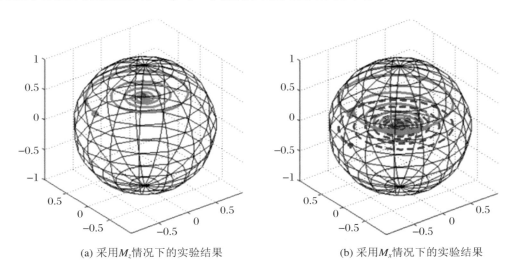

(a) 采用 M_z 情况下的实验结果   (b) 采用 M_x 情况下的实验结果

图 11.3　无外加调节作用下系统的自由演化及状态估计结果

从图 11.3 中可以看出，当系统外加调节量 $u_x=0$ 时，系统状态进行自由演化. 从图 11.3(a)中可以看出，当系统参数 $L=\sigma_z$，测量算符取 M_z 时，系统真实状态的自由演化轨迹为 x-y 平面上的向球内部耗散的螺旋线，此时对量子态在线估计结果始终为 x-y 平面上的轨迹与 z 轴的交点，无法实现对变化的量子态进行在线估计. 从图 11.3(b)中可以看出，当系统参数 $L=\sigma_x$、测量算符取 M_x 时，系统真实状态的演化轨迹为向球心的最大混合态收敛，此时对量子态在线估计结果为系统演化轨迹在 x-y 平面上的投影（蓝色虚线）. 这两种情况分别为所选择的观测算符 M_z 或 M_x 与系统自由哈密顿量 H_0 重合（平行）或正交，以至于连续测量无法获得系统状态的足够有效信息，因此无法实现对量子态的实时估计.

量子系统建模、特性分析与控制

11.1.3.2 外加恒定值作用下的量子态实时估计实验

本小节研究随机开放量子系统在外加恒定值磁场作用下的状态演化与实时估计,以及相互作用强度对状态演化轨迹的影响的实验.图 11.4 为 $u_x = 2$ 时,不同参数下系统真实状态 $\rho(t)$,以及实时估计状态 $\hat{\rho}(t)$ 在 Bloch 球中的演化轨迹,图 11.4(a) 与图 11.4(b) 分别对应随机噪声 $dW = 0.02$,相互作用强度分别为 $\xi = 0.3$ 与 $\xi = 0.5$,左、右两图分别对应观测算符为 M_z 与 M_x 情况下的实验结果.

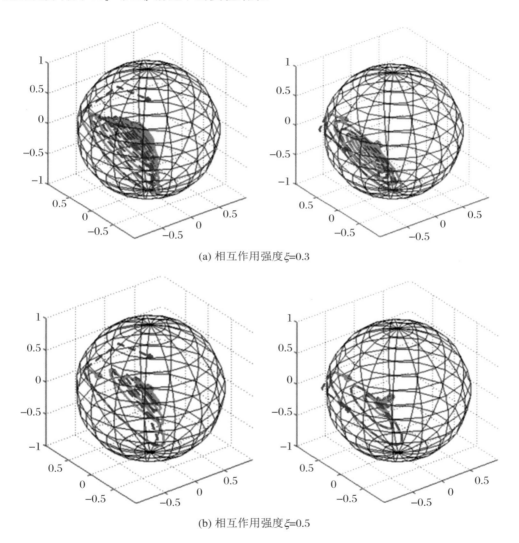

(a) 相互作用强度 $\xi = 0.3$

(b) 相互作用强度 $\xi = 0.5$

图 11.4 外加恒定控制作用下系统的状态演化轨迹

从图 11.4 中可以看出,当外加磁场控制量 $u_x = 2$ 时,系统的状态演化轨迹为 Bloch 球上与 x-y 平面具有一定夹角的圆弧,由于此时所选观测算符 M_z 或 M_x 与系统哈密顿不重合或正交,能够得到量子态的精确估计结果.从图 11.4(a) 和图 11.4(b) 中还可以看出,改变环境对系统的影响强度,即相互作用强度 ξ 的大小,也会使系统的演化轨迹发生变化,强度越大,演化轨迹变化越快;另外,图中估计状态轨迹与实际状态轨迹均在 $t_1 = 2\Delta T$ 及之后任意时刻重合,也就是在 t_1 时刻,开始首次得到精确实时估计结果.此结果说明,当所选系统状态密度矩阵非对角元素具有虚部时,基于压缩传感理论和连续弱测量对单量子比特系统进行状态重构,仅需 3 次连续测得的测量值,即可实时估计出系统的状态.

本节在考虑随机开放量子系统的退相干效应和随机噪声问题的情况下,研究了基于压缩传感理论和连续弱测量的量子态实时估计.本节研究的重要性在于通过实验,让我们了解清楚,初始观测算符以及系统参数的选取,对在线量子态估计的性能是有很大影响的.当观测算符与系统哈密顿不重合或正交时,连续测量可以获得系统的足够有效信息,进而实现量子态的精确实时估计,这种情况是需要靠外加控制量来实现的.换句话说,给量子系统外加了控制常值量,不论初始观测算符如何,都不会影响在线量子态的估计效果.

需要说明的是,MATLAB 环境下 CVX 工具箱中的算法实际上是离线算法,它需要对数据进行反复迭代,我们实际上是把离线算法在线用:在每一个采样周期里采用 CVX 多次迭代获得高精度的状态估计值.由于本节实验中是对单量子位状态进行在线估计,即使是完备测量也只要两次,所以,采用 CVX 算法是能够实现的.随着量子位数的增加,采用 CVX 是不合适的,需要开发出真正的在每一个采样周期里,通过一次迭代,实时地估计出量子态的在线优化算法.

11.2　n 比特随机量子系统 CWM 作用下测量值序列和采样矩阵的构造

在薛定谔绘景下,n 比特随机量子系统的主方程可以描述为

$$\rho_{t+\Delta t} - \rho_t = -\frac{i}{\hbar}[H(t), \rho_t]\Delta t + (L\rho_t L^\dagger$$

量子系统建模、特性分析与控制

$$- \frac{1}{2}(L^{\dagger}L\rho_t + \rho_t L^{\dagger}L))\Delta t + \sqrt{\eta}(L\rho_t + \rho_t L^{\dagger})\mathrm{d}W$$

$$: = -\frac{\mathrm{i}}{\hbar}[H(t),\rho_t]\Delta t + D(L,\rho_t)\Delta t + H(L,\rho_t)\mathrm{d}W \tag{11.27}$$

其中, $\hbar$ 为普朗克常量(为了方便,取 $\hbar=1$); ρ_t 为 t 时刻的密度矩阵; $H(t)$ 为系统哈密顿量;Lindblad 算符 L 表征被测量子系统与探测系统之间的耦合作用,上标"$\dagger$"代表共轭转置; $\eta \in (0,1]$ 为测量效率; $\mathrm{d}W$ 为某一概率空间 (Ω, F, P) 上的标准维纳过程并满足 $E(\mathrm{d}W) = 0$ 且 $E((\mathrm{d}W)^2) = \Delta t$; $D(L,\rho_t)\Delta t$ 刻画了测量过程带来的确定性的退相干作用,而 $H(L,\rho_t)\mathrm{d}W$ 则刻画了测量过程引起的随机的量子态塌缩.

根据 11.1.1 小节中连续弱测量过程及其推导,可以得到作用在单比特随机开放量子系统状态上的 2×2 维的测量算符为式(11.15): $m_0(\Delta t) = I - (L'^{\dagger}L'/2 + \mathrm{i}H'(t))\Delta t$, $m_1(\Delta t) = L'\sqrt{\Delta t}$, 其中, $H'(t) = H_0 + H_c(t) = H_0 + u_1(t)H_1$, $L' = \xi\sigma$, ξ 为被测量子系统与探测系统之间的相互作用强度, σ 可在 Pauli 矩阵 $\sigma_x = \begin{bmatrix} 0 & 1 \\ 1 & 0 \end{bmatrix}$, $\sigma_y = \begin{bmatrix} 0 & -\mathrm{i} \\ \mathrm{i} & 0 \end{bmatrix}$ 和 $\sigma_z = \begin{bmatrix} 1 & 0 \\ 0 & -1 \end{bmatrix}$ 中选择;综合考虑测量效率及其反向效应的影响,可得一个 2×2 维密度矩阵的演化算符为 $a_i(\Delta t) = m_i(\Delta t) + \sqrt{\eta}L'\mathrm{d}W$, $i = 1,2$.

更一般地,对于 n 比特随机量子系统,其 $2^n \times 2^n$ 维的测量算符可以在单比特量子系统的基础上借助克罗内克(Kronecker)积构造为

$$\begin{cases} M_0(\Delta t) = \underbrace{m_0(\Delta t) \otimes \cdots \otimes m_0(\Delta t) \otimes m_0(\Delta t)}_{n} \\ M_1(\Delta t) = \underbrace{m_0(\Delta t) \otimes \cdots \otimes m_0(\Delta t) \otimes m_1(\Delta t)}_{n} \\ \vdots \\ M_{2^n-1}(\Delta t) = \underbrace{m_1(\Delta t) \otimes \cdots \otimes m_1(\Delta t) \otimes m_1(\Delta t)}_{n} \end{cases} \tag{11.28}$$

$2^n \times 2^n$ 维的密度矩阵演化算符在单比特量子系统的基础上借助克罗内克积构造为

$$\begin{cases} A_0(\Delta t) = \underbrace{a_0(\Delta t) \otimes \cdots \otimes a_0(\Delta t) \otimes a_0(\Delta t)}_{n} \\ A_1(\Delta t) = \underbrace{a_0(\Delta t) \otimes \cdots \otimes a_0(\Delta t) \otimes a_1(\Delta t)}_{n} \\ \vdots \\ A_{2^n-1}(\Delta t) = \underbrace{a_1(\Delta t) \otimes \cdots \otimes a_1(\Delta t) \otimes a_1(\Delta t)}_{n} \end{cases} \tag{11.29}$$

435

令 $t = k \cdot \Delta t, k = 1, 2, \cdots, N$，可以得到与式(11.27)等价的离散型 n 比特随机量子系统的密度矩阵和测量算符的演化方程为

$$\rho_{k+1} = \sum_{i=0}^{2^n-1} A_i(\Delta t) \rho_k A_i^{\dagger}(\Delta t) \tag{11.30}$$

$$M_{k+1} = \sum_{i=0}^{2^n-1} M_i(\Delta t) M_k M_i^{\dagger}(\Delta t) \tag{11.31}$$

通过宏观测量仪器读出的量子系统实验装置的输出值 y 指的是测量算符 M 作用在密度矩阵上的平均值. 在薛定谔绘景下，记初始测量算符为 M_1，每一个采样时刻 k 都可获得一个只与当前时刻的密度矩阵 ρ_k 有关的测量值 $y_k = \langle M_1, \rho_k \rangle = \mathrm{tr}(M_1^{\dagger} \rho_k) = \mathrm{vec}^{\dagger}(M_1) \mathrm{vec}(\rho_k)$. 显然，仅凭借单次测量结果难以实现对密度矩阵的实时重构，不过得到的测量值是随着测量次数的增加而增多的，我们根据历史测量值与 ρ_k 之间的关系构造一组动态变化的测量值序列来建立含有待估计元素的方程组，在一定的测量次数后就能实现在每一个测量时刻高精度地实时重构出 ρ_k. 在 $i = 1, \cdots, k$ 的每一个时刻，所得到的每一个测量值 $\{y_i\}_{i=1}^{k}$ 与 k 时刻的密度矩阵 ρ_k 之间的关系式为

$$y_i = \mathrm{tr}(M_{k-i+1}^{\dagger} \rho_k) = \mathrm{vec}^{\dagger}(M_{k-i+1}) \mathrm{vec}(\rho_k), \quad i = 1, \cdots, k \tag{11.32}$$

我们将 k 时刻及其之前的测量值共同组成一个测量值序列：$b_k = [y_1, \cdots, y_i, \cdots, y_k]^{\mathrm{T}}$. 测量值序列的具体构造方法如表 11.1 所示.

表 11.1　测量值序列的构造方法

	y_1	y_2	$\cdots$	y_k
b_1	$\mathrm{tr}(M_1^{\dagger} \rho_1)$	/	$\cdots$	/
b_2	$\mathrm{tr}(M_2^{\dagger} \rho_2)$	$\mathrm{tr}(M_1^{\dagger} \rho_2)$	$\cdots$	/
$\vdots$	$\vdots$	$\vdots$	$\vdots$	$\vdots$
b_k	$\mathrm{tr}(M_k^{\dagger} \rho_k)$	$\mathrm{tr}(M_{k-1}^{\dagger} \rho_k)$	$\cdots$	$\mathrm{tr}(M_1^{\dagger} \rho_k)$

有关式(11.32)的推导证明将在 11.4 节给出.

容易看出，k 取值的增大会加重实时量子态估计算法的计算负担，进而导致较长的迭代时间. 因此，我们借鉴递推限定记忆最小二乘法的思想引入滑窗以便保证在充分利用测量值的历史信息的同时，不至于使得计算负担过重. 滑窗中的数据按照"先入先出"的策略进行更新，即数据量达到滑窗长度 l 之后，每增加一个新数据信息的同时，删除一个老数据信息，数据的长度维持不变. 带有滑窗的测量值序列为

$$b_k = [y_{\max(1, k-l+1)}, \cdots, y_{k-1}, y_k]^{\mathrm{T}} \tag{11.33}$$

与海森伯绘景下借助量子系统动态演化的模型获取 k 时刻量子态的方法不同,本节提出的测量值序列构造方法是实时估计出 k 时刻的量子态.

根据测量值与密度矩阵之间的关系式(11.32),可以得到与 b_k 对应的采样矩阵 A_k 为

$$A_k = \left[\mathrm{vec}(M_{\min(k,l)}), \cdots, \mathrm{vec}(M_2), \mathrm{vec}(M_1) \right]^{\dagger} \tag{11.34}$$

当采样次数大于等于 l 时,A_k 保持不变. 考虑到测量过程额外引入了高斯噪声,式 (11.32)应修正为 $y_i = \mathrm{vec}^{\dagger}(M_{k-i+1})\mathrm{vec}(\rho_k) + e_i, i = 1, \cdots, k$,其中 $e_i \in \mathbf{R}$ 为高斯白噪声.此时,n 比特随机量子系统在 CWM 作用下 b_k 与 A_k 的关系为

$$b_k = A_k \mathrm{vec}(\rho_k) + e_k \tag{11.35}$$

11.3 含有测量噪声的时变量子态的在线估计算法

受在线交替方向乘子法(online alternating direction multiplier method,OADM)的启发,本节我们提出一种恢复时变量子态在线量子态估计(quantum state estimation,QSE)算法:QSE-OADM.具体而言,在 QSE-OADM 中,密度矩阵恢复子问题和测量噪声最小化子问题是分开求解的,无须迭代运行算法,这使得所提出的方法比以往的工作效率更高.

我们首先定义一个二次型虚范数:$\| x \|_P^2 = x^{\dagger} P x$,其中,$x \in \mathbf{C}^{m \times 1}$,它是一个向量;$P \in \mathbf{C}^{m \times m}$ 为一个对称正定权值矩阵,所以,在采样时刻 k,在线 QSE 算法可以被写成一个带有约束的凸优化问题:

$$\begin{cases} \min\limits_{\hat{\rho}, \hat{e}} \| \mathrm{vec}(\hat{\rho} - \hat{\rho}_{k-1}) \|_{\omega I_1}^2 + I_C(\hat{\rho}) + \| \hat{e} \|_{\gamma I_2}^2 \\ \mathrm{s.t.} \quad A_k(\hat{\rho}) + \hat{e} = b_k \end{cases} \tag{11.36}$$

其中,$\hat{\rho}$ 为待估计的量子态密度矩阵;$\hat{e}$ 为测量噪声;$\| \mathrm{vec}(\hat{\rho} - \hat{\rho}_{k-1}) \|_{\omega I_1}^2$ 代表在采样时刻 k,被估计状态 $\hat{\rho}$ 与上一时刻估计值 $\hat{\rho}_{k-1}$ 之间的距离,它反映了在线估计不希望很快忘记已经学到的状态.$\| \hat{e} \|_{\gamma I_2}^2$ 意味着减小当前估计状态的测量误差,也是常用的去噪方法;二次伪范数的权矩阵具体分别取为 ωI_1 和 γI_2,其中,$\omega > 0, \gamma > 0$,分别为权重参

数.I_1 和 I_2 位数分别为 d^2 和 $\min(k,I)$;凸集 $C_:=\{\rho\geqslant 0,\operatorname{tr}(\rho)=1,\rho^\dagger=\rho\}$ 代表量子态约束,当量子态满足 C,示性函数 $I_C(\hat\rho)$ 等于 0,否则,示性函数 $I_C(\hat\rho)$ 为无穷大.

11.3.1 带测量噪声的在线 QSE 算法推导

我们引入在线交替方向乘子法来开发在线 QSE 算法.对于具有可分离双目标变量 $\hat\rho$ 和 $\hat e$ 的约束在线凸优化问题(11.36),OADM 的基本思想是将其分解为两个子问题并交替求解.OADM 的框架是依次最小化两个原变量对应的增广拉格朗日函数,最后通过双梯度上升更新拉格朗日乘子.因此,在每个采样时间 k 之后,只需要一次更新就可以计算原始变量和拉格朗日乘数 k.

式(11.36)的拉格朗日函数为

$$L_k(\hat\rho,\hat e,\lambda)=I_C(\hat\rho)+\|\operatorname{vec}(\hat\rho-\hat\rho_{k-1})\|_{\omega I_1}^2+\|\hat e\|_{\gamma I_2}^2-\langle\lambda,A_k\operatorname{vec}(\hat\rho)+\hat e-b_k\rangle$$
$$+(\alpha/2)\|A_k(\hat\rho)+\hat e-b_k\|_2^2 \tag{11.37}$$

其中,λ 是拉格朗日乘子,$\alpha>0$ 为惩罚参数.

在采样时间 k 时,基于 OADM 的在线 QSE 算法中,估计的密度矩阵 $\hat\rho_k$、高斯噪声 $\hat e_k$ 和拉格朗日乘数 λ_k 分别为

$$\hat\rho_k=\arg\min_{\hat\rho}\left\{\frac{\alpha}{2}\|A_k\operatorname{vec}(\hat\rho)+\hat e_k-b_k-\lambda_{k-1}/\alpha\|_2^2+I_C(\hat\rho)\right.$$
$$\left.+\|\operatorname{vec}(\hat\rho-\hat\rho_{k-1})\|_{WI_1}^2\right\} \tag{11.38a}$$

$$\hat e_k=\arg\min_{\hat e}\left\{\|e\|_{\gamma I_2}^2+\frac{\alpha}{2}\|A_k\operatorname{vec}(\hat\rho)+\hat e_{k-1}-b_k-\lambda_{k-1}/\alpha\|_2^2\right\} \tag{11.38b}$$

$$\lambda_k=\lambda_{k-1}-\alpha(A_k\operatorname{vec}(\hat\rho)+\hat e_k-b_k) \tag{11.38c}$$

注意,k 表示采样时间,在其中我们应用连续测量和估计修正,只对式(11.38)执行一次迭代,以便设计一种适用于实时实现的计算的方法.我们将显式地提出一种求解式(11.38)中的两个最优问题的有效方法,通过在式(11.38a)、式(11.38b)中更新原始变量 $\hat\rho,\hat e$ 来求解这两个优化问题.拉格朗日乘子 λ 可以直接通过式(11.38c)获得.

更新 $\hat\rho_k$:对于量子态密度矩阵的子问题,它包含一个关于量子态密度和两个二次项

的不可微示性函数,其中包括最小二乘惩罚项和二次伪范数项.

 既然示性函数可以通过投影来求解,因此,$\hat{\rho}$ 的求解过程可以分为两个步骤:我们首先解决一个在不考虑指标函数的情况下,相对简单的无约束问题,得到满足约束条件的估计态 $\hat{\rho}_k$,然后再通过求解投影问题来得到满足量子态的约束条件的估计状态 $\hat{\rho}$.

 步骤 1 忽略示性函数 $I_C(\hat{\rho})$,并令 u 表示常数 $u = b_k + (\lambda_{k-1}/\alpha) - \hat{e}_{k-1}$,子问题(11.38a)可以写成无约束凸问题:

$$\widetilde{\rho}_k = \arg \min_{\widetilde{\rho}} \left(\frac{\alpha}{2} \| A_k \mathrm{vec}(\hat{\rho}) + u \|_2^2 + \| \mathrm{vec}(\hat{\rho} - \hat{\rho}_{k-1}) \|_{Wl_1}^2 \right) \quad (11.39)$$

其中,$\widetilde{\rho}_k$ 为不考虑量子约束的估计状态.

 因为式(11.39)中的所有项都是可微的,所以最优解 $\hat{\rho}_k$ 可直接用一阶最优性条件:$\alpha A_k^\dagger (A_k \mathrm{vec}(\widetilde{\rho}) - u) + 2W \mathrm{vec}(\widetilde{\rho} - \hat{\rho}_{k-1}) = 0$ 来求解,得到最优解为

$$\mathrm{vec}(\widetilde{\rho}_k) = (W^{-1} + A_k^* V^{-1} A_k)^{-1}(W^{-1} + \mathrm{vec}(\hat{\rho}_{k-1}) + A_k^* V^{-1} u) \quad (11.40)$$

其中,$W^{-1} + A_k^* V^{-1} A_k$ 是一个非奇异矩阵,$A_k^* = A_k^\dagger$;$W = \frac{1}{2W} I_1 > 0$,$V = \frac{1}{\alpha} I_3 > 0$,$A_k^\dagger A_k$ 是半正定矩阵,I_3 为具有动态维数 $\min(k, I)$ 的单位矩阵.

 根据矩阵逆定理,可得

$$(W^{-1} + A_k^* V^{-1} A_k)^{-1} = W - W A_k^* (V + A_k W A_k^*)^{-1} A_k W \quad (11.41)$$

$$(W^{-1} + A_k^* V^{-1} A_k)^{-1} = W A_k^* (V + A_k W A_k^*)^{-1} \quad (11.42)$$

式(11.40)的最优解为

$$\mathrm{vec}(\widetilde{\rho}_k) = \mathrm{vec}(\hat{\rho}_{k-1}) + A_k^\dagger \left(\left(\frac{2W}{\alpha} I_3 + A_k A_k^\dagger \right)^{-1} (u - A_k \mathrm{vec}(\hat{\rho}_{k-1})) \right) \quad (11.43)$$

 步骤 2 考虑示性函数 $I_C(\hat{\rho})$ 的影响,求解同时满足量子态约束的 $\hat{\rho}_k$,可以通过求解以下凸优化问题:

$$\begin{cases} \hat{\rho}_k = \arg \min_{\hat{\rho}} \{ \| \mathrm{vec}(\hat{\rho} - \widetilde{\rho}_k) \|_{l_1}^2 \} \\ \mathrm{s.\,t.} \quad \rho \geqslant 0, \mathrm{tr}(\rho) = 1, \rho^\dagger = \rho \end{cases} \quad (11.44)$$

也可以利用 $(\widetilde{\rho}_k + \widetilde{\rho}_k^\dagger)/2$ 的厄米特性,采用 $(\widetilde{\rho}_k + \widetilde{\rho}_k^\dagger)/2$ 代替式(11.44)中的 $\widetilde{\rho}_k$ 来确保被估计出的状态满足厄米矩阵的约束条件:$\hat{\rho}^\dagger = \hat{\rho}$.既然需要计算出密度矩阵的元素,将式(11.44)简化为密度矩阵的投影问题:

$$\begin{cases} \hat{\rho}_k = \arg\min_{\hat{\rho}} \| \hat{\rho} - (\tilde{\rho}_k + \tilde{\rho}_k^\dagger)/2 \|_F^2 \\ \text{s.t.} \quad \hat{\rho}_0, \text{tr}(\hat{\rho}) = 1 \end{cases} \tag{11.45}$$

其中，$\| \cdot \|_F$ 为 Frobenius 范数.

本质上式(11.45)是一个半定规划问题，可以通过内点法来求解. 我们在此通过采用奇异值分解，设计一种直接求解方法，利用 $(\tilde{\rho}_k + \tilde{\rho}_k^\dagger)/2$ 的幺正相似性，对 $(\tilde{\rho}_k + \tilde{\rho}_k^\dagger)/2$ 进行特征值分解 $U \text{diag}\{a_i\} U^\dagger$，其中，$\text{diag}\{a_1, \cdots, a_d\}$ 为对角矩阵，其特征值按非增顺序排列；$U \in \mathbf{C}^{d \times d}$ 为酉矩阵. 此时，式(11.45)的最优解可以写为

$$\hat{\rho}_k = U \text{diag}\{\sigma_i\} U^\dagger \tag{11.46}$$

其中，$\text{diag}\{\sigma_1, \cdots, \sigma_d\}$ 为满足量子约束条件下的密度矩阵 $\hat{\rho}_k$ 的奇异值，$\{\sigma_i\}_{i=1}^d$ 可以通过优化问题求解出

$$\begin{cases} \min_{\{\sigma_i\}} \dfrac{1}{2} \displaystyle\sum_{i=1}^d (\sigma_i - a_i)^2 \\ \text{s.t.} \quad \displaystyle\sum_{i=1}^d \sigma_i = 1, \sigma_i \geqslant 0 \end{cases} \tag{11.47}$$

式(11.47)的拉格朗日函数为

$$L\{\sigma_i, \kappa_i, \beta\} = \frac{1}{2} \sum_{i=1}^d (\sigma_i - a_i)^2 - \kappa_i \sigma_i + \beta\left(\sum_{i=1}^d \sigma_i - 1\right) \tag{11.48}$$

其中 $\{\kappa_i\}_{i=1}^d$ 和 β 为拉格朗日乘子.

对于凸优化问题(11.47)，我们可以满足 KKT 条件找到最优值 σ_i^*，κ_i^* 和 β_i^* 为：$\sigma_i^* \geqslant 0$，$\sum_{i=1}^d \sigma_i^* = 1$，$\kappa_i^* \geqslant 0$，$\kappa_i^* \sigma_i^* = 0$，以及 $\sigma_i^* - a_i - \kappa_i^* + \beta^* = 0$（$i = 1, \cdots, d$），通过化简抵消 κ_i^*，我们可以获得方程组

$$\begin{cases} \sigma_i^* \geqslant 0 & \text{(11.49a)} \\ \sigma_i^* \geqslant a_i - \beta^* & \text{(11.49b)} \\ \sigma_i^* (\sigma_i^* - (a_i - \beta^*)) = 0 & \text{(11.49c)} \\ \displaystyle\sum_{i=1}^d \sigma_i^* = 1 & \text{(11.49d)} \end{cases}$$

根据式(11.49b)，最优解的求解可以分为两种情况：① 当 $\sigma_i^* > a_i - \beta^*$ 时，根据式(11.49c)，可知此时 $\sigma_i^* = 0$，并同时存在 $a_i < \beta^*$；② 当 $\sigma_i^* = a_i - \beta^*$ 时，此时结合式

(11.49a),可知有 $a_i \geqslant \beta^*$ 成立.因此,我们可以获得

$$\sigma_i^* = \max\{a_i - \beta^*, 0\} \tag{11.50}$$

其中,最优拉格朗日乘子 β^* 可以利用式(11.49d)的条件 $\sum\limits_{i=1}^{d} \max\{a_i - \beta^*, 0\} = 1$ 求出.

具体地,我们通过令 $\beta^* = a_i$ 来判断最优乘子 β^* 的所属区间,假设在区间 $[a_q, a_{q+1}]$ 内有 $a_q - \beta^* \geqslant 0$ 和 $a_{q+1} - \beta^* < 0$ 成立,因此最优的 β^* 可以根据 $\sum\limits_{i=1}^{q} (a_i - \beta^*) = 1$ 计算为

$$\beta^* = \left(\sum_{i=1}^{q} a_i - 1\right) / q \tag{11.51}$$

更新 $\hat{e}_k$:式(11.38b)是一个无约束二次规划,我们可以直接根据一阶最优条件,得到一个解析解.因此,$\hat{e}_k$ 的更新公式为

$$\hat{e}_k = (\alpha/(2\gamma + \alpha))(b_k + \lambda_{k-1}/\alpha - A_k \mathrm{vec}(\hat{\rho}_k)) \tag{11.52}$$

本节提出的在线 QSE 算法(QSE-OADM)的总结见算法 11.1.

算法 11.1　QSE-OADM

初始化:$\hat{\rho}_0, e_0 = 0, \lambda_0 = 0$;取 $W, \gamma, \alpha > 0$;滑动窗口长度 $l \in \mathbf{Z}^+$.

(1) for $k = 1, 2, \cdots, $ do;

(2) 获取测量输出 b_k;

(3) 根据式(11.39)计算状态 $\widetilde{\rho}_k$;

(4) 通过对 $(\widetilde{\rho}_k + \widetilde{\rho}_k^\dagger)/2$ 进行奇异值分解得到 $U\mathrm{diag}\{a_i\}U^\dagger$;

(5) 根据式(11.51)求出 β^*;

(6) 根据式(11.50)计算 $\sigma_i^* = \max\{a_i - \beta^*, 0\}$;

(7) 根据式(11.46)获得 $\hat{\rho}_k = U\mathrm{diag}\{\sigma_i\}U^\dagger$;

(8) 根据式(11.52)求出 $\hat{e}_k = (\alpha/(2\gamma + \alpha))(b_k + \lambda_{k-1}/\alpha - A_k \mathrm{vec}(\hat{\rho}_k))$;

(9) 根据式(11.38c)求出 λ_k;

(10) end for.

与离线 QSE 算法的估计目标态为固定状态相比,基于 CWM 的在线 QSE 算法的估计目标 ρ_k 随时间变化,是一个动态目标估计问题.此外,在一些离线算法中,假设估计的状态是稀疏的、低秩的,而在线估计的量子态是一种更一般的态.此外,在线算法仅得到估计状态 $\hat{\rho}_k$ 一个迭代.离线算法对同一组数据通过多次迭代,最终得到状态估计.

本小节提出的 QSE-OADM 算法与基于 11.1 节中 CVX 的优化算法（Yang et al., 2018）比较，主要区别在于求解密度矩阵子问题的方法. 基于 CVX 的优化算法实际上是采用 LS 算法，不考虑测量噪声，采用离线 MATLAB 环境下的凸优化工具箱作为求解器，这是不实际的在线处理. 本小节提出的算法 QSE-OADM 对求解步骤进行了分解，并在每次估计中精确求解了时变量子态的估计密度矩阵，使得所提出的方法更加高效.

本小节所提出的 QSE-OADM 算法，密度矩阵更新规则为式（11.43），其中 $\frac{2W}{\alpha}I_3 + A_k A_k^{\dagger}$ 计算复杂度为 $O(l^2 d^2)$，它的求逆的计算复杂度为 $O(d^3)$，小于 $O(l^2 d^2)$，因为 $l < d^2$. 此外，采样矩阵 A_k 当采样次数 $k \geqslant l$ 后保持不变，所以 $\frac{2W}{\alpha}I_3 + A_k A_k^{\dagger}$ 只需要计算 l 次. 因此，总计算复杂度是 $l \times O(l^2 d^2)$. 式（11.46）中密度矩阵奇异值分解的复杂度是 $O(d^3)$. 由于每种估计都有严格的量子态约束，因此总计算复杂度为 $N \times O(d^3)$. 所以，QSE-OADM 算法的总的计算复杂度是 $l \times O(l^2 d^2) + N \times O(d^3)$.

11.3.2　数值对比实验及其结果分析

本小节进行数值实验，以在线评估所提出的 QSE-OADM 算法在时变状态重构性能方面的特性. 在实验中，测量记录序列由式（11.35）：$b_k = A_k \mathrm{vec}(\rho_k) + e_k$ 构成. 估计系统的真量子态 ρ_k 由式（11.30）生成，相应的采样矩阵 A_k 由式（11.34）定义. 二能级量子系统的弱测量算符中 $L = \xi \sigma_z, H = \sigma_z + u_x \sigma_x$；仿真实验以 $n = 4$ 量子位系统为研究对象，系统相互作用强度 $\xi = 0.7$；外加控制量强度 $u_x = 2$；系统测量效率 $\eta = 0.5$；系统随机噪声 $\mathrm{d}W = 0.001$；高斯测量噪声 e_x 信噪比（signal-to-noise ratio，SNR）为 40 dB. 在线量子态估计过程中，系统采样次数设置为 $N = 500$. 对于 n 比特量子系统模型，状态初始值选取为 $\rho_1^n = \underbrace{\rho \otimes \cdots \otimes \rho}_{n}, \rho = [0.5, (1-\mathrm{i})/\sqrt{8}; (1+\mathrm{i})/\sqrt{8}, 0.5]$；估计状态的初始值选取为 $\hat{\rho}_1^n = \underbrace{\hat{\rho} \otimes \cdots \otimes \hat{\rho}}_{n}, \hat{\rho} = [0,0;0,1]$；初始测量算符 $M_1^n = \underbrace{\sigma_z \otimes \cdots \otimes \sigma_z}_{n}$.

对于估计量子态的精度衡量标准，本小节选取了两种性能指标，第一种是估计误差的归一化距离 $D(\rho_k, \hat{\rho}_k)$，定义为

$$D(\rho_k, \hat{\rho}_k) := \|\rho_k - \hat{\rho}_k\|_{\mathrm{F}}^2 / \|\rho_k\|_{\mathrm{F}}^2 \tag{11.53}$$

其中，ρ_k 为真实量子态，$\hat{\rho}_k$ 为相应的估计状态.

第二种是保真度 $fidelity(\rho_k,\hat\rho_k)$，定义为

$$fidelity(\rho_k,\hat\rho_k):=\mathrm{tr}(\sqrt{\sqrt{\hat\rho_k}\rho_k\sqrt{\hat\rho_k}})\qquad(11.54)$$

保真度的值在 0 和 1 之间，越接近于 1 则认为两个量子态越相似.

本小节我们将所提优化算法 QSE-OADM 分别与矩阵指数梯度（MEG）（Youssry et al.，2019），以及 OPG-ADMM（Zhang et al.，2020）的估计性能进行对比研究. OPG-ADMM 采用在线近端梯度差分下降法近似求解 $\hat\rho$ 子问题，在上增加一个近端项来执行近端梯度，然后通过求解一个半定规划问题. MEG 的目标函数由两项组成，第一项是估计状态 $\hat\rho$ 和前一次估计 $\hat\rho_{k-1}$ 之间的 Umegaki's 量子相对熵，第二项是被估计状态的测量误差的平方. 在没有投影操作的情况下，通过密度的指数和轨迹归一化矩阵，MEG 保证估计的状态满足量子态约束. 然而，密度矩阵的指数涉及奇异值分解，其计算复杂度与 $\hat\rho$ 子问题中的投影运算相一致.

11.3.2.1 估计初始状态对三种算法性能的影响实验

对于状态实时跟踪算法来说，不同的估计初始状态会影响算法性能. 当初始状态与实际初始状态偏差较大时，可能会导致估计误差积累，无法及时准确地进行状态估计. 此外，为了直观地反映估计结果，我们选择了在 Bloch 球上可以清晰地画出演化轨迹的单量子位系统. 因此，我们将所提出的 QSE-OADM 与 OPG-ADMM 和 MEG 算法在两种不同的初始估计状态下进行比较：$[0.75,\sqrt3/4;\sqrt3/4,0.25]$ 和 $[0.5,(1+\mathrm{i})/\sqrt8;(1-\mathrm{i})/\sqrt8,0.5]$. 选择滑动窗口的大小为 $l=16$，证明了滑动窗口的大小足以重构 1 量子位系统的密度矩阵. QSE-OADM 中涉及三个参数：权重参数 w 和 γ；QSE-OADM 算法中的惩罚参数 α. 在实验中，我们选择 $w=0.1$，$\gamma=\sqrt{d}/k$；惩罚参数 $\alpha=2$. 所有的模拟都在 *MATLAB R2016a* 下运行，*Inter Core i7-8750M CPU*，*2.2 GHz* 时钟，*16 GB* 内存.

三种算法在两种不同估计初始状态下的在线状态估计轨迹如图 11.5 所示，其中，红色圆圈和蓝色星星分别表示真实状态和估计状态的初值. *Bloch* 球中的红色实线和蓝色虚线是真实的量子态轨迹和估计的态轨迹. 真实的量子态演化是随时间变化的自由演化轨迹，从 *Bloch* 球表面到球中心自由演化.

443

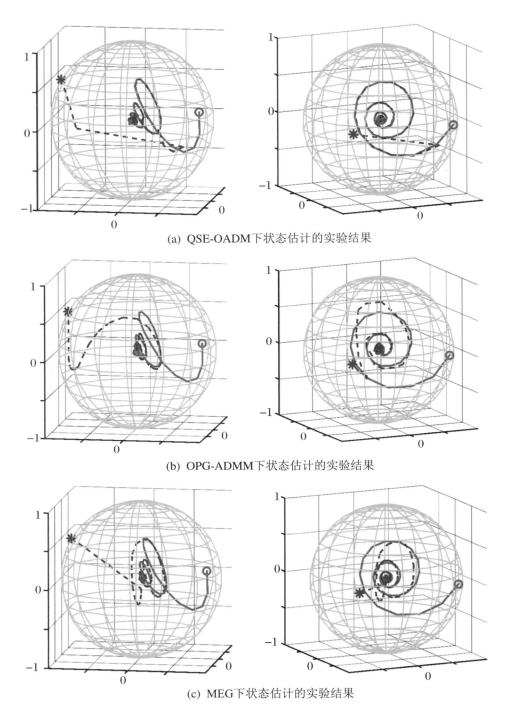

(a) QSE-OADM下状态估计的实验结果

(b) OPG-ADMM下状态估计的实验结果

(c) MEG下状态估计的实验结果

图 11.5　三种算法在两种不同估计初始状态下的在线状态估计轨迹

对于两种不同估计初始状态下,估计状态保真度达到大于 99% 所需要的采样次数如表 11.2 所示.

表 11.2　不同估计初始状态下达到估计性能的采样次数

算法	初态 1 采样次数、保真度	初态 2 采样次数、保真度
QSE-OADM	3,99.71%	3,99.48%
OPG-ADMM	11,99.12%	13,99.63%
MEG	10,99.67%	14,99.87%

从图 11.5 和表 11.2 中可以看出,与 OPG-ADMM 和 MEG 相比,QSE-OADM 对不同初始状态的估计只需 3 步即可精确地实现实时状态估计.从图 11.5 中的估计状态的跟踪轨迹路线中也可以清楚看出,QSE-OADM 能够以最快的速度,在最短的采样次数下跟踪上变化的真实状态.因此,QSE-OADM 对估计的初始状态具有更强的鲁棒性和快速高精度的在线估计量子态的能力.

11.3.2.2　三种算法最少采样性能对比实验

为了验证在线 QSE 算法的有效性,我们比较了 QSE-OADM、OPG-ADMM 和 MEG 算法在不同滑动窗口大小下的在线估计性能.滑动窗口的大小可以看作估计精度和计算工作量之间的权衡.在每个窗口大小 l 处,比较标准是归一化距离 $D(\hat{\rho}_k, \rho_k)$ 小于基线 0.1 所需的最小采样次数 $k_{\min}$.值得注意的是,$k_{\min}$ 是在线状态估计算法的精度和跟踪速度的综合体现.$k_{\min}$ 的数目预计会更小,说明动态状态可以有效地重建.在本实验中,对于 4 量子位系统,滑动窗口的大小取 $l = 1, \cdots, 100$.图 11.6 为三种算法分别运行 10 次后每个窗口大小的 $k_{\min}$ 平均值和标准差范围.

从图 11.6 中可以看出:

(1) 随着滑动窗口大小的增加,采样次数 $k_{\min}$ 逐渐减小并趋于稳定.如图 11.6 中黑色虚线所示,达到性能的 QSE-OADM 算法的最少采样次数 $k_{\min}$ 为 71,OPG-ADMM 和 MEG 的最少采样次数 $k_{\min}$ 为 170.结果表明,QSE-OADM 算法能够以最少采样次数实现高精度的在线量子态估计.

(2) 最小滑动窗口大小 QSE-OADM、OPG-ADMM 和 MEG 算法实现期望估计性能的采样次数分别为 68,80 和 85,与 OPG-ADMM 和 MEG 相比,QSE-OADM 算法达到期望性能所需要的采样次数最少,该性能为三种算法中最优的.

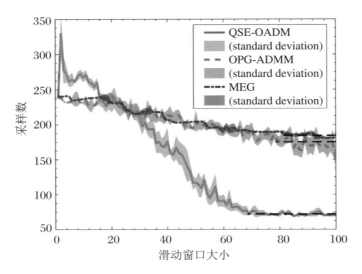

图 11.6　不同窗口下三种不同算法的估计性能实验结果

11.3.2.3　三种算法在线估计性能的对比实验

为验证在线处理性能,在相同滑动窗口大小 $l = 70$ 下,我们采样所提出的 QSE-OADM 算法与 OPG-ADMM 算法和 MEG 算法,分别对 4 量子位状态进行在线估计精度的性能对比实验.图 11.7 描述了标准化距离 $D(\rho_k, \hat{\rho}_k)$ 关于采样次数的在线估计过程.

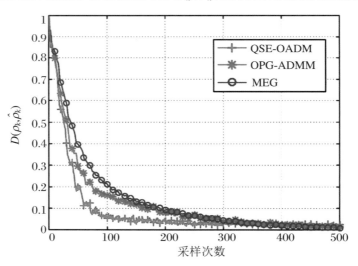

图 11.7　三种算法在线处理性能对比实验结果

我们比较了 QSE-OADM、OPG-ADMM 和 MEG 算法在第 100 次在线估计时的归一化距离分别是 0.0541, 0.1589, 0.2118, QSE-OADM 算法的归一化估计误差是三种算法中最小的,此时 QSE-OADM、OPG-ADMM 和 MEG 算法的保真度分别为 98.77%,83.24% 和 76.39%. 在相同的采样次数下, QSE-OADM 算法的估计精度是三种算法中最高的. QSE-OADM、OPG-ADMM 和 MEG 算法的平均运行时间分别为:(4.19 ± 0.41) $\times 10^{-4}$ s, $(9.75 \pm 0.12) \times 10^{-4}$ s 和 $(1.21 \pm 0.06) \times 10^{-3}$ s. 同时, QSE-OADM、OPG-ADMM 和 MEG 算法分别需要 71, 161 和 191 次采样分别到达归一化距离小于 0.1 (或保真度大于 97.57%). 可以看到 QSE-OADM 算法以最少的平均运行时间和最少的采样次数实现非常高精度的在线状态跟踪. 因此,该算法进行跟踪动态量子态具有快速高效的优越性.

本节提出了一种新的在线 QSE-OADM 算法,根据每一时刻获取的测量值,构造出序列测量矩阵,并精确地解决了每一次实时估计中的两个子问题. 为了实现高估计精度和提高效率,采用了滑动窗口. 我们提出的算法能够高效且快速地估计动态量子态. 为多量子位量子系统中状态估计的在线解决提供一种可实现的方案.

11.4 基于状态在线估计的单量子态反馈控制

11.4.1 基于 OADM 的量子态在线估计

11.4.1.1 基于连续弱测量的测量值序列

基于状态在线估计的量子系统的状态反馈控制过程如图 11.8 所示,其中,被控系统 S 对应具有退相干效应和随机噪声的单比特开放量子系统,P 为探测系统,也称为探针,与被控系统发生耦合称为联合系统 $S \otimes P$, ρ_f 为量子系统的期望目标态,$\hat{\rho}_t$ 为在线估计状态,M_t 和 y_t 分别为连续弱测量过程中在 t 时刻的测量算符和测量值,$U(\hat{\rho}_t, \rho_f)$ 为基于估计状态和李雅普诺夫稳定性定理所设计的状态反馈控制律.

447

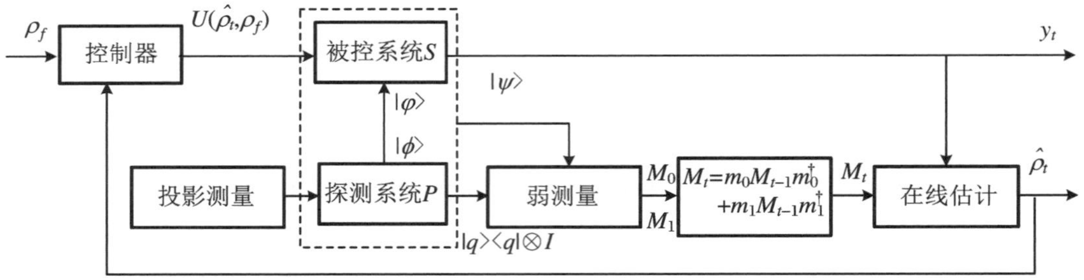

图 11.8 基于量子态在线估计的状态反馈控制结构图

根据式(11.16)和式(11.18)可得,单比特量子系统中测量算符以及系统状态的演化方程分别为

$$M_{k+1} = m_0^\dagger(\Delta t) M_k(t) m_0(\Delta t) + m_1^\dagger(\Delta t) M_k m_1(\Delta t) \tag{11.55}$$

$$\rho_{k+1} = a_0(\Delta t) \rho(t) a_0^\dagger(\Delta t) + a_1(\Delta t) \rho(t) a_1^\dagger(\Delta t) \tag{11.56}$$

其中,$m_0(\Delta t)$和 $m_1(\Delta t)$为弱测量算符,$a_0(\Delta t)$和 $a_1(\Delta t)$为系统演化算符,Δt 为连续弱测量的时间间隔.

在薛定谔绘景中,连续弱测量下的测量值 y_j 等于测量算符 M_1 与演化的系统状态密度矩阵 ρ_j 的内积,即

$$y_j = \mathrm{tr}(M_1^\dagger \rho_j) = \mathrm{vec}(M_1)^\dagger \mathrm{vec}(\rho_j), \quad i = 1,2,\cdots,k \tag{11.57}$$

其中,$\mathrm{tr}(X)$表示对矩阵 X 求迹,即矩阵 X 的所有对角线元素之和,$\mathrm{vec}(X)$表示将矩阵 X 中的每一列按顺序首尾相连所构成的向量.

在量子态在线估计过程中,我们希望可以利用在第 k 次(或时刻)及其之前的测量算符和测量值,在 k 时刻直接重构出系统的状态密度矩阵 ρ_k,因此我们推导一种新的构造测量序列的方法,主要结论如定理 11.1 所示.

定理 11.1 对开放量子系统进行连续弱测量时,j 时刻的测量值可表示为

$$y_i = \mathrm{tr}(M_{k-i+1}^\dagger \rho_k) = \mathrm{vec}(M_{k-i+1})^\dagger \mathrm{vec}(\rho_k), \quad i = 1,2,\cdots,k \tag{11.58}$$

且式(11.57)与式(11.58)等价.

证明 假设系统的初始状态为 $\rho_0 = |\varphi_0\rangle\langle\varphi_0|$,其中,$|\varphi_0\rangle$为量子态的态矢量表现形式,测量算符初始值为 M_0,定义系统在 t_1 时刻有 $\rho_1 = \rho_0$,$M_1 = M_0$.如果将量子系统的时间演化算符记为

$$E(t,t_1) = \mathrm{e}^{-iH(t-t_1)/h} \tag{11.59}$$

量子系统建模、特性分析与控制

那么,t_j 时刻的系统状态可表示为 $|\varphi_j\rangle = E(t_j, t_1)|\varphi_1\rangle$,也可将系统状态 $|\varphi_1\rangle$ 表示为 $|\varphi_1\rangle = E(t_1, t_j)|\varphi_j\rangle$.

由式(11.59)可知,时间演化算符具有如下性质:

$$(1) \quad E(t_1, t_1) = 1 \tag{11.60a}$$

$$(2) \quad E(t_1, t_2) = E^{\dagger}(t_2, t_1) \tag{11.60b}$$

$$(3) \quad E(t_1, t_2) = E(t_1, t_3)E(t_3, t_2) \tag{11.60c}$$

$$(4) \quad E(t_3, t_2) = E(t_3 - t_2 + t_1, t_1) \tag{11.60d}$$

对于任意时刻 $t_j (j = 1, 2, \cdots, k)$,利用关系式 $|\varphi_j\rangle = E(t_j, t_1)|\varphi_1\rangle$ 可以将式(11.58)表示为

$$
\begin{aligned}
y_j = \mathrm{tr}(M_1^{\dagger}\rho_j) &= \langle \varphi_j \mid M_1 \mid \varphi_j \rangle \\
&= \langle E(t_j, t_1)\varphi_1 \mid M_1 \mid E(t_j, t_1)\varphi_1 \rangle \\
&= \langle \varphi_1 \mid E^{\dagger}(t_j, t_1)M_1 E(t_j, t_1) \mid \varphi_1 \rangle
\end{aligned} \tag{11.61}
$$

当 $j = k$ 时,状态 $|\varphi_1\rangle$ 和 $|\varphi_k\rangle$ 之间满足关系式 $|\varphi_1\rangle = E(t_1, t_k)|\varphi_k\rangle$,并将其代入式(11.61),可得

$$y_j = \langle E(t_1, t_k)\varphi_k \mid E^{\dagger}(t_j, t_1)M_1 E(t_j, t_1) \mid E(t_1, t_k)\varphi_k \rangle \tag{11.62}$$

根据时间演化算符的性质,可将式(11.62)简化为

$$
\begin{aligned}
y_j &= \langle \varphi_k \mid E^{\dagger}(t_1, t_k)E^{\dagger}(t_i, t_1)M_1 E(t_i, t_1)E(t_1, t_k) \mid \varphi_k \rangle \\
&= \langle \varphi_k \mid E(t_k, t_j)E(t_1, t_1)M_1 E^{\dagger}(t_1, t_1)E^{\dagger}(t_k, t_j) \mid \varphi_k \rangle \\
&= \langle \varphi_k \mid E(t_k - t_j + t_1, t_1)M_1 E^{\dagger}(t_k - t_j + t_1, t_1) \mid \varphi_k \rangle
\end{aligned} \tag{11.63}
$$

其中,$E(t_k - t_j + t_1, t_1)M_1 E^{\dagger}(t_k - t_j + t_1, t_1)$ 表示从 t_1 时刻演化到 t_{k-j+1} 时刻时的测量算符 M_{k-j+1}.

因此,式(11.63)也可表示为

$$y_j = \langle \varphi_k \mid M_{k-j+1} \mid \varphi_k \rangle = \mathrm{tr}(M_{k-j+1}^{\dagger}\rho_k) \tag{11.64}$$

式(11.64)即为我们所提出的新的测量值构造新方法.

根据式(11.64)给出的连续弱测量中测量值的具体构造过程,其中,$b_k = [y_1, y_2, \cdots, y_k]^T$ 表示由测量值所构成的测量值序列,可以得到表 11.3,与表 11.1 完全相同.

表 11.3　连续弱测量下测量值序列的构造

	y_1	y_2	y_3	$\cdots$	y_k
b_1	$\mathrm{tr}(M_1^\dagger \rho_1)$				
b_2	$\mathrm{tr}(M_2^\dagger \rho_2)$	$\mathrm{tr}(M_1^\dagger \rho_2)$			
b_3	$\mathrm{tr}(M_3^\dagger \rho_3)$	$\mathrm{tr}(M_2^\dagger \rho_3)$	$\mathrm{tr}(M_1^\dagger \rho_3)$		
$\vdots$	$\vdots$	$\vdots$	$\vdots$	$\ddots$	
b_k	$\mathrm{tr}(M_k^\dagger \rho_k)$	$\mathrm{tr}(M_{k-1}^\dagger \rho_k)$	$\mathrm{tr}(M_{k-2}^\dagger \rho_k)$	$\cdots$	$\mathrm{tr}(M_1^\dagger \rho_k)$

11.4.1.2　QST-OADM 算法设计

在量子系统的状态在线估计过程中,由于无法预先获得整个数据集,故采用数据流的方式来获得测量结果.本小节所提出的量子系统状态在线估计算法(QST-OADM)的基本思想是:在对量子系统进行一次测量后,利用估计算法并根据 K 时刻的测量值序列 b_k 以及先前时刻的估计状态 $\hat{\rho}_{k-1}$ 来重构出当前时刻的系统状态 ρ_k.算法的核心是获得满足如下性能的估计值 $\hat{\rho}_k$:① 高精度;② 低计算成本,使之能作为状态反馈控制中的反馈信号.

为了降低在线处理过程中的计算成本,并且充分利用连续弱测量的测量信息来达到更高的估计精度,我们采用滑动窗口来实时更新测量信息值,将测量值序列重新定义为

$$b_k = \begin{cases} (y_1, \cdots, y_{k-1}, y_k)^{\mathrm{T}}, & k < l \\ (y_{k-l+1}, \cdots, y_{k-1}, y_k)^{\mathrm{T}}, & k \geqslant l \end{cases} \tag{11.65}$$

其中,l 为滑动窗口长度.

当获得的测量值的数目小于 l 时,此时窗口长度等于系统的演化次数;否则,滑动窗口长度保持为 l,并在之后时刻及时更新测量值.更新策略采用先进先出的方式(FIFO),即将最新的测量信息加入数据流中,同时删除旧的测量信息.

我们希望当窗口内的测量信息达到窗口长度值时,估计算法具有较高的估计精度,并在之后时刻随着状态演化继续高精度地进行状态估计.

根据式(11.65),我们可以构造出对应的采样矩阵 A_k 为

$$A_k = \begin{cases} (\mathrm{vec}(M_k), \cdots, \mathrm{vec}(M_2), \mathrm{vec}(M_1))^{\dagger}, & k < l \\ (\mathrm{vec}(M_l), \cdots, \mathrm{vec}(M_2), \mathrm{vec}(M_1))^{\dagger}, & k \geqslant l \end{cases} \tag{11.66}$$

特别地,当获得测量值的数量大于或等于 l 时,A_k 将保持不变.若考虑弱测量过程中的输出噪声,则可以将 b_k 表示为 $b_k = A_k \mathrm{vec}(\rho_k) + e_k$,其中,$e_k \in \mathbf{R}^k \, (l<k)$ 或 $e_k \in \mathbf{R}^l$

量子系统建模、特性分析与控制

（$k \geqslant l$）为实际测量输出噪声.

量子态估计问题的核心任务是根据测量信息重构系统的状态密度矩阵 ρ_k. 因此, 在采样时刻 k, 我们将量子态在线估计问题转化为如下满足特定约束条件的凸优化问题, 即

$$
\begin{cases}
\min\limits_{\hat{\rho}, \hat{e}} \| \hat{\rho} \|_* + I_C(\hat{\rho}) + (1/\eta_k) B_\theta(\hat{\rho}, \hat{\rho}_{k-1}) \\
\text{s.t.} \quad \| A_k \mathrm{vec}(\hat{\rho}) - b_k \|_2^2 \leqslant \varepsilon
\end{cases}
\tag{11.67}
$$

其中, $\hat{\rho} \in \mathbf{C}^{d \times d}$ 为待估计密度矩阵变量; $\| \cdot \|_*$ 表示核范数, $\| \hat{\rho} \|_* := \sum s_i, s_i$ 为 $\hat{\rho}$ 的奇异值; $\varepsilon > 0$; $C := \{ \hat{\rho} \geqslant 0, \mathrm{tr}(\hat{\rho}) = 1, \hat{\rho}^\dagger = \hat{\rho} \}$ 为量子态约束, 当估计值满足约束 C 时, $I_C(\hat{\rho})$ 等于 0, 否则 $I_C(\hat{\rho})$ 为 ∞; $\eta_k > 0$ 为步长参数; $\hat{\rho}_{k-1}$ 为上一时刻估计值; $B_\theta(\hat{\rho}, \hat{\rho}_{k-1})$ 为布雷格曼（Bregman）散度, 它等于在定义光滑凸函数 θ 下的 k 时刻的估计值 $\hat{\rho}$ 与 $k-1$ 时刻的估计值 $\hat{\rho}_{k-1}$ 之间的距离, 具体定义为

$$
B_\theta(\hat{\rho}, \hat{\rho}_{k-1}) := \theta(\mathrm{vec}(\hat{\rho})) - \theta(\mathrm{vec}(\hat{\rho}_{k-1})) - \mathrm{vec}(\hat{\rho} - \hat{\rho}_{k-1})^\dagger \nabla
\tag{11.68}
$$

我们通过引入 11.3 节中所设计的在线交替方向乘子法（OADM）来设计量子态在线估计算法, 针对一个具有可分离目标变量和线性约束条件的凸优化问题, OADM 的基本思想是充分利用原始问题的可分离特性将其分解为关于原始问题的两个子优化问题, 然后逐次优化这两个子问题的拉格朗日函数, 从而实现对原始变量的更新, 最后再利用梯度上升法更新拉格朗日乘子, 进而得到原始优化问题的最优解. 本节与 11.3 节所提出的 QSE-OADM 不同之处在于: 在拉格朗日函数中引入布雷格曼（Bregman）散度来计算估计值 $\hat{\rho}$ 与 $k-1$ 时刻的估计值 $\hat{\rho}_{k-1}$ 之间的距离, 并同时加上采用能够根据实际情况进行自动调节的自适应学习速率来进一步提高量子态重构精度, 加快量子系统的在线估计的速度, 将计算复杂度降低到 $O(d^3)$.

为了将凸优化问题(11.67)转化为两个子优化问题, 我们引入辅助变量 $\hat{e}$, 此时, 量子态在线估计问题可以转换为

$$
\begin{cases}
\min\limits_{\hat{\rho}, \hat{e}} \| \hat{\rho} \|_* + I_C(\hat{\rho}) + (1/\eta_k) B_\theta(\hat{\rho}, \hat{\rho}_{k-1}) + (1/(2\gamma)) \| \hat{e} \|_2^2 \\
\text{s.t.} \quad A_k \mathrm{vec}(\hat{\rho}) + \hat{e} = b_k
\end{cases}
\tag{11.69}
$$

其中, $\gamma > 0$ 为权重因子.

问题(11.69)的增广拉格朗日函数为

$$L_k(\hat{\rho}, \hat{e}, \lambda): = \parallel \hat{\rho} \parallel_* + I_C(\hat{\rho}) + (1/\eta_k)B_\theta(\hat{\rho}, \hat{\rho}_{k-1}) + (1/(2\gamma))\parallel \hat{e} \parallel_2^2$$

$$+ (\alpha/2)\parallel A_k \mathrm{vec}(\hat{\rho}) + \hat{e} - b_k - \lambda/\alpha \parallel_2^2 \tag{11.70}$$

其中,$\alpha > 0$ 为惩罚参数,λ 为拉格朗日乘子.

通过将优化问题(11.70)引入 OADM 框架,可以将量子态在线估计问题分解成两个小的子问题,其中,k 代表的是连续弱测量和状态估计过程中的采样时刻.为了设计出一种适用于实时实现的简约计算方法,我们对式(11.70)分别进行迭代处理.具体来说,在 k 时刻,首先通过固定 $\hat{e} \equiv \hat{e}_{k-1}$,$\lambda \equiv \lambda_{k-1}$ 来最小化变量 $\hat{\rho}$ 的增广拉格朗日函数 $L_k(\hat{\rho}_k, \hat{e}, \lambda_{k-1})$,然后通过固定 $\hat{\rho} \equiv \hat{\rho}_k$,$\lambda \equiv \lambda_{k-1}$ 来最小化变量 $\hat{e}$ 的增广拉格朗日函数 $L_k(\hat{\rho}_k, \hat{e}, \lambda_{k-1})$,最后利用梯度上升法来更新拉格朗日乘子 λ.因而,待估计的密度矩阵 $\hat{\rho}$、辅助变量 $\hat{e}$ 和拉格朗日乘子 λ 的求解公式分别为

$$\hat{\rho}_k = \arg\min_{\hat{\rho}}(\parallel \hat{\rho} \parallel_* + I_C(\hat{\rho}) + (1/\eta_k)B_\theta(\hat{\rho}, \hat{\rho}_{k-1})$$

$$+ (\alpha/2)\parallel A_k \mathrm{vec}(\hat{\rho}) + \hat{e}_{k-1} - b_k - \lambda_{k-1}/\alpha \parallel_2^2) \tag{11.71a}$$

$$\hat{e}_k = \arg\min_{\hat{e}}((1/(2\gamma))\parallel \hat{e} \parallel_2^2$$

$$+ (\alpha/2)\parallel A_k \mathrm{vec}(\hat{\rho}_k) + \hat{e} - b_k - \lambda_{k-1}/\alpha \parallel_2^2) \tag{11.71b}$$

$$\lambda_k = \lambda_{k-1} - \alpha(A_k \mathrm{vec}(\hat{\rho}_k) + \hat{e}_k - b_k) \tag{11.71c}$$

问题(11.71)的解决难度在于子问题(11.71a)和(11.71b)的高计算复杂度,具体来说,子问题(11.71a)为最小化具有量子态约束的非光滑核范数加上最小二乘惩罚项与布雷格曼散度项之和,子问题(11.71b)为最小化非光滑核范数 $\parallel \hat{\rho} \parallel_*$ 加上最小二乘惩罚项.当 $A_k^\dagger A_k$ 为对角矩阵时,子问题(11.71a)才有解析解,而在量子态估计问题中却不存在这种特殊情况,但是我们可以通过定义适当的布雷格曼发散项来简化密度矩阵子问题的求解.这里,我们给出一种用于更新式(11.71a)、式(11.71b)中优化变量 $\hat{\rho}$ 和 $\hat{e}$ 来求解子问题的高效方法,而拉格朗日乘子 λ 可以利用式(11.71c)直接进行更新.

子问题 $\hat{\rho}_k$:我们将凸散度函数定义为二次伪函数 $\theta(x): = \dfrac{1}{2}\parallel x \parallel_{P_k}^2 = (1/2)x^\dagger P_k x$,其中,$x \in \mathbf{C}^{m \times 1}$,$P_k \in \mathbf{C}^{m \times m}$ 表示任意一对称正定权重矩阵.将 $\theta(x)$ 代入式(11.68)中,此时,布雷格曼散度项可以表示为

量子系统建模、特性分析与控制

$$B_\theta(\hat{\rho}, \hat{\rho}_{k-1}) = \frac{1}{2} \| \mathrm{vec}(\hat{\rho} - \hat{\rho}_{k-1}) \|_{P_k}^2 \tag{11.72}$$

其中,定义布雷格曼散度项中的权重矩阵 P_k 为

$$P_k = I - \alpha \eta_k A_k^\dagger A_k > 0 \tag{11.73}$$

为了确保 P_k 正定,对梯度步长进行自适应计算,即

$$\eta_k = 1/(\alpha \lambda_{\max} + c) \tag{11.74}$$

其中,$\lambda_{\max}$ 为 $A_k^\dagger A_k$ 中的最大特征值,$c>0$ 为一个很小的常数.

此外,根据式(11.66)中采样矩阵 A_k 的定义可知,当 $k \geqslant l$ 时

$$A_k \equiv (\mathrm{vec}(M_l), \mathrm{vec}(M_{l-1}), \cdots, \mathrm{vec}(M_1))^\top$$

为一个固定矩阵.因此,只需要对梯度步长 η_k 以及最大特征值 $\lambda_{\max}$ 进行 l 次计算.

此时,将式(11.72)代入子问题(11.71a)中可以约去二次项 $(\alpha/2) \mathrm{vec}(\hat{\rho})^\dagger A_k^\dagger A_k \mathrm{vec}(\hat{\rho})$,这样就实现了对 $\hat{\rho}_{k-1}$ 的增广拉格朗日函数的最小二乘惩罚项进行一阶线性化处理的效果,而抵消后的剩余布雷格曼散度项为 $B_\theta(\hat{\rho}, \hat{\rho}_{k-1}) = (1/2) \| \mathrm{vec}(\hat{\rho} - \hat{\rho}_{k-1}) \|_I^2$.另外,考虑到 $\| \hat{\rho} \|_*$ 等于密度矩阵 $\hat{\rho}$ 的所有奇异值之和,而 $\mathrm{tr}(\hat{\rho})$ 等于密度矩阵的所有特征值之和,当约束条件 C 严格成立时,待估计的密度矩阵 $\hat{\rho}$ 为厄米矩阵,其特征值与奇异值相等,即有 $\| \hat{\rho} \|_* = \mathrm{tr}(\hat{\rho}) = 1$.此时,$\hat{\rho}_k$ 的子问题等价于求解

$$\begin{aligned} \arg\min_{\hat{\rho}} \Big(& I_C(\hat{\rho}) + \langle \mathrm{vec}(\hat{\rho} - \hat{\rho}_{k-1}), \alpha A_k^\dagger (A_k \mathrm{vec}(\hat{\rho}_{k-1}) \\ & + \hat{e}_{k-1} - b_k - \lambda_{k-1}/\alpha) \rangle + \frac{1}{2\eta_k} \| \mathrm{vec}(\hat{\rho} - \hat{\rho}_{k-1}) \|_I^2 \Big) \end{aligned} \tag{11.75}$$

通过令

$$\mathrm{vec}(\tilde{\rho}_k) = \mathrm{vec}(\hat{\rho}_{k-1}) - \alpha \eta_k A_k^\dagger (A_k \mathrm{vec}(\hat{\rho}_{k-1}) + \hat{e}_{k-1} - b_k - \lambda_{k-1}/\alpha) \tag{11.76}$$

并合并与 $\mathrm{vec}(\hat{\rho} - \hat{\rho}_{k-1})$ 有关的项,则可以将密度矩阵 $\hat{\rho}_k$ 的子问题简化为

$$\begin{cases} \hat{\rho}_k = \arg\min_{\hat{\rho}} \{ \| \mathrm{vec}(\hat{\rho} - \tilde{\rho}_k) \|_I^2 \} \\ \mathrm{s.t.} \quad \hat{\rho} \geqslant 0, \mathrm{tr}(\hat{\rho}) = 1, \hat{\rho}^\dagger = \hat{\rho} \end{cases} \tag{11.77}$$

我们利用具有厄米特性的 $(\tilde{\rho}_k + \tilde{\rho}_k^\dagger)/2$ 来替换式(11.77)中的 $\hat{\rho}_k$,以满足约束条件 $\hat{\rho}^\dagger = $

$\hat{\rho}$,则子问题(11.71a)等价于求解如下的优化问题:

$$\begin{cases} \hat{\rho}_k = \arg\min \| \hat{\rho} - (\rho\widetilde{\rho} + \widetilde{\rho}_k^\dagger)/2 \|_{\mathrm{F}}^2 \\ \mathrm{s.t.} \quad \hat{\rho} \geqslant 0, \mathrm{tr}(\hat{\rho}) = 1 \end{cases} \tag{11.78}$$

其中,$\| \cdot \|_{\mathrm{F}}$ 为弗罗贝尼乌斯(Frobenius)范数.

本质上,问题(11.78)属于非线性半定规划问题,有研究表明其具有闭式解,通常利用内点法进行求解,而我们则通过频谱分解的方法进行直接计算.将$(\widetilde{\rho}_k + \widetilde{\rho}_k^\dagger)/2$进行特征值分解得到 $U\widetilde{\Lambda}U^\dagger$,其中,$\widetilde{\Lambda} = \mathrm{diag}\{a_1,\cdots,a_d\}$是按特征值递减顺序排列的对角矩阵,$\{a_i, i=1,2,\cdots,d\}$是$(\widetilde{\rho}_k + \widetilde{\rho}_k^\dagger)/2$ 的特征值;$U \in \mathbf{C}^{d\times d}$ 为酉矩阵,则优化问题(11.78)的最优解为

$$\hat{\rho}_k = U\hat{\Lambda}U^\dagger \tag{11.79}$$

其中,$\hat{\Lambda} = \mathrm{diag}\{x_1,\cdots,x_d\}$,$\{x_i\}_{i=1}^d$ 对应密度矩阵 $\hat{\rho}_k$ 的特征值.$\hat{\Lambda}$ 可以通过求解如下优化问题来得到:

$$\begin{cases} \hat{\Lambda} = \arg\min_\Lambda \| \Lambda - \widetilde{\Lambda} \|_{\mathrm{F}}^2 \\ \mathrm{s.t.} \quad \mathrm{tr}(\Lambda) = 1, \Lambda \geqslant 0 \end{cases} \tag{11.80}$$

其最优解为

$$x_i = \max\{a_i - \kappa, 0\}, \quad \forall i, \ i = 1,\cdots,d \tag{11.81}$$

其中,κ 为满足 $\sum_{i=1}^d \max\{a_i - \kappa, 0\} = 1$ 的最优值.

最优 κ 的求解方法如下:当 κ 最优时,一定有 $\sum_{i=1}^d x_i = \sum_{i=1}^d \max\{a_i - \kappa, 0\} = 1$ 成立,利用该等式,我们依次令 $\kappa = a_i, i = 1,\cdots,d$ 以确定 κ 的最优区间.假设已知 κ 处于区间 $[a_q, a_{q+1}]$,$q = 1,\cdots,d$ 内,则可以得到 $a_q - \kappa \geqslant 0$ 和 $a_{q+1} - \kappa < 0$.因此,最优 κ 满足方程 $\sum_{i=1}^q (a_i - \kappa) = 1$,从而得到最优 κ 为

$$\kappa = (\sum_{i=1}^q a_i - 1)/q \tag{11.82}$$

子问题 $\hat{e}_k$:子问题(11.71b)是一个无约束的二次方程,可以通过 $\hat{e}$ 的一阶优化条件来直接计算得到.因此,$\hat{e}_k$ 的最优解为

$$\hat{e}_k = \frac{\gamma\alpha}{1+\gamma\alpha}\left(\frac{\lambda_{k-1}}{\alpha} - A_k\,\mathrm{vec}(\hat{\rho}_k) + b_k\right) \tag{11.83}$$

QST-OADM 算法的求解过程如算法 11.2 所示.

算法 11.2　基于状态在线估计的 QST-OADM 算法

初始化变量: $\hat{\rho}_0, \hat{e}_0 = 0, \lambda_0 = 0$; 参数 $\alpha, \gamma > 0$, 滑动窗口长度 $l \in \mathbf{Z}$.

(1) for $k = 1, 2, \cdots$, do;

(2) if $k \leqslant l$, then;

(3) 根据测量值 $\{y_i\}$ 构造测量序列 $b_k = [y_1, y_2, \cdots, y_k]^{\mathrm{T}}$;

(4) 根据式(11.74)计算梯度步长 $\eta_k = 1/(\alpha\lambda_{\max} + c)$;

(5) else;

(6) $A_k = A_{k-1}, \eta_k = \eta_{k-1}$;

(7) end if.

(8) 根据式(11.76)计算 $\widetilde{\rho}_k$, 并对 $(\widetilde{\rho}_k + \widetilde{\rho}_k^{\dagger})/2$ 进行特征值分解得到 $U\widetilde{\Lambda}U^{\dagger}, \widetilde{\Lambda} = \mathrm{diag}\{a_1, \cdots, a_d\}$;

(9) 根据式(11.80)计算 $\hat{\Lambda} = \mathrm{diag}\{x_1, \cdots, x_d\}$;

(10) 根据式(11.79)计算 $\hat{\rho}_k = U\hat{\Lambda}U^{\dagger}$;

(11) 根据式(11.83)计算 $\hat{e}_k = \frac{\gamma\alpha}{1+\gamma\alpha}\left(\frac{\lambda_{k-1}}{\alpha} - A_k\,\mathrm{vec}(\hat{\rho}_k) + b_k\right)$;

(12) 根据式(11.71c)计算 $\lambda_k = \lambda_{k-1} - \alpha(A_k\,\mathrm{vec}(\hat{\rho}_k) + \hat{e}_k - b_k)$;

(13) end for.

本小节所提算法每次估计中, 密度矩阵特征值分解的计算复杂度为 $O(d^3)$; $l \times d^2$ 矩阵与 d^2 向量乘积的计算复杂度为 $O(ld^2)$, 所以总计算复杂度为 $O(d^3 + ld^2)$. 值得注意的是, 本小节算法优化的本质是将没有解析解且计算复杂度高的量子态密度矩阵子问题, 分解为多步且每一步都具有计算量较小的显示解的方法求解.

11.4.2　状态反馈控制律的设计

在本小节中, 我们基于在线估计状态设计状态反馈控制律, 进行马尔可夫开放量子系统的状态转移, 并基于李雅普诺夫稳定性定理给出闭环控制系统的渐进稳定性的理论证明, 主要结果如定理 11.2 所示.

定理 11.2 对于开放量子系统的动力学方程(11.9):

$$\rho(t+\mathrm{d}t) - \rho(t) = -\mathrm{i}/\hbar [H(t), \rho(t)]\mathrm{d}t$$
$$+ \sum \left(L\rho(t)L^{\dagger} - \left(\frac{1}{2}L^{\dagger}L\rho(t) + \frac{1}{2}\rho(t)L^{\dagger}L \right) \right)\mathrm{d}t$$
$$+ \sqrt{\eta} \sum (L\rho(t) + \rho(t)L^{\dagger})\mathrm{d}W$$

系统的实时估计状态为 $\hat{\rho}_t$,当估计状态 $\hat{\rho}_t$ 足够逼近 ρ_t 时,认为其演化过程同样满足系统动力学方程,期望目标态为 ρ_f,定义: $T_1 = \mathrm{tr}((\mathrm{i}[H_1, \hat{\rho}_t])(\hat{\rho}_t - \rho_f))$,$T_2 = \mathrm{tr}((\mathrm{i}[H_2, \hat{\rho}_t])(\hat{\rho}_t - \rho_f))$,$C = \mathrm{tr}((D[L, \hat{\rho}_t + B[L, \hat{\rho}_t] - \mathrm{i}[H_0, \hat{\rho}_t])(\hat{\rho}_t - \rho_f))$,其中,$H_1 = \sigma_x, H_2 = \sigma_y, D[L, \hat{\rho}_t] = \left(L\rho(t)L^{\dagger} - \left(\frac{1}{2}L^{\dagger}L\rho(t) + \frac{1}{2}\rho(t)L^{\dagger}L \right) \right)\mathrm{d}t, B[L, \hat{\rho}_t] = \sqrt{\eta}(L\rho(t) + \rho(t)L^{\dagger})$,给定控制参数 $g_1, g_2 > 0$,阈值变量 $\delta > 0$,则量子系统的状态反馈控制律为

$$U(t) = \begin{cases} U_1(t) = -C/T_1, U_2(t) = -g_2 \cdot T_2, & |T_1| \geqslant \delta \\ U_1(t) = -g_1 \cdot T_1, U_2(t) = -C/T_2, & |T_1| < \delta, |T_2| \geqslant \delta \end{cases}$$

(11.84)

证明 我们基于李雅普诺夫稳定性定理对所设计的状态反馈控制律进行理论证明. 利用量子李雅普诺夫控制方法设计反馈控制律的关键在于构造一个合适的李雅普诺夫函数 $V \geqslant 0$,使其在定义域内连续,同时其一阶导数也在定义域内连续,并满足 $V < 0$. 该控制方法的核心思想是:根据量子系统的在线估计状态,首先设计某个方向的控制作用来消除系统漂移项 C,然后施加另一个方向的控制作用来使 $V < 0$ 成立,并进行状态转移. 由于在所设计的状态反馈控制律中存在分数表达式,在计算过程中可能会引起奇异性的产生,即当 $|T_1| = 0$ 且 $|T_2| = 0$ 时,$V = C$,而漂移项 C 的符号可正可负,无法满足 $V < 0$ 的控制条件,此时的量子李雅普诺夫控制方法将不再适用. 因此,我们在状态反馈控制律的设计过程中加入了一个足够小的阈值变量 $\delta > 0$ 来避免该现象的发生. 通过判断参数 $T_j, j = 1, 2$ 与阈值变量 δ 的大小关系,可将其分为三种情况:① $|T_1| \geqslant \delta$;② $|T_1| < \delta, |T_2| \geqslant \delta$;③ $|T_1| < \delta, |T_2| < \delta$,并逐一展开证明.

(1) 当 $|T_1| \geqslant \delta$ 时,有 $|T_2| < \delta$ 或 $|T_2| \geqslant \delta$,在量子态实时在线估计的基础上,选取基于状态距离的李雅普诺夫函数为

$$V = \frac{1}{2}\mathrm{tr}((\hat{\rho}_t - \rho_f)^2) \geqslant 0$$

(11.85)

对李雅普诺夫函数 V 求时间的一阶导数,并代入系统状态的动力学方程,可得

$$\dot{V} = \text{tr}(\dot{\hat{\rho}}_t(\hat{\rho}_t - \rho_f))$$

$$= \sum_{j=1}^{2} U_j(t)\text{tr}((\text{i}[H_j, \hat{\rho}_t])(\hat{\rho}_t - \rho_f))$$

$$+ \text{tr}((D[L, \hat{\rho}_t] + B[L, \hat{\rho}_t] - \text{i}[H_0, \hat{\rho}_t])(\hat{\rho}_t - \rho_f)) \quad (11.86)$$

令

$$T_1 = \text{tr}((\text{i}[H_1, \hat{\rho}_t])(\hat{\rho}_t - \rho_f))$$

$$T_2 = \text{tr}((\text{i}[H_2, \hat{\rho}_t])(\hat{\rho}_t - \rho_f))$$

$$C = \text{tr}((D[L, \hat{\rho}_t] + B[L, \hat{\rho}_t] - \text{i}[H_0, \hat{\rho}_t])(\hat{\rho}_t - \rho_f))$$

并代入式(11.84)中,此时的状态反馈控制律为: $U_t(t) = \begin{bmatrix} U_1(t) \\ U_2(t) \end{bmatrix} = \begin{bmatrix} -C/T_1 \\ -g_2 \cdot T_2 \end{bmatrix}$,整理式(11.86)可以得到

$$\dot{V} = U_1(t) \cdot T_1 + U_2(t) \cdot T_2 + C$$

$$= (-C/T_1)T_1 - g_2 \cdot T_2 \cdot T_2 + C$$

$$= -g_2 \cdot T_2^2 \quad (11.87)$$

由于 $|T_2| > 0, g_2 > 0$,故有 $\dot{V} < 0$ 成立,因此,被控系统是渐进稳定的. 此时,x 方向上的控制作用 $U_1(t) = -C/T_1$ 用来抵消漂移项,y 方向上的控制作用 $U_2(t) = -g_2 \cdot T_2$ 用来实现量子系统的状态转移控制.

(2) 当 $|T_1| < \delta, |T_2| \geqslant \delta$ 时,将控制律 $U_t(t) = \begin{bmatrix} U_1 \\ U_2 \end{bmatrix} = \begin{bmatrix} -g_1 \cdot T_1 \\ -C/T_2 \end{bmatrix}$ 代入式(11.86)可得

$$\dot{V} = U_1(t) \cdot T_1 + U_2(t) \cdot T_2 + C$$

$$= -g_1 \cdot T_1 \cdot T_1 - (C/T_2) \cdot T_2 + C$$

$$= -g_1 \cdot T_1^2 \quad (11.88)$$

由于 $0 < |T_1| < \delta, g_1 > 0$,同样满足 $\dot{V} < 0$,仍可以保证被控系统是渐进稳定的. 此时,y 方向上的控制作用 $U_2(t) = -C/T_2$ 用来抵消漂移项,x 方向上的控制作用 $U_1(t) = -g_1 \cdot T_1$ 用来实现该系统的状态转移控制.

(3) 当 $|T_1| < \delta$ 且 $|T_2| < \delta$ 时,计算李雅普诺夫函数 V 的状态,若有 $V \leqslant \varepsilon_0$($\varepsilon_0$ 为

457

设定的转移误差控制精度)成立,则认为控制目标实现,被控系统状态已经从初态转移至期望目标态,否则重新调整控制参数 g_1 和 g_2 的值,继续进行反馈控制,直至实现控制目标.

　　基于在线估计状态和李雅普诺夫稳定性定理设计的状态反馈控制律的流程图如图11.9所示,其中,执行虚线箭头部分的条件为:① 当 $|T_1|<\delta$,$|T_2|<\delta$ 同时成立时,且当前时刻的系统转移误差不在控制精度 ε_0 的允许范围内;② 当利用所设计控制律无法实现控制目标时,此时需要重新调整控制参数 g_1 和 g_2 的值.

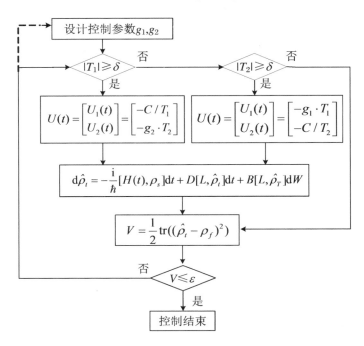

图 11.9　状态反馈控制律的设计流程图

11.4.3　数值仿真实验

　　在本小节中,我们基于 MATLAB 仿真平台对所提出的量子态在线估计算法以及基于在线估计状态的状态反馈控制律进行实验研究.针对具有退相干效应、系统噪声以及测量过程中的高斯干扰的单比特开放量子系统,主要进行 3 个仿真实验:

　　(1) 研究不同滑动窗口长度对状态在线估计性能的影响,并通过对比实验确定合适的滑动窗口长度取值；

（2）研究不同测量算符初始值对状态在线估计性能的影响，并通过对比实验确定当初始测量算符设置为 Stokes 算符时的最佳测量算符初始值；

（3）研究不同的初始状态估计值对量子系统状态转移性能的影响，并通过对比实验分析确定较为合适的初始估计状态.

在数值仿真实验中，单比特开放量子系统初态设置为 $\rho_0 = [3/4, -\sqrt{3}/4; -\sqrt{3}/4, 1/4]$. 系统参数为 $\Delta t = 0.05, \xi = 0.2, L = \xi \sigma_z$，随机噪声 $dW = 0.02 randn(2,2)$，测量效率 $\eta = 0.5$，高斯噪声 $SNR = 60\,dB$，采样总次数 $N = 100$；当系统进行自由演化时的系统总哈密顿量为 $H = H_0 + u_c \cdot H_c$，其中，$H_0 = \sigma_z, u_c = 2, H_c = \sigma_x$；当系统进行状态转移时的系统总哈密顿量为 $H(t) = H_0 + \sum_{j=1}^{2} u_j(t) H_j$，其中，$H_1 = \sigma_x, H_2 = \sigma_y, U_j(t)$ 为定理 11.2 中所设计的状态反馈控制律. QST-ADMM 在线估计算法的参数为 $\alpha = 5, \gamma = 0.1, \tau = 10$. 我们仍采用保真度来衡量系统状态在线估计的效果，离散时间下保真度公式定义为

$$Fidelity(k) = \mathrm{tr}\sqrt{\sqrt{\hat{\rho}_k}\rho_k\sqrt{\hat{\rho}_k}} \tag{11.89}$$

其中，ρ_k 为采样时刻 k 时系统的真实状态密度矩阵，$\hat{\rho}_k$ 为其对应的估计状态.

11.4.3.1 滑动窗口长度对状态估计性能的影响

本小节我们基于所提出的 QST-ADMM 在线估计算法，研究滑动窗口长度 l 对状态在线估计性能的影响.该实验下的其他参数设置为：系统初态估计值 $\hat{\rho}_0 = [0.5, -0.5; -0.5, 0.5]$，初始测量算符的确定选用斯托克斯(Stokes)算符，有：$\mu_1 = |H\rangle\langle H| + |V\rangle\langle V|$，$\mu_2 = |H\rangle\langle H|, \mu_3 = |D\rangle\langle D|, \mu_4 = |R\rangle\langle R|$，其中，$|H\rangle \equiv |0\rangle = [1 \quad 0]$，$|V\rangle \equiv |1\rangle = [0 \quad 1], |D\rangle \equiv (|H\rangle + |V\rangle)/\sqrt{2}, |R\rangle \equiv (|H\rangle + i|V\rangle)/\sqrt{2}$，并取初始值为 $M_0 = \mu_4$.

图 11.10 为实验结果曲线，其中，图 11.10(a) 为当滑动窗口长度分别取 $l = 4, 8, 12$，16 时的系统保真度曲线，图 11.10(b) 为 $l = 12$ 时 Bloch 球上的系统状态演化轨迹，其中，红色"o"对应系统真实初态 ρ_0，蓝色"$*$"对应估计初态 $\hat{\rho}_0$，红色实线对应系统进行自由演化时的真实状态轨迹，蓝色虚线对应在线估计状态的变化轨迹.

从图 11.10 中可以看出：

（1）系统在外加恒定磁场下进行自由演化，由于外界环境的作用，具有噪声的开放量子系统在进行状态自由演化时，其系统状态会逐渐塌缩至最大混合态.

（2）当滑动窗口长度取不同的值时，本小节所提出的基于 QST-ADMM 的在线估计算法具有不同的估计精度.当 $l = 4$ 时，在线估计的保真度在 $85\% \sim 99\%$ 之间来回振荡，

无法精确估计系统状态；当 $l=8$ 时，在线估计的保真度在 12 次演化后达到 95.2%，但在之后时刻，同样出现了较弱的上下抖动的不稳定现象，观察每个采样时刻 k 的状态密度矩阵 ρ_k 和 $\hat{\rho}_k$ 发现，二者具有较大差距；当 $l=12$ 时，在线估计的保真度在 12 次演化后达到 99%，且在之后时刻几乎不变，并且对照图 11.10(b) 可以看出，蓝色虚线所对应的在线估计状态轨迹与红色实线所对应的真实状态轨迹在 12 次演化后几乎重合；当 $l=16$ 时，在线估计的保真度在 12 次演化后达到 99%，且其保真度曲线与 $l=12$ 时的保真度曲线几乎重合.

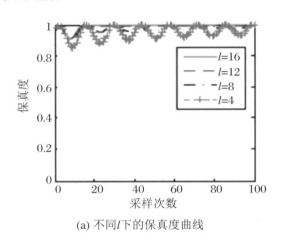
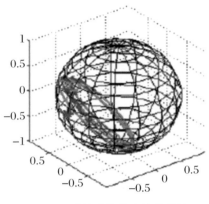

(a) 不同 l 下的保真度曲线　　　　　(b) $l=12$ 时的系统状态演化轨迹

图 11.10　不同 l 下的状态在线估计实验结果

因此，我们可以得出，当滑动窗口长度取 $l=12$ 时，可以对该初始参数下的量子系统进行高精度且稳定的在线估计，其估计精度可以达到 99%.

11.4.3.2　测量算符初始值对状态估计性能的影响

在本小节实验中，研究测量算符初始值 M_0 对状态在线估计性能的影响. 该实验下的参数设置为：系统初态估计值 $\hat{\rho}_0=[0.5,-0.5;-0.5,0.5]$，滑动窗口长度 $l=12$. 图 11.11 为实验结果曲线，其中，图 11.11(a) 为当测量算符初始值分别取 $M_0=\mu_1,\mu_2,\mu_3,\mu_4$ 时的系统保真度曲线，图 11.11(b) 为对应的 Bloch 球上的系统演化轨迹，其中，红色"–"线对应系统进行自由演化时的变化轨迹，黑色"："线、青色"+"线、紫色"–"线、蓝色"·–"分别对应 $M_0=\mu_1,\mu_2,\mu_3,\mu_4$ 时的在线估计状态的变化轨迹.

从图 11.11 中可以看出：

（1）当测量算符初始值为 $M_0=\mu_1$ 时，在线估计的保真度在 74%～95% 之间来回振荡，而图 11.11(b) 中并无对应的估计状态轨迹，说明利用该初始值无法实现量子系统的

量子系统建模、特性分析与控制

状态估计.

（2）当测量算符初始值为 $M_0 = \mu_2$ 时,在线估计状态的保真度在 90%～99% 之间上下抖动,但图 11.11(b) 中的在线估计状态的演化轨迹与真实状态演化轨迹之间存在较大差异,无法准确估计系统状态.

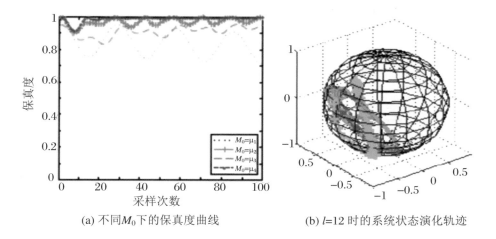

(a) 不同M_0下的保真度曲线   (b) l=12 时的系统状态演化轨迹

图 11.11　不同 M_0 下的状态在线估计实验结果

（3）当测量算符初始值为 $M_0 = \mu_3$ 时,在线估计状态的保真度在 85%～95% 之间上下振荡,保真度曲线抖动现象更为明显,而在线估计状态演化轨迹与真实状态演化轨迹之间的差异性更大,几乎无法进行状态在线估计.

（4）当测量算符初始值为 $M_0 = \mu_4$ 时,在线估计状态的保真度在 12 次演化后达到 99%,并且在之后时刻保持不变,对应图 11.11(b) 中的演化轨迹可以看出,量子系统的在线估计状态与其真实状态几乎重合,可以实现状态的稳定估计.

因此,我们可以得出,当利用斯托克斯算符中的 μ_4 作为测量算符的初始值对量子系统进行连续弱测量时,可以获得足够多且有效的测量信息来进行状态重构,高精度地实现了量子系统的状态在线估计.

11.4.3.3　系统初始状态估计值对状态转移性能的影响

在本小节实验中,我们基于所提出的 QST-ADMM 在线估计算法以及所设计的状态反馈控制律,研究估计状态初始值 $\hat{\rho}_0$ 对状态转移性能的影响.该实验下的其他参数设置为:状态转移目标态 $\rho_f = [0,0;0,1]$,测量算符初始值 $M_0 = \mu_4$,滑动窗口长度 $l = 12$,期望转移误差为 $\varepsilon_0 = 0.005$.图 11.12 为实验结果曲线,其中,(1)和(2)中的系列图为当估计

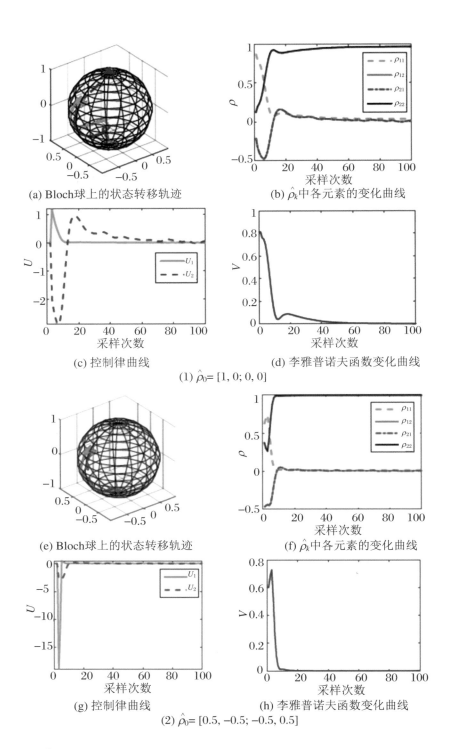

(a) Bloch球上的状态转移轨迹

(b) $\hat{\rho}_k$中各元素的变化曲线

(c) 控制律曲线

(d) 李雅普诺夫函数变化曲线

(1) $\hat{\rho}_0 = [1, 0; 0, 0]$

(e) Bloch球上的状态转移轨迹

(f) $\hat{\rho}_k$中各元素的变化曲线

(g) 控制律曲线

(h) 李雅普诺夫函数变化曲线

(2) $\hat{\rho}_0 = [0.5, -0.5; -0.5, 0.5]$

图 11.12　不同 $\hat{\boldsymbol{\rho}}_0$ 下的状态转移实验结果

状态初始值分别取本征态 $\hat{\rho}_0 = [1,0;0,0]$，以及叠加态 $\hat{\rho}_0 = [0.5,-0.5;-0.5,0.5]$ 时的实验结果，分别对应：(a)(e) 为 Bloch 球上的状态转移轨迹，其中，红色"o"表示系统真实初态 ρ_0，蓝色"∗"表示系统估计初态 $\hat{\rho}_0$，绿色"o"表示系统目标态 ρ_f，红色实线表示真实状态转移轨迹，蓝色虚线表示在线估计状态转移轨迹；(b)(f) 为估计状态密度矩阵 $\hat{\rho}_k$ 中的每个元素的变化曲线；(c)(g) 为状态转移控制律曲线，其中，红色实线表示控制律 $U_1(k)$ 的变化曲线，蓝色虚线表示控制律 $U_2(k)$ 的变化曲线，$g_1 = 5$，$g_2 = 3$ 为经过多次调试后的最佳控制参数；(d)(h) 为李雅普诺夫函数变化曲线，可用来表示状态转移误差的变化，即在数值上有 $V_k = \varepsilon_k$.

从图 11.12 中可以看出：

(1) 当系统估计状态初始值为本征态 $\hat{\rho}_0 = [1,0;0,0]$ 时，状态在线估计的保真度在 12 次演化后达到 99.5%，真实状态轨迹与估计状态轨迹几乎重合，而系统状态转移误差在 65 次演化后达到 0.5%，此时的估计状态密度矩阵 $\hat{\rho}_k$ 中的各元素与目标态 ρ_f 中的各元素几乎一致，系统状态转移至目标态.

(2) 当系统估计状态初始值为叠加态 $\hat{\rho}_0 = [0.5,-0.5;-0.5,0.5]$ 时，状态在线估计的保真度在 6 次演化后达到 99.5%，而系统状态转移误差在 16 次演化后即达到 0.5%，此时，估计状态 $\hat{\rho}_k$ 与目标态 ρ_f 相同，且在之后时刻始终保持不变.因此，我们可以得出，当系统估计状态初始值选择为本征态时，系统状态转移的过渡过程较长；而当估计状态初始值选择为叠加态时，状态转移在 20 次采样时刻左右即可以转移到目标态，过渡过程较短，且在线估计精度和转移误差精度较高.

11.5 基于在线估计状态的 n 量子位随机开放量子系统的反馈控制

本节针对连续弱测量过程中存在高斯测量噪声的情况，基于 11.2 节中对 n 比特量子随机量子系统主方程(11.27)在连续弱测量作用下的测量序列和采样矩阵的构造，采用 11.3 节中推导出基于在线交替方向乘子法的实时量子态估计的 QSE-OADM 算法，将基于实时估计状态反馈控制方案 QSE-OADM-FC，扩展到 n 量子位随机开放量子系统中.在 2 比特随机量子系统本征态和叠加态的反馈控制数值实验中，与 11.4 节中提出的

QST-OADM 算法的实时量子态估计及其反馈控制方案（简称 QST-OADM-FC 方案）的性能进行对比.

本节中的 n 比特随机量子系统主方程为式(11.27)，在线量子态估计算法为 11.2 节中推导的 QSE-OADM 算法，下面将主要进行基于实时估计状态反馈控制律的推导.

11.5.1 基于实时估计状态反馈控制律的推导

我们在 11.2 节中已基于 QSE-OADM 算法推导了 n 比特随机量子系统状态的实时估计，因此可将式(11.27)改写为包含估计状态 $\hat{\rho}_k$ 的随机主方程：

$$
\begin{aligned}
\hat{\rho}_{k+1} - \hat{\rho}_k &= -\frac{\mathrm{i}}{\hbar}\big[H(t), \hat{\rho}_k\big]\Delta t + D(L, \hat{\rho}_k)\Delta t + H(L, \hat{\rho}_k)\mathrm{d}W \\
&= \left(-\frac{\mathrm{i}}{\hbar}\big[H_0, \hat{\rho}_k\big] - \frac{\mathrm{i}}{\hbar}\sum_{i=1}^{r} u_i(t)\big[H_i, \hat{\rho}_k\big]\right)\Delta t + D(L, \hat{\rho}_k)\Delta t + H(L, \hat{\rho}_k)\mathrm{d}W
\end{aligned}
$$

$$(11.90)$$

其中，系统哈密顿量为 $H(t) = H_0 + H_c(t)$，内部哈密顿量为 H_0，控制哈密顿量为 $H_c(t) = \sum_{i=1}^{r} u_i(t)H_i$，其中控制哈密顿量的个数 $r \geqslant 2$，$u_i(t)$ 表示控制场的第 i 个分量.

基于实时估计状态的 n 比特随机量子系统反馈控制系统的框图如图 11.13 所示，其中，S，P 和 $S \otimes P$ 分别代表被测量子系统、探测系统和联合系统，$|\psi(\Delta t)\rangle$ 代表联合系统的状态矢量，$|o\rangle$ 代表系统 P 在投影测量后随机塌缩到的某个本征态，M 代表测量算符，它们一起组成 CWM 过程.联合系统 y 的输出包含测量过程引入的高斯噪声，$\hat{\rho}_k$ 和 $\hat{e}_k$ 分别为在 k 时刻的密度矩阵 ρ_k 和测量噪声 e_k 的估计值，$u(k)$ 为 k 时刻的控制场，q^{-1} 为单位延迟算子，ρ_f 为目标态.

定理 11.3　对于 n 比特随机量子系统(11.90)，在式(11.91)和式(11.92)所示的反馈控制律的作用下，量子系统的状态可以从任意初态 ρ_0 转移到任意期望的目标态 ρ_f，控制律的表达式为：

(1) 当采样时刻 $k = 1$ 时

$$
u(1) = \begin{bmatrix} u_{11} & u_{21} & \cdots & u_{r1} \end{bmatrix}^{\mathrm{T}} = \begin{bmatrix} \varepsilon & \varepsilon & \cdots & \varepsilon \end{bmatrix}^{\mathrm{T}} \tag{11.91}
$$

(2) 当采样时刻 $k \geqslant 2$ 时

$$
u(k) = \begin{bmatrix} u_{1k} & u_{2k} & \cdots & u_{rk} \end{bmatrix}^{\mathrm{T}} = \begin{bmatrix} -C/T_1 & -g_2 T_2 & \cdots & -g_r T_r \end{bmatrix}^{\mathrm{T}} \tag{11.92}
$$

其中, ε 为一非常小的正实数, 通常可取 0.05; $T_i(\hat{\rho}_k) = \mathrm{tr}\left(-\dfrac{\mathrm{i}}{\hbar}[H_i,\hat{\rho}_k](\hat{\rho}_k-\rho_f)\right)$,

$C(\hat{\rho}_k) = \mathrm{tr}\left(\left(D(L,\hat{\rho}_k)-\dfrac{\mathrm{i}}{\hbar}[H_0,\hat{\rho}_k]\right)(\hat{\rho}_k-\rho_f)+\dfrac{1}{2}H^2(L,\hat{\rho}_k)\right)$ 为漂移项, 其符号可正

可负, 当实时估计状态 $\hat{\rho}_k$ 与 ρ_f 十分接近时, $T_i(\hat{\rho}_k)$ 和 $C(\hat{\rho}_k)$ 都趋于 0; $g_i>0$ 为控制参数, 决定状态转移的速率.

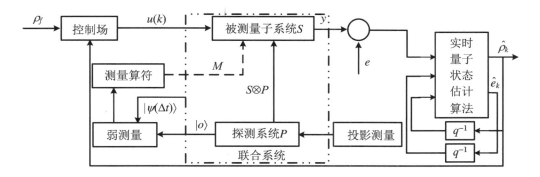

图 11.13　基于实时估计状态的 n 比特随机量子系统反馈控制系统的框图

基于 QSE-OADM 算法估计状态的反馈控制方案(QSE-OADM-based feedback control scheme, QSE-OADM-FC 方案)的具体步骤如算法 11.3 所示.

算法 11.3　QSE-OADM-FC 方案

初始化 QSE-OADM 算法的参数和估计状态; 设置 2 比特系统的初始状态 ρ_0、目标态 ρ_f、系统哈密顿量 H 和控制参数 $g_2 \sim g_4$.

(1) for $k = 1, 2, \cdots$, do;

(2) 设置 $H(k) = H_0 + u_{1k}H_1 + \cdots + u_{4k}H_4$;

(3) 依据式(11.30)计算 ρ_k;

(4) 根据算法 11.1 中的 QSE-OADM 算法计算 $\hat{\rho}_k$;

(5) 计算 $T_i(\hat{\rho}_k)$ 和 $C(\hat{\rho}_k)$;

(6) 依据式(11.91)或式(11.92)更新控制场;

(7) end for.

11.5.2　数值仿真实验及其性能分析

本小节中我们仍以 2 比特随机量子系统为例进行数值仿真实验. 实验中, $H_0 = \sigma_z \otimes I + I \otimes \sigma_z$, 四个控制哈密顿量分别为: $H_1 = \sigma_x \otimes I + I \otimes \sigma_x$, $H_2 = \sigma_y \otimes I + I \otimes \sigma_y$, $H_3 = (\sigma_y + \sigma_z) \otimes I + I \otimes (\sigma_y + \sigma_z)$ 和 $H_4 = (\sigma_x + \sigma_z) \otimes I + I \otimes (\sigma_x + \sigma_z)$. 除滑窗长度改为 $l = 30$ 外, 其他系统参数以及 QSE-OADM 算法的参数均与 11.3 节实验中相同.

为了验证本小节所提方案性能的优越性, 我们将 QSE-OADM-FC 方案与 QST-OADM-FC 方案进行比较, 其中 QST-OADM 算法的参数已根据 11.4 节调整至最佳. 除李雅普诺夫函数值之外, 本小节还借助控制场能量衡量反馈控制方案的优越性, 其定义为

$$J(k) = \sum_{i=1}^{r} \sum_{j=1}^{k} u_{ij}^2 \tag{11.93}$$

11.5.2.1　本征态的反馈控制

2 比特系统的初态为本征态 $\rho_0 = \rho_{00} \otimes \rho_{00}$, 其中 $\rho_{00} = [1,0;0,0]$; 目标态为本征态 $\rho_f = \rho_{f0} \otimes \rho_{f0}$, 其中 $\rho_{f0} = [0,0;0,1]$, 控制参数为 $g_2 = 6, g_3 = 1, g_4 = 1$. 同样, 实验的采样次数 N 为 30. 本征态反馈控制中实时量子态估计及状态反馈控制性能实验结果如图 11.14 所示, 其中, 图 11.14(a) 和图 11.14(b) 中的红色实线 (蓝色虚线) 分别代表 QSE-OADM-FC(QST-OADM-FC) 方案中保真度和李雅普诺夫函数的变化曲线, 图 11.14(c) 中的红色 (蓝色) 的实线、虚线、点划线和带"+"的曲线分别代表 QSE-OADM-FC(QST-OADM-FC) 方案中控制场分量 u_1, u_2, u_3 和 u_4 的变化曲线, 图 11.14(d) 中的红色 (蓝色) 的实线、虚线、点划线和带"+"的曲线分别代表 QSE-OADM-FC(QST-OADM-FC) 方案中密度矩阵对角线元素 $\rho_{11}, \rho_{22}, \rho_{33}$ 和 ρ_{44} 的变化曲线.

在 QSE-OADM-FC 方案中, 第 14 次采样过后即可保证实时量子态估计的保真度高于 95%, 第 15 次采样过后即可保证李雅普诺夫函数值小于 0.01, 第 30 次采样时保真度为 99.84%, 李雅普诺夫函数值为 5.399×10^{-4}, 如采用 QST-OADM-FC 方案, 则第 18 次采样过后才能保证实时量子态估计的保真度高于 95%, 李雅普诺夫函数值小于 0.01, 第 30 次采样时保真度为 99.40%, 李雅普诺夫函数值为 1.484×10^{-3}. 此外, 采用 QSE-OADM-FC 方案在达到更好的本征态反馈控制效果的同时所需要的控制场能量更小, 仅为 QST-OADM-FC 方案的 60% 左右.

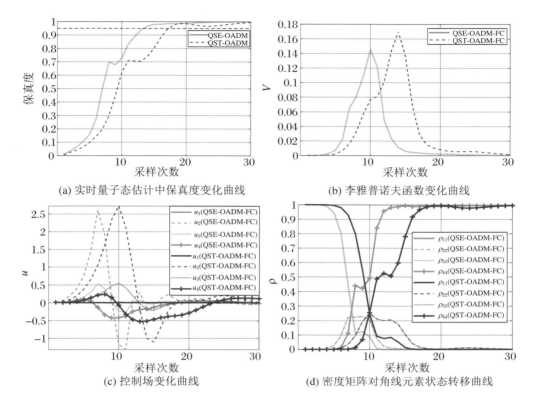

(a) 实时量子态估计中保真度变化曲线
(b) 李雅普诺夫函数变化曲线
(c) 控制场变化曲线
(d) 密度矩阵对角线元素状态转移曲线

图 11.14　实时量子态估计及本征态反馈控制的实验结果

两种方案下,本征态反馈控制性能指标的对比如表 11.4 所示,其中 k_{s1} 代表使得保真度持续稳定在 95% 以上的首个采样时刻,k_{s2} 代表使得李雅普诺夫函数值持续低于 0.01 的首个采样时刻.

表 11.4　本征态反馈控制性能指标的对比

	QSE-OADM-FC	QST-OADM-FC
k_{s1}	14	18
k_{s2}	15	18
$Fidelity(30)$	99.84%	99.40%
$V(30)$	5.399×10^{-4}	1.484×10^{-3}
$J(30)$	18.247	28.721

11.5.2.2　叠加态的反馈控制

2 比特系统的初态为叠加态 $\rho_0 = \rho_{00} \otimes \rho_{00}$,其中 $\rho_{00} = [3/8, -\sqrt{15}/8; -\sqrt{15}/8, 5/8]$;

目标态为叠加态 $\rho_f = \rho_{f0} \otimes \rho_{f0}$,其中 $\rho_{f0} = [3/4, -\sqrt{3}/4; -\sqrt{3}/4, 1/4]$,控制参数为 $g_2 = 5, g_3 = 2, g_4 = 0.8$. 叠加态反馈控制中实时量子态估计及状态反馈控制性能实验结果如图 11.15 所示,其中各组曲线的含义与图 11.14 相同. 在 QSE-OADM-FC 方案中,第 16 次采样过后即可保证实时量子态估计的保真度高于 95%,李雅普诺夫函数值小于 0.01,第 40 次采样时保真度为 99.90%,李雅普诺夫函数值为 3.220×10^{-4}. 如采用 QST-OADM-FC 方案,则第 22 次采样过后才能保证实时量子态估计的保真度高于 95%,第 25 次采样过后才能保证李雅普诺夫函数值小于 0.01,第 40 次采样时保真度为 99.40%,李雅普诺夫函数值为 6.180×10^{-4}. 相对而言,QSE-OADM-FC 方案所需的控制场能量稍小于 QST-OADM-FC 方案.两种方案下,叠加态反馈控制性能指标的对比如表 11.5 所示.

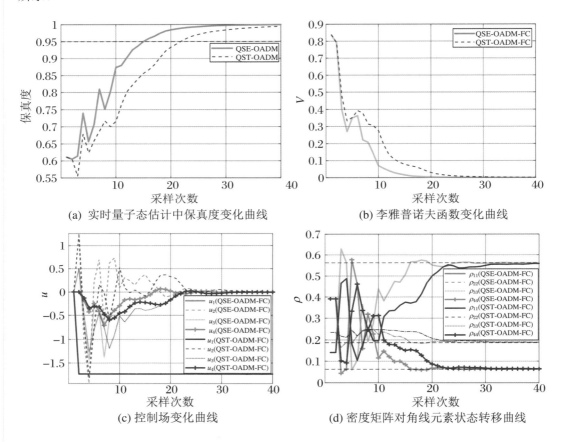

(a) 实时量子态估计中保真度变化曲线

(b) 李雅普诺夫函数变化曲线

(c) 控制场变化曲线

(d) 密度矩阵对角线元素状态转移曲线

图 11.15　实时量子态估计及叠加态反馈控制的实验结果

量子系统建模、特性分析与控制

表 11.5　叠加态反馈控制性能指标的对比

	QSE-OADM-FC	QST-OADM-FC
k_{s1}	16	22
k_{s2}	16	25
$Fidelity(40)$	99.90%	99.40%
$V(40)$	3.220×10^{-4}	6.180×10^{-4}
$J(40)$	133.179	133.880

小结

　　与宏观控制系统一样,高精度性能的量子系统控制必须依赖闭环反馈控制原理,而反馈控制系统的实现必须要用到实际被控系统的输出信号,来获得反馈控制律中用到的被控状态.由于量子测量的塌缩特性使得量子系统中状态的获取一直以来成为复杂量子系统高精度控制的瓶颈问题.很早就出现的量子层析技术只能用于离线重构量子态,进行量子态的制备.直到近几年的在线量子态估计成功实现才使得基于在线估计量子态的反馈控制成为可能.本章专门对基于在线估计状态的量子反馈控制进行了研究,从单比特量子系统的状态在线估计开始入门,然后我们开发出基于弱测量作用下测量值序列和采样矩阵的构造,提出了含有测量噪声的时变量子态的在线估计算法,并将其用于基于状态在线估计的单量子态反馈控制的设计中.在其基础上,我们进一步进行了基于在线估计状态的 n 量子位随机开放量子系统的反馈控制的研究,用一章的内容将在线估计算法以及基于在线估计的 n 量子位随机开放量子系统的反馈控制全部包括其中.

第 12 章

量子系统状态的跟踪控制

12.1　量子系统的动态跟踪控制

    本节基于模型参考自适应控制理论,针对所给的封闭量子系统模型,选择随时间变化的目标函数作为理想参考模型,利用李雅普诺夫稳定性理论进行控制律的设计,同时利用自适应算法解决量子系统跟踪过程中控制律出现奇异点与数值过大的问题.通过系统仿真实验完成了被控系统从任意初态对随时间变化的目标函数的跟踪任务:先完成状态转移,当被控系统状态从任意初态转移到与目标系统状态一致时,再对目标系统进行跟踪,验证了所提方法的可实现性.

12.1.1　引言

　　量子系统最典型的控制问题是设计一组控制律,使系统状态从一个给定的初态驱动到期望的目标态,并能够最终稳定在该目标态上的控制.如果目标态是固定态,量子控制就是一个状态调节问题,或称为量子态的转移控制.目前国内外已经有一些对量子系统各种状态转移的研究(Cong,Zhang,2011);如果目标态是一个随时间变化的函数,量子控制问题就是一个状态跟踪问题.量子系统本身具有各种不同的状态,如叠加态、混合态、纠缠态等宏观系统中所不具有的状态,使得量子系统的跟踪控制与其状态转移一样,是一大类具有相当难度的控制问题,并且,与量子态转移通常只关心最终时刻的状态不同,状态跟踪需要时刻关注目标系统的中间状态的变化,并保证其跟踪特性.另一方面,在达到快速跟踪的效果的同时,还必须考虑其他影响因素,比如在设计控制律时如果不去考虑控制律强度的大小,就有可能导致控制律出现奇异点.因此对量子系统状态的跟踪问题有必要进行系统深入的研究.到目前为止,有关此方面的研究成果较少,Wang 和Schirmer 从理论上分析了基于李雅普诺夫方法的量子系统状态跟踪问题(Wang,Schirmer,2010a);Liu 和 Cong 利用模型参考自适应控制的思想解决了量子系统状态跟踪自由演化刘维尔方程的问题(Liu,Cong,2011),Zhu 和 Rabitz 利用最优控制并结合自适应算法研究量子系统状态的跟踪问题(Zhu,Rabitz,2003).

　　本节将借用模型参考自适应控制理论,解决并分析量子系统状态的跟踪问题:针对模型参考自适应控制系统中的自适应律,利用李雅普诺夫稳定性理论,设计出针对一个随时间变化的跟踪目标函数的控制律;同时利用自适应算法解决量子系统跟踪过程中控制律出现奇异点与数值过大的问题.我们所做的研究的另一个特点是,不需要被控系统初态与目标系统初态相同,被控系统的初态可以是任意态.当被控系统的初态与目标系统初态不同时,在所设计的控制律的作用下,系统会首先完成状态转移的任务,然后再对目标系统进行跟踪.

12.1.2　问题描述与控制目标

　　本小节中我们所做的研究主要是对封闭量子系统的纯态进行动态跟踪控制,为了简单起见,我们采用薛定谔方程描述被控系统模型.

471

$$i\hbar \frac{\partial}{\partial t}\psi(t) = H\psi(t), \quad \psi(0) = \psi_0 \tag{12.1}$$

其中,$H = H_0 + \sum_{m=1}^{M} u_m(t) H_m$,$H_0$ 是系统内部(自由)哈密顿量,H_m 是外部(控制)哈密顿量,且假定均独立于时间,$u_m(t)$ 是允许的外加控制场;ψ_0 为初始状态. 式(12.1)中取普朗克常数 $\hbar = 1$.

由于被控系统模型由薛定谔方程描述,系统状态 $\psi(t)$ 是列向量. 而实际中对系统状态的跟踪控制往往是对目标算符 $P(t)$ 的期望值的控制,也就是说,系统的输出是目标算符的期望值. 令系统输出为 $Y(t)$,那么系统状态与目标算符满足关系

$$Y(t) = \langle \psi(t) \mid P(t) \mid \psi(t) \rangle \tag{12.2}$$

由式(12.2)可以看出,系统输出 $Y(t)$ 是标量,数值始终在$[0,1]$之间变化,满足系统状态的布居数不大于 1.

可以选择跟踪的随时间变化的目标系统有多种,只要满足目标系统输出数值在 $[0,1]$ 之间变化即可. 在此,为了简单起见,我们选择目标系统 $S(t)$ 为

$$S(t) = 1 - e^{-t^2/(2\tau^2)}, \quad t \geqslant 0 \tag{12.3}$$

其中,τ 的大小决定目标系统输出变化的速率.

目标系统实际上是一个阶跃响应,输出是标量,并且满足在足够长的时间内数值满足不大于 1. 此时,跟踪控制问题就是:希望被控系统(12.1)能够跟踪期望的随时间演化的目标系统(12.3). 此跟踪问题实际上也就是系统输出(12.2)跟踪目标系统(12.3)输出的问题. 那么,系统输出 $Y(t)$ 与目标系统输出 $S(t)$ 的差值 $e(t) = S(t) - Y(t)$ 将被用来衡量被控系统是否能跟踪目标系统的性能指标. 由此我们可以借用系统控制中的模型参考自适应控制理论,将目标系统 $S(t)$ 视为系统的参考模型,并将控制目标转变成:被控系统与控制器组成的可调系统的输出 $Y(t)$ 与参考模型(12.3)的输出 $S(t)$ 相一致. 因此,我们需要根据被控系统及参考模型的信息设计一个自适应控制律,按照该控制律自动地调整控制器的可调参数,使可调系统的动态特性与理想的参考模型的动态特性一致.

定义误差函数 $e(t)$ 为

$$e(t) = S(t) - Y(t) \tag{12.4}$$

那么,由式(12.3)-式(12.2)可得误差为

$$e(t) = 1 - e^{-t^2/(2\tau^2)} - \langle \psi(t) \mid P(t) \mid \psi(t) \rangle \tag{12.5}$$

误差函数随时间的一阶导数为

$$\dot{e}(t) = \frac{t}{\tau^2} e^{-t^2/(2\tau^2)} - \langle \dot{\psi}(t) \mid P(t) \mid \psi(t) \rangle - \langle \psi(t) \mid \dot{P}(t) \mid \psi(t) \rangle$$

$$- \langle \psi(t) \mid P(t) \mid \dot{\psi}(t) \rangle \tag{12.6}$$

将式(12.1)代入式(12.6),可得

$$\dot{e}(t) = \frac{t}{\tau^2} e^{-t^2/(2\tau^2)} - \langle \psi(t) \mid \mathrm{i}[H, P(t)] + \dot{P}(t) \mid \psi(t) \rangle \tag{12.7}$$

根据目标系统输出与可调系统输出之间的误差 $e(t)$,我们采用基于李雅普诺夫的控制策略来设计自适应控制律,通过不断减小被控状态与目标态间的偏差 $e(t)$ 来实现相应的跟踪控制.

12.1.3 跟踪控制器设计

12.1.3.1 控制律设计

李雅普诺夫稳定理论和方法在控制方法中有设计简单的优点.此方法的基本思想是设计合适的李雅普诺夫函数 $V(x)$ 来设计控制律.李雅普诺夫函数 $V(x)$ 需要满足三个条件:① $V(x)$ 正定或半正定;② 当系统达到目标态时 $V(x) = 0$;③ $V(x)$ 对时间的一阶导数 $\dot{V}(x)$ 负定或半负定,在这三个条件下,控制系统为李雅普诺夫意义下稳定.

在此,我们选择李雅普诺夫函数为

$$V(x) = \frac{1}{2} e^2(t) \tag{12.8}$$

其中,$V(x)$ 满足李雅普诺夫函数的三个条件.

对选定的李雅普诺夫函数求一阶导数可得

$$\dot{V}(x) = e(t) \cdot \dot{e}(t) \tag{12.9}$$

同时,为了方便控制律的求解,我们令可观测算符为系统自由哈密顿量 H_0 第一个本征态 $|\lambda_1\rangle$ 上的投影:$P = |\lambda_1\rangle\langle\lambda_1|$.将式(12.7)代入式(12.9),可以得到李雅普诺夫函数的一阶导数的表达式为

$$\dot{V}(t) = e(t) \cdot \left(\frac{t}{\tau^2} e^{-t^2/(2\tau^2)} - 2\mathrm{Im}(\langle \psi(t) \mid P \cdot H_0 \mid \psi(t) \rangle) \right)$$

$$-2\sum_{m=1}^{M}u_m(t)\mathrm{Im}(\langle\psi(t)\mid P\cdot H_m\mid\psi(t)\rangle)) \tag{12.10}$$

由式(12.10)可以看出,等式右边包含漂移项

$$\frac{t}{\tau^2}\mathrm{e}^{-t^2/(2\tau^2)}-2\mathrm{Im}(\langle\psi(t)\mid P\cdot H_0\mid\psi(t)\rangle)$$

这一项将会影响$\dot{V}(x)\leqslant0$是否成立的判断.因此,为了使一阶导数$\dot{V}(x)$满足负定或半负定的条件,将式(12.10)拆分成两个部分:

$$\begin{aligned}\dot{V}(t)=e(t)\cdot\Big(\frac{t}{\tau^2}\mathrm{e}^{-t^2/(2\tau^2)}-2\mathrm{Im}(\langle\psi(t)\mid P\cdot H_0\mid\psi(t)\rangle)\\-2u_1(t)\mathrm{Im}(\langle\psi(t)\mid P\cdot H_1\mid\psi(t)\rangle)\\-2\sum_{m=2}^{M}u_m(t)\mathrm{Im}(\langle\psi(t)\mid P\cdot H_m\mid\psi(t)\rangle)\Big)\end{aligned} \tag{12.11}$$

首先,令

$$\begin{aligned}e(t)\cdot\Big(\frac{t}{\tau^2}\mathrm{e}^{-t^2/(2\tau^2)}-2\mathrm{Im}(\langle\psi(t)\mid P\cdot H_0\mid\psi(t)\rangle)\\-2u_1(t)\mathrm{Im}(\langle\psi(t)\mid P\cdot H_1\mid\psi(t)\rangle)\Big)=0\end{aligned} \tag{12.12}$$

可得出控制律u_1:

$$u_1(t)=\frac{\dfrac{t}{\tau^2}\mathrm{e}^{-t^2/(2\tau^2)}-2\mathrm{Im}(\langle\psi(t)\mid P\cdot H_0\mid\psi(t)\rangle)}{2\mathrm{Im}(\langle\psi(t)\mid P\cdot H_1\mid\psi(t)\rangle)} \tag{12.13}$$

其次,令

$$-2e(t)\cdot\sum_{m=2}^{M}u_m(t)\mathrm{Im}(\langle\psi(t)\mid P\cdot H_m\mid\psi(t)\rangle)\leqslant0 \tag{12.14}$$

可得出控制律u_m:

$$u_m(t)=k_me(t)\cdot\mathrm{Im}(\langle\psi(t)\mid P\cdot H_m\mid\psi(t)\rangle),\quad m=2,3,\cdots,M \tag{12.15}$$

其中,$k_m>0,m=2,3,\cdots,M$为控制增益.

由以上控制律的求解过程可以看出,控制律u_1主要作用是消除漂移项,而控制律$u_m(t),m\geqslant2$起主要的控制作用.

12.1.3.2 控制系统性能分析

在进行轨迹修正之前,我们需要分析由控制律u_1可能引发的两个问题:① 奇异点

问题;② 控制律过大问题.

由推出的控制律 $u_1(t)$ 及 $u_m(t)$ 的表达式形式可以看出,由于 $u_1(t)$ 主要用来消除漂移项 $\frac{t}{\tau^2}\mathrm{e}^{-t^2/(2\tau^2)} - 2\mathrm{Im}(\langle\psi(t)|P\cdot H_0|\psi(t)\rangle)$ 导致 $u_1(t)$ 的形式是分式,而分母是与系统状态有关的时变的量,这就可能会导致 $u_1(t)$ 的分母为 0,即在动态跟踪目标状态的过程中,控制律 $u_1(t)$ 可能会在某些状态由于其分母为零而导致控制律为无穷大出现奇异点.量子系统中这种奇异点的出现是不可能实现的非物理现象.数学计算上出现的奇异点并非说明系统不可控,实际上,在量子控制的动态跟踪中,根据系统可控性可以将奇异点分为可去除的奇异点与系统本身所固有的奇异点,它们的形式分别为 0/0 与 $\alpha/0(\alpha \neq 0)$.对于第一种形式,也就是说可去除的奇异点,它们只是出现在被控系统跟踪目标系统过程中的某些时刻,如若在动态跟踪过程中遇到可去除奇异点,是可以通过一些有效的手段来解决的,比如针对一些低阶系统可以将比较明显易于求解的奇异点解出,并对控制律进行分段设计进而剔除;针对四阶或四阶以上的高阶系统,由于系统结构和控制律形式都比较复杂,并且奇异点的个数较多,这对直接求解会造成一定的困难,不过可以在出现奇异点的时刻对控制律 $u_1(t)$ 运用洛必达(L'Hopital)法则,使控制律形式从 0/0 变为 $\alpha/\beta(\alpha,\beta \neq 0)$,进而将奇异点剔除;或者,利用对目标轨迹进行修正来回避这些奇异点,总之,此类奇异点实际上对跟踪控制并不会造成太大困扰.而对于系统固有奇异点,也就是说,在任何时刻控制律的分母始终为 0,这可能是系统本身所具有的特性,也可能是由目标系统过高的限制条件导致的,是无法剔除的.此类系统是不可控的.

同时,即使系统本身没有奇异点,或者已经通过洛必达法则将奇异点去除,由于控制律 $u_1(t)$ 消除漂移项的特殊作用,那么系统就完全靠控制律 $u_m(t)$ 来控制,然而用来消除系统漂移项的 $u_1(t)$ 对系统的控制实际上是会产生影响的,比如 $u_1(t)$ 分母过小将导致整体数值过大,稳定跟踪就无法保证.不过,对于大多数的量子系统的动态跟踪问题,在误差允许的范围内,系统状态最终是否能够到达目标状态更加重要.因此,我们可以对设计出的控制律幅值进行限定,当控制律的幅值大于我们界定的某个值的时候说明分母过小,此时选择适当调整目标状态的轨迹来解决这一问题.下面我们给出具体通过调整目标状态轨迹来完成系统跟踪目标的过程.

当 $t = t_0, u_1(t)$ 或 $u_m(t)$ 大于设定的值 A 时,令 $t = t_1$ 时的目标状态 $S(t_1)$ 为 (Zhu,Rabitz,2003)

$$S(t_1) = S(t_0) + (1 - S(t_0))(1 - \mathrm{e}^{-(t-t_0)/(2\tau^2)}) \tag{12.16}$$

此时,当 $t_1 = t_0$ 时,满足 $S(t_1) = S(t_0)$,并且,当 $t_1 \to \infty$ 时,$S(t_1) \to 1$,所以 $S(t_1)$ 与 $S(t_0)$ 有着一致的走向.虽然,这样修正目标系统的轨迹,会对动态跟踪的精确性造成影响,不过如果我们将时间间隔划分得足够小,可以认为 $S(t_1) = S(t_0)$. 同理,可以写出轨迹修正的一般表达式为

$$S_{k+1}(t) = S_k(t_k) + (1 - S_k(t_k))(1 - e^{-(t-t_k)/(2\tau^2)}) \tag{12.17}$$

也就是说,可以实时地观测控制律是否超过设定的值 A,只要任一控制律超过设定的值,就会对目标轨迹进行修正以避开控制律过大对跟踪造成的影响. 为了进一步减小控制律 $u_m(t)$ 过大的影响,我们在修正轨迹的同时,减小 $u_m(t)$ 的比例系数. 在控制律未超过设定值的跟踪过程中,被控系统会按照李雅普诺夫设计出的控制律朝误差减小的方向控制.

12.1.4 系统数值仿真实验及其结果分析

为了对此方法的效果进行验证,本小节将对被控系统进行数值仿真实验,并对实验结果进行分析.

考虑一个四能级的量子系统,控制系统的自由哈密顿量为 $H_0 = \sum_{i=1}^{4} E_i = |j\rangle\langle j|$,其中,$E_1 = 0.4948$,$E_2 = 1.4529$,$E_3 = 2.3691$,$E_4 = 3.2434$,即自由哈密顿量为

$$H_0 = \text{diag}(0.4948, 1.4529, 2.3691, 3.2434)$$

对于此四阶系统,我们要求各个能级都有相互作用,也就是说控制哈密顿量是全连接的,因此控制哈密顿量为 $[0,1,1,1;1,0,0,0;1,1,0,1;1,1,1,0]$. 假定系统受两个控制场作用,我们可以将控制哈密顿量拆分成 $H_1 = [0,1,1,0;1,0,0,1;1,0,0,1;0,1,1,0]$ 和 $H_2 = [0,1,0,1;1,0,1,0;0,1,0,1;1,0,1,0]$,尽管这两个分控制哈密顿量有重合的部分,但是两者叠加后的总控制哈密顿量依然是全连接的,对系统结构并无影响,那么总的哈密顿量为 $H = H_0 + u_1(t)H_1 + u_2(t)H_2$. $|\lambda_1\rangle = 0.4948$,$|\lambda_2\rangle = 1.4529$,$|\lambda_3\rangle = 2.3691$,$|\lambda_4\rangle = 3.2434$,则相应的本征态分别为 $|\lambda_1\rangle = [1,0,0,0]^T$,$|\lambda_2\rangle = [0,1,0,0]^T$,$|\lambda_3\rangle = [0,0,1,0]^T$,$|\lambda_4\rangle = [0,0,0,1]^T$. 实验中观测算符 $P = |\lambda_1\rangle\langle\lambda_1| = [1,0,0,0;0,0,0,0;0,0,0,0;0,0,0,0]$,时间步长选为 $\Delta t = 0.01$,目标系统的参数 $\tau = 20$.

选取被控系统(12.1)的初态为四个本征态 $|\lambda_1\rangle$,$|\lambda_2\rangle$,$|\lambda_3\rangle$ 和 $|\lambda_4\rangle$ 的叠加,即 $|\psi_0\rangle = (1/2)|\lambda_1\rangle + (1/2)|\lambda_2\rangle + (1/2)|\lambda_3\rangle + (1/2)|\lambda_4\rangle$,转化成被控系统的输出为 $Y(0) = \langle\psi_0|P|\psi_0\rangle = 0.25$,目标系统的初值 $S(0) = 0$,则误差的初始值 $e(0) = S(0) - Y(0) = -0.25$,代入方程(12.13)和方程(12.15)中,可得到在系统仿真实验过程中的控制律. 在控制律 $u_2(t)$ 中,选取控制增益 $k_2 = 220$,当控制律大小超过限定值时,更改控制律

$u_2(t)$的比例系数$k_2'=40$. 初始控制量$u_1(0)=u_2(0)=0.005$, 并且限定控制律$u_1(t)$的最大值为2, 控制律$u_2(t)$的最大值为5.

系统仿真实验如图12.1至图12.4所示, 其中图12.1为被控系统输出与目标系统输出随时间的演化曲线, 图12.2为误差函数随时间的演化曲线, 图12.3为控制律$u_1(t)$随时间的演化曲线, 图12.4为控制律$u_2(t)$随时间的演化曲线. 从图12.1中可以看出, 在整个演化过程的前5 s, 被控系统输出由初值0.25变化到与目标系统输出相等. 5 s过后, 被控系统开始跟踪目标系统, 并且随着时间的延长, 能够一直稳定地跟踪. 在26～26.4 s的时间区间内, 被控系统状态导致$\mathrm{Im}(\langle\psi(t)|P\cdot H_1|\psi(t)\rangle)$过小或者在此出现了奇异点, 以至于控制律$u_1(t)$的大小已经超出了我们在仿真时设定的最大值, 使得目标系统微调轨迹, 同时, 减小了控制律$u_2(t)$的比例系数为40来影响控制律$u_1(t)$, 防止在下一个时刻再次出现奇异点或控制律$u_1(t)$过大. 由于我们在仿真时已经限定了控制律$u_1(t)$的最大值为2, 控制律$u_2(t)$的上限为5, 从图12.3和图12.4中也可以看出, 两个控制律大小始终在上限值之内变动. 从图12.2中可以看出, 由于控制律要朝着误差减小的方向控制, 在刚开始的前5 s, 误差绝对值由初始的0.25减小到0, 也就是说, 在控制律的作用下, 被控系统首先完成了状态转移的过程. 大约在26 s, 误差增大到最大值0.01, 正是在这个时刻前后, 控制律$u_1(t)$过大, 导致误差出现了些许的增大. 不过, 在整个跟踪过程中, 误差能够始终控制在0.01内, 也就是说, 跟踪精度达到99%, 并且在40 s过后, 误差趋向于0, 说明被控系统输出趋近于目标系统输出, 也就是说被控系统状态能够稳定地跟踪目标系统的状态.

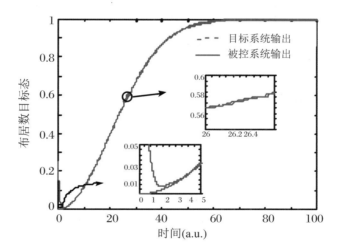

图12.1 被控系统输出与目标系统输出随时间的演化曲线

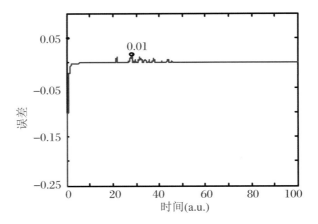

图 12.2 误差函数 $e(t)$ 随时间的演化曲线

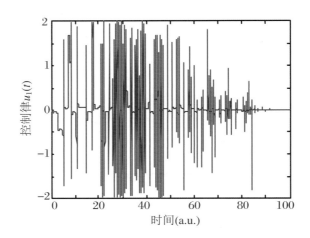

图 12.3 控制律 $u_1(t)$ 随时间的演化曲线

受到控制哈密顿量或目标系统等因素的影响,导致控制律过大或出现奇异点,使得量子系统跟踪控制比较困难.本节采用基于李雅普诺夫稳定性理论对薛定谔方程描述的量子系统进行控制律的设计,同时对控制律是否会出现过大的情况进行判断,当控制律的大小超过了所规定的上限,通过使系统跟踪从原有的目标轨迹转移到新的目标轨迹,绕过奇异点来避免控制律过大而导致不能稳定跟踪的问题.

量子系统建模、特性分析与控制

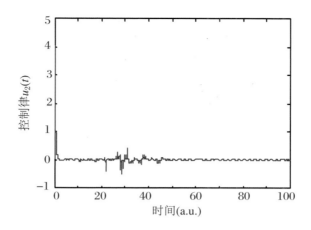

图 12.4　控制律 $u_2(t)$ 随时间的演化曲线

12.2　量子系统动态函数的跟踪控制

本节以一个随时间变化的二次函数为目标函数,对采用薛定谔方程的量子系统进行轨迹跟踪的研究,根据李雅普诺夫稳定性定理,选择一个合适的李雅普诺夫函数来进行控制律的设计,完成系统从任意初始状态到目标函数的跟踪,并对不同初始状态下的系统进行了系统仿真实验及其性能的对比研究.本节在 MATLAB 环境下进行系统数值仿真,实验验证了控制律在跟踪目标函数上的优越性,并通过对比几组不同的初始状态和观测量的仿真结果,研究了系统初始值对系统跟踪性能的影响,通过进一步调节系统控制参数,完成了对系统跟踪时间和控制精度的提高.

12.2.1　引言

量子控制的研究内容主要分为状态调控和轨迹跟踪.状态调控方面,国内外研究者已经发表了很多论文,包括对本征态、叠加态以及混合态的调控,也包括收敛性分析研究等.轨迹跟踪方面,主要的研究内容包括:跟踪一个随时间自由演化的量子系统,如

$$\mathrm{i}\hbar\dot{\rho}_f(t) = \left[H_{0f} + \sum_r f_r H_r, \rho_f(t)\right], H_{0f} = H_0$$ 和跟踪一个确定的目标函数（Liu et al.，2012），如 $S(t) = f(t)$，$f(t)$ 为随时间变化的任意函数. 由于跟踪对轨迹有严格的要求，所以对目标函数的跟踪必须时刻保证系统输出与目标函数的误差在性能指标内，因此跟踪比较复杂，涉及系统奇异值以及控制律设计问题. 拉比茨等（Rothman et al.，2005；Jha et al.，2009）针对奇异值给出了解决方法，提出了采用自适应算法的轨迹跟踪策略，并研究了跟踪过程中的多解性；同时在轨迹跟踪的控制方法、稳定性和收敛性分析方面学者们也有深入的研究，我们研究团队也发表了一系列文章，包括对自由演化量子系统的跟踪（Coron et al.，2009）、量子的轨道跟踪（Cong，Liu，2012）；在对目标函数的跟踪上，目前已经研究了斜坡函数 $S(t) = t$ 和指数函数 $S(t) = 1 - \exp(-t^2/(2\tau^2))$ 轨迹跟踪（Cong，Liu，2013）. 目前跟踪控制的关键点在于，如何设计有效的控制律，使系统有较快的跟踪时间和较高的跟踪精度. 现有的量子系统控制中，最常见的是最优控制（Doherty，Jacobs，1999）和基于李雅普诺夫的控制（Cong，Zhang，2009；Kuang，Cong，2008）. 最优控制可以使选定的系统性能指标全局最优，因此在量子系统控制中得到了广泛的应用，同时最优控制在求解过程中需要迭代，需要大量的计算时间和计算量.

本节以一个随时间变化的二次函数为目标函数，研究了初始状态为纯态的情况下，对采用薛定谔方程的量子系统进行轨迹跟踪的研究. 设计的控制律采用了同一个控制变量调节多个控制场，有效改善控制律过大的问题，同时完成量子系统对目标函数的跟踪，通过调节控制参数进一步改善系统的跟踪时间和跟踪精度，并对不同初始状态下的系统进行了系统仿真实验及其性能的对比研究，选取几组不同的初始状态 ψ_0 和不同的观测量 P 进行跟踪对比，研究了系统初始值 Y_0 对系统跟踪性能的影响.

12.2.2　系统描述与控制任务

本小节所考虑的量子系统为薛定谔方程

$$|\dot{\psi}(t)\rangle = -\mathrm{i}\hbar H |\psi(t)\rangle \tag{12.18}$$

其中，$H = H_0 + \sum u_m H_m, m = 1, \cdots, M, u_m$ 为系统外加控制场，H_0 为系统内部哈密顿量，H_m 为外部控制哈密顿量，H_0 和 H_m 均为不含时间的线性厄米算符；$|\psi(t)\rangle$ 为系统状态，满足 $|\psi(t)\rangle = c_1|\lambda_1\rangle + c_2|\lambda_2\rangle + \cdots + c_n|\lambda_n\rangle$，$|\lambda_i\rangle$ 为本征态，$c_1, \cdots, c_n$ 为复数，满足 $c_1^2 + \cdots + c_n^2 = 1$；当 $t = 0$ 时，系统初始状态为 $\psi(0) = \psi_0$；$\hbar$ 为普朗克常数，为了计算简便取 $\hbar = 1$.

定义系统输出函数 $Y(t)$ 为系统的测量结果,一般用观测量 P 的平均值表示,记为 $\langle\psi(t)|P|\psi(t)\rangle$,系统输出函数 $Y(t)$ 表示为

$$Y(t) = \langle\psi(t) \mid P \mid \psi(t)\rangle \tag{12.19}$$

其中,P 为一个厄米算符.P 可以表示为本征态上的投影之和:

$$P = \sum_{i=1}^{n} p_i \mid \lambda_i\rangle\langle\lambda_i \mid = \begin{bmatrix} p_1 & 0 & \cdots & 0 \\ 0 & p_2 & \cdots & 0 \\ \vdots & \vdots & \ddots & \vdots \\ 0 & 0 & \cdots & p_n \end{bmatrix} \tag{12.20}$$

其中,p_i 表示系统输出值中某一个本征态所占观测量的概率,满足 $p_1 + p_2 + \cdots + p_n = 1$,即系统对所有本征态观测的概率之和为 1.改变 p_i 取值会改变本征态观测概率,从而改变系统输出的大小.把式(12.20)代入式(12.19)中,可得

$$Y(t) = \langle\psi(t) \mid P \mid \psi(t)\rangle = \begin{bmatrix} c_1 & c_2 & \cdots & c_n \end{bmatrix} \begin{bmatrix} p_1 & 0 & \cdots & 0 \\ 0 & p_2 & \cdots & 0 \\ \vdots & \vdots & \ddots & \vdots \\ 0 & 0 & \cdots & p_n \end{bmatrix} \begin{bmatrix} c_1 \\ c_2 \\ \vdots \\ c_n \end{bmatrix}$$
$$\tag{12.21}$$

由式(12.21)可得,系统输出可以进一步表示为

$$Y(t) = p_1 \cdot c_1^2 + p_2 \cdot c_2^2 + \cdots + p_n \cdot c_n^2 \tag{12.22}$$

其中,$0 \leqslant c_i^2 \leqslant 1, 0 \leqslant p_i \leqslant 1, 0 \leqslant p_i \cdot c_i^2 \leqslant p_i \leqslant 1$,所以有 $0 \leqslant p_1 \cdot c_1^2 + \cdots + p_n \cdot c_n^2 \leqslant p_1 + p_2 + \cdots + p_n = 1$,即 $0 \leqslant Y(t) \leqslant 1$.由此可知,系统输出值 $Y(t)$ 在 $0 \sim 1$ 之间,被控系统在这一取值范围内跟踪目标函数,当系统输出超出 $[0,1]$ 范围则跟踪无物理意义,因此本小节研究跟踪的系统输出取值范围为 $0 \leqslant Y(t) \leqslant 1$.

我们研究的目标函数是随时间变化的、具有平方项的二次函数:

$$S(t) = \frac{1}{2}t^2 \tag{12.23}$$

定义误差 $e(t)$ 为

$$e(t) = S(t) - Y(t) \tag{12.24}$$

将式(12.19)中的输出函数 $Y(t)$ 代入式(12.24)可得

$$e(t) = S(t) - \langle\psi(t) \mid P \mid \psi(t)\rangle \tag{12.25}$$

对式(12.25)求导,可得误差的一阶导数为

$$\dot{e}(t) = \dot{S}(t) - \langle \dot{\psi}(t) \mid P \mid \psi(t) \rangle - \langle \psi(t) \mid P \mid \dot{\psi}(t) \rangle \qquad (12.26)$$

其中,e_0 为系统的初始误差,在跟踪过程中,误差始终保持下降趋势.

我们选择跟踪误差 $e(t) = 0.02$ 作为系统跟踪性能指标 ε,定义系统输出跟踪上目标函数为:系统跟踪误差 $e(t)$ 首次减小到系统性能指标 $\varepsilon = 0.02$,即系统输出 $Y(t)$ 与目标函数 $S(t)$ 的误差从 e_0 首次减小到 $e(t) < \varepsilon$.

我们的控制任务为:设计控制律保证系统输出 $Y(t)$ 能够跟踪上目标函数 $S(t)$,使得跟踪误差 $e(t)$ 降低至性能指标 ε,并继续跟踪直至 $Y(t) = S(t) = 1$ 完成跟踪.

12.2.3 基于李雅普诺夫定理的控制律设计

基于李雅普诺夫稳定性定理设计控制律的方法简单,是量子控制中的一种重要的设计方法.此方法的最大优势是,只要能构造对时间的一阶导数小于等于零的非负李雅普诺夫函数,控制律设计就能够保证系统稳定.李雅普诺夫方法不需要求解被控系统的微分方程,能够避免类似最优控制中的迭代求解.李雅普诺夫方法的设计关键点在于,如何构造合适的李雅普诺夫函数 $V(t)$,设计思想是选择一个大于等于零的李雅普诺夫函数 $V(t) \geqslant 0$,并使得其一阶导数小于等于零,即 $\dot{V}(t) \leqslant 0$,只要找到满足这两个条件的李雅普诺夫函数就能够设计出一个基于李雅普诺夫定理的控制律.其中,$\dot{V}(t) = 0$ 可以保证系统稳定,$\dot{V}(t) < 0$ 可以保证系统误差逐渐减小,直至零.其中,包含系统哈密顿量 H_0 和目标函数导数 $\dot{S}(t)$ 的一项不含控制律 u_m 且符号不确定,使得 $\dot{V}(t)$ 取值可正可负,因此需要通过设计控制律 u_m 保证李雅普诺夫定理中的 $\dot{V}(t) < 0$.

我们选取误差函数 $e(t)$ 的平方作为李雅普诺夫函数 $V(t)$,表示为

$$V(t) = \frac{1}{2} e^2(t) \qquad (12.27)$$

对式(12.27)中的李雅普诺夫函数求一阶导数可得

$$\dot{V}(t) = e(t) \cdot \dot{e}(t) \qquad (12.28)$$

把式(12.25)和误差的一阶导数式(12.26)代入式(12.28),$\dot{V}(t)$ 写为

$$\dot{V}(t) = e(t) \cdot (\dot{S}(t) - 2\mathrm{Im}(\langle \psi(t) \mid P \cdot H_0 \mid \psi(t) \rangle)$$

$$- 2 \sum_{m=1}^{M} u_m \, \text{Im}(\langle \psi(t) \mid P \cdot H_m \mid \psi(t) \rangle)) \tag{12.29}$$

系统哈密顿量表示方法定义为

$$H = H_0 + \sum u^n H_n, \quad n = 1, \cdots, N \tag{12.30}$$

其中,H_n 为外部哈密顿量,u 为系统外部控制量,u^n 表示系统外部的第 n 个控制场,n 为正整数. 控制律设计取 $n=2$,控制变量为 u 和 u^2,系统哈密顿量表示为

$$H = H_0 + u H_1 + u^2 H_2 \tag{12.31}$$

采用式(12.31)设计控制律,控制律中可以只用一个控制变量 u 对 H_1 和 H_2 同时作用,并且控制律中需要调节的参数只有一个. 将式(12.31)代入式(12.29),李雅普诺夫函数的一阶导数写为

$$\begin{aligned}
\dot{V}(t) &= e(t) \cdot (\dot{S}(t) - 2\text{Im}(\langle \psi(t) \mid P \cdot H_0 \mid \psi(t) \rangle) \\
&\quad - 2u \, \text{Im}(\langle \psi(t) \mid P \cdot H_1 \mid \psi(t) \rangle) \\
&\quad - 2u^2 \, \text{Im}(\langle \psi(t) \mid P \cdot H_2 \mid \psi(t) \rangle)) \\
&= I_0 - u I_1 - u^2 I_2
\end{aligned} \tag{12.32}$$

其中,$I_0 = e(t) \cdot (\dot{S}(t) - 2\text{Im}(\langle \psi(t) \mid P \cdot H_0 \mid \psi(t) \rangle))$,$I_1 = 2e(t) \cdot \text{Im}(\langle \psi(t) \mid P \cdot H_1 \mid \psi(t) \rangle)$,$I_2 = 2e(t) \cdot \text{Im}(\langle \psi(t) \mid P \cdot H_2 \mid \psi(t) \rangle)$.

由于系统跟踪分为两阶段:第一阶段为从任意初始值到达目标函数,此阶段的目标是希望状态快速转移;第二阶段是跟踪目标函数,其重点是高精度跟踪,满足 $e(t) < \varepsilon$. 为此需要采用两个控制律分段进行控制:在初始阶段,采用控制律 f_1 保证系统跟踪误差能够快速下降到性能指标 ε;系统跟踪后,采用控制律 f_2,使得跟踪误差稳定在 $e(t) < 0.02$,保证跟踪精度. 为了确定控制律 f_1 和 f_2 的切换时间,我们定义系统输出跟踪上目标函数的时间为 t_1,系统的跟踪时间 t_1 满足

$$e(t_1) = \frac{1}{2} t_1^2 - \langle \psi(t_1) \mid P \mid \psi(t_1) \rangle < 0.02 \tag{12.33}$$

其中,跟踪时间 t_1 为系统输出 $Y(t)$ 与目标函数 $S(t)$ 的误差从 e_0 首次减小到 $e(t) < \varepsilon$ 的时间,t_1 可以通过计算求得,理论上推导出跟踪时间 t_1 计算公式为

$$t_1 = \sqrt{2 \cdot \langle \psi(t_1) \mid P \mid \psi(t_1) \rangle + 0.04} \tag{12.34}$$

当 $t_1 < t < t_f$ 时,系统跟踪上目标函数后控制律的任务是保持跟踪精度使得跟踪误差 $e(t) < \varepsilon$. 因此,系统的控制律可以设计为:

当 $0 < t \leqslant t_1, k_1 > 1$ 时

$$u = f_1 = -k_1 \left| \frac{-I_1 - \sqrt{I_1^2 + 4I_2I_0}}{2I_2} \right| \tag{12.35}$$

当 $t_1 < t < t_f, k_2 > 0$ 时

$$u = f_2 = \frac{-I_1 - \sqrt{I_1^2 + 4I_2I_0}}{2I_2} - \frac{1}{k_2} \left| \frac{-I_1 - \sqrt{I_1^2 + 4I_2I_0}}{2I_2} \right| \tag{12.36}$$

系统的控制结构框图如图 12.5 所示,其系统跟踪控制过程为:给定系统初始状态 ψ_0 和观测量 P,计算系统初始误差 e_0,调节系统控制参数 k_1,确定系统跟踪时间 t_1,以跟踪时间 t_1 为分界点判断系统控制律采用 f_1 或 f_2,数值计算求解系统当前状态 $\psi(t)$.系统中状态求解以观测量 P 的平均值 $Y(t)$ 反馈回系统,与目标函数 $S(t)$ 相比较获得系统误差 $e(t)$,由此获得控制律实时调节系统,保持系统跟踪状态.

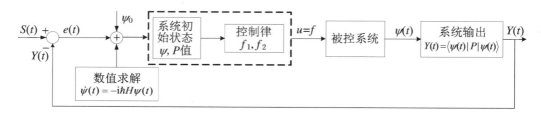

图 12.5　系统控制结构框图

12.2.4　系统仿真实验及其结果分析

本小节将研究和分析不同参数对系统跟踪性能影响的系统仿真实验,并对结果进行对比分析.选择一个四能级量子系统作为被控对象.实验中,系统控制律 f_1 和 f_2 分别选择式(12.35)和式(12.36),系统内部哈密顿量 H_0 为

$$H_0 = \begin{bmatrix} 0.4948 & 0 & 0 & 0 \\ 0 & 1.4529 & 0 & 0 \\ 0 & 0 & 2.3691 & 0 \\ 0 & 0 & 0 & 3.2434 \end{bmatrix}$$

其中,自由哈密顿量 H_0 的本征值为 $\lambda_1 = 0.4948, \lambda_2 = 1.4529, \lambda_3 = 2.3691, \lambda_4 = 3.2434,$

对应的本征态分别为 $|\lambda_1\rangle = \begin{bmatrix} 1 & 0 & 0 & 0 \end{bmatrix}^{\mathrm{T}}$，$|\lambda_2\rangle = \begin{bmatrix} 0 & 1 & 0 & 0 \end{bmatrix}^{\mathrm{T}}$，$|\lambda_3\rangle =$ $\begin{bmatrix} 0 & 0 & 1 & 0 \end{bmatrix}^{\mathrm{T}}$，$|\lambda_4\rangle = \begin{bmatrix} 0 & 0 & 0 & 1 \end{bmatrix}^{\mathrm{T}}$.

实验仿真中,假设四能级系统中任何两个能级间均有互相作用,外部哈密顿量选为

$$H_1 = \begin{bmatrix} 0 & 1 & 1 & 0 \\ 1 & 0 & 0 & 1 \\ 1 & 0 & 0 & 1 \\ 0 & 1 & 1 & 0 \end{bmatrix}, \quad H_2 = \begin{bmatrix} 0 & 1 & 0 & 1 \\ 1 & 0 & 1 & 0 \\ 0 & 1 & 0 & 1 \\ 1 & 0 & 1 & 0 \end{bmatrix}$$

其中,哈密顿量 H_1 表示 $E_1 \leftrightarrow E_2, E_3 \leftrightarrow E_4, E_1 \leftrightarrow E_3, E_2 \leftrightarrow E_4$ 之间相互作用,哈密顿量 H_2 表示 $E_1 \leftrightarrow E_2, E_3 \leftrightarrow E_4, E_1 \leftrightarrow E_4, E_2 \leftrightarrow E_3$ 之间相互作用.

仿真实验中,系统输出与目标函数相等且当 $Y(t_f) = S(t_f) = 0.5t_f^2 = 1$ 时,认为完成跟踪任务,其中 t_f 为终态时间.计算可得跟踪完成时间为 $t_f \approx 1.41$.实验中对控制律进行限幅 $|u| \leqslant 1000$,跟踪误差 $|e| \leqslant 0.02$,输出函数 $0 < Y(t) \leqslant 1$,时间采样间隔选为 $\Delta = 0.01$ a.u..

12.2.4.1 系统跟踪仿真实现及其结果分析

实验中,系统初始状态为叠加态 $\psi_0 = \begin{bmatrix} 1/\sqrt{3} & 0 & 1/\sqrt{3} & 1/\sqrt{3} \end{bmatrix}^{\mathrm{T}}$,观测量取 $P = \mathrm{diag}(1,0,0,0)$,初始值由 $Y_0 = \langle \psi_0 | P | \psi_0 \rangle$ 计算得 $Y_0 = 0.3333$.系统的控制参数调节顺序为:先调节控制参数 k_1,确定跟踪时间 t_1;再调节控制参数 k_2,保证跟踪精度.参数取值具体确定方法如下:

(1) 确定控制律 f_1 中控制参数 k_1.为满足李雅普诺夫控制律设计条件,需要保证 $k_1 > 1$,调节中,保持控制参数 k_2 不变,控制参数 k_1 从 1 至 100 间隔 $\Delta = 0.1$ 连续取值,通过式(12.36)求解跟踪时间,选出不同 k_1 值下最短的跟踪时间 t_1.其中,当 $1 < k_1 < 10$ 时,在 $0 < t \leqslant t_1$ 阶段跟踪误差能够降低至系统性能指标 $e(t) < \varepsilon$;当 $k_1 > 10$ 时,系统输出容易出现 $Y(t) > 1$ 或跟踪误差 $e(t) > \varepsilon$ 情况,跟踪效果不好.因此控制参数 k_1 的调节从 1 至 10 间隔 $\Delta = 0.1$ 连续取值,然后由式(12.36)求解跟踪时间,从所有满足式(12.35)的时间中选出最短跟踪时间进行(2)中的步骤.

(2) 确定控制律 f_2 中控制参数 k_2.为满足李雅普诺夫控制律设计条件,控制参数 k_2 需要满足 $k_2 > 0$,由(1)中确定控制参数 k_1 和跟踪时间 t_1,控制参数 k_2 从 0 开始间隔 $\Delta = 1$ 连续取值.当 $0 < k_2 < 1$ 时,控制律 f_2 中绝对值一项值过大,系统输出容易振荡或 $Y(t) > 1$;当 $k_2 > 1$ 时,系统输出能够跟踪上目标函数,故实验中我们选定控制参数 k_2 的取值范围为 $1 < k_2 < 100$.因此,控制参数 k_2 的参数调节从 1 至 100 间隔 $\Delta = 1$ 连续取值.

由式(12.34)可知,系统跟踪时间 t_1 是由状态 $\psi(t_1)$ 和观测量 P 决定的,$\psi(t_1)$ 由系统初始状态 ψ_0 和控制律 f_1 确定.采用龙格-库塔方法求解被控系统获得状态 $\psi(t_1)$,调节控制参数 k_1 从 1 至 10 间隔 $\Delta=0.1$ 取值,判断系统跟踪误差 $e(t)<\varepsilon$ 是否小于性能指标,若同时满足 $0<t<0.35$,则保存这一时刻跟踪时间至数组 T.在数组 T 中选择最小的跟踪时间 t_1',调节控制参数 k_2 从 1 至 100 间隔 $\Delta=1$ 连续取值,若系统在 $t_1<t<t_f$ 跟踪误差满足性能指标 $e(t)<\varepsilon$,则系统输出完成对目标函数的跟踪;若 $e(t)>\varepsilon$,则需要重新在 T 中选择除 t_1' 之外的最短跟踪时间 t_1'',重新调节控制参数 k_2,直至系统在 $t_1<t<t_f$ 阶段跟踪误差始终小于性能指标 $e(t)<\varepsilon$,完成系统输出对目标函数的跟踪.在实验中,求解满足 $e(t)<0.02$ 且 $0<t<0.35$ 的控制参数 k_1 和跟踪时间 t_1 的几组参数组合如表 12.1 所示.

表 12.1　不同控制参数 k_1 和跟踪时间 t_1 的组合

	1	2	3	4	5	6	7
k_1	2.40	2.50	2.70	3.00	3.30	4.50	8.30
t_1	0.34	0.32	0.31	0.29	0.25	0.22	0.15
k_2	69	17	38	40	$Y(t)>1$	$Y(t)>1$	$Y(t)>1$

从表 12.1 中可知,当参数为第 1,2 和 3 组时,系统输出能够跟踪上目标函数,但是前三组的系统跟踪时间均比第 4 组长,即 $t_1>0.29$,因此不是系统最短跟踪时间,不选取这几组参数;当参数为第 4 组时,$k_1=3.0$,$k_2=40$,$t_1=0.29$,系统输出为 $Y(t_1)=0.0421$,目标函数为 $S(t_1)=0.0373$,系统的跟踪误差 $e(t_1)=0.0421-0.0373=0.0048$,系统在 t_1 时刻误差首次小于性能指标 $\varepsilon=0.02$,即 $e(t_1)<0.02$,系统输出跟踪上目标函数.当参数为第 5,6 和 7 组时,系统输出 $Y(t)>1$ 且跟踪误差 $e(t)>\varepsilon$,系统无法跟踪上目标函数.综上可知,第 4 组中控制参数 $k_1=3.0$ 和跟踪时间 $t_1=0.29$ 为最佳参数组合.第 4 组参数的系统跟踪情况如图 12.6 所示,系统输出 $Y(t)$ 用实线表示,目标函数 $S(t)$ 用虚线表示.

从图 12.6 仿真实验结果可知,系统输出 $Y(t)$ 在 $0<t\leqslant0.29$ 时,初始值从 $Y_0=0.3333$ 快速下降到 $Y(t_1)=0.0421$;当 $t=0.29$ 时,跟踪误差首次减小到 $e(t_1)=0.0048<0.02$,满足系统跟踪性能指标,此时系统输出跟踪上了目标函数;当 $t>0.29$ 时,误差一直保持 $e(t)=0.0100\pm0.0100$ 内,系统输出从 $Y(t_1)$ 开始随目标函数逐渐增加至输出 $Y(t_f)=1$,跟踪在 $t>0.29$ 后系统输出和目标函数两条曲线重合.

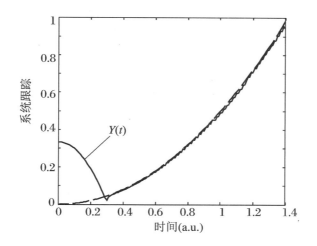

图 12.6 系统跟踪随时间的变化

图 12.7 为控制律随时间的变化,控制律 u 的取值范围为 $[-3.5,0.5]$,控制律 u 用点划线表示.控制律以系统跟踪时间 $t_1 = 0.29$ 为切换点,当 $0 < t \leqslant 0.29$ 时,采用控制律 $u = f_1$,当 $t > 0.29$ 时,采用控制律 $u = f_2$.控制律 f_1 的最大值为 $|f_{1max}| = 3.138$,跟踪中控制律范围是 $[-3.138,0]$;控制律 f_2 的最大值为 $|f_{2max}| = 2.670$,当控制律为 f_2 时,控制律范围是 $[-2.670,0.011]$,系统最大误差为 $e_{max} = 0.0111$,控制精度为 98.89%.

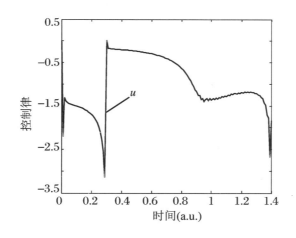

图 12.7 控制律 u 随时间的变化

综上所述,在整个仿真实验中,控制参数 k_1 调节范围 $1 < k_1 < 10$,控制参数 k_2 调节范围 $1 < k_2 < 100$.控制律通过调节控制参数 k_1 取值,确定最小跟踪时间 t_1,再以 t_1 为

控制律切换时间,时间大于 t_1 时调节控制律 f_2 中控制参数 k_2. 只要控制律 f_1 中的控制参数 k_1 确定,则控制律表达式 f_1 唯一,因此,对应不同的控制参数 k_1,有不同的跟踪时间 t_1. 跟踪时间 t_1 只与 k_1 有关,与 k_2 无关,以表 12.1 中可以看出,k_1 取值越大跟踪时间 t_1 越小;改变控制参数 k_2,不影响控制律 f_1.

12.2.4.2 初始状态 ψ_0 对系统跟踪性能的影响

为了更深入地分析系统跟踪的性能,我们研究初始状态 ψ_0 对跟踪性能的影响. 系统初始状态 ψ_0 选取几个不同的值,分别为 $\psi_1 = \begin{bmatrix} 1/2 & 0 & 1/2 & \sqrt{2}/2 \end{bmatrix}^{\mathrm{T}}$,$\psi_2 = \begin{bmatrix} 1/\sqrt{3} & 0 & 1/\sqrt{3} & 1/\sqrt{3} \end{bmatrix}^{\mathrm{T}}$,$\psi_3 = \begin{bmatrix} 1/\sqrt{2} & 0 & 1/2 & 1/2 \end{bmatrix}^{\mathrm{T}}$,$\psi_4 = \begin{bmatrix} \sqrt{3}/2 & 0 & \sqrt{3}/4 & 1/4 \end{bmatrix}^{\mathrm{T}}$ 和 $\psi_5 = \begin{bmatrix} \sqrt{56}/8 & 0 & \sqrt{6}/8 & \sqrt{2}/8 \end{bmatrix}^{\mathrm{T}}$,系统观测量 P 取值相同,均为 $P = \mathrm{diag}(1,0,0,0)$,分别进行五组仿真实验. 系统和控制器参数的不同取值,以及实验结果如表 12.2 所示. 图 12.8 给出了 5 种情况下的跟踪曲线,其中,实线表示初始状态为 ψ_1 时 $Y_1(t)$ 的跟踪,短点线表示初始状态为 ψ_2 时 $Y_2(t)$ 的跟踪,长虚线表示初始状态为 ψ_3 时 $Y_3(t)$ 的跟踪,点划线表示初始状态为 ψ_4 时 $Y_4(t)$ 的跟踪,短虚线表示初始状态为 ψ_5 时 $Y_5(t)$ 的跟踪. 从图 12.8 中可以看出,系统输出 $Y_5(t)$ 的初始值为 $Y_0^5 = 0.8750$,下降速度最快,跟踪时间为 $t_1 = 0.17$;系统输出 $Y_1(t)$ 的初始值为 $Y_0^1 = 0.2500$,下降速度最慢,跟踪时间为 $t_1 = 0.33$. 由此可知,初始值 Y_0 越大,系统跟踪误差下降速度越快,跟踪时间越短. 在 0.35 a.u. 后,不同初始状态的系统输出均已经跟踪上目标函数.

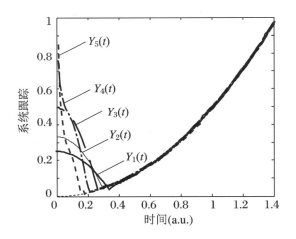

图 12.8 不同初始状态 ψ_0 下系统的跟踪情况

表 12.2　不同参数下的实验结果

初始状态\系统参数	ψ_1	ψ_2	ψ_3	ψ_4	ψ_5
初始状态 ψ_0	$[1/2\ 0\ 1/2\ \sqrt{2}/2]^{\mathrm{T}}$	$[1/\sqrt{3}\ 0\ 1/\sqrt{3}\ 1/\sqrt{3}]^{\mathrm{T}}$	$[1/\sqrt{2}\ 0\ 1/2\ 1/2]^{\mathrm{T}}$	$[\sqrt{3}/2\ 0\ \sqrt{3}/4\ 1/4]^{\mathrm{T}}$	$[\sqrt{56}/8\ 0\ \sqrt{6}/8\ \sqrt{2}/8]^{\mathrm{T}}$
观测 P 值	diag(1,0,0,0)	diag(1,0,0,0)	diag(1,0,0,0)	diag(1,0,0,0)	diag(1,0,0,0)
初始值 Y_0	0.2500	0.3333	0.5000	0.7500	0.8750
控制参数 k_1/k_2	2.0/11	3.0/53	4.1/12	5.7/35	6.3/23
跟踪时间 t_1	0.33	0.29	0.25	0.21	0.17
控制律 f_1	$[-2.5590,0]$	$[-2.2150,0]$	$[-3.0300,0]$	$[-5.2890,0]$	$[-58580,0]$
控制律 f_2	$[-3.032,0.847]$	$[-1.022,0.426]$	$[-1.265,1.188]$	$[-1.265,0.721]$	$[-3.055,1.626]$
最大误差 $e_{\max}$	0.0097	0.0101	0.0116	0.0131	0.0238
最小误差 $e_{\min}$	2.6478×10^{-7}	2.4346×10^{-7}	1.2989×10^{-5}	2.0221×10^{-5}	1.1321×10^{-2}
精度(%)	99.03%	98.99%	98.84%	98.69%	97.62%

对表 12.2 中的结果进行对比分析后可以得出如下结论:

(1) 从控制律对比可知,系统控制律取值范围很小.

(2) 从跟踪时间和跟踪精度两个方面对比可知,跟踪时间上,初始状态 ψ_4 为较优跟踪;跟踪精度上,初始状态 ψ_1 为较优跟踪.

(3) 系统初始值 Y_0 越大,系统的跟踪精度越低.

(4) 控制参数 k_1 的取值越大,系统跟踪时间 t_1 越短.

12.2.4.3　观测量 P 对系统跟踪性能的影响

观测量 P 为本征态上的投影之和,即 $P = \sum_{i=1}^{n} p_i \mid \lambda_i \rangle\langle \lambda_i \mid$,由于系统输出为 $Y(t) = p_1 \cdot c_1^2 + p_2 \cdot c_2^2 + \cdots + p_n \cdot c_n^2$,改变观测量 P 中对角元素 p_i 的取值会改变系统对第 i 个本征态观测的概率,进而改变系统输出大小,影响到系统的跟踪性能,因此我们通过取不同的 p_i 来进行仿真实验.

仿真实验中,取相同的初始状态 $\psi_0 = \begin{bmatrix} \sqrt{2}/2 & 1/2 & 1/2 & 0 \end{bmatrix}^{\mathrm{T}}$,不同的观测量 P 进行对比,P 分别为 $P_1 = \mathrm{diag}(0.95,0.05,0,0)$ 和 $P_2 = \mathrm{diag}(0.85,0.05,0.05,0.05)$,由 $Y_0 = \langle \psi_0 \mid P \mid \psi_0 \rangle$ 计算得到系统初始值分别为 $Y_0^6 = 0.4875$,$Y_0^7 = 0.4500$.观测量 P_1 和 P_2 的结果对比如图 12.9 所示,其中,观测量 P_1 的输出 $Y_6(t)$ 为实线,观测量 P_2 的输出 $Y_7(t)$ 为点划线.从图 12.9 中可以看出,系统在施加控制律 f_1 后,输出 $Y(t)$ 快速下降,实验中,只观测两个本征态的 P_1 比观测四个本征态的 P_2 的跟踪误差 $e(t)$ 下降速度快,且跟踪时间 t_1 快一倍.观测量取 P_1 和 P_2 的系统参数对比如表 12.3 所示.

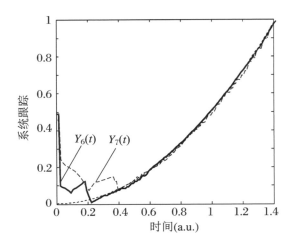

图 12.9 不同观测量 P 下系统的跟踪过程

表 12.3 不同观测量 P 下的系统参数对比

系统参数		
初始状态 ψ_0	$\begin{bmatrix}\sqrt{2}/2 & 1/2 & 1/2 & 0\end{bmatrix}^{\mathrm{T}}$	$\begin{bmatrix}\sqrt{2}/2 & 1/2 & 1/2 & 0\end{bmatrix}^{\mathrm{T}}$
观测 P 值	$\mathrm{diag}(0.95,0.05,0,0)$	$\mathrm{diag}(0.85,0.05,0.05,0.05)$
初始值 Y_0	0.4875	0.4500
控制参数 k_1/k_2	4.0/73	3.6/41
跟踪时间 t_1	0.20	0.43
控制律 f_1	$[-8.7710, 0]$	$[-7.2870, 0]$
控制律 f_2	$[-2.8370, 1.8110]$	$[-2.0560, 5.7390]$
最大误差 $e_{\max}$	0.0193	0.0216
最小误差 $e_{\min}$	3.8342×10^{-4}	2.0272×10^{-4}
精度(%)	98.07	97.84

根据表 12.3 中数据对比可以得出,在系统跟踪过程中,系统的观测量 P 对本征态的观测越少,系统跟踪精度越高,跟踪误差越小,若系统观测全部本征态,则系统跟踪误差最大,跟踪精度最低.同时系统初始值 Y_0 对于系统跟踪时间 t_1、跟踪精度(%)、控制律 f_1 和 f_2、最大误差 $e_{\max}$ 和最小误差 $e_{\min}$ 均有影响,因此在实验中,影响系统初始值的初始状态 ψ_0 和观测量 P 的选择十分重要.

12.3 量子系统的模型参考自适应控制

12.3.1 引言

量子系统控制概念的引入引起了世界各国专家的兴趣,1985 年 Clark 等从可观性的角度对量子系统进行理论上的建模与分析,1988 年 Perice 和 Dahleh 等将量子系统的无限维控制问题转化为有限维开环控制问题.随后,经典控制理论中的很多方法如最优控制和基于李雅普诺夫理论的控制等都不断地被应用到量子系统控制中.从系统控制角度来看,量子系统控制是利用控制理论结合量子系统本身所具有的特点,对量子态调控及其轨迹跟踪的外加控制律进行理论设计.同时,量子系统控制的最典型的问题是设计一组控制律,使系统状态从一个给定的初态驱动到期望的目标态,并能够最终稳定在该目标态上的控制.如果目标态是固定态,控制问题就变成了状态调节问题;如果目标态是一个随时间变化的函数,控制问题就变成了状态跟踪问题.至今国内外已经有不少对量子系统各种状态转移的研究,不过对量子系统状态的跟踪问题研究较少.本节所要研究的是利用模型参考自适应控制理论和思想来解决量子系统中的状态跟踪问题.

对于用刘维尔方程描述的封闭量子系统,用 $\hat{\rho}(t)$ 表示被控系统状态.本节考虑的被控系统参考模型为刘维尔方程描述的量子态自由演化方程,用 $\hat{\rho}_f(t)$ 表示参考模型的输出状态,这是一个随时间变化的目标态.参考模型为随时间自由演化的刘维尔方程:$\mathrm{i}\hbar(\partial(\hat{\rho}_f(t))/\partial t)=[H_0,\hat{\rho}_f(t)]$,$\hat{\rho}_f(0)=\hat{\rho}_{f0}$.所要研究的是被控系统状态 $\hat{\rho}(t)$ 跟踪参考模型的输出状态 $\hat{\rho}_f(t)$ 的问题.借助于模型参考自适应控制的思想,我们首先引入系统状态误差 $\hat{e}(t)$,它被定义成参考模型状态 $\hat{\rho}_f(t)$ 与被控系统状态 $\hat{\rho}(t)$ 之间的误差,以此方式将原系统状态 $\hat{\rho}(t)$ 跟踪目标态 $\hat{\rho}_f(t)$ 的状态跟踪问题转化成模型参考自适应控制问题.然后,对量子系统中的状态进行幺正变换,并采用基于李雅普诺夫稳定性理论的方法进行控制律的设计.

12.3.2　问题描述与控制目标

在量子系统控制中,可以有多种描述被控系统模型和控制问题的方式.对于封闭量子系统,系统模型可以采用薛定谔方程或刘维尔方程来描述.采用波函数作为变量的薛定谔方程只能描述纯态系统,而采用密度矩阵作为变量的刘维尔方程可描述纯态或者混合态.为了能对任意态进行控制,在此我们采用刘维尔方程描述被控系统模型.被控系统模型为

$$\mathrm{i}\hbar\frac{\partial}{\partial t}\hat{\rho}(t) = [H, \hat{\rho}(t)], \quad \hat{\rho}(0) = \hat{\rho}_0 \tag{12.37}$$

其中,$H = H_0 + \sum_{m=1}^{M} f_m(t)H_m$,$H_0$ 是系统内部(自由)哈密顿量,H_m 是外部(控制)哈密顿量,且假定均独立于时间,f_m 是允许的外加控制场,且为实函数;$\hat{\rho}_0$ 为初始时刻的系统状态.为了简单起见,本节中取普朗克常数 $\hbar = 1$.

控制问题是希望被控系统(12.37)的状态能够跟踪期望的随时间自由演化的目标函数:

$$\mathrm{i}\hbar\frac{\partial}{\partial t}\hat{\rho}_f(t) = [H_0, \hat{\rho}_f(t)], \quad \hat{\rho}_f(0) = \hat{\rho}_{f0} \tag{12.38}$$

其中,$\hat{\rho}_{f0}$ 为参考模型初态.

这是一个典型的状态跟踪问题.我们希望采用模型参考自适应控制来解决此问题.为此,我们选定参考模型为随时间演化的目标函数(12.38),也就是说,理想的参考模型是随时间自由演化的刘维尔方程.

控制目标就是:通过设计一个自适应机构来获得控制器,使被控系统(12.37)与控制器组成的可调系统的输出与参考模型(12.38)的输出相一致.因此需要根据被控系统及参考模型的信息设计一个自适应控制律,按照该控制律自动地调整控制器的可调参数,使可调系统的动态特性与理想的参考模型的动态特性一致.为了实现控制目标,定义可调系统广义误差 $\hat{e}(t)$ 为

$$\hat{e}(t) = \hat{\rho}_f(t) - \hat{\rho}(t) \tag{12.39}$$

那么,由式(12.37)-式(12.38)可得到以广义误差 $\hat{e}(t)$ 为状态变量的系统模型为

$$i\hbar \frac{\partial}{\partial t}\hat{e}(t) = \left[H_0 + \sum_{m=1}^{M} f_m(t)H_m, \hat{e}(t)\right] - \left[H_0 + \sum_{m=1}^{M} f_m(t)H_m, \hat{\rho}_f(t)\right] \tag{12.40}$$

$$\hat{e}(0) = \hat{\rho}_f(0) - \hat{\rho}(0) \tag{12.41}$$

其中, $f_m(t)$ 为需要设计的控制律. 这也是模型参考自适应控制中的可调系统.

通过利用模型参考自适应控制理论对被控系统模型和理想参考模型进行分析, 可以得出量子系统的模型参考自适应控制系统的结构图如图 12.10 所示.

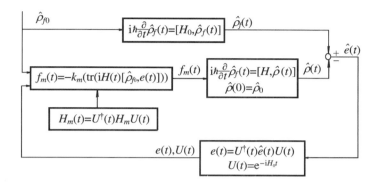

图 12.10　量子系统模型参考自适应控制系统结构图

模型参考自适应控制的目标就是在控制器的作用下使系统广义误差 $\hat{e}(t)$ 趋于零.

12.3.3　跟踪控制器设计

本小节将采用基于李雅普诺夫稳定性理论的方法来进行模型参考自适应控制律的设计.

12.3.3.1　状态变换

我们的设计任务是根据可调系统 (12.40), 利用模型参考自适应控制理论求解控制律 $f_m(t)$. 我们采用基于李雅普诺夫稳定性定理来进行控制律 $f_m(t)$ 的求解. 基于李雅普诺夫方法设计控制律时, 需要对所选取的李雅普诺夫函数求一阶导数, 并通过使其一阶导数为非正来获得控制律.

基于李雅普诺夫方法进行控制律设计的关键是李雅普诺夫函数的选取及其一阶导数符号正负性的确定. 由于系统 (12.40) 中的自由哈密顿量 H_0 在李雅普诺夫函数的一阶

导数中成为其漂移项(非齐次项),从而很难判定李雅普诺夫函数一阶导数的正负性. 为了能够顺利设计出控制器,我们通过引入幺正变换 $U(t) = \mathrm{e}^{-iH_0 t}$,以此来消去漂移项.

对误差状态 $\hat{e}(t)$ 实施幺正变换后可得

$$e(t) = U^\dagger(t)\hat{e}(t)U(t) \tag{12.42}$$

其中,"†"表示共轭转置,"^"表示变换前的状态. 对式(12.40)经过幺正变换后可得

$$i\hbar\frac{\partial}{\partial t}e(t) = \left[\sum_{m=1}^{M} f_m(t)H_m(t), e(t)\right] - \left[\sum_{m=1}^{M} f_m(t)H_m(t), \hat{\rho}_f(t)\right] \tag{12.43}$$

其中,$H_m(t) = U^\dagger(t)H_m U(t)$.

分别对相关变量进行幺正变换可得

$$\rho_f(t) = U^\dagger(t)\hat{\rho}_f(t)U(t) \tag{12.44}$$

$$\rho(t) = U^\dagger(t)\hat{\rho}(t)U(t) \tag{12.45}$$

$$e(t) = \rho_f(t) - \rho(t) \tag{12.46}$$

类似地,由于 $U(0) = U^\dagger(0) = 1$,所以有

$$e(0) = \hat{e}(0) = \hat{\rho}_{f0} - \hat{\rho}_0 \tag{12.47}$$

成立.

除此之外,由于参考模型(12.38)的解为

$$\rho_f(t) = U(t)\hat{\rho}_f(t)U^\dagger(t) \tag{12.48}$$

目标态则变为

$$\rho_f(t) = U^\dagger(t)U(t)\hat{\rho}_f(t)U^\dagger(t)U(t) = \hat{\rho}_f(0) = \hat{\rho}_{f0} \tag{12.49}$$

我们将 $\rho_f(t) = \hat{\rho}_{f0}$ 代入方程(12.43),可得新的以误差为状态变量的控制系统方程为

$$i\hbar\frac{\partial}{\partial t}e(t) = \left[\sum_{m=1}^{M} f_m(t)H_m(t), e(t)\right] - \left[\sum_{m=1}^{M} f_m(t)H_m(t), \hat{\rho}_{f0}(0)\right] \tag{12.50}$$

$$e(0) = \hat{e}(0) = \hat{\rho}_{f0} - \hat{\rho}_0 \tag{12.51}$$

由以上的推导过程可以看出:

(1) 方程(12.38)中的目标状态系统 $\hat{\rho}_f(t)$ 由随时间变化的动点,经过幺正变换,得到式(12.47)后变为时间独立的不动点 $\rho_f(t) = \hat{\rho}_{f0}$,并且与原系统的初始状态 $\hat{\rho}_{f0}$ 相等,

是一个常值；

（2）经过幺正变换后，被控系统(12.37)中的控制哈密顿量 H_m 由时间独立量变成了式(12.50)中含时量 $H_m(t)$.

经过引入广义误差和利用幺正变换，跟踪目标状态 $\hat{\rho}_f(t)$ 的问题转化为了对新的误差状态 $e(t)$ 的调节问题.新的控制目标变成了将初态 $e(0)$ 调节到 $e(t)=0$ 的调节问题.控制任务就是设计控制律 $f_m(t)$，在该控制律的作用下，驱动 $e(t)\to 0$，这与在原控制问题中驱动系统(12.37)的状态 $\hat{\rho}(t)$ 跟踪目标状态 $\hat{\rho}_f(t)$ 等价.

12.3.3.2 控制律设计

基于李雅普诺夫稳定性理论来设计控制律的方法具有简单、易于设计的优点.此方法的基本思想是选择一个合适的李雅普诺夫函数 $V(x)$，该函数需要满足条件：① $V(x)$ 正定或半正定；② 当系统达到目标态时 $V(x)=0$；③ 一阶导数 $\dot{V}(x)$ 负定或半负定.满足这三个条件，目标状态 $\hat{\rho}_f(t)$ 在李雅普诺夫意义下稳定.

关于李雅普诺夫函数的选择，一般来说有三种形式：基于状态距离的方法、基于状态误差的方法以及基于一个虚拟力学量的平均值的方法，本小节中我们选择的李雅普诺夫函数为状态的平均值

$$V(x)=\mathrm{tr}(Pe) \tag{12.52}$$

其中，P 称为"虚拟力学量"，作为一个可调参量.

根据李雅普诺夫函数需要满足的三个条件可知，P 的选择第一要满足李雅普诺夫函数(12.52)是正定的或半正定的，即 $V(x)\geqslant 0$，在此条件下，误差终态 0 自动满足李雅普诺夫函数条件②：$V(0)=\mathrm{tr}(P\cdot 0)=0$；第二要满足 $\dot{V}(x)\leqslant 0$.根据 2011 年 Lou 等论文中从量子系统控制律收敛方面阐述的 P 的选取方法，这里我们取 $P=H_0=\sum_{i=1}^{N}p_i\,|\lambda_i\rangle\langle\lambda_i|$.

根据李雅普诺夫函数的条件③可得到

$$\dot{V}(x)=\sum_{m=1}^{M}Pf_m(t)\mathrm{tr}(\mathrm{i}H_m(t)[\hat{\rho}_{f0},e(t)]) \tag{12.53}$$

为使 $\dot{V}(x)\leqslant 0$，可令方程(12.53)等号右边括号中的每一项小于等于 0，则可得控制律 f_m 为

$$f_m=-k_m(\mathrm{tr}(\mathrm{i}H_m(t)[\hat{\rho}_{f0},e(t)])),\quad k_m>0 \tag{12.54}$$

其中，k_m 为控制增益，为了保证系统状态的收敛性，令其大于 0.

方程(12.54)即为我们根据李雅普诺夫稳定性定理采用模型参考自适应控制理论设

计出来的控制律,该控制律可解决原系统的状态跟踪问题.

12.3.4 数值系统仿真及其结果分析

为了对所提方法的效果进行验证,本小节将对原被控系统进行两个数值仿真实验,一个是叠加态到叠加态的跟踪,另一个是混合态到混合态的跟踪,并对实验结果进行分析.

考虑一个四能级的量子系统,控制系统自由哈密顿量为

$$H_0 = \sum_{j=1}^{4} E_j = | j \rangle \langle j | \tag{12.55}$$

其中,$E_1 = 0.4948$,$E_2 = 1.4529$,$E_3 = 2.3691$,$E_4 = 3.2434$,即自由哈密顿量为

$$H_0 = \mathrm{diag}(0.4948, 1.4529, 2.3691, 3.2434)$$

对于此四阶系统,我们要求一、二能级,二、三能级,三、四能级相互作用,因此控制哈密顿量为 $H_1 = [0,1,0,0;1,0,1,0;0,1,0,1;0,0,1,0]$.假定系统受一个控制场作用,则总的哈密顿量为 $H = H_0 + f(t)H_1$.实验中时间步长选为 $\Delta t = 0.01$.$\lambda_1 = 0.4948$,$\lambda_2 = 1.4529$,$\lambda_3 = 2.3691$,$\lambda_4 = 3.2434$,则相应的本征态分别为 $|\lambda_1\rangle = [1,0,0,0]^{\mathrm{T}}$,$|\lambda_2\rangle = [0,1,0,0]^{\mathrm{T}}$,$|\lambda_3\rangle = [0,0,1,0]^{\mathrm{T}}$,$|\lambda_4\rangle = [0,0,0,1]^{\mathrm{T}}$.

根据 12.3.3 小节中的理论分析,误差状态取为 $e(t) = \rho_f(t) - \rho(t)$.对于一个密度矩阵表示的量子态,其中第 $i(i=1,2,3,4)$ 个对角元素的值表示量子系统处于第 i 个本征态的平均概率,通常也叫作状态 i 的布居数.因此,误差状态 $e(t)$ 的第 $n(n=1,2,3,4)$ 个对角元素 P_n 表示原被控系统状态与目标系统状态的布居数误差 $P_n = \rho_f^{(nn)} - \rho^{(nn)}$.同时,为了定量地表示控制律的效果,引入性能指标 $v = \mathrm{tr}(Pe) = \| \rho_f(t) - \rho_0(t) \|^2$,它表示系统(12.37)的状态与系统(12.38)的状态之间的距离.

12.3.4.1 实验 A:从叠加态到叠加态的跟踪

选取被控系统(12.37)的初态为第一个本征态 $|\lambda_1\rangle$ 和第二个本征态 $|\lambda_2\rangle$ 的叠加,即 $|\psi_0\rangle = (1/\sqrt{2})|\lambda_1\rangle + (1/\sqrt{2})|\lambda_2\rangle$,转化成密度矩阵的形式为 $\hat{\rho}_0 = |\psi_0\rangle\langle\psi_0|$,目标系统(12.38)目标初态选取为 $|\psi_f\rangle = \sqrt{1/8}\,|\lambda_1\rangle + 1/2\,|\lambda_2\rangle + 1/2\,|\lambda_3\rangle + \sqrt{3/8}\,|\lambda_4\rangle$,即 $\hat{\rho}_{f0} = |\psi_f\rangle\langle\psi_f|$,代入方程(12.50)和方程(12.54)可得新的系统以及控制律.在控制律 $f(t)$ 中,选取控制增益 $k = 0.1$,初始控制量 $f_0 = 0.01$,实验后性能指标函数的值 $v =$

$\parallel \rho(t) - \rho_f(t) \parallel^2 = \mathrm{tr}(Pe) = 0.0047$. 状态 $\rho(t)$ 和目标态 $\rho_f(t)$ 的距离作为性能指标 v 的系统仿真实验如图 12.11 所示,从中可以看出,当 $t = 600\ \mathrm{a.u.}$ 时,$\rho(t)$ 与目标态 $\rho_f(t)$ 之间的距离为 0.0047.

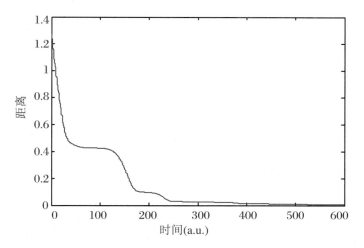

图 12.11　$v = \mathrm{tr}(Pe)$ 的演化过程

控制场 $f(t)$ 的变化曲线如图 12.12 所示,从中可以看出,随着时间的变化,控制量越来越小.

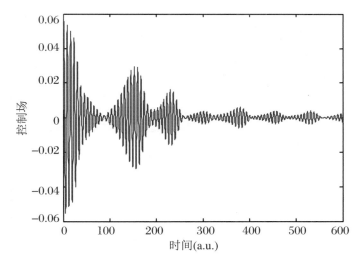

图 12.12　控制场 $f(t)$ 的变化曲线

为了验证将误差函数作为被控变量的方法设计出的控制律确实可以达到跟踪的目的,在该例实验中,将控制作用加在原系统上,选取叠加态的布居数来考查实验效果.

考查系统(12.37)和系统(12.38),为简化系统(12.37)的求解过程,需要去掉系统(12.37)中的漂移项 H_0,对系统(12.37)和系统(12.38)同时进行幺正变换:$\rho(t) = U^{\dagger}(t)\hat{\rho}(t)U(t), \rho_f(t) = U^{\dagger}(t)\hat{\rho}_f(t)U(t)$,幺正变换不改变各能级布居数,系统变为

$$i\frac{\partial}{\partial t}\rho(t) = [f(t)H_1(t), \rho(t)], \quad \rho(0) = \hat{\rho}_0 = \rho_0 \tag{12.56}$$

$$i\frac{\partial}{\partial t}\rho_f(t) = 0, \quad \rho_f(0) = \hat{\rho}_{f0} = \rho_{f0} \tag{12.57}$$

使用与式(12.53)相同的控制律设计方法,选取

$$V = \frac{1}{2}\mathrm{tr}(Pe) = \frac{1}{2}\mathrm{tr}(P(\rho - \rho_f)) \tag{12.58}$$

式(12.58)与式(12.53)是相同的,因此对式(12.58)的后半部分直接求导可得出控制律的另一种表现形式:

$$f(t) = -k\mathfrak{J}(\mathrm{tr}(H_1(t)[\rho_{f0}, \rho(t)])) \tag{12.59}$$

在式(12.59)中的控制律作用于变换后系统(12.56)和系统(12.57),选取与式(12.53)控制律中相同的参数 $k = 0.1, f_0 = 0.01$,可得系统跟踪效果如图 12.13 所示.

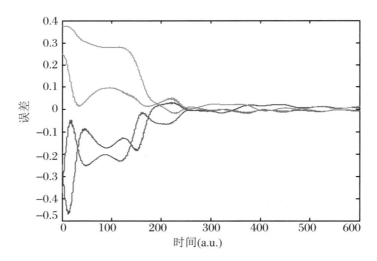

图 12.13　误差函数 $e(t)$ 的对角元随时间的演化

从式(12.57)中可以看出,进行幺正变换后,目标态求导为0,即目标态为一个常值,为其初始值,相当于将原来的目标系统旋转到其本征系中,故为常量.由图 12.13 亦可看出当时间为 600 a.u.时,原系统已经可以跟踪目标系统.

12.3.4.2 实验 B:从混合态到混合态的跟踪

假设系统(12.37)的初始状态为一个混合态:$\hat{\rho}_0 = \mathrm{diag}(0.3877, 0.2736, 0.1961, 0.1426)$,系统(12.38)的初始状态为另一个混合态:$\hat{\rho}_{f0} = \mathrm{diag}(0.1426, 0.1961, 0.2736, 0.3877)$.同样由式(12.55)可得控制律为 $f_1 = -k_1(\mathrm{tr}(\mathrm{i}H_1(t)[\hat{\rho}_{f0}, e(t)]))$,实验时控制律参数选取为 $k = 20, f_0 = 0.015$,实验后性能指标为 $v = 0.0101$.误差函数 $e(t)$ 的对角元随时间的演化仿真实验结果如图 12.14 所示,控制场 $f(t)$ 的变化曲线如图 12.15 所示.从仿真实验结果中可以看出,当时间为 35 a.u.时,被控系统状态与目标系统状态的布居数之差已经在渐进趋于零,由性能指标 v 得到最终的状态距离为 0.0101.适当增大初始控制量的时候可以加快系统的收敛,在实际控制中,初始控制量的大小可以按照需要调节.

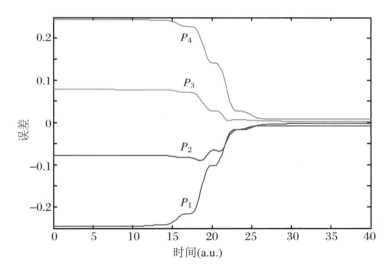

图 12.14　误差函数 $e(t)$ 的对角元随时间的演化

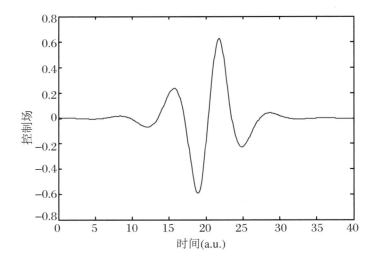

图 12.15　控制场 $f(t)$ 的变化曲线

12.4　N 维封闭量子系统轨迹跟踪的统一控制方案

本节利用 7.2 节提出的统一控制律的方法,对一般 N 维封闭量子系统中的量子态轨迹跟踪问题进行了研究.对于轨迹跟踪,当目标系统初态是对角形式时,目标系统可看作一个定态,此时跟踪问题等价于转移问题;当目标系统初态为非对角形式时,需对该目标系统进行一定的转化,将量子系统被控状态与目标状态之间的误差定义为误差状态,并利用误差函数将量子态轨迹跟踪问题转化为转移问题.接着便可利用统一控制律对基于误差函数的非理想量子系统进行控制,即在自由哈密顿量非强正则,或与目标轨迹不对易,以及量子系统的控制哈密顿量非全连接的非理想量子系统的情况下,使得所设计的控制方法可以将系统由任意初始态驱动至任意目标态,实现对任意目标态的跟踪控制.

12.4.1　系统模型和问题描述及解决问题的设计思想

在量子力学中,对量子系统的各种描述通常建立在希尔伯特空间中,系统的每一个

状态对应该空间中的一个矢量$|\varphi\rangle$. 量子系统的纯态可以由一个波函数或者态矢来描述，叠加态则是系统中可能状态的线性叠加：$|\varphi\rangle = c_1|\varphi_1\rangle + c_2|\varphi_2\rangle + \cdots + c_n|\varphi_n\rangle$，而混合态需要用一组态矢及其概率来表示：$|\varphi_1\rangle, \alpha_1; |\varphi_2\rangle, \alpha_2; \cdots; |\varphi_n\rangle, \alpha_n$，若用密度矩阵的形式表示，则 $\rho = \sum_i \alpha_i |\varphi_i\rangle\langle\varphi_i|, \sum_i \alpha_i = 1$.

由于在量子系统中，每一个状态的演化过程可以用多种方式来描述，对于不与环境纠缠的纯态系统，可以用根据薛定谔方程演化的波函数来表示. 而对于用密度矩阵形式表示的量子态，其演化过程可用希尔伯特空间的刘维尔方程来描述：

$$i\hbar \frac{\partial}{\partial t}\rho(t) = [H, \rho(t)], \quad \rho(0) = \rho_0 \tag{12.60}$$

其中，$H = H_0 + \sum_{q=1}^{m} u_q(t)H_q$，$H_0, H_q$ 分别表示系统的内部（或自由）哈密顿量以及外部（或控制）哈密顿量，且都为不含时的量，u_q 为外加控制场，随时间变化；$\hbar$ 为普朗克常量，为方便计算，取 $\hbar = 1$.

对于一个自由演化的量子系统中的状态 $\rho_f(t)$ 随时间变化的动力学方程可以写为

$$i\hbar \frac{\partial}{\partial t}\rho_f(t) = [H_0, \rho_f(t)], \quad \rho_f = \rho_{f0} \tag{12.61}$$

我们的控制目标是，通过外加控制作用，使系统(12.60)中状态 $\rho(t)$ 跟踪系统(12.61)中状态 $\rho_f(t)$ 的运动轨迹. 这是一个量子态的跟踪控制任务(问题).

根据系统控制理论，解决一个系统状态的跟踪问题的思路是，通过定义一个新的系统的误差状态，让其等于目标轨迹状态 $\rho_f(t)$ 与被控系统状态 $\rho_f(t)$ 之间的差，代入被控系统中，并结合已知的跟踪方程，将被控系统转变成所定义的误差状态的方程，此时通过对误差状态调控，将其从任意初始状态，转移到零误差，即可等价地完成将原被控系统中的状态 $\rho_f(t)$ 跟踪期望状态 $\rho(t)$ 运动轨迹的任务，因为一旦误差状态等于零之后，都有 $\rho(t) = \rho_f(t)$ 成立. 所以，求解状态轨迹跟踪问题需要分成两步：第一步是把状态轨迹跟踪问题转变成误差状态的转移(调控)问题；二是对转化后系统的误差状态进行控制律的设计.

我们将这一思想应用到量子系统的状态轨迹跟踪中，并应用统一的基于李雅普诺夫控制策略，来进行从任意初态到任意目标态的转移控制，此方法对被控量子系统不需要满足自由哈密顿量非衰减(简并)和控制哈密顿量全连接的理想量子系统的条件.

为使得量子态跟踪问题变换为量子态转移问题，引入量子态误差函数

$$e(t) = \rho(t) - \rho_f(t) \tag{12.62}$$

由式(12.60)减去式(12.61)可推出误差状态的演化方程为

$$\mathrm{i}\frac{\partial}{\partial t}e(t)=\left[H_0+\sum_{q=1}^{m}u_q(t)H_q,e(t)\right]+\left[\sum_{q=1}^{m}u_q(t)H_q,\rho_f(t)\right],\quad e(0)=\rho_0-\rho_{f0}$$

$$(12.63)$$

为了简化后续控制律的设计求解,需要消去系统(12.63)中的漂移项 H_0. 为此可引入幺正变换 $U(t)=\mathrm{e}^{-iH_0t}$(这也是一个相互作用图景变换),令 $\hat{e}(t)=U^\dagger(t)e(t)U(t)$,其中"†"表示取共轭转置,引入变换后系统(12.63)变为

$$\mathrm{i}\frac{\partial}{\partial t}\hat{e}(t)=\left[\sum_{q=1}^{m}u_q(t)\hat{H}_q,\hat{e}(t)\right]+\left[\sum_{q=1}^{m}u_q(t)\hat{H}_q,\hat{\rho}_f(t)\right] \qquad (12.64)$$

其中,$\hat{H}_q(t)=U^\dagger(t)H_q(t)U(t)$;$\hat{\rho}_f(t)=U^\dagger(t)\rho_f(t)U(t)$.

为了更加容易求出目标状态随时间变化的轨迹,也就是求出方程(12.61)的解,我们可以直接通过目标系统初值及幺正变换 $U(t)=\mathrm{e}^{-iH_0t}$ 得到解为

$$\rho_f(t)=U(t)\rho_f(0)U^\dagger(t) \qquad (12.65)$$

将方程(12.65)代入 $\hat{\rho}_f(t)$ 可得

$$\hat{\rho}_f(t)=U^\dagger(t)\rho_f(t)U(t)=U^\dagger(t)U(t)\rho_f(0)U^\dagger(t)U(t)=\rho_f(0) \quad (12.66)$$

从式(12.66)中可以看出,通过进行相互作用图景变换 $U(t)=\mathrm{e}^{-iH_0t}$,我们将一个随时间变化的轨迹(式(12.65)),变成一个常值(式(12.66)).从物理意义上看,对目标系统的状态增加了一个与该系统状态一样的自旋因子 $U(t)=\mathrm{e}^{-iH_0t}$,使得目标状态始终与系统的自旋状态处于相同的位置,此时,相对于原系统状态,变换后的状态不再随时间变化.

本小节之后的所有状态都是在进行幺正变换 $U(t)=\mathrm{e}^{-iH_0t}$ 后的相互作用图景下进行的研究.

因为在初始时刻 $t=0$,$U(0)=U^\dagger(0)=1$,则 $\rho_f(0)=\hat{\rho}_{f0}$,那么量子态的误差状态的动力学演化方程(12.64)可变换为

$$\mathrm{i}\frac{\partial}{\partial t}\hat{e}(t)=\left[\sum_{q=1}^{m}u_q(t)\hat{H}_q,\hat{e}(t)\right]+\left[\sum_{q=1}^{m}u_q(t)\hat{H}_q,\hat{\rho}_{f0}\right] \qquad (12.67)$$

由式(12.67)可知,在进行了幺正变换后,原方程中的 $\rho_f(t)$ 由原来的时变量变成了一个与时间无关的量 $\hat{\rho}_{f0}$.同时,控制哈密顿量 H_q 由一个与时间无关的量变成了含时的量 $\hat{H}_q(t)$.而引入量子态误差函数,则改变了系统的控制目标,使得原系统(12.60)跟踪

目标系统(12.61)的控制任务,变成了控制误差变量 $\hat{e}(t)$ 趋于零,便可以使得量子系统的状态轨迹跟踪问题,变换成系统的量子态转移问题,最终的控制目标为 $\hat{e}_f = 0$.

12.4.2　统一量子跟踪控制的设计

在众多控制方法中,基于李雅普诺夫稳定性的方法更简单更容易实现,经由李雅普诺夫方法设计出的控制律总是稳定的.该方法的基本思想是,选取一个虚拟能量函数 $V(x)$ 作为李雅普诺夫函数,且 $V(x)$ 需要满足以下三个条件:① $V(x)$ 是正定的,即 $V(x) \geqslant 0$;② 当且仅当 $x = x_0$ 时,$V(x) = 0$;③ $V(x)$ 在定义域内连续且具有连续的一阶导数,当满足 $\dot{V}(x) \leqslant 0$ 时,x_0 是稳定平衡点;当 $\dot{V} < 0, x \neq x_0$ 时,x_0 是渐进稳定平衡点.

一般来说,薛定谔方程有三种李雅普诺夫函数形式.这里针对刘维尔方程描述的量子系统,选择如下基于虚拟可观测力学量 P 的李雅普诺夫函数:

$$V = \mathrm{tr}(Pe) \tag{12.68}$$

为了保证量子系统的状态能够最终演化为所需的目标状态,我们需要基于方程(12.68)设计具有收敛性的控制律.现有的研究结果表明,基于李雅普诺夫稳定性原理所设计的控制方法要求封闭量子控制系统满足以下条件:

H_0 应与设定的目标状态 e_f 对易.

H_0 应强正则,即如果 $(j_1, k_1) \neq (j_2, k_2)$,$\omega_{j_1, k_1} \neq \omega_{j_2, k_2}$,则不同能级之间的转移能量可分辨.其中 $\omega_{j,k} = \lambda_j - \lambda_k$ 是 H_0 的转移频率,而 λ_j 是 H_0 的特征值.

H_q 应全连接,即 $(H_q)_{j,k} \neq 0, j \neq k$,则所有能级能够直接关联.

本小节将采用能够同时解决以上三个问题,对非理想的封闭量子系统的任意状态进行转移控制的、基于李雅普诺夫理论的统一量子系统控制策略进行控制律的设计(周雷,2021).我们将通过定理12.1给出统一量子系统的控制理论;然后分别在3个小节中,针对量子跟踪系统进行具体控制律的推导.

定理 12.1　设计控制律,u_q, ω_q 和 $v_q, q = 1, \cdots, m$,在其作用下量子系统(12.67)可以由任意初始状态收敛至目标态.

(1) 在任何情况下,设计

$$u_q(t) = a_q f_q(\mathrm{itr}([\hat{\tilde{P}}_v, \hat{\tilde{H}}_q]\hat{e})), \quad q = 1, \cdots, m \tag{12.69}$$

其中,系数 $a_q \geqslant 0$,函数 f_q 在 **R** 上严格单调递增且 $f_q(0) = 0$,$\hat{\tilde{H}}_q = \hat{U}^\dagger(t)\hat{H}_q \hat{U}(t)$,$\hat{H}_q$

$= U^{\dagger} H_q U, \hat{e} = \hat{U}^{\dagger}(t) \hat{e} \hat{U}(t), \hat{e} = U^{\dagger} e U.$ 其中 $\hat{U}(t) = \mathrm{e}^{-i\hat{H}'_0 t}$，$U$ 由控制律 ω_q 作用下，

$H'_0 = H_0 + \sum_{q=1}^{m} H_q \omega_q$ 的特征向量组成的规范正交基构成. 算符 $\hat{P}_v$ 是带有实参数 $\hat{\beta}_j$ 的虚拟力学量：

$$\hat{P}_v = \sum_{j=1}^{N} \hat{\beta}_j \mid \varphi''_j(v) \rangle \langle \varphi''_j(v) \mid \tag{12.70}$$

其中，$\varphi''_j(v)$ 是在控制律 v_q 作用下的自由哈密顿量的特征向量.

（2）在 H_0 与目标态不对易的情况下，控制律 ω_q 被设计为方程 $Aw = b$ 的解，使得 $[H'_0, e_f] = 0$ 成立，其中 $w = [w_1, \cdots, w_m]^{\mathrm{T}}$，$b = [B_{1.2}, \cdots, B_{1,N}, B_{2.2}, \cdots, B_{N,N}]^{\mathrm{T}}$，且

$$A = \begin{bmatrix} (A_1)_{1.2} & (A_2)_{1.2} & \cdots & (A_m)_{1.2} \\ \vdots & \vdots & \ddots & \vdots \\ (A_1)_{1.N} & (A_2)_{1.N} & \cdots & (A_m)_{1.N} \\ (A_1)_{2.2} & (A_2)_{2.2} & \cdots & (A_m)_{2.2} \\ \vdots & \vdots & \ddots & \vdots \\ (A_1)_{2.N} & (A_2)_{2.N} & \cdots & (A_m)_{2.N} \\ \vdots & \vdots & \ddots & \vdots \\ (A_1)_{N.N} & (A_2)_{N.N} & \cdots & (A_m)_{N.N} \end{bmatrix}$$

另有 $A_q = [H_q, e_f]$，$B = [e_f, H_0]$，$q = 1, \cdots, m$. 在此情况下，控制律 $v_q = 0$.

（3）在 H_0 非强正则或 H_q 非全连接的情况下，设计控制律 v_q 使得新的哈密顿量 $\hat{H}''_0 = \hat{H}'_0 + \sum_{q=1}^{m} \hat{H}_q v_q = \mathrm{diag}(\lambda''_1(v), \cdots, \lambda''_N(v))$ 成为强正则，且对应的 $\hat{H}_q$ 全连接. 控制律 v_q 具体设计为

$$v_q(t) = \begin{cases} cg(\mathrm{tr}(\hat{P}_v(\hat{e} - \hat{e}_f))), & q = q_j, J = 1, \cdots, n, 1 \leqslant n \leqslant m \\ 0, & \text{其他} \end{cases} \tag{12.71}$$

其中设函数 $g \in \mathbf{C}^1(-\infty, \infty)$，$g(0) = 0$，且其一阶导数恒为正且有界. 参数 c 满足 $c < \left| \mathrm{tr}\left(\dfrac{\partial \hat{P}_v}{\partial v}(\hat{e} - \hat{e}_f)\right) g' \right|^{-1}$，其中双下标 q_j 表示 H_q 的选择无须考虑次序. 在此情况下，控制律 $\omega_q = 0$.

（4）如果以上三种情况同时出现，设计控制律 ω_q 等同第（2）点，设计控制律 v_q 等同第（3）点.

量子系统建模、特性分析与控制

(5) 如果以上三种情况都不出现,则设计控制律 $\omega_q = 0$ 且控制律 $v_q = 0$.

利用该封闭量子系统的统一控制律,可得到具体控制律设计. 就三种类型控制律的具体形式而言,控制律 ω_q 是与自由哈密顿量 H_0、控制哈密顿量 H_q 以及目标态 e_f 有关的常数;控制律 v_q 是虚拟力学量 $\hat{P}_v$、目标态 $\hat{e}_f$ 以及系统被控状态 $\hat{e}$ 的隐函数;控制律 u_q 是 $\hat{P}_v$,H_q 以及 $\hat{e}$ 的函数.

12.4.2.1 常值控制律 ω_q 的设计

首先,将 $H'_0 = H_0 + \sum\limits_{q=1}^{m} H_q \omega_q$ 视作系统(12.63)新的自由哈密顿量,且设 $\lambda_1, \cdots, \lambda_N$ 和 $|\varphi'_1\rangle, \cdots, |\varphi'_N\rangle$ 分别是 H'_0 的特征值和特征向量,幺正变换矩阵 U 由该特征向量组合构成. 则在控制律 ω_q 作用下,方程(12.63)变为

$$
\begin{cases}
\mathrm{i} \dfrac{\partial}{\partial t} e(t) = \left[H'_0 + \sum\limits_{q=1}^{m} (u_q + v_q) H_q, e(t) \right] + \left[\sum\limits_{q=1}^{m} (u_q + v_q + \omega_q) H_q, \rho_f(t) \right] \\
e(0) = \rho_0 - \rho_{f0}
\end{cases}
$$

(12.72)

方程(12.72)在上述幺正算符作用下变为

$$
\mathrm{i} \frac{\partial}{\partial t} \hat{e}(t) = \left[\sum\limits_{q=1}^{m} (v_q + u_q) \hat{H}_q, \hat{e}(t) \right] + \left[\sum\limits_{q=1}^{m} (v_q + u_q) \hat{H}_q, \hat{\rho}_{f0}(t) \right] \quad (12.73)
$$

其中,$\hat{e}(t) = U^{\dagger}(t) e(t) U(t)$,$\hat{H}_q(t) = U^{\dagger}(t) H_q(t) U(t)$,$\hat{\rho}_f(t) = U^{\dagger}(t) \rho_f(t) U(t)$ $= \hat{\rho}_{f0}$.

为使得新的自由哈密顿量能够与误差目标态对易,可得到

$$
[H'_0, e_f] = \left[H_0 + \sum\limits_{q=1}^{m} H_q \omega_q, \hat{\rho}_f \right] = [H_0, \hat{\rho}_f] + \sum\limits_{q=1}^{m} [H_q, \hat{\rho}_f] \omega_q \quad (12.74)
$$

则自由哈密顿量能够与误差目标态对易,当且仅当

$$
\sum\limits_{q=1}^{m} [\hat{H}_q, \rho_f] \omega_q = [\rho_f, H_0] \quad (12.75)
$$

其中,$A_q = [H_q, e_f]$,$B = [e_f, H_0]$,$q = 1, \cdots, m$,经简化后,方程(12.75)变为

$$
Aw = b \quad (12.76)
$$

控制律 ω_q 被设计为方程(12.76)的解.

当方程(12.76)两边矩阵的所有对角线元素都为零,即 $(A_q)_{j,j} = B_{j,j} = 0$ 时,方程可简化为非齐次方程.对于该非齐次方程的求解,应尽量选择较小的 m 值,以使得线性方程组存在唯一解.

12.4.2.2 微扰控制律 v_q 的设计

在 H_0 与目标态不对易的情况下,基于方程(12.73)利用统一控制方法对微扰控制律进行设计,并利用 $\hat{U}(t) = \mathrm{e}^{-i\hat{H}'_0 t}$ 消除自由哈密顿量的影响后,v_q 可被设计成为李雅普诺夫函数 V 的函数,且随着系统状态收敛至目标态,v_q 将单调减为零.根据定理 12.1 可知,如果

$$c < \left| \mathrm{tr}\left(\frac{\partial \hat{P}_v}{\partial v}(\hat{e} - \hat{e}_f) \right) g' \right|^{-1} \tag{12.77}$$

那么微扰控制律定义如方程(12.71)所示,且只由被控误差状态决定,并满足 $v(t) = 0|_{e=e_f}$.除了目标态,在最大不变集中的任何平衡态处,v_q 都不为零,这使得量子控制系统可以跳出所有的非稳定平衡态.

在控制律 v_q 作用下,某一时刻 t,新的哈密顿量为

$$\hat{H}''_0 = \hat{H}'_0 + \sum_{q=1}^{m} v_q \hat{H}_q \tag{12.78}$$

设 $\lambda''_j(v)$ 与 $|\varphi''_j(v)\rangle$ 是 $\hat{H}''_0$ 的特征值及对应的特征向量,λ'_j 与 $|\varphi'_j\rangle$ 是 $\hat{H}'_0$ 的特征值及对应的特征向量.此时 $\lambda''_j(v)$ 和 $|\varphi''_j(v)\rangle$ 可以通过 λ'_j 和 $|\varphi'_j\rangle$ 进行表示,即可推导得出 $\hat{H}''_0(t)$ 的转移频率:$\lambda''_{j_1}(t) - \lambda''_{k_1}(t) = \lambda''_{j_2}(t) - \lambda''_{k_2}(t)$,当且仅当 $\lambda'_{j_1}(t) - \lambda'_{k_1}(t) = \lambda'_{j_2}(t) - \lambda'_{k_2}(t)$.因此,$\hat{H}''_0$ 恒为强正则.

同时,由于 $(\hat{H}_q)_{j,k} = \langle \varphi'_j | H_q | \varphi'_k \rangle$,且在扰动足够小的情况下,$|\varphi'_j\rangle$ 是无穷级数,其复系数无法互相抵消,因此有 $(\hat{H}_q)_{j,k} \neq 0, j \neq k$,即 $\hat{H}_q$ 全连接,在常值控制律下的新量子系统在控制律 v_q 作用下总可以保持非退化.

12.4.2.3 主控制律 u_q 的设计

基于李雅普诺夫稳定性原理,选择的 u_q 要使得方程(12.68)的导数在整个量子控制系统的演化过程中保持非负性,才能够使得系统在所有的平衡态保持稳定.接着设计虚拟力学量,使得目标态成为该李雅普诺夫函数的最小值点.

借助统一控制律设计方法，根据定理 12.1 可知

$$\left[\hat{P}_v, \hat{H}''_0\right] = \left[\hat{P}_v, \hat{H}'_0 + \sum_{j=1}^{n} \hat{H}_{q_j} v\right] = 0 \tag{12.79}$$

那么当控制律 u_q 满足方程(12.69)时，一定有 $\partial V / \partial t \leqslant 0$ 成立.

在控制律 u_q 和 v_q 的共同作用下，量子系统将会离开非目标态的平衡点而继续演化，保证量子控制系统的渐进稳定.

对于虚拟力学量 $\hat{P}_v$ 的设计，可利用统一控制律方法，根据定理 12.1 可知，如果 $\hat{P}_v$ 被设计成满足方程(12.70)，则可以得到：① 对易子 $\left[\hat{P}_v, \hat{H}''_0\right] = 0$；② $\hat{P}_v$ 强正则；③ 李雅普诺夫函数满足 $V(\hat{e}_f) < V(\hat{e}_E)$，$\forall \hat{e}_E \in E, \hat{e}_f \neq \hat{e}_E$.

如果李雅普诺夫函数在目标态 $\hat{e}_f$ 处的函数值小于在状态 $\hat{e}_E$ 处的函数值，那么控制律 v_q 在状态 $\hat{e}_E$ 不为零，系统将不会在 $\hat{e}_E$ 处停留.依据第③点可知，函数在目标态 $\hat{e}_f$ 处获得最小值，那么系统将继续演化直到最后收敛到目标态 $\hat{e}_f$.

12.4.2.4　统一控制律设计流程

基于误差的量子态轨迹跟踪控制系统由下述方程描述，其中 e 为任意初始态 ρ 与目标态 ρ_f 之间的误差：

$$\begin{cases} \mathrm{i}\dfrac{\partial e}{\partial t} = \left[H_0 + \sum_{q=1}^{m}(\omega_q + v_q + u_q)H_q, e\right] + \left[\sum_{q=1}^{m}(\omega_q + v_q + u_q)H_q, \rho_f\right] \\ e(0) = \rho_0 - \rho_{f0} \end{cases}$$

步骤 1　设计常值控制律 ω_q. 如果 $[H_0, e_f] = 0$，令 $\omega_q = 0$；否则根据方程(12.76)设计 ω_q，使得 $[H'_0, e_f] = 0$.

步骤 2　换基.计算 H'_0 的本征值 $\lambda'_1, \cdots, \lambda'_N$ 及其对应的本征向量 $|\varphi'_1\rangle, \cdots, |\varphi'_N\rangle$. 基于其本征向量构成幺正变换矩阵 U 及 $\hat{U}(t) = \mathrm{e}^{-\mathrm{i}\hat{H}'_0 t}$，并对各系统状态进行幺正变换，生成新的自由哈密顿量 $\hat{H}'_0 = \hat{U}^\dagger \hat{H}'_0 \hat{U}$，控制哈密顿量 $\hat{H}'_q = \hat{U}^\dagger \hat{H}'_q \hat{U}$，误差状态 $\hat{e} = \hat{U}^\dagger \hat{e} \hat{U}$.

步骤 3　设计虚拟力学量.如果量子系统是非退化的，令控制律 $v_q = 0$；否则根据方程(12.71)设计 v_q. 假设 $\hat{H}''_0 = \hat{H}'_0 + \sum_{j=1}^{n} \hat{H}_{q_j} v_{q_j}$ 的本征向量为 $|\varphi''_j(v)\rangle$，则可依据方程(12.70)设计 $\hat{P}_v$.

步骤 4　设计主控制律.选择合适的连续可微函数 g，使得 $g(0) = 0$，且 g' 为正且有

界.再选择在 **R** 上严格单调增函数 f_q,使得 $f_q(0)=0$,并选择合适的幅度系数 $a_q>0$,则可按方程(12.69)设计 u_q.

12.4.3 数值仿真实验及其结果分析

为了对所提方法的效果进行验证,本小节将针对三能级量子系统进行数值仿真,给出引入量子态误差函数前后的混合态到混合态控制问题的数值仿真实验,并对结果进行分析.

被控系统由量子刘维尔方程来进行描述:

$$i\hbar\frac{\partial}{\partial t}\rho(t)=[H,\rho(t)],\quad \rho(0)=\rho_0 \tag{12.80}$$

目标系统表示为

$$i\hbar\frac{\partial}{\partial t}\rho_f(t)=[H_0,\rho_f(t)],\quad \rho_f=\rho_{f0} \tag{12.81}$$

其中,$H=H_0+\sum_{q=1}^{m}u_q(t)H_q,H_0,H_q$ 为不含时的哈密顿量,u_q 为外加控制场,随时间变化;$\hbar$ 为普朗克常量,为方便计算,取 $\hbar=1$.

被控系统的自由哈密顿量为

$$H_0=\begin{bmatrix} 0.5 & 0 & 0 \\ 0 & 0.6 & 0 \\ 0 & 0 & 0.7 \end{bmatrix} \tag{12.82}$$

H_0 的本征值为 $\lambda_1=0.5,\lambda_2=0.6,\lambda_3=0.7$.此时,$H_0$ 的转移频率 $\omega_{3,2}=\lambda_3-\lambda_2=0.1=\omega_{2,1}=\lambda_2-\lambda_1$,可验证 H_0 并非强正则.

选取控制哈密顿量为

$$H_1=\begin{bmatrix} 0 & 1 & 0 \\ 1 & 0 & 0 \\ 0 & 0 & 0 \end{bmatrix},\quad H_2=\begin{bmatrix} 0 & 0 & 1 \\ 0 & 0 & 0 \\ 1 & 0 & 0 \end{bmatrix},\quad H_3=\begin{bmatrix} 0 & 0 & 0 \\ 0 & 0 & 1 \\ 0 & 1 & 0 \end{bmatrix} \tag{12.83}$$

选取一个混合态的被控系统初始态:

$$\rho_0=\begin{bmatrix} 0.5205 & 0 & 0 \\ 0 & 0.1618 & 0 \\ 0 & 0 & 0.3177 \end{bmatrix} \tag{12.84}$$

同样随机选取一个混合态的目标系统初始态 ρ_{f0}:

$$\rho_{f0} = \begin{bmatrix} 0.20 & 0.05 & 0.07 \\ 0.05 & 0.50 & 0.04 \\ 0.07 & 0.04 & 0.30 \end{bmatrix} \tag{12.85}$$

经简单计算可以发现自由哈密顿量 H_0 与目标态 ρ_{f0} 不对易. 由以上条件分析可知, 该系统为非理想的封闭量子控制系统, 则根据定理 12.1 可知, 需要同时分别设计控制律 w_q, v_q 以及 u_q.

(1) 由于该目标系统初始态是一个非对角形式的密度矩阵, 为便于分析, 可选取通过幺正算符 U, 将上述非对角目标态转化为对角形式.

由于系统的自由哈密顿量在能量坐标下的表示也为对角形式, 且不含时, 则在新的目标系统初态 ρ_{f0} 的作用下, 自由演化的目标系统将成为一个定态, 即 $\rho_f(t) = U(t)\rho_f(0)U^\dagger(t) = \rho_{f0}$. 同时, 新的对角目标态即可满足 $[H_0', \rho_{f0}] = 0$. 下面为便于表述, 令 $\rho_f(t) = \rho_{f0} = \rho_f$.

为得到幺正算符 U, 依据定理 12.1 设计常值控制律 ω_q. 依据方程 $Aw = b$ 的形式, 求解得到

$$\omega_q = [\omega_1, \omega_2, \omega_3]^T = [-0.0115, 0.1179, -0.0535]^T \tag{12.86}$$

接下来根据步骤进行换基, 计算新的自由哈密顿量为

$$H_0' = H_0 + \sum_{q=1}^{3} \omega_q H_q = \begin{bmatrix} 0.5000 & -0.0115 & 0.1179 \\ -0.0115 & 0.6000 & 0.0535 \\ 0.1179 & 0.0535 & 0.7000 \end{bmatrix} \tag{12.87}$$

依据 H_0' 的本征向量组合, 可构成幺正算符 U 为

$$U = \begin{bmatrix} 0.3910 & 0.1999 & 0.8984 \\ -0.2983 & 0.9509 & -0.0817 \\ 0.8707 & 0.2360 & -0.4314 \end{bmatrix} \tag{12.88}$$

利用上述幺正算符对 ρ_{f0} 进行幺正变换, 即可将目标系统初始态转换为对角形式, 此时有 $i\dfrac{\partial}{\partial t}\hat{\rho}_f = 0$. 同时对其他参数进行幺正变换可得

$$\hat{\rho}_f = U^\dagger \rho_f U = \begin{bmatrix} 0.3177 & 0 & 0 \\ 0 & 0.5205 & 0 \\ 0 & 0 & 0.1618 \end{bmatrix}$$

509

$$\hat{H}_0' = U^\dagger H_0' U = \begin{bmatrix} 0.7713 & 0 & 0 \\ 0 & 0.5843 & 0 \\ 0 & 0 & 0.4444 \end{bmatrix}$$

$$\hat{\rho}_0 = U^\dagger \rho_0 U = \begin{bmatrix} 0.3348 & 0.0601 & 0.0674 \\ 0.0601 & 0.1849 & 0.0485 \\ 0.0674 & 0.0485 & 0.4803 \end{bmatrix}$$

$$\hat{H}_1 = U^\dagger H_1 U = \begin{bmatrix} -0.2332 & 0.3122 & -0.3000 \\ 0.3122 & 0.3803 & 08380 \\ -0.3000 & 0.8380 & -0.1470 \end{bmatrix}$$

$$\hat{H}_2 = U^\dagger H_2 U = \begin{bmatrix} 0.6809 & 0.2664 & 0.6135 \\ 0.2664 & 0.0944 & 0.1258 \\ 0.6135 & 0.1258 & -0.7753 \end{bmatrix}$$

$$\hat{H}_3 = U^\dagger H_3 U = \begin{bmatrix} -0.5195 & 0.7576 & 0.0575 \\ 0.7576 & 0.4489 & -0.4296 \\ 0.0575 & -0.4296 & 0.0706 \end{bmatrix}$$

其中"†"表示取共轭转置. 此时, 自由哈密顿量 H_0' 与目标态 ρ_f 对易, 即 $[H_0', \rho_f] = [\hat{H}_0', \hat{\rho}_f] = 0$.

(2) 在方程(12.60)和方程(12.61)的基础上引入量子态误差函数 $\hat{e}(t) = \hat{\rho}(t) - \hat{\rho}_f(t)$, 可得新的基于误差的量子系统为

$$\mathrm{i}\frac{\partial \hat{e}}{\partial t} = \left[\hat{H}_0' + \sum_{q=1}^{3}(v_q + u_q)\hat{H}_q, \hat{e}\right] + \left[\sum_{q=1}^{3}(v_q + u_q)\hat{H}_q, \hat{\rho}_f\right] \tag{12.89}$$

为了消去方程(12.89)中的漂移项 $\hat{H}_0'$. 为此可引入幺正变换 $\hat{U}(t) = \mathrm{e}^{-\mathrm{i}\hat{H}_0' t}$, 令 $\hat{\hat{e}}(t) = \hat{U}^\dagger(t)\hat{e}(t)\hat{U}(t)$, 引入变换后系统变为

$$\mathrm{i}\frac{\partial \hat{\hat{e}}}{\partial t} = \left[\hat{H}_0' + \sum_{q=1}^{3}(v_q + u_q)\hat{\hat{H}}_q, \hat{\hat{e}}\right] + \left[\sum_{q=1}^{3}(v_q + u_q)\hat{\hat{H}}_q, \hat{\hat{\rho}}_{f0}\right] \tag{12.90}$$

其中, $\hat{\hat{H}}_q(t) = \hat{U}^\dagger(t)\hat{H}_q(t)\hat{U}(t)$; $\hat{\hat{\rho}}_{f0} = U^\dagger(t)\hat{\rho}_f(t)U(t)$.

接着基于李雅普诺夫方法设计控制律, 设李雅普诺夫函数为 $V = \mathrm{tr}(P\hat{\hat{e}})$. 依据步骤3及步骤4进行 v_q 设计, 并假设 $\hat{\hat{H}}_0'' = \hat{\hat{H}}_0' + \sum_{j=1}^{n} \hat{\hat{H}}_{q_j}' v_{q_j}$ 的本征向量为 $|\varphi_j''(v)\rangle$, 则可依据方

程(12.70)设计虚拟力学量 $\hat{P}_v$. 再选择 $f_q(x) = x$, $g(x) = x$, 并选择合适的参数, 可基于定理 12.1 得到具体的控制律如下:

$$\begin{cases} \hat{P}_v = 3 \mid \phi_1''(v)\rangle\langle\phi_1''(v) \mid + \mid \phi_2''(v)\rangle\langle\phi_2''(v) \mid + 5 \mid \phi_3''(v)\rangle\langle\phi_3''(v) \mid \\ u_1 = \mathrm{tr}(\mathrm{i}[\hat{P}_v, \hat{H}_1]\hat{e}), \quad u_2 = 1.5\mathrm{tr}(\mathrm{i}[\hat{P}_v, \hat{H}_2]\hat{e}) \\ v_1 = v_2 = v = 0.1\mathrm{tr}(\hat{P}_v\hat{e}) \\ \omega_1 = -0.0115, \quad \omega_2 = 0.1179, \quad \omega_3 = -0.0535 \end{cases}$$

利用上述控制律对基于误差的量子控制系统进行控制, 可得以下仿真结果. 如图 12.16 所示, 可知控制律 u, v 的变化情况, 可以看出引入误差函数后控制律的收敛速度较慢, 但波动幅度较小, 系统更稳定.

图 12.17 则展示了李雅普诺夫函数的变化情况, 可见在 100 a.u. 左右函数 V 能够收敛到零并保持稳定, 即误差收敛到了零值, 收敛速度快, 且能够直观地描述初始态对目标态的跟踪效果.

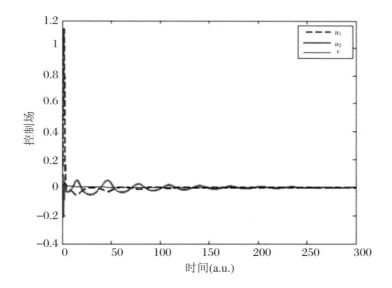

图 12.16 控制律 u 和 v

图 12.18 和图 12.19 则展示了密度矩阵 $\hat{e}$ 中对角元素的演化过程, 由于非对角元素的初值较小, 图 12.19 纵坐标的标度与图 12.18 不同.

从图 12.18 和图 12.19 中可知, 量子态 $\hat{e}$ 的收敛速度较快, 且波动频率及波动幅度都较小, 在 100 a.u. 时对角元素的跟踪误差小于 5%. 非对角元素呈正弦形式逐渐振荡衰减至零,在 400 a.u.时跟踪误差小于 5%.可见量子态跟踪控制较为有效,性能较为优越.

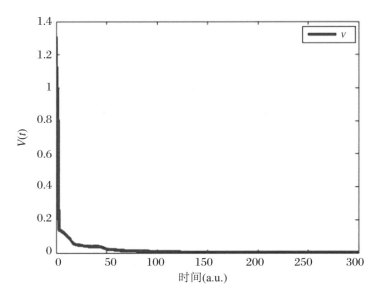

图 12.17　李雅普诺夫函数 V

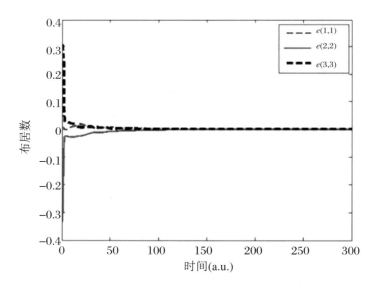

图 12.18　误差密度矩阵的对角元素

量子系统建模、特性分析与控制

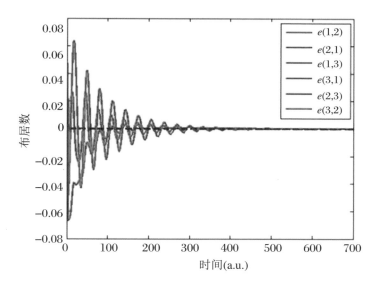

图 12.19　误差密度矩阵的非对角元素

（3）以此可计算量子控制系统仿真实验的被控量子态为

$$\hat{\rho} = \hat{\hat{e}} + \hat{\rho}_f \qquad (12.91)$$

基于方程（12.91），经过两次幺正反变换，可得原跟踪系统的被控量子态为

$$\hat{\rho} = \hat{U}\hat{\hat{\rho}}\hat{U}^{\dagger}, \quad \rho = U\hat{\rho}U^{\dagger} \qquad (12.92)$$

由方程（12.61）可知，目标系统的自由演化方程为

$$\rho_f(t) = U(t)\rho_{f0}U^{\dagger}(t), \quad U(t) = e^{-iH_0 t} \qquad (12.93)$$

在幺正算符作用下，自由演化的系统状态中对角元素保持不变，同目标态初态对角元素一致，非对角元素自由演化呈正弦形式振荡，其最大幅值与目标态初值非对角元素一致.

借助上述被控量及目标态，即可得到原系统的状态跟踪过程. 如图 12.20 和图 12.21 所示，可以看出在控制律作用下，被控系统渐进趋向目标系统，在 150 a.u. 时对角元素的跟踪误差小于 5%. 由图 12.21 可见，在 200 a.u. 时被控系统跟踪上目标系统，以同样的幅值及频率进行跟踪.

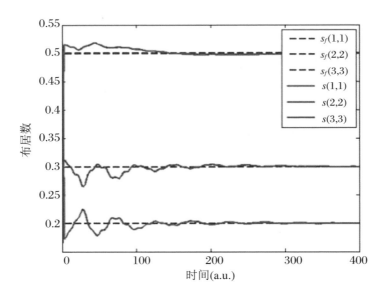

图 12.20　密度矩阵 ρ 的对角元素跟踪曲线

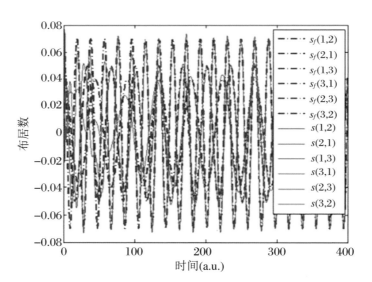

图 12.21　密度矩阵 ρ 的非对角元素跟踪曲线

小结

在本章的量子系统状态跟踪控制的研究中,我们分别系统地进行了量子系统的动态跟踪控制、量子系统动态函数的跟踪控制、量子系统的模型参考自适应控制,以及 N 维封闭量子系统轨迹跟踪的统一控制方案的研究,且每一节中都通过具体的数值仿真实例对所提出的方案进行了性能验证.

第 13 章

量子控制的应用

13.1　CARS 相邻能级选择激发最佳可调参数的设计

13.1.1　引言

随着超短脉冲激光、荧光探针标记、微弱信号探测和显微成像技术的不断发展,光学显微成像技术已经成为推动科学技术发展的重要动力,其中具有高时间和空间分辨率、高探测灵敏度和化学选择性,又能够实时获取待测样品三维层析图像的显微成像技术成为发展的重点(Yuan,Xiao,2004).特别是共焦显微拉曼(Raman)光谱成像技术,已经成为研究材料、物理、生物、化学、火药、医药等领域的重要手段. 和传统物理探针测量方法相比, 拉曼光谱技术作为一种非接触式测量技术, 具有远距离操作、快速测量、对体系无扰动等特点. 但是普通拉曼散射信号通常比较微弱, 且拉曼散射信号常规激发方式将同时激发多个相邻的拉曼模, 其相互间的干扰导致光谱识别困难, 使其应用受到一定程度的制约. 相干反斯托克斯拉曼散射 (coherent anti-Stokes Raman scattering, CARS) 显微成像技术将 CARS 与传统的光学显微成像技术结合在一起, 利用待测样品中特定分子所固有的分子振动光谱信号作为显微成像的对比度, 能够在无须引入外源标记的条件下选择性地快速获取样品中特定分子的空间分布图像以及分子之间相互作用的功能信息. 飞秒 CARS 技术已经被广泛应用到许多领域 (Zou, 2003), 只是由于飞秒激光具有较宽的频谱, 产生 CARS 的频谱较宽且同时产生非共振背景干扰信号, 无法满足复杂分子体系 (特别是生物和材料体系) 拉曼光谱频谱高分辨率的要求 (Sun, 2006). 非共振背景噪声的存在, 大大降低了系统的探测灵敏度和光谱选择性, 所以抑制非共振背景噪声成为 CARS 显微成像技术走向实用化之前必须解决的问题. 在生物样品中, 样品所处的液体环境产生的非共振背景噪声常常淹没样品产生的较弱的 CARS 信号, 因此抑制来自待测样品自身的和其所处溶液环境的非共振背景噪声是提高 CARS 显微成像技术光谱选择性、探测灵敏度、时间和空间分辨率的关键. 为了优化 CARS 显微成像系统, 提高探测灵敏度, 改善时间和空间分辨率, 世界各国的科研工作者进行了大量卓有成效的研究和改进工作. 人们为实现这一目标, 结合不同的 CARS 显微成像方法, 提出了众多抑制非共振背景噪声的方案, 如偏振探测 (Cheng et al., 2001)、时间分辨探测 (Volkmer et al., 2002)、相位控制和整形 (Dudovich et al., 2002) 及外差干涉方法 (Potma et al., 2006) 等. CARS 应用中的另一个带宽较宽产生的相邻能级选择激发 (Weinacht et al., 1999) 也是人们关注的一个重要问题. 到目前为止, 相邻能级选择激发问题可用相干控制方法来解决: 一种是开环相干控制; 一种是自适应反馈控制 (丛爽 等, 2003). 开环相干控制方法的设计和物理实现都较简单, 但该方法需要不断实验尝试, 具有很大的盲目性, 耗时较长. 2002 年, 以色列魏兹曼研究所的 Oron 等提出通过控制泵浦光和斯托克斯光的相位来实现 CARS 光谱的相邻能级的选择激发 (Oron et al., 2002), 该方法假设泵浦光和斯托克斯光的相位是矩形窗函数, 矩形窗内相位为 π, 其余相位为 0, 通过控制矩形窗的中心频率和矩形窗的宽度来实现相邻能级的选择激发. 2010 年, 张诗按小组假设泵浦光和探测光的相位是 π 的阶跃函数, 该方法通过控制相位 π 的阶跃位置来实现相邻能级的选择激发 (Zhang et al., 2010). 自适应反馈控制用来实现相邻能级的选择激发无须任何信息, 就可根据自适应度函数自动优化, 获得理想的结果, 但了解并分析其内部控制机理较难, 不便于总结出实现相邻能级选择激发的简单且普遍适用的方法.

本节针对甲醇溶液中 CH_3 对称和反对称伸缩振动的选择激发问题, 采用西尔伯格

（Silberberg）提出的控制方法，在一系列参数调整实验基础上，总结了泵浦光和斯托克斯光相位函数的矩形窗宽度和中心频率对目标函数的影响．根据相关公式与理论，分析了调节前 CH_3 对称与反对称伸缩振动峰值大小之间的关系及原因，定性分析了参数调控方法的内部机理，分析了最佳可调参数能够实现相邻能级选择激发的原因，以及最佳可调参数的大致范围．通过分析总结出实现相邻能级选择激发的参数调控方法，对实际物理实验有一定的指导作用．

13.1.2 问题描述和控制任务

CARS 过程是一个四波混频的非线性光学过程，这一过程包含特定的拉曼活性分子的振动模式与导致分子系统中基态至激发态振动跃迁的入射光场相互作用的过程．

设物质中有一对属于拉曼允许跃迁的能级 g 和 i，如图 13.1 所示，其中，ω_p，ω_s 和 ω_{pr} 分别为三束入射激光泵浦光、斯托克斯光和探测光的频率．相位匹配条件为：$\vec{k}_{as} = \vec{k}_p - \vec{k}_s + \vec{k}_{pr}$，其中，$\vec{k}_p$，$\vec{k}_s$ 和 $\vec{k}_{pr}$ 分别为泵浦光、斯托克斯光和探测光的波矢；$\vec{k}_{as}$ 为输出光的波矢．在满足相位匹配条件下，可以产生频率为 $\omega_{as} = \omega_p - \omega_s + \omega_{pr}$ 的四波混频输出光．

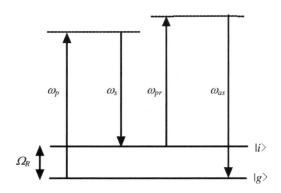

图 13.1 CARS 过程的能级图

从物理上，CARS 可看作如下过程：频率为 ω_p 的泵浦光和频率为 ω_s 的斯托克斯光两束光联合作用，当 $\omega_p - \omega_s \cong \Omega_R$ 时，其中，Ω_R 是能级 $|i\rangle$ 和 $|g\rangle$ 之间的频率差，将会激发起频率为 $\omega_p - \omega_s$ 的物质波；接着该物质波再与频率为 ω_{pr} 的探测光相互作用（混频）产生 $\omega_{as} = \omega_p - \omega_s + \omega_{pr}$ 的输出光波．输出光波可以通过 CARS 的极化强度来表示：

$$P^{(3)}(\omega_{as}) = \varepsilon_0 \int_{-\infty}^{\infty} \int_{-\infty}^{\infty} \int_{-\infty}^{\infty} d\omega_p d\omega_s d\omega_{pr} \chi^{(3)}(-\omega_{as}, \omega_p, -\omega_s, \omega_{pr})$$
$$\cdot E_p(\omega_p) E_s(\omega_s) E_{pr}(\omega_{pr}) \cdot \delta(\omega_{as} - \omega_p + \omega_s - \omega_{pr}) \qquad (13.1)$$

其中,$E_p(\omega_p)$,$E_s(\omega_s)$和$E_{pr}(\omega_{pr})$分别是泵浦光、斯托克斯光和探测光的光波电场.

式(13.1)中的极化率 $\chi^{(3)}(-\omega_{as}, \omega_p, -\omega_s, \omega_{pr})$ 为

$$\chi^{(3)}(-\omega_{as}, \omega_p, -\omega_s, \omega_{pr}) = \chi_r^{(3)} + \chi_{nr}^{(3)} \qquad (13.2)$$

其中,非共振项 $\chi_{nr}^{(3)}$ 为一常数,共振项 $\chi_r^{(3)}$ 为

$$\chi_r^{(3)} = \frac{A}{(\Omega_R - \omega_p + \omega_s) - \mathrm{i}\Gamma_{ig}} \qquad (13.3)$$

可观测的输出光的光强 I 为

$$I = \int_{-\infty}^{\infty} \mid P^{(3)}(\omega_{as}) \mid^2 d\omega_{as} \qquad (13.4)$$

现考虑甲醇溶液中 CH_3 对称与反对称伸缩振动模式下的选择激发.其对称和反对称伸缩振动的能级分别为 $\Omega_{RA} = 2832\ \mathrm{cm}^{-1}$ 和 $\Omega_{RB} = 2948\ \mathrm{cm}^{-1}$.相邻能级选择激发的实验为首先输入泵浦光、斯托克斯光和探测光,观测到的是输出的 CARS 光的光强 I,通过计算可以得到极化强度 $P^{(3)}(\omega_{as})$,$P^{(3)}(\omega_{as})$ 与各输入之间的关系由式(13.1)表示.然后通过调节输入光谱 $E_p(\omega_p)$,$E_s(\omega_s)$ 和 $E_{pr}(\omega_{pr})$ 中的相位 $\theta_p(\omega_p)$ 和 $\theta_s(\omega_s)$,$\theta_{pr}(\omega_{pr})$ 为一常数,来控制输出的极化强度 $P^{(3)}(\omega_{as})$.

泵浦光、斯托克斯光和探测光的幅频一般选择服从高斯分布,即

$$\begin{cases} E_p(\omega_p) = \dfrac{A_p}{\Delta_p^{1/2}} \exp\left(-\dfrac{(\omega_p - \Omega_p)^2}{\Delta_p^2}\right) \cdot \mathrm{e}^{\mathrm{i}\theta_p(\omega_p)} \\[3mm] E_s(\omega_s) = \dfrac{A_s}{\Delta_s^{1/2}} \exp\left(-\dfrac{(\omega_s - \Omega_s)^2}{\Delta_s^2}\right) \cdot \mathrm{e}^{\mathrm{i}\theta_s(\omega_s)} \\[3mm] E_{pr}(\omega_{pr}) = \dfrac{A_{pr}}{\Delta_{pr}^{1/2}} \exp\left(-\dfrac{(\omega_{pr} - \Omega_{pr})^2}{\Delta_{pr}^2}\right) \cdot \mathrm{e}^{\mathrm{i}\theta_{pr}(\omega_{pr})} \end{cases} \qquad (13.5)$$

其中,$\sqrt{2\ln 2}\,\Delta_p$,$\sqrt{2\ln 2}\,\Delta_s$ 和 $\sqrt{2\ln 2}\,\Delta_{pr}$ 分别是泵浦光、斯托克斯光和探测光的频谱带宽(spectral full width at half-maximum,FWHM);Ω_p,Ω_s 和 Ω_{pr} 分别为泵浦光、斯托克斯光和探测光的中心频率;$\theta_p(\omega_p)$,$\theta_s(\omega_s)$ 和 $\theta_{pr}(\omega_{pr})$ 分别是泵浦光、斯托克斯光和探测光的相频.

一般情况下,泵浦光和探测光共用一个光源,即 $A_p = A_{pr}$,$\Omega_p = \Omega_{pr}$,$\Delta_p = \Delta_{pr}$.不失一般性,本节假设 $A_p = A_s = A_{pr} = 1$.为了更加有效地在较窄的范围内确定最优参数,在

本小节的实验设计中,我们设计选择 $\Delta_p = \Delta_s = \Delta$,$\Delta_{pr} = \Delta/5$. 输出的 CARS 光谱的极化强度的非共振项可以通过偏振 CARS 方法和相干控制等方法来抑制或消除,为了便于分析,本小节中选择甲醇溶液中 CH_3 对称和反对称伸缩振动的非线性极化率的非共振项分别为 $\chi_{nrA}^{(3)}$ 和 $\chi_{nrB}^{(3)}$,且 $\chi_{nrA}^{(3)} = \chi_{nrB}^{(3)} = 0$. 共振项为

$$\chi_{rA}^{(3)} = \frac{A_A}{\Omega_{RA} - (\omega_p - \omega_s) - \mathrm{i}\Gamma_A}, \quad \chi_{rB}^{(3)} = \frac{A_B}{\Omega_{RB} - (\omega_p - \omega_s) - \mathrm{i}\Gamma_B} \quad (13.6)$$

其中,$A_A = A_B = 1$,$\Gamma_A = \Gamma_B = 4.8$.

设激光器产生的泵浦光和斯托克斯光的中心频率之差为 $\Omega_{ps} = \Omega_p - \Omega_s$,为了能够实现相邻能级的选择激发,应当选择 Ω_{ps} 在甲醇溶液中 CH_3 对称振动能级 Ω_{RA} 和反对称伸缩振动的振动能级 Ω_{RB} 之间,由于本小节中的 CH_3 对称伸缩振动的振动能级是 $\Omega_{RA} = 2832 \text{ cm}^{-1}$,$CH_3$ 反对称伸缩振动的振动能级是 $\Omega_{RB} = 2948 \text{ cm}^{-1}$,所以选择 $\Omega_{ps} = 2898 \text{ cm}^{-1}$.

将所选择的参数代入式(13.1),同时令 $\omega_p = \omega'_p + \Omega_p$,$\omega_s = \omega'_s + \Omega_s$,$\omega_{as} = \omega'_{as} + \Omega_{as}$,$\Omega_{as} = 2\Omega_p - \Omega_s$,并根据 δ 函数的性质可得

$$|P^{(3)}(\omega'_{as})|^2 = \left| \frac{\varepsilon_0}{\sqrt{5}\,\Delta^{3/2}} \int_{-\infty}^{\infty}\int_{-\infty}^{\infty} \mathrm{d}\omega'_p \mathrm{d}\omega'_s \chi^{(3)}(-\omega'_{as}, \omega'_p, -\omega'_s, \omega'_{pr}) \mathrm{e}^{\mathrm{i}\theta(\omega'_p, \omega'_s)} \right.$$

$$\left. \cdot \exp\left(-\frac{\omega'^2_p + \omega'^2_s + (5 \cdot (\omega'_{as} - \omega'_p + \omega'_s))^2}{\Delta^2} \right) \right|^2 \quad (13.7a)$$

其中

$$\chi^{(3)}(-\omega'_{as}, \omega'_p, -\omega'_s, \omega'_{pr})$$

$$= \chi_{nrA}^{(3)} + \chi_{nrB}^{(3)} + \frac{A_A}{(\Omega_{RA} - \Omega_{ps}) - (\omega'_p - \omega'_s) - \mathrm{i}\Gamma_A} + \frac{A_B}{(\Omega_{RB} - \Omega_{ps}) - (\omega'_p - \omega'_s) - \mathrm{i}\Gamma_B}$$

$$(13.7b)$$

$$\theta(\omega'_p, \omega'_s) = \theta_p(\omega'_p) - \theta_s(\omega'_s) \quad (13.7c)$$

在调节泵浦光、斯托克斯光和探测光的相位均为 0 的情况下,根据式(13.7)和所选参数,通过仿真可以得到输出的 CARS 光的极化强度的模值平方 $|P^{(3)}(\omega'_{as})|^2$ 随频率 ω'_{as} 变化的关系曲线图,如图 13.2 所示,其中,横轴是式(13.7a)中的 ω'_{as},纵轴是 $|P^{(3)}(\omega'_{as})|^2$. 从图 13.2 中可以看到,$|P^{(3)}(\omega'_{as})|^2$ 有两个峰值:$\omega'_{as} = -66 \text{ cm}^{-1}$ 时的 $|P^{(3)}(\omega'_{as})|^2 = 0.2221$,以及 $\omega'_{as} = 55 \text{ cm}^{-1}$ 时的 $|P^{(3)}(\omega'_{as})|^2 = 0.2453$,分别是对应 CH_3 对称和反对称伸缩振动的共振峰,两峰值之比为 0.905.

量子系统建模、特性分析与控制

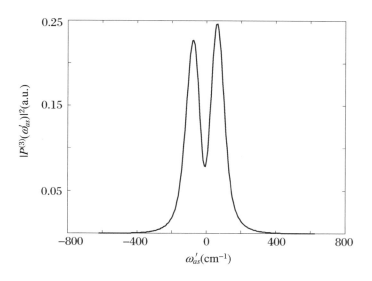

图 13.2　相位调节前的 CARS 光谱

我们的控制任务是,在以上所有参数选择的基础上,为了简单起见,令 $\theta_{pr}(\omega_{pr}) = 0$,对式(13.7)进一步通过调整泵浦光的相位 $\theta_p(\omega_p)$ 和斯托克斯光的相位 $\theta_s(\omega_s)$,来实现相邻能级的选择激发.通过实验发现,不同的控制作用将使 CH_3 对称和反对称伸缩振动峰值对应的频率 ω'_{as} 在调节相位前共振峰对应频率附近频段有所移动,所以选择其附近频段 $|P^{(3)}(\omega'_{as})|^2$ 的积分之比为所控制的目标函数,定义为

$$J = \frac{\int_{\Omega_{RA}-\Omega_{ps}-F}^{\Omega_{RA}-\Omega_{ps}+F} |P^{(3)}(\omega'_{as})|^2 \mathrm{d}\omega'_{as}}{\int_{\Omega_{RB}-\Omega_{ps}-F}^{\Omega_{RB}-\Omega_{ps}+F} |P^{(3)}(\omega'_{as})|^2 \mathrm{d}\omega'_{as}} \tag{13.8}$$

其中,分子 $\int_{\Omega_{RA}-\Omega_{ps}-F}^{\Omega_{RA}-\Omega_{ps}+F} |P^{(3)}(\omega'_{as})|^2 \mathrm{d}\omega'_{as}$ 是输出光 $\Omega_{RA}-\Omega_{ps}$ 附近频段 $|P^{(3)}(\omega'_{as})|^2$ 的积分,分母 $\int_{\Omega_{RB}-\Omega_{ps}-F}^{\Omega_{RB}-\Omega_{ps}+F} |P^{(3)}(\omega'_{as})|^2 d\omega'_{as}$ 是输出光 $\Omega_{RB}-\Omega_{ps}$ 附近频段 $|P^{(3)}(\omega'_{as})|^2$ 的积分.

由所定义的式(13.8)可得,如果要选择激发 CH_3 对称伸缩振动,同时抑制 CH_3 反对称伸缩振动,则要最大化目标函数 J;反之要最小化目标函数 J.

13.1.3　控制方法的设计与实验

13.1.3.1　参数调控方法与思路

本小节采用的是西尔伯格(Silberberg)提出的方法(Oron et al.,2002),其控制任务的实现是通过对泵浦光和斯托克斯光的相位加 π 矩形窗,使 $\theta(\omega_p', \omega_s')$ 某些频率段的相位为 π,其余频率段的相位为 0.该方法如图 13.3 所示,其中实线代表相频,虚线代表幅频.泵浦光和斯托克斯光的相频是矩形窗,可表示为

$$
\begin{cases}
\theta_p(\omega_p) = \begin{cases} \pi, & \omega_0^p - \dfrac{d}{2} \leqslant \omega_p \leqslant \omega_0^p + \dfrac{d}{2} \\ 0, & \text{其他} \end{cases} \\
\theta_s(\omega_s) = \begin{cases} \pi, & \omega_0^s - \dfrac{d}{2} \leqslant \omega_s \leqslant \omega_0^s + \dfrac{d}{2} \\ 0, & \text{其他} \end{cases}
\end{cases}
\tag{13.9}
$$

其中,d 为矩形窗的宽度,ω_0^p 和 ω_0^s 分别为泵浦光和斯托克斯光相频特性矩形窗的中心频率.

该方法通常是固定其中一束光相频特性矩形窗的中心频率,控制矩形窗宽度和另一束光相频特性矩形窗的中心频率来控制输入光的相频特性,从而实现相邻能级的选择激发.本节固定 $\omega_0^p = \Omega_p$,则有

$$
\begin{cases}
\theta_p(\omega_p') = \begin{cases} \pi, & -\dfrac{d}{2} \leqslant \omega_p \leqslant \dfrac{d}{2} \\ 0, & \text{其他} \end{cases} \\
\theta_s(\omega_s') = \begin{cases} \pi, & \omega_0^{s'} - \dfrac{d}{2} \leqslant \omega_p' \leqslant \omega_0^{s'} + \dfrac{d}{2} \\ 0, & \text{其他} \end{cases}
\end{cases}
\tag{13.10}
$$

其中 $\omega_0^{s'} = \omega_0^s - \Omega_s$.

由式(13.10)可以看出,其可调参数有两个,一个是 d,另一个是 $\omega_0^{s'}$.最佳控制参数的调整思路是:首先固定变量 d,对一定范围内变化的 $\omega_0^{s'}$ 值,作出目标函数 J 与 $\omega_0^{s'}$ 的关系曲线;然后再根据不同的 d 值,作出目标函数 J 与 $\omega_0^{s'}$ 的对应关系曲线;根据所有曲线,可以确定出 d 和 $\omega_0^{s'}$ 的最佳控制参数的范围;最后,令 d 和 $\omega_0^{s'}$ 各自在最佳控制参数范围

内变化,求出最优目标函数 J 所对应的 d 和 $\omega_0^{s\prime}$ 值.

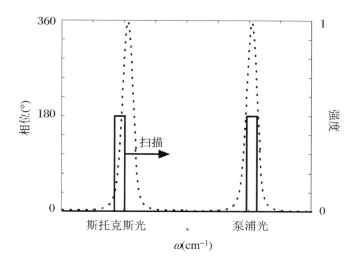

图 13.3　施加泵浦光和斯托克斯光的相位函数

13.1.3.2　参数调整实验

根据 13.1.3.1 小节所述的最佳控制参数的调整思路进行实验.实验主要以选择激发 CH_3 对称伸缩振动抑制 CH_3 反对称伸缩振动,即使目标函数 J 最大为例.首先做的是 d 固定为不同值的情况下,$\omega_0^{s\prime}$ 在一定范围内变化时,目标函数 J 与 $\omega_0^{s\prime}$ 的关系曲线,如图 13.4 至图 13.7 所示,其中,d 分别选为:$d = 5$(图 13.4),$d = 80$(图 13.5),$d = 85$(图 13.6)和 $d = 94$(图 13.7),$\omega_0^{s\prime}$ 的变化范围为 $[-300, 300]$,横轴是 $\omega_0^{s\prime}$,纵轴是目标函数 J.目标函数 J 越大则选择激发对称振动抑制反对称振动的效果越好,反之,则选择激发反对称振动抑制对称振动的效果越好.

（1）从图 13.4 中可以看出,当 $d = 5$ 时,J 的最大值约为 0.96,J 的最小值约为 0.895,对称振动始终比反对称振动的峰值小,即当 d 太小时,控制作用太小,控制效果不明显.

（2）从图 13.5 和图 13.6 中可以看出,当 d 分别为 80 和 85,$\omega_0^{s\prime}$ 分别约为 50 和 55 时,J 的最大值分别约为 44 和 380,即随着 d 的增加,J 的最大值也在不断增加.从图 13.7 中可以看出,当 d 为 94 时,J 的最大值约为 150,最小值约为 0.

（3）对比图 13.6 和图 13.7 可以看出,当 d 增加到一定程度再继续增加时,目标函数 J 的最大值将会减小（380 左右减为 150 左右）,即控制效果变差.

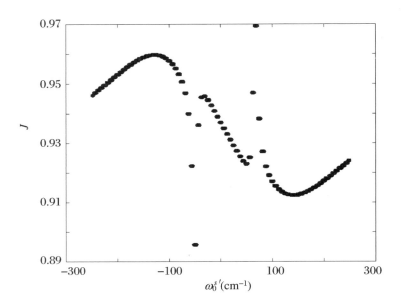

图 13.4　$d=5$ 情况下 J 与 $\omega_0^s{}'$ 之间的关系曲线

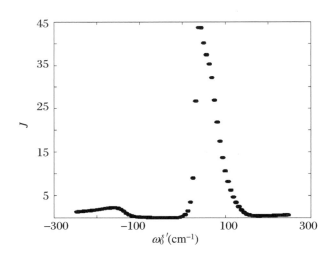

图 13.5　$d=80$ 情况下 J 与 $\omega_0^s{}'$ 之间的关系曲线

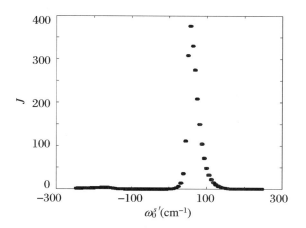

图 13.6 $d=85$ 情况下 J 与 $\omega_0^{s\,\prime}$ 之间的关系曲线

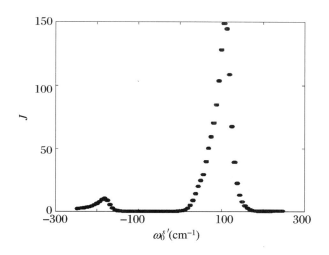

图 13.7 $d=94$ 情况下 J 与 $\omega_0^{s\,\prime}$ 之间的关系曲线

综上所述,d 的值不能选得太小,太小则控制作用较小,控制效果不明显,但 d 的值也不能选得太大,否则控制效果也会变差.综合实验结果可知,当 d 在 $80\sim94$ 范围内,$\omega_0^{s\,\prime}$ 在 55 附近时,选择激发对称振动抑制反对称振动效果较好.当 d 在 $80\sim94$ 范围内和 $\omega_0^{s\,\prime}$ 在 $50\sim60$ 范围内进行扫描时,可以获得 J 的最大值及相应的参数:J 的最大值为 376.44,对应的最佳参数为 $d=82$,$\omega_0^{s\,\prime}=53.324$.同样地,也可获得选择激发反对称振动抑制对称振动的最佳参数:$d=82$,$\omega_0^{s\,\prime}=-46.676$,此时 J 达到最小,为 0.0025291.

根据获得的最佳参数,得到最佳参数下的 CARS 光谱,如图 13.8 所示,其中,横轴是

输出光的频率 ω_{as}',纵轴是输出光的极化强度的模值的平方$|P^{(3)}(\omega_{as}')|^2$,图 13.8 为选择激发对称振动抑制反对称振动的 CARS 光谱,可以看到对称振动峰值大约是 0.17(ω_{as}'在 -60 附近),反对称振动峰值大约是 0.001(ω_{as}'在 200 附近),两峰值之比约为 170,即控制相位后两峰值之比是控制相位前的 187.8 倍.

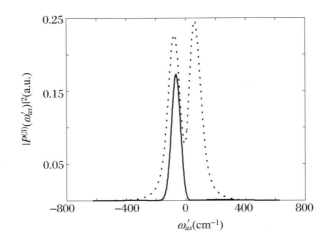

图 13.8　选择激发对称振动抑制反对称振动的 CARS 光谱

　　图 13.9 是选择激发反对称振动抑制对称振动的 CARS 光谱,可以看到对称振动峰值大约为 0.001(ω_{as}'在-200 附近),反对称振动峰值大约为 0.21(ω_{as}'在 50 附近),反对称振动与对称振动峰值之比约为 210,控制相位后两峰值之比是控制相位前的 190 倍.

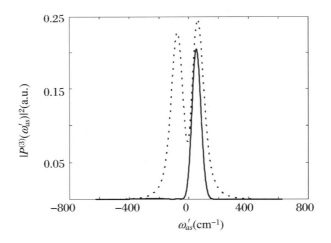

图 13.9　选择激发反对称振动抑制对称振动的 CARS 光谱

量子系统建模、特性分析与控制

13.1.4　实验结果分析

本小节中将分析调节相位前 CH_3 对称与反对称伸缩振动峰值大小之间的关系及原因. 由式(13.7)可得

$$P^{(3)}(\omega'_{as}) = \frac{\varepsilon_0}{\sqrt{5}\,\Delta^{3/2}} \int_{-\infty}^{\infty} \int_{-\infty}^{\infty} d\omega'_p d\omega'_s M(\omega'_p, \omega'_s) \tag{13.11}$$

其中

$$M(\omega'_p, \omega'_s) = \left(\frac{A_A}{(\Omega_{RA} - \Omega_{ps}) - (\omega'_p - \omega'_s) - i\Gamma_A} + \frac{A_B}{(\Omega_{RB} - \Omega_{ps}) - (\omega'_p - \omega'_s) - i\Gamma_B} \right)$$

$$\cdot e^{i\theta(\omega'_p, \omega'_s)} \cdot \exp\left(-\frac{\omega'^2_p + \omega'^2_s + (5 \cdot (\omega'_{as} - \omega'_p + \omega'_s))^2}{\Delta^2} \right) \tag{13.12}$$

令 $\exp(-(\omega'^2_p + \omega'^2_s + (5 \cdot (\omega'_{as} - \omega'_p + \omega'_s))^2)/\Delta^2) = N$,将 ω'_{as} 看作变量,所作出的 N 关于 ω'_{as} 的关系曲线是高斯型,所以当其他条件一样时,$|\omega'_{as}|$ 越大,N 越小,则式(13.11)中的 $|P^{(3)}(\omega'_{as})|^2$ 越小. 而当不调节泵浦光和斯托克斯光的相位,即 $\theta(\omega'_p, \omega'_s) = 0$ 时,对称振动在 $\omega'_{as} = \Omega_{RA} - \Omega_{ps} = -66\ \text{cm}^{-1}$ 处出现共振峰;反对称振动在 $\omega'_{as} = \Omega_{RB} - \Omega_{ps} = 55\ \text{cm}^{-1}$ 处出现共振峰,所以对称振动比反对称振动的峰值小.

下面定性分析一下西尔伯格(Silberberg)提出的方法的控制机理,调节前和调节后的积分项 $M(\omega'_p, \omega'_s)$ 的关系为

$$M_{\text{after}}(\omega'_p, \omega'_s) = \begin{cases} M_{\text{before}}(\omega'_p, \omega'_s), & \theta(\omega'_p, \omega'_s) = 0 \\ -M_{\text{before}}(\omega'_p, \omega'_s), & \theta(\omega'_p, \omega'_s) = \pi \end{cases} \tag{13.13}$$

将式(13.12)写成如下形式:

$$M(\omega'_p, \omega'_s) = \left(\frac{A_A}{(\Omega_{RA} - \Omega_{ps}) - (\omega'_p - \omega'_s) - i\Gamma_A} + \frac{A_B}{(\Omega_{RB} - \Omega_{ps}) - (\omega'_p - \omega'_s) - i\Gamma_B} \right)$$

$$\cdot E_p(\omega'_p) \cdot E_s(\omega'_s) \cdot \exp\left(-\frac{(5(\omega'_{as} - \omega'_p + \omega'_s))^2}{\Delta^2} \right)$$

$$= \left(\frac{A_A}{(\Omega_{RA} - \Omega_{ps}) - (\omega'_p - \omega'_s) - i\Gamma_A} + \frac{A_B}{(\Omega_{RB} - \Omega_{ps}) - (\omega'_p - \omega'_s) - i\Gamma_B} \right)$$

$$\cdot E(\omega'_p, \omega'_s) \tag{13.14}$$

其中 $E_p(\omega_p') = \mathrm{e}^{\mathrm{i}\theta(\omega_p')} \cdot \exp(-\omega_p'^2/\Delta^2)$，$E_s(\omega_s') = \mathrm{e}^{\mathrm{i}\theta(\omega_s')} \cdot \exp(-\omega_s'^2/\Delta^2)$.

由式(13.14)可知，控制相位前积分项 $M_{\text{before}}(\omega_p', \omega_s')$ 始终处于一、二象限，由式(13.7)可知，对 CH_3 对称伸缩振动共振峰起主要作用的非线性极化率是 $A_A/((\Omega_{RA} - \Omega_{ps}) - (\omega_p' - \omega_s') - \mathrm{i}\Gamma_A)$ 部分，对 CH_3 对称伸缩振动共振峰起主要作用的频率分量主要位于 $\omega_p' - \omega_s' \cong \Omega_{RA} - \Omega_{ps}$ 附近，所以 $M(\omega_p', \omega_s')$ 的实部较小，当调节输入光相位后，实部的影响很小，而虚部的影响必然使积分后输出的共振峰的极化强度的模值下降，西尔伯格提出的方法通过控制泵浦光和斯托克斯光相位的矩形窗的位置和矩形窗的宽度使对称振动和反对称振动的共振峰的模值下降的程度不一样，从而达到选择激发的目的.

下面近似分析一下当 $d = 82$，$\omega_0^{s'} = 53.324$ 时能够选择激发 CH_3 对称伸缩振动而抑制 CH_3 反对称伸缩振动的原因. 对 CH_3 对称伸缩振动共振峰做主要贡献的频段满足 $\omega_p' - \omega_s' \cong \Omega_{RA} - \Omega_{ps}$，即 $\omega_s' = \omega_p' - (\Omega_{RA} - \Omega_{ps}) = \omega_p' + 66$，对 CH_3 反对称伸缩振动共振峰做主要贡献的频段满足 $\omega_p' - \omega_s' \cong \Omega_{RB} - \Omega_{ps}$ 即 $\omega_s' = \omega_p' - (\Omega_{RB} - \Omega_{ps}) = \omega_p' - 55$，输入光相频的矩形窗函数将式(13.7)中的积分区间分成了若干段，下面通过列表来进行分析. 表13.1和表13.2分别给出了 CH_3 对称和反对称伸缩振动在 ω_p' 与 ω_s' 对共振峰做主要贡献的频段内，$E_p(\omega_p')$，$E_s(\omega_s')$ 和 $E(\omega_p', \omega_s')$ 的取值情况，其中，$E_p(\omega_p')$，$E_s(\omega_s')$ 和 $E(\omega_p', \omega_s')$ 的表达式见式(13.14)，幅频都是高斯型脉冲，所以 $|\omega_p'|$ 或 $|\omega_s'|$ 越小，则 $|E_p(\omega_p')|$ 或 $|E_s(\omega_s')|$ 的值越大，相频由式(13.10)所示，根据不同的频率取值，其值为 0 或 π，相应的 $E_p(\omega_p')$ 或 $E_s(\omega_s')$ 为正值或负值，相应的 $E(\omega_p', \omega_s')$ 为正值或负值，其中 $E(\omega_p', \omega_s')$ 为正值时，式(13.14)中的积分项 $M(\omega_p', \omega_s')$ 调节相位前后不变；$E(\omega_p', \omega_s')$ 为负值时，则式(13.14)中的积分项 $M(\omega_p', \omega_s')$ 调节相位前后旋转 $180°$，使积分后输出的共振峰的极化强度的模值下降.

表 13.1 CH_3 的对称伸缩振动共振峰

ω_p'	ω_s'	$E_p(\omega_p')$	$E_s(\omega_s')$	$E(\omega_p', \omega_s')$
$\omega_p' < -54.324$	$\omega_s' < 12.324$	正值	正值	正值
$-54.324 < \omega_p' < -41$	$12.324 < \omega_s' < 25$	正值	负值	负值
$-41 < \omega_p' < 28.324$	$25 < \omega_s' < 94.324$	负值	负值	正值
$28.324 < \omega_p' < 41$	$94.324 < \omega_s' < 107$	负值	正值	负值
$\omega_p' > 41$	$\omega_s' > 107$	正值	正值	正值

表 13.2　CH_3 的反对称伸缩振动共振峰

ω_p'	ω_s'	$E_p(\omega_p')$	$E_s(\omega_s')$	$E(\omega_p', \omega_s')$
$\omega_p' < -41$	$\omega_s' < -91$	正值	正值	正值
$-41 < \omega_p' < 41$	$-91 < \omega_s' < -9$	负值	正值	负值
$41 < \omega_p' < 62.324$	$-9 < \omega_s' < 12.324$	正值	正值	正值
$62.324 < \omega_p' < 144.324$	$12.324 < \omega_s' < 94.324$	正值	负值	负值
$\omega_p' > 144.324$	$\omega_s' > 94.324$	正值	正值	正值

从表 13.1 中可以看出,泵浦光和斯托克斯光的相位加上 π 矩形窗后,$E(\omega_p', \omega_s')$ 出现负值的范围较小,而且模值也较小,所以 π 矩形窗使 CH_3 对称伸缩振动对应的峰值有所减小,但减小的较少.从表 13.2 中可以看出,泵浦光和斯托克斯光的相位加上 π 矩形窗后,$E(\omega_p', \omega_s')$ 出现负值的范围较大,而且模值较大,所以有效地抑制了 CH_3 反对称伸缩振动.通过上述分析,可以得出 $d = 82$,$\omega_0^{s'} = 53.324$ 时,能够选择激发 CH_3 对称伸缩振动而抑制反对称伸缩振动.

实际上,通过近似分析可以得到激发 CH_3 对称伸缩振动而抑制 CH_3 反对称伸缩振动的参数的大致范围.表 13.3 给出了对 CH_3 对称和反对称伸缩振动共振峰做主要贡献的不同 ω_p' 频段对应的 ω_s' 范围.

表 13.3　对称和反对称伸缩振动选择激发的 CH_3

ω_p'	$E_p(\omega_p')$	对称振动峰值对应 ω_s'	反对称振动峰值对应 ω_s'
$\omega_p' < -d/2$	正值	$\omega_s' < -d/2 + 66$	$\omega_s' < -d/2 - 50$
$-d/2 < \omega_p' < d/2$	负值,模值较大	$-d/2 + 66 < \omega_s' < d/2 + 66$	$-d/2 - 50 < \omega_s' < d/2 - 50$
$\omega_p' > d/2$	正值	$\omega_s' > d/2 + 66$	$\omega_s' > d/2 - 50$

从表 13.3 中可以看出,由于当 $-d/2 < \omega_p' < d/2$ 时,$E_p(\omega_p')$ 为负值,且值较大,所以要选择激发 CH_3 对称伸缩振动而抑制 CH_3 反对称伸缩振动,需使 $-d/2 + 66 < \omega_s' < d/2 + 66$ 范围内的 $E_s(\omega_s')$ 大部分为负值,同时 $-d/2 - 50 < \omega_s' < d/2 - 50$ 范围内的 $E_s(\omega_s')$ 大部分为正值,所以 $\omega_0^{s'}$ 应选在 66 附近,且需使 $\omega_s' > d/2 + 66$ 频区内 $E_s(\omega_s')$ 为正,所以 $\omega_0^{s'} < 66$.这样,在对 CH_3 对称伸缩振动共振峰做主要贡献的频段中,$E(\omega_p', \omega_s')$ 为正值的频段的模值较大,即调节相位前后起主要作用的积分项 $M(\omega_p', \omega_s')$ 不变;而在对 CH_3 反对称伸缩振动共振峰做主要贡献的频段中,$E(\omega_p', \omega_s')$ 为负值的频段的模值较大,和其他频段的正值的作用可以互相抵消;而斯托克斯光相位的 π 矩形窗落在 CH_3 反对称伸缩振动峰值对应的 ω_s' 的 $\omega_s' > d/2 - 50$ 区间内,所以 $d/2 - 50 < 66 - d/2$,即 $d < 116$,

并且 d 的值不能太小,太小的话,则对 CH_3 反对称伸缩振动的削弱较少,控制作用不明显.反之,如果要选择激发 CH_3 反对称伸缩振动而抑制 CH_3 对称伸缩振动,需使 $-d/2+66<\omega_s'<d/2+66$ 范围内的 $E_s(\omega_s')$ 大部分为正值,同时 $-d/2-50<\omega_s'<d/2-50$ 范围内的 $E_s(\omega_s')$ 大部分为负值;$\omega_s'>d/2-50$ 范围内 $E_s(\omega_s')$ 为正,所以 $\omega_0^{s'}$ 应选在 -50 附近,且 $\omega_0^{s'}>-50$.

由上述分析可知,实现选择激发甲醇溶液 CH_3 对称伸缩振动抑制 CH_3 反对称伸缩振动的方法:令 $\omega_0^{p'}=0$,$\omega_0^{s'}<\Omega_{ps}-\Omega_{RA}$,且在 $\Omega_{ps}-\Omega_{RA}$ 附近,调节 d,d 不能太小,且 $d<\Omega_{RB}-\Omega_{RA}$,可以将 d 从 $\Omega_{RB}-\Omega_{RA}$ 逐渐减小调节.实现选择激发甲醇溶液 CH_3 反对称伸缩振动抑制 CH_3 对称伸缩振动方法:令 $\omega_0^{p'}=0$,$\omega_0^{s'}>\Omega_{ps}-\Omega_{RB}$,且在 $\Omega_{ps}-\Omega_{RB}$ 附近,将 d 从 $\Omega_{RB}-\Omega_{RA}$ 逐渐减小调节.

在本节中我们采用西尔伯格提出的方法仿真实现了甲醇溶液对称振动和反对称振动的相邻能级的选择激发,并且得到实现选择激发的最佳参数.仿真结果表明,西尔伯格提出的方法可以使甲醇溶液中两个能级的峰值之比优化为原来的 100～200 倍,效果较理想.并且本节总结了控制参数对控制效果的影响,近似分析了西尔伯格方法的控制机理,对实验中控制参数的选择具有一定的指导作用.

13.2 基于量子卫星"墨子号"的量子测距过程仿真实验研究

全球定位系统(Global Positioning System,GPS)是全球卫星导航系统(Global Navigation Satellite System,GNSS)中的一种星基定位与导航系统,被广泛应用于海陆空目标定位导航等军民用领域及相关科学研究中,具有重要的战略意义及应用价值.GPS 基于经典电磁理论,通过利用卫星发射伪随机信号并测量延迟码与回波码相关特性,对用户进行导航定位处理.受限于电磁波功率及带宽,GPS 空间定位精度难以进一步提高.此外,GPS 系统还面临信号干扰、欺骗等安全问题,在使用安全性上存在一定隐患.为了克服 GPS 系统中存在的问题,进一步提高星基导航定位系统精度及安全性,人们提出了量子定位系统(Quantum Positioning System,QPS).QPS 基于量子增强测量技术,能够克服传统电磁测距技术带宽及精度限制,进一步提高测量精度,根据相关理论,当利用 M 个纠缠脉冲,每个脉冲包含 N 个纠缠光子时,可以将定位精度提高 $\sqrt{MN}$ 倍.

在 QPS 工作过程中,需要在星地之间进行量子纠缠光的收发,量子纠缠光具有发散角小的特点,因此需要利用高精度捕获跟踪瞄准(acquisition tracking and pointing, ATP)系统,建立精确的星地光通信链路;此外,在建立并保持稳定的通信链路,实施纠缠光子对的收发过程后,还需利用符合计数原理,计算光子对中信号光与闲置光之间的二阶相关性,从而解算出信号光与闲置光的到达时间差(time difference of arrival, TDOA)并计算星地之间距离.目前,在 ATP 系统领域,许多国家及研究机构已经进行了研究并开展了相关实验,例如日本的 ETS-VI 卫星光通信实验(Jono et al.,1999)、欧洲空间局的 SILEX 实验(Tolker-Nielsen,Oppenhauser,2002)、NASA 的 OPALS 计划以及我国的天宫二号等.在量子纠缠光符合计数领域,苑博睿等提出了一种基于纠缠光二阶关联函数的星地时钟同步测量方法,理论上可以提供飞秒级的同步精度;丛爽等利用软件实现了量子纠缠光的符合计数过程,从而获得了皮秒级的 TDOA 测量精度(丛爽等,2019).

本节借助具有量子纠缠光收发功能的量子科学实验卫星"墨子号",对量子导航定位过程中利用 ATP 系统进行纠缠光收发及利用符合计数原理计算两路纠缠光 TDOA 值的两个关键过程进行了仿真实验研究,在对"墨子号"轨道进行仿真的基础上,实现了对卫星的瞄准、捕获及跟踪过程,跟踪精度达到了 2 μrad.并在实现捕获跟踪瞄准过程后,基于符合计数原理对利用纠缠光子进行量子测距的过程进行了仿真.我们通过软件设计对接收到的纠缠光子对进行符合测量,计算出信号光与闲置光的 TDOA 值,测量误差能够达到皮秒量级.

13.2.1 "墨子号"轨道仿真及可观测性分析

13.2.1.1 卫星轨道参数

确定一条人造地球卫星的轨道最少需要六个参数,这六个参数分别为:轨道半长轴、轨道偏心率、轨道倾角、升交点赤经、近地点辐角和初始时刻平近点角.我们将根据"墨子号"轨道六参数,在 MATLAB 环境下对卫星轨道进行建模,获得卫星星下点轨迹仿真数据,并对特定地面观测站"墨子号"的可观测性进行分析."墨子号"卫星在 UTC 时间 2019年 6 月 23 日 14 时 43 分 10 秒时卫星轨道六参数如表 13.4 所示.根据"墨子号"卫星的轨道六参数,计算出卫星运动相关参数如表 13.5 所示.

表 13.4 "墨子号"卫星轨道六参数

参　数	符　号	数　值
轨道半长轴	a	6862.393
轨道偏心率	e	0.0012178
轨道倾角	l	97.3615°
升交点赤经	Ω	82.1776°
近地点辐角	ω	213.6645°
初始时刻平近点角	M_0	286.3617

表 13.5 "墨子号"卫星运动相关参数

参　数	符　号	数　值
卫星速度(km/s)	v	7.4622
卫星轨道周期(s)	T	6027.1
日周期数	N	14.335
平均角速度(rad/s)	n	0.0011

13.2.1.2 "墨子号"星下点轨迹计算与仿真

星下点是地球中心与卫星连线在地表交点的经纬度.本小节根据"墨子号"卫星轨道六参数,计算卫星在轨道平面下的坐标,并经过多次坐标变换,将卫星在轨道平面坐标系下的坐标转换至经纬高坐标系(latitude,longitude,altitude coordinate,LLA)下,从而获得卫星在一天工作周期内的星下点轨迹.

根据卫星轨道六参数,在给定观测时间 t 内,"墨子号"卫星平近点角 M 为:$M = n(t - t_0)$,其中,n 为卫星运动的平均角速度,t 为观测时刻,t_0 为过近地点时刻.根据卫星平近点角 M,可以得到卫星偏近点角 E 与真近点角 f 分别为

$$E = M + e\sin(E), \quad f = \arctan\left(\frac{\sqrt{1 - e^2}\sin(E)}{\cos(E) - e}\right) \tag{13.15}$$

根据卫星真近点角 f,可以得到卫星的轨道方程 r_s 及其在轨道平面参数方程的分量分别为

$$r_s = \frac{a(1 - e^2)}{1 + e\cos(f)}, \quad x_s = r_s\cos(f), \quad y_s = r_s\sin(f) \tag{13.16}$$

根据卫星轨道平面参数方程 r_s，可以得到卫星在地心惯性(earth centered inertial，ECI)坐标系下的坐标 r_{ECI} 为

$$r_{\text{ECI}} = R_z(-\Omega) \cdot R_x(-i) \cdot R_z(-\omega) \begin{bmatrix} x_s & y_s & 0 \end{bmatrix}^{\text{T}} \tag{13.17}$$

其中，x_s 和 y_s 分别为轨道平面坐标系下卫星坐标分量；$R_z(-\Omega), R_x(-i), R_z(-\omega)$ 分别为绕 z 轴、x 轴和 z 轴的旋转矩阵，其旋转矩阵的具体形式为

$$R_z(-\Omega) = \begin{bmatrix} \cos\Omega & -\sin\Omega & 0 \\ \sin\Omega & \cos\Omega & 0 \\ 0 & 0 & 1 \end{bmatrix}$$

$$R_x(-i) = \begin{bmatrix} 1 & 0 & 0 \\ 0 & \cos i & -\sin i \\ 0 & \sin i & \cos i \end{bmatrix}$$

$$R_z(-\omega) = \begin{bmatrix} \cos\omega & -\sin\omega & 0 \\ \sin\omega & \cos\omega & 0 \\ 0 & 0 & 1 \end{bmatrix}$$

获得卫星在 ECI 坐标系下的坐标后，还需要将其转换至地心地固(earth centered earth fixed，ECEF)坐标系下，获得卫星在 ECEF 坐标系下的坐标 r_{ECEF}，ECI 至 ECEF 的关键转换步骤包括：

(1) 计算地球岁差；

(2) 计算地球章动；

(3) 考虑地球自转影响；

(4) 考虑极移的影响.

详细转换过程可参考文献(Urban，Seidelmann，2013).

最后，需要将卫星在 ECEF 坐标系下的轨迹 r_{ECEF} 转换到 LLA 坐标系下，获得到卫星星下点经纬度，ECEF 至 LLA 的转换公式为

$$\begin{cases} \vartheta = \arctan\left(\dfrac{z_{\text{ECEF}}}{\sqrt{x_{\text{ECEF}}^2 + y_{\text{ECEF}}^2}} \right) \\[4mm] \varphi = \arctan\left(\dfrac{y_{\text{ECEF}}}{x_{\text{ECEF}}} \right) \end{cases} \tag{13.18}$$

其中，ϑ 为卫星经度；φ 为卫星纬度；$x_{\text{ECEF}}, y_{\text{ECEF}}$ 和 z_{ECEF} 分别为卫星在 ECEF 坐标系下的分量.

根据卫星轨道六参数计算卫星星下点轨迹的过程总结如下：

（1）根据式(13.15)和式(13.16)计算卫星在轨道平面坐标系下的坐标；

（2）根据式(13.17)计算卫星在 ECI 坐标系下的坐标；

（3）进行岁差、章动、自转及极移补偿，获取卫星在 ECEF 坐标系下的坐标；

（4）根据式(13.18)，将卫星在 ECEF 坐标系下坐标转换为卫星星下点坐标，转换步骤如图 13.10 所示(方晓松,2010).

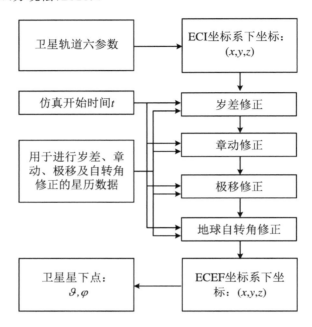

图 13.10　根据轨道参数获得卫星星下点坐标的转换步骤

　　根据"墨子号"卫星相关参数，利用 MATLAB 对卫星星下点轨迹进行建模，可以得到"墨子号"卫星在 24 小时的运行时间内，其星下点轨迹如图 13.11 所示，其中，红点为指定的地面站的位置，本小节将地面站位置设置在安徽省合肥市，其经度为 117.273°，纬度为 31.862°，海拔高度为 0.5 km. 细实线为"墨子号"量子卫星运行在地球上空所有星下点轨迹. 从图 13.11 中可以看出，在一天 24 小时内，量子卫星一共有 4 条轨迹，经过指定地面站上空，地面站有 4 次可以利用卫星进行测距的机会. 那么，当卫星经过指定地面站上空过程中，有多长的可观测时间呢？下面，我们根据可观测性条件，进行可观测性分析，获得可观测区域.

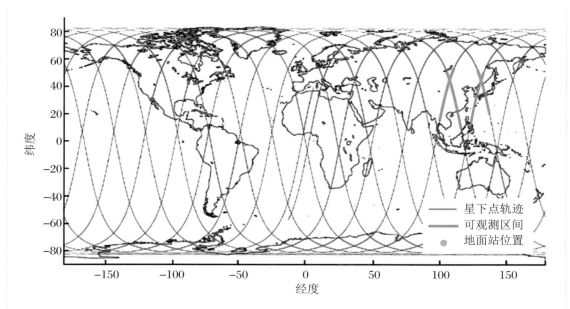

图 13.11　"墨子号"量子卫星星下点轨迹仿真图

13.2.1.3　"墨子号"卫星可观测性分析

为了分析卫星运动过程中对地面站的可观测性,需要引入中心角的概念,卫星中心角可视化定义如图 13.12 所示,其中,γ 为卫星中心角,r_s 为卫星轨道半径,r_e 为地面站与地心的距离,El 为地面站 ATP 系统俯仰角.定义卫星中心角 γ 为:$\cos(\gamma) = \cos(L_e)\cos(L_s)\cos(l_s - l_e) + \sin(L_e)\sin(L_s)$,其中,$L_e$ 为地面站北纬,l_e 为地面站西经,L_s 为星下点北纬,l_s 为星下点西经.若地面站要观测到某颗卫星,则该地面站俯仰角 El 必须大于 0,即

$$r_s > r_e / \cos(\gamma) \tag{13.19}$$

根据卫星星下点轨迹和代表合肥一个用户的经纬度位置信息,可以得到卫星在 24 小时运行时间内,对用户的中心角如图 13.13 所示,图中虚线为地面站最大可观测中心角,只有当卫星中心角小于地面站最大可观测中心角时,地面站才能观测到卫星轨迹,所以从图 13.13 中可知,卫星在一天的运行时间中,存在 4 个时间段的卫星中心角小于地面最大可观测角,满足可见性要求(13.19).

这 4 段可视轨迹对应于图 13.13 中的粗蓝色实线.卫星星下点轨迹及可观测区间三维仿真图如图 13.14 所示,其中,黄色半球球心所在位置为地面站位置,半球覆盖区域为地面站对卫星可观测的 4 个区域.

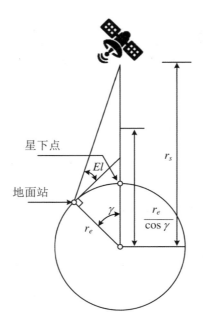

图 13.12　卫星中心角几何示意图

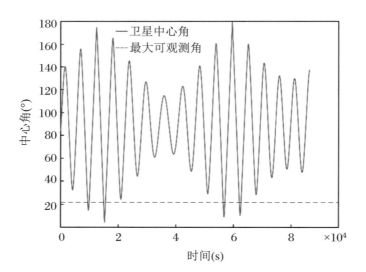

图 13.13　卫星中心角仿真曲线

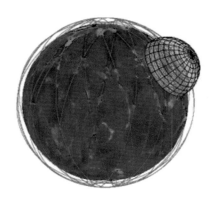

图 13.14　卫星星下点轨迹及可观测区间三维仿真图

13.2.2　基卫星相对地面方位及俯仰角计算

在对"墨子号"实施捕获、跟踪与瞄准过程中,需要计算运行中的卫星在可观测时间段内相对于地面 ATP 系统的位置轨迹,从而确定 ATP 系统工作时的方位角与俯仰角,其中,俯仰角 El 的计算公式为

$$El = \arccos\left(\sin\left(\gamma\right)/\left(1 + \left(\frac{r_e}{r_s}\right)^2 - 2\left(\frac{r_e}{r_s}\right)\cos\left(\gamma\right)\right)^{1/2}\right) \tag{13.20}$$

其中,r_s 为卫星轨道半径;r_e 为地面站与地心的距离;γ 为卫星中心角. 为了计算 ATP 系统的方位角 Az,需要先定义中间角 β,β 的计算公式为

$$\beta = \arctan\left(\frac{\tan(\mid l_s - l_e \mid)}{\sin\left(L_e\right)}\right) \tag{13.21}$$

其中,l_s,l_e 和 L_e 分别为星下点西经、地面站西经和地面站北纬.

方位角 Az 与中间角 β 之间的几何示意图如图 13.15 所示,可分为 4 种情况:

当地面站位于北半球时:

(1) 若卫星位于地面站东侧,则 $Az = 180° - \beta$.

(2) 若卫星位于地面站西侧,则 $Az = 180° + \beta$.

当地面站位于南半球时:

(3) 若卫星位于地面站东侧,则 $Az = \beta$.

(4) 若卫星位于地面站西侧,则 $Az = 360° - \beta$.

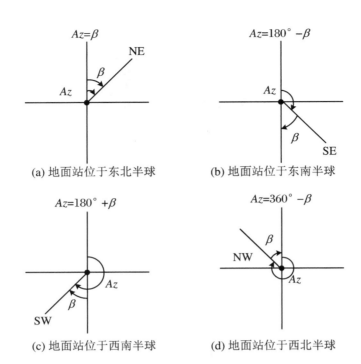

(a) 地面站位于东北半球   (b) 地面站位于东南半球

(c) 地面站位于西南半球   (d) 地面站位于西北半球

图 13.15 用于计算 ATP 系统方位角与中间角的几何示意图

    根据地面站方位角与俯仰角计算公式进行仿真,得到"墨子号"在 24 小时运行时间内,地面站 ATP 系统可以利用和跟踪的卫星光信号的方位角和俯仰角的联合轨迹如图 13.16 所示.

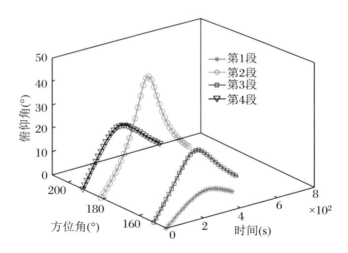

图 13.16 方位角和俯仰角联合轨迹

"墨子号"在 24 小时运行时间内,地面站 ATP 系统可以接收的来自量子卫星光信号的方位角与俯仰角分别如图 13.17(a)、图 13.17(b)所示.根据可见时间段内地面站 ATP 系统需要捕获和跟踪量子光的方位角与俯仰角曲线,可以得到方位角与俯仰角角速度分别如图 13.18(a)、图 13.18(b)所示.

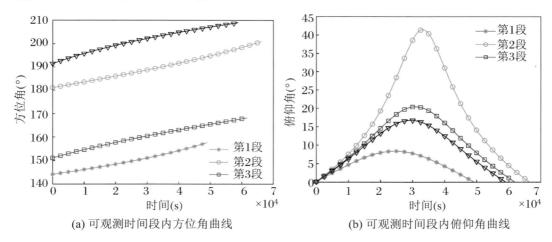

(a) 可观测时间段内方位角曲线　　　　　(b) 可观测时间段内俯仰角曲线

图 13.17　可观测时间段内 ATP 系统期望跟踪信号的方位角与俯仰角变化曲线

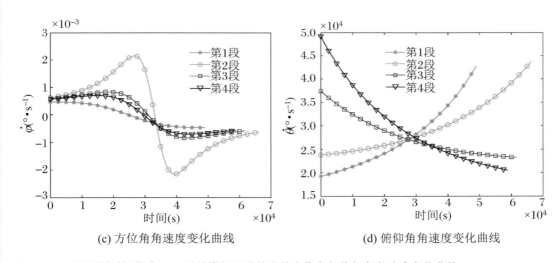

(c) 方位角角速度变化曲线　　　　　(d) 俯仰角角速度变化曲线

图 13.18　可观测时间段内 ATP 系统期望跟踪信号的方位角与俯仰角角速度变化曲线

根据对"墨子号"卫星经过合肥地面可观测时间段内 ATP 系统期望跟踪信号的方位角与俯仰角的变化曲线图 13.17 中的时间横坐标可知,卫星在 24 小时的运行时间中,地面站可观测总时长为 2377 s,最长可观测时长为 667 s,最短可观测时长为 496 s,平均可观测时长为 594 s.由方位角与俯仰角角速度变化曲线可知,ATP 系统俯仰角角度变化更剧烈,且在 4 个可观测时间段中,第 2 段可观测时间内俯仰角角速度变化最剧烈,因此选择第 2 段曲线作为 ATP 系统的输入信号进行跟踪,跟踪时间段选择 300~400 s.

13.2.3 ATP 系统工作过程仿真实验

13.2.3.1 ATP 系统工作原理

卫星端及地面站端利用 ATP 系统进行星地光通信的示意图如图 13.19 所示(Duan et al.,2019).量子卫星与地面站分别发射一束发散角较宽的信标光,并针对信标光进行捕获跟踪瞄准过程,从而建立并维持一个高精度的双向光通信链路.ATP 系统一般采用粗、精跟踪嵌套式的复合结构(Kaushal,Kaddoum,2016),粗跟踪系统的功能是在 ATP 过程的初始时刻采用扫描的方式捕获信标光,并对信标光信号进行精度较低的粗跟踪,将信标光光斑引入精跟踪系统.精跟踪系统的功能是实现对信标光的精确跟踪过程,使通信双方的跟踪误差小于 2 μrad.

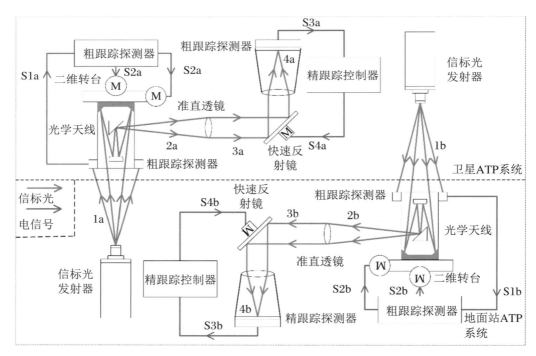

图 13.19　卫星和地面站利用 ATP 系统进行星地光通信示意图

ATP 系统 Simulink 仿真界面及框图如图 13.20 所示，ATP 系统是跟踪方位角与俯仰角的单轴 ATP 子系统组合而成的复合轴系统，以跟踪方位角的单轴 ATP 系统为例，单轴 ATP 系统由粗跟踪系统与精跟踪系统两部分串联组成，其中，粗跟踪系统由粗跟踪控制器及二维转台伺服电机组成闭环控制回路，并采用三环 PID 串级控制，自内向外分别为电流环、速度环与位置环，电流环经过等效后可以化简为一比例环节，速度环采用 PI 控制器进行控制，而位置环采用 PID 控制器进行控制；精跟踪部分由精跟踪控制器、快速反射镜及自适应强跟踪卡尔曼滤波器（adaptive strong tracking Kalman filter，ASTKF）组成，精跟踪控制器采用模型参考自适应控制（model reference adaptive control，MRAC）。

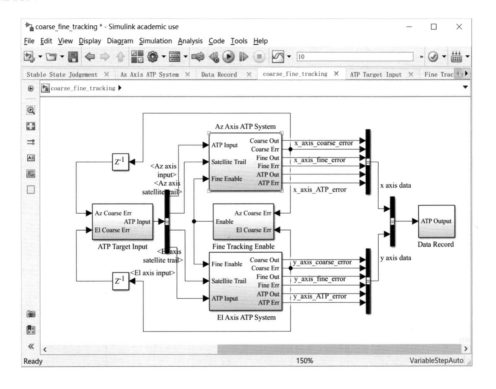

图 13.20　双轴复合 ATP 系统 Simulink 仿真界面

13.2.3.2　ATP 系统仿真结果

图 13.21 为 ATP 系统捕获阶段工作过程示意图，其中红色轨迹代表卫星运动轨迹，灰色有向线段为捕获路径，最外圈的蓝色虚线大圈为捕获开始时卫星的不确定域，中间的咖啡色虚线小圆为光学天线初始位置，红点为卫星所在位置，蓝色实线小圆为最终捕

获并保持跟踪的范围.经过仿真验证,当不确定域半径为 8.7 mrad,且采用分行螺旋式扫描方式时,系统可以在 25 步内实现对卫星的捕获,理论捕获概率为 100%.当 ATP 系统成功捕获量子卫星后,将对卫星实施粗跟踪过程,粗跟踪误差最终控制在 500 μrad 内,之后精跟踪系统开始工作,对粗跟踪系统的残差及系统状态扰动和误差进行有效补偿.

图 13.22 和 13.23 分别为 ATP 系统粗跟踪的误差曲线和精跟踪的误差信号,其中,粗跟踪过程调节时间为 0.03 s,精跟踪过程调节时间为 0.06 s;精跟踪的方位角平均跟踪误差为 0.58 μrad,俯仰角平均跟踪误差为 0.60 μrad.实验结果显示,精跟踪误差小于 2 μrad 的误差信号占总误差点的 98.71%.

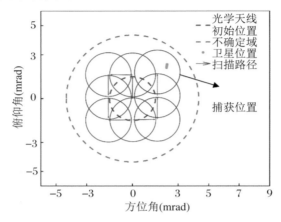

图 13.21　捕获阶段扫描过程

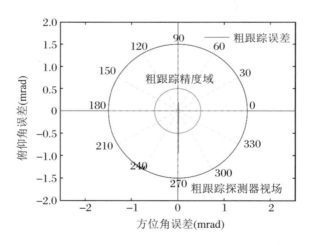

图 13.22　粗跟踪误差曲线

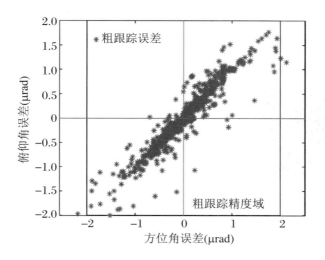

图 13.23 精跟踪误差信号

13.2.4 量子测距过程仿真及其结果分析

13.2.4.1 符合计数过程仿真实验

在建立并维持稳定的光通信链路后,地面站可以通过链路向卫星发射具有纠缠特性的量子光,并接收由卫星角锥反射镜反射的纠缠光子对,通过曲线拟合计算出闲置光与纠缠光的到达时间差(time difference of arrival,TDOA),从而建立卫星-地面用户之间的距离方程组.当至少有三颗量子卫星与地面用户建立光通信链路后,可以测算到三组 TDOA 值,根据 TDOA 值、量子卫星的三维坐标以及光速与时间延迟之积等于卫星与用户距离 2 倍的关系,可以计算出地面用户的三维坐标.设三颗卫星的坐标分别为 $R_i(X_i, Y_i, Z_i)$,$i = 1,2,3$,地面用户的坐标为 $r(x,y,z)$,则光速、闲置光与纠缠光的到达时间差和卫星及地面用户之间的距离关系可以写为

$$2\sqrt{(X_i - x)^2 + (Y_i - y)^2 + (Z_i - z)^2} = c\Delta t_i, \quad i = 1,2,3 \quad (13.22)$$

其中,c 为光速;Δt_i,$i = 1,2,3$ 为三颗卫星与地面用户之间的 TDOA 值.

为了展示纠缠光子源产生及接收的过程及符合计数与曲线拟合后的结果,同时便于仿真相关参数的设置,本小节基于 MATLAB 用户图形界面接口设计了纠缠光子源产生与接收以及符合计数拟合的仿真程序.程序界面如图 13.24 所示.在程序界面中,photon feature 框展示了纠缠光时频域光谱图；photon source & received 框展示了纠缠光子对的产生及发射接收过程；fitting result 框展示了 TDOA 值的拟合结果.

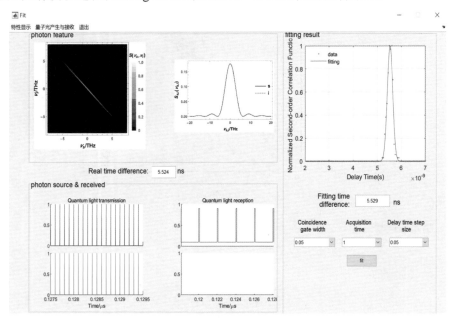

图 13.24　符合计数过程仿真控制程序

13.2.4.2　符合计数仿真实验结果及分析

在仿真实验中，设置纠缠光子对的到达时间差为 5.524 ns，并分别设置符合门宽、采集时间以及延时增加步长，进行多组实验，得到利用符合计数进行测距的仿真实验的参数及结果如表 13.6 所示.

表 13.6　符合计数仿真实验结果

实验编号	采集时长（ms）	延时增加步长（ns）	符合门宽（ns）	拟合的到达时间差（ns）	拟合误差（ps）
1	1	0.05	0.05	5.529	5
2	1	0.05	0.2	5.521	−3
3	1	0.05	0.4	5.519	−5
4	1	0.01	0.05	5.523	−1
5	1	0.005	0.05	5.523	−1
6	5	0.05	0.05	5.519	−3
7	10	0.05	0.05	5.526	2

从仿真结果可以看出,随着采集时间的增加,拟合精度会有很大提高,但同时仿真程序运行效率会有所下降;此外,符合门宽对于拟合的精度也有较大影响.考虑到量子导航系统应当在允许的误差范围内尽量具有较高的效率,因此需要综合考虑精度及运行效率确定最优参数值.对于0~10000 ns范围内的真实时间差数值,这三个参数的最优值选取都是相同的,根据仿真实验结果,当设定符合门宽为0.05 ns、采集时间为1 ms、延时增加步长为0.01 ns时,系统能够同时满足精度与效率的要求,此时拟合得到的TDOA值误差为1 ps,测量误差为0.3 mm.

13.2.4.3 不同测距方法分析及比较

传统的测距方法包括伪随机码测距与载波相位测距.对于伪随机码测距,其优点是信号难以侦测,另外,伪随机码测距可以采用扩频技术,增大测量范围,并同时对多个目标进行跟踪测量.载波相位测距技术具有测量精度高的特点,其测量精度可以达到载波波长的1/100.不过,不论是伪随机码测距还是载波相位测距,都需要地面站与接收机之间进行双向通信过程的时钟同步,否则钟差会导致测量精度损失.另外,传统测距方法测距精度与载波频率相关,因此为了提高测距精度,需要进一步提升载波频率,而高频电磁波面临易受干扰、衰减较大等问题,会导致测量距离缩短.

量子测距通过量子纠缠光子对的发射与反射接收,测量光子对到达时间差进行测距.由于具有纠缠特性的信号光与闲置光是泵浦激光光子在经过非线性晶体时发生劈裂而产生的,因此两束光子产生时刻相等,所以量子测距不需要在基站与接收机间进行时钟同步.同时,量子测距系统能够提供皮秒级的到达时间差测量精度,对应亚毫米级的测距精度,所以量子测距具有无须进行时钟同步校准、测量精度高等优点.但是在现阶段,量子测距依赖于复杂的捕获跟踪瞄准系统以及大功率量子纠缠光子源,这在一定程度上限制了量子测距的应用场景,如何进行设备小型化,降低量子纠缠光子源功率,简化量子测距系统内部结构,还有待进一步深入研究.

本节在建立"墨子号"卫星轨道模型的基础上,针对量子导航定位系统中利用ATP系统对纠缠光进行收发及利用符合计数原理计算TDOA值的过程进行了仿真实验研究.分析了ATP系统的组成结构并搭建了系统仿真框图.利用卫星在地面站可观测区间内的方位角与俯仰角作为输入信号,对ATP系统进行了仿真,仿真结果表明所提出的ATP系统能够对低轨道量子卫星实施有效的捕获跟踪瞄准过程,跟踪精度优于$2 \mu\text{rad}$.在准确实施捕获跟踪瞄准过程的基础上,设计并进行了利用纠缠光收发进行量子测距的过程,拟合并得到了纠缠光子对的符合计数曲线,精确地测算出了纠缠光子对的TDOA值,误差为皮秒量级,实现了精确的量子测距的过程,为后续实现量子导航定位系统提供了一定的理论及仿真实验基础.

13.3 量子定位系统中的卫星间链路超前瞄准角跟踪补偿

在星地量子定位系统中,发射的量子纠缠光发散角度很小,仅为十几微弧度,且光束对准跟踪精度要求小于几微弧度,为了能够实现星地间光链路的高精度对准,需要建立一套捕获、跟踪和瞄准(acquisition tracking pointing,ATP)系统用以对光链路的建立及保持,捕获是指双方在建立光链路前,发射端发送信标光,使接收端探测到该信标光,作为构建光链路的引导;跟踪是指将对方发射的信标光通过跟踪系统引导到跟踪探测器的中心位置,确保接收光路的对准;瞄准是指让信号光精准地指向对方,并保持高精度稳定(王娟娟,2014).星地量子定位系统光链路的建立及维持,通过发射端和接收端的 ATP 系统进行双向跟踪实现.ATP 系统完成目标的跟踪并建立光链路后,由纠缠光发生器发射量子纠缠光进行测距.目前产生量子纠缠光源的方法有多种,其中自发参量下转换是一种比较常用的方法,它是由单色泵浦光子流和量子真空噪声对非中心对称非线性晶体的综合作用而产生的一种非经典光场.参量下转换过程为当激光入射到一个非线性晶体上时,非线性晶体的二阶非线性分量会使入射的光子以一定的概率劈裂为两个能量较低的光子.此双光子在能量、时间、偏振态上具有高度的纠缠特性,且产生的光场具有宽带光谱分布.基于三颗量子卫星实现对用户的定位,当其工作于星基模式时,其定位过程为:卫星上的纠缠光子对发生器发射两束纠缠光,其中一束沿星地光链路到达用户,并从用户处反射回卫星,被卫星上的一个单光子探测器接收;另一束直接发射向卫星上的另一个单光子探测器,完成纠缠光子对的发射与接收.此时卫星内部直接发射向单光子探测器的纠缠光一直在卫星内部,利用两路纠缠光的到达时间差计算出的两路纠缠光的光程差就是卫星与地面的距离的两倍,根据三颗卫星得到的三个到达时间差,分别计算出三颗卫星到用户的距离,通过联立解算所获得的三个距离方程,计算用户的空间坐标.

量子定位系统中的定位精度主要依赖于 ATP 系统的跟踪精度.ATP 系统主要由粗跟踪模块、精跟踪模块以及超前瞄准模块组成,原理框图如图 13.25 所示,其中,粗跟踪模块主要完成目标的捕获和粗跟踪,典型的粗跟踪模块结构主要包括万向架以及安装在上面的收发光学天线、分束器、粗跟踪探测器、粗跟踪控制器、角传感器以及伺服机构;精跟踪模块在粗跟踪模块的跟踪误差基础上进一步提高精度,结构主要包括两轴快速反射镜、精跟踪探测器、精跟踪控制器、执行机构和位置传感器.

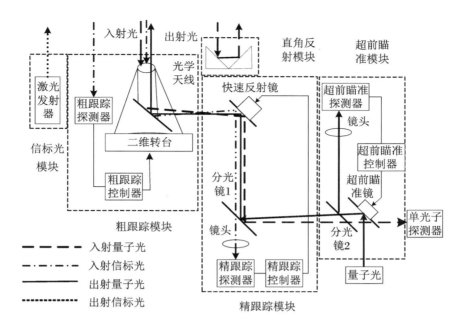

图 13.25 ATP 系统的结构

在 ATP 系统中,为了能够使得发射端发射出的量子光被运动的接收端准确接收,所发射量子光的发射角度需要沿着接收端的运动方向,超前入射信标光一定的角度,这个角度被称为超前瞄准角.超前瞄准模块主要补偿由于光束远距离传输引起的位置偏差,使出射光相对于接收光偏转指定的角度,从而使出射光精确瞄准对方(丛爽 等,2017).在 ATP 系统的运行过程中,粗跟踪模块用于在视场中找到目标,然后精跟踪模块对目标进行精确跟踪,再由超前瞄准模块补偿发射时的偏转角度.

超前瞄准模块是 ATP 系统的重要组成部分,它用于补偿发射端和接收端之间由于相对运动造成的瞄准角度偏差.当瞄准角度偏差过大时,接收端可能偏离跟踪视场,直接导致系统性能恶化,严重时甚至会造成通信链路中断.因此,超前瞄准角偏差的补偿,能有效地保持链路的稳定性,提高系统的跟踪精度与定位精度(叶德茂 等,2012).2017 年,叶小威等通过航天器动力学轨道模型研究激光瞄准系统跟踪运动目标的超前瞄准角变化特性,并分析了目标的角速度和角加速度等对超前瞄准角的影响(叶小威,沈锋,2017).2019 年,李伯良研究了卫星间光通信的超前瞄准角,并对低轨道卫星和同步轨道卫星之间激光通信的超前瞄准角进行了仿真(李伯良,2019).超前瞄准模块有两种实现方案:一是通过设计额外的超前瞄准子系统来实现,由超前瞄准镜、超前瞄准探测器以及超前瞄准控制器三部分组成(Takashi,2012);二是采用基于精跟踪模块的实现方法(梁延鹏,2014).由于使用独立的超前瞄准子系统实现量子纠缠光的超前瞄准方案增加了终端重量和 ATP 系统的复杂度,我们研究了星地间的超前瞄准角的补偿系统(丛爽 等,2017),本节将采用第二种基于精跟踪模块方法来实现低轨道卫星间链路的超前瞄准角的补偿.

13.3.1　量子定位系统分类及对应的超前瞄准角

目前量子定位系统能够基于三颗卫星实现目标定位(丛爽 等,2020).基于三颗卫星的量子定位系统,有两种定位方式:星基量子定位和地基量子定位,如图 13.26 所示.星基量子定位通过卫星向地面目标和其他卫星发射量子纠缠光获取位置参数信息,而地基量子定位则通过地面站向三颗卫星分别发射量子纠缠光获取位置参数信息.地基量子定位通过地面站发射量子纠缠光,地面站固定不动,所以该定位方法中超前瞄准角的计算相对简单.但星基量子定位中,发射量子纠缠光的卫星处于运动状态,接收量子纠缠光的卫星也处于运动状态,两颗卫星均要影响超前瞄准角的计算,定位过程更加复杂.

量子定位系统的发射端结构包括:纠缠光源系统、接收系统、ATP 系统以及信号处理系统.纠缠光源系统包括纠缠光发生器、滤波片等,接收系统包括接收望远镜、单光子探测器、符合计数器等,ATP 系统包括粗跟踪模块、精跟踪模块以及超前瞄准模块,信号处理系统包括信号接收模块以及数据结算模块.接收端结构包括 ATP 系统和反射系统,反射系统通常为反射镜或角锥反射器(汪海伦 等,2018;张海峰 等,2016).当发射端处于移动状态时,需要通过对反射镜的角度进行微调,使反射的回波信号回到接收系统中(罗青山,2019).

图 13.26(a)为地基量子定位,发射端位于地面站,地面站需要三个独立的 ATP 系统跟踪三颗卫星,但可以使用同一个接收系统对三路信号进行接收,由于接收系统的望远镜中存在多个小镜面,且各个镜面的方向不同,可以同时接收到不同方向的回波信号,而由于量子纠缠光的纠缠特性,能够区分出不同回波信号的来源.在进行定位时,地面站通过 ATP 系统跟踪不同方向上的三颗卫星,当三颗卫星各自接收到地面站发射的信标光后,也通过 ATP 系统跟踪地面站,并将反射镜对准地面站.进入稳定的跟踪状态后,地面站向三颗卫星发射纠缠光,经过卫星上的反射镜原路返回地面站接收系统,通过符合计数进行信号处理,解算出地面站的位置信息.图 13.26(b)为星基量子定位,发射端位于发射端卫星 X 上,由于卫星 X 需要与另外两颗卫星以及地面站同时进行测距,因此需要三路独立的测距链路,而卫星 Y、卫星 Z 以及地面站则需要安装反射镜.若要将计算出的位置信息发送给地面站,则还需要在卫星 X 与地面站之间建立一条通信链路.在进行定位时,卫星 X 通过 ATP 系统跟踪另外两颗卫星和地面站,当另外两颗卫星和地面站接收到

卫星 X 的信标光后,也通过 ATP 系统跟踪卫星 X,将反射镜对准卫星 X.进入稳定的跟踪状态后,卫星 X 三路同时发射纠缠光,经过卫星 Y,Z 和地面站的反射镜反射回到卫星 X 的接收系统中,通过符合计数进行信号处理,解算出地面站的位置信息,再通过通信链路发送给地面站.此外,还有一种通过三颗卫星发射、地面站反射的星基量子定位方式.地面站作为接收端,需要具备反射镜、ATP 系统和通信系统,而三颗卫星分别作为发射端.在进行定位时,地面站通过 ATP 系统跟踪不同方向上的三颗卫星,当三颗卫星各自接收到地面站发射的信标光后,也通过 ATP 系统跟踪地面站,进入稳定的跟踪状态后,三颗卫星向地面站发射纠缠光,经过地面站的反射镜后原路返回卫星接收系统进行测距,将测距信息通过通信链路发送给地面站,便可以在地面站分析出位置信息.采用哪一种定位方式,取决于地面站或地面目标适合使用反射镜还是发射装置.

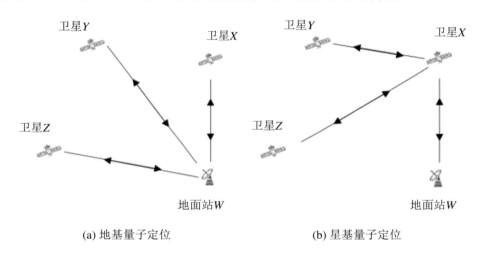

(a) 地基量子定位　　　　　　　　(b) 星基量子定位

图 13.26　两种量子定位原理图

　　两种量子定位方式各自的超前瞄准角情况有所不同,对于地基量子定位,超前瞄准角的情况为地面-卫星链路,如图 13.27 所示.对于星基量子定位,超前瞄准角的情况包含卫星-地面链路和卫星间链路,如图 13.28(a)、图 13.28(b)所示.

1. 地基量子定位:地面-卫星链路(地面发射卫星接收)

　　以地基量子定位中的地面站 W 和卫星 X 为例,图 13.27 中 A 点是接收到卫星 X 信标光时的位置,B 点是地面站 W 发射信标光时卫星 X 的位置,C 点是地面站 W 发射的信标光到达卫星 X 时卫星 X 的位置.地面站 W 在跟踪卫星 X 时,先接收到卫星 X 发射的信标光,并开始跟踪,转台与卫星 X 同步转动,当发射信标光时,地面站对准的是位置 B,由于光在空间中的传播延迟,不能直接对准当前时刻卫星 X 的位置,而需要对准到达时刻卫星 X 的位置 C,因此需要超前瞄准 β 角度.

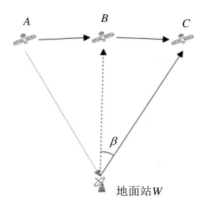

图 13.27　地面-卫星链路情况下的超前瞄准角示意图

2. 星基量子定位:卫星-地面链路(卫星发射地面接收)和卫星间链路

星基量子定位存在两种链路:卫星-地面链路和卫星间链路.图 13.28(a)为卫星-地面链路的超前瞄准角情况.地面站 W 的位置不发生变化,但卫星 X 在发射时如果不考虑超前瞄准角,则光束会由于惯性向前移动一定的距离,所以卫星 X 发射信标光的方向应当考虑信标光到达时卫星 X 和地面站 W 的相对位置,此时超前瞄准角为 β.同时需要调整地面站反射镜的二面角,使卫星 X 能够接收到信号光的反射回波信号(罗青山,2019).

卫星间链路的情况以星基量子定位的卫星 X 和卫星 Y 为例,图 13.28(b)中 A,D 两点为卫星 X 和卫星 Y 的初始位置,A 点卫星 X 向卫星 Y 发射信标光,D 点为卫星 X 发射信标光时卫星 Y 的位置,E 点为卫星 X 发射的信标光到达卫星 Y 时卫星 Y 的位置,α 角度为卫星 X 发射时的超前瞄准角.同时位于 D 点位置的卫星 Y 向卫星 X 发射信标光,此时卫星 X 的位置为 A 点,卫星 Y 发射的信标光到达卫星 X 时卫星 X 的位置为 B 点,β 角度为卫星 Y 发射时的超前瞄准角.其中 α 与 β 相等.在卫星间链路中,首先发射端卫星 X 收到接收端卫星 Y 的信标光并开始跟踪,当发射信标光时,需要补偿超前瞄准角,同时接收端卫星 Y 在发射信标光时,也要补偿超前瞄准角,并调整反射镜的二面角,使发射信号光经过镜面反射之后,能够到达接收时卫星 X 的位置.

星基量子定位和地基量子定位超前瞄准角情况主要的不同点有:

(1) 星基量子定位中,卫星间链路需要考虑两颗卫星的运动轨迹,综合得到超前瞄准角.而卫星-地面链路和地基量子定位的地面卫星链路,只需要考虑一颗卫星的运动轨迹.

(2) 星基量子定位中,需要将地心惯性系转换到卫星星上俯仰坐标系来计算超前瞄

量子系统建模、特性分析与控制

准角.而地基量子定位中只需要在地心惯性系下计算超前瞄准角.

（3）星基量子定位卫星间链路不需要考虑大气的影响,而卫星-地面链路和地面-卫星链路则需要考虑大气的影响.

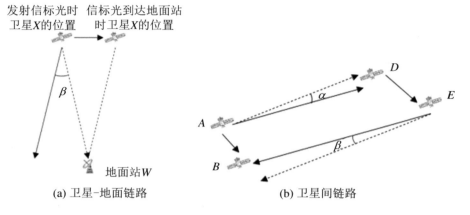

图 13.28　星基量子定位的超前瞄准角情况示意图

我们在本小节中主要研究卫星间链路的超前瞄准角计算、对接收效率的影响及超前瞄准角跟踪补偿的实验.

13.3.2　量子定位中超前瞄准角的计算

在 ATP 系统中,为了补偿光束在传播时间内双方的相对位移引起的超前瞄准角,需要将信标光(激光或纠缠光)或信号光(纠缠光)的发射角度沿着卫星运动方向,超前入射一定的角度,这个偏差的角度称为超前瞄准角.

13.3.2.1　卫星间链路超前瞄准角的理论推导

在星基量子定位中,需要进行卫星间测距,两颗卫星均在运动,超前瞄准角如图 13.28(b)所示.在星基量子定位中,一颗卫星作为发射端将向另外两颗卫星和地面目标发射信号.我们考虑发射端卫星和其中一颗接收端卫星的情况,另一颗接收端卫星的情况与之类似.而卫星与地面目标之间的通信可以参考地基量子定位.由于收发的两颗卫星均在自己的轨道上运动,且两颗卫星的轨道不一定在同一平面上,因此需要建立多个三维坐标系来求解超前瞄准角.设发射卫星为 X,接收卫星为 Y,光在两颗卫星之间传播时,卫星位置变化的距离相对于卫星之间的距离可以忽略,因此可以近似认为光往返的

时间 Δt 是相同的. 我们只需要在卫星轨道坐标系下求出发射时两颗卫星 X, Y 的位置矢量 $\vec{r}_{x1}$, $\vec{r}_{y1}$ 和 Δt 时间后接收卫星的位置矢量 $\vec{r}_{y2}$, 然后转换到地心惯性系下求出两颗卫星之间的相对位置矢量 $\overrightarrow{r_{x1-y1}}$, $\overrightarrow{r_{x1-y2}}$, 再转换到发射端卫星的星上坐标系下, 就能得到发射时刻的俯仰角 E_1 和方位角 A_1 以及 Δt 时间后接收时刻的俯仰角 E_2 和方位角 A_2, 分别将得到的俯仰角和方位角相减即为发射卫星 X 发射时超前瞄准角的俯仰角 ΔE 和方位角 ΔA. 接收端的卫星 Y 在接收到发射的信标光后, 同样启动自身的 ATP 系统向卫星 X 发射信标光, 根据发射端卫星 X 的位置矢量 $\vec{r}_{x1}$, $\vec{r}_{x2}$ 和 Δt 时间后接收卫星的位置矢量 $\vec{r}_{y2}$, 然后转换到地心惯性系下求出两颗卫星之间的相对位置矢量 $\overrightarrow{r_{x1-y2}}$, $\overrightarrow{r_{x2-y2}}$, 再转换到发射端卫星的星上坐标系下, 就能得到接收时刻接收卫星 Y 需要补偿的超前瞄准角大小.

13.3.2.2 超前瞄准角中的坐标系转换

在计算俯仰角和方位角之前, 需要先推导坐标系之间的转换公式. 设卫星轨道坐标系 $Ox_oy_oz_o$ 中三个方向的单位矢量分别为 $\vec{x}_o$, $\vec{y}_o$, $\vec{z}_o$. 其中 $\vec{x}_o$ 由地心指向近地点, $\vec{y}_o$ 为 $\vec{x}_o$ 向卫星运行方向旋转 $90°$ 的方向, $\vec{z}_o$ 与 $\vec{x}_o$, $\vec{y}_o$ 构成右手系. 设地心惯性系 $Ox_iy_iz_i$ 中三个方向的单位矢量为 $\vec{x}_i$, $\vec{y}_i$, $\vec{z}_i$. 其中 $\vec{x}_i$ 指向春分点, $\vec{z}_i$ 指向北极, $\vec{y}_i$ 与 $\vec{x}_i$, $\vec{z}_i$ 构成右手系. 设卫星星上俯仰坐标系 $Ox_sy_sz_s$ 中三个方向的单位矢量为 $\vec{x}_s$, $\vec{y}_s$, $\vec{z}_s$. 其中 $\vec{x}_s$ 处于卫星轨道平面并由卫星指向地心, $\vec{y}_s$ 处于卫星轨道平面并垂直于 $\vec{x}_s$, 与卫星运行方向的夹角小于 $90°$, $\vec{z}_s$ 与 $\vec{x}_s$, $\vec{y}_s$ 构成右手系. 三个三维空间坐标系如图 13.29 所示.

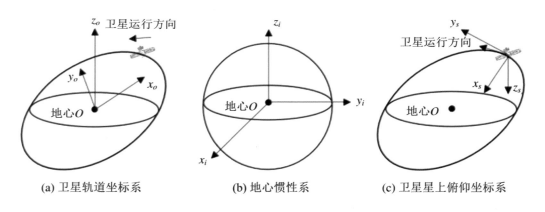

(a) 卫星轨道坐标系　　　　**(b) 地心惯性系**　　　　**(c) 卫星星上俯仰坐标系**

图 13.29　三种卫星三维坐标系图

设卫星轨道坐标系到地心惯性系的坐标变换矩阵为 R, 地心惯性系到卫星星上俯仰

量子系统建模、特性分析与控制

坐标系的坐标变换矩阵为 D.卫星轨道一般通过六要素来描述:卫星所处的半长轴 a,轨道的偏心率 e,轨道的倾角 i,升交点赤经 Ω,近地点辐角 ω 和真近点角 f,其中真近点角为地心与卫星的连线和地心与近地点的连线之间的夹角(Kozai,1959).下面分别对卫星轨道坐标系到地心惯性系,以及地心惯性系到卫星星上俯仰坐标系的坐标变换矩阵 R 和 D 进行推导.

卫星轨道坐标系转换到地心惯性系,可以看作坐标系先绕 $\vec{z_o}$ 方向旋转 $-\omega$ 角度,再绕 $\vec{x_o}$ 方向旋转 $-i$ 角度,最后再绕当前的 $\vec{z_o}$ 方向旋转 $-\Omega$ 角度,即可得到地心惯性系,故 R 可表示为

$$R = R_z(-\Omega)R_x(-i)R_z(-\omega) \tag{13.23}$$

变换矩阵的具体形式为

$$R_z(\theta) = \begin{bmatrix} \cos\theta & \sin\theta & 0 \\ -\sin\theta & \cos\theta & 0 \\ 0 & 0 & 1 \end{bmatrix}, \quad R_x(\theta) = \begin{bmatrix} 1 & 0 & 0 \\ 0 & \cos\theta & \sin\theta \\ 0 & -\sin\theta & \cos\theta \end{bmatrix} \tag{13.24}$$

于是

$$R = \begin{bmatrix} \cos(-\Omega) & \sin(-\Omega) & 0 \\ -\sin(-\Omega) & \cos(-\Omega) & 0 \\ 0 & 0 & 1 \end{bmatrix} \cdot \begin{bmatrix} 1 & 0 & 0 \\ 0 & \cos(-i) & \sin(-i) \\ 0 & -\sin(-i) & \cos(-i) \end{bmatrix}$$

$$\cdot \begin{bmatrix} \cos(-\omega) & \sin(-\omega) & 0 \\ -\sin(-\omega) & \cos(-\omega) & 0 \\ 0 & 0 & 1 \end{bmatrix} \tag{13.25}$$

地心惯性系转换到卫星星上俯仰坐标系,可以看作坐标系先绕 $\vec{z_i}$ 方向旋转 Ω 角度,再绕 $\vec{x_i}$ 方向旋转 i 角度,最后再绕当前的 $\vec{z_i}$ 方向旋转 ω 角度,即可得到卫星星上俯仰坐标系,所以地心惯性系到卫星星上俯仰坐标系的坐标变换矩阵 D 可以表示为

$$D = D_z(\omega)D_x(i)D_z(\Omega) \tag{13.26}$$

其中的变换矩阵的具体形式为

$$D_z(\theta) = \begin{bmatrix} \cos\theta & \sin\theta & 0 \\ -\sin\theta & \cos\theta & 0 \\ 0 & 0 & 1 \end{bmatrix}, \quad D_x(\theta) = \begin{bmatrix} 1 & 0 & 0 \\ 0 & \cos\theta & \sin\theta \\ 0 & -\sin\theta & \cos\theta \end{bmatrix} \tag{13.27}$$

于是

$$D = \begin{bmatrix} \cos\omega & \sin\omega & 0 \\ -\sin\omega & \cos\omega & 0 \\ 0 & 0 & 1 \end{bmatrix} \begin{bmatrix} 1 & 0 & 0 \\ 0 & \cos i & \sin i \\ 0 & -\sin i & \cos i \end{bmatrix} \begin{bmatrix} \cos\Omega & \sin\Omega & 0 \\ -\sin\Omega & \cos\Omega & 0 \\ 0 & 0 & 1 \end{bmatrix} \tag{13.28}$$

求出 R 和 D 的表达式后,就完成了坐标转换的准备工作.

13.3.2.3 超前瞄准模块中俯仰角和方位角的计算

本小节我们将按 13.3.2.1 小节中的步骤来阐述卫星间链路中的俯仰角和方位角. 首先在卫星轨道坐标系中求出卫星的位置矢量,由于轨道六要素中除了真近点角 f 与时间有关外,其余五个参数均与卫星本身的运行轨道有关.而真近点角一般通过平近点角 M 来求,两者的关系式为

$$f = M + \left(2e - \frac{e^3}{4}\right)\sin M + \frac{e^2}{4}\sin 2M + \frac{13e^3}{12}\sin 3M + \cdots \tag{13.29}$$

对于卫星间链路,求解方法如下.

设发射时刻的卫星 X 的平近点角为 M_{x1},则 Δt 时间后接收时刻的平近点角为 $M_{x2} = M_{x1} + n_1\Delta t$,$n_1$ 为卫星 X 的平均角速度.卫星 Y 则为 M_{y1} 和 M_{y2},且有 $M_{y2} = M_{y1} + n_2\Delta t$,$n_2$ 为卫星 Y 的平均角速度,再通过式(13.29)可以求得真近点角 f_{x1} 和 f_{y1},从而确定卫星的位置矢量为

$$\overrightarrow{r_{x1}} = r_{x1}\cos f_{x1}\overrightarrow{x_o} + r_{x1}\sin f_{x1}\overrightarrow{y_o} \tag{13.30}$$

$$\overrightarrow{r_{y1}} = r_{y1}\cos f_{y1}\overrightarrow{x_o} + r_{y1}\sin f_{y1}\overrightarrow{y_o} \tag{13.31}$$

然后转换到地心惯性系下求出两颗卫星之间的相对位置矢量,并带入卫星轨道方程:

$$
\begin{aligned}
\overrightarrow{r_{x1\text{-}y1}} &= R_y\overrightarrow{r_{y1}} - R_x\overrightarrow{r_{x1}} \\
&= R_y\frac{a_y(1-e_y^2)}{1+e_y\cos f_{y1}}\cos f_{y1}\overrightarrow{x_o} + R_y\frac{a_y(1-e_y^2)}{1+e_y\cos f_{y1}}\sin f_{y1}\overrightarrow{y_o} \\
&\quad - R_x\frac{a_x(1-e_x^2)}{1+e_x\cos f_{x1}}\cos f_{x1}\overrightarrow{x_o} - R_x\frac{a_x(1-1-e_x^2)}{1+e_x\cos f_{x1}}\sin f_{x1}\overrightarrow{y_o}
\end{aligned} \tag{13.32}
$$

与地基量子定位中的超前瞄准角计算不同,它还需要将相对位置矢量转换到发射端卫星星上俯仰坐标系,可得变换后的位置矢量 $\overrightarrow{r_{s1}}$ 为

$$\overrightarrow{r_{s1}} = D \cdot \overrightarrow{r_{x1\text{-}y1}} \tag{13.33}$$

将 $\overrightarrow{r_{s1}}$ 分别投影到 $\overrightarrow{x_s}, \overrightarrow{y_s}, \overrightarrow{z_s}$ 方向,得到各个方向上的值为

$$\begin{cases} r_{s1\text{-}x} = \vec{r}_{s1} \cdot \vec{x}_s \\ r_{s1\text{-}y} = \vec{r}_{s1} \cdot \vec{y}_s \\ r_{s1\text{-}z} = \vec{r}_{s1} \cdot \vec{z}_s \end{cases} \tag{13.34}$$

利用式(13.34)中的 $r_{s1\text{-}x}$，$r_{s1\text{-}y}$，$r_{s1\text{-}z}$，可以得到方位角和俯仰角的表达式为

$$E_1 = \arctan\left(\frac{r_{s1\text{-}z}}{\sqrt{r_{s1\text{-}x}^2 + r_{s1\text{-}y}^2}}\right) \tag{13.35}$$

$$A_1 = \arctan\left(\frac{r_{s1\text{-}y}}{r_{s1\text{-}x}}\right) \tag{13.36}$$

由于光在两颗卫星之间传播时，卫星位置变化的距离相对于卫星之间的距离可以忽略，因此两颗卫星之间的距离可以近似认为不变，于是可以得到 Δt 的表达式为

$$\Delta t = \frac{2\sqrt{r_{s1\text{-}x}^2 + r_{s1\text{-}y}^2 + r_{s1\text{-}z}^2}}{c} \tag{13.37}$$

通过式(13.29)可以求得下一时刻的真近点角 f_{x2} 和 f_{y2}，再由式(13.30)、式(13.31)可以求得两颗卫星下一时刻的位置矢量 $\vec{r}_{x2}$ 和 $\vec{r}_{y2}$，然后用同样的方法，分别根据式(13.33)至式(13.36)求出 $\vec{r}_{x2\text{-}y2}$，$\vec{r}_{s2}$，$\vec{r}_{s2}$ 各个方向上的值（$r_{s2\text{-}x}$，$r_{s2\text{-}y}$ 与 $r_{s2\text{-}z}$）、俯仰角 E_2 和方位角 A_2. 由此可得卫星星上俯仰坐标系中空间的超前瞄准角的俯仰角 E_p 和方位角 A_p 为

$$\begin{cases} E_p = E_2 - E_1 \\ A_p = A_2 - A_1 \end{cases} \tag{13.38}$$

图 13.28(b)中的超前瞄准角 β，在俯仰轴和方位轴的投影即为 E_p 和 A_p，空间中的关系如图 13.30 所示，其中 x 轴与 OA 之间夹角的余弦值等于 $\cos\Delta\theta_x\cos\Delta\theta_y$.

由点 A 向 Oxy 平面做垂线，其中 $\angle AOB$ 为超前瞄准角俯仰角 E_p，$\angle BOC$ 为超前瞄准角方位角 A_p，$\angle AOC$ 为超前瞄准角 β. 之后我们需要将在卫星星上俯仰坐标系上获得的俯仰角 E_p 和方位角 A_p 转换到精跟踪系统中的卫星探测器坐标系上平面的俯仰角 $\Delta\theta_x$ 和方位角 $\Delta\theta_y$.

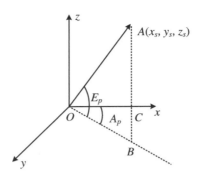

图 13.30　俯仰角和方位角合成

13.3.3　超前瞄准角在卫星探测器方位俯仰角的转换

由于采用的是基于精跟踪模块的超前瞄准方案,在得到超前瞄准角的俯仰角 E_p 和方位角 A_p 之后,需要将该角度转换为精跟踪视场中原跟踪中心点与超前瞄准的中心点之间的偏移量.基于精跟踪的超前瞄准角跟踪补偿如图 13.31 所示,其中 C 点与 D 点的距离即为原跟踪中心点与超前瞄准的中心点之间的偏移量,β 为超前瞄准角,x 轴方向的偏移量为超前瞄准角俯仰角,y 轴方向的偏移量为超前瞄准角方位角.设入射光方向为 $\overrightarrow{PT}$,入射光经光路传输后到达精跟踪镜头前的光束为 PT',在精跟踪视场中成像点为原跟踪点 C,由于入射光按原路返回,出射方向仍为 $\overrightarrow{PT}$.但当出射光到达另一端的卫星时,在精跟踪视场中的成像点为超前瞄准点 D,故实际出射方向应为 $\overrightarrow{PA}$,在精跟踪镜头前的光束为 PA'.因此,修改精跟踪点从 C 到 D 的平面位置,可以使光路出射方向由 $\overrightarrow{PT}$ 变为 $\overrightarrow{PA}$,进而实现超前瞄准(Cong et al.,2022).

设精跟踪探测器镜头的中心点为坐标原点 O,探测器视场中心点为 O',f_c 为镜头的焦距.以平行于探测器像元两边的方向建立 x 轴和 y 轴,以 O 指向 O' 的方向为 z 轴,探测器镜头的三维坐标系为 $Oxyz$,探测器视场的二维坐标系为 $O'x'y'$,x' 轴和 y' 轴分别平行于 x 轴和 y 轴.设在探测器视场的二维坐标系 $O'x'y'$ 中跟踪点为 $P'(x_{P'}, y_{P'})$,其在三维坐标系 $Oxyz$ 中对应点的坐标为 (x_p, y_p, z_p),如图 13.32 所示,其中 $(x_{P'}, y_{P'})$ 与 (x_p, y_p, z_p) 的关系为

$$\begin{cases} x_p = d_a \times x_{P'} \\ y_p = d_a \times y_{P'} \\ z_p = f_c \end{cases} \tag{13.39}$$

其中 d_a 为探测器视场中像元的边长.

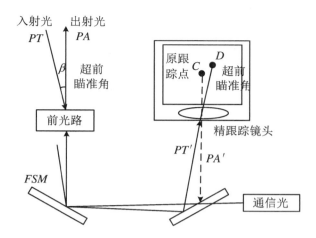

图 13.31　基于精跟踪的超前瞄准角跟踪补偿

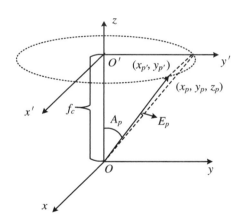

图 13.32　探测器视场的二维坐标系与探测器镜头的三维坐标系

　　再根据超前瞄准角的俯仰角 E_p 和方位角 A_p,可以得到精跟踪视场中原跟踪中心点
与超前瞄准的中心点之间偏移量的表达式为

$$
\begin{cases}
x_{P'} = \dfrac{\tan E_p \times \sqrt{(d_a \times y_{P'})^2 + f_c^2}}{d_a} \\[3mm]
y_{P'} = \dfrac{\tan A_p \times f_c}{d_a}
\end{cases}
\tag{13.40}
$$

当 $f_c \gg d_a$ 时,式(13.40)可简化为

$$
\begin{cases}
x_{P'} = \dfrac{\tan E_p \times f_c}{d_a} \\[3mm]
y_{P'} = \dfrac{\tan A_p \times f_c}{d_a}
\end{cases}
\tag{13.41}
$$

设当前的光斑质心位置 $C'(x_{C'}, y_{C'})$,对应三维坐标系 $Oxyz$ 中的坐标为(x_c, y_c, z_c),与超前瞄准点位置之间的偏差为

$$
\begin{cases}
\Delta x_\theta = x_{C'} - \dfrac{\tan E_p \times f_c}{d_a} \\[3mm]
\Delta y_\theta = y_{C'} - \dfrac{\tan A_p \times f_c}{d_a}
\end{cases}
\tag{13.42}
$$

则系统需要补偿的俯仰角 $\Delta\theta_x$ 和方位角 $\Delta\theta_y$ 为

$$
\begin{cases}
\Delta\theta_x = \arctan \dfrac{\Delta x_\theta \times d_a}{f_c} \\[3mm]
\Delta\theta_y = \arctan \dfrac{\Delta y_\theta \times d_a}{f_c}
\end{cases}
\tag{13.43}
$$

式(13.43)计算出的就是卫星探测器坐标系下,在每一个 t 时刻,卫星所在位置需要补偿的角度.我们在本小节的超前瞄准角补偿系统仿真中将该角度和粗跟踪误差一起输入到粗跟踪模块进行轨迹跟踪.

13.3.4　超前瞄准角对接收效率的影响分析

在量子定位系统中,信号光为纠缠单光子,其发散角小、光强弱,不能同时作为信标光和信号光,所以 ATP 系统的信标光需要使用激光.在我们的实验中,ATP 系统采用凝视–扫描技术进行指向,其捕获过程如图 13.33 所示,最初发射端与接收端之间没有对准,接收端视场中心与发射端信标光中心之间存在初始偏置角.发射端通过一定的顺序扫描不确定区域(field of uncertainty,FOU),接收端的接收视场(field of view,FOV)大于不确定域和发射端光束的发散角,当接收到发射端发射的信标光时,及时发送回波信号,建立连接,之后开始进行跟踪过程.

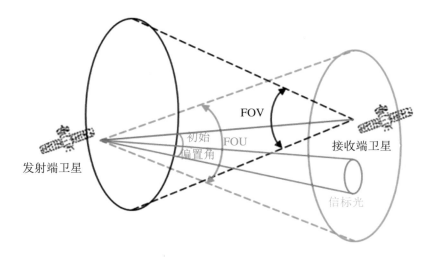

图 13.33 凝视-扫描技术捕获过程

完成捕获后,链路进入稳定的跟踪状态,此时需要考虑信号光的超前瞄准角,信号光发散角与反射镜的关系如图 13.34 所示.由于发射的信号光为纠缠单光子,要保证单光子精确命中接收端反射镜,反射镜面积需要覆盖单光子发散角的大部分区域,覆盖的发散角范围越大,反射效率越高,能够得到更精确的结果.如果整个反射镜都在发散角之外的 B 点,则需要进行超前瞄准补偿,使其能够发射到 A 点,提高接收效率.

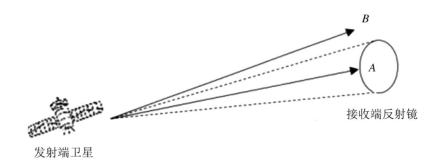

图 13.34 信号光发散角与反射镜的关系图

实际中信号光的接收效率的计算公式为

$$N = \frac{16A_sA_rK_tK_r\eta}{\pi^2 R^4 \theta_t^2\theta_s^2}$$

(13.44)

其中,A_s 为反射镜的有效反射面积,A_r 为卫星 X 望远镜的接收面积,K_r 为接收光学系统的效率,K_t 为系统的发射效率,η 为单光子探测器的效率,R 为卫星间的距离,θ_t 为纠缠光的发散角,θ_s 为卫星反射器的发散角.

由式(13.44)可以得出,增大反射镜的半径、减小纠缠光发散角、增加发射纠缠光的频率等方法,也可以提高接收效率.

假定两近地卫星的轨道高度均为 500 km,通过万有引力定律计算得到近地卫星的环绕速度大约为 7.9 km/s,光速为 3×10^5 km/s. 则在两卫星能够互相观测到对方的情况下,两者的最大间距约为 5000 km,最小间距与卫星轨道有关.光束由卫星 X 到卫星 Y 的时间内,超前瞄准角平均变化 52 μrad,当两者的相对运动不能近似为直线运动时,超前瞄准角会更大.考虑到 ATP 系统存在 2 μrad 的误差,则反射镜口径可取在 1 m 附近.然后在对准反射镜中心的情况下,根据信号光的接收效率计算公式可以估算出回波信号的光子接收率,其中当反射镜口径为 1 m 时 $A_s = 0.78$ m^2,$A_r = 1.1$ m^2,$K_t = 0.6$,$K_r = 0.5$,$\eta = 50\%$,$R = 5000$ km,$\theta_t = 10$ μrad,$\theta_s = 33$ μrad. 则可以得到,每发射一个纠缠光子,可以接收到的概率为 3.1×10^{-10},普通激光器大约每秒可以发射 10^{15} 数量级的光子数,因此回波光子数量约在 10^5 数量级.与地基量子定位中的地面卫星链路相比,卫星间链路不需要考虑大气的影响.

当光路中心与反射镜中心发生偏移时,式(13.44)中的反射镜的有效反射面积 A_s 会减小,进而使接收效率降低.设光路中心与反射镜中心的偏移量为 L,与超前瞄准角俯仰角 $\Delta\theta_x$ 和方位角 $\Delta\theta_y$ 之间的关系为 $L = \arccos(\cos\Delta\theta_x \cos\Delta\theta_y)R$,$R$ 为卫星间的距离.光斑半径为 r_l,反射镜半径为 r_r,L,r_l,r_r 三者构成一个三角形.则偏移量与反射镜有效反射面积的关系为

$$A_s = \frac{1}{2}\pi r_r^2 + \theta r_l^2 - \arccos(\cos\Delta\theta_x \cos\Delta\theta_y)Rr_l\sin\theta \tag{13.45}$$

其中,θ 与偏移量 L、光斑半径 R、反射镜半径 r 有关,由余弦定理得到

$$\theta = \arccos\frac{R^2 + L^2 - r^2}{2LR} \tag{13.46}$$

由式(13.45)可以看出,超前瞄准角 $\Delta\theta_x$ 和 $\Delta\theta_y$ 会使反射镜的有效面积减少 $\arccos(\cos\Delta\theta_x \cos\Delta\theta_y)Rr_l\sin\theta$,因此需要通过超前瞄准角补偿减小或者消除这一项,增大反射镜的有效反射面积 A_s,从而提高接收效率.

13.3.5 超前瞄准角跟踪补偿的数值仿真实验

13.3.5.1 Simulink 环境下的量子 ATP 系统的实现

ATP 系统分为方位轴和俯仰轴两个轴进行跟踪. 带有超前瞄准补偿的 ATP 系统 Simulink 仿真框图如图 13.35 所示,包括粗跟踪模块与精跟踪模块两个部分.

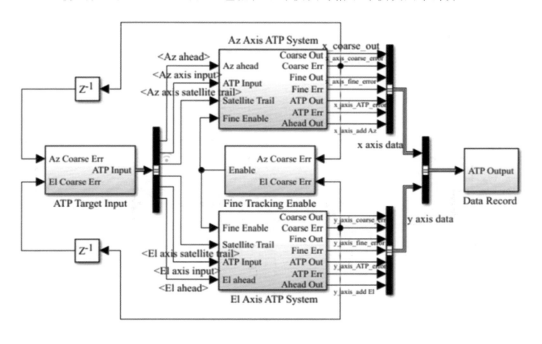

图 13.35　带有超前瞄准补偿的 ATP 系统仿真框图

本小节所采用基于精跟踪模块的超前瞄准补偿,将精跟踪中心设置为超前瞄准点,根据 13.3.3 小节中计算精跟踪中心的变化的方法,由式(13.43)得到超前瞄准角 $\Delta\theta_x$ 和 $\Delta\theta_y$,再将得到的超前瞄准角作为误差信号和粗跟踪误差一起输入粗跟踪模块进行跟踪,粗跟踪模块和精跟踪模块的系统控制框图如图 13.36 所示. 以跟踪方位角的单轴 ATP 子系统为例,其输入信号为 ATP 系统的目标信号、卫星轨迹信号、精跟踪使能信号以及超前瞄准角信号,输出为粗跟踪模块二维转台的机械位移和误差、精跟踪模块快速反射镜的机械位移和误差,以及 ATP 系统的整体输出及误差.

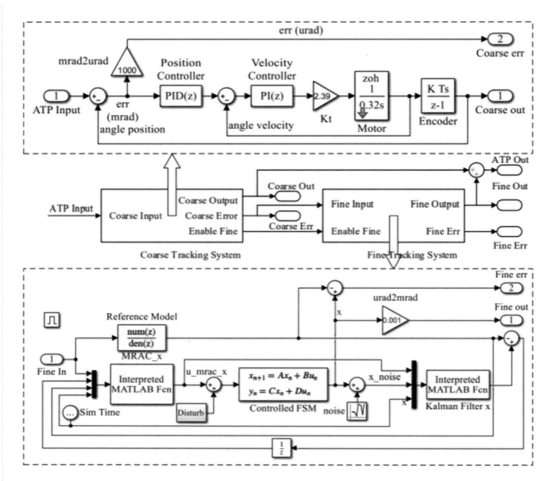

图 13.36　单轴 ATP 子系统的粗跟踪模块和精跟踪模块控制框图

　　粗跟踪模块采用三环控制结构,每一环均采用比例、积分、微分(proportional, integral and derivative, PID)控制.从内而外依次为电流环、速度环和位置环,被控对象为电机.其中,电流环根据电机的电枢电流作为反馈量;速度环采用角度传感器测量电机的角度,并差分求出电机速度作为反馈量;位置环由粗跟踪探测器获得的光斑位置与探测器的中心偏差作为反馈量.电流环经过等效后可以简化为一比例环节,速度环采用 PI 控制器进行控制,而位置环采用 PID 控制器进行控制,其控制器参数选择如表 13.7 所示(段士奇,2021).

表 13.7　粗跟踪控制器参数

参　数　名	参　数　符　号	参　数　值
电流环等效系数	K_{ip}	1
速度环比例系数	K_{vp}	1.5
速度环积分系数	K_{vi}	0.15
位置环比例系数	K_{pp}	40
位置环积分系数	K_{pi}	7
位置环微分系数	K_{pd}	3

精跟踪模块由精跟踪控制器、快速反射镜及自适应强跟踪卡尔曼滤波器组成,采用模型参考自适应控制器对快速反射镜进行控制,并利用强跟踪卡尔曼滤波器滤除状态扰动及测量噪声,实现对于粗跟踪误差的补偿进而达到理想的跟踪效果.精跟踪模块的输入为粗跟踪角度余差 $\Delta\theta_C$,由精跟踪探测器探测粗跟踪角度余差 $\Delta\theta_C$ 与快速反射镜偏转角度 θ_F 之差为精跟踪角度误差 $\Delta\theta_F$:$\Delta\theta_F = \Delta\theta_C - \theta_F$,将 $\Delta\theta_F$ 送到精跟踪控制器,并由精跟踪控制器输出控制信号,控制快速反射镜转动 θ_F 角度,进一步减小 $\Delta\theta_F$.控制器参数选择如表 13.8 所示.

表 13.8　精跟踪控制器参数

参　数　名	参　数　符　号	参　数　值
前馈系数初值	$h'(0)$	$[0 \quad 2.2]$
比例系数初值	$g'(0)$	$[15.5228 \quad 1]$
反馈系数初值	$f'(0)$	$[0.563 \quad 0.218]$
前馈调节因子	λ	$[0.1 \quad 0.5]$
	μ	$[1 \quad 2]$
增益调节因子	ρ	$[1.05 \quad 4]$
	σ	$[1.5 \quad 1.1]$
反馈调节因子	l	$[1 \quad 1]$
	q	$[1.5 \quad 1.5]$

13.3.5.2　超前瞄准角跟踪补偿方案

根据卫星的轨道参数在 MATLAB 环境下进行轨道模拟,计算两颗卫星在 t 时刻各自的平近点角 M_{xt} 和 M_{yt} 的计算公式为

$$\begin{cases} M_{xt} = M_{x0} + n_1 t \\ M_{yt} = M_{y0} + n_2 t \end{cases} \tag{13.47}$$

其中,M_{x0} 和 M_{y0} 为两颗卫星初始时刻的平近点角,n_1,n_2 为两颗卫星的平均角速度.得到每个 t 时刻的平近点角后,再按照 13.3.2 小节的方法求出超前瞄准角的俯仰角 E_p 和方位角 A_p,之后根据 13.3.3 小节的方法计算出的就是卫星探测器坐标系下,在每一个 t 时刻,卫星所在位置需要补偿的角度.

发射端卫星选择"墨子号"量子卫星,接收端卫星选择 GRACE-2 测绘卫星,它们的轨道参数和 2021 年 1 月 19 日 17:51:29 的起始位置如表 13.9 和表 13.10 所示.

表 13.9　发射端卫星"墨子号"参数

参　数　名	参　数　符　号	参　数　值
轨道半长轴	a	6862
轨道偏心率	e	0.0012178
轨道倾角	i	97.3615°
升交点赤经	Ω	82.1776°
近地点辐角	ω	213.6645°
初始时刻平近点角	M_0	286.3617°

表 13.10　接收端卫星 GRACE-2 参数

参　数　名	参　数　符　号	参　数　值
轨道半长轴	a	6698
轨道偏心率	e	0.000558
轨道倾角	i	88.99°
升交点赤经	Ω	326.9°
近地点辐角	ω	156.1°
初始时刻平近点角	M_0	204.1°

根据卫星的参数和式(13.47)构建出卫星轨道,然后通过式(13.34)求出每个 t 时刻发射端卫星与接收端卫星之间的距离,由此得到发射端卫星跟踪接收端卫星的俯仰角和方位角曲线如图 13.37 所示.

根据图 13.37 中曲线,卫星间距离在数百千米到一万余千米之间.由于卫星轨道半径在地面上空 500 km 左右,故近地卫星间链路的距离一般在 5000 km 以内,否则地球会遮挡卫星间的跟踪链路,所以截取 2700~3400 s 这段时间,该段时间两卫星间距离始终保持在 5000 km 以下，超前瞄准角的俯仰角和方位角的变化如图 13.38 所示.

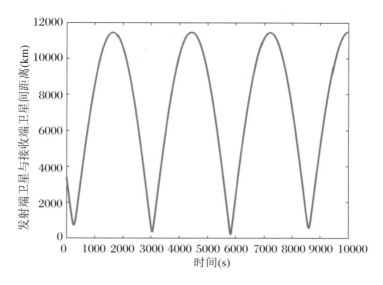

图 13.37　发射端与接收端的距离变化曲线图

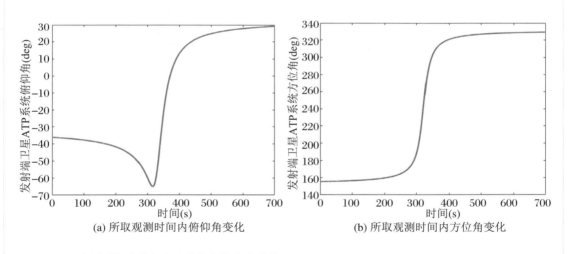

(a) 所取观测时间内俯仰角变化　　　　　(b) 所取观测时间内方位角变化

图 13.38　观测时间内俯仰角和方位角的变化曲线图

在这段时间内，根据式 (13.37) 可以得到光束的弛豫时间，进而根据式 (13.38) 可以求得每个时刻超前瞄准角的俯仰角和方位角曲线，变化的曲线如图 13.39 所示.

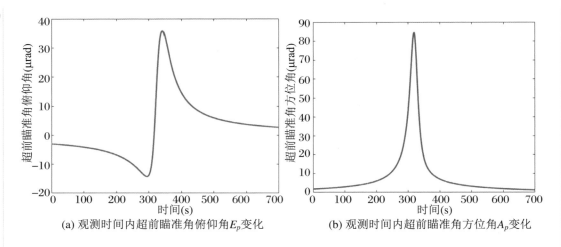

(a) 观测时间内超前瞄准角俯仰角E_p变化   (b) 观测时间内超前瞄准角方位角A_p变化

图 13.39　观测时间内超前瞄准角的俯仰角和方位角变化曲线图

由超前俯仰角及超前方位角变化曲线可以看出,超前瞄准角俯仰角的大小在 -20 到 40 微弧度之间,方位角最大为 84.7 微弧度.然后根据式(13.43)可以将得到的超前俯仰角及方位角转换为精跟踪动态中心的调整量,其中,精跟踪探测器镜头焦距取 $f = 1000$ mm,像元尺寸 $d_a = 2.4$ μm,可以得到精跟踪中心调整量变化曲线如图 13.40 所示.

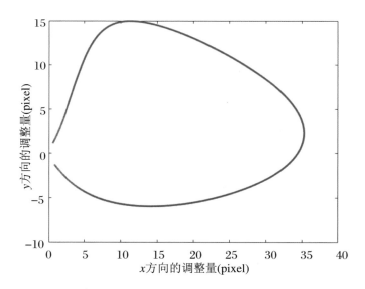

图 13.40　精跟踪中心调整量变化曲线图

根据图 13.40 中曲线的变化情况可以看出，x 方向调整量范围大于 y 方向调整量，且最大需要调整的像素数目大约为 35 个像元.粗跟踪的视场为 3 mrad×3 mrad，精跟踪的视场为 0.5 mrad×0.5 mrad，调整量能够被精跟踪视场所容纳，可以在精跟踪视场中动态调整跟踪中心.理论上不需要额外的补偿即可跟踪考虑了超前瞄准角情况下的卫星.

目前只有地面-卫星链路和低轨道卫星-同步轨道卫星链路的超前瞄准研究，地面对卫星的超前瞄准角单轴分量一般在 45 μrad 以内，最大不超过 60 μrad（Cong et al.，2022）.由于低轨道卫星-同步轨道卫星链路两颗卫星距离很远，且同步轨道卫星的移动速度较慢，相对运动趋势较小，故与地面对卫星的超前瞄准角相近，使得低轨道卫星对同步轨道卫星的超前瞄准角单轴分量一般在 50 μrad 以内，最大不超过 60 μrad（李伯良，2019）.本节研究的是低轨道卫星-低轨道卫星链路的超前瞄准.从图 13.39（b）中可知，其超前瞄准角单轴分量在 84.7 μrad 以内，由于两颗低轨道卫星在距离较近时相对运动变化较大，因此超前瞄准角也会增大，符合实际情况.

本节研究了量子定位系统中发射端卫星和接收端卫星均在运动时，卫星间链路的超前瞄准角跟踪补偿.与地面-卫星链路不同，卫星间链路需要考虑两颗卫星各自的运动轨迹，并从地心惯性系转换到卫星星上俯仰坐标系来计算超前瞄准角.通过运用卫星轨道坐标系、地心惯性系、卫星星上俯仰坐标系三个系之间的坐标变换计算了卫星间链路的超前瞄准角大小，然后分析了超前瞄准点在精跟踪探测器中的坐标转换关系.根据量子接收效率公式，可以得到超前瞄准角的跟踪补偿能够有效提高反射面积，进而提高接收效率.最后，在给定的粗精跟踪系统参数下，设计了补偿方案，将超前瞄准角加入粗跟踪系统进行补偿，使量子定位系统的精度进一步提高.

小结

在本章的量子控制的应用中，我们给出了三个方面的应用，第一个是在其他实验参数都确定的情况下，通过进一步调整泵浦光、斯托克斯光和探测光的相位函数，计算对称与反对称伸缩振动的光极化强度峰值之最优比，来实现甲醇溶液中 CH_3 对称和反对称伸缩振动相干反斯托克斯拉曼光谱的选择激发.采用 Silberberg 提出的控制方法，通过参数调整实验，总结了各可调参数对选择激发效果的影响，并根据相关理论，定性分析了该控制方法的内部控制机理及最佳可调参数的范围，对实际物理实验有一定的指导作用.第二个是基于量子卫星"墨子号"的量子测距过程仿真实验研究，根据真实的量子卫星"墨子号"的相关数据，以地面站位置设置在安徽省合肥市为例，在所建立的量子测距仿真平台上进行量子测距过程仿真及结果显示，有关基于卫星的量子导航定位系统的完整研究,可以参考 2021 年丛爽等出版的专著《量子导航定位系统》.第三个是关于量子定位系统中的卫星间链路超前瞄准角跟踪补偿.这是我们 2022 年完成的最新研究成果,主要研究卫星间链路的超前瞄准角计算、对接收效率的影响及超前瞄准角跟踪补偿的实验.有关量子定位系统中的地面-卫星链路间考虑超前瞄准角及其补偿的仿真实验,可以参考丛爽等 2021 出版的专著《量子导航定位系统》中的第 8 章.

参考文献

Ahn C，Doherty A C，Landahl A J，2002. Continuous quantum error correction via quantum feedback control[J]. Physical Review：A，65(4)：042301.

Albertini F，Alessandro D D，2003. Notions of controllability for bilinear multilevel quantum systems [J]. IEEE Transactions on Automatic Control，48(8)：1399-1403.

Altafini C，2003. Controllability properties for finite dimensional quantum Markovian master equations[J]. Journal of Mathematical Physics，44(6)：2357-2372.

Altafini C，2004. Coherent control of open quantum dynamical systems[J]. Physical Review：A，70：062321.

Altafini C，2007a. Feedback control of spin systems[J]. Quantum Information Processing，6(1)：9-36.

Altafini C，2007b. Feedback stabilization of isospectrol control systems on complex flag manifolds：Application to quantum ensembles[J]. IEEE Transactions on Automatic Control，52(11)：2019-2028.

Altafini C，Ticozzi F，2008. Almost global stochastic feedback stabilization of conditional quantum dynamics[OL]. arXiv. org/abs/quant-ph/0510222v 1.

Amini H，Somaraju R A，Dotsenko I，et al.，2013. Feedback stabilization of discrete-time quantum systems subject to non-demolition measurements with imperfections and delays[J]. Automatica，49(9)：2683-2692.

Amparan G，Rojas F，Perez-Garrido A，2013. One-qubit quantum gates in a circular graphene quantum dot：Genetic algorithm approach[J]. Nanoscale Research Letters，8(1)：1-6.

Armen M A，Au J K，Stockton J K，et al.，2002. Adaptive homodyne measurement of optical phase [J]. Physical Review Letters，89(13)：133602.

Assoudi R E，Gouthier J P，1988. Controllability of right invariant systems on real simple Lie groups of type F_4，G_2，C_n and B_n[J]. Mathematics of Control Signals and System Science，1：293-301.

Assoudi R E，Gouthier J P，1989. Controllability of right invariant systems on semi-simple Lie groups [J]. New Trends in Nonlinear Control Theory Springer-Verlag，122：54-64.

Barchielli A，Lupieri G，1985. Quantum stochastic calculus，operation valued stochastic processes and continual measurements in quantum mechanics[J]. Journal of Mathematical Physics，26(9)：2222-2230.

Beauchard K，Coron J，Mirrahimi M，et al.，2007. Implicit Lyapunov control of finite dimensional Schrödinger equations[J]. Systems & Control Letters，56：388-395.

Belavkin V P，1983. On the theory of controlling observable quantum systems[J]. Automation and Remote Control，44(2)：178-188.

Belavkin V P，1987. Non-demolition measurement and control in quantum dynamical systems[M]. Berlin：Springer.

Bergeal N，Vijay R，Manucharyan V E，et al.，2010. Analog information processing at the quantum limit with a Josephson ring modulator[J]. Nature Physics，6(4)：296-302.

Bergmann K，Theuer H，Shore B W，1998. Coherent population transfer among quantum states of atoms and molecules[J]. Reviews of Modern Physics，70：1003-1025.

Bermudez A，Schmidt P，Plenio M B，et al.，2012. Robust trapped-ion quantum logic gates by microwave dynamical decoupling[J]. Physical Review：A，85(4)：040302(R).

Berrios E，Gruebele M，Shyshlov D，et al.，2012. High fidelity quantum gates with vibrational qubits [J]. The Journal of Physical Chemistry：A，116(46)：11347-11354.

Berry D W，Wiseman H M，Breslin J K，2001. Optimal input states and feedback for interferometric phase estimation[J]. Physical Review：A，63(5)：053804.

Beyvers S，Saalfrank P，2008. Hybrid local/global optimal control algorithm for dissipative systems with time-dependent targets：Formulation and application to relaxing adsorbates[J]. Journal of Chemical Physics，128：074104.

Biercuk M J，Uys H，van Devender A P，et al.，2009. Optimized dynamical decoupling in a model quantum memory[J]. Nature, 458(7241): 996-1000.

Bloembergen N, Yablonovitch E, 1978. Infrared-laser-induced unimolecular reactions[J]. Physics Today, 31(5): 23-31.

Bloembergen N, Zewail A H, 1984. Energy redistribution in isolated molecules and the question of mode-selective laser chemistry revisited[J]. The Journal of Physical Chemistry, 88: 5459-5465.

Blume-Kohout R, 2010. Optimal, reliable estimation of quantum states[J]. New Journal of Physics, 12(4): 043034.

Boothby W M, 1982. Some comments on positive orthant controllability of bilinear systems[J]. SIAM Journal on Control and Optimization, 20(5): 634-644.

Boothby W M, Wilson E N, 1979. Determination of the transitivity of bilinear systems[J]. SIAM Journal on Control and Optimization, 27(2): 213-221.

Boscain U, Charlot G, Gauthier J P, et al., 2002. Optimal control in laser-induced population transfer for two and three-level quantum systems[J]. Journal of Mathematical Physics, 43: 2107-2132.

Boscain U, Chitour Y, 2005. Time optimal synthesis for left-invariant control systems on SO(3)[J]. SIAM Journal on Control and Optimization, 44(1): 111-139.

Boscain U, Mason P, 2006. Time minimal trajectories for a spin 1/2 particle in a magnetic field[J]. Journal of Mathematical Physics, 47(6): 062101.

Bouten L, Edwards S, Belavkin V P, 2005. Bellman equations for optimal feedback control of qubit states[J]. Journal of Physics B-Atomic Molecular and Optical Physics, 38(3): 151-160.

Bouten L, van Handel R, James M R, 2007. An introduction to quantum filtering[J]. SIAM Journal on Control and Optimization, 46(6): 2199-2241.

Boyd S, Parikh N, Chu E, et al., 2011. Distributed optimization and statistical learning via the alternating direction method of multipliers[J]. Foundations and Trends in Machine Learning, 3(1): 1-122.

Brakhane S, Alt W, Kampschulte T, et al., 2012. Bayesian feedback control of a two-atom spin-state in an atom-cavity system[J]. Physical Review Letters, 109(17): 173601.

Branczyk A M, Mendonca P E M F, Gilchrist A, et al., 2007. Quantum control of a single qubit[J]. Physical Review: A, 75(1): 012329.

Breuer H P, 2004. Genuine quantum trajectories for non-Markovian processes[J]. Physics Review: A, 70: 012106.

Brockett R W, 1972. System theory on group manifolds and coset spaces[J]. SIAM Journal on Control and Optimization, 10(2): 265-284.

Brumer P, Shapiro M, 1986. Control of unimolecular reactions using coherent light[J]. Chemical Physics Letters, 126(6): 541-546.

Bruni C，DiPillom G，Koch G，1974. Bilinear systems：An appealing class of nearly linear systems in theory and application[J]. IEEE Transactions on Automatic Control，19：334-348.

Bushev P，Rotter D，Wilson A，et al.，2006. Feedback cooling of a single trapped ion[J]. Physical Review Letters，96(4)：043003.

Buzek V，Drobny G，Adan G，1997. Reconstruction of quantum states of spin systems via the Jaynes principle of inaximum entropy[J]. Journal of Modem Optics，44：2607-2627.

Cahill K E，Glauber R J，1969. Density operators and quasiprobability distributions[J]. Physical Review，177(5)：1882-1902.

Cai J F，Candes E J，Shen Z，2010. A singular value thresholding algorithm formatrix completion[J]. SIAM Journal on Control and Optimization，20(4)：1956-1982.

Cai J F，Osher S，2013. Fast singular value thresholding without singular value decomposition[J]. Methods and Application of Analysis，20(4)：335-352.

Calderbank R，Howard S，Jafarpour S，2010. Construction of a large class of deterministic sensing matrices that satisfy a statistical isometry property[J]. IEEE Journal of Selected Topics in Signal Processing，4(2)：358-374.

Campagne-Ibarcq P，Flurin E，Roch N，et al.，2013. Persistent control of a superconducting qubit by stroboscopic measurement feedback[J]. Physical Review：X，3(2)：021008.

Candes E J，2006. Compressive sampling[C]//Proceedings of the International Congress of Athematicians，3：1433-1452.

Candes E J，Romberg J，2006a. Quantitative robust uncertainty principles and optimally sparse decompositions[J]. Foundations of Computational Mathematics，6(2)：227-254.

Candes E J，Romberg J，2006b. Near-optimal signal recovery from random projections：Universal encoding strategies[J]. IEEE Transactions on Information Theory，52：5406-5425.

Candes E J，Tao T，2005. Decoding by linear programming[J]. IEEE Transactions on Information Theory，51(12)：4203-4215.

Candes E J，Tao T，2007. The Dantzig selector：Statistical estimation when p is much larger than n [J]. The Annals of Statistics，35(6)：2313-2351.

Carmichael H J，1993. An open systems approach to quantum optics[M]. Berlin：Springer：18.

Cassinelli G，D'Riano G M，De Vito E，et al.，2000. Group theoretical quantum tomography[J]. Journal of Mathematical Physics，41(12)：7940-7951.

Castellanos-Beltran M A，Lehnert K W，2007. Widely tunable parametric amplifier based on a superconducting quantum interference device array resonator [J]. Applied Physics Letters，91 (8)：083509.

Castro A，Gross E K U，2009. Acceleration of quantum optimal control theory algorithms with mixing strategies[J]. Physical Review：E，79：056704.

Chakrabarti R，Rabitz H，2007. Quantum control landscapes[J]. International Reviews in Physical Chemistry，26：671-735.

Chan L P，Cong S，2011a. Phase decoherence suppression in arbitrary n-level atom in Ξ-configuration with bang-bang controls[C]//WCICA2011，Taibei，6：196-201.

Chan L P，Cong S，2011b. Suppression of general decoherence in arbitrary n-level atom in Ξ-configuration under a bang-bang control[C]//IEEE Multi-conference on Systems and Control（IEEE MSC），Denver，9：742-747.

Chase B A，Landahl A J，Geremia J M，2008. Efficient feedback controllers for continuous-time quantum error correction[J]. Physical Review：A，77(3)：032304.

Chen C，Elliott D S，1996. Propagation effects in two-color coherent-control processes[J]. Physical Review：A，53：272-279.

Chen C，Yin Y Y，Elliott D S，1990. Interference between optical transitions[J]. Physical Review Letters，64：507-610.

Cheng J X，Book L D，Xie X S，2001. Polarization coherent anti-Stokes Raman scattering microscopy [J]. Optics Letters，26(17)：1341-1343.

Cheng L Y，Wang H F，Zhang S，2013. Simple schemes for universal quantum gates with nitrogen-vacancy centers in diamond[J]. Journal of the Optical Society of America：B，30(7)：1821-1826.

Clark J W，Ong C K，Tarn T J，et al.，1985. Quantum nondemolition filters[J]. Mathematical Systems Theory，18：33-35.

Claudio A，2002. Controllability of quantum mechanical systems by root space decomposition of su(n) [J]. Journal of Mathematical Physics，43(5)：2051-2062.

Claudio A，2004. Coherent control of open quantum dynamical systems[J]. Physical Review：A，70：062321.

Cong S，Chan L P，Liu J X，2011. An optimized dynamical decoupling strategy to suppress decoherence[J]. International Journal of Quantum Information，9：1599-1615.

Cong S，Hu L，Yang F，Liu J，2013. Characteristics analysis and state transfer for non-Markovian open quantum systems[J]. Acta Automatica Sinica，39，4：360-370.

Cong S，Kuang S，2007. Quantum control strategy based on state distance[J]. Acta Automatica Sinica，33(1)：28-31.

Cong S，Liu J X，2012. Trajectory tracking control of quantum systems[J]. Chinese Science Bulletin，57(18)：2252-2258.

Cong S，Liu J X，2013. An orbit tracking algorithm in quantum systems[C]//The 5th International Conference on Future Computational Technologies and Applications：7-13.

Cong S，Meng F，2013. A survey of quantum Lyapunov control methods[J]. The Scientific World Journal，967529.

Cong S，Zhang X，Duan S Q，2022. Design and simulation of the ATP system considering the advanced targeting angle in quantum positioning system[J]. System Engineering & Electronics Technology.

Cong S，Zhang Y Y，2008. Superposition states preparation based on Lyapunov stability theorem in quantum systems[J]. Journal of University of Science and Technology of China，38(7)：821-827.

Cong S，Zhang Y Y，2009. Lyapunov-based optimal quantum pure state control strategy[C]//International Conference on Automation，Robotics and Control Systems（ARCS-09），July，Florida，USA：89-96.

Cong S，Zhang Y Y，2011. Optimal control of mixed-state quantum systems based on Lyapunov method[C]//BIOSIGNALS，Rome，Italy，Jan. 26-29：22-30.

Cong S，Zheng Y，Ji B，et al.，2007. Overview of progress in quantum systems control[J]. Frontiers of Electrical and Electronic Engineering in China，2：132-138.

Cong S，Zhu Y，Liu J，2012. Dynamical trajectory tracking of quantum systems with different target functions[J]. Journal of Systems Science and Mathematical Sciences，32(6)：719-730.

Coron J M，Grigoriu A，Lefter C，et al.，2009. Quantum control design by Lyapunov trajectory tracking for dipole and polarizability coupling[J]. New Journal of Physics，11(10)：105034.

Cui W，Nori F，2013. Feedback control of Rabi oscillations in circuit QED[J]. Physical Review：A，88(6)：063823.

Cui W，Xi Z R，Pan Y，2008. Optimal decoherence control in non-Markovian open，dissipative quantum systems[J]. Physical Review：A，77：032117.

Cui W，Xi Z R，Pan Y，2009. Controlled population transfer for quantum computing in non-Markovian noise environment[C]//The Joint 48th IEEE Conference on Decision and Control and 28th Chinese Control Conference，Shanghai，P. R. China.

Dahleh M，Peirce A，Rabitz H A，et al.，1996. Control of molecular motion[C]. Proceedings of the IEEE，84(1)：7-15.

D'Alessandro D，2002. The optimal control problem on so(4) and its applications to quantum control [J]. IEEE Transaction on Automatic Control，47(1)：87-92.

D'Alessandro D，Dahleh M，2001. Optimal control of two-level quantum systems[J]. IEEE Transactions on Automatic Control，46：866-876.

D'Alessandro D，Dobrovivitski V，2002. Control of a two level open quantum system[C]//Proceedings of the 41st IEEE Conference on Decision and Control，Las Vegas，USA：40.

D'Ariano G M，1997. Homodyning as universal detection[M]//Quantum Communication，Computing, and Measurement. Berlin: Springer: 253-264.

D'Ariano G M, Maccone L, Paris M G A, 2000. Orthogonality relations in quantum tomography[J]. Physics Letters: A, 276(1): 25-30.

D'Ariano G M, Presti P L, 2001. Quantum tomography for measuring experimentally the matrix elements of an arbitrary quantum operation[J]. Physical Review Letters, 86(19): 4195.

de Fouquieres P, 2012. Implementing quantum gates by optimal control with doubly exponential convergence[J]. Physical Review Letters, 108(11): 110504.

Deng W, Yin W T, 2016. On the global and linear convergence of the generalized alternating direction method of multipliers[J]. Journal of Scientific Computing, 66(3): 889-916.

D'Helon C, James M R, 2006. Stability, gain, and robustness in quantum feedback networks[J]. Physical Review: A, 73(5): 053803.

Diosi L, 1986. Stochastic pure state representation for open quantum systems[J]. Physics Letters: A, 114(8-9): 451-454.

Diosi L, 1988a. Continuous quantum measurement and informalism[J]. Physics Letters: A, 129(8): 419-423.

Diosi L, 1988b. Localized solution of a simple nonlinear quantum Langevin equation[J]. Physics Letters: A, 132(5): 233.

Doherty A C, Habib S, Jacobs K, et al., 2000. Quantum feedback control and classical control theory [J]. Physical Review: A, 62(1): 012105.

Doherty A C, Jacobs K, 1999. Feedback control of quantum systems using continuous state estimation [J]. Physical Review: A, 60(4): 2700.

Dong D, Chen C, Tarn T, et al., 2008. Incoherent control of quantum systems with wavefunction-controllable subspaces via quantum reinforcement learning[J]. IEEE Transactions on Systems, Man, and Cybernetics, Part B: Cybernetics, 38(4): 957-962.

Dong D, Petersen I R, 2009. Sliding mode control of quantum systems[J]. New Journal of Physics, 11 (10): 105033.

Dong D, Petersen I R, 2011. Controllability of quantum systems with switching control[J]. International Journal of Control, 84(1): 37-46.

Donoho D L, 2006. Compressed sensing[J]. IEEE Transactions on Information Theory, 52(4): 1289-1306.

Duan S, Cong S, Zou Z, et al., 2019. Modelling and simulation of the quantum ranging and positioning system[J]. International Journal of Modelling and Simulation (S0228-6203), 40(6): 1-15.

Duarte M F, Davenport M A, Takhar D, 2008. Single-pixel imaging via compressive sampling[J]. IEEE Signal Processing Magazine, 25(2): 83-91.

Dudovich N，Oron D，Silberberg Y，2002. Single-pulse coherently controlled nonlinear Raman spectroscopy and microscopy[J]. Nature，418：512-514.

Economou S E，2012. High-fidelity quantum gates via analytically solvable pulses[J]. Physical Review：B，85(244)：241401.

Elliott D L，1998. Bilinear systems in the encyclopedia of electrical engineering[M]. New York：Wiley.

Esposito M，Gaspard P，2003. Quantum master equation for a system influencing its environment[J]. Physical Review：E，68(6)：066112.

Fano U，1957. Description of states in quantum mechanics by density matrix and operator techniques [J]. Reviews of Modem Physics，29：74-93.

Fazel M，Pong T K，Sun D，2012. On the global and linear convergence of the generalized alternating direction method of multipliers[J]. SIAM Journal on Matrix Analysis and Applications，34(3)：946-977.

Ferrante A，Pavon M，Raccanelli G，2002a. Control of quantum systems using model-based feedback strategies[C]//Proceedings of the 15th International Symposium on Mathematical Theory of Networks and Systems - MTNS 02：2178/3：1-2178/3：9.

Ferrante A，Pavon M，Raccanelli G，2002b. Driving the propagator of a spin system：A feedback approach[C]//Proceedings of the 41th IEEE Conference on Decision and Control - CDC 02，Nevada：46-50.

Fischer T，Maunz P，Pinkse P W H，et al.，2002. Feedback on the motion of a single atom in an optical cavity[J]. Physical Review Letters，88(16)：163002.

Fisher R，Yuan H，Spörl A，et al.，2009. Time-optimal generation of cluster states[J]. Physical Review：A，79：042304.

Flammia S T，Gross D，Liu Y K，et al.，2012. Quantum tomography via compressed sensing：Error bounds，sample complexity and efficient estimators[J]. New Journal of Physics，14(9)：095022.

Floether F F，de Fouquieres P，Schirmer S G，2012. Robust quantum gates for open systems via optimal control：Markovian versus non-Markovian dynamics[J]. New Journal of Physics，14(7)：073023.

Fortunato M，Raimond J M，Tombesi P，et al.，1999. Autofeedback scheme for preservation of macroscopic coherence in microwave cavities[J]. Physical Review：A，60(2)：1687-1697.

Gambetta J M，2003. Non-Markovian stochastic Schrödinger equations and interpretations of quantum mechanics[D]. Queensland：Griffith University.

Gao M，Cong S，Hu L，et al.，2015. Ultrafast manipulation of a double quantum dot via Lyapunov control method[C]//Proceedings of the 34th Chinese Control Conference，July 28-30，Hangzhou，China：8309-8314.

Gaubatz U，Rudecki P，Becker M，et al.，1988. Population switching between vibrational levels in molecular beams[J]. Chemical Physics Letters，149：463-468.

Gauthier J P，Borard E G，1982. Controllability des systems bilineares[J]. SIAM Journal on Control and Optimization，20(3)：377-384.

Gauthier J P，Kupka I，Sallet G，1984. Controllability of right invariant systems on real simple Lie groups[J]. Systems & Control Letters，5：187-190.

Ge S S，Vu T L，Hang C C，2012. Non-smooth Lyapunov function-based global stabilization for quantum filters[J]. Automatica，48(6)：1031-1044.

Ge S S，Vu T L，Lee T H，2012. Quantum measurement-based feedback control：A non-smooth time delay control approach[J]. SIAM Journal on Control and Optimization，50(2)：845-863.

Gemmeke J F，Virtanen T，Hurmalainen A，2011. Exemplar-based sparse representations for noise robust automatic speech recognition[J]. IEEE Transactions on Audio Speech and Language Processing，19(7)：2067-2080.

Geremia J M，Rabitz H，2002. Optimal identification of Hamiltonian information by closed-loop laser control of quantum systems[J]. Physical Review Letters，89(26)：263902.

Gieseler J，Deutsch B，Quidant R，et al.，2012. Subkelvin parametric feedback cooling of a laser-trapped nanoparticle[J]. Physical Review Letters，109(10)：103603.

Gillett G G，Dalton R B，Lanyon B P，et al.，2010. Experimental feedback control of quantum systems using weak measurements[J]. Physical Review Letters，104(8)：080503.

Girardeau M D，Schimer S G，Vleahy J，et al.，1998. Kinematical bounds on optimization of observables for quantum systems[J]. Physical Review：A，58(4)：2684-2689.

Goan H S，Milburn G J，Wiseman H M，et al.，2001. Continuous quantum measurement of two coupled quantum dots using a point contact：A quantum trajectory approach[J]. Physical Review：B，63(12)：125326.

Gong J，Rice S A，2004. Measurement-assisted coherent control[J]. Journal of Chemical Physics，120(21)：9984-9988.

Gordon R J，Rice S A，1997. Active control of the dynamics of atoms and molecules[J]. Annual Review of Physical Chemistry，48：601-641.

Gough J E，James M R，2009. The series product and its application to quantum feedforward and feedback networks[J]. IEEE Transactions on Automatic Control，54(11)：2530-2544.

Grace M D，Dominy J，Witzel W M，et al.，2011. Combining dynamical-decoupling pulses with optimal control theory for improved quantum gates[OL]. arXiv：1105.2358.

Gradshtein I S，Ryzhik I M，2007. Tables of integrals，series and products[M]. San Diego：Academic Press.

Grigoriu A，2011. Implicit Lyapunov control for Schrödinger equations with dipole and polarizability term［C］//50th IEEE Conference on Decision and Control and European Control Conference，7362-7367.

Grivopoulos S，2005. Optimal control of quantum systems［D］. Santa Barbara：University of California.

Grivopoulos S，Bamieh B，2002. Iterative algorithms for optimal control of quantum systems［C］// Proceedings of the 41st IEEE Conference on Decision and Control Las Vegas，USA.

Grivopoulos S，Bamieh B，2003. Lyapunov-based control of quantum systems［C］//Proceedings of the 42th IEEE Conference on Decision and Control，Hawaii：434-438.

Grivopoulos S，Bamieh B，2004. Optimal population transfers for a quantum system in the limit of large transfer time［C］//Proceeding of the 2004 American Control Conference Boston，Massachusetts，June 30-July 2：2481-2486.

Gross D，2011. Recovering low-rank matrices from few coefficients in any basis［J］. IEEE Transactions on Information Theory，57：1548-1566.

Gross D，Liu Y K，Flammia S T，et al. ，2010. Quantum state tomography via compressed sensing［J］. Physical Review Letters，105(15)：150401.

Haikka P，Maniscalco S，2010. Non-Markovian dynamics of a damped driven two-state system［J］. Physical Review：A，81(5).

Handel R V，Stockton J K，Mabuchi H，2005a. Feedback control of quantum state reduction［J］. IEEE Transactions on Automatic Control，50(6)：768-780.

Handel R V，Stockton J K，Mabuchi H，2005b. Modelling and feedback control design for quantum state preparation［J］. Journal of Optics B：Quantum and Semiclassical Optics，7(10)：S179-S197.

Haroche S，Kleppner D，1989. Cavity quantum electrodynamics［J］. Physics Today，42：24-30.

Haroche S，Raimond J M，1993. Cavity quantum electrodynamics［J］. Scientific American，268：54-62.

Heinosaari T，Mazzarella L，Wolf M M，2011. Quantum tomography under prior information［J］. arXiv preprint arXiv：1109.5478.

Helstrom C W，1969. Quantum detection and estimation theory［J］. Journal of Statistical Physics，1(2)：231-252.

Henderson L，Linden N，Popescu S，2001. Are all noisy quantum states obtained from pure ones? ［J］. Physical Review Letters，87：237901.

Higgins B L，Berry D W，Bartlett S D，et al. ，2007. Entanglement-free Heisenberg-limited phase estimation［J］. Nature，450(7168)：393-396.

Hilgert J，Hofmann K H，Lawson J，1985. Controllability of systems on a nilpotent Lie group［J］. Beitrage zur Algebra and Geimetrie, 20: 185-190.

Hofmann H F, Mahler G, Hess O, 1998. Quantum control of atomic systems by homodyne detection and feedback[J]. Physical Review: A, 57(6): 4877-4888.

Hou S C, Huang X L, Yi X X, 2010. Suppressing decoherence and improving entanglement by quantum-jump-based feedback control in two-level systems[J]. Physical Review: A, 82(1): 012336.

Hradil Z, 1997. Quantum-state estimation[J]. Physical Review: A, 55(3): 1561-1564.

Hu B, Paz J P, Zhang Y, 1992. Quantum Brownian motion in a general environment: Exact master equation with nonlocal dissipation and colored noise[J]. Physical Review: D, 45(8): 2843-2861.

Huang G M, Tarn T J, Clark J W, 1983. On the controllability of quantum-mechanical systems[J]. Journal of Mathematical Physics, 24: 2608-2618.

Inoue R, Tanada S I R, Namiki R, et al., 2013. Unconditional quantum-noise suppression via measurement-based quantum feedback[J]. Physical Review Letters, 110(16): 163602.

Jacobs K, 2003. How to project qubits faster using quantum feedback[J]. Physical Review: A, 67: 030301(R)

Jacobs K, Nurdin H I, Strauch F W, et al., 2015. Comparing resolved-sideband cooling and measurement-based feedback cooling on an equal footing: Analytical results in the regime of ground-state cooling[J]. Physical Review: A, 91(4): 043812.

Jacobs K, Steck D A, 2006. A straightforward introduction to continuous quantum measurement[J]. Contemporary Physics, 47(5): 279-303.

Jacobs K, Wang X, Wiseman H M, 2014. Coherent feedback that beats all measurement-based feedback protocols[J]. New Journal of Physics, 16(7): 073036.

James G M, Radchenko P, Lv J, 2009. DASSO: Connections between the Dantzig selector and lasso [J]. Journal of the Royal Statistical Society: Series B(Statistical Methodology), 71(1): 127-142.

James M R, Nurdin H I, Petersen I R, 2008. Control of linear quantum stochastic systems[J]. IEEE Transactions on Automatic Control, 53(8): 1787-1803.

Jaynes E T, 1957. Information theory and statistical mechanics[J]. Physical Review, 106: 620-630.

Jesus C G, Fatima S L, 2003. Spin systems and minimal switching decompositions[J]. IEEE International Proceeding on Physics and Control: 855-860.

Jha A, Beltrani V, Rosenthal C, et al., 2009. Multiple solutions in the tracking control of quantum systems[J]. The Journal of Physical Chemistry, 113(26): 7667-7670.

Ji Y, Ke Q, Hu J J, 2017. Rapid state transfer for a two-level non-Markovian quantum system[J]. Optik, 142: 489-496.

Ji Y, Xu L, 2011. Entanglement decoherence of coupled superconductor qubits entangled states in non-Markovian environment[J]. Chinese Journal of Quantum Electronics, 28(1): 58-64.

Jin J S，Li X Q，Yan Y J，2006. Quantum coherence control of solid-state charge qubit by means of a suboptimal feedback algorithm[J]. Physical Review：B，73(23)：233302.

Jones J A，Mosca M，Hansen R H，1998. Implementation of a quantum algorithm on a nuclear magnetic resonance quantum computer[J]. Nature，393：344-346.

Jones K R W，1991. Principles of quantum inference[J]. Annals of Physics，207(1)：140-170.

Jono T，Toyoda M，Nakagawa K，et al.，1999. Acquisition，tracking，and pointing systems of OICE-TS for free space laser communications[C]//International Society for Optics and Photonics：41-50.

Judson R S，Rabitz H，1992. Teaching lasers to control molecules[J]. Physical Review Letters，68(10)：1500-1503.

Jurdjevic V，Kupka I，1981. Control systems on semi-simple Lie groups and their homogeneous spaces[J]. Ann Inst Fourier：Grenoble，31(4)：151-179.

Jurdjevic V，Quinn J P，1978. Controllability and stability[J]. Journal of Differential Equations，28：381-389.

Jurdjevic V，Sussmann H J，1972. Control systems on Lie groups[J]. Journal of Differential Equations，12：313-329.

Karasik R I，Marzlin K P，Sanders B C，et al.，2008. Criteria for dynamically stable decoherence-free subspaces and incoherently generated coherences[J]. Physical Review：A，77：052301.

Kashima K，Nishio K，2007. Global stabilization of two-dimensional quantum spin systems despite estimation delay[C]//The 46th IEEE Conference on Decision and Control. New Orleans，LA，USA，Dec. 12-14：6352-6357.

Kaushal H，Kaddoum G，2016. Opticalcommunication in space：Challenges and mitigation techniques[J]. IEEE Communications Surveys & Tutorials(S1553-877X)，19(1)：57-96.

Keane K，Korotkov A N，2012. Simplified quantum error detection and correlation for superconducting qubits[J]. Physical Review：A，86(1)：012333.

Kerckhoff J，Andrews R W，Ku H S，et al.，2013. Tunable coupling to a mechanical oscillator circuit using a coherent feedback network[J]. Physical Review：X，3(2)：021013.

Kerckhoff J，Nurdin H I，Pavlichin D S，et al.，2010. Designing quantum memories with embedded control：Photonic circuits for autonomous quantum error correction[J]. Physical Review Letters，105(4)：040502.

Kerckhoff J，Pavlichin D S，Chalabi H，et al.，2011. Design of nanophotonic circuits for autonomous subsystem quantum error correction[J]. New Journal of Physics，13(5)：055022.

Khaneja N，Brockett R，Glaser S J，2001. Time optimal control in spin systems[J]. Physical Review：A，63(3)：032308.

Khaneja N，Glaser S J，Brockett R，2002. Sub-riemannian geometry and time optimal control of three spin systems：Quantum gates and coherence transfer[J]. Physical Review：A，65：032301.

Khaneja N，Li J S，Kehlet C，et al.，2004. Broadband relaxation optimized polarization transfer in magnetic resonance[J]. Proceedings of the National Academy of Sciences of the United States of America，101(41)：14742-14747.

Khaneja N，Reiss T，Kehlet C，et al.，2005. Optimal control of coupled spin dynamics：Design of NMR pulse sequences by gradient ascent algorithms[J]. Journal of Magnetic Resonance，172(2)：296-305.

Khaneja N，Reiss T，Luy B，et al.，2003. Optimal control of spin dynamics in the presence of relaxation[J]. Journal of Magnetic Resonance，162(2)：311-319.

Khapalov A Y，Mohler R R，1996. Reachable sets and controllability of bilinear time-invariant systems：A qualitative approach[J]. IEEE Transactions on Automatic Control，41(9)：1342-1346.

Kim J，Lee J S，Lee S，2000. Implementing unitary operators in quantum computation[J]. Physical Review：A，61：032312.

Koditschek D E，Narendra K S，1985. The controllability of planar systems[J]. IEEE Transaction on Automatic Control，30(1)：87-89.

Koltchinskii V，2009. The Dantzig selector and sparsity oracle inequalities[J]. Bernoulli，15(3)：799-828.

Kosloff R，Rice S A，Gaspard P，et al.，1989. Wavepacket dancing：Achieving chemical selectivity by shaping light pulses[J]. Chemical Physics，139：201-220.

Kozai Y，1959. The Motion of a close earth satellite[J]. The Astronomical Journal(S1538-3881)，64(8)：367.

Kraus K，1983. States，effects，and operations[M]. Berlin：Springer-Verlag.

Krotov V F，Feldman I N，1983. Iteration method of solving the problems of optimal control[J]. Engineering Cybernetics，31：123.

Kuang S，Cong S，2008. Lyapunov control methods of closed quantum systems[J]. Automatica，44：98-108.

Kuang S，Cong S，2010. Population control of equilibrium states of quantum systems via Lyapunov method[J]. Acta Automatica Sinica，36：1257-1263.

Kuang S，Cong S，Lou Y S，2009. Population control of quantum states based on invariant subsets under diagonal Lyapunov function[J]. China Detergent & Cosmetics：2486-2491.

Kubanek A，Koch M，Sames C，et al.，2009. Photon-by-photon feedback control of a single-atom trajectory[J]. Nature，462(7275)：898-901.

Lan C，Tarn T J，Chi Q S，et al.，2005. Analytic controllability of time-dependent quantum control systems[J]. Journal of Mathematical Physics, 46(5): 052102.

Lawson J, 1985. Maximal subsemigroups of Lie groups that are total[J]. Proceedings of the Edinburgh Mathematical Society, 30: 479-501.

Leite F S, Crouch P C, 1988. Controllability on class Lie groups[J]. Mathematics of Control Signals and Systems, 1: 31-42.

Letokhov V S, 1977. Lasers in research: Photophysics and photochemistry[J]. Physics Today, 30: 23-32.

Li K, Cong S, 2014. A robust compressive quantum state tomography algorithm using ADMM[J]. IFAC Proceedings Volumes, 47(3): 6878-6883.

Li R, Gaitan F, 2010. High-fidelity universal quantum gates through group-symmetrized rapid passage [J]. Quantum Information and Computation, 10(11): 936-946.

Li R, Gaitan F, 2011. Robust high-fidelity universal set of quantum gates through non-adiabatic rapid passage[J]. Journal of Modem Optics, 58(21): 1922-1927.

Lida S, Yukawa M, Yonezawa H, et al., 2012. Experimental demonstration of coherent feedback control on optical field squeezing [J]. IEEE Transactions on Automatic Control, 57(8): 2045-2050.

Lidar D A, Chuang I L, Whaley K B, 1998. Decoherence-free subspaces for quantum computation [J]. Physical Review Letters, 81: 2594-2597.

Lin Z, Chen M, Ma Y, 2010. The augmented lagrange multiplier method for exact recovery of corrupted low-rank matrices[J]. arXiv preprint arXiv:1009.5055.

Lin Z, Ganesh A, Wright J, et al., 2009. Fast convex optimization algorithms for exact recovery of a corrupted low-rank matrix[J]. Computational Advances in Multi-Sensor Adaptive Processing (CAMSAP), 61(6).

Lindblad G, 1976. On the generators of quantum dynamical semigroups[J]. Communications in Mathematical Physics, 48: 119-130.

Lingala S G, Hu Y, Dibella E, et al., 2011. Accelerated dynamic mri exploiting sparsity and low-rank structure: kt slr[J]. IEEE Transactions on Medical Imaging, 30(5): 1042-1054.

Liu J, Cong S, 2011. Trajectory tracking of quantum states based on Lyapunov method[C]//The 9th IEEE International Conference on Control & Automation, Santiago, Chile: 318-323.

Liu J, Cong S, 2014. Manipulation of NOT gate in non-Markovian open quantum systems[C]//The 11th World Congress on Intelligent Control and Automation, Shenyang, China: 1231-1236.

Liu J, Cong S, Zhu Y, 2012. Adaptive trajectory tracking of quantum systems[C]//12th International Conference on IEEE: 322-327.

Liu W T, Zhang T, Liu J Y, et al., 2012. Experimental quantum state tomography via compressed sampling[J]. Physical Review Letters，108(17)：170403.

Lloyd S E，2000. Coherent quantum feedback[J]. Physical Review：A(S1094-1622)，62(2)：022108.

Lloyd S E，Slotine J，2000. Quantum feedback with weak measurements[J]. Physical Review：A，62：01230.

Lou Y，Cong S，2011. State transfer control of quantum systems on the Bloch sphere[J]. Journal of Systems Science and Complexity，24(3)：506-518.

Lou Y，Cong S，Yang J，et al.，2011. Path programming control strategy of quantum state transfer [J]. IET Control Theory & Applications，5(2)：291-298.

Lu S P，Park S M，Xie Y，et al.，1992. Coherent laser control of bound-to-bound transitions of HCl and CO[J]. Journal of Chemical Physics，96：6613-6620.

Lvovsky A I，2004. Iterative maximum-likelihood reconstruction in quantum homodyne tomography [J]. Journal of Optics B：Quantum and Semiclassical Optics，6(6)：S556.

Ma S，Goldfarb D，Chen L，2011. Fixed point and Bregman iterative methods formatrix rank minimization[J]. Mathematical Programming，128(1)：321-353.

Mabuchi H，2008. Coherent-feedback quantum control with a dynamic compensator[J]. Physical Review：A，78(3)：032323.

Mabuchi H，2011. Nonlinear interferometry approach to photonic sequential logic[J]. Applied Physics Letters，99(15)：153103.

Maciel T O，Cesario A T，Vianna R O，2011. Variational quantum tomography with incomplete information by means of semidefinite programs[J]. International Journal of Modem Physics：C，22 (12)：1361-1372.

Magnus W，1954. On the exponential solution of differential equations for linear operator[J]. Communications on Pure and Applied Mathematics，7：649-673.

Mancini S，Bose S，2004. Engineering an interaction and entanglement between distant atoms[J]. Physical Review：A，70：022307.

Mancini S，Wiseman H M，2007. Optimal control of entanglement via quantum feedback[J]. Physical Review：A，75(1)：012330.

Maniscalco S，Piilo J，2004. Lindblad and non-Lindblad-type dynamics of a quantum Brownian particle[J]. Physical Review：A，70(3)：032113.

Martin-Martinez E，Sutherland C，2014. Quantum gates via relativistic remote control[J]. Physics Letters：B，739：74-82.

Matsuna D，Tsumura K，2010. Global stabilization of quantum spin systems via discrete time feedback control[C]//2010 49th IEEE Conference on Decision and Control，Atlanta，GA，USA：3766-3771.

Matthew R J, 2005. Control theory: From classical to quantum: optimal, stochastic, and robust controls[R]. Notes for Quantum Control Summer School, Caltech, August.

Meng F, Cong S, Kuang S, 2012. Implicit Lyapunov control of multi-control Hamiltonian systems based on state distance[C]//Proceedings of the 10th World Congress on Intelligent Control and Automation (WCICA2012), July 6-8, Beijing, China: 5127-5132.

Mirrahimi M, Rouchon P, Turinici G, 2005. Lyapunov control of bilinear Schrödinger equations[J]. Automatica, 41: 1987-1994.

Mirrahimi M, Turinici G, Rouchon P, 2005. Reference trajectory tracking for locally designed coherent quantum controls[J]. Journal of Physical Chemistry: A, 109(11): 2631-2637.

Mirrahimi M, van Handel R, 2007. Stabilizing feedback controls for quantum systems[J]. SIAM Journal on Control and Optimization, 46(2): 445-467.

Mohler R R, Kolodziej W, 1980. An overview of bilinear system theory and applications[J]. IEEE Transactions on Systems, Man and Cybernetics, 10: 683-688.

Montangero S, Calarco T, Fazio R, 2007. Robust optimal quantum gates for Josephson charge qubits [J]. Physical Review Letters, 99(17): 170501.

Morrow N V, Dutta S K, Raithel G, 2002. Feedback control of atomic motion in an optical lattice [J]. Physical Review Letters, 88(9): 093003.

Moussa O, Silva M P D, Ryan C A, et al., 2012. Practical experimental certification of computational quantum gates using twirling procedure[J]. Physical Review Letters, 109(7): 070504.

Nakajima S, 1958. On quantum theory of transport phenomena: Steady diffusion[J]. Progress of Theoretical Physics, 20(6): 948-959.

Nakano M, Yamaguchi K, 2003. Monte Carlo wave function approach to dissipative quantum systems interacting with a single-mode quantized field[J]. International Journal of Quantum, 95: 461-471.

Nurdin H I, James M R, Petersen I R, 2009. Coherent quantum LQG control[J]. Automatica, 45 (8): 1837-1846.

Ohtsuki Y, Turinici G, Rabitz H, 2004. Generalized monotonically convergent algorithms for solving quantum optimal control problems[J]. Journal of Chemical Physics, 120: 5509-5517.

Opatmy T, Welsch D G, Vogel W, 1997. Least-squares inversion for density-matrix reconstruction [J]. Physical Review: A, 56(3): 1788.

Oron D, Dudovich N, Yelin D, et al., 2002. Quantum control of coherent anti-Stokes Raman processes[J]. Physical Review: A, 65: 043408.

Oxtoby N P, Wiseman H M, Sun H B, 2006. Sensitivity and back action in charge qubit measurements by a strongly coupled single-electron transistor[J]. Physical Review: B, 74(4): 045328.

Palao J P, Kosloff R, 2003. Optimal control theory for unitary transformations[J]. Physical Review: A, 68(6): 062308.

Paolo V, 2002. On the convergence of a feedback control strategy for multilevel quantum systems [C]//In Fifteenth International Symposium on Mathematical Theory of Networks and Systems (MTNS), Indiana, USA, TUP4: 1-10.

Park S M, Lu S P, Gordon R J, 1991. Coherent laser control of the resonance-enhanced multiphoton ionization of HCl[J]. Journal of Chemical Physics, 94: 8622-8624.

Pechen A, Rabitz H, 2006. Teaching the environment to control quantum systems[J]. Physical Review: A, 73(6): 062102.

Peirce A P, Dahleh M A, Rabitz H, 1988. Optimal control of quantum-mechanical systems: Existence, numerical approximation and applications[J]. Physical Review: A, 37(12): 4950-4964.

Peng X, Suter D, Lidar D A, 2011. High fidelity quantum memory via dynamical decoupling: Theory and experiment [J]. Journal of Physics B: Atomic, Molecular and Optical Physics, 44 (15): 154003.

Peng Y, Gaitan F, 2014. Improving quantum gate performance through neighboring optimal control [J]. Physical Review: A, 90(2): 022311.

Phan M Q, Rabitz H, 1999. A self-guided algorithm for learning control of quantum-mechanical systems[J]. Journal of Chemical Physics, 110(1): 34-41.

Potma E O, Evans C L, Xie X S, 2006. Heterodyne coherent anti-Stokes Raman scattering (CARS) imaging[J]. Optics Letters, 31(2): 241-243.

Qi B, Pan H, Guo L, 2013. Further results on stabilizing control of quantum systems[J]. IEEE Transactions on Automatic Control, 58(5): 1349-1354.

Rabitz H, 2000. Algorithms for closed loop control of quantum dynamics[C]//IEEE International Conference on Decision and Control: 937-941.

Rabitz H, Hsieh M, Rosenthal C M, 2004. Quantum optimally controlled transition landscapes[J]. Science, 303(5666): 1998-2001.

Rabitz H, Hsieh M, Rosenthal C M, 2005. Landscape for optimal control of quantum-mechanical unitary transformations[J]. Physical Review: A, 72: 052337.

Rebentrost P, Serban I, Schulte-Herbrüggen T, et al., 2009. Optimal control of a qubit coupled to a non-Markovian environment[J]. Physical Review Letters, 102: 090401.

Redfield A G, 1957. On the theory of relaxation processes[J]. IBM Journal of Research and Development, 1(1): 19-31.

Ribeiro H, Petta J R, Burkard G, 2012. Robust quantum gates for a singlet-triplet spin qubit [OL]. arXiv:1210.1957vL.

Rice S A，Zhao M，2000. Optical control of molecular dynamics[M]. New York：Wiley.

Riofrio C A，Gross D，Flammia S T，2017. Experimental quantum compressed sensing for a seven-qubit system[J]. Nature Communications，8.

Riste D，Bultink C C，Lehnert K W，et al.，2012. Feedback control of a solid-state qubit using high-fidelity project measurement[J]. Physical Review Letters，109(24)：240502.

Riste D，Dukalski M，Watson C A，et al.，2013. Deterministic entanglement of superconducting qubits by parity measurement and feedback[J]. Nature，502(7471)：350-354.

Roa L，Delgado A，de Guevara M L，et al.，2006. Measurement-driven quantum evolution[J]. Physical Review：A，73(1)：012322.

Romano R，2007. Resonant purification of mixed states for closed and open quantum systems[J]. Physical Review：A，75：024301.

Romano R，D'Alessandro D，2006. Incoherent control and entanglement for two dimensional coupled systems[J]. Physical Review：A，73：022323.

Roslund J，Rabitz H，2009. Gradient algorithm applied to laboratory quantum control[J]. Physical Review：A，79：053417.

Roslund J，Shir M，Bsck T，et al.，2009. Accelerated optimization and automate discovery with covariance matrix adaptation for experimental quantum control[J]. Physical Review：A，80：043415.

Rothman A，Ho T S，Rabitz H，2005. Quantum observable homotopy tracking control[J]. The Journal of Chemical Physics，123：134104.

Sachkov Y L，1997. Controllability of affine right-invariant systems on solvable Lie groups[J]. Discrete Mathematics and Theoretical Computer Science，1：239-246.

Sachkov Y L，2003. Controllability of invariant systems on Lie groups and homogeneous space [C]// At Trimester on Dynamical and Control Systems，SISSA-ICTP，Trieste.

Salour M M，Cohen-Tannoudji C，1977. Observation of Ramsey's interference fringes in the profile of doppler-free two-photon resonances[J]. Physical Review Letters，38：757-760.

Sayrin C，Dotsenko I，Zhou X X，et al.，2011. Real-time quantum feedback prepares and stabilizes photon number states[J]. Nature，477(7362)：73-77.

Schack R，Brun T A，Caves C M，2001. Quantum bayes rule [J]. Physical Review：A，64(1)：014305.

Schirmer S G，2001. Quantum control using Lie group decompositions[C]//Proceedings of the 40th IEEE Conference on Decision and Control，Orlando，Florida USA：298-303.

Schirmer S G，2009. Implementation of quantum gates via optimal control[J]. Journal of Modern Optics，56(6)：831-839.

Schirmer S G，Fu H，Solomon A I，2001. Complete controllability of quantum systems[J]. Physical Review：A，63：063410.

Schirmer S G，Solomon A I，2004. Constraints on relaxation rates for N-level quantum systems[J]. Physical Review：A，70：022107.

Schirmer S G，Wang X T，2010. Stabilizing open quantum systems by Markovian reservoir engineering [J]. Physical Review：A，81：062606.

Schumacher D W，Weihe F，Muller H G，et al.，1994. Phase dependence of intense field ionization：A study using two colors[J]. Physical Review Letters，73：1344-1347.

Shabani A，Lidar D A，2005. Completely positive post-Markovian master equation via a measurement approach[J]. Physical Review：A，71：020101.

Shapiro M，Brumer P，2003. Principles of the quantum control of molecular processes[M]. New York：John Wiley & Sons.

Shi S，Rabitz H，1989. Selectively excitation in harmonic molecular-system by optimally designed fields[J]. Journal of Chemical Physics，139：185-199.

Shi S，Woody A，Rabitz H，1988. Optimal control of selective vibrational excitation in harmonic linear chain molecules[J]. Journal of Chemical Physics，88：6870-6883.

Shibata F，Takahashi Y，Hashitsume N A，1977. Generalized stochastic Liouville equation non-Markovian versus memoryless master equations[J]. Journal of Statistical Physics，17(4)：171-187.

Shore B W，Bergmann K，Oreg J，et al.，1991. Multilevel adiabatic population transfer[J]. Physical Review：A，44：7442-7447.

Silberfarb A，Jessen P S，Deutsch I H，2005. Quantum state reconstruction via continuous measurement[J]. Physical Review Letters，95(3)：030402.

Silveira H B，Silva P S P D，Rouchon P，2014. Quantum gate generation by T-sampling stabilisation [J]. International Journal of Control，87(6)：1227-1242.

Smith A，Riofrio C A，Anderson B E，et al.，2013. Quantum state tomography by continuous measurement and compressed sensing[J]. Physical Review：A，87(3)：030102.

Smith G A，Silberfarb A，Deutsch I H，et al.，2006. Efficient quantum-state estimation by continuous weak measurement and dynamical control[J]. Physical Review Letters，97(18)：180403.

Smith W P，Reiner J E，Orozco L A，et al.，2002. Capture and release of a conditional state of a cavity QED system by quantum feedback[J]. Physical Review Letters，89(13)：133601.

Smolin J A，Gambetta J M，Smith G，2012. Efficient method for computing the maximum-likelihood quantum state from measurements with additive gaussian noise[J]. Physical Review Letters，108 (7)：070502.

Somaraju R A，Mirrahimi M，Rouchon P，2011. Semi-global approximate stabilization of an infinite dimensional quantum stochastic system[OL]. arXiv. oi/abs/1103.1732.

Somaraju R A, Mirrahimi M, Rouchon P, 2013. Approximate stabilization of an infinite dimensional quantum stochastic system[J]. Reviews in Mathematical Physics, 25(1): 1350001.

Spörl A, Schulte-Herbrüggen T, Glaser S J, et al., 2007. Optimal control of coupled Josephson qubits [J]. Physical Review: A, 75(1): 012302.

Srinivas M D, Davies E B, 1981. Photon counting probabilities in quantum optics[J]. Journal of Modern Optics, 28(7): 981-996.

Steane A M, 1996. Multiple-particle interference and quantum error correction[J]. Proceedings of the Royal Society: A, 452: 2551.

Stefanescu E, Scheid W, Sandulescu A, 2008. Non-Markovian master equation for a system offermions interacting with an electromagnetic field[J]. Annals of Physics, 323(5): 1168-1190.

Stevenson R N, Carvalho A R R, Hope J J, 2011. Production of entanglement in Raman three-level systems using feedback[J]. The European Physical Journal D-Atomic, Molecular, Optical and Plasma Physics, 61(2): 523-529.

Stokes G G, 1851. On the composition and resolution of streams of polarized light from different sources[J]. Transactions of the Cambridge Philosophical Society, 9: 399.

Strunz W T, 2001. The Brownian motion stochastic Schrödinger equation[J]. Chemical Physics, 268: 237-248.

Sugawara M, 2002. Local control theory for coherent manipulation of population dynamics[J]. Chemical Physics Letters, 358: 290-297.

Sugawara M, 2003. General formulation of locally designed coherent control theory for quantum systems[J]. Journal of Chemistry and Physics, 118(15): 6784-6800.

Sun Z, 2006. Femtosecond coherent anti-Stokes Raman spectroscopy and Raman spectroscopy cell recognition probe microscopy[J]. World Science, 29(11): 27-28 (in Chinese).

Sussmann H J, Jurdjevic V, 1972. Controllability of nonlinear systems[J]. Journal of Differential Equations, 12: 95-116.

Szigeti S S, Carvalho A R R, Hush J G M R, 2014. Ignorance is bliss: General and robust cancellation of decoherence via no-knowledge quantum feedback[J]. Physical Review Letters, 113 (2): 020407.

Tai J S, Lin K T, Goan H S, 2014. Optimal control of quantum gates in an exactly solvable non-Markovian open quantum bit system[J]. Physical Review: A, 89(6): 062310.

Takashi J, 2012. Opticalinter-orbit communication experiment between OICETS and ARTEMIS[J]. Journal of the National Institute of Information and Communications Technology, 59 (1/2): 23-33.

Tanimura Y，2006. Stochastic Liouville，Langevin，Fokker-Planck and master equation approaches to quantum dissipative systems[J]. Journal of Physical Society of Japan，75：082001.

Tannor D J，Rice S A，1985. Control of selectivity of chemical reaction via control of wave packet evolution[J]. Journal of Chemistry and Physics，83：5013-5018.

Tarn T J，Clark J W，Huang G M，2000. Controllability of quantum mechanical systems with continuous spectra[C]//IEEE International Conference on Decision and Control：943-948.

Teets R，Eckstein J，Hänsch T W，1977. Coherent two-photon excitation by multiple light pulses[J]. Physical Review Letters，38：760-764.

Teo Y S，Zhu H，Englert B G，et al.，2011. Quantum-state reconstruction by maximizing likelihood and entropy[J]. Physical Review Letters，107(2)：020404.

Tibshirani R，1996. Regression shrinkage and selection via the lasso[J]. Journal of the Royal Statistical Society：Series B(Methodological)：267-288.

Ticozzi F，Nishio K，Altafini C，2013. Stabilization of stochastic quantum dynamics via open-and closed-loop control[J]. IEEE Transactions on Automatic Control，58(1)：74-85.

Toh K C，Yun S，2010. An accelerated proximal gradient algorithm for nuclear norm regularized linear least squares problems[J]. Pacific Journal of Optimization，6(615-640)：15.

Tolker-Nielsen T，Oppenhauser G，2002. In-orbittest result of an operational optical intersatellite link between ARTEMIS and SPOT4，SILEX[C]//International Society for Optics and Photonics：1-15.

Tombesi P，Vitali D，1995. Macroscopic coherence via quantum feedback[J]. Physical Review：A，51(6)：4913-4917.

Tsumura K，2007. Global stabilization of N-dimensional quantum spin systems via continuous feedback [C]//American Control Conference，New York City，USA：2129-2134.

Tsumura K，2008. Global stabilization at arbitrary eigenstates of N-dimensional quantum spin systems via continuous feedback[C]//American Control Conference，Washington，USA：4148-4153.

Turinici G，2000. Controllable quantities for bilinear quantum systems[C]//Proceedings of the 39th IEEE Conference on Decision and Control：1365-1369.

Turinici G，Rabitz H，2001. Quantum wavefunction controllability[J]. Chemical Physics，267(1)：1-9.

Turinici G，Rabitz H，2003. Wavefunction controllability for finite-dimensional bilinear quantum systems[J]. Journal of Physics A：Mathematical and General，36(10)：2565.

Twardy M，Olszewski D，2013. Realization of controlled NOT quantum gate via control of a two spin system[J]. Bulletin of the Polish Academy of Sciences：Technical Sciences，61(2)：379-390.

Urban S E，Seidelmann P K，2013. Explanatory supplement to the astronomical almanac[M]. California：University Science Books.

van Handel R，Stockton J K，Mabuchi H，2005. Feedback control of quantum state reduction[J].
　　IEEE Transactions on Automatic Control，50(6)：768-780.

Vanderbruggen T，Kohlhass R，Bertoldi A，et al.，2013. Feedback control of trapped coherent atom-
　　ic ensembles[J]. Physical Review Letters，110(21)：210503.

Vandersar T，Wang Z H，Blok M S，et al.，2012. Decoherence-protected quantum gates for a hybrid
　　solid-state spin register[J]. Nature，484(7392)：82-86.

Vandersypen L M K，Chuang I L，2004. NMR techniques for quantum control and computation[J].
　　Reviews of Modern Physics，76：4.

Vasilyev M，Choi S I C，Kumar P，et al.，2000. Tomographic measurement of joint photon statistics
　　of the twin-beam quantum state[J]. Physical Review Letters，84(11)：2354.

Vijay R，Macklin C，Slichter D H，et al.，2012. Stabilizing Rabi oscillations in a superconducting qu-
　　bit using quantum feedback[J]. Nature，490(7418)：77-80.

Viola L，Lloyd S，1998. Dynamical suppression of decoherence in two-state quantum systems[J].
　　Physical Review：A，58(4)：2733.

Vitali D，Tombesi P，Milburn G J，1997. Controlling the decoherence of a "meter" via stroboscopic
　　feedback[J]. Physical Review Letters，79(13)：2442-2445.

Vitanov N V，Halfmann T，Shore B W，et al.，2001. Laser-induced population transfer by adiabatic
　　passage techniques[J]. Annual Review of Physical Chemistry，52：763-809.

Volkmer A，Book L D，Xie X S，2002. Time-resolved coherent anti-Stokes Raman scattering micros-
　　copy：Imaging based on Raman free induction decay[J]. Applied Physics Letters，80(9)：
　　1505-1507.

Vu T L，Dhupia J S，2013. Realtime generation of the bell states by linear-nonlocal measurements and
　　bang-bang control[C]//2013 American Control Conference，Washington，USA：2556-2561.

Vu T L，Ge S S，Hang C C，2012a. Real-time deterministic generation of maximally entangled two-
　　qubit and three-qubit states via bang-bang control[J]. Physical Review：A，85(1)：012332.

Vu T L，Ge S S，Hang C C，2012b. Deterministic generation of the bell states via real-time quantum
　　measurement-based feedback[C]//2012 American Control Conference，Montreal，Canada：5831-
　　5836.

Wang H，Gao Y，Shi Y，2016. Group-based alternating direction method of multipliers for distributed
　　linear classification[J]. IEEE Transactions on Cybernetics，47(11)：3568-3582.

Wang J，Wiseman H M，2001. Feedback-stabilization of an arbitrary pure state of a two-level atom
　　[J]. Physical Review：A，64(6)：063810.

Wang S，James M R，2015. Quantum feedback control of linear stochastic systems with feedback-loop time delays[J]. Automatica, 52: 277-282.

Wang S, Jin J, Li X, 2007. Continuous weak measurement and feedback control of a solid-state charge qubit: A physical unravelling of non-Lindblad master equation[J]. Physical Review: B, 75: 155304.

Wang W, Wang L C, Yi X X, 2010. Lyapunov control on quantum open systems in decoherence-free subspaces[J]. Physical Review: A, 82: 034308.

Wang X, Bishop L S, Barnes E, et al., 2014. Robust quantum gates for singlet-triplet spin qubits using composite pulses[J]. Physical Review: A, 89(2): 022310.

Wang X T, Schirmer S G, 2008. Analysis of Lyapunov method for control of quantum systems[OL]. arXiv: Quantum Physics/08010702.

Wang X T, Schirmer S G, 2009a. Entanglement generation between distant atoms by Lyapunov control[J]. Physical Review: A, 80(4): 042305.

Wang X T, Schirmer S G, 2009b. Analysis of Lyapunov method for control of quantum states: Non-generic case[J]. arXiv:0901.4522v1.

Wang X T, Schirmer S G, 2010a. Analysis of Lyapunov method for control of quantum states[J]. IEEE Transactions on Automatic Control, 55(10): 2259-2270.

Wang X T, Schirmer S G, 2010b. Analysis of effectiveness of Lyapunov control for non-generic quantum states[J]. IEEE Transactions on Automatic Control, 55(6): 1406-1411.

Warren W S, Rabitz H, Dahleh M, 1993. Coherent control of quantum dynamics: The dream is alive [J]. Science, 259: 1581-1589.

Weber S J, Chantasri A, Dressel J, et al., 2014. Mapping the optimal route between two quantum states[J]. Nature, 511(7511): 557-570.

Wei J, Norman E, 1964. On global representations of the solutions of linear differential equations as a product of exponentials[J]. Proceedings of the American Mathematical Society, 15: 327-334.

Weinacht T C, White J L, Bucksbaum P H, 1999. Toward strong field mode-selective chemistry[J]. The Journal of Physical Chemistry: A, 103(49): 10166-10168.

Weiss U, 2008. Quantum dissipative systems[M]. 3rd ed. Singapore: World Scientific: 101-105.

Wen J, Cong S, 2011. Transfer from arbitrary pure state to target mixed state for quantum systems [C]//The 18th World Congress of the International Federation of Automation Control, Milano, Italy: 4638-4643.

Wen J, Cong S, 2016. Preparation of quantum gates for open quantum systems by Lyapunov control method[J]. Open Systems & Information Dynamics, 23(1): 1650005.

West J R, Lidar D A, Fong B H, et al., 2010. High fidelity quantum gates via dynamical decoupling [J]. Physical Review Letters, 105(23): 230503.

Wheatley T A，Berry D W，Yonezawa H，et al.，2010. Adaptive optical estimation using time-symmetric quantum smoothing[J]. Physical Review Letters，104(9)：093601.

Wilkie J，2000. Positivity preserving non-Markovian master equations[J]. Physics Review：E，62(6)：8808-8810.

Wineland D J，Bollinger J J，Itano W M，et al.，1994. Squeezed atomic states and projection noise in spectroscopy[J]. Physical Review：A，50(1)：67.

Wineland D J，Monroe C，Itano W M，et al.，1998. Experimental issues in coherent quantum-state manipulation of trapped atomic ions[J]. Journal of Research of the National Institute of Standards and Technology，103(3)：259.

Wiseman H M，1994. Quantum theory of continuous feedback[J]. Physical Review：A，49(3)：2133-2150.

Wiseman H M，1995. Adaptive phase measurement of optical modes：Going beyond the marginal Q distribution[J]. Physical Review Letters，75(25)：4587-4590.

Wiseman H M，Milburn G J，1993a. Quantum theory of field-quadrature measurements[J]. Physical Review：A，47(1)：642-662.

Wiseman H M，Milburn G J，1993b. Quantum theory of optical feedback via homodyne detection[J]. Physical Review Letters，70(5)：548-551.

Wiseman H M，Milburn G J，2010. Quantum measurement and control[M]. Cambridge：Cambridge University Press.

Wolf J A，1967. Spaces of constant curvature[M]. New York：McGraw Hill.

Woolley M J，Doherty A C，Milburn G J，2010. Continuous quantum nondemolition measurement of Fock states of a nanoresonator using feedback-controlled circuit QED[J]. Physical Review：B，82(9)：094511.

Wooters W K，Zurek W H，1982. A single quanta cannot be cloned[J]. Nature，299(5886)，802-803.

Wu J W，Li C W，Tarn T J，et al.，2007. Optimal bang-bang control for SU(1,1) coherent states[J]. Physical Review：A，76(5)：053403.

Wu R，Chakrabarti R，Rabitz H，2008. Optimal control theory for continuous variable quantum gates[J]. Physical Review：A，77(5)：052303.

Wu R B，Tarn T J，Li C W，2006. Smooth controllability of infinite-dimensional quantum-mechanical systems[J]. Physical Review：A，73(1)：012719.

Xing G，Wang X，Huang X，et al.，1996. Modulation of resonant multiphoton ionization of $CH_3 I$ by laser phase variation[J]. Journal of Chemical Physics，104：826-831.

Xu L，Huang G，Ji Y H，et al.，2010. Geometric control for unified entangling quantum gate with high-fidelity in electric circuit [J]. International Journal of Theoretical Physics，49（9）：

2002-2015.

Xue D，Zou J，Li J G，et al.，2010. Controlling entanglement between two separated atoms by quantum-jump-based feedback[J]. Journal of Physics B：Atomic，Molecular and Optical Physics，43 (4)：045503.

Xue S，Wu R，Zhang W，et al.，2012. Decoherence suppression via non-Markov coherent feedback control[J]. Physical Review：A，86：052304.

Yamamoto T，Inomata K，Watanabe M，et al.，2008. Flux-driven Josephson parametric amplifier [J]. Applied Physics Letters，93(4)：042510.

Yan Z H，Jia X J，Xie C D，et al.，2011. Coherent feedback control of multipartite quantum entanglement for optical fields[J]. Physical Review：A，84(6)：062304.

Yanagisawa M，Kimura H，1998. A control problem for gaussian states[M]. London：Springer.

Yanagisawa M，Kimura H，2003a. Transfer function approach to quantum control-part I：Dynamics of quantum feedback systems[J]. IEEE Transactions on Automatic Control，48(12)：2107-2120.

Yanagisawa M，Kimura H，2003b. Transfer function approach to quantum control-part II：Control concepts and applications[J]. IEEE Transactions on Automatic Control，48(12)：2121-2132.

Yang F，Cong S，2010. Purification of mixed state for two-dimensional systems via interaction control [C]//2010 International Conference on Intelligent Systems Design and Engineering Applications (ISDEA2010)，Changsha，China，2：91-94.

Yang J，Cong S，Kuang S，2018. Real-time quantum state estimation based on continuous weak measurement and compressed sensing[C]//Proceedings of International Multi Conference of Engineerings and Computer Scientists 2018 Vol II，IMECS，Hong Kong，China，March 14-16：499-504.

Yang J，Cong S，Liu X，et al.，2017. Effective quantum state reconstruction using compressed sensing in NMR quantum computing[J]. Physical Review：A，96，052101.

Yi X X，Huang X L，Wu C F，et al.，2009. Driving quantum systems into decoherence-free subspaces by Lyapunov control[J]. Physical Review：A，80：052316.

Yin W，Osher S，Goldfarb D，et al.，2008. Bregman iterative algorithms for l_1-minimization with applications to compressed sensing[J]. SIAM Journal on Imaging Sciences，1(1)：143-168.

Yin Y Y，Chen C，Elliott D S，1992. Asymmetric photoelectron angular distributions from interfering photoionization processes[J]. Physical Review Letters，69：2353-2356.

Yonezawa H，Nakane D，Wheatley T A，et al.，2012. Quantum-enhanced optical-phase tracking [J]. Science，337(6101)：1514-1517.

Youssry A，Ferrie C，Tomamichel M，2019. Efficient online quantum state estimation using a matrix exponentiated gradient method[J]. New Journal of Physics，21：033006.

Yuan H，2013. Reachable set of open quantum dynamics for a single spin in Markovian environment

［J］. Automatica，49（4）：955-959.

Yuan H，Khaneja N，2005. Time optimal control of coupled qubits under nonstationary interactions ［J］. Physical Review：A，72（4）：040301.

Yuan J，Xiao F，2004. The basic principle of CARS microscopy and its progress［J］. Laser & Optoelectronics Progress，41（7）：17-23（in Chinese）.

Zaki L，Mazyar M，Pierre R，2011. Back and forth nudging for quantum state estimation by continuous weak measurement［C］//2011 American Control Conference. San Francisco，USA.

Zewail A H，1980. Laser selective chemistry-is it possible［J］. Physics Today，33：27-33.

Zewail A H，1996. Femtochemistry：Recent progress in studies of dynamics and control of reactions and their transition states［J］. Journal of Physical Chemistry，100：12701-12724.

Zhang C B，Dong D Y，Chen Z H，2005. Control of non-controllable quantum systems：A quantum control algorithm based on Grover iteration［J］. Journal of Optics B：Quantum and Semi-classical Optics，7（10）：S313-S317.

Zhang J，Li C W，Wu R B，et al.，2005. Maximal suppression of decoherence in Markovian quantum systems［J］. Journal of Physics：A，38（29）：6587-6601.

Zhang J，Liu Y X，Nori F，2009. Cooling and squeezing the fluctuations of a nanomechanical beam by indirect quantum feedback control［J］. Physical Review：A，79（5）：052102.

Zhang J，Wu R B，Li C W，et al.，2010. Protecting coherence and entanglement by quantum feedback controls［J］. IEEE Transactions on Automatic Control，55（3）：619-633.

Zhang J，Wu R B，Liu Y X，et al.，2012. Quantum coherent nonlinear feedbacks with applications to quantum optics on chip［J］. IEEE Transactions on Automatic Control，57（8）：1997-2008.

Zhang J J，Cong S，Ling Q，et al.，2019. An efficient and fast quantum state estimator with sparse disturbance［J］. IEEE Transactions on Cybernetics，49（7）：2546-2555.

Zhang J J，Li K Z，Cong S，2017a. Fast algorithm of high-qubit quantum state estimation via low measurement rates［C］//The 12th Asian Control Conference（ASCC2017），Gold Coast，Australia，Dec17-22：2558-2561.

Zhang J J，Li K Z，Cong S，2017b. Efficient reconstruction of density matrices for high dimensional quantum state tomography［J］. Signal Processing，139：136-142.

Zhang K，Cong S，Li K，et al.，2020. An online optimization algorithm for the real-time quantum state tomography［J］. Quantum Information Processing，19（10）：1-17.

Zhang M，Dai H Y，Xi Z R，et al.，2007. Combating dephasing decoherence by periodically performing tracking control and projective measurement［J］. Physical Review：A，76（4）：042335.

Zhang S，Zhang H，Jia T，et al.，2010. Selective excitation of femtosecond coherent anti-Stokes Raman scattering in the mixture by phase-modulated pump and probe pulses［J］. Physchem，

132：044505.

Zhang Y，Cong S，2008. Optimal quantum control based on the Lyapunov stability theorem[J]. Journal of University of Science and Technology of China，38(3)：331-336.

Zhao P，Yu B，2006. On model selection consistency of Lasso[J]. Journal of Machine Learning Research，7：2541-2563.

Zhao S W，Lin H，2012. Switching control of closed quantum systems via the Lyapunov method[J]. Automatica，48(8)：1833-1838.

Zhao S W，Lin H，Sun J，et al.，2009. Implicit Lyapunov control of closed quantum systems[C]// Joint 48th IEEE Conference on Decision and Control and 28th Chinese Control Conference，Shanghai，P. R. China：3811-3815.

Zhao S W，Lin H，Sun J，et al.，2012. An implicit Lyapunov control for finite-dimensional closed quantum systems[J]. International Journal of Robust and Nonlinear Control，22：1212-1228.

Zheng K，Li K，Cong S，2016. A reconstruction algorithm for compressive quantum tomography using various measurement sets[J]. Scientific Reports，6：38497.

Zhou Z，Liu C J，Fang Y M，et al.，2012. Optical logic gates using coherent feedback[J]. Applied Physics Letters，101(19)：191113.

Zhu W S，Rabitz H，1999. Noniterative algorithms for finding quantum optimal controls[J]. Journal of Chemical Physics，110：7142-7152.

Zhu W S，Rabitz H，2003. Quantum control design via adaptive tracking[J]. Journal of Chemical Physics，119(7)：3619-3625.

Zou W，2003. Theoretical analysis of photoacoustic Raman effect in solids[J]. Chinese Journal of Quantum Electronics，2：162(in Chinese).

Zu C，Wang W B，He L，et al.，2014. Experimental realization of universal geometric quantum gates with solid-state spins[J]. Nature，514(7520)：72-75.

产林平,丛爽,2010.开放量子系统量子态相干保持的控制策略[J].系统仿真技术及其应用,7(12)：612-618.

陈宗海,董道毅,张陈斌,2005.量子控制导论[M].合肥:中国科学技术大学出版社.

程代展,1987.非线性系统的几何理论[M].北京:科学出版社.

丛爽,2004.量子系统控制中状态模型的建立[J].控制与决策,19(10):1105-1108.

丛爽,2006a.相互作用的量子系统模型及其物理控制过程[J].控制理论与应用,23(1):131-134.

丛爽,2006b.量子力学系统控制导论[M].北京:科学出版社.

丛爽,2010.量子分子动力学中的操纵技术及其系统控制理论[J].控制理论与应用,27(1):1-12.

丛爽,2012.基于李雅普诺夫量子系统控制方法的状态调控[J].控制理论与应用,29(3):273-281.

丛爽,陈鼎,宋媛媛,等,2020.一种基于三颗量子卫星的定位与导航方法及系统:201711465970.9[P].

2020-02-18.

丛爽,东宁,2006.量子力学系统与双线性系统可控性关系的对比研究[J].量子电子学报,23(1):83-92.

丛爽,胡龙珍,薛静静,等,2014.基于李雅普诺夫控制的随机开放量子系统特性分析[J].科技导报,32(22):15-22.

丛爽,胡龙珍,杨霏,等,2013.Non-Markovian 开放量子系统的特性分析与状态转移[J].自动化学报,30(4):360-370.

丛爽,匡森,2020.量子系统控制理论与方法[M].合肥:中国科学技术大学出版社.

丛爽,楼越升,2008a.利用相位的自旋 1/2 量子系统的相干控制[J].控制理论与应用,25(2):187-192.

丛爽,楼越升,2008b.开放量子系统中退相干及其控制策略[J].量子电子学报,23:83-92.

丛爽,宋媛媛,尚伟伟,等,2019.三颗量子卫星组成的导航定位系统探讨[J].导航定位学报,7(1):1-9.

丛爽,汪海伦,邹紫盛,等,2017.量子导航定位系统中的捕获和粗跟踪技术[J].空间控制技术与应用,43(1):1-10.

丛爽,王海涛,陈鼎,2021.量子导航定位系统[M].合肥:中国科学技术大学出版社.

丛爽,薛静静,2015.随机开放量子系统模型及其反馈控制的特性分析[J].量子电子学报,32(2):186-197.

丛爽,郑捷,2006.两能级量子系统控制场的设计与操纵[M]//系统仿真技术及其应用:第 8 卷.合肥:中国科学技术大学出版社:817-821.

丛爽,郑祺星,2005.双线性系统下的量子系统最优控制[J].量子电子学报,22(5):736-742.

丛爽,郑毅松,2003.量子力学系统控制的基础及现状[J].自动化博览,20(1):41-44.

丛爽,郑毅松,姬北辰,等,2003.量子系统控制发展综述[J].量子电子学报,20(1):1-9.

丛爽,邹紫盛,尚伟伟,等,2017.量子定位系统中的精跟踪系统与超前瞄准系统[J].空间电子技术,14(6):8-19.

段士奇,2021.基于卫星的量子测距系统仿真平台的设计与实现[D].合肥:中国科学技术大学.

方晓松,2010.卫星轨道建模与仿真技术研究[D].成都:电子科技大学.

胡龙珍,2014.开放量子系统特性分析及其状态控制[D].合肥:中国科学技术大学.

匡森,丛爽,2006.基于最优搜索步长的封闭量子系统的控制[J].中国科学院研究生院学报,23(5):601-606.

匡森,丛爽,2010.理想条件下混合态量子系统的 Lyapunov 稳定化策略[J].控制与决策,25(2):273-277.

李伯良,2019.提前瞄准角度变化对星间光通信系统性能影响研究[D].哈尔滨:哈尔滨工业大学.

李明,2008.开放量子系统量子态相干保持的控制策略研究[D].合肥:中国科学技术大学.

李明,何耀,陈宗海,2008.二能级开放量子系统相干保持的最优控制策略[J].系统仿真学报,20(20):5605-5609.

梁延鹏,2014.星地光通信 ATP 对准特性仿真研究[D].合肥:中国科学技术大学.

刘建秀,丛爽,2011.Non-Markovian 开放量子系统动力学模型的研究[C]//第 13 届中国系统仿真技术
  及其应用学术年会论文集:264-272.

罗青山,2019.皮纳微小卫星激光反射器设计及激光测距分析[J].国际地震动态(2):46-47.

孟芳芳,2013.量子隐李雅普诺夫控制方法及相关应用研究[D].合肥:中国科学技术大学.

孟芳芳,丛爽,2011.CARS 相邻能级选择激发最佳可调参数的设计[J].量子电子学报,28(5):513-521.

唐雅茹,丛爽,杨靖北,2020.单量子比特系统状态的在线估计[J].自动化学报,46(8):1592-1599.

汪海伦,丛爽,尚伟伟,等,2018.量子导航定位系统中光学信号传输系统设计[J].量子电子学报,35(6):
  714-722.

王娟娟,2014.基于 GPS/INS 运动二维转台的指向技术研究[D].济南:山东大学.

薛静静,2015.开放量子系统的特性分析及其状态保持控制[D].合肥:中国科学技术大学.

薛静静,丛爽,胡龙珍,2013.开放量子系统控制的状态保持及其特性分析[C]//第 32 届中国控制会议:
  7943-7948.

杨靖北,丛爽,2014.量子层析中几种状态估计方法的研究[J].系统科学与教学,34(12):1532-1546.

叶德茂,谢利民,陈晶,2012.跟踪误差补偿下星地光通信地面模拟实验分析[J].激光技术,36(3):
  346-348.

叶小威,沈锋,2017.航天器轨道动力学模型及瞄准提前量误差分析[J].中国激光,44(6):196-206.

曾谨言,2000.量子力学[M].北京:科学出版社.

张海峰,程志恩,李朴,等,2016.纳卫星激光反射器光机设计及激光测距分析[J].飞行器测控学报,35
  (1):21-27.

张永德,2006.量子信息物理原理[M].北京:科学出版社.

周雷,2021.量子系统李雅普诺夫控制全局稳定性研究[D].合肥:中国科学技术大学.